對本書的讚譽

「本書所談論的一切，都是你從未意識到自己會想要知道的 JavaScript。它將引領你把 JavaScript 程式碼品質和生產力帶到下個層次。David 對此語言的知識豐富得驚人，非常清楚其錯綜複雜之處以及陷阱所在，這些完全展現在這本 JavaScript 真正的終極指南之中。」

—*Schalk Neethling*
MDN Web Docs 資深前端工程師

「David Flanagan 會在這段 JavaScript 旅程中引導讀者，提供這個語言及其生態系統範疇完整的宏觀畫面。」

—*Sarah Wachs*
前端開發人員暨 *Women Who Code* 柏林區領導者

「對於維護在 JavaScript 生命週期間（包含最新和即將推出的功能）開發的源碼庫（codebases）的任何開發人員，若想保持生產力，那麼深入且帶有反思地閱讀這本詳盡的權威參考書，將能夠很好地達成此目的。」

—*Brian Sletten*
Bosatsu Consulting 總裁

JavaScript 大全 第七版
精通全世界最多人使用的程式語言

JavaScript: The Definitive Guide
Master the World's Most-Used
Programming Language

David Flanagan 著

黃銘偉 譯

O'REILLY

充滿愛意與感激地獻給我的父母，
Donna 與 *Matt*

目錄

前言

本書涵蓋 Web 瀏覽器和 Node 所實作的 JavaScript 語言及 JavaScript API。我的目標讀者是之前有過一些程式設計經驗而且想要學習 JavaScript 的人,以及已經在使用 JavaScript 並且想要將他們的理解帶到下一個新階段、真正精通此語言的程式設計師。我撰寫本書的目的是詳盡且全面地記錄 JavaScript 這個語言,並為 JavaScript 程式能取用的最重要的客戶端和伺服端 API 提供深入的介紹。因此,這是一本篇幅很長且充滿細節的書籍。然而,我的希望是,你仔細研究而投入的心力,以及花在閱讀本書的時間,能以較高的程式設計生產力的形式,輕鬆得到回報。

本書的前面幾版包含了廣泛的參考章節。我不再認為有必要把那些材料以印刷形式呈現於此,因為在線上很快速且輕易就能找到最新的參考資訊。如果你有需要查找關於核心或客戶端 JavaScript 的任何資訊,我推薦你拜訪 MDN 網站(*https://developer.mozilla.org*)。至於伺服端的 Node API,我建議你直接前往源頭,查閱 Node.js 的參考說明文件(*https://nodejs.org/api*)。

本書編排慣例

本書使用下列的編排慣例:

斜體字(*Italic*)

　　用於強調或指出某個詞彙的第一次使用。**斜體**也用於電子郵件位址、URL 及檔案名稱。中文以楷體表示。

定寬字（Constant width）

用於所有的 JavaScript 程式碼和 CSS 與 HTML 列表，一般而言，就是用於程式設計時你會以鍵盤打入的任何東西。

定寬斜體字（*Constant width italic*）

偶爾用於解釋 JavaScript 語法之時。

定寬粗體字（**Constant width bold**）

顯示應該逐字由使用者輸入的命令或其他文字。

 此元素代表一般註記。

 此元素代表警告或注意事項。

範例程式碼

本書的補充性素材（程式碼範例、習題等）可在此下載取用：

https://oreil.ly/javascript_defgd7

這本書是為了協助你完成工作而存在。一般而言，若有提供範例程式碼，你可以在你的程式和說明文件中使用它們。除非你要重製的程式碼量很可觀，否則無需聯絡我們取得許可。例如，使用本書中幾個程式碼片段來寫程式並不需要取得許可。販賣或散布 O'Reilly 書籍的範例，就需要取得許可。引用本書的範例程式碼回答問題不需要取得許可。把本書大量的程式範例整合到你產品的說明文件中，則需要取得許可。

引用本書之時，若能註明出處，我們會很感謝，雖然一般來說這並非必須。出處的註明通常包括書名、作者、出版商以及 ISBN。例如：「*JavaScript: The Definitive Guide, Seventh Edition*, by David Flanagan (O'Reilly). Copyright 2020 David Flanagan, 978-1-491-95202-3.」。

如果覺得你對程式碼範例的使用方式有別於上述的許可情況，或超出合理使用（fair use）的範圍，請不用客氣，儘管連絡我們：*permissions@oreilly.com*。

致謝

許多人都曾在本書的製作過程中提供協助。我想要感謝我的編輯 Angela Rufino，以她的耐心容忍我錯過的截稿期限，並讓我維持在軌道上。也感謝我的技術審閱者：Brian Sletten、Elisabeth Robson、Ethan Flanagan、Maximiliano Firtman、Sarah Wachs 與 Schalk Neethling。他們的評論和建議讓本書變得更好。

O'Reilly 的製作團隊一如以往把工作做到最好：Kristen Brown 管理製作過程，Deborah Baker 是產品編輯、Rebecca Demarest 繪製圖表，而 Judy McConville 建立索引。

本書之前版本的編輯、審閱者及貢獻者包括：Andrew Schulman、Angelo Sirigos、Aristotle Pagaltzis、Brendan Eich、Christian Heilmann、Dan Shafer、Dave C. Mitchell、Deb Cameron、Douglas Crockford、Dr. Tankred Hirschmann、Dylan Schiemann、Frank Willison、Geoff Stearns、Herman Venter、Jay Hodges、Jeff Yates、Joseph Kesselman、Ken Cooper、Larry Sullivan、Lynn Rollins、Neil Berkman、Mike Loukides、Nick Thompson、Norris Boyd、Paula Ferguson、Peter-Paul Koch、Philippe Le Hegaret、Raffaele Cecco、Richard Yaker、Sanders Kleinfeld、Scott Furman、Scott Isaacs、Shon Katzenberger、Terry Allen、Todd Ditchendorf、Vidur Apparao、Waldemar Horwat 與 Zachary Kessin。

撰寫這第 7 版讓我在許多夜晚都無法陪伴我的家人。我把我的愛奉獻給他們，非常感謝他們容忍我的缺席。

—David Flanagan
2020 年 3 月

第一章

JavaScript 簡介

JavaScript 是 Web 的程式語言。絕大部分的網站都使用 JavaScript，而所有現代的 Web 瀏覽器，不管是桌上型電腦、平板電腦或手機所使用的，都包含 JavaScript 直譯器（interpreters），使得 JavaScript 成為歷史上最廣為部署的程式語言。在過去十年來，Node.js 讓 JavaScript 能在 Web 瀏覽器之外進行程式設計，而 Node 戲劇化的成功，正意味著 JavaScript 現在也是在軟體開發人員之間，最廣為使用的程式語言。無論你是從頭開始，或已經是專業的 JavaScript 使用者，這本書都將會協助你精通此語言。

如果你已經熟悉其他的程式語言，知道 JavaScript 是高階的、動態的、直譯式的程式語言，適用物件導性或函式型（functional）程式設計風格，可能會對你有所幫助。JavaScript 的變數是不具型（untyped）的。其語法大致以 Java 為基礎，但除此之外，這兩個語言就沒有相關之處。JavaScript 的一級函式（first-class functions）衍生自 Scheme，而它基於原型的繼承（prototype-based inheritance）則源自於較少人知道的語言 Self。但你並不需要知道任何的這些其他語言，或熟悉這些術語，就能運用本書並學習 JavaScript。

「JavaScript」這個名稱相當有誤導之虞。除了膚淺的語法相似度，JavaScript 是與 Java 完全不同的程式語言，而且 JavaScript 早就成長到超越其指令稿語言（scripting-language）根基，成為了穩健且有效率的通用語言，適用於嚴肅認真的軟體工程，以及具有大型源碼庫（codebases）的專案。

JavaScript：名稱、版本與模式（Modes）

JavaScript 是在 Web 的早期於 Netscape 被創造出來的，嚴格來說，「JavaScript」是 Sun Microsystems（現在的 Oracle）授權的商標，用以描述 Netscape（現在的 Mozilla）對於此語言的實作。Netscape 把這個語言提送到 ECMA（European Computer Manufacturer's Association）進行標準化，而由於商標的問題，此語言標準化的版本被困在了「ECMAScript」這個怪異名稱之中。實務上，每個人都單純稱呼這個語言為 JavaScript。本書使用「ECMAScript」這個名稱及其縮寫「ES」來指稱此語言的標準（standard）及該標準的各個版本（versions）。

2010 年代的大部分時間，所有的 Web 瀏覽器都有支援 ECMAScript 標準的第 5 版。本書將 ES5 視為相容性（compatibility）的基準線，並且不再討論這個語言更之前的版本。ES6 在 2015 年發行，新增了主要的幾個新功能，包括類別（class）和模組（module）語法，使得 JavaScript 從指令稿語言轉化為適用於大規模軟體工程的嚴肅且通用的語言。從 ES6 開始，ECMAScript 規格（specification）的發展步調就變為每年發行（yearly release），而此語言的版本，例如 ES2016、ES2017、ES2018、ES2019，現在也都是以發行年分來識別。

隨著 JavaScript 的演進，語言設計師們試著更正早期（ES5 之前）版本的缺陷。為了維持回溯相容性（backward compatibility），我們不可能把傳統的功能移除，不論它們的缺點有多大。但在 ES5 與之後的版本中，程式可以選擇使用 JavaScript 的 *strict mode*（嚴格模式），其中有幾個早期的語言錯誤都被更正了。選用的機制是會在 §5.6.3 中描述的「use strict」指引（directive）。那節也總結了傳統 JavaScript 和嚴格 JavaScript 之間的差異。在 ES6 和後續版本中，對於新語言功能的使用通常隱含著嚴格模式的調用。例如，假設你使用 ES6 的 class 關鍵字，或建立了一個 ES6 的模組，那麼在該類別或模組中的所有程式碼，都會自動變成嚴格的，而舊的、有缺陷的功能在那些情境下將無法取用。本書會涵蓋 JavaScript 的傳統功能，但會小心指出它們在嚴格模式中無法使用。

為了發揮用處，每個語言都必須有一個平台（platform）或標準程式庫（standard library），以進行像是基本輸入輸出那類的事情。核心的 JavaScript 語言定義了一個最小的 API 用以處理數字、文字、陣列、集合、映射等等的東西，但並不包含任何輸入或輸出的功能性。輸入與輸出（以及更為精密的功能，例如網路、儲存空間和繪圖）是 JavaScript 內嵌的「host environment（宿主環境）」所負責的。

JavaScript 原本的 host environment 是 Web 瀏覽器，而這仍是 JavaScript 程式碼最常見的執行環境。Web 瀏覽器環境能讓 JavaScript 程式碼獲取來自使用者滑鼠和鍵盤或發出 HTTP 請求（requests）所取得的輸入。而它允許 JavaScript 程式碼以 HTML 和 CSS 顯示輸出給使用者看。

從 2010 年開始，JavaScript 程式碼就有另一個 host environment 可用。不限制 JavaScript 非得使用 Web 瀏覽器所提供的 API，Node 賦予 JavaScript 存取整個作業系統（operating system）的能力，讓 JavaScript 程式能夠讀寫檔案、透過網路發送與接收資料，以及發出或回應 HTTP 請求。Node 是實作 Web 伺服器相當受歡迎的一種選擇，也是撰寫簡單工具指令稿（utility scripts）來取代 shell scripts 的一種便利工具。

本書主要專注於 JavaScript 語言本身。第 11 章含有 JavaScript 標準程式庫的說明文件、第 15 章介紹 Web 瀏覽器的 host environment，而第 6 章介紹 Node 的 host environment。

本身會先涵蓋底層的基本知識，然後以它們為基礎來說明更複雜且高階的抽象層（abstractions）。這些章節的設計或多或少是要讓讀者循序閱讀的。不過學習一個新程式語言的過程從來都不是線性（linear）的，而對於一個語言的描述也同樣不是線性的：每個語言功能都與其他功能有關，因此本書滿是對相關材料的交互參考，有時往後，有時往前。這個簡介章節讓我們快速地看過這個語言一遍，介紹會讓後續章節的深入討論更容易理解的關鍵功能。如果你已經是在實務上使用 JavaScript 的程式設計師，你大概可以跳過本章（不過繼續移動之前，你可能會覺得本章結尾的範例 1-1 讀起來很有趣）。

1.1　探索 JavaScript

學習一個新的程式語言時，很重要的是要去嘗試書中的範例，然後修改它們，並再試一次，以測試你對該語言的理解。為了那麼做，你會需要一個 JavaScript 直譯器（interpreter）。

要試試數行的 JavaScript 程式碼，最簡單的方式就是開啟你 Web 瀏覽器的 Web 開發人員工具（developer tools，使用 F12、Ctrl-Shift-I 或 Command-Option-I），然後選取 Console（主控台）分頁。然後你就能在命令提示列（prompt）輸入程式碼，並在輸入過程中觀察結果。瀏覽器的開發人員工具經常會以分隔窗格的形式出現在瀏覽器視窗的底部或右邊，但你通常也能將它們拆離，作為分別的視窗（如圖 1-1 所示），那樣會很方便。

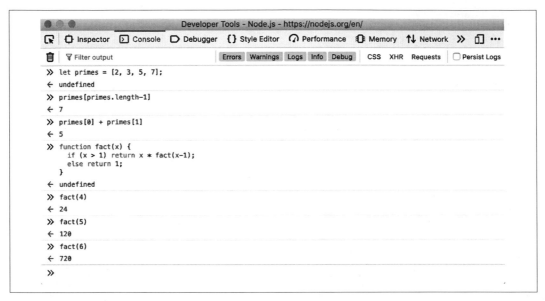

圖 1-1　Firefox 開發人員工具中的 JavaScript 主控台

嘗試 JavaScript 程式碼的另一種方式是從 *https://nodejs.org* 下載並安裝 Node。一旦在你的系統上安裝好 Node，你只要打開一個 Terminal（終端機）視窗，然後輸入 **node**，就能開啟一個互動式的 JavaScript 工作階段（session），像這一個：

```
$ node
Welcome to Node.js v12.13.0.
Type ".help" for more information.
> .help
.break    Sometimes you get stuck, this gets you out
.clear    Alias for .break
.editor   Enter editor mode
.exit     Exit the repl
.help     Print this help message
.load     Load JS from a file into the REPL session
.save     Save all evaluated commands in this REPL session to a file

Press ^C to abort current expression, ^D to exit the repl
> let x = 2, y = 3;
undefined
> x + y
5
```

```
> (x === 2) && (y === 3)
true
> (x > 3) || (y < 3)
false
```

1.2　Hello World

當你準備好開始以較長的程式碼片段進行實驗，那些逐行輸入的互動式環境可能不再合適，而你大概會偏好在文字編輯器（text editor）裡面撰寫你的程式碼。在那裡，你可以把程式碼複製貼上到 JavaScript 主控台或 Node 的工作階段。又或者你可以把程式碼儲存到一個檔案（JavaScript 程式碼傳統的延伸檔名是 *.js*），然後以 Node 執行那個 JavaScript 程式碼檔案：

```
$ node snippet.js
```

如果你以這種非互動式的方法使用 Node，它不會自動印出你所執行的所有程式碼的值，所以你得自己那麼做。你能使用函式 console.log() 在你的終端機視窗或瀏覽器的開發人員工具主控台中顯示文字和其他的 JavaScript 值。所以，舉例來說，如果你建立了一個 *hello.js* 檔案，其中含有這行程式碼：

```
console.log("Hello World!");
```

並以 node hello.js 執行該檔案，你就會看到訊息「Hello World!」被印出來。

如果你希望相同的那個訊息被印出到 Web 瀏覽器的 JavaScript 主控台中，就創建名為 *hello.html* 的一個新檔案，然後把這段文字放進去：

```
<script src="hello.js"></script>
```

然後使用像下面這樣的一個 file://URL 把 *hello.html* 載入到你的 Web 瀏覽器中：

```
file:///Users/username/javascript/hello.html
```

開啟開發人員工具視窗在主控台中查看這個招呼訊息。

1.3　JavaScript 導覽

本節透過程式碼範例提供了快速的 JavaScript 語言簡介。在這個介紹章節之後，我們會深入 JavaScript 的最底層：第 2 章說明像是註解、分號和 Unicode 字元集之類的東西。第 3 章就開始變得更加有趣了：它解說 JavaScript 的變數，以及你能夠指定給那些變數的值。

這裡有些範例程式碼用於演示那兩章的重點：

```javascript
// 跟在雙斜線（double slashes）之後的任何東西都是註解（comment）。
// 仔細閱讀這些註解：它們解說 JavaScript 程式碼。
// 一個變數（variable）是一個值（value）的符號名稱。
// 變數是以 let 關鍵字來宣告的：
let x;                    // 宣告一個名為 x 的變數。

// 值能以一個 = 符號被指定給變數
x = 0;                    // 現在變數 x 有 0 這個值
x                         // => 0：一個變數估算（evaluates）為它的值。

// JavaScript 支援數種型別的值
x = 1;                    // 數字。
x = 0.01;                 // 數字可以是整數或實數。
x = "hello world";        // 在引號中的文字字串。
x = 'JavaScript';         // 單引號也能用來界定字串。
x = true;                 // 一個 Boolean 值。
x = false;                // 另一個 Boolean 值。
x = null;                 // Null 是一個代表「沒有值（no value）」的特殊值。
x = undefined;            // Undefined 是像 null 的另一個特殊值。
```

JavaScript 程式可以操作的另外兩個重要型別（*types*）是物件（objects）和陣列（arrays），它們是第 6 章和第 7 章的主題，但它們重要到你在抵達那些章節前，就會碰到它們很多次：

```javascript
// JavaScript 最重要的資料型別是物件。
// 一個物件是名稱與值對組（name/value pairs）的一個群集，或字串對值的一種映射（map）。
let book = {              // 物件是以大括號（curly braces）圍起。
    topic: "JavaScript",  // 特性「topic」有「JavaScript」這個值。
    edition: 7            // 特性「edition」有值 7
};                        // 這個大括號標示一個物件的結尾。

// 使用 . 或 [] 來存取一個物件的特性：
book.topic               // =>「JavaScript」
book["edition"]          // => 7：存取特性值的另一種方式。
book.author = "Flanagan"; // 藉由指定創建新的特性。
```

```
book.contents = {};          // {} 是沒有特性的一個空物件。

// 以 ?. 條件式存取特性（ES2020）：
book.contents?.ch01?.sect1 // => undefined：book.contents 沒有 ch01 特性。

// JavaScript 也支援值的陣列（數值索引的串列）：
let primes = [2, 3, 5, 7]; // 有四個值的一個陣列，以 [ 和 ] 界定。
primes[0]                  // => 2：陣列的第一個元素（索引 0）。
primes.length              // => 4：陣列中有多少個元素。
primes[primes.length-1]    // => 7：陣列的最後一個元素。
primes[4] = 9;             // 藉由指定新增一個新的元素。
primes[4] = 11;            // 或透過指定更動一個現有的元素。
let empty = [];            // [] 是沒有元素的一個空陣列。
empty.length               // => 0

// 陣列和物件可以存放其他的陣列和物件：
let points = [             // 有兩個元素的一個陣列。
    {x: 0, y: 0},         // 每個元素都是一個物件。
    {x: 1, y: 1}
];
let data = {              // 有兩個特性的一個物件
    trial1: [[1,2], [3,4]], // 每個特性的值都是一個陣列。
    trial2: [[2,3], [4,5]]  // 這個陣列的元素也是陣列。
};
```

程式碼範例中的註解語法

你可能已經注意到，在前面的程式碼中，某些註解（comments）是以一個箭號（=>）開頭的，這顯示出註解前的程式碼所產生的值，我以這種方式試著在印刷書籍中模擬互動式的 JavaScript 環境（像是 Web 瀏覽器主控台）。

//=> 也作斷言（*assertion*）之用，而我也撰寫了一個工具來測試程式碼，驗證產生的正是註解中所指定的值。我希望這對減少本書中的錯誤有所幫助。

關於這些註解與斷言，有兩種相關的風格存在。如果你看到像 //a == 42 這種形式的註解，它意味著註解前的程式碼執行後，該變數會有值 42。如果你看到 //! 這種形式的註解，它代表該行中註解前的程式碼會擲出一個例外（而驚嘆號之後其餘的註解通常會說明所擲出的是何種例外）。

你在本書各處都會看到以這種方式使用的註解。

在此所展示的，在中括號（square braces，或稱「方括號」）中列出陣列元素，或在大括號（curly braces，或稱「曲括號」）內映射物件特性名稱至特性值的語法，被稱為*初始器運算式*（*initializer expression*），它僅是第 4 章的主題之一。一個運算式（*expression*）是 JavaScript 的一種片語（phrase），可被*估算*（*evaluated*）而產生一個值。舉例來說，使用 . 和 [] 來參考一個物件特性或陣列元素的值，就是一種運算式。

在 JavaScript 中構成運算式最常見的方式之一就是使用**運算子**（*operators*）：

```
// 運算子作用於值（運算元）來產生一個新的值。
// 算術運算子是最簡單的一種：
3 + 2                    // => 5：加
3 - 2                    // => 1：減
3 * 2                    // => 6：乘
3 / 2                    // => 1.5：除
points[1].x - points[0].x // => 1：更複雜的運算元也行得通
"3" + "2"                // => "32"：+ 相加數字、串接字串

// JavaScript 定義了一些簡寫的算術運算子
let count = 0;           // 定義一個變數
count++;                 // 遞增該變數
count--;                 // 遞減該變數
count += 2;              // 加 2：等同於 count = count + 2;
count *= 3;              // 乘 3：等同於 count = count * 3;
count                    // => 6：變數名稱也是運算式。

// 相等性和關係運算子測試兩個值是否相等、
// 不等、小於、大於等等。它們會估算為 true 或 false。
let x = 2, y = 3;        // 這些 = 符號是指定而非相等性測試
x === y                  // => false：相等性（equality）
x !== y                  // => true：不等性（inequality）
x < y                    // => true：小於（less-than）
x <= y                   // => true：小於或等於（less-than or equal）
x > y                    // => false：大於（greater-than）
x >= y                   // => false：大於或等於（greater-than or equal）
"two" === "three"        // => false：這兩個字串不同
"two" > "three"          // => true：「tw」在字母順序（alphabetically）大於「th」
false === (x > y)        // => true：false 等於 false

// 邏輯運算子結合或反轉 boolean 值
(x === 2) && (y === 3)   // => true：兩個比較都是 true。&& 是 AND
(x > 3) || (y < 3)       // => false：兩個比較都不是 true。|| 是 OR
!(x === y)               // => true：! 反轉一個 boolean 值
```

如果 JavaScript 運算式像是片語，那麼 JavaScript 述句（*statements*）就像是完整的句子（*sentences*）。述句是第 5 章的主題。粗略來說，一個運算式是會計算出一個值，但不會做任何事情的東西：它不會以任何方式更動程式的狀態（program state）。另一方面，述句則沒有值，但它們會更動狀態。你已經在上面見過變數的宣告（declarations）和指定（assignment）述句。另一大類述句是**控制結構**（*control structures*），例如條件式（conditionals）或迴圈（loops）。你會在下面看到例子，在我們涵蓋函式之後。

一個函式（*function*）是具名（named）且參數化（parameterized）的一個 JavaScript 程式碼區塊，只要定義一次，就能不斷調用（invoke）。函式的正式介紹要等到第 8 章，但就跟物件和陣列一樣，到達那章之前你就會多次看到它們。這裡是一些簡單的例子：

```
// 函式是我們能夠調用的參數化 JavaScript 程式碼區塊。
function plus1(x) {      // 定義名為「plus1」並具有參數「x」的一個函式
    return x + 1;       // 回傳比傳入之值大 1 的一個值。
}                        // 函式包在大括號中

plus1(y)                 // => 4：y 是 3，所以此次調用回傳 3+1

let square = function(x) { // 函式是能指定給變數的值
    return x * x;          // 計算函式的值
};                          // 分號（semicolon）標示這個指定的結尾。

square(plus1(y))         // => 16：在一個運算式中調用兩個函式
```

在 ES6 與後續版本中，函式的定義有一種簡寫語法可用。這種簡潔的語法使用 => 來分隔引數列（argument list）和函式主體（function body），因此以這種方式定義的函式被稱為**箭號函式**（*arrow functions*）。箭號函式最常用在你想要傳入一個不具名的函式作為引數給另一個函式之時。上面的程式碼以箭號函式改寫之後，會像這樣：

```
const plus1 = x => x + 1;   // 輸入 x 映射至輸出 x + 1
const square = x => x * x;  // 輸入 x 映射至輸出 x * x
plus1(y)                     // => 4：函式的調用也相同
square(plus1(y))             // => 16
```

以物件使用函式時，我們就得到**方法**（*methods*）：

```
// 當函式被指定給一個物件的特性，我們就稱呼
// 它們為「方法」。所有的 JavaScript 物件（包括陣列）都有方法：
let a = [];              // 創建一個空的陣列
a.push(1,2,3);          // push() 方法新增元素到一個陣列
a.reverse();            // 另一個方法：反轉元素的順序

// 我們也能定義自己的方法。「this」關鍵字指涉方法
// 在其上被定義的那個物件：在此，就是前面的 points 陣列。
```

```
points.dist = function() {  // 定義一個方法來計算點之間的距離
    let p1 = this[0];        // 我們在其上被調用的陣列之第一個元素
    let p2 = this[1];        // 「this」（這個）物件的第二個元素
    let a = p2.x-p1.x;       // x 坐標的差
    let b = p2.y-p1.y;       // y 坐標的差
    return Math.sqrt(a*a +   // 畢氏定理（Pythagorean theorem）
                   b*b);     // Math.sqrt() 計算平方根（square root）
};
points.dist()               // /=> Math.sqrt(2)：我們的兩個點之間的距離
```

現在，如承諾過的，這裡有些函式在其主體中展示了常見的 JavaScript 控制結構述句：

```
// JavaScript 述句包括條件式和迴圈，使用
// C、C++、Java 與其他語言的語法。
function abs(x) {           // 計算絕對值（absolute value）的一個函式
    if (x >= 0) {           // if 述句 ...
        return x;           // 如果比較為 true 就執行這段程式碼。
    }                       // 這是 if 子句的結尾。
    else {                  // 選擇性的 else 子句，會在
        return -x;          // 比較為 false 時執行。
    }                       // 每個子句只有 1 個述句時，大括號是選擇性的。
}                           // 注意到回傳（return）述句在 if/else 中內嵌為巢狀。
abs(-10) === abs(10)        // => true

function sum(array) {       // 計算一個陣列之元素的總和（sum）
    let sum = 0;            // 從初始總和值 0 開始。
    for(let x of array) {   // 迴圈處理陣列，將每個元素指定給 x。
        sum += x;           // 把元素值加到總和。
    }                       // 這是迴圈的結尾。
    return sum;             // 回傳總和。
}
sum(primes)                 // => 28：前 5 個質數的總和 2+3+5+7+11

function factorial(n) {     // 計算階乘（factorials）的一個函式
    let product = 1;        // 從乘積 1 開始
    while(n > 1) {          // 只要 () 中的運算式為 true 就重複 {} 中的述句
        product *= n;       // product = product * n; 的簡寫
        n--;                // n = n - 1 的簡寫
    }                       // 迴圈結尾
    return product;         // 回傳乘積（product）
}
factorial(4)                // => 24：1*4*3*2

function factorial2(n) {    // 使用不同迴圈的另一個版本
    let i, product = 1;     // 從 1 開始
    for(i=2; i <= n; i++)   // 自動遞增 i，從 2 到 n
        product *= i;       // 每次都這樣做。1 行的迴圈不需要 {}
```

```
    return product;          // 回傳階乘值
}
factorial2(5)                // => 120: 1*2*3*4*5
```

JavaScript 支援物件導向（object-oriented）的程式設計風格，但它與「典型」的物件導向程式語言有很大的不同。第 9 章會詳細涵蓋 JavaScript 的物件導向程式設計，並以大量範例進行說明。這裡有一個非常簡單的例子，示範如何定義一個 JavaScript 類別（class）來表示 2D 的幾何點（geometric points）。是這個類別之實體（instances）的物件會有單一個方法，名為 distance()，計算該點與原點（origin）之間的距離：

```
class Point {               // 依照慣例，類別名稱會首字母大寫（capitalized）。
    constructor(x, y) {     // 初始化新實體用的建構器（constructor）函式。
        this.x = x;         // this 關鍵字是被初始化的那個新物件。
        this.y = y;         // 將函式引數儲存為物件的特性。
    }                       // 建構器函式中不需要回傳。

    distance() {            // 計算原點至該點間距離的方法。
        return Math.sqrt(   // 回傳 x² + y² 的平方根。
            this.x * this.x +  // this 指涉 distance 方法
            this.y * this.y    // 在其上被調用的那個 Point 物件。
        );
    }
}

// 以「new」使用 Point() 建構器函式來創建 Point 物件
let p = new Point(1, 1);    // 幾何點 (1,1)。

// 現在使用 Point 物件 p 的一個方法
p.distance()                // => Math.SQRT2
```

這個 JavaScript 基本語法和特色的簡介之旅就在此結束，但接下來本書會有自成一體的各個章節涵蓋此語言額外的功能：

第 10 章，模組

展示一個檔案或指令稿中的 JavaScript 程式碼如何使用定義在其他檔案或指令稿中的 JavaScript 函式和類別。

第 11 章，*JavaScript 標準程式庫*

涵蓋所有 JavaScript 程式都能取用的內建（built-in）函式和類別。這包括重要的資料結構，像是映射（maps）、集合、用於文字模式比對的一個正規表達式（regular expression）類別、序列化 JavaScript 資料結構的函式，等等更多功能。

第 *12* 章，迭代器與產生器

解釋 for/of 迴圈如何運作，以及你如何讓自己的類別變成是 for/of 可迭代（iterable）的。它也涵蓋產生器函式和 yield 述句。

第 *13* 章，非同步 *JavaScript*

本章深入探討了 JavaScript 的非同步程式設計（asynchronous programming），涵蓋回呼（callbacks）與事件（events）、基於 Promise 的 API，以及 async 和 await 關鍵字。雖然核心的 JavaScript 語言不是非同步的，在 Web 瀏覽器和 Node 中，非同步 API 都是預設值，而本章介紹使用這些 API 的技巧。

第 *14* 章，*Metaprogramming*

介紹 JavaScript 的一些進階功能，撰寫程式庫以供其他開發人員使用的程式設計師可能會對這些功能感興趣。

第 *15* 章，*Web* 瀏覽器中的 *JavaScript*

介紹 Web 瀏覽器的宿主環境（host environment），說明 Web 瀏覽器如何執行 JavaScript 程式碼，並涵蓋 Web 瀏覽器所定義的許多最為重要的 API。

第 *16* 章，使用 *Node* 的伺服端 *JavaScript*

介紹 Node 的宿主環境，涵蓋基本的程式設計模型，以及要了解的最重要的資料結構和 API。

第 *17* 章，*JavaScript* 工具和擴充功能

涵蓋值得知道的工具和語言擴充功能，因為它們被廣為使用，並且可能讓你成為更有生產力的程式設計師。

1.4　範例：字元次數的直方圖

本章以一個簡短但有其重要性的 JavaScript 程式作為總結。範例 1-1 是一個 Node 程式，它會從標準輸入（standard input）讀取文字，從那些文字計算出字元次數的直方圖（character frequency histogram），然後印出那個直方圖。你可以像這樣調用該程式來分析它自己原始碼的字元次數：

```
$ node charfreq.js < charfreq.js
T: ########### 11.22%
E: ########## 10.15%
R: ####### 6.68%
S: ###### 6.44%
A: ###### 6.16%
N: ###### 5.81%
O: ##### 5.45%
I: ##### 4.54%
H: #### 4.07%
C: ### 3.36%
L: ### 3.20%
U: ### 3.08%
/: ### 2.88%
```

此範例用到了幾個進階的 JavaScript 功能，主要是要展示真實世界中的 JavaScript 程式看起來可能是怎樣。你不應該預期目前能夠完全理解這段程式碼，但請放心，在接下來的章節中，這裡的各個部分都會加以說明。

範例 *1-1* 以 *JavaScript* 計算字元次數的直方圖

```
/**
 * 這個 Node 程式會從標準輸入讀取文字，計算那段文字中
 * 每個字母的出現次數，並為最常使用的字元顯示
 * 一個直方圖。這需要 Node 12 或更高版本才能執行。
 *
 * 在 Unix 類型的環境中，你可以像這樣調用此程式：
 *     node charfreq.js < corpus.txt
 */

// 這個類別擴充 Map 以讓 get() 方法在鍵值 (key)
// 不在映射 (map) 中時，回傳指定的值而非 null
class DefaultMap extends Map {
    constructor(defaultValue) {
        super();                      // 調用超類別 (superclass) 的建構器
        this.defaultValue = defaultValue; // 記住預設值
    }

    get(key) {
        if (this.has(key)) {          // 如果該鍵值已經在映射中
            return super.get(key);    // 從超類別回傳其值。
        }
        else {
            return this.defaultValue; // 否則回傳預設值
        }
```

```
        }
    }

    // 此類別計算並顯示字母次數直方圖
    class Histogram {
        constructor() {
            this.letterCounts = new DefaultMap(0);  // 從字母到次數的映射
            this.totalLetters = 0;                  // 總共有多少字母
        }

        // 這個函式以文字的字母更新直方圖。
        add(text) {
            // 從文字移除空白，並將之轉為大寫（upper case）
            text = text.replace(/\s/g, "").toUpperCase();

            // 現在以迴圈處理過文字的字元
            for(let character of text) {
                let count = this.letterCounts.get(character); // 取得舊的次數
                this.letterCounts.set(character, count+1);    // 遞增它
                this.totalLetters++;
            }
        }

        // 把這個直方圖轉換為一個字串，顯示一個 ASCII 圖形
        toString() {
            // 把這個 Map 轉換為由 [key,value] 陣列所構成的一個陣列
            let entries = [...this.letterCounts];

            // 以次數（count）排序此陣列，然後再以字母順序排列
            entries.sort((a,b) => {              // 定義排序順序的一個函式。
                if (a[1] === b[1]) {             // 如果次數相同
                    return a[0] < b[0] ? -1 : 1; // 依照字母順序排列。
                } else {                         // 如果次數不同
                    return b[1] - a[1];          // 以最大的次數排序。
                }
            });

            // 將次數轉換為百分比（percentages）
            for(let entry of entries) {
                entry[1] = entry[1] / this.totalLetters*100;
            }

            // 捨棄小於 1% 的任何項目
            entries = entries.filter(entry => entry[1] >= 1);

            // 現在把每個項目轉換為一行文字
```

```
    let lines = entries.map(
        ([l,n]) => `${l}: ${"#".repeat(Math.round(n))} ${n.toFixed(2)}%`
    );

    // 並回傳串接起來的文字行，以 newline（換行）字元分隔。
    return lines.join("\n");
    }
}

// 這個 async（回傳 Promise 的）函式會創建一個 Histogram 物件，
// 非同步地從標準輸入讀取成塊的文字，並把那些文字塊加到
// 直方圖。抵達串流結尾時，它會回傳這個直方圖
async function histogramFromStdin() {
    process.stdin.setEncoding("utf-8"); // 讀取 Unicode 字串，而非位元組（bytes）
    let histogram = new Histogram();
    for await (let chunk of process.stdin) {
        histogram.add(chunk);
    }
    return histogram;
}

// 最後的這行程式碼是程式的主要部分。
// 它從標準輸入製作出一個 Histogram 物件，然後印出那個直方圖。
histogramFromStdin().then(histogram => { console.log(histogram.toString()); });
```

1.5   總結

本書以從下到上的方式解說 JavaScript。這意味著我們會從底層的細節開始，例如註解、識別字（identifiers）、變數和型別，接著再往上搭建運算式、述句、物件，以及函式，然後涵蓋高階的語言抽象層，像是類別和模組。我很認真看待本書書名中的**大全**（*definitive*）這個詞，而接下來的章節會以乍看之下可能令人抗拒的詳細程度解說這個語言。然而，真正精通 JavaScript 需要對細節的理解，而我希望你會撥出時間從頭到尾閱讀本書。但請不用認為你初次閱讀就得那樣做。如果你發現自己被困在某個章節中，請跳到下一節沒關係。一旦你對此語言有了整體的認知，並能運用它時，你可以再次回頭去掌握那些細節。

第二章

語彙結構

一個程式語言的語彙結構（lexical structure）就是規範你如何以該語言撰寫程式的基本規則集合。它是一個語言最低階的語法：舉例來說，它規範變數名稱的樣子、註解的分隔字元，以及一個程式述句如何與下一個區隔。這簡短的一章說明 JavaScript 的語彙結構。它涵蓋：

- 是否區分大小寫（case sensitivity）、空格（spaces）和分行（line breaks）
- 註解（comments）
- 字面值（literals）
- 識別字（identifiers）和保留字（reserved words）
- Unicode
- 選擇性的分號（semicolons）

2.1　JavaScript 程式的文字

JavaScript 是一個區分大小寫（case-sensitive）的語言。這意味著語言的關鍵字、變數、函式名稱，以及其他的識別字（*identifiers*）都必須以一致的字母大小寫輸入。舉例來說，while 關鍵字必須輸入為「while」而非「While」或「WHILE」。同樣地，online、Online、OnLine 與 ONLINE 會是四個不同的變數名稱。

JavaScript 會忽略程式中出現在語彙單元（tokens）之間的空格（spaces）。大多數情況下，JavaScript 也會忽略分行符號（line breaks，有一個例外請參閱 §2.6）。因為你可以自由地在你的程式中使用空格和 newlines（換行），所以你能以簡潔一致的方式格式化你的程式並進行縮排（indent），讓程式碼容易閱讀與理解。

除了一般的空格字元（\u0020），JavaScript 也會把 tabs、各式各樣的 ASCII 控制字元，以及各種 Unicode 空格字元識別為空白（whitespace）。JavaScript 會把 newlines、carriage returns（回返字元）以及一個 carriage return/line feed 序列視為行終止符（line terminators）。

2.2 註解

JavaScript 支援兩種形式的註解（comments）。在一個 // 與一行結尾之間的任何文字都會被視為一個註解，並且會被 JavaScript 所忽略。介於 /* 和 */ 字元之間的任何文字也會被視為一個註解，這種註解可以跨越多行，但不可以巢狀內嵌（nested）。下列的程式碼行全都是合法的 JavaScript 註解：

```
// 這是一個單行註解（single-line comment）

/* 這也是一個註解 */ // 而這裡是另一個註解。

/*
 * 這是一個多行註解（multi-line comment）。每行開頭額外的 * 字元
 * 並不是必要的語法成分，它們只是看起來很酷而已！
 */
```

2.3 字面值

一個字面值（*literal*）是直接出現在程式中的一個資料值。下列全都是字面值：

```
12              // 數字十二
1.2             // 數字一點二
"hello world"   // 一個文字字串
'Hi'            // 另一個字串
true            // 一個 Boolean 值
false           // 另一個 Boolean 值
null            // 代表一個物件的「缺席（absence）」
```

數字與字串字面值的完整細節在第 3 章中。

2.4　識別字與保留字

一個識別字（*identifier*）單純就是一個名稱（name）。在 JavaScript 中，識別字被用來為常數（constants）、變數、特性、函式和類別命名，並為 JavaScript 程式碼中的特定迴圈提供標籤（labels）。一個 JavaScript 識別字必須以一個字母、一個底線符號（underscore，_）或是一個錢幣符號（dollar sign，$）開頭。後續的字元可以是字母、數字（digits）、底線符號或錢幣符號（數字之所以不能作為第一個字元，是因為這樣 JavaScript 才能輕易區分識別字和數值）。這些全都是合法的識別字：

```
i
my_variable_name
v13
_dummy
$str
```

就跟任何語言一樣，JavaScript 保留特定的識別字給語言本身使用。這些「保留字（reserved words）」不能被用作一般的識別字。它們列於下一節。

2.4.1　保留字

下列字詞是 JavaScript 語言的一部分。其中許多（例如 if、while 和 for）都是必定不能被用作常數、變數、函式或類別名稱的保留字（雖然它們全都可以被用作一個物件內的特性名稱）。其他的保留字（例如 from、of、get 與 set）可用於沒有語法歧義（syntactic ambiguity）的少數情境中，作為完全合法的識別字。還有其他的關鍵字（例如 let）無法完全被保留，以維持與舊有程式的回溯相容性（backward compatibility），所以會有複雜的規則指出它們何時可被用作識別字，何時不行（舉例來說，若是以 var 在一個類別外部宣告，let 就能被用作變數名稱，但宣告在一個類別內，或是使用 const 時就不能）。最簡單的辦法就是避免把任何的這些保留字當成識別字使用，除了 from、set 與 target 以外，它們可以安全使用，也已經常被使用。

as	const	export	get	null	target	void
async	continue	extends	if	of	this	while
await	debugger	false	import	return	throw	with
break	default	finally	in	set	true	yield
case	delete	for	instanceof	static	try	
catch	do	from	let	super	typeof	
class	else	function	new	switch	var	

JavaScript 也保留或限制了目前該語言尚未使用、但可能會在未來版本中使用的特定關鍵字：

```
enum  implements  interface  package  private  protected  public
```

基於歷史因素，在特定環境下 arguments 和 eval 不允許作為識別字，最好完全避免。

2.5　Unicode

JavaScript 程式是使用 Unicode 字元集（character set）來撰寫的，而你可以在字串或註解中使用任何的 Unicode 字元。為了可移植性（portability）和易於編輯，在識別字中最常見的還是僅使用 ASCII 字母和數字，但這只是一種程式設計慣例，而且此語言在識別字中允許 Unicode 字母、數字和形意符號（ideographs，但表情符號不行）。

這表示程式設計師可以使用數學符號和來自非英文語言的字詞作為常數和變數：

```
const π = 3.14;
const sí = true;
```

2.5.1　Unicode 的轉義序列

某些電腦硬體和軟體無法顯示、輸入或正確地處理完整的 Unicode 字元集。為了支援使用較舊科技的程式設計師和系統，JavaScript 定義了轉義序列（escape sequences），允許我們僅使用 ASCII 字元來寫出 Unicode 字元。這些 Unicode 轉義序列會以字元 \u 開頭，然後要不是接著剛好四個十六進位數字（hexadecimal digits，使用大寫或小寫的字母 A–F），就是後面接著圍在大括號（curly braces）中的一到六個十六進位數字。這些 Unicode 轉義序列可以出現在 JavaScript 的字串字面值、正規表達式字面值和識別字中（但不能用於語言關鍵字）。舉例來說，字元「é」的 Unicode 轉義序列是 \u00E9，這裡有三種不同方式可以寫出包含此字元的變數名稱：

```
let café = 1;  // 使用一個 Unicode 字元定義一個變數
caf\u00e9      // => 1，使用一個轉義序列取用該變數
caf\u{E9}      // => 1，相同轉義序列的另一個形式
```

JavaScript 的早期版本僅支援四位數字的轉義序列。使用大括號的版本是在 ES6 中引進，以更好地支援需要超過 16 位元的 Unicode 編碼位置（codepoints），例如表情符號（emoji）：

```
console.log("\u{1F600}");  // 印出一個笑臉表情符號
```

Unicode 轉義序列也可以出現在註解中，但因為註解會被忽略，在那種情境中，它們單純會被視為 ASCII 字元，而不會被解讀為 Unicode。

2.5.2　Unicode 的常態化（Normalization）

若你在 JavaScript 程式中使用非 ASCII 字元，你必須注意到，對於相同的字元，Unicode 允許一種以上的編碼方式（encoding）。舉例來說，字元「é」可被編碼為單一個 Unicode 字元 \u00E9 或作為一個正規的 ASCII「e」後面接著 \u0301 這個尖音組合符號（acute accent combining mark）。文字編輯器（text editor）顯示這兩種編碼時，通常看起來完全相同，但它們有不同的二進位編碼（binary encodings），這代表它們會被 JavaScript 視為不同，這可能導致非常令人困惑的程式：

```
const café = 1;  // 這個常數的名稱是「caf\u{e9}」
const café = 2;  // 這個常數不同：「cafe\u{301}」
café  // => 1：這個常數有一個值
café  // => 2：這個無法區辨的常數有一個不同的值
```

Unicode 標準為所有的字元定義了偏好的編碼，並規範一個常態化程序（normalization procedure）來將文字轉為一種適合用於比較的正則形式（canonical form）。JavaScript 假設它解譯的原始碼已經常態化過了，它自己不會進行任何常態化動作。如果你計畫在你的 JavaScript 程式中使用 Unicode 字元，你應該確保你的編輯器或其他的工具有為你的原始碼進行 Unicode 的常態化，以避免最後得到的是實際上不同，但視覺上無法區分的識別字。

2.6　選擇性的分號

就像許多程式語言，JavaScript 使用分號（;）來分隔不同述句（參閱第 5 章）。這對讓程式碼的意義變得清楚來說，很重要：若沒有分隔符號，一個述句的結尾看起來可能會像另一個述句的開頭，反之亦然。在 JavaScript 中，如果那些述句寫在不同行，你通常可以省略兩個述句之間的分號（在程式結尾，或程式中的下個語彙單元是一個右大括號 }，你也可以省略分號）。許多 JavaScript 程式設計師（以及本書中的程式碼）使用分號來明確標示述句的結尾，即使是在不必要的地方也使用。另一種風格是盡可能省略分號，只在少數幾個必要的情況下才使用。不管你選的是何種風格，關於 JavaScript 中的選擇性分號，你都有一些細節應該了解。

考慮下列程式碼。因為那兩個述句出現在不同行，第一個分號就可以省略：

```
a = 3;
b = 4;
```

然而，若寫成這樣，第一個分號就是必要的：

```
a = 3; b = 4;
```

注意到 JavaScript 沒有把每個分行符號（line break）視為一個分號：它通常只會在沒有放上一個隱含的分號就無法剖析（parse）程式碼時，才會把分行符號視為分號。更正式的說（但有三個稍後會描述的例外），如果下一個非空格字元無法被解讀為目前述句的接續，JavaScript 就會把一個分行符號視為分號。考慮下列程式碼：

```
let a
a
=
3
console.log(a)
```

JavaScript 會像這樣解讀這段程式碼：

```
let a; a = 3; console.log(a);
```

JavaScript 確實會把那第一個分行符號視為一個分號，因為它無法剖析沒有加分號的程式碼 let a a。第二個 a 可以自成述句 a;，但 JavaScript 不會把那第二個分行符號視為分號，因為它可以接著剖析更長的述句 a = 3;。

這些述句終結規則會導致一些令人意外的情況。這段程式碼看起來像是以一個 newline 分隔的兩個個別的述句：

```
let y = x + f
(a+b).toString()
```

但第二行程式碼上的括弧（parentheses）可被解讀為第一行的 f 的函式調用（function invocation），而 JavaScript 會像這樣解讀這段程式碼：

```
let y = x + f(a+b).toString();
```

比較可能的是，這並非程式碼作者所認為的解讀方式。為了要讓它們作為兩個分別的述句運作，在此必須加上一個明確的分號。

一般來說，如果一個述句以（、[、/、+ 或 - 開頭，那它就有機會可被解讀為前一個述句的接續。以 /、+ 或 - 開頭的述句在實務上相當罕見，但以（或 [開頭的完全不少見，至少在某些風格的 JavaScript 程式設計中是那樣。某些程式設計師喜歡在任何的這種述句前放上一個防衛性的分號，如此即便前一個述句被修改，而之前終結用的分號被移除了，它們仍然會繼續正確運作：

```
let x = 0                         // 這裡省略了分號
;[x,x+1,x+2].forEach(console.log) // 防衛性的；讓這個述句有別於前一個
```

JavaScript 無法將第二行剖析為第一行述句的接續時，會把分行符號視為分號的通則有三個例外。第一個例外涉及了 return、throw、yield、break 與 continue 述句（參閱第 5 章）。這些述句經常是獨立存在的，但有時後面會跟著一個識別字或運算式。如果有一個分行符號出現在任何的這些字詞之後（並在任何其他語彙單元之前），JavaScript 永遠都會把那個分行符號解讀為一個分號。舉例來說，如果你寫：

```
return
true;
```

JavaScript 會假設你的意思是：

```
return; true;
```

然而，你的意思大概是：

```
return true;
```

這代表你必定不能在 return、break 或 continue 以及跟在那些關鍵字後的運算式之間插入一個分行符號。如果你插入了一個分行符號，你的程式碼就很有可能以不明顯的方式失誤，難以除錯。

第二個例外涉及了 ++ 與 -- 運算子（§4.8）。這些運算子可以是出現在一個運算式之前的前綴運算子（prefix operators），或是出現在運算式之後的後綴運算子（postfix operators）。如果你想要把這些運算子之一當成後綴運算子來用，它們必須跟套用它們的運算式出現在同一行上。第三個例外涉及了使用簡潔的「箭號」語法所定義的函式：=> 箭號本身必須跟參數列（parameter list）出現在同一行上。

2.7　總結

本章展示了在最低的層次 JavaScript 程式是如何撰寫的。下一章會帶我們往更高層走一步，介紹 JavaScript 程式作為基本計算單元的原始（primitive）型別和值（數字、字串等等）。

第三章

型別、值和變數

電腦程式運作的方式就是操作值（values），例如數字 3.14 或文字「Hello World」。程式語言中，可被表示（represented）和操作（manipulated）的值的種類，就稱作型別（types），而一個程式語言最基本的特色之一就是它所支援的型別集合。當一個程式需要保留一個值以供未來使用，它就會把那個值指定（assigns）給一個變數（variable，或說「儲存」該值在其中）。變數具有名稱，而它們允許我們在程式中使用那些名稱來指涉（refer，或稱「參考」）那些值。變數運作的方式則是程式語言的另一個基本特徵。本章解釋 JavaScript 中的型別、值，以及變數。它會先從整體概觀和一些定義開始。

3.1　概觀與定義

JavaScript 的型別可以分為兩大類：原始型別（*primitive types*）和物件型別（*object types*）。JavaScript 的原始型別包括數字、文字字串（稱作字串），以及 Boolean 真假值（稱作 booleans）。本章很大部分都用來詳細解說 JavaScript 中的數值（§3.2）和字串（§3.3）型別。Booleans 涵蓋於 §3.4。

特殊的 JavaScript 值 null 和 undefined 是原始值，但它們不是數字、字串或 booleans，它們每個值通常都被視為是自己特殊型別的唯一成員。§3.5 會談到更多關於 null 和 undefined 的事情。ES6 新增了一個特殊用途的型別，稱作 Symbol（符號），它讓我們能夠定義語言的擴充功能，而不會傷及回溯相容性。符號會在 §3.6 中簡短地涵蓋。

不是數字、字串、boolean、符號、null 或 undefined 的任何 JavaScript 值都是物件（object）。一個物件（也就是型別 *object* 的一個成員）是特性（*properties*）的一個群集（collection），其中每個特性都有一個名稱和一個值（可以是原始值或另一個物件）。有一個非常特別的物件，即全域物件（*global object*）涵蓋在 §3.7 中，但物件更通用且更詳細的介紹則在第 6 章中。

一個普通的 JavaScript 物件是具名值（named values）的一個無序群集（unordered collection）。這個語言也定義了一種特殊的物件，稱為陣列（array），用來表示帶有編號的值（numbered values）的有序群集（ordered collection）。JavaScript 語言包含了特殊的語法用來處理陣列，而陣列具有一些特殊的行為，讓它們有別於一般的物件。陣列是第 7 章的主題。

除了基本的物件和陣列外，JavaScript 還定義了其他幾個實用的物件型別。一個 Set 物件代表值的一個集合。一個 Map 物件代表從鍵值（keys）到值的一個映射（mapping）。各種「具型陣列（typed array）」能幫助我們在位元組（bytes）和其他二進位資料所構成的陣列上進行運算。RegExp 型別代表文字模式（textual patterns），能讓我們在字串上進行精密的比對（matching）、搜尋和取代作業。Date 型別表示日期和時間，並支援基本的日期算術。Error 及其子型別代表執行 JavaScript 程式碼的過程中可能出現的錯誤。所有的這些型別都涵蓋在第 11 章中。

JavaScript 與較為靜態（static）的語言比起來，差異在於其函式和類別（classes）並非只是語言語法的一部分：它們本身也是 JavaScript 程式能夠操作的值。如同非原始值的任何 JavaScript 值，函式和類別也都是特化的一種物件。它們會在第 8 章和第 9 章中詳細涵蓋。

JavaScript 直譯器（interpreter）會進行自動的垃圾回收（garbage collection）動作，以管理記憶體。這意味著 JavaScript 程式設計師通常不需要去擔心物件或其他值的解構（destruction）或解配置（deallocation）。當一個值變得不可及，也就是程式不再有任何方式去參考它，直譯器就知道它永遠都不會再被使用，因此自動收回它所佔據的記憶體（JavaScript 程式設計師有的時候還是得留意一下，以確保某些不再需要的值沒有不經意地仍處於可及的狀態，因而無法回收）。

JavaScript 支援一種物件導向的程式設計風格。粗略來說，這代表我們不是讓全域定義的函式作用在各種型別的值之上，那些型別本身就定義了方法（methods）來處理那些值。舉例來說，要排序一個陣列 a 的元素，我們不需要把 a 傳給一個 sort() 函式，取而代之，我們調用 a 的 sort() 方法：

```
a.sort();        // 物件導向版本的 sort(a)。
```

方法的定義涵蓋於第 9 章。嚴格來說，只有 JavaScript 物件才有方法，但數字、字串、boolean 及符號值的行為都彷彿它們擁有方法一樣。在 JavaScript 中，只有 null 和 undefined 是無法在其上調用方法的值。

JavaScript 的物件型別是可變的（*mutable*），而其原始型別則是不可變的（*immutable*）。一個可變型別的值是可以改變的：JavaScript 程式可以更改物件特性和陣列元素的值。數字、booleans、符號、null 和 undefined 則是不可變的，舉例來說，甚至只是談論修改一個數字的值，都是沒有意義的事情。字串（strings）可以被視為字元構成的陣列（arrays of characters），而你可能會預期它們是可變的。然而，在 JavaScript 中，字串是不可變的：你能存取一個字串位於任何索引上的文字，但 JavaScript 並不提供方式來讓你更動一個現有字串的文字。可變和不可變值之間的差異，會在 §3.8 中進一步探討。

JavaScript 會自由地將值從一個型別轉為另一個。舉例來說，若某個程式預期一個字串，但你給它一個數字，它就會自動替你把那個數字轉為一個字串。而如果你在預期一個 boolean 值的地方用了一個非 boolean 的值，JavaScript 也會據此進行轉換。值轉換的規則會在 §3.9 中解說。JavaScript 自由的值轉換規則影響了它對於相等性（equality）的定義，而 == 相等性運算子會進行 §3.9.1 中所描述的型別轉換（然而，在實務上 == 相等性運算子被棄用了，改為優先選用嚴格相等性運算子 ===，它不會進行型別轉換，有關這兩個運算子的更多資訊，請參閱 §4.9.1）。

常數（constants）和變數允許你在程式中使用名稱來指涉值。常數以 const 來宣告，而變數則以 let 來宣告（或是較舊的 JavaScript 程式碼中的 var）。JavaScript 的常數和變數是**未具型**（*untyped*）的：宣告並沒有規範它們會被指定的值之種類。變數的宣告和指定涵蓋於 §3.10。

如你在這段很長的簡介中能看到的，這是範圍廣泛的一章，解說 JavaScript 中資料是如何被表示並操作的許多基礎細節。我們會先深入到 JavaScript 數字和文字的細節之中。

3.2　數字

JavaScript 主要的數值型別 Number 用來表示整數（integers）並近似實數（real numbers）。JavaScript 使用 IEEE 754 標準[1]所定義的 64 位元浮點格式（floating-point format），這意味著它能表示的數字最大為 $\pm 1.7976931348623157 \times 10^{308}$，而最小到 $\pm 5 \times 10^{-324}$。

JavaScript 的數字格式允許你精確表達介於 $-9,007,199,254,740,992$（-2^{53}）與 $9,007,199,254,740,992$（2^{53}）之間的所有整數，包括兩端。若你使用的整數值比這還大，你可能會在尾端的位數失去精準度。然而，請注意到，JavaScript 中的某些運算（例如第四章所描述的陣列索引和逐位元運算子）是以 32 位元整數進行的。若你需要精確表示更大的整數，請參閱 §3.2.5。

當一個數字直接出現在 JavaScript 程式中，它就會被稱作一個**數值字面值**（*numeric literal*）。JavaScript 支援數種格式的數值字面值，如接下來的章節所描述的那樣。注意到，任何的數值字面值都可以在前面加上一個減號（-）來使該數字變為負的（negative）。

3.2.1　整數字面值

在 JavaScript 程式中，一個 base-10（基數為 10）的整數寫作一個序列的數字（a sequence of digits），例如：

```
0
3
10000000
```

除了 base-10 的整數字面值，JavaScript 也認得十六進位（base-16）的值。一個十六進位的字面值以 0x 或 0X 開頭，後面接著十六進位數字所成的一個字串。一個十六進位數字（hexadecimal digit）是數字 0 到 9 或字母 a（或 A）到 f（或 F）其中之一，後者代表 10 到 15 的值。這裡有十六進位整數字面值的例子：

```
0xff      // => 255: (15*16 + 15)
0xBADCAFE // => 195939070
```

1　在 Java、C++ 和大多數的現代程式語言中，這是型別為 double 的數字之格式。

在 ES6 和後續版本中，你也能以二進位（binary，base 2）或八進位（octal，base 8）來
表示整數，分別使用前綴 0b 和 0o（或 0B 和 0O）來取代 0x 就行了：

```
0b10101  // => 21: (1*16 + 0*8 + 1*4 + 0*2 + 1*1)
0o377    // => 255: (3*64 + 7*8 + 7*1)
```

3.2.2　浮點字面值

浮點字面值（floating-point literals）可以有一個小數點（decimal point），它們使用實
數的傳統語法。一個實數值（real value）表示為該數字的整數部分，後面接著一個小數
點，以及該數字的小數部分（fractional part）。

浮點字面值也能使用指數記號（exponential notation）來表示：一個實數後面接著字母 e
（或 E），跟著一個選擇性的加號或減號，再跟著一個整數指數（integer exponent）。這
種記號法代表該實數乘以 10 的那個指數次方。

更簡潔地說，這個語法是：

[*digits*][.*digits*][(E|e)[(+|-)]*digits*]

舉例來說：

```
3.14
2345.6789
.333333333333333333
6.02e23      // 6.02 × 10²³
1.4738223E-32  // 1.4738223 × 10⁻³²
```

6.02e23 代表 6.02×10^{23}

1.4738223E-32 代表 $1.4738223 \times 10^{-32}$

數值字面值中的分隔符（separators）

你可以在數值字面值中使用底線（underscores）來把長串的字面值分隔成容易閱
讀的區塊：

```
let billion = 1_000_000_000;  // 底線作為千分隔符（thousands separator）。
let bytes = 0x89_AB_CD_EF;    // 作為位元組分隔符（bytes separator）。
let bits = 0b0001_1101_0111;  // 作為四位元分隔符（nibble separator）。
let fraction = 0.123_456_789; // 在小數部分中也行得通。
```

在寫作本文的 2020 年初期，數值字面值中的底線尚未正式標準化為 JavaScript 的
一部分，但它們正在標準化程序接近完成的階段，而且所有主要的瀏覽器和 Node
都已經實作了。

3.2.3　JavaScript 中的算術

JavaScript 使用該語言所提供的算術運算子（arithmetic operators）來處理數字。那包括了用於加法的 +、減法的 -、乘法的 *、除法的 /，以及模數（modulo，除法運算後的餘數）的 %。ES2016 新增了 ** 用於指數運算（exponentiation，或稱「取冪」）。這些與其他運算子的完整細節可以在第 4 章中找到。

除了這些基本的算術運算子，JavaScript 還透過定義為 Math 物件的特性的一組函式和常數支援更複雜的數學運算：

```
Math.pow(2,53)         // => 9007199254740992：2 的 53 次方
Math.round(.6)         // => 1.0：捨入（round）至最接近的整數
Math.ceil(.6)          // => 1.0：向上捨入（round up）至一個整數
Math.floor(.6)         // => 0.0：向下捨入（round down）至一個整數
Math.abs(-5)           // => 5：絕對值（absolute value）
Math.max(x,y,z)        // 回傳最大的引數
Math.min(x,y,z)        // 回傳最小的引數
Math.random()          // 回傳 x 這個隨機數，其中 0 <= x < 1.0
Math.PI                // π：一個圓的圓周（circumference）除以直徑（diameter）
Math.E                 // e: The base of the natural logarithm
Math.sqrt(3)           // => 3**0.5：3 的平方根（square root）
Math.pow(3, 1/3)       // => 3**(1/3)：3 的立方根（cube root）
Math.sin(0)            // 三角學（Trigonometry）：還有 Math.cos、Math.atan 等。
Math.log(10)           // 10 的自然對數（natural logarithm）
Math.log(100)/Math.LN10  // 100 的 base 10 對數
Math.log(512)/Math.LN2   // 512 的 base 2 對數
Math.exp(3)            // Math.E 的立方
```

ES6 在 Math 物件上定義了更多函式：

```
Math.cbrt(27)    // => 3：立方根（cube root）
Math.hypot(3, 4) // => 5：所有引數的平方和（sum of squares）的平方根
Math.log10(100)  // => 2：Base-10 對數
Math.log2(1024)  // => 10：Base-2 對數
Math.log1p(x)    // (1+x) 的自然對數，對於非常小的 x 精確
Math.expm1(x)    // Math.exp(x)-1，Math.log1p() 的反函式
Math.sign(x)     // 對於 <、== 或 > 0 的引數分別是 -1、0 或 1
Math.imul(2,3)   // => 6：32 位元整數最佳化過的乘法運算
Math.clz32(0xf)  // => 28：32 位元整數中前導零位元（leading zero bits）的數目
Math.trunc(3.9)  // => 3：截斷（truncating）小數部分以轉換為一個整數
Math.fround(x)   // 捨入至最接近的 32 位元浮點數
Math.sinh(x)     // Hyperbolic sine（雙曲正弦）。還有 Math.cosh()、Math.tanh()
Math.asinh(x)    // Hyperbolic arcsine（雙曲反正弦）。還有 Math.acosh()、Math.atanh()
```

JavaScript 中的算術不會在溢位（overflow）、欠位（underflow）或除以零的時候提出錯誤。當某項數值運算的結果大於可表示的最大數字（溢位）時，該結果會是一個特殊的無限值 Infinity。同樣地，當一個負數的絕對值大到比能表示的最小負數之絕對值還要大時，結果會是負無限 -Infinity。這些無限值的行為正如你所預期的：它們與任何東西的加、減、乘或除都會導致一個無限值（可能有相反的正負號）。

當一個數值運算的結果比可表示的最小數字還要更接近零之時，就會發生欠位。在這種情況下，JavaScript 會回傳 0。如果欠位的起因是一個負數，JavaScript 就會回傳一個稱作「負零（negative zero）」的特殊值。這個值與一般的零幾乎完全沒有差異，JavaScript 程式設計師也很少會需要偵測它。

在 JavaScript 中，除以零並不是一種錯誤：它單純會回傳無限大或負無限大。然而，有一個例外存在：零除以零沒有定義良好的值，而這個運算的結果會是特殊的「不是一個數字（not-a-number）」值 NaN。如果你試著將無限大除以無限大、取一個負數的平方根，或把算術運算子用在無法被轉為數字的非數值運算元上，也會出現 NaN。

JavaScript 預先定義了全域常數 Infinity 和 NaN 來存放正無限大和「不是一個數字」值，而這些值也作為 Number 物件的特性以供取用：

```
Infinity                    // 太大無法表示的一個正數
Number.POSITIVE_INFINITY    // 相同的值
1/0                         // => Infinity
Number.MAX_VALUE * 2        // => Infinity，溢位了

-Infinity                   // 太小無法表示的負數
Number.NEGATIVE_INFINITY    // 相同的值
-1/0                        // => -Infinity
-Number.MAX_VALUE * 2       // => -Infinity

NaN                         // not-a-number 值
Number.NaN                  // 相同的值，以另一種方式寫出
0/0                         // => NaN
Infinity/Infinity           // => NaN

Number.MIN_VALUE/2          // => 0：欠位
-Number.MIN_VALUE/2         // => -0：負零
-1/Infinity                 // -> -0：也是負零
-0

// 下列的 Number 特性定義在 ES6 中
Number.parseInt()           // 等同於全域的 parseInt() 函式
Number.parseFloat()         // 等同於全域的 parseFloat() 函式
```

```
Number.isNaN(x)        // x 是 NaN 值嗎？
Number.isFinite(x)     // x 是一個數字而且有限（finite）嗎？
Number.isInteger(x)    // x 是一個整數嗎？
Number.isSafeInteger(x) // x 是 -(2**53) < x < 2**53 的一個整數嗎？
Number.MIN_SAFE_INTEGER // => -(2**53 - 1)
Number.MAX_SAFE_INTEGER // => 2**53 - 1
Number.EPSILON         // => 2**-52：數字之間最小的差（difference）
```

「not-a-number」值在 JavaScript 中有一個不尋常的特色：它與任何其他的值比較起來都不相等，包括自己。這意味著你不能寫出 x === NaN 來判斷變數 x 的值是否為 NaN，取而代之，你必須寫成 x != x 或 Number.isNaN(x)。那些運算式只會在 x 與全域常數 NaN 有相同的值時會為真（true）。

全域函式 isNaN() 類似於 Number.isNaN()。如果其引數為 NaN 或者那個引數是無法被轉換為數字的一個非數值（non-numeric value），它就會回傳 true。相關的函式 Number.isFinite() 會在它的引數是一個數字，而且不是 NaN、Infinity 或 -Infinity 的時候回傳 true。全域的 isFinite() 函式會在它的引數是或能被轉換為一個有限數字（finite number）時，回傳 true。

負零（negative zero）值也有點不尋常。它與正零（positive zero）比較起來相等（即使是使用 JavaScript 的嚴格相等性測試），這意味著那兩個值幾乎是無法分辨的，除了用作除數（divisor）之時：

```
let zero = 0;          // 一般的零
let negz = -0;         // 負零
zero === negz          // => true：零和負零是相等的
1/zero === 1/negz      // => false：Infinity 和 -Infinity 是不相等的
```

3.2.4　二進位浮點數和捨入誤差

實數有無限多個，但它們之中只有有限個（準確的說是 18,437,736,874,454,810,627 個）能被 JavaScript 的浮點格式精確表達。這意味著，你在 JavaScript 中處理實數的時候，數字的表示值（representation）經常會是實際數字的一個近似值（approximation）。

JavaScript（以及幾乎所有的現代程式語言）所用的 IEEE-754 浮點表示法是一種二進位表示法（binary representation），它可以精確表示像是 1/2、1/8 與 1/1024 之類的分數（fractions）。遺憾的是，我們最常使用的分數（特別是進行金融計算的時候）是十進位的分數（decimal fractions）：1/10、1/100 等等的。二進位的浮點數表示法無法精確表達像 0.1 這樣簡單的數字。

JavaScript 數字的精確度很高，可以非常接近地近似 0.1，但這個數字無法精確表示的事實，可能會導致問題。考慮這段程式碼：

```
let x = .3 - .2;    // 三十美分（cents）減去 20 美分
let y = .2 - .1;    // 二十美分減去 10 美分
x === y             // => false：這兩個值不相等！
x === .1            // => false：.3-.2 不等於 .1
y === .1            // => true：.2-.1 等於 .1
```

因為捨入誤差（rounding error），近似值 .3 和 .2 之間的差並不完全等於近似值 .2 和 .1 之間的差。很重要的是要知道，這個問題並不僅限於 JavaScript：這會影響使用二進位浮點數字的任何程式語言。此外，注意到這裡展示的這段程式碼中的 x 和 y 值與彼此非常接近，也與正確的值很接近。所計算出來的值幾乎任何目的都適用，問題只會出現在我們試著比較值的相等性之時。

如果這些浮點近似值會為你的程式帶來問題，就考慮使用定標整數（scaled integers），舉例來說，你能以整數美分（integer cents）的形式來操作錢幣值，而非使用小數的美元（fractional dollars）。

3.2.5　使用 BigInt 的任意精確度整數

JavaScript 在 ES2020 中定義的最新功能之一，是稱作 BigInt 的一種新的數值型別。就 2020 年初期來說，它在 Chrome、Firefox、Edge 與 Node 中都有實作，而 Safari 也有一個它的實作正在進行中。如其名稱所示，BigInt 是其值為整數（integers）的一種數值型別。這個型別被加到 JavaScript 中，主要是為了能表示 64 位元的整數，這對與其他許多程式語言和 API 的相容性而言，是必要的。但 BigInt 的值可以有數千個或甚至數百萬個位數，以因應你需要處理那麼大的數字的情況（然而，要注意 BigInt 的實作並不適合用於密碼學計算，因為它們並沒有試著防止計時攻擊）。

BigInt 的字面值寫成一串數字後面接著一個小寫字母 n。預設情況下，它們的基數為 10（base 10），但你也能使用 0b、0o 或 0x 前綴來表示二進位、八進位或十六進位的 BigInt：

```
1234n                  // 一個不怎麼大的 BigInt 字面值
0b111111n              // 一個二進位的 BigInt
0o7777n                // 一個八進位的 BigInt
0x8000000000000000n    // => 2n**63n：一個 64 位元整數
```

你可以使用 BigInt() 作為一個函式來將一般的 JavaScript 數字或字串轉為 BigInt 值：

```
BigInt(Number.MAX_SAFE_INTEGER)       // => 9007199254740991n
let string = "1" + "0".repeat(100);   // 1 後面接著 100 個零。
BigInt(string)                        // => 10n**100n：一個 googol
```

使用 BigInt 的算術運作起來就跟一般的 JavaScript 數字一樣，只不過除法會捨棄任何的餘數（remainder）並向下捨入（朝著零）：

```
1000n + 2000n // => 3000n
3000n - 2000n // => 1000n
2000n * 3000n // => 6000000n
3000n / 997n  // => 3n：商數（quotient）是 3
3000n % 997n  // => 9n：餘數是 9
(2n ** 131071n) - 1n  // 有 39457 個十進位數字的 Mersenne 質數（prime）
```

雖然標準的 +、-、*、/、% 與 ** 運算子能用於 BigInt，很重要的是要了解，你不可以把型別為 BigInt 的運算元（operands）與是一般數字的運算元混合使用。乍看之下，這可能有點令人困惑，但這樣做有很好的理由。如果一個數值型別比另一個更廣義，那麼混合運算元的算術運算就很容易定義，只要回傳更廣義型別的一個值就好了。但這兩個型別沒有一個比另一個更廣義：BigInt 可以表示非常大的值，讓它比一般數字更通用，但 BigInt 只能表示整數，這又使得一般的 JavaScript 數字型別更為通用。這個問題沒有解決之道，因此 JavaScript 單純不允許算術運算子有混合型別的運算元，藉此避開它。

相較之下，比較運算子（comparison operators）則可以處理混合的數值型別（但請參閱 §3.9.1 以更加了解 == 與 === 之間的差異）：

```
1 < 2n   // => true
2 > 1n   // => true
0 == 0n  // => true
0 === 0n // => false：=== 也會檢查型別相等性（type equality）
```

位元運算子（bitwise operators，描述於 §4.8.3）通常可與 BigInt 運算元並用。然而，Math 物件的所有函式都不接受 BigInt 運算元。

3.2.6　日期與時間

JavaScript 定義了一個簡單的 Date 類別用於表達與操作代表日期（dates）與時間（times）的數字。JavaScript 的 Date 是物件，但它們也有一種數值表示法，可表示為一個時戳（*timestamp*），代表從 1970 年 1 月 1 日開始，所經過的毫秒（milliseconds）數：

```
let timestamp = Date.now();   // 作為一個時戳（一個數字）的目前時間。
let now = new Date();         // 作為一個 Date 物件的目前時間。
let ms = now.getTime();       // 轉換為毫秒數的時戳。
let iso = now.toISOString();  // 轉換為標準格式的一個字串。
```

Date 類別及其方法詳細涵蓋於 §11.4，不過我們會在 §3.9.3 檢視 JavaScript 型別轉換細節時再次看到 Date 物件。

3.3　文字

用於表示文字（text）的 JavaScript 型別是**字串**（*string*）。一個字串是 16 位元值的一個不可變的有序序列，其中每一個通常代表著一個 Unicode 字元。一個字串的**長度**（*length*）是它所包含的 16 位元值之個數。JavaScript 的字串（及其陣列）使用從零起算的索引（zero-based indexing）：第一個 16 位元值在位置 0，第二個在位置 1，依此類推。**空字串**（*empty string*）是長度為 0 的字串。JavaScript 沒有特殊的型別來表示一個字串的單一個元素。要表示單一個 16 位元值，就使用長度為 1 的一個字串。

字元、編碼位置以及 JavaScript 字串

JavaScript 使用 UTF-16 編碼（encoding）的 Unicode 字元集（character set），而 JavaScript 字串是無號的 16 位元值（unsigned 16-bit values）所成的序列。最常用到的 Unicode 字元（來自「basic multilingual plane」的那些）所具備的編碼位置（codepoints）可放入 16 位元，並且可以由一個字串的一個元素來表達。其編碼位置 16 位元無法容納的那些 Unicode 字元是使用 UTF-16 作為兩個 16 位元值所成的一個序列（稱作「surrogate pair」）之規則來編碼的。這意味著長度為 2（有兩個 16 位元值）的 JavaScript 字串可能僅表示單一個 Unicode 字元：

```
let euro = "€";
let love = "♥";
euro.length   // => 1: 這個字元有一個 16-bit 元素
love.length   // => 2: UTF-16 編碼的♥是「\ud83d\udc99」
```

JavaScript 所定義的大多數字串操作方法都作用在 16 位元值上，而非字元。它們並不會特殊對待 surrogate pairs（代理對組），它們不會進行字串的常態化（normalization），甚至不會確保字串是格式正確的 UTF-16。

然而，在 ES6 中，字串是**可迭代**（*iterable*）的，如果你把 for/of 迴圈或 ... 運算子用在字串上，它會迭代（iterate）字串的實際字元，而非那些 16 位元值。

3.3.1　字串字面值

要在 JavaScript 程式中引入一個字串，只要把那些字元包在成對的單引號（single quotes）或雙引號（double quotes）或重音符（backticks），也就是 ' 或 " 或 ` 。雙引號字元和重音符可以出現在由單引號字元所界定的字串中，而對於雙引號和重音符所界定的字串來說，也是如此。這裡有字串字面值的一些例子：

```
""  // 空字串：它有零個字元
'testing'
"3.14"
'name="myform"'
"Wouldn't you prefer O'Reilly's book?"
"τ is the ratio of a circle's circumference to its radius"
`"She said 'hi'", he said.`
```

以重音符界定的字串是 ES6 的功能，這讓 JavaScript 運算式能內嵌在（或稱 *interpolated into*，內插至）字串字面值中。這種運算式的內插語法（interpolation syntax）涵蓋在 §3.3.4 中。

JavaScript 原本的版本要求字串字面值被寫在單一行上，而很常看到 JavaScript 程式碼藉由 + 運算子串接單行字串，創造出很長的字串。然而，到了 ES5，你就能在最後一行以外的每行後面放上一個反斜線（backslash，\）作為結尾，以讓一個字串字面值跨越多行，而接在其後的反斜線或行終止符（line terminator）都不算是該字串字面值的一部分。如果你需要在一個單引號或雙引號圍起的字串中包含一個 newline 字元，就用字元序列 \n（說明在下一節）。ES6 的 backtick（重音符）語法允許字串被拆成多行，而在此，行終止符就是字串字面值的一部分了：

```
// 代表 2 行的一個字串寫在一行中：
'two\nlines'

// 一個單行字串寫成三行：
"one\
 long\
 line"

// 一個雙行字串寫在兩行上：
`the newline character at the end of this line
is included literally in this string`
```

注意到，當你使用單引號來界定你的字串，你必須小心英文的縮寫字（contractions）或所有格（possessives），例如 *can't* 和 *O'Reilly's*。因為撇號（apostrophe）與單引號字元（single-quote character）相同，你必須使用反斜線字元（\）來「轉義（escape）」出現在單引號字串中的任何撇號（escapes 會在下一節中解釋）。

在客戶端（client-side）的 JavaScript 程式設計中，JavaScript 程式碼可能含有 HTML 碼所成的字串，而 HTML 碼可能含有 JavaScript 程式碼字串。就像 JavaScript，HTML 也使用單或雙引號來界定它的字串。因此，結合 JavaScript 和 HTML 時，比較好的方式是為 JavaScript 使用一種風格，而為 HTML 使用另一種風格。在接下來的例子中，字串「Thank you」是在一個 JavaScript 運算式中的單引號字串，而這個運算式是在一個 HTML 事件處理器屬性（event-handler attribute）中的雙引號字串：

```
<button onclick="alert('Thank you')">Click Me</button>
```

3.3.2　字串字面值中的轉義序列

反斜線字元（backslash character，\）在 JavaScript 字串中有一種特殊的用途。與跟在它後面的字元結合起來，它代表著原本無法在字串中表示的某個字元。舉例來說，\n 是代表一個 newline 字元的一個**轉義序列**（*escape sequence*）。

另一個先前提過的例子是 \' 它代表單引號（或撇號）字元。當你需要在單引號圍起的字串字面值中包含一個撇號，這個轉義序列就很有用。你可以看出為什麼這些被稱為 escape sequences（「跳脫」序列）：反斜線能讓你跳脫單引號字元尋常的解讀方式，不用它來標示字串結尾，而是把它當成一個撇號（apostrophe）使用：

```
'You\'re right, it can\'t be a quote'
```

表 3-1 列出了 JavaScript 的轉義序列和它們所代表的字元。這些轉義序列是泛用的，只要使用一個十六進位數字（hexadecimal number）來指定 Unicode 的字元碼，就能表達任何字元。舉例來說，序列 \xA9 代表版權符號（copyright symbol），十六進位數字 A9 給出了它的 Unicode 編碼。同樣地，\u 轉義代表了一個任意的 Unicode 字元，由四個十六進位數字（digits）指定，或是以大括號包圍時的一到六個數字：例如，\u03c0 代表字元 π，而 \u{1f600} 則是表情符號「grinning face（露齒笑臉）」。

表 3-1　JavaScript 轉義序列

序列	代表的字元
\0	NUL 字元（\u0000）
\b	空格（backspace，\u0008）
\t	水平 tab（horizontal tab，\u0009）
\n	換行（newline，\u000A）
\v	垂直 tab（vertical tab，\u000B）
\f	Form feed（\u000C）
\r	Carriage return（\u000D）
\"	雙引號（double quote，\u0022）
\'	撇號（apostrophe）或單引號（single quote，\u0027）
\\	反斜線（backslash，\u005C）
\x*nn*	兩位十六進位數字 *nn* 所指定的 Unicode 字元
\u*nnnn*	四位十六進位數字 *nnnn* 所指定的 Unicode 字元
\u{*n*}	編碼位置（codepoint）*n* 所指定的 Unicode 字元，其中 *n* 是一到六位的十六進位數字，介於 0 和 10FFFF 之間（ES6）

如果 \ 字元接在表 3-1 中所示之字元以外的任何字元前，那個反斜線單純會被忽略（當然，此語言的未來版本可能定義新的轉義序列）。舉例來說，\# 等同於 #。最後，如前面提過的，ES5 允許在一個 line break 前放上一個反斜線，以將單一個字串字面值拆成多行。

3.3.3　處理字串

JavaScript 有一個內建功能是**串接**（*concatenate*）字串的能力。如果你把 + 運算子用在數字上，它會把它們加起來，但如果你把這個運算子用於字串，它會把第二個字串附加（appending）到第一個，藉此連接（joins）它們。舉例來說：

```
let msg = "Hello, " + "world";   // 產生字串 "Hello, world"
let greeting = "Welcome to my blog," + " " + name;
```

字串能以標準的 === 相等性（equality）和 !== 不等性（inequality）運算子來比較：只有在它們是由完全相同的 16 位元值序列所構成的情況下，兩個字串才被視為相等。字串也可以用 <、<=、> 與 >= 運算子來比較。字串的比較單純是透過比較那些 16 位元值來進行（更穩健而且能考量到所在地區的字串比較和排序，請參閱 §11.7.3）。

要判斷一個字串的長度（length），也就是它含有的 16 位元值數量，就用該字串的 length 特性：

```
s.length
```

除了這個 length 特性外，JavaScript 還提供了功能豐富的 API 來處理字串：

```
let s = "Hello, world"; // 從一些文字開始。

// 取得一個字串的某些部分
s.substring(1,4)        // => "ell"：第 2、3 和 4 個字元。
s.slice(1,4)            // => "ell"：同樣的東西
s.slice(-3)             // => "rld"：後 3 個字元
s.split(", ")           // => ["Hello", "world"]：在定界字串（delimiter string）處切分

// 搜尋一個字串
s.indexOf("l")          // => 2：第一個字母 l 的位置
s.indexOf("l", 3)       // => 3：3 之上或之後第一個 "l" 的位置
s.indexOf("zz")         // => -1：s 並不包含子字串 "zz"
s.lastIndexOf("l")      // => 10：最後一個字母 l 的位置

// ES6 與之後版本的 Boolean 搜尋函式
s.startsWith("Hell")    // => true：字串以那些開頭沒錯
s.endsWith("!")         // => false：s 並不是以那個結尾
s.includes("or")        // => true：s 包括子字串 "or"

// 建立一個字串修改過的版本
s.replace("llo", "ya")  // => "Heya, world"
s.toLowerCase()         // => "hello, world"
s.toUpperCase()         // => "HELLO, WORLD"
s.normalize()           // Unicode NFC 常態化（normalization）：ES6
s.normalize("NFD")      // NFD 常態化，還有 "NFKC"、"NFKD"

// 檢視一個字串個別的（16 位元）字元
s.charAt(0)             // => "H"：第一個字元
s.charAt(s.length-1)    // => "d"：最後一個字元
s.charCodeAt(0)         // => 72：指定位置上的 16 位元數字
s.codePointAt(0)        // => 72: ES6，能用於 > 16 位元的編碼位置（codepoints）

// ES2017 中的字串填充函式（padding functions）
"x".padStart(3)         // => "  x"：在左邊加上空格，直到長度為 3
"x".padEnd(3)           // => "x  "：在右邊加上空格，直到長度為 3
"x".padStart(3, "*")    // => "**x"：在左邊加上星號，直到長度為 3
"x".padEnd(3, "-")      // => "x--"：在右邊加上連字號（dashes）直到長度為 3

// 空格修剪函式（space trimming functions），trim() 是 ES5 的，其他則是 ES2019
```

```
" test ".trim()            // => "test"：在頭尾移除空格
" test ".trimStart()       // => "test "：移除左邊的空格，還有 trimLeft
" test ".trimEnd()         // => " test"：移除右邊的空格，還有 trimRight

// 其他各種字串方法
s.concat("!")              // => "Hello, world!"：就用 + 運算子來代替
"<>".repeat(5)             // => "<><><><><>"：串接 n 個拷貝，ES6 的
```

記得在 JavaScript 中，字串是不可變的。像是 replace() 和 toUpperCase() 之類的方法會回傳新的字串：它們不會修改它們在其上被調用的字串。

字串也可被視為唯讀陣列（read-only arrays），而你可以使用方括號（square brackets）而非 charAt() 方法來存取一個字串的個別字元（16 位元值）：

```
let s = "hello, world";
s[0]                       // => "h"
s[s.length-1]              // => "d"
```

3.3.4　範本字面值

在 ES6 和之後版本中，字串字面值能以重音符（backticks）來界定：

```
let s = `hello world`;
```

然而，這並不僅是另一種字串字面值語法而已，因為這些 **範本字面值**（*template literals*）還可以包含任意的 JavaScript 運算式。重音符中一個字串字面值最終的值，會透過估算（evaluating）所包含的任何運算式，然後將那些運算式的值轉為字串，再把計算出來的那些字串和重音符中的字面值字元結合起來而得出：

```
let name = "Bill";
let greeting = `Hello ${ name }.`;   // greeting == "Hello Bill."
```

介於 ${ 和與它成對的 } 之間的所有東西都會被解讀為一個 JavaScript 運算式，而在大括號（curly braces）之外的都是一般的字串字面值文字。大括號中的運算式會被估算，然後轉換成字串，再插入到範本中，取代錢幣符號、大括號，以及介於它們之間的所有東西。

一個範本字面值可以包含任意數目的運算式。它可以使用普通字串能用的任何轉義序列（escape characters），而它要跨越幾行都可以，不需要特殊的轉義動作（escaping）。下列的範本字面值包含了四個 JavaScript 運算式，一個 Unicode 轉義序列，以及至少四個 newlines（那些運算式的值也可能包含 newlines）：

```
let errorMessage = `\
\u2718 Test failure at ${filename}:${linenumber}:
${exception.message}
Stack trace:
${exception.stack}
`;
```

這裡第一行結尾處的反斜線轉義（escapes）了最初的 newline，使得所產生的字串以
Unicode 字元 ✗（\u2718）開頭，而非一個 newline。

帶標記的範本字面值

範本字面值一個強大但較少被使用的功能是，如果一個函式名稱（或稱「標記」，
「tag」）出現在左重音符（opening backtick）之前，那麼範本字面值中的那些文字
和運算式的值就會被傳入那個函式，而這個「帶標記的範本字面值（tagged template
literal）」的值就會是該函式的回傳值。這可被用來，譬如說，在替換它們成為文字之
前，套用 HTML 或 SQL 的轉義動作到那些值上。

ES6 有一個內建的標記函式（tag function）：String.raw()。它會回傳成對重音符中的文
字，並且不會對反斜線的轉義進行任何處理：

```
`\n`.length            // => 1：這個字串有單一個 newline 字元
String.raw`\n`.length  // => 2：一個反斜線字元及字母 n
```

注意到，即便一個帶標記的範本字面值之標記部分是一個函式，它的調用（invocation）
並沒有用到括弧（parentheses）。在這種非常特定的情況中，那些重音符字元取代了左
右括弧。

可以定義你自己的範本標記函式（template tag functions）是 JavaScript 的一個強大功
能。這些函式不需要回傳字串，而它們可以像建構器（constructors）那樣被使用，彷彿
為此語言定義一種新的字面值語法一樣。我們會在 §14.5 中看到一個例子。

3.3.5　模式比對

JavaScript 定義了一種稱為**正規表達式**（*regular expression*，或 RegExp）的資料型
別用以描述文字字串中的模式（patterns）並進行比對（matching）。RegExp 並不是
JavaScript 中的基礎資料型別之一，但它們有著像數字和字串那樣的字串值語法，所以
它們有的時候看起來好像很基礎。正規表達式字面值（regular expression literals）的
文法很複雜，而它們定義的 API 也非同一般。它們的詳細說明在 §11.3。然而，因為
RegExp 很強大而且常被用來進行文字處理，本節會提供簡短的概觀。

成對斜線（a pair of slashes）之間的文字構成了一個正規表達式字面值。該對斜線中的第二個斜線後面也可以接著一或更多個字母，而那會修改該模式的意義。舉例來說：

```
/^HTML/;              // 在一個字串的開頭匹配（match）字母 H T M L
/[1-9][0-9]*/;        // 匹配一個非零數字（nonzero digit）後面接著任意數目的數字
/\bjavascript\b/i;    // 匹配作為一個字詞的 "javascript"，並不在意大小寫
```

RegExp 物件定義了數個實用的方法，而字串也有接受 RegExp 引數的方法。舉例來說：

```
let text = "testing: 1, 2, 3";  // 範例文字
let pattern = /\d+/g;           // 匹配一或更多個數字出現的所有位置
pattern.test(text)              // => true：存在一個匹配
text.search(pattern)            // => 9：第一個匹配的位置
text.match(pattern)             // => ["1", "2", "3"]：所有匹配組成的陣列
text.replace(pattern, "#")      // => "testing: #, #, #"
text.split(/\D+/)               // => ["","1","2","3"]：在非數字上分割
```

3.4　Boolean 值

一個 boolean 值（或稱「布林值」）代表真（truth）或假（falsehood）、開或關、是或否。這個型別只有兩個可能的值。保留字 true 和 false 會估算為那兩個值。

Boolean 值一般是你在 JavaScript 程式中所進行的比較產出的結果。舉例來說：

```
a === 4
```

這段程式碼測試變數 a 的值是否等於數字 4。如果是，這個比較的結果就是 boolean 值 true。如果 a 不等於 4，這個比較的結果就是 false。

Boolean 值常被用在 JavaScript 的控制結構中。舉例來說，JavaScript 中的 if/else 述句會在某個 boolean 值為 true 時採取某個動作，而在該值為 false 時進行另一個動作。你通常會把產生 boolean 值的比較與用到它的某個述句直接結合在一起。結果看起來會像這樣：

```
if (a === 4) {
    b = b + 1;
} else {
    a = a + 1;
}
```

這段程式碼檢查 a 是否等於 4。如果是，就加 1 到 b，否則加 1 到 a。

如同我們會在 §3.9 中討論的，任何的 JavaScript 值都可以被轉換為一個 boolean 值。下列的值會轉換為 false，因此運作方式也跟 false 一樣：

```
undefined
null
0
-0
NaN
""  // 空字串
```

其他所有的值，包括所有的物件（和陣列）都會轉換為 true，因此運作起來就像 true。false 以及會轉換成它的那六個值，有時被稱為 *falsy* 值，而所有其他的值都稱作 *truthy*。任何時候 JavaScript 預期一個 boolean 值，falsy 的值就會被當作 false，而 truthy 的值用起來就像 true。

作為一個例子，假設變數 o 不是持有一個物件，就是擁有值 null。你可以透過一個像這樣的 if 述句來明確地測試看看 o 是否為 non-null（非 null）：

```
if (o !== null) ...
```

不相等運算子 !== 會把 o 與 null 做比較，然後估算為 true 或 false，但你也能省略這個比較，改為仰賴 null 是 falsy 而物件是 truthy 的這個事實：

```
if (o) ...
```

在第一種情況中，if 的主體（body）只會在 o 不是 null 的時候執行。第二種情況較不嚴格：只要 o 不是 false 或任何 falsy 值（例如 null 或 undefined），它都會執行 if 的主體。對於你的程式而言哪個 if 述句比較適當，實際上取決於你預期 o 會被指定（assigned）什麼值。如果你需要區分 null 和 0 及 ""，那麼你就應該使用明確的比較。

Boolean 值有個 toString() 方法，你可以用來將之轉換為字串「true」或「false」，但除此之外，它們就沒有任何其他有用的方法了。儘管 API 很簡略，它們還是有三個重要的 boolean 運算子。

&& 運算子會進行 Boolean AND 運算。只有在它的兩個運算元都是 truthy 的時候，它才會估算為一個 truthy 值，否則估算為一個 falsy 值。|| 運算子是 Boolean OR 運算：如果它有任一個運算元（或兩個都）是 truthy 的，它就會估算為一個 truthy 值，而會在兩個運算元都是 falsy 的時候估算為一個 falsy 值。最後，單元（unary）的 ! 運算子會進行 Boolean NOT 運算：如果它的運算元是 falsy 的，它就估算為 true，而運算元是 truthy 的時候則估算為 false。舉例來說：

```
if ((x === 0 && y === 0) || !(z === 0)) {
    // x 和 y 都是零，或 z 非零
}
```

這些運算子的完整細節在 §4.10 中。

3.5　null 和 undefined

null 是一個語言關鍵字，它會估算為一個特殊值，通常用來表示「值的缺席（absence of a value）」。在 null 上使用 typeof 運算子會回傳字串「object」，代表 null 可以被想成是一種特殊的值，指出「沒有物件（no object）」。然而，在實務上，null 通常被視為它自己型別的唯一成員，而除了物件外，它也能代表數字和字串的「沒有值（no value）」。大多數程式語言都有某個與 JavaScript 的 null 等效的構造：你可能以 NULL、nil 或 None 的稱呼聽過它們。

JavaScript 還有第二個代表「值的缺席」的值。undefined 值代表更深層次的一種「缺席（absence）」。它是尚未被初始化的變數的值，以及你查詢不存在的某個物件特性（object property）或陣列元素（array element）時會得到的值。undefined 也是沒有明確回傳一個值的函式之回傳值，以及沒有引數（argument）傳入的函式參數（parameter）之值。undefined 是一個預先定義、被初始化為 undefined 值的全域常數（global constant，而非像 null 那樣的語言關鍵字，雖然實務上這不是什麼重要的差異）。如果你把 typeof 運算子套用到 undefined 值，它會回傳「undefined」，指出這個值是一個特殊型別的唯一成員。

儘管有這些差異，null 和 undefined 都代表值的缺席，而且經常可以交換使用。相等性運算子 == 會把它們視為相同（使用嚴格相等性運算子 === 來區分它們）。兩者皆是 falsy 值：需要 boolean 值的地方，它們的行為就會像是 false。null 和 undefined 都沒有任何特性或方法。事實上，使用 . 或 [] 來存取這些值的特性或方法會導致 TypeError。

我把 undefined 視為代表著系統層級的、非預期的或類錯誤（error-like）的值的缺席，而把 null 看作程式層級的、正常或預期的值的缺席。我盡可能避免使用 null 和 undefined，但如果我非得將這些值之一指定給一個變數或特性，或把它們之一傳入函式或從函式回傳，我通常會使用 null。有些程式設計師致力於完全避免 null，並盡可能使用 undefined 來取代它。

3.6　符號

符號（symbols）是在 ES6 中引進，以作為非字串的特性名稱（non-string property names）之用。要了解 Symbol，你必須知道 JavaScript 的基礎 Object 型別是特性所組成的一種無序群集（unordered collection），其中每個特性都有一個名稱和一個值。特性名稱通常是字串（在 ES6 之前，則一定是）。但在 ES6 與之後的版本中，Symbol 也可作為此用：

```
let strname = "string name";     // 用作特性名稱的一個字串
let symname = Symbol("propname"); // 用作特性名稱的一個 Symbol
typeof strname                    // => "string"：strname 是一個字串（string）
typeof symname                    // => "symbol"：symname 是一個符號（symbol）
let o = {};                       // 創建一個新的物件
o[strname] = 1;                   // 以一個字串名稱定義一個特性
o[symname] = 2;                   // 以一個符號名稱定義一個特性
o[strname]                        // => 1：存取那個字串名稱特性
o[symname]                        // => 2：存取那個符號名稱特性
```

Symbol 型別沒有字面值語法。要獲得一個 Symbol 值，你會呼叫 Symbol() 函式。這個函式永遠都不會回傳重複的值，即使是以相同的引數被呼叫也一樣。這意味著，若你呼叫 Symbol() 來取得一個 Symbol 值，你可以安全地使用那個值作為特性名稱，以新增一個特性到某個物件，而且不用擔心你可能會以相同的名稱覆寫現有的特性。同樣地，如果你使用符號特性名稱（symbolic property names），而且沒有分享那些符號，你就能相信你程式中其他模組的程式碼不會意外覆寫你的特性。

實務上，Symbol 被當作一種語言擴充機制（language extension mechanism）。ES6 引進 for/of 迴圈（§5.4.4）和可迭代物件（iterable objects，第 12 章）的時候，它需要定義類別能夠實作以讓自身成為可迭代（iterable）的標準方法。但為這個迭代器方法（iterator method）標準化任何特定的字串名稱都會破壞既有的程式碼，所以就改用符號名稱。如我們會在第 12 章中看到的，Symbol.iterator 是一個 Symbol 值，它可被用作一個方法名稱來讓一個物件可迭代。

Symbol() 函式接受一個選擇性的字串引數，並回傳一個唯一的 Symbol 值。如果你提供一個字串引數，那個字串就會被包括在 Symbol 的 toString() 方法之輸出中。然要，要注意的是，以相同的字串呼叫 Symbol() 兩次會產生兩個完全不同的 Symbol 值。

```
let s = Symbol("sym_x");
s.toString()             // => "Symbol(sym_x)"
```

toString() 是 Symbol 實體（instances）唯一有趣的方法。另外還有兩個你應該知道的 Symbol 相關方法。有時在使用 Symbol 的時候，你希望讓它們保持是你自己的程式碼私有的，以保證你的特性永遠不會與其他程式碼所用的特性衝突。然而，其他時候你可能想要定義一個 Symbol 值，並廣泛地將它與其他程式碼分享。例如在這種情況中：你正在定義某種擴充功能（extension），而你希望其他的程式碼也能夠參與其中，就像前面提過的 Symbol.iterator 機制那樣。

要滿足後面那個用例，JavaScript 定義了一個全域的 Symbol 註冊狀態（registry）。Symbol.for() 函式接受一個字串引數，並回傳與你傳入的字串關聯的一個 Symbol 值。若尚未有 Symbol 與那個字串關聯，那就會有一個新的被創建並回傳，否則的話，就回傳已經存在的 Symbol。也就是說，Symbol.for() 函式與 Symbol() 函式完全不同：Symbol() 永遠都不會重複回傳相同的值，但 Symbol.for() 以相同的字串被呼叫時，一定會回傳相同的值。傳入給 Symbol.for() 的字串會出現在所回傳的 Symbol 的 toString() 輸出中，而你也能在回傳的 Symbol 上呼叫 Symbol.keyFor() 來取回它。

```
let s = Symbol.for("shared");
let t = Symbol.for("shared");
s === t            // => true
s.toString()       // => "Symbol(shared)"
Symbol.keyFor(t) // => "shared"
```

3.7 全域物件

前面的章節已經介紹過 JavaScript 的原始型別和值。物件型別，也就是物件、陣列和函式，會在本書它們自己的章節中涵蓋。不過有一個非常重要的物件值我們現在就必須介紹。全域物件（*global object*）是一個普通的 JavaScript 物件，它有一個非常重要的用途：這個物件的特性會是 JavaScript 程式可取用的全域定義的識別字（globally defined identifiers）。JavaScript 直譯器啟動的時候（或是 Web 瀏覽器每次載入一個新頁面時），它會創建一個新的全域物件，並賦予它一組初始的特性，它們定義了：

- 全域常數，像是 undefined、Infinity 和 NaN

- 全域函式，像是 isNaN()、parseInt()（§3.9.2）和 eval()（§4.12）

- 建構器函式，像是 Date()、RegExp()、String()、Object() 和 Array()（§3.9.2）

- Math 和 JSON 之類的全域物件（§6.8）

這個全域物件的初始特性並不是保留字，但它們應該被當成保留字一樣對待。本章已經描述過其中的一些全域特性。其他大多數都會在本書的其他地方涵蓋。

在 Node 中，這個全域物件有一個名為 global 的特性，其值就是該全域物件本身，所以在 Node 程式中，你永遠都能以 global 這個名稱來參考此全域物件。

在 Web 瀏覽器中，Window 物件就是它所代表的瀏覽器視窗（browser window）中所含有的全部 JavaScript 程式碼的全域物件。這個全域的 Window 物件有一個自我指涉的 window 特性，可用來參考此全域物件。這個 Window 物件定義了核心的全域特性，但它也定義了不少 Web 瀏覽器或客戶端 JavaScript 限定的全域值（globals）。Web 工作者執行緒（worker threads，§15.13）有的全域物件與它們所關聯的那個 Window 物件不同。一個 worker 中的程式碼能透過 self 來參考它的全域物件。

ES2020 終於定義了 globalThis 作為任何情境下，參考此全域物件的標準方式。早在 2020 年初期，這個功能就已經被所有現代的瀏覽器和 Node 所實作了。

3.8　不可變的原始值和可變的物件參考

在 JavaScript 中，原始值（primitive values，即 undefined、null、boolean 值、數字和字串）與物件（包括陣列和函式）之間有一個基本差異存在。原始值是不可變（immutable）的：你沒有辦法改變（或「變動」，「mutate」）一個原始值。這在數字和 boolean 值上很明顯，改變一個數字的值甚至沒有意義。然而，對字串來說，這就不是那麼明顯了。因為字串就像是字元的陣列（arrays of characters），你可能會預期你可以更動位於任何指定索引上的字元，但事實上 JavaScript 並不允許那樣做，看起來好像是回傳修改過的字串的所有字串方法實際上都是回傳一個新的字串值。舉例來說：

```
let s = "hello";      // 先從某些小寫文字開始
s.toUpperCase();      // 回傳 "HELLO"，但不更動 s
s                     // => "hello"：原本的字串沒改變
```

原始值（primitives）在比較時，也是藉由值（by value）比較的：兩個值只有在它們擁有相同的值之時才被視為相同。對於數字、boolean 值和 undefined 來說，這聽起來好像循環了：它們沒有其他比較的方式。然而，再一次地，這對字串而言並不怎麼明顯。如果兩個分別的字串值被拿來比較，JavaScript 只會在它們的長度相同，而且位於每個索引上的字元都一樣的情況下，才會將它們視為相等。

物件則與原始值不同。首先，它們是**可變**（*mutable*）的，也就是說，它們的值可以改變：

```
let o = { x: 1 };  // 從一個物件開始
o.x = 2;           // 改變某個特性的值來更動它
o.y = 3;           // 新增一個特性來更動它

let a = [1,2,3];   // 陣列也是可變的
a[0] = 0;          // 更改一個陣列元素的值
a[3] = 4;          // 新增一個陣列元素
```

物件不是藉由值來比較的：即使擁有相同的特性和值，兩個分別的物件依然不相等。而兩個分別的陣列即使有同樣順序的相同元素，也不相等：

```
let o = {x: 1}, p = {x: 1};  // 具有相同特性的兩個物件
o === p                      // => false：分別的物件永遠都不會相等
let a = [], b = [];          // 兩個分別的空陣列
a === b                      // => false：分別的物件永遠都不會相等
```

物件有的時候被稱作**參考型別**（*reference types*）以將它們與 JavaScript 的原始型別（primitive types）做區分。使用這種術語，物件值就是**參考**（*references*），而我們說物件是**以參考**（*by reference*）比較的：兩個物件值只有在它們都參考（*refer*）相同的底層物件時，才會被視為相等。

```
let a = [];  // 變數 a 參考至一個空的陣列。
let b = a;   // 現在 b 參考至相同的陣列。
b[0] = 1;    // 變動變數 b 所參考的陣列。
a[0]         // => 1：這個改變透過變數 a 也看得到。
a === b      // => true：a 與 b 都參考相同的物件，所以它們是相等的。
```

如你可以從這段程式碼看出的，指定一個物件（或陣列）給一個變數，單純只會指定那個參考：這不會創建該物件的一個新的拷貝。如果你想要製作一個物件或陣列的拷貝，你必須明確地拷貝該物件的特性或該陣列的元素。這個範例使用一個 for 迴圈來進行示範（§5.4.3）：

```
let a = ["a","b","c"];            // 我們想要拷貝的一個陣列
let b = [];                       // 我們要拷貝至它的一個分別的陣列
for(let i = 0; i < a.length; i++) { // 對於 a[] 的每個索引
    b[i] = a[i];                  // 將 a 的一個元素拷貝到 b 中
}
let c = Array.from(b);            // 在 ES6 中，以 Array.from() 拷貝陣列
```

同樣地，如果我們想要比較兩個分別的物件或陣列，我們必須比較它們的特性或元素。
這段程式碼定義了一個函式來比較兩個陣列：

```
function equalArrays(a, b) {
    if (a === b) return true;              // 同一個陣列是相等的
    if (a.length !== b.length) return false; // 大小不同的陣列不相等
    for(let i = 0; i < a.length; i++) {    // 迴圈處理過所有的元素
        if (a[i] !== b[i]) return false;   // 若有任何差異，這些陣列不相等
    }
    return true;                           // 否則，它們就是相等的
}
```

3.9 型別轉換

JavaScript 對於它所需的值之型別非常有彈性。我們已經在 boolean 值上看到這點了：
當 JavaScript 預期一個 boolean 值，你可以提供任何型別的一個值，而 JavaScript 會視
需要轉換它。某些值（「truthy」值）會轉換為 true，而其他的值（「falsy」值）則轉為
false。對於其他的型別，也是如此：如果 JavaScript 想要一個字串，它會把你給它的任
何值轉為一個字串。如果 JavaScript 想要一個數字，它會試著把你給它的值轉為一個數
字（或在無法進行有意義的轉換時，轉為 NaN）。

一些例子：

```
10 + " objects"      // => "10 objects"：數字 10 轉為一個字串
"7" * "4"            // => 28：兩個字串都被轉為數字
let n = 1 - "x";     // n == NaN，字串 "x" 無法被轉為一個數字
n + " objects"       // => "NaN objects"：NaN 轉換為字串 "NaN"
```

表 3-2 總結了 JavaScript 中的值是如何從一個型別轉為另一個。表中粗體的項目突顯了
你可能會覺得意外的轉換。空白的格子代表沒必要轉換，所以沒有進行。

表 3-2　JavaScript 的型別轉換

值	轉為字串	轉為數字	轉為 Boolean
undefined	"undefined"	NaN	false
null	"null"	0	false
true	"true"	1	
false	"false"	0	
""（空字串）		0	**false**

值	轉為字串	轉為數字	轉為 Boolean
"1.2"（非空的，數值的）		1.2	true
"one"（非空的，非數值的）		NaN	true
0	"0"		**false**
-0	"0"		**false**
1（有限的，非零的）	"1"		true
Infinity	"Infinity"		true
-Infinity	"-Infinity"		true
NaN	"NaN"		**false**
{}（任何物件）	參閱 §3.9.3	參閱 §3.9.3	true
[]（空陣列）	""	**0**	true
[9]（一個數值元素）	"9"	**9**	true
['a']（任何其他陣列）	使用 join() 方法	NaN	true
function(){}（任何函式）	參閱 §3.9.3	NaN	true

表中所展示的原始對原始轉換相當簡單明瞭。轉至 boolean 的轉換已經在 §3.4 中討論過了。轉至字串的轉換對於所有的原始值來說都有明確的定義。轉至數字的轉換稍微麻煩一點點。可以作為數字剖析（parsed）的字串會被轉換為那些數字。前導和尾隨的空格都是被允許的，但不是數值字面值一部分的任何前導或尾隨的非空格字元都會使字串對數字的轉換產生 NaN。某些數值轉換看起來可能讓人驚訝：true 轉換為 1，而 false 和空字串轉換為 0。

物件對原始值的轉換就更複雜一點了，而那是 §3.9.3 的主題。

3.9.1　轉換和相等性

JavaScript 有兩個運算子可用來測試兩個值是否相等。「嚴格相等性運算子（strict equality operator）」，即 ===，不會在其運算元的型別不同時，把兩者視為相等，而編寫程式碼時，這幾乎總是你應該使用的正確運算子。但因為 JavaScript 對於型別轉換如此有彈性，它也以具有彈性的相等性定義來定義 == 運算子。舉例來說，下列所有的比較都為真：

```
null == undefined // => true：這兩個值被視為相等。
"0" == 0          // => true：字串會在比較前轉為數字。
```

```
0 == false        // => true：Boolean 會在比較前轉換為數字。
"0" == false      // => true：比較之前，兩個運算元都會轉為 0！
```

§4.9.1 精確說明了 == 運算子會進行什麼轉換以判斷兩個值是否應該被視為相等。

要牢記的是，一個值對另一個的可轉換性（convertibility）並不代表那兩個值的相等性。舉例來說，若在預期一個 boolean 值的地方用了 undefined，它就會被轉為 false，但這並不代表 undefined == false。JavaScript 運算子和述句預期各種型別的值，並進行對那些型別的轉換。if 述句轉換 undefined 為 false，但 == 運算子永遠都不會試著把它的運算元轉為 boolean。

3.9.2　明確的轉換

雖然 JavaScript 會自動進行許多型別轉換，有的時候你可能需要進行明確的轉換（explicit conversion），又或者你喜歡讓轉換變得明確，以讓你的程式碼更清楚易懂。

進行明確型別轉換最簡單的方式是使用 Boolean()、Number() 和 String() 函式：

```
Number("3")    // => 3
String(false)  // => "false"：或使用 false.toString()
Boolean([])    // => true
```

除了 null 和 undefined 以外的任何值都有一個 toString() 方法，而這個方法的結果通常都跟 String() 函式所回傳的相同。

順道一提，注意到 Boolean()、Number() 和 String() 函式也可以作為建構器（constructor）以 new 來調用。若你以這種方式使用它們，你會得到行為就像是原始 boolean、數字或字串值的一個「包裹器（wrapper）」物件。這些包裹器物件是 JavaScript 最早的時期所殘留的歷史遺物，真的是沒有什麼好理由去使用它們。

某些 JavaScript 運算子會進行隱含的型別轉換，而有的時候會被用來進行明確的型別轉換。若是 + 運算子的運算元（operand）之一是一個字串，它就會把另一個轉為字串。單元（unary）的 + 會把它的運算元轉為數字。而單元的 ! 會把它的運算元轉為一個 boolean 值，然後否定（negates）它。這些事實帶出了下列的型別轉換慣用語，你可能會在某些程式碼中看到它們：

```
x + ""   // => String(x)
+x       // => Number(x)
x-0      // => Number(x)
!!x      // => Boolean(x)：注意到用了兩次！
```

格式化和剖析數字是電腦程式中常見的工作，而 JavaScript 具有專門的函式與方法，為數字對字串及字串對數字的轉換提供更精確的控制。

Number 類別所定義的 toString() 方法接受一個額外的引數，以指定用於轉換的根值（radix）或基數（base）。如果你沒有指定該引數，轉換就會以基數 10 進行。然而，你也能以其他基數（介於 2 與 36）來轉換數字。舉例來說：

```
let n = 17;
let binary = "0b" + n.toString(2);  // binary == "0b10001"
let octal = "0o" + n.toString(8);   // octal == "0o21"
let hex = "0x" + n.toString(16);    // hex == "0x11"
```

處理金融或科學資料時，你可能會想要把數字轉換為字串，以掌控輸出中的小數位數（decimal places）或有效數字（significant digits）位數，或控制是否使用指數記號（exponential notation）。Number 類別定義了三個方法來進行這種數字對字串的轉換。toFixed() 以小數點（decimal point）後一個指定數目的位數來將一個數字轉為字串，它永遠都不會使用指數記號。toExponential() 使用指數記號將一個數字轉為字串，其中有一個位數在小數點前，以及小數點後指定數目的位數（這意味著有效數字的位數會比你所指定的數目多一）。toPrecision() 以你所指定的有效數字位數將一個數字轉為字串。若是有效數字的位數不足以顯示該數字完整的整數部分，它就會使用指數記號。注意到這三個方法都會適當地捨入（round）尾端的數位或以零填充。考慮下列範例：

```
let n = 123456.789;
n.toFixed(0)        // => "123457"
n.toFixed(2)        // => "123456.79"
n.toFixed(5)        // => "123456.78900"
n.toExponential(1)  // => "1.2e+5"
n.toExponential(3)  // => "1.235e+5"
n.toPrecision(4)    // => "1.235e+5"
n.toPrecision(7)    // => "123456.8"
n.toPrecision(10)   // => "123456.7890"
```

除了這裡所顯示的數字格式化方法，Intl.NumberFormat 類別還定義了一個更通用的、國際化的數字格式化方法，細節請參閱 §11.7.1。

如果你傳入一個字串給 Number() 轉換函式，它會試著把該字串當作整數或浮點數字面值來剖析。那個函式僅適用基數為 10 的整數，而且不允許並非該字面值一部分的尾隨字元。parseInt() 和 parseFloat() 函式（這些是全域函式，而非任何類別之方法）則更有彈性。parseInt() 會剖析任何整數，而 parseFloat() 整數和浮點數都能剖析。如果一個字串以「0x」或「0X」開頭，parseInt() 會將之解讀為一個十六進位數字。parseInt() 與

parseFloat() 兩者都會跳過前導的空白，剖析盡可能多的數值字元，並忽略後面接的任何東西。如果第一個非空格字元不是有效的數值字面值的一部分，它們就回傳 NaN：

```
parseInt("3 blind mice")      // => 3
parseFloat(" 3.14 meters")    // => 3.14
parseInt("-12.34")            // => -12
parseInt("0xFF")              // => 255
parseInt("0xff")              // => 255
parseInt("-0XFF")             // => -255
parseFloat(".1")              // => 0.1
parseInt("0.1")               // => 0
parseInt(".1")                // => NaN：整數不能以 "." 開頭
parseFloat("$72.47")          // => NaN：數字不能以 "$" 開頭
```

parseInt() 接受選擇性的第二引數，指出要被剖析的數字之根值（基數）。合法的值介於 2 和 36 之間。舉例來說：

```
parseInt("11", 2)     // => 3: (1*2 + 1)
parseInt("ff", 16)    // => 255: (15*16 + 15)
parseInt("zz", 36)    // => 1295: (35*36 + 35)
parseInt("077", 8)    // => 63: (7*8 + 7)
parseInt("077", 10)   // => 77: (7*10 + 7)
```

3.9.3　物件對原始值之轉換

前一節解釋過你如何明確地將一個型別的值轉換為另一個型別，也解釋過 JavaScript 把一個原始型別的值轉為另一個原始型別的隱含轉換。本節涵蓋 JavaScript 用來把物件轉為原始值的複雜規則。這很長而且不好懂，如果這是你初次閱讀本章，你大可先跳到 §3.10 沒關係。

JavaScript 有這麼複雜的物件對原始值轉換的緣由之一是某些型別的物件不僅只有一種原始表示法（primitive representation），譬如說，Date 物件可被表示為字串，或是作為數值的時戳（timestamps）。JavaScript 的語言規格定義了三個基本的演算法來將物件轉換為原始值：

prefer-string（偏好字串）

　　這個演算法回傳一個原始值，如果對字串的轉換是可能的話，就優先選用字串值。

prefer-number（偏好數字）

　　這個演算法回傳一個原始值，優先選用數字，如果該種轉換是可能的話。

no-preference（無偏好）

> 這個演算法對於要優先選用的原始值沒有偏好，而類別可以定義它們自己的轉換。在內建的 JavaScript 型別中，除了 Date 以外，都是實作 *prefer-number* 演算法。Date 類別則實作 *prefer-string* 演算法。

物件對原始值轉換的這些演算法之實作會在本節最後說明。在此，先讓我們解釋這些演算法在 JavaScript 中是如何被使用的。

物件對 boolean 的轉換

物件對 boolean 的轉換很簡單：所有的物件都轉為 true。注意到這個轉換並不需要用到上述的物件對原始值轉換演算法，而這真的是適用於*所有*物件，包括空陣列，甚至包裹器物件 new Boolean(false) 也是。

物件對字串的轉換

當一個物件需要被轉為字串，JavaScript 會先使用 *prefer-string* 演算法將它轉為一個原始值，然後必要的話，把所產生的原始值轉為字串，藉由表 3-2 中的規則。

舉例來說，如果你傳入一個物件給預期字串引數的內建函式，或把 String() 當成轉換函式呼叫，或把物件內插（interpolate）至範本字面值（template literals，§3.3.4）中，就會發生這種轉換。

物件對數字的轉換

當一個物件需要被轉換為數字，JavaScript 會先使用 *prefer-number* 演算法把它轉為一個原始值，然後必要的話，把所產生的原始值轉為數字，根據表 3-2 中的規則。

JavaScript 內建的函式與方法若是預期數值引數，就會以這種方式把物件引數轉為數字，而預期數值運算元的大多數 JavaScript 運算子（例外請看後續）也會以這種方式把物件轉為數字。

特例的運算子轉換

運算子會在第 4 章中詳細涵蓋。這裡，我們說明前面提到的，不使用基本的物件對字串和物件對數字轉換的特例運算子。

JavaScript 中的 + 運算子進行數值加法和字串串接。如果它的運算元有任一個是物件，JavaScript 就會使用 *no-preference* 演算法把它們轉換為原始值。有了兩個原始值之後，它會檢查它們的型別。如果有任一個引數是字串，它就會把另一個轉換為字串，然後串接那些字串。否則，它會把兩個引數都轉換為數字，然後相加它們。

== 與 != 運算子以寬鬆的方式進行相等性與不等性測試，允許型別轉換。如果有一個運算元是物件，而另一個是原始值，這些運算子會使用 *no-preference* 演算法把那個物件轉換為原始值，然後比較兩個原始值。

最後，關係運算子 <、<=、> 與 >= 會比較它們運算元的順序，並且可被用來比較數字和字串。若有任一個運算元是物件，它會被轉換為一個原始值，使用 *prefer-number* 演算法。然而，要注意的是，不同於物件對數字的轉換，*prefer-number* 轉換所回傳的原始值在之後不會被轉為數字。

注意到 Date 物件的數字表示值能以 < 和 > 進行有意義的比較，但其字串表示值則否。對 Date 物件來說，*no-preference* 演算法會轉換成字串，所以 JavaScript 為這些運算子使用 *prefer-number* 演算法意味著我們可以用它們來比較兩個 Date 物件的順序。

toString() 與 valueOf() 方法

所有的物件都會繼承被物件對原始值轉換所用的兩個轉換方法，而在我們解說 *prefer-string*、*prefer-number* 和 *no-preference* 轉換演算法之前，我們必須說明這兩個方法。

第一個方法是 toString()，而它的任務是回傳物件的一個字串表示值（string representation）。預設的 toString() 方法所回傳的值並不是非常有趣（不過我們會在 §14.4.3 找到它的用處）：

```
({x: 1, y: 2}).toString()    // => "[object Object]"
```

許多類別都定義有更特定版本的 toString() 方法。舉例來說，Array 類別的 toString() 方法會把每個陣列元素轉為一個字串，然後在其間放上一個逗號來把所產生的字串連接在一起。Function 類別會把使用者定義的函式轉為 JavaScript 原始碼字串。Date 類別定義的 toString() 方法會回傳一個人類可讀（並且是 JavaScript 可剖析）的日期與時間字串。RegExp 類別定義的 toString() 方法會把 RegExp 物件轉為看起來像 RegExp 字面值的一個字串：

```
[1,2,3].toString()                   // => "1,2,3"
(function(x) { f(x); }).toString()   // => "function(x) { f(x); }"
/\d+/g.toString()                    // => "/\\d+/g"
let d = new Date(2020,0,1);
d.toString()  // => "Wed Jan 01 2020 00:00:00 GMT-0800 (Pacific Standard Time)"
```

另一個物件轉換函式稱作 valueOf()。這個方法的任務定義就沒那麼明確了：它應該要把一個物件轉為能夠表示該物件的一個原始值，若那種原始值存在的話。物件是複合值（compound values），而大多數的物件實際上並沒辦法被表達為單一原始值，所以預設的 valueOf() 方法單純只會回傳該物件本身，而非回傳一個原始值。像是 String、Number 和 Boolean 之類的包裹器類別定義的 valueOf() 方法就只會回傳所包裹的原始值。陣列、函式和正規表達式單純繼承這個預設方法。為這些型別的實體呼叫 valueOf() 只會回傳物件本身。Date 類別定義的 valueOf() 方法會回傳該日期的內部表示值：從 1970 年 1 月 1 日算起的毫秒數（number of milliseconds）：

```
let d = new Date(2010, 0, 1);    // 2010 年 1 月 1 日（太平洋時間）
d.valueOf()                      // => 1262332800000
```

物件對原始值的轉換演算法

解釋了 toString() 和 valueOf() 方法之後，現在我們就可以概略說明這三個物件對原始值演算法的運作方式（完整的細節則推延到 §14.4.7）：

- *prefer-string* 演算法會先嘗試 toString() 方法。如果該方法有定義並且回傳一個原始值，那麼 JavaScript 就使用那個原始值（即使它不是一個字串！）。如果 toString() 方法不存在，或它回傳一個物件，那麼 JavaScript 就會嘗試 valueOf() 方法。如果那個方法存在並回傳一個原始值，那麼 JavaScript 就用那個值。否則，轉換會以一個 TypeError 失敗。

- *prefer-number* 演算法的運作方式就像 *prefer-string* 演算法，只不過它會先嘗試 valueOf() 再嘗試 toString()。

- *no-preference* 演算法取決於被轉換的物件之類別（class）。若該物件是一個 Date 物件，那麼 JavaScript 就用 *prefer-string* 演算法。對於任何其他的物件，JavaScript 會使用 *prefer-number* 演算法。

這裡所描述的規則適用於 JavaScript 所有內建型別，也是你自己定義的任何類別的預設規則。§14.4.7 解說如何為你所定義的類別定義你自己的物件對原始值轉換演算法。

在我們離開這個主題前，值得注意的是，*prefer-number* 轉換的細節解釋了為什麼空陣列會被轉為數字 0 而單元素陣列也能夠被轉換為數字：

```
Number([])    // => 0：這令人意外！
Number([99])  // => 99：真的嗎？
```

物件對數字的轉換會先使用 *prefer-number* 演算法把物件轉為一個原始值，然後將所產生的那個原始值轉為數字。*prefer-number* 演算法會先嘗試 valueOf()，不行的話再退而嘗試 toString()。不過 Array 類別繼承預設的 valueOf() 方法，它並不會回傳一個原始值。所以當我們試著將一個陣列轉為數字，我們會是在調用該陣列的 toString() 方法。空陣列轉換為空字串。而空字串轉換為數字 0。具有單一元素的陣列會轉為與那一個元素的轉換結果相同的字串。如果一個元素含有單一個數字，那個數字就會被轉為字串，然後再轉回數字。

3.10　變數的宣告和指定

電腦程式設計最基礎的技巧之一就是運用名稱（names），也就是**識別字**（*identifiers*），來代表（represent）值。將一個名稱繫結（bind）到一個值，讓我們有辦法在我們寫的程式中參考（refer，或「指涉」）那個值。我們這麼做的時候，我們通常會說我們是在把一個值指定（assign）給一個**變數**（*variable*）。「變數」這個專有名詞暗示著也可以指定新的值：我們程式執行過程中，與那個變數關聯的值可能變動（vary）。如果我們把一個值永久指定給一個名稱，那麼我們就稱那個名稱為一個**常數**（*constant*）而非變數。

在 JavaScript 程式中使用一個變數之前，你必須宣告（*declare*）它。在 ES6 和後續版本中，這是使用 let 和 const 關鍵字來進行，我們接下來會說明。在 ES6 之前，變數是以 var 宣告的，它比較奇特一點，會在本節後面解釋。

3.10.1　以 let 和 const 宣告

在現代的 JavaScript（ES6 和後續版本）中，變數是以 let 關鍵字宣告的，像這樣：

```
let i;
let sum;
```

你也可以在單一個 let 述句中宣告多個變數：

```
let i, sum;
```

良好的程式設計實務做法是盡可能在宣告時指定一個初始值（initial value）給你的變數：

```
let message = "hello";
let i = 0, j = 0, k = 0;
let x = 2, y = x*x; // 初始器（initializers）可以使用之前宣告的變數
```

若你沒有以 let 述句為一個變數指定初始值，該變數是宣告了，但在你的程式碼指定一個值給它之前，它的值都會是 undefined。

要宣告一個常數而非變數，就用 const 來取代 let。const 的運作方式就如同 let，只不過宣告時，你必須初始化（initialize）該常數：

```
const H0 = 74;          // 哈伯常數（Hubble constant，單位是 km/s/Mpc）
const C = 299792.458;   // 真空中的光速（km/s）
const AU = 1.496E8;     // 天文單位（Aastronomical Unit）：到太陽之距離（km）
```

如其名稱所示，常數的值不能改變，而試著那麼做會導致一個 TypeError 被擲出。

一個常見（但非全都這樣）的慣例是以全大寫字母的名稱來宣告常數，例如 H0 或 HTTP_NOT_FOUND，以作為區分它們和變數的一種方式。

何時使用常數

關於 const 關鍵字的使用，有兩個學派的思想。一種做法是只把 const 用在從根本上就不會改變的值，像是剛才所示的物理常數，或程式版號，或用來識別檔案類型的位元組序列。另一種做法觀察到我們程式中有許多所謂的變數在程式執行過程中實際上都不曾變動，在這種做法中，我們把所有東西都宣告為 const，然後只有在發現我們實際上必須允許其值變動，才將宣告改為 let，這可以幫忙避免臭蟲，因為排除了對於變數的意外變更。

在一種做法中，只為必定不能改變的值使用 const。在另一種做法中，我們為剛好不會改變的任何值都使用 const。在我自己的程式碼中，我喜歡前一種做法。

在第 5 章中，我們會學到 JavaScript 的 for、for/in 和 for/of 述句。這些迴圈都包括一個會在迴圈每次迭代（iteration）都被指定一個新值的迴圈變數（loop variable）。JavaScript 允許我們將那個迴圈變數當成迴圈語法本身的一部分來宣告，而這也是另一種使用 let 的常見方式：

```
for(let i = 0, len = data.length; i < len; i++) console.log(data[i]);
for(let datum of data) console.log(datum);
for(let property in object) console.log(property);
```

看起來可能有點令人意外，不過你也可以使用 const 來為 for/in 和 for/of 迴圈宣告迴圈
「變數」，只要迴圈的主體沒有重新指定一個新值就行。在這種情況中，const 宣告表達
的單純只是那個值在一次迴圈迭代的過程中會是常數：

```
for(const datum of data) console.log(datum);
for(const property in object) console.log(property);
```

變數和常數範疇

一個變數的**範疇**（*scope*）是在你程式原始碼中該變數有定義的區域。以 let 和 const 宣
告的變數與常數都是**區塊範疇**（*block scoped*）的。這意味著，它們只在 let 或 const
述句所在的程式碼區塊中有定義。JavaScript 的類別和函式都是區塊，if/else 述句、
while 迴圈和 for 迴圈等的主體也是。粗略來說，若一個變數或常數被宣告在一組大括號
（curly braces）之中，那些大括號就界定了該變數或常數有定義的程式碼區域（只不過
在宣告用的 let 或 const 述句之前的程式碼參考那些變數或常數依然是不合法的）。宣告
為 for、for/in 或 for/of 迴圈一部分的變數與常數會以迴圈主體（loop body）作為它們的
範疇，即便嚴格來說它們是出現在大括號外部。

當一個宣告是出現在頂層（top level），在所有程式碼區塊之外，我們就說它是一個**全
域**（*global*）變數或常數，並有全域範疇（global scope）。在 Node 和客戶端 JavaScript
模組（參閱第 10 章）中，一個全域變數之範疇會是它在其中定義的那個檔案（file）。
然而，在傳統的客戶端 JavaScript 中，一個全域變數的範疇會是它在其中被定義的那個
HTML 文件（document），也就是說：若一個 <script> 宣告了一個全域變數或常數，那
個變數或常數在該文件中的所有 <script> 元素中都有定義（或者至少是在 let 或 const 述
句後執行的所有指令稿中）。

重複宣告

在同一個範疇中，重複把相同的名稱用於一個 let 或 const 宣告中，會是一種語法錯誤
（syntax error）。在內嵌範疇（nested scope）中以同名宣告一個新的變數是合法的（雖
然實務上最好避免）：

```
const x = 1;        // 將 x 宣告為一個全域常數
if (x === 1) {
    let x = 2;      // 在一個區塊中，x 可以參考至一個不同的值
```

```
    console.log(x);  // 印出 2
}
console.log(x);      // 印出 1：現在我們回到全域範疇了
let x = 3;           // 錯誤！嘗試重複宣告 x 的語法錯誤
```

宣告和型別

如果你慣於使用具有型別的靜態語言（statically typed languages），例如 C 或 Java，你可能會認為變數宣告的主要用途是規範可被指定給一個變數的值之型別（type）。但如你已經看到的，JavaScript 的變數宣告並沒有與之關聯的型別[2]。一個 JavaScript 變數可以持有任何型別的一個值。舉例來說，在 JavaScript 中，先把一個數字指定給一個變數，然後再指定一個字串給該變數，是完全合法的（但這通常是差勁的程式設計風格）：

```
let i = 10;
i = "ten";
```

3.10.2　使用 var 的變數宣告

在 ES6 之前的 JavaScript 版本中，宣告變數的唯一辦法是使用 var 關鍵字，而且也無法宣告常數。var 的語法就如同 let：

```
var x;
var data = [], count = data.length;
for(var i = 0; i < count; i++) console.log(data[i]);
```

雖然 var 和 let 有相同的語法，但它們的運作方式有幾個重要的差異：

- 以 var 宣告的變數沒有區塊範疇，取而代之，它們的範疇會是包含它們的函式之主體，不管它們內嵌在該函式中多少層深。

- 若你在函式主體外使用 var，它所宣告的就會是全域變數，但以 var 宣告的全域變數和以 let 宣告的全域值之間有一個重大差異。以 var 宣告的全域值被實作為全域物件（§3.7）的特性，那個全域物件可透過 globalThis 來參考，所以如果你在一個函式外寫了 var x = 2;，這就好像你寫了 globalThis.x = 2; 一般。然而，請注意這個類比並不完美：以全域的 var 宣告創建的特性無法使用 delete 運算子（§4.13.4）來刪除。以 let 和 const 宣告的全域變數和常數並非該全域物件的特性。

2　存在有擴充版的 JavaScript，像是 TypeScript 和 Flow（§17.8），允許我們指定型別作為變數宣告的一部分，其語法類似 let x: number = 0;。

- 不同於以 let 宣告的變數，以 var 宣告相同的變數多次是合法的。而因為 var 變數有函式範疇而非區塊範疇，進行這樣的重新宣告實際上是很常見的。變數 i 經常用於整數值，特別是作為 for 迴圈的索引變數（index variable）。在具有多個 for 迴圈的一個函式中，很典型的是每個迴圈都會以 for(var i = 0; ... 開頭。因為 var 並不會限定那些變數的範疇是迴圈主體，那些迴圈的每一個都是在（無害地）重新宣告並重新初始化相同的變數。

- var 最不尋常的一個特色被稱作 *hoisting*（拉升）。當一個變數以 var 被宣告，該宣告會被往上提（或「拉升」）到包含它的函式之頂端。那個變數的初始化仍然位在你寫出它的地方，但該變數的定義移動到了該函式的頂端。因此以 var 宣告的變數可在外圍函式（enclosing function）中的任何地方使用，不會產生錯誤。若是其初始化程式碼尚未執行，那麼該變數的值可能會是 undefined，但你在該變數初始化之前使用它並不會得到一個錯誤（這可能會是臭蟲的來源，也是 let 所更正的最重要的不良功能之一：若你以 let 宣告一個變數，並試著在該 let 述句執行前使用它，你就會得到一個錯誤，而非只是看到一個 undefined 值）。

Using Undeclared Variables

在嚴格模式（strict mode，§5.6.3）中，如果你試著使用一個未宣告的變數，你會在執行程式碼的時候得到一個參考錯誤（reference error）。然而，在嚴格模式之外，如果你指定一個值給尚未以 let、const 或 var 宣告的名稱，你會創建出一個新的全域變數。無論它內嵌在你程式碼的函式或區塊中有多深，它都會是一個全域值，這幾乎可以肯定不是你所要的，而且容易產生臭蟲，也是使用嚴格模式最好的理由之一！

以這種方式意外建立的全域變數就像是以 var 宣告的全域變數：它們定義全域變數的特性。但不同於以 var 適當宣告的特性，這些特性可以透過 delete 運算子（§4.13.4）刪除。

3.10.3　解構指定

ES6 實作了一種複合的宣告和指定語法，稱作**解構指定**（*destructuring assignment*）。在一個解構指定中，等號右手邊的值會是一個陣列或物件（一個「有結構」的值，「structured」value），而左手邊則以模仿陣列和物件字面值語法的一種語法來指定一或多個變數名稱。一個解構指定發生時，有一或更多個值會從右邊的值被擷取（「解構」，「destructured」）出來，並儲存到左邊所指名的變數中。解構指定或許最常用作 const、 let 或 var 宣告述句的一部分來初始化變數，但它也能在一般的指定運算式（assignment expressions）中進行（使用已經宣告了的變數）。而如我們會在 §8.3.5 中看到的，解構也可以在定義一個函式的參數時使用。

這裡有使用值陣列（arrays of values）的一些簡單的解構指定：

```
let [x,y] = [1,2];  // 等同於 let x=1, y=2
[x,y] = [x+1,y+1];  // 等同於 x = x + 1, y = y + 1
[x,y] = [y,x];      // 對調（swap）兩個變數的值
[x,y]               // => [3,2]：遞增並對調之後的值
```

注意到解構指定如何能讓你輕易處理會回傳值陣列的函式：

```
// 轉換 [x,y] 坐標為 [r,theta] 極坐標（polar coordinates）
function toPolar(x, y) {
    return [Math.sqrt(x*x+y*y), Math.atan2(y,x)];
}

// 轉換極坐標為笛卡兒坐標（Cartesian coordinates）
function toCartesian(r, theta) {
    return [r*Math.cos(theta), r*Math.sin(theta)];
}

let [r,theta] = toPolar(1.0, 1.0);  // r == Math.sqrt(2); theta == Math.PI/4
let [x,y] = toCartesian(r,theta);    // [x, y] == [1.0, 1,0]
```

我們看到變數和常數可被宣告為 JavaScript 各種 for 迴圈的一部分，在這種情境下，也是可以使用變數解構。這裡有一段程式碼，它會迴圈處理過一個物件的所有名稱與值對組（name/value pairs），並使用解構指定來將那些對組從雙元素的陣列轉到個別的變數中：

```
let o = { x: 1, y: 2 }; // 我們會以迴圈處理的物件
for(const [name, value] of Object.entries(o)) {
    console.log(name, value); // 印出 "x 1" 和 "y 2"
}
```

一個解構指定左邊的變數個數並不需要與右邊的陣列元素數吻合，左邊多餘的變數會被設為 undefined，而右邊多餘的值會被忽略。左邊的變數串列可以包含額外的逗號以跳過右邊特定的某些值：

```
let [x,y] = [1];      // x == 1; y == undefined
[x,y] = [1,2,3];      // x == 1; y == 2
[,x,,y] = [1,2,3,4];  // x == 2; y == 4
```

解構一個陣列時，如果你想要收集所有沒用到或剩餘的值到單一個變數中，就在左手邊最後一個變數名稱前使用三個點（...）：

```
let [x, ...y] = [1,2,3,4];  // y == [2,3,4]
```

我們會在 §8.3.2 中再次看到以這種方式使用的三個點，在那裡它們被用來指出所有剩餘的函式引數都應該被收集到單一個陣列中。

解構指定可與巢狀陣列（nested arrays）並用。在這種情況中，指定的左手邊看起來應該像是一個內嵌的陣列字面值（nested array literal）：

```
let [a, [b, c]] = [1, [2,2.5], 3]; // a == 1; b == 2; c == 2.5
```

陣列解構的一個強大功能在於，它實際上並不需要一個陣列！你可以在指定的右手邊使用任何的可迭代（*iterable*）物件（第 12 章），能與 for/of（§5.4.4）迴圈並用的任何物件都可被解構：

```
let [first, ...rest] = "Hello"; // first == "H"; rest == ["e","l","l","o"]
```

右手邊是一個物件值的時候，也能進行解構指定。在這種情況下，指定的左手邊看起來就像是一個物件字面值：圍在大括號中，以逗號分隔的一個變數名稱串列：

```
let transparent = {r: 0.0, g: 0.0, b: 0.0, a: 1.0}; // 一個 RGBA 顏色
let {r, g, b} = transparent;   // r == 0.0; g == 0.0; b == 0.0
```

下個例子將 Math 物件的全域函式拷貝到了變數中，這可以簡化要進行許多三角學計算的程式碼：

```
// 等同於 const sin=Math.sin, cos=Math.cos, tan=Math.tan
const {sin, cos, tan} = Math;
```

注意到在這裡的程式碼中，Math 物件除了被解構到個別變數中的那三個特性外，還有許多其他的特性，那些沒有被指名的單純會被忽略。如果這個指定的左手邊包含了名稱不是 Math 特性之一的一個變數，那個變數就會被指定 undefined。

在這些物件解構範例中，我們所挑選的變數名稱都與我們正在解構的物件之特性名稱吻合。這能讓語法保持簡單並容易理解，但這並非必要的。一個物件解構指定左手邊的每個識別字都可以是一個以冒號分隔的識別字對組（colon-separated pair of identifiers），其中第一個是其值要被指定的特性名稱，而第二個是該值要被指定至的變數之名稱：

```
// 等同於 const cosine = Math.cos, tangent = Math.tan;
const { cos: cosine, tan: tangent } = Math;
```

我發現當變數名稱與特性名稱不同時，物件解構語法就會變得太過複雜而不好用，所以在這種情況下，我傾向於避開這種簡寫法。若你選擇用它，請記得特性名稱永遠都是在冒號左邊，不管是在物件字面值中，或是在物件解構指定的左手邊，都是如此。

與巢狀物件（nested objects），或物件組成的陣列（arrays of objects），或陣列構成的物件（objects of arrays）並用時，解構指定甚至會變得更加複雜，但這是合法的：

```
let points = [{x: 1, y: 2}, {x: 3, y: 4}];   // 兩個點物件所成的一個陣列
let [{x: x1, y: y1}, {x: x2, y: y2}] = points; // 解構到 4 個變數中。
(x1 === 1 && y1 === 2 && x2 === 3 && y2 === 4) // => true
```

或者，不是解構物件組成的一個陣列，而是解構陣列構成的一個物件：

```
let points = { p1: [1,2], p2: [3,4] };        // 擁有兩個陣列特性的一個物件
let { p1: [x1, y1], p2: [x2, y2] } = points;  // 解構到 4 個變數中
(x1 === 1 && y1 === 2 && x2 === 3 && y2 === 4) // => true
```

像這樣的複雜解構語法可能很難寫又很難讀，而你以傳統的程式碼，像是 `let x1 = points.p1[0];`，明確寫出你的指定，可能還會比較好一點。

Understanding Complex Destructuring

如果你發現自己要維護使用複雜解構指定的程式碼，有一個實用的規律能夠幫助你搞清楚那些複雜的情況。先考慮一個普通的（單值的）指定。在該指定完成後，你就可以把該指定左手邊的變數名稱拿來用作你程式碼中的一個運算式，而它會估算為你之前所指定的任何值。對於解構指定來說，也是如此。一個解構指定的左手邊看起來就像是一個陣列字面值或物件字面值（§6.2.1 和 §6.10）。在該指定完成之後，那個左手邊在你程式碼的其他地方運作起來就會像是一個有效的陣列字面值或物件字面值。要檢查你是否有正確地寫好一個解構指定，就試著把那個左手邊用在另一個指定運算式的右手邊：

```
// 先從一個資料結構和一個複雜的解構開始
let points = [{x: 1, y: 2}, {x: 3, y: 4}];
let [{x: x1, y: y1}, {x: x2, y: y2}] = points;

// 反轉那個指定來檢查你的解構語法
let points2 = [{x: x1, y: y1}, {x: x2, y: y2}]; // points2 == points
```

3.11　總結

關於本章要記得的一些關鍵重點是：

* 如何在 JavaScript 中撰寫並操作數字和文字字串。

* 如何使用其他的 JavaScript 原始型別：boolean、Symbol、null 和 undefined。

* 不可變的原始型別和可變的參考型別之間的差異。

* JavaScript 如何隱含地把一個型別的值轉換為另一個型別，以及你要怎麼在程式中明確地那麼做。

* 如何宣告和初始化常數與變數（包括使用解構指定）以及你宣告的變數和常數之語彙範疇（lexical scope）。

第四章

運算式和運算子

本章介紹 JavaScript 運算式，以及建立許多那些運算式所用的運算子。一個**運算式**（*expression*）是 JavaScript 的一種片語（phrase），它可被**估算**（*evaluated*）而產生一個值。直接內嵌在你程式中的一個常數就是非常簡單的一種運算式。一個變數名稱也是一種簡單的運算式，它會估算為被指定給該變數的任何值。複雜的運算式是從較簡單的運算式建構出來的。譬如說，一個陣列存取運算式（array access expression）的組成是估算為一個陣列的運算式，後面接著一個左方括號（open square bracket）、一個估算為整數的運算式，以及一個右方括號（close square bracket）。這個新的、更複雜的運算式會估算為儲存在指定陣列的指定索引上的值。同樣地，一個函式調用運算式（function invocation expression）的組成是估算為函式物件的一個運算式，以及用作函式引數（arguments）的零或多個額外的運算式。

要從較簡單的運算式建構出複雜的運算式，最常見的方式是使用**運算子**（*operator*）。一個運算子會以某種方式結合其運算元（operands，通常有兩個）的值，然後估算為一個新的值。乘法運算子 * 是一個簡單的例子。運算式 x * y 估算為運算式 x 和 y 之值的乘積（product）。為了簡單起見，我們有時候會說一個運算子**回傳**（*returns*）一個值，而非「估算為（evaluates to）」一個值。

本章說明所有的 JavaScript 運算子，也解說不使用運算子的運算式（例如陣列索引和函式調用）。如果你已經知道使用 C 式語法的另一個程式語言，你會發現 JavaScript 運算式和運算子大部分的語法對你而言都很熟悉。

4.1　主要運算式

最簡單的運算式，稱作主要運算式（primary expressions），是那些獨立存在的，它們不包含任何更簡單的運算式。JavaScript 中的主要運算式有常數或*字面值*（*literal values*）、特定的語言關鍵字，以及變數參考（variable references）。

字面值是直接內嵌在你程式中的常數值。它們看起來像這樣：

```
1.23        // 一個數字字面值
"hello"     // 一個字串字面值
/pattern/   // 一個正規表達式字面值
```

JavaScript 的數字字面值語法在 §3.2 中涵蓋過了。字串字面值則記載於 §3.3。正規表達式（regular expression）字面值語法在 §3.3.5 介紹過，並會在 §11.3 中詳細說明。

JavaScript 的某些保留字（reserved words）是主要運算式：

```
true        // 估算為 boolean 的真值
false       // 估算為 boolean 的假值
null        // 估算為 null 值
this        // 估算為「目前」的物件
```

我們在 §3.4 和 §3.5 中學過 true、false 與 null。不同於其他的關鍵字，this 不是一個常數，它在程式中的不同地方會估算為不同的值。這個 this 關鍵字用於物件導向（object-oriented）程式設計。在一個方法（method）的主體（body）中，this 會估算為該方法在其上被調用的那個物件。關於 this 的更多資訊，請參閱 §4.5、第 8 章（特別是 §8.2.2）及第 9 章。

最後，第三種類型的主要運算式是對變數、常數或全域物件之特性（property）的參考（reference）：

```
i           // 估算為變數 i 的值。
sum         // 估算為變數 sum 的值。
undefined   // 全域物件的 "undefined" 特性之值
```

任何識別字（identifier）單獨出現在一個程式中時，JavaScript 會假設它是一個變數或常數或全域物件的特性，並查找（looks up）其值。如果沒有該名稱的變數存在，嘗試估算一個不存在的變數會擲出一個 ReferenceError。

4.2　物件和陣列的初始器

物件和陣列初始器（*Object* and *array initializers*）是其值為一個新創建的物件或陣列的運算式。這些初始器運算式（initializer expressions）有的時候被稱作**物件字面值**（*object literals*）和**陣列字面值**（*array literals*）。然而，不同於真正的字面值，它們並非主要運算式，因為它們包括了數個子運算式（subexpressions）用以指定特性和元素值。陣列初始器的語法稍微簡單一些，我們會先從它們開始。

一個陣列初始器是包含在方括號（square brackets）內的一個逗號分隔的運算式串列（comma-separated list of expressions）。一個陣列初始器的值會是一個新創建的陣列。這個新陣列的元素（elements）會被初始化為逗號分隔的那些運算式的值：

```
[]          // 一個空陣列：方括號內沒有運算式代表沒有元素
[1+2,3+4]   // 一個雙元素的陣列。第一個元素是 3，第二個是 7
```

陣列初始器中的元素運算式本身也可以是陣列初始器，這意味著這些運算式可以建立出巢狀陣列（nested arrays）：

```
let matrix = [[1,2,3], [4,5,6], [7,8,9]];
```

一個陣列初始器中的元素運算式會在每次該陣列初始器估算時被估算。這表示一個陣列初始器運算式的值每次估算時都可能不同。

未定義的元素（undefined elements）可以包含在陣列字面值中，只要省略逗號間的一個值即可。舉例來說，這個陣列含有五個元素，包括三個未定義元素：

```
let sparseArray = [1,,,,5];
```

陣列初始器中最後一個運算式後面允許放上單一個尾隨的逗號，不會建立一個未定義元素。然而，若有陣列存取運算式使用在那最後一個運算式之後的索引，則必定會估算為 undefined。

物件初始器運算式就像是陣列初始器運算式，但方括號（square brackets，也稱「中括號」）被取代為了曲括號（curly brackets，也稱「大括號」），而每個子運算式會前綴有一個特性名稱及一個冒號（colon）：

```
let p = { x: 2.3, y: -1.2 };  // 具有兩個特性的一個物件
let q = {};                    // 沒有特性的一個空物件
q.x = 2.3; q.y = -1.2;         // 現在 q 跟 p 有相同的特性了
```

在 ES6 中，物件字面值有功能更為豐富的語法（你可以在 §6.10 找到細節）。物件字面值可以被內嵌（nested），例如：

```
let rectangle = {
    upperLeft: { x: 2, y: 2 },
    lowerRight: { x: 4, y: 5 }
};
```

我們會在第 6 章和第 7 章中再次看到物件和陣列初始器。

4.3　函式定義運算式

一個函式定義運算式（*function definition expression*）定義一個 JavaScript 函式，而這樣一個運算式的值就是那個新定義的函式。某種意義上，一個函式定義運算式就是一個「函式字面值（function literal）」，就像物件初始器是「物件字面值」那樣。一個函式定義運算式的組成通常是關鍵字 function 後面接著圍在括弧（parentheses）中，由零或多個識別字（參數名稱，parameter names）所成的一個逗號分隔的串列，以及曲括號中的一個 JavaScript 程式碼區塊（函式主體，function body）。舉例來說：

```
// 這個函式回傳傳入給它的值之平方（square）。
let square = function(x) { return x * x; };
```

一個函式定義運算式也可以包含用於該函式的一個名稱。函式也能以函式述句（function statement）來定義，而非使用函式運算式。在 ES6 和後續版本中，函式運算式可以使用一種簡潔的「箭號函式（arrow function）」新語法。函式定義的完整細節在第 8 章中。

4.4　特性存取運算式

一個特性存取運算式（*property access expression*）估算為一個物件特性或一個陣列元素的值。JavaScript 定義了兩種語法用於特性存取：

expression . identifier
expression [expression]

特性存取的第一種風格是一個運算式後面接著一個句點（period），以及一個識別字。那個運算式指定物件，而識別字則指定想要的特性之名稱。第二種風格的特性存取在第一個運算式（物件或陣列）後面跟著的是方括號中的另一個運算式。這第二個運算式指出想要的特性之名稱，或想要的陣列元素之索引（index）。這裡有一些具體的例子：

```
let o = {x: 1, y: {z: 3}}; // 一個範例物件
let a = [o, 4, [5, 6]];     // 包含該物件的一個範例陣列
o.x                         // => 1: 運算式 o 的特性 x
o.y.z                       // => 3: 運算式 o.y 的特性 z
o["x"]                      // => 1: property x of object o
a[1]                        // => 4: 運算式 a 位於索引 1 的元素
a[2]["1"]                   // => 6: 運算式 a[2] 位於索引 1 的元素
a[0].x                      // => 1: 運算式 a[0] 的特性 x
```

兩種特性存取運算式中，. 或 [前面的運算式都會先被估算。如果值是 null 或 undefined，該運算式就會擲出一個 TypeError，因為它們是 JavaScript 唯二不能有特性的值。如果物件運算式後面接著的是一個點和一個識別字，就會查找那個識別字所指名的特性之值，並成為該運算式整體的值。如果物件運算式後面接著方括號中的另一個運算式，那第二個運算式會被估算，並轉成一個字串，而整個運算式的值就會是那個字串所指名的特性之值。在這兩種情況中，若是指名的特性不存在，那麼特性存取運算式的值就會是 undefined。

.identifier 語法是兩種特性存取選項中較簡單的一種，但要注意的是，它只能用在你想要存取的特性擁有的名稱是一個合法識別字，而且你撰寫程式之時已經知道那個名稱的時候。若是該特性的名稱包含空格或標點符號，或者它是一個數字（對陣列來說），你就必須使用方括號。當特性名稱不是靜態的，而是某個計算的結果，也要使用方括號（例子請參閱 §6.3.1）。

物件與它們的特性詳細涵蓋於第 6 章，而陣列及它們的元素則涵蓋於第 7 章。

4.4.1　條件式特性存取

ES2020 新增了兩種特性存取運算式：

> *expression* ?. *identifier*
> *expression* ?.[*expression*]

在 JavaScript 中，null 和 undefined 是唯一的兩個沒有特性的值。在一般的特性存取運算式中使用 . 或 []，若左邊的運算式估算為 null 或 undefined，你會得到一個 TypeError。你可以使用 ?. 和 ?.[] 語法為這種類型的錯誤做下防護。

考慮運算式 a?.b。如果 a 是 null 或 undefined，那麼該運算式就會估算為 undefined，並且不會試著去存取個性 b。如果 a 是其他的值，那麼 a?.b 就會估算為 a.b 的估算結果（而如果 a 沒有一個名為 b 的特性，那麼其值就會再一次是 undefined）。

這種形式的特性存取運算式有的時候被稱為「選擇性鏈串（optional chaining）」，因為它也適用於較長的「鏈串起來（chained）」的特性存取運算式，像這一個：

```
let a = { b: null };
a.b?.c.d    // => undefined
```

a 是一個物件，所以 a.b 是一個有效的特性存取運算式。但 a.b 的值是 null，所以 a.b.c 會擲出一個 TypeError。藉由使用 ?. 而非 . ，我們避開了那個 TypeError，而 a.b?.c 會估算為 undefined。這意味著，(a.b?.c).d 會擲出一個 TypeError，因為那個運算式嘗試存取值為 undefined 的一個特性，但是出於「選擇性鏈串」的一個很重要的特色，a.b?.c.d（沒有括弧的）單純只會估算為 undefined，而不會擲出錯誤。這是因為透過 ?. 的特性存取是「短路（short-circuiting）」的：若是 ?. 左邊的子運算式估算為 null 或 undefined，那麼整個運算式即刻會估算為 undefined，不會有進一步的特性存取嘗試。

當然，如果 a.b 是一個物件，但那個物件沒有名為 c 的特性，那麼 a.b?.c.d 同樣會擲出一個 TypeError，而我們會想要使用另一個條件式特性存取（conditional property access）：

```
let a = { b: {} };
a.b?.c?.d   // => undefined
```

你也可以使用 ?.[] 而非 [] 來進行條件式的特性存取。在運算式 a?.[b][c] 中，如果 a 的值是 null 或 undefined，那麼整個運算式就會即刻估算為 undefined，而子運算式 b 與 c 甚至不會被估算到。如果 a 沒有定義，而那些子運算式中有任一個有副作用（side effects），那個副作用將不會發生：

```
let a;          // 糟糕，我們忘記初始化這個變數！
let index = 0;
try {
    a[index++]; // 擲出 TypeError
} catch(e) {
    index       // => 1：遞增發生在 TypeError 被擲出之前
}
a?.[index++]    // => undefined：因為 a 是 undefined
index           // => 1：沒有遞增，因為 ?.[] 是短路的
a[index++]      // !TypeError：無法索引 undefined。
```

透過 ?. 與 ?.[] 的條件式特性存取是 JavaScript 最新的功能之一。在 2020 初期，這個新的語法在大多數主要瀏覽器的目前版本或 beta 版本中都有支援。

4.5　調用運算式

調用運算式（invocation expression）是 JavaScript 用來呼叫（或執行）函式或方法的語法。它以一個函式運算式（function expression）開頭，識別出要被呼叫的函式。這個函式運算式後面接著一個左括弧（open parenthesis）、零或多個引數運算式（argument expressions）組成的一個逗號分隔的串列，以及一個右括弧（close parenthesis）。一些例子：

```
f(0)          // f 是函式運算式，0 是引數運算式。
Math.max(x,y,z) // Math.max 是函式，x、y 和 z 是引數。
a.sort()      // a.sort 是函式，而這裡沒有引數。
```

當一個調用運算式被估算，那個函式運算式會先被估算，然後那些引數運算式再被估算，以產生一串引數值。如果那個函式運算式的值不是一個函式，就會擲出一個 TypeError。接著，那些引數值會依序被指定給該函式定義時所列出的參數名稱（parameter names），然後執行該函式的主體（body）。如果該函式有用一個 return 述句來回傳一個值，那麼那個值就會變成調用運算式的值。否則，調用運算式的值會是 undefined。函式調用的完整細節，包括引數運算式的數目與函式定義中的參數數目不符時會發生什麼事的說明，都在第 8 章中。

每個調用運算式都包含一對括弧，以及左括弧前的一個運算式。如果那個運算式是一個特性存取運算式，那麼該調用就被稱為**方法調用**（*method invocation*）。調用方法時，作為特性存取對象的物件或陣列會在函式主體被執行的過程中，成為 this 關鍵字的值。這讓函式得以作用在擁有它們的物件身上（如此使用時，我們稱那些函式為「方法」）的物件導向程式設計典範變得可能。

4.5.1　條件式調用

在 ES2020 中，你也可以使用 ?.() 而非 () 來調用一個函式。一般來說，當你調用一個函式，若是括弧左邊的運算式是 null 或 undefined 或任何其他的非函式，就會有一個 TypeError 被擲出。藉由這個新的 ?.() 調用語法，若是 ?. 左邊的運算式估算為 null 或 undefined 那麼整個調用運算式就會估算為 undefined 而且不會有例外被擲出。

陣列物件有一個 sort() 方法，你可以選擇性傳入用來為陣列元素定義你想要的順序的一個函式引數給它。在 ES2020 之前，如果你想要撰寫像 sort() 那樣接受一個選擇性函式引數（optional function argument）的方法，典型的做法會是使用一個 if 述句來檢查那個函式引數是否有定義，然後再於那個 if 的主體中調用它：

```
function square(x, log) {  // 第二個引數是一個選擇性的函式
    if (log) {             // 若有傳入選擇性的函式
        log(x);            // 就調用它
    }
    return x * x;          // 回傳引數的平方
}
```

然而，藉由 ES2020 的這個條件式調用語法，你可以單純使用 ?.() 寫出函式調用，因為你知道調用動作只會發生在實際上有一個值可以調用之時：

```
function square(x, log) {  // 第二個引數是一個選擇性函式
    log?.(x);              // 若有那個函式就呼叫它
    return x * x;          // 回傳引數的平方
}
```

然而，注意到 ?.() 只會檢查左手邊是否為 null 或 undefined，它沒有驗證那個值是否真的是一個函式。所以，舉例來說，如果你傳入兩個數字給它，這個例子中的 square() 函式仍然會擲出一個例外。

如同條件式特性存取運算式（§4.4.1），使用 ?.() 的函式調用是短路的：如果 ?. 左邊的值是 null 或 undefined，那麼括弧中的引數運算式都不會被估算：

```
let f = null, x = 0;
try {
    f(x++); // 擲出 TypeError 因為 f 是 null
} catch(e) {
    x          // => 1：x 會在例外擲出前被遞增
}
f?.(x++)    // => undefined：f 是 null，但沒有例外擲出
x           // => 1：遞增動作被跳過了，因為短路行為
```

使用 ?.() 的條件式調用運算式用在方法身上也跟函式一樣好。但因為方法調用也涉及了特性存取，你應該花點時間搞清楚下列運算式之間的差異：

```
o.m()     // 一般的特性存取，一般的調用
o?.m()    // 條件式特性存取，一般的調用
o.m?.()   // 一般的特性存取，條件式調用
```

在第一個運算式中，o 必須是具有特性 m 的一個物件，而那個特性的值必須是一個函式。在第二個運算式中，如果 o 是 null 或 undefined，那麼該運算式就會估算為 undefined。但如果 o 有任何其他的值，那麼它必須有其值是一個函式的特性 m。而在第三個運算式中，o 必定不能是 null 或 undefined。如果它沒有特性 m，或者該特性的值是 null，那麼整個運算式就會估算為 undefined。

使用 ?.() 的條件式調用是 JavaScript 最新的功能之一，在 2020 年初期，這個新語法在大多數主要瀏覽器的目前版本和 beta 版本中都有支援。

4.6　物件創建運算式

一個物件創建運算式（*object creation expression*）會建立一個新的物件，並調用一個函式（稱作建構器，constructor）來初始化該物件的特性。物件創建運算式就像是調用運算式，只不過它們的前面接著關鍵字 new：

```
new Object()
new Point(2,3)
```

在物件創建運算式中，如果沒有引數被傳入給建構器函式，那對空的括弧就可省略：

```
new Object
new Date
```

一個物件創建運算式的值是那個新創建的物件。建構器會在第 9 章做更詳細的介紹。

4.7　運算子概觀

運算子用於 JavaScript 的算術運算式（arithmetic expressions）、比較運算式（comparison expressions）、邏輯運算式（logical expressions）、指定運算式（assignment expressions）等等。表 4-1 總結了這些運算子，以作為便利的參考。

注意到大多數的運算子都是以標點符號字元（punctuation characters）來表示，像是 + 和 =。然而，有些是以關鍵字來表示的，例如 delete 和 instanceof。關鍵字運算子也是正規的運算子，就跟以標點符號表示的那些一樣，它們只是語法沒那麼簡潔而已。

表 4-1 是以運算子優先序（operator precedence）來組織的。先列出的運算子比最後列出的那些有更高的優先序。以一條水平線區隔的運算子有不同的優先序層級。標示為 A 的那一欄給出運算子的結合性（associativity），那可以是 L（左到右）或 R（右到左），而 N 那欄則指出運算元的數目（number of operands）。標示為「型別」（Types）的那欄列出運算元的預期型別（any 代表任何型別），以及該運算子的結果型別（→ 符號之後的）。接在此表後面的小節解說優先序、結合性和運算元型別的概念。那些運算子本身會在那個討論之後個別說明。

表 4-1　JavaScript 的運算子

運算子	運算	A	N	型別
++	前或後遞增	R	1	lval → num
--	前或後遞減	R	1	lval → num
-	數字負值化	R	1	num → num
+	轉換為數字	R	1	any → num
~	反轉位元	R	1	int → int
!	反轉 boolean 值	R	1	bool → bool
delete	移除一個特性	R	1	lval → bool
typeof	判斷運算元的型別	R	1	any → str
void	回傳 undefined 值	R	1	any → undef
**	指數	R	2	num,num → num
*, /, %	乘法、除法、取餘數	L	2	num,num → num
+, -	加法、減法	L	2	num,num → num
+	串接字串	L	2	str,str → str
<<	左位移	L	2	int,int → int
>>	有正負號擴充的右位移	L	2	int,int → int
>>>	有零擴充的右位移	L	2	int,int → int
<, <=,>, >=	以數值順序比較	L	2	num,num → bool
<, <=,>, >=	以字母順序比較	L	2	str,str → bool
instanceof	測試物件的類別	L	2	obj,func → bool
in	測試特性是否存在	L	2	any,obj → bool
==	測試不嚴格的相等性	L	2	any,any → bool
!=	測試不嚴格的不等性	L	2	any,any → bool
===	測試嚴格相等性	L	2	any,any → bool
!==	測試嚴格不等性	L	2	any,any → bool
&	計算逐位元的 AND	L	2	int,int → int
^	計算逐位元的 XOR	L	2	int,int → int
|	計算逐位元的 OR	L	2	int,int → int

運算子	運算	A	N	型別
&&	計算邏輯的 AND	L	2	any,any → any
||	計算邏輯的 OR	L	2	any,any → any
??	選擇第一個有定義的運算元	L	2	any,any → any
?:	選擇第二或第三個運算元	R	3	bool,any,any → any
=	指定給一個變數或特性	R	2	lval,any → any
**=, *=, /=, %=, +=, -=, &=, ^=, |=, <<=, >>=, >>>=	進行運算並指定	R	2	lval,any → any
,	丟棄第一個運算元，回傳第二個	L	2	any,any → any

4.7.1　運算元數目

運算子能依據它們預期的運算元數目（即它們的**元數**，*arity*）來分類。大多數的 JavaScript 運算子，像是 * 乘法運算子，都是**二元運算子**（*binary operators*），它們會把兩個運算式結合成單一個更複雜的運算式，也就是說，它們預期兩個運算元。JavaScript 也支援數個**單元運算子**（*unary operators*），它們會把單一個運算式轉換為一個更為複雜的運算式。運算式 -x 中的 - 運算子就是一個單元運算子，它會在運算元 x 的身上進行負值化（negation）的運算。最後，JavaScript 還支援一個**三元運算子**（*ternary operator*），即條件運算子 ?:，它會把三個運算式結合為單一個運算式。

4.7.2　運算元和回傳型別

某些運算子可用於任何型別的值身上，但大多數會預期它們的運算元是某個特定的型別，而大多數的運算子都會回傳（或估算為）有特定型別的一個值。表 4-1 的「型別」那欄指出了運算子的運算元型別（在箭號之前）以及結果型別（箭號後）。

JavaScript 的運算子通常會視需要轉換它們運算元的型別（§3.9）。乘法運算子 * 預期數值運算元，但運算式 "3" * "5" 是合法的，因為 JavaScript 可以把那些運算元轉為數字。當然，這個運算式的值是數字 15，而非字串 "15"。記得每個 JavaScript 值要不是「truthy」的，就是「falsy」的，所以預期 boolean 運算元的運算子能用於任何型別的運算元。

某些運算子會依據與它們並用的運算元之型別而有不同的行為。最值得注意的是，+ 會把數值運算元相加，但會串接字串運算元。同樣地，比較運算子（例如 <）會依據運算元的型別以數值順序或字母順序進行比較。個別運算子的描述說明了它們的型別依存性（type-dependencies）並指出它們會進行什麼型別轉換。

注意到列於表 4-1 中的指定運算子以及其他幾個運算子預期型別為 lval 的運算元。*lvalue*（*左值*）是一個歷史名詞，代表「能夠合法出現在一個指定運算式左邊的運算式」。在 JavaScript 中，變數、物件特性以及陣列元素都是 lvalues。

4.7.3 運算子的副作用

估算一個簡單的運算式，例如 2 * 3，永遠都不會影響到你程式的狀態，而你程式未來進行的任何計算都不會受到那個估算影響。然而，某些運算式會有副作用（*side effects*），而它們的估算可能影響未來估算的結果。指定運算子是最明顯的例子：若你指定了一個值給一個變數或特性，那就會改變用到那個變數或特性的任何運算式之值。++ 和 -- 遞增（increment）和遞減（decrement）運算子也類似，因為它們會進行一種隱含的指定。delete 運算子也有副作用：刪除一個特性就像是（但不等同於）指定 undefined 給該特性。

其他的 JavaScript 運算子都不會有副作用，但如果在函式或建構器主體中用到的任何運算子有副作用，那麼函式調用和物件創建運算式就會有副作用。

4.7.4 運算子優先序

列於表 4-1 中的運算子是以優先序從高到低的順序安排的，其中水平線分隔了優先序層級相同的運算子群組。運算子優先序控制運算進行的順序。具有較高優先序的運算子（接近該表頂端）會在有較低優先序（接近底部）的運算子之前先進行。

考慮下列運算式：

```
w = x + y*z;
```

乘法運算子 * 的優先序比加法運算子 + 的優先序高，所以乘法運算會在加法運算前進行。此外，指定運算子 = 有最低的優先序，所以指定動作會在右邊的所有運算都完成之後才進行。

運算子優先序能以明確使用的括弧（parentheses）來覆寫。在前面的例子中，要迫使加法運算先進行，就寫成：

```
w = (x + y)*z;
```

注意到特性存取和調用運算式的優先序比列於表 4-1 中的任何運算子都還要高。考慮這個運算式：

```
// my 是一個物件，它有一個名為 functions 的特性，其值為
// 由函式所組成的一個陣列。我們調用編號為 x 的函式，傳入引數
// y 給它，然後詢問所回傳的值之型別。
typeof my.functions[x](y)
```

雖然 typeof 是優先序最高的運算子之一，typeof 運算卻是在特性存取、陣列索引以及函式調用的結果上進行，它們的優先序都比運算子還要高。

在實務上，如果你不全然確定運算子的優先序，最簡單的辦法就是使用括弧來使估算的順序變得明確。要知道的重要規則有這些：乘法與除法會在加法和減法之前進行，而指定有非常低的優先序，幾乎都是在最後進行的。

當新的運算子被新增到 JavaScript 中，它們並非總是能夠自然地融入這種優先序架構。顯示於表中的 ?? 運算子（§4.13.2）有低於 || 與 && 的優先序，但其實它相對於那些運算子的優先序並未定義，如果你混用 ?? 和 || 或 &&，ES2020 要求你必須明確使用括弧。同樣地，新的 ** 指數運算子（exponentiation operator）並沒有定義相對於單元負值化運算子（unary negation operator）的明確優先序，因此結合負值化與指數時，你必須使用括弧。

4.7.5　運算子結合性

在表 4-1 中，標示為 A 那欄指出運算子的**結合性**（*associativity*）。是 L 的值代表從左到右的結合性，而 R 的值代表從右到左的結合性。一個運算子的結合性指的是優先序相同的運算執行的順序。左到右的結合性意味著運算是從左進行到右。舉例來說，減法運算子有左到右的結合性，所以：

```
w = x - y - z;
```

等同於：

```
w = ((x - y) - z);
```

另一方面，下列的運算式：

```
y = a ** b ** c;
x = ~-y;
w = x = y = z;
q = a?b:c?d:e?f:g;
```

等同於：

```
y = (a ** (b ** c));
x = ~(-y);
w = (x = (y = z));
q = a?b:(c?d:(e?f:g));
```

因為指數、單元、指定和三元條件運算子都有從右到左的結合性。

4.7.6　估算順序（Order of Evaluation）

運算子優先序和結合性規範了複雜運算式中，運算進行的順序，但它們並沒有指出子運算式（subexpressions）被估算的順序。JavaScript 永遠都以嚴格的左到右順序估算運算式。譬如說，在運算式 w = x + y * z 中，子運算式 w 會先被估算，接著是 x、y 與 z。然後 y 和 z 的值會被相乘，加到 x 的值，並被指定給運算式 w 所指的變數或特性。為運算式加上括弧可以改變乘法、加法和指定的相對順序，但不會改變從左到右的估算順序。

估算順序只在被估算的運算式有會影響到其他運算式的值的副作用之時，才會造成差異。如果運算式 x 會遞增運算式 z 用到的一個變數，那麼 x 是在 z 之前估算，就很重要。

4.8　算術運算式

本節涵蓋進行算術（arithmetic）運算或在它們的運算元上進行其他數值操作的運算子。指數、乘法、除法和減法運算子很簡單明瞭，會先涵蓋。加法運算子有自己的一節，因為它也能做字串串接，並有一些不尋常的型別轉換規則。單元運算子和逐位元運算子（bitwise operators）也會在它們自己的小節中涵蓋。

這些算術運算子大多（除了接下來會特別註明的）都可以用於 BigInt（參閱 §3.2.5）算元或一般的數字，只要你不混合使用這兩個型別即可。

基本的算術運算子有 **（指數）、*（乘法）、/（除法）、%（模數：除法之後的餘數）、+（加法）以及 -（減法）。如前面提到的，我們會在 + 運算子自己的一節中討論它。其他五個基本的運算子單純就只會估算它們的運算元，必要時將之轉為數字，然後計算次方、乘積、商數、餘數或差。無法被轉為數字的非數值運算元會被轉為 NaN 值。若有任一個運算元是（或轉為）NaN，那運算結果就會是（幾乎總是）NaN。

** 運算子的優先序比 *、/ 與 % 還要高（而它們的優先序則比 + 和 - 還高）。不同於其他的運算子，** 是從右到左運作的，所以 2**2**3 等同於 2**8 而非 4**3。像是 -3**2 這類的運算式有自然產生的歧義（ambiguity）。取決於單元減號和指數的相對優先序，那個運算式可能代表 (-3)**2 或 -(3**2)。不同的語言以不同的方式處理這種情況，JavaScript 不挑邊站，而是在你省略括弧時，讓它成為一種語法錯誤，迫使你寫出無歧義的運算式。** 是 JavaScript 最新的算術運算子：它是在 ES2016 被加到這個語言中。不過，從最早期的 JavaScript 版本開始就一直有 Math.pow() 可用，它所進行的運算完全與 ** 運算子相同。

/ 運算子會把它第一個運算元除以第二個。如果你習慣會區分整數和浮點數的程式語言，你可能會預期將一個整數除以另一個時，會得到一個整數結果。然而，在 JavaScript 中，所有的數字都是浮點數，所以所有的除法運算都有浮點數結果：5/2 估算為 2.5，而非 2。除以零會產出正或負的無限（infinity），而 0/0 則估算為 NaN：這些情況都不會提出錯誤。

% 運算子計算第一個運算元 modulo 第二個運算元的結果，換句話說，它會回傳第一個運算元以整數除法除以第二個運算元後的餘數。結果的正負號與第一個運算元的正負號相同。舉例來說，5 % 2 估算為 1，而 -5 % 2 估算為 -1。

雖然模數運算子（modulo operator）通常會與整數運算元並用，但它也能用於浮點數值。舉例來說，6.5 % 2.1 估算為 0.2。

4.8.1 + 運算子

二元的 + 運算子相加數值運算元或串接（concatenates）字串運算元：

```
1 + 2                   // => 3
"hello" + " " + "there" // => "hello there"
"1" + "2"               // => "12"
```

當兩個運算元都是數字或都是字串，那麼 + 運算子所做的事情就很明顯。然而，在任何其他的情況中，型別轉換都是必要的，而會進行的運算就取決於所做的轉換。+ 的轉換規則賦予字串串接較高的優先序：若有任一個運算元是字串或可轉換為字串的一個物件，另一個運算元就會被轉換為字串，然後進行串接。加法運算只會在兩個運算元都不是類字串的時候進行。

技術上來說，+ 運算子的行為就像這樣：

- 如果它的運算元值有一個是物件，它就會使用 §3.9.3 中描述過的物件對原始值演算法將之轉換為一個原始值。Date 物件是以它們的 toString() 方法轉換，其他所有的物件都是透過 valueOf()，如果那個方法回傳一個原始值的話。然而，大多數物件的 valueOf() 方法都沒什麼用處，所以它們也會經由 toString() 來轉換。

- 經過物件對原始值的轉換後，若有任一個運算元是字串，另一個就會被轉為字串，然後進行串接。

- 否則，兩個運算元都會被轉換為數字（或轉成 NaN），然後進行加法運算。

這裡有些例子：

```
1 + 2           // => 3：加法
"1" + "2"       // => "12"：串接
"1" + 2         // => "12"：number-to-string 轉換後串接
1 + {}          // => "1[object Object]"：object-to-string 轉換後串接
true + true     // => 2：boolean-to-number 轉換後相加
2 + null        // => 2：null 轉換為 0 之後相加
2 + undefined   // => NaN：undefined 轉換為 NaN 後相加
```

最後，很重要的是要注意，當 + 運算子與字串和數字並用時，它可能不是結合性（associative）的，也就是說，結果可能取決於運算執行的順序。

舉例來說：

```
1 + 2 + " blind mice"     // => "3 blind mice"
1 + (2 + " blind mice")   // => "12 blind mice"
```

這裡的第一行沒有括弧，而 + 運算子有左到右的結合性（associativity），所以那兩個數字會先相加，而它們的總和會與那個字串串接。在第二行中，括弧改變了這種運算順序：數字 2 會與該字串串接，產生一個新的字串，然後數字 1 與那個新的字串串接，產生最後的結果。

4.8.2　單元算術運算子

單元運算子（unary operators）修改單一個運算元的值以產生一個新的值。在 JavaScript 中，單元運算子全都有高優先序，而且全都是右結合（right-associative）的。在本節中描述的算術單元運算子（+、-、++ 與 --）全都會在必要時將它們的單一運算元轉為數字。注意到標點符號字元 + 和 - 同時被用作單元和二元運算子。

單元的算術運算子有下列這些：

單元加（*Unary plus*，+）

單元加運算子會將它的運算元轉為一個數字（或 NaN），並回傳轉換後的那個值。與已經是數字的運算元並用時，它什麼都不會做。這個運算子不可以用於 BigInt 值，因為它們無法被轉為一般的數字。

單元減（*Unary minus*，-）

當 - 被用作一個單元運算子，必要時，它會把它的運算元轉為一個數字，然後改變結果的正負號（sign）。

遞增（*Increment*，++）

++ 運算子會遞增（即加 1）它的單一個運算元，後者必須是一個 lvalue（一個變數、陣列元素或物件特性）。這個運算子將它的運算元轉為一個數字，並加 1 到該數字，然後將遞增過後的值指定回那個變數、元素或特性。

++ 運算元的回傳值取決於它與運算元的相對位置。用於運算元之前時，它被稱為前遞增（pre-increment）運算子，它會遞增運算元，然後估算為該運算元遞增過後的值。用在運算元後面時，它被稱為後遞增（post-increment）運算子，它會遞增其運算元，但估算為該運算元**未遞增**（*unincremented*）的值。考慮這兩行程式碼之間的差異：

```
let i = 1, j = ++i;    // i 和 j 都是 2
let n = 1, m = n++;    // n 是 2、m 是 1
```

注意到運算式 x++ 並不總是等同於 x=x+1。++ 運算子永遠都不會進行字串串接：它只會把它的運算元轉成一個數字，然後遞增它。若 x 是一個字串 "1"，++x 就是數字 2，但 x+1 會是字串 "11"。

此外也請注意，因為 JavaScript 自動插入分號（automatic semicolon insertion）的功能，你無法在和後遞增運算子和它前面的運算元之間插入一個分行符號（line break）。如果你那麼做，JavaScript 會把那個運算元本身當作一個完整的述句，並在它的前面插入一個分號。

這個運算子，不管是前置或後綴形式，最常用到的地方都是遞增控制 for 迴圈（§5.4.3）的一個計數器（counter）。

遞減（--）

-- 運算子預期一個 lvalue 運算元。它會把那個運算元的值轉為一個數字，把它減 1，然後把遞減後的值指定回那個運算元。如同 ++ 運算子，-- 的回傳值取決於它相對於運算元的位置。用在運算元之前時，它會遞減並回傳那個遞減後的值。用在運算元之後，它會遞減運算元，但回傳**未遞減**（*undecremented*）的值。用在其運算元後面時，運算元和運算子之間不允許分行符號。

4.8.3 位元運算子

位元運算子（bitwise operators）以數字的二進位表示法（binary representation）進行低階的位元操作。雖然它們不會進行傳統的算術運算，但在此它們被分類為算術運算子的原因是，它們作用在數值運算元上，並回傳一個數值。這些運算子中有四個會在運算元個別的位元上進行布林代數（Boolean algebra）運算，就好像每個運算元的每個位元都是一個 boolean 值（1=true, 0=false）一樣。另外三個位元運算子會被用來左移或右移位元。這些運算子並不常在 JavaScript 的程式設計中使用，而如果你不熟悉整數的二進位表示法，包括負整數的二補數表示法（two's complement representation），你大概可以跳過本節沒關係。

這些位元運算子預期整數運算元，而且對待那些值的方式就好像它們是 32 位元的整數一般，而非 64 位元的浮點數值。必要時，這些運算子會把它們的運算元轉為數字，然後藉由捨棄小數部分以及超過第 32 個的所有位元，來強制轉型（coerce）該數值為 32 位元整數。移位運算子（shift operators）需要介於 0 和 31 之間的一個右手邊的運算元。把這個運算元轉為一個無號的 32 位元整數（unsigned 32-bit integer）之後，它們會捨棄超過第 5 個的任何位元，這會產生在適當範圍內的一個數字。令人意外的是，`NaN`、`Infinity` 與 `-Infinity` 用作這些位元運算子的運算元時，全都會被轉換為 0。

除了 `>>>` 以外的所有位元運算子都可以用於一般的數字運算元或 BigInt（參閱 §3.2.5）運算元。

位元 *AND*（&）

`&` 運算子在其整數引數的每個位元上進行 Boolean AND 運算。只有在兩個運算元中，對應的位元都有設定（set）時，結果中的對應位元才會設定。舉例來說，`0x1234 & 0x00FF` 估算為 `0x0034`。

位元 OR（|）

| 運算子會在其整數引數的每個位元上進行 Boolean OR 運算。如果運算元中，兩個對應位元中，有一個或兩個是設定的，那麼結果中的那個位元就會是設定。舉例來說，`0x1234 | 0x00FF` 估算為 `0x12FF`。

位元 XOR（^）

^ 運算子會在其整數引數的每個位元上進行 Boolean exclusive OR（互斥或）運算。Exclusive OR 代表要不是第一個運算元為 true，就是第二個運算元為 true，但不會兩者皆是。如果兩個運算元對應的位元中有一個是設定的（但不能兩個都是），那運算結果中對應的位元就是設定的。舉例來說，`0xFF00 ^ 0xF0F0` 估算為 `0x0FF0`。

位元 NOT（~）

~ 運算子是會出現在其單一整數運算元之前的一個單元運算子。它所進行的運算是會把運算元中所有的位元都反轉。出於有號整數（signed integers）在 JavaScript 中的表達方式，套用 ~ 運算子到一個值等同於改變其正負號並且減 1。舉例來說，`~0x0F` 估算為 `0xFFFFFFF0` 或 −16。

左移（<<）

<< 運算子會把它第一個運算元的所有位元往左移第二個運算元所指定的位數，那應該是介於 0 和 31 之間的一個整數。舉例來說，在 `a << 1` 這個運算中，a 的第一個位元（位置值為 1 的位元）會變成第二個位元（位置值為 2 的位元），而 a 的第二個位元會變成第三個，依此類推。新的第一個位元會使用零值，而第 32 個位元的值則喪失了。將一個值往左移一個位置等同於乘以 2，左移兩個位置等同於乘以 4，依此類推。舉例來說，`7 << 2` 估算為 28。

有號右移（>>）

>> 運算子會把它第一個運算元的所有位元往右移第二個運算元所指定的位數（介於 0 與 31）。移出了最右邊的位元會遺失。左邊填入的位元取決於原運算元的正負號位元（sign bit），以保留結果的正負號。如果第一個運算元是正的，結果就會有零（zeros）放置在高位元；如果第一個運算元是負的，結果就會有一（ones）放置在高位元。將一個正值往右移一個位置等同於除以 2（捨棄餘數），右移兩個位置等同於整數除法的除以 4，依此類推。舉例來說，`7 >> 1` 估算為 3，但要注意，`−7 >> 1` 估算為 −4。

以零填補的右移（>>>）

>>> 運算子就跟 >> 運算子一樣，只不過左邊移進來的位元永遠都是零，不管第一個運算元的正負號為何。如果你想要把有號的 32 位元值當成無號整數，這就很有用。舉例來說 -1 >> 4 估算為 -1，但 -1 >>> 4 估算為 0x0FFFFFFF。這是 JavaScript 的位元運算子中，唯一一個不能與 BigInt 值並用的運算子。BigInt 的負數表示法跟 32 位元整數設定高位元的方式不同，而這個運算子只有在那種特定的二補數表示法之下才合理。

4.9　關係運算式

本節描述 JavaScript 的關係運算子（relational operators）。這些運算子測試兩個值之間的某種關係（例如「相等」、「小於」或「是其特性」），並且會依據該項關係是否存在而回傳 true 或 false。關係運算式永遠都會估算為一個 boolean 值，而那個值經常會被用來控制 if、while 與 for 述句（參閱第 5 章）中程式執行的流程。接下來的各個小節介紹相等性和不等性運算子、比較運算子，以及 JavaScript 的另外兩個運算子 in 和 instanceof。

4.9.1　相等性和不等性運算子

== 和 === 運算子會檢查兩個值是否相等，使用相等性的兩種不同定義。這兩個運算子都接受任何型別的運算元，而兩者都會在它們的運算元相等時回傳 true，並在它們不同時回傳 false。=== 運算子被稱為嚴格相等性運算子（strict equality operator，有時則稱作 identity operator，同一性運算子），而它會使用嚴格的相等性定義檢查它的兩個運算元是否為全等（identical）。== 運算子被稱作相等性運算子（equality operator），它會使用一種較為寬鬆且允許型別轉換的相等性定義來檢查它兩個運算元是否「相等」。

!= 和 !== 運算子測試的關係剛好跟 == 和 === 相反。!= 不等性運算子會在兩個值依據 == 是彼此相等時，回傳 false，否則回傳 true。!== 運算子，會在兩個值與彼此嚴格相等時回傳 false，否則回傳 true。如你在 §4.10 見過的，! 運算子計算 Boolean NOT 運算，這讓我們可以輕易地把 != 和 !== 記成「不等於」和「不嚴格等於」。

如 §3.8 中提過的，JavaScript 物件是以參考（by reference）比較的，而非以值（by value）比較。一個物件等於它自身，但不等於任何其他的物件。如果兩個分別的物件有相同數目的特性，而且名稱與值也都一樣，它們仍然是不相等的。同樣地，有相同順序的相同元素的兩個陣列彼此並不相等。

JavaScript 支援 =、== 與 === 運算子。請確定你理解這些指定（assignment）、相等性和嚴格相等性運算子之間的差異，並在撰寫程式時，小心挑選正確的那個。雖然你很容易把所有的這三個運算子都唸成「相等（equals）」，你可以試著把 = 讀成「取得（gets）」或「被指定了（is assigned）」，== 讀成「等於（equal to）」，而 === 讀成「嚴格相等於（is strictly equal to）」，或許能幫助減少混淆。

== 運算子是 JavaScript 的一個傳統功能，並且被廣泛視為臭蟲的來源之一。你幾乎永遠都應該使用 === 而非 ==，使用 !== 而非 !=。

嚴格相等性

嚴格相等性運算子 === 會估算其運算元，然後以下列方式比較兩個值，不進行型別轉換：

- 如果兩個值有不同的型別，它們不相等。

- 如果兩個值都是 null 或兩個值都是 undefined，它們就相等。

- 如果兩個值都是 boolean 值 true 或兩者皆是 boolean 值 false，它們就相等。

- 如果有一個值是 NaN 或兩者皆是，它們就不相等（這令人意外，但 NaN 值永遠都不會與任何其他值相等，包括自己！要檢查一個值 x 是否為 NaN，就用 x !== x，或全域的 isNaN() 函式）。

- 如果兩個值都是數字，而且有相同的值，它們就相等。若有一個值是 0，而另一個是 -0，它們也相等。

- 如果兩個值都是字串，並且在相同位置上含有完全相同的 16 位元值（參閱 §3.3 的補充說明），它們就相等。如果兩個字串的長度不等，或內容不同，它們就不相等。兩個字串可能有相同的意義，而且視覺上相同，但卻是使用不同的 16 位元值序列來編碼。JavaScript 不會進行 Unicode 的常態化（normalization），而像這樣的一對字串不會被 === 或 == 運算子視為相等。

- 如果兩個值都參考到（refer to）相同的物件、陣列或函式，它們就相等。如果它們參考不同的物件，它們就不相等，即使那兩個物件的特性完全相同也一樣。

涉及型別轉換的相等性

相等性運算子 == 就像是嚴格相等性運算子，但它沒那麼嚴格。如果兩個運算元的型別不同，它會試著進行一些型別轉換，然後再次嘗試比較：

- 如果兩個值型別相同，就像前面描述的那樣測試它們的嚴格相等性。如果它們嚴格相等，它們就相等。如果它們並非嚴格相等，它們就不等。

- 如果兩個值的型別不同，== 仍然可能視它們為相等。它使用下列規則和型別轉換來檢查相等性：

  — 如果一個值是 null，而另一個值是 undefined，它們就相等。

  — 如果一個值是數字，而另一個是字串，就將字串轉為一個數字，並使用轉換過的值再次比較。

  — 如果有任一個值為 true，就把它轉為 1，並再次比較。如果有任一個值是 false，就將之轉為 0，然後試著再次比較。

  — 如果有一個值是物件，而另一個是數字或字串，就使用 §3.9.3 中所描述的演算法將該物件轉為一個原始值（primitive value），並試著再次比較。一個物件會透過其 toString() 方法或 valueOf 方法被轉為一個原始值。核心 JavaScript 的內建類別會先嘗試 valueOf() 轉換再試 toString() 轉換，除了 Date 以外，它會進行 toString() 轉換。

  — 其他任何組合的值都不相等。

作為測試相等性的一個例子，請考慮這個比較：

```
"1" == true  // => true
```

這個運算式估算為 true，代表這兩個看起來非常不同的值實際上是相等的。其中的 boolean 值 true 會先被轉為數字 1 並再次進行比較。接著，字串 "1" 會被轉為數字 1。因為現在兩個值相同，比較結果會回傳 true。

4.9.2　比較運算子

這些比較運算子（comparison operators）測試它們兩個運算元的相對順序（數值的或字母的）：

小於（<）

< 運算子會在它的第一個運算元小於其第二個運算元時，估算為 true；否則，它估算為 false。

大於（>）

> 運算子會在它的第一個運算元大於其第二個運算元時，估算為 true；否則，它估算為 false。

小於或等於（<=）

<= 運算子會在其第一個運算元小於或等於第二個運算元時，估算為 true；否則，它估算為 false。

大於或等於（>=）

>= 運算子會在它第一個運算元大於或等於第二個運算元時，估算為 true；否則，它估算為 false。

這些比較運算子的運算元可以是任何型別。然而，比較只能在數字或字串上進行，所以非數字或字串的運算元會被轉換。

比較和轉換的方式如下：

- 若有任一個運算元估算為一個物件，該物件會被轉會為一個原始值，如 §3.9.3 結尾所描述的那樣。如果 valueOf() 方法回傳一個原始值，就會使用那個值。否則，就會使用它 toString() 方法的回傳值。

- 如果，在所有必要的物件對原始值轉換之後，兩個運算元都是字串，那就會以字母順序比較那兩個字串，其中「字母順序（alphabetical order）」的定義是構成那些字串的 16 位元 Unicode 值的數值順序。

- 如果，在物件對原始值轉換之後，至少有一個運算元不是字串，兩個運算元都會被轉為數字，並進行數值比較。0 和 -0 會被視為相等。Infinity 大於它自己本身以外的任何數字，而 -Infinity 小於它自己本身以外的任何數字。若有任一個運算元為（會被轉換成）NaN，那麼比較運算子永遠都會回傳 false。算術運算子不允許混用 BigInt 值和一般數字，但比較運算子允許數字和 BigInt 之間的比較。

記得 JavaScript 的字串是 16 位元整數值所構成的序列，而字串比較不過就是兩個字串中的值之數值比較。Unicode 所定義的數值編碼順序可能與其他語言或地區所用的傳統文字序（collation order）不符。特別注意到，字串比較區分大小寫，而所有的大寫 ASCII 字母都「小於」全部的小寫 ASCII 字母。若你不是這樣預期，此規則就可能導致混淆的結果。舉例來說，依據 < 運算子，字串 "Zoo" 會出現在字串 "aardvark" 之前。

要找更可靠的字串比較演算法，就試著使用 String.localeCompare() 方法，它也會考量字母順序的特定地區定義（locale-specific definitions）。要使用不區分大小寫（case-insensitive）的比較，你可以使用 String.toLowerCase() 或 String.toUpperCase() 來把字串轉為全都小寫或全都大寫。而要找更通用且更好的本地化字串比較工具（localized string comparison tool），就用 §11.7.3 中所描述的 Intl.Collator 類別。

+ 運算子和比較運算子對於數值和字串運算元的行為都會有所不同。+ 偏好字串：若有任一個運算元是字串，它就會進行串接。比較運算子偏好數字，只會在兩個運算元都是字串的時候進行字串比較：

```
1 + 2        // => 3：加法。
"1" + "2"    // => "12"：串接。
"1" + 2      // => "12"：2 會被轉為 "2"。
11 < 3       // => false：數值比較。
"11" < "3"   // => true：字串比較。
"11" < 3     // => false：數值比較，"11" 被轉換為 11。
"one" < 3    // => false：數值比較，"one" 被轉為 NaN。
```

最後，注意到 <=（小於或等於）和 >=（大於或等於）運算子並不仰賴相等性或嚴格相等性運算子來判斷兩個值是否「相等」。取而代之，小於或等於運算子單純被定義為「不大於（not greater than）」，而大於或等於運算子則被定義為「不小於（not less than）」。唯一的例外發生在有任一個運算元是（或被轉為）NaN 的時候，在那種情況中，所有的四個比較運算子都會回傳 false。

4.9.3　in 運算子

in 運算子預期是字串、符號或可被轉換為字串的值的左運算元。它預期右運算元是一個物件。如果左邊的值是右邊物件的一個特性，它就估算為 true。舉例來說：

```
let point = {x: 1, y: 1};  // 定義一個物件
"x" in point               // => true：物件有名為 "x" 的特性
"z" in point               // => false：物件沒有 "z" 特性。
"toString" in point        // => true：物件繼承到 toString 方法
```

```
let data = [7,8,9];      // 一個陣列，其元素的索引為 0、1 和 2
"0" in data              // => true：陣列有元素 "0"
1 in data                // => true：數字被轉換為字串
3 in data                // => false：沒有元素 3
```

4.9.4　instanceof 運算子

instanceof 運算子預期左運算元是一個物件，而右運算元識別出一個類別（class）的物件。如果左邊的物件是右邊類別的一個實體（instance），此運算子就估算為 true，否則估算為 false。第 9 章會解釋，在 JavaScript 中，物件的類別是由初始化它們的建構器函式（constructor function）所定義。因此，instanceof 的右運算元應該是一個函式。這裡有些例子：

```
let d = new Date();      // 以 Date() 建構器創建一個新的物件
d instanceof Date        // => true：d 是以 Date() 建立的
d instanceof Object      // => true：所有的物件都是 Object 的實體
d instanceof Number      // => false：d 不是一個 Number 物件
let a = [1, 2, 3];       // 以陣列字面值語法創建一個陣列
a instanceof Array       // => true：a 是一個陣列
a instanceof Object      // => true：所有的陣列都是物件
a instanceof RegExp      // => false：陣列不是正規表達式
```

注意到所有的物件（objects）都是 Object 的實體。instanceof 判斷一個物件是否為某個類別的實體時，會考慮「超類別（superclasses）」。如果 instanceof 的左運算元不是一個物件，instanceof 會回傳 false。如果右手邊不是物件的一個類別，它會擲出一個 TypeError。

為了理解 instanceof 運算子的運作方式，你必須了解「原型鏈（prototype chain）」。這是 JavaScript 的繼承機制，會在 §6.3.2 中描述。要估算運算式 o instanceof f，JavaScript 會估算 f.prototype，然後在 o 的原型鏈中尋找那個值。若找到了，那麼 o 就是 f（或 f 的某個子類別）的一個實體，而此運算子會回傳 true。如果 f.prototype 不是 o 的原型鏈中的一個值，那麼 o 就不是 f 的實體，而 instanceof 會回傳 false。

4.10　邏輯運算式

邏輯運算子 &&、|| 與 ! 會進行布林代數（Boolean algebra）運算，而且經常與關係運算子並用，來把兩個關係運算式結合成一個更為複雜的運算式。這些運算子會在接下來的小節中描述。為了完全理解它們，你可能會想要複習 §3.4 中介紹的「truthy」和「falsy」值的概念。

```
```

4.10.1　邏輯 AND（&&）

&& 運算子能以三種不同的層次來理解。在最簡單的層次中，與 boolean 運算元並用時，&& 會在兩個值上進行 Boolean AND 運算：只有在它第一個運算元**以及**（*and*）它的第二個運算元都是 true 的時候，它才會回傳 true。若那些運算元中有一個是 false 或兩個都是，那它就會回傳 false。

&& 經常用作結合兩個關係運算式的一種連接詞（conjunction）：

```
x === 0 && y === 0   // 只有在 x 及 y 都是 0 的時候為 true
```

關係運算式永遠都會估算為 true 或 false，所以像這樣使用時，&& 運算子本身會回傳 true 或 false。關係運算子的優先序高於 &&（和 ||），所以像這類的運算式可以不帶括弧安全地寫出。

但 && 並沒有要求它的運算元必須是 boolean 值。回想到所有的 JavaScript 值要不是「truthy」的，就是「falsy」的（細節請參閱 §3.4。那些 falsy 的值有 false、null、undefined、0、-0、NaN，以及 ""。所有其他的值，包括所有的物件，都是 truthy 的）。理解 && 的第二個層次是作為 truthy 值和 falsy 值的一個 Boolean AND 運算子。如果兩個運算元都是 truthy 的，此運算子就會回傳一個 truthy 值。否則，必然有一個或兩個運算元是 falsy 的，而此運算子會回傳一個 falsy 值。在 JavaScript 中，預期一個 boolean 值的任何運算式或述句都能與 truthy 值或 falsy 值並用，所以 && 並不總是會回傳 true 或 false 並不會在實務上導致問題。

注意到這段描述指出此運算子會回傳「一個 truthy 值」或「一個 falsy 值」，但並沒有指明那個值是什麼。為此，我們需要在第三個也是最後一個層次上描述 &&。這個運算子會先估算它的第一個運算元，也就是它左邊的運算式。如果左邊的值是 falsy 的，整個運算式的值也必定是 falsy 的，所以 && 單純只會回傳左邊的值，甚至不會估算右邊的運算式。

另一方面，如果左邊的值是 truthy 的，那麼該運算式整體的值就取決於右手邊的值。若右邊的值是 truthy 的，那麼整體的值必定是 truthy 的，而如果右邊的值是 falsy 的，那麼整體的值必定是 falsy 的。所以當左邊的值是 truthy 的，&& 運算子會估算並回傳右邊的值：

```
let o = {x: 1};
let p = null;
o && o.x     // => 1：o 是 truthy 的，所以所以回傳值是 o.x
p && p.x     // => null：p 是 falsy 的，所以回傳它並且不估算 p.x
```

要了解的一個重點是，&& 可能會估算其右邊運算元，也可能不會。在這段程式碼範例中，變數 p 被設為了 null，而運算式 p.x 若被估算，會導致一個 TypeError。但這段程式碼以一種慣用法來運用 &&，讓 p.x 只在 p 是 truthy 而非 null 或 undefined 的時候被估算。

&& 的這種行為有時被稱作短路（short circuiting），而你有的時候可能會看到刻意利用這個行為來條件式執行程式碼的用法。舉例來說，下列兩行 JavaScript 程式碼等效：

```
if (a === b) stop();     // 只在 a === b 時調用 stop()
(a === b) && stop();     // 這做的事情也相同
```

一般來說，你在 && 右手邊撰寫具有副作用的運算式（指定、遞增、遞減或函式調用）時都要小心。那些副作用是否會發生，取決於左手邊的值。

儘管這個運算子實際的運作方式有點複雜，它還是最常被用作處理 truthy 和 falsy 值的一種簡單的布林代數運算子。

4.10.2　邏輯 OR（||）

|| 運算子會在它的兩個運算元上進行 Boolean OR 運算。若有一個運算元是 truthy 的，或兩個都是，它就會回傳一個 truthy 值。如果兩個運算元都是 falsy 的，它就會回傳一個 falsy 值。

雖然 || 運算子最常單純用作一個 Boolean OR 運算子，它也跟 && 運算子一樣有更為複雜的行為。它會先估算它的第一個運算元，即其左邊的運算式。如果這第一個運算元的值是 truthy 的，它就會短路，並回傳那個 truthy 值，而不會估算右邊的運算式。另一方面，若那第一個運算元的值是 falsy 的，那麼 || 就會估算它的第二個運算元，並回傳那個運算式的值。

如同 && 運算子，你應該避免在右邊使用具有副作用的運算元，除非你刻意想要利用右邊的那個運算式可能不會被估算的事實。

這個運算子的一個慣用法是在一組替代選擇中挑選第一個是 truthy 的值：

```
// 若 maxWidth 是 truthy 的，就用它。否則，就在 preferences 物件中
// 尋找一個值。如果那不是 truthy 的，就用一個寫定的常數。
let max = maxWidth || preferences.maxWidth || 500;
```

注意到，如果 0 是 maxWidth 的一個合法的值，那麼這段程式碼將無法正確運作，因為 0 是一個 falsy 的值。替代做法請參閱 ?? 運算子（§4.13.2）。

在 ES6 之前，這種慣用語經常用在函式中來為參數提供預設值：

```
// 把 o 的特性拷貝到 p，並回傳 p
function copy(o, p) {
    p = p || {};  // 若沒有為 p 傳入物件，就使用一個新創建的物件。
    // 函式主體在這
}
```

然而，在 ES6 和後續版本中，就不再需要這種技巧了，因為預設參數值可以單純寫在函式定義中：function copy(o, p={}) { ... }。

4.10.3 邏輯 NOT（!）

! 運算子是一個單元運算子，它會被放在單一個運算元之前。它的用途是倒轉其運算元的 boolean 值。舉例來說，如果 x 是 truthy 的，!x 會估算為 false。若 x 是 falsy 的，那麼 !x 會估算為 true。

不同於 && 和 || 運算子，! 運算子會在倒轉其值之前，先把它的運算元轉為一個 boolean 值（使用第 3 章中所描述的規則）。這表示 ! 永遠都會回傳 true 或 false，而你可以把任何的值 x 轉成它等效的 boolean 值，只要套用這個運算子兩次就行了：!!x（參閱 §3.9.2）。

作為一個單元運算子，! 有很高的優先序，而且繫結較緊密。如果你想要倒轉像是 p && q 這樣的一個運算式之值，你就得用括弧：!(p && q)。值得注意的是，這裡有兩個我們可以用 JavaScript 語法表達的布林代數定律：

```
// DeMorgan's Laws（第摩根定律）
!(p && q) === (!p || !q)  // => true: for all values of p and q
!(p || q) === (!p && !q)  // => true: for all values of p and q
```

4.11 指定運算式

JavaScript 使用 = 運算子來指定（assign）一個值給一個變數或特性。舉例來說：

```
i = 0;      // 將變數 i 設為 0。
o.x = 1;    // 將物件 o 的特性 x 設為 1。
```

這個 = 運算子預期左運算元是一個 lvalue：一個變數或物件特性（或陣列元素）。它預期右運算元是任何型別的一個任意的值。一個指定運算式（assignment expression）的值就是右邊運算元的值。作為一種副作用，= 會把右邊的值指定給左邊的變數或特性，所以未來對該變數或特性的參考（references），都會估算為那個值。

雖然指定運算式通常都很簡單，你有的時候會看到一個指定運算式的值被用作較大的一個運算式的一部分。舉例來說，你可以在同一個運算式中同時指定並測試一個值，只要使用像這樣的程式碼就行了：

```
(a = b) === 0
```

若你這樣做，請確定你很清楚 = 和 === 運算子之間的差異！注意到 = 有非常低的優先序，所以當一個指定的值被用在較大的一個運算式中時，括弧通常都是必須的。

指定運算子有從右到左的結合性，這表示若有多個指定運算子出現在一個運算式中，它們會從右到左被估算。因此，你可以寫出像這樣的程式碼，來把單一個值指定到多個變數：

```
i = j = k = 0;        // 初始化 3 個變數為 0
```

4.11.1　帶有運算的指定

除了普通的 = 指定運算子，JavaScript 還支援其他幾個指定運算子，它們作為一種捷徑，將指定與其他的一些運算結合了起來。舉例來說，+= 運算子會進行相加和指定。下列運算式：

```
total += salesTax;
```

等同於

```
total = total + salesTax;
```

如你可能預期的，+= 運算子能用於數字或字串。對於數值運算元，它會進行加法和指定運算；對於字串運算元，它會進行串接和指定運算。

類似的運算子包括 -=、*=、&= 等等。表 4-2 列出了它們全部。

表 4-2　指定運算子

運算子	範例	等同於
+=	a += b	a = a + b
-=	a -= b	a = a - b
*=	a *= b	a = a * b
/=	a /= b	a = a / b
%=	a %= b	a = a % b

運算子	範例	等同於
**=	a **= b	a = a ** b
<<=	a <<= b	a = a << b
>>=	a >>= b	a = a >> b
>>>=	a >>>= b	a = a >>> b
&=	a &= b	a = a & b
|=	a |= b	a = a | b
^=	a ^= b	a = a ^ b

在大多數的情況中，其中 op 是一個運算子的此運算式：

```
a op= b
```

都等同於這個運算式：

```
a = a op b
```

在第一行中，運算式 a 會被估算一次，而在第二行中，它會被估算兩次。兩者只會在 a 包括了副作用（例如函式呼叫或遞增運算子）時會有所差異。舉例來說，下列兩個指定並不相同：

```
data[i++] *= 2;
data[i++] = data[i++] * 2;
```

4.12　估算運算式（Evaluation Expressions）

就跟許多直譯式語言（interpreted languages）一樣，JavaScript 有直譯（interpret）JavaScript 原始碼字串，並估算它們以產生一個值的能力。JavaScript 是以全域函式 eval() 來那麼做：

```
eval("3+2")     // => 5
```

原始碼字串的動態估算（dynamic evaluation）是實務上幾乎從非必要的一種強大的語言功能。如果你發現自己在使用 eval()，你應該仔細思考你是否真的需要用到它。特別是，eval() 可能會是安全漏洞，而你永遠都不應該把衍生自使用者輸入的任何字串傳入給 eval()。因為 JavaScript 是如此複雜的一個語言，你沒有辦法完全淨化使用者的輸入以確保能安全地與 eval() 並用。因為這些安全性考量，有些 Web 伺服器會使用 HTTP 的「Content-Security-Policy」標頭（header）來為整個網站停用 eval()。

接下來的幾個小節會說明 eval() 的基本用法，並介紹它的兩個有限制的版本，會對優化器（optimizer）有較小的影響。

---

eval() 是一個函式或一個運算子？

eval() 是一個函式，但它被包含在介紹運算式的這一章，因為它實際上應該要是一個運算子才對。此語言最早的版本定義了一個 eval() 函式，自此，語言設計師和直譯器撰寫者就一直開始在它身上設下限制，使它越來越像個運算子。現代的 JavaScript 直譯器會進行大量的程式碼分析和最佳化（optimization）。一般來說，如果一個函式呼叫了 eval()，直譯器就無法最佳化那個函式。把 eval() 定義為一個函式的問題在於，它可能被賦予其他的名稱：

```
let f = eval;
let g = f;
```

若這被允許，那麼直譯器就無法確定哪些函式呼叫了 eval()，因此沒辦法積極地最佳化。如果當初 eval() 被設計為一個運算子（以及一個保留字），就可以避免這種議題。我們會（在 §4.12.2 與 §4.12.3）學到為了讓 eval() 更像個運算子所設下的那些限制。

4.12.1　eval()

eval() 預期一個引數。如果你傳入字串以外的任何值給它，它單純只會回傳那個值。若你傳入一個字串，它會試著把那段字串當作 JavaScript 程式碼來剖析（parse），並在失敗時擲出一個 SyntaxError。若成功剖析該字串，那它就會估算那段程式碼，並回傳那段字串中最後一個運算式或述句的值，或在最後一個運算式或述句沒有值的時候回傳 undefined。若是估算後的字串擲出一個例外，那個例外會從對 eval() 的呼叫傳播出來。

關於 eval() 的一個關鍵點在於，（當它像這樣被呼叫時）它會使用呼叫它的程式碼的變數環境（variable environment）。也就是說，它查找變數值和定義新變數與函式的方式就跟區域程式碼（local code）一樣。若是一個函式定義了一個區域變數 x 然後呼叫 eval("x")，它就會取得該區域變數的值。如果它呼叫 eval("x=1")，就會變更那個區域變數的值。而如果該函式呼叫 eval("var y = 3;")，它會宣告一個新的區域變數 y。另一方面，如果被估算的字串使用 let 或 const，那麼被宣告的變數或常數將會是該次估算（evaluation）的區域值，在呼叫端的環境中不會有定義。

同樣地，一個函式能以像這樣的程式碼宣告一個區域函式：

```
eval("function f() { return x+1; }");
```

當然，若你從頂層程式碼（top-level code）呼叫 eval()，它就會作用在全域變數和全域函式上。

注意到你傳入給 eval() 的程式碼字串本身必須具有語法意義：你無法用它來把程式碼片段貼到一個函式中。舉例來說，像 eval("return;") 這樣寫是沒有意義的，因為 return 只在函式中合法，而被估算的字串使用的變數環境跟呼叫端函式相同，並不會讓它變成該函式的一部分。如果你的字串能作為單獨的一段指令稿（script）存在（即使是像 x=0 那樣非常短的），那它就能合法地傳入 eval()。否則，eval() 都會擲出一個 SyntaxError。

4.12.2　全域的 eval()

正是 eval() 可以變更區域變數的能力使它對於 JavaScript 優化器（optimizers）來說非常棘手。不過作為一種變通之道，直譯器碰到會呼叫 eval() 的任何函式時，單純只會少做一些最佳化（optimization）。但是當一段指令稿為 eval() 定義了一個別名（alias），然後用另外一個名稱來呼叫那個函式，那 JavaScript 直譯器應該怎麼做呢？JavaScript 語言規格指出，如果 eval() 是以「eval」以外的任何名稱被調用，它應該把該字串當作頂層的全域程式碼（top-level global code）來估算。被估算的程式碼可以定義新的全域變數或全域函式，而它可以設定全域變數，但它不會使用或修改對於呼叫端函式是區域值的任何變數，因此也不會干擾區域的最佳化動作。

「直接的 eval（direct eval）」就是以用到完整、未經資格修飾（unqualified）的名稱「eval」（它開始感覺像是一個保留字了）的一個運算式來呼叫 eval() 函式。對 eval() 的直接呼叫使用呼叫端情境（calling context）的變數環境。任何其他的呼叫，也就是間接呼叫（indirect call），都會使用全域物件作為它的變數環境，並且無法讀取、寫入或定義區域變數或函式（直接和間接呼叫都只能以 var 定義新變數。在一段被估算的字串中使用 let 和 const 會建立出對於該次估算而言是區域值的變數與常數，不會更動呼叫端或全域環境）。

下列程式碼做了一些示範：

```
const geval = eval;                   // 使用另一個名稱會進行全域的 eval
let x = "global", y = "global";       // 兩個全域變數
function f() {                        // 這個函式進行一次區域的 eval
    let x = "local";                  // 定義一個區域變數
    eval("x += 'changed';");          // 直接的 eval 設定區域變數
    return x;                         // 回傳變更過的區域變數
}
function g() {                        // 這個函式進行一次全域的 eval
    let y = "local";                  // 一個區域變數
    geval("y += 'changed';");         // 間接的 eval 設定全域變數
    return y;                         // 回傳沒改變的區域變數
}
console.log(f(), x); // 區域變數改變了：印出 "localchanged global"
console.log(g(), y); // 全域變數改變了：印出 "local globalchanged"
```

注意到進行全域 eval 的能力並非只能用來滿足優化器的需求，它實際上是一個極端有用的功能，讓你得以把程式碼字串當作獨立的頂層指令稿來執行。如本節開頭所提到的，你很少會真正需要去估算一個程式碼字串。但如果你發現非得那樣做，你比較可能是想要做全域的 eval 而非區域的 eval。

4.12.3　嚴格的 eval()

嚴格模式（strict mode，參閱 §5.6.3）對 eval() 函式的行為施加了進一步的限制，甚至連識別字「eval」的使用方式都有規定。當 eval() 在嚴格模式中被呼叫，或是被估算的程式碼字串本身是以「use strict」指引（directive）開頭的，那麼 eval() 就會以一個私有變數環境進行區域性的 eval。這表示在嚴格模式中，被估算的程式碼可以查詢並設定區域變數，但它無法在區域範疇（local scope）中定義新的變數或函式。

此外，嚴格模式等同於讓「eval」成為了一個保留字，藉此讓它更像運算子了。以一個新的值覆寫 eval() 函式是不被允許的。而你也不能用「eval」這個名稱來宣告變數、函式、函式參數或捕捉區塊的參數。

4.13　其他運算子

JavaScript 還支援其他的一些運算子，我們會在下列章節中介紹。

4.13.1　條件運算子（?:）

條件運算子（conditional operator）是 JavaScript 中唯一的一個三元運算子（有三個運算元），實際上有時它就被稱作那個**三元運算子**（*ternary operator*）。這個運算子有時被寫成 ?:，雖然在程式碼中，它看起來並不太像那樣。因為這個運算子有三個運算元，第一個會在 ? 前面，第二個在 ? 與 : 中間，而第三個則放在 : 之後。它用起來就像這樣：

```
x > 0 ? x : -x      // x 的絕對值
```

條件運算子的運算元可以是任何型別。第一個運算元會被估算並解讀為一個 boolean。如果那第一個運算元的值是 truthy 的，那麼第二個運算元就會被估算，而它的值會被回傳。否則，如果第一個運算元是 falsy 的，那麼第三個運算元就會被估算，而其值被回傳。第二與第三個運算元中只有一個會被估算，永遠都不會兩個都估算。

雖然你能以 if 述句（§5.3.1）達到類似的結果，?: 運算子經常會是很便利的捷徑。這裡有一個典型的用法，其中會確保某個變數有被定義（並且有一個有意義的 truthy 值），並在是那樣的時候使用它，或在不是那樣時提供一個預設值：

```
greeting = "hello " + (username ? username : "there");
```

這等同於下列的 if 述句，但更為精簡：

```
greeting = "hello ";
if (username) {
    greeting += username;
} else {
    greeting += "there";
}
```

4.13.2　首定義（??）

首定義（first-defined）運算子 ?? 估算為它的第一個有定義的運算元（first defined operand）：如果它左邊的運算元不是 null 而且不是 undefined，它就回傳那個值。否則，它會回傳右運算元。就像 && 和 || 運算子，?? 也是短路（short-circuiting）的：它只會在第一個運算元估算為 null 或 undefined 的時候估算第二個運算元。如果運算式 a 沒有副作用，那麼運算式 a ?? b 就等同於：

```
(a !== null && a !== undefined) ? a : b
```

如果你想要選取第一個**有定義**（*defined*）的運算元，而非第一個 truthy 的運算元，那麼 ?? 就是 ||（§4.10.2）的實用替代品。雖然 || 正常來說是一個邏輯 OR 運算子，它也會以慣用語的形式被用來挑選第一個非 falsy 的運算元，使用像這樣的程式碼：

```
// 若 maxWidth 是 truthy 的，就用它。否則，就在 preferences 物件中
// 尋找一個值。如果那不是 truthy 的，就用一個寫定的常數。
let max = maxWidth || preferences.maxWidth || 500;
```

這種慣用語的問題在於，全都是 falsy 值的零、空字串及 false 在某些情況下可能是完全有效的。在這段程式碼範例中，如果 maxWidth 是零，那麼該值就會被忽略，但如果我們把 || 運算子改為 ??，我們得到的運算式就會把零視為一個有效值：

```
// 若 maxWidth 有定義，就用它。否則，就在 preferences
// 物件中尋找一個值。如果那沒定義，就用一個寫定的常數。
let max = maxWidth ?? preferences.maxWidth ?? 500;
```

這裡有更多例子來展示第一個運算子是 falsy 的時候，?? 會怎麼運作。如果那個運算元是 falsy 的，但有定義，?? 就會回傳它。只有在第一個運算元是「nullish」（即 null 或 undefined）的時候，這個運算子才會估算並回傳第二個運算元：

```
let options = { timeout: 0, title: "", verbose: false, n: null };
options.timeout ?? 1000     // => 0：如該物件中所定義的
options.title ?? "Untitled" // => ""：如該物件中所定義的
options.verbose ?? true     // => false：如該物件中所定義的
options.quiet ?? false      // => false：特性無定義
options.n ?? 10             // => 10：特性為 null
```

注意到，如果我們用的是 || 而非 ??，那麼這裡的 timeout、title 與 verbose 運算式就會有不同的值。

?? 運算子類似於 && 和 || 運算子，但優先序不比它們高也不比它們低。如果你把它用在含有那些運算子的運算式中，你就必須使用明確的括弧來指出你希望哪個運算先進行：

```
(a ?? b) || c   // ?? 先，然後 ||
a ?? (b || c)   // || 先，然後 ??
a ?? b || c     // SyntaxError：括弧是必要的
```

?? 是由 ES2020 所定義的，而在 2020 年初期，所有主要瀏覽器的目前版本或 beta 版本都對它有新的支援。這個運算子的正式名稱為「nullish coalescing」運算子，但我避開了這種術語，因為這個運算子是選擇它其中一個運算元，但就我看來，並沒有以任何方式「接合（coalesce）」它們。

4.13.3 typeof 運算子

typeof 是一個單元運算子，放在它的單一運算元之前使用，後者可以是任何型別。它的值會是指出該運算元型別的一個字串。表 4-3 顯示了 typeof 運算子對於任何 JavaScript 值會產生的值。

表 4-3　typeof 運算子所回傳的值

x	typeof x
undefined	"undefined"
null	"object"
true 或 false	"boolean"
任何數字或 NaN	"number"
任何 BigInt	"bigint"
任何字串	"string"
任何符號	"symbol"
任何函式	"function"
任何非函式物件	"object"

你可以在像這樣的一個運算式中使用 typeof 運算子：

```
// 如果該值是一個字串，就把它包在引號中，否則轉換它
(typeof value === "string") ? "'" + value + "'" : value.toString()
```

注意到 typeof 會在運算元的值是 null 的時候回傳 "object"。如果你想要區分 null 和其他物件，你就得明確為此特例值進行測試。

雖然 JavaScript 函式是一種物件，typeof 運算子認為函式的差異大到足以擁有它們自己的回傳值。

因為 typeof 對於函式以外的所有物件和陣列值都會估算為 "object"，它的主要用處只有區分物件和其他原始型別。要分辨物件的類別，你必須使用其他的技巧，例如 instanceof 運算子（參閱 §4.9.4）、class 屬性（參閱 §14.4.3）或 constructor 特性（參閱 §9.2.2 和 §14.3）。

4.13.4　delete 運算子

delete 是一個單元運算子，它會試著刪除指定為其運算元的物件特性或陣列元素。就像指定、遞增和遞減運算子，delete 通常是為了它的特性刪除副作用而使用，而非為了它所回傳的值。一些例子：

```
let o = { x: 1, y: 2 };  // 先從一個物件開始
delete o.x;              // 刪除它的特性之一
"x" in o                 // => false：該特性不再存在

let a = [1,2,3];         // 再來是一個陣列
delete a[2];             // 刪除該陣列的最後一個元素
2 in a                   // => false：陣列元素 2 不存在了
a.length                 // => 3：不過請注意陣列的長度並未改變
```

注意到一個被刪除的特性或陣列元素並不僅是被設為 undefined 值。當一個特性被刪除，該特性就不再存在。試著讀取一個不存在的特性會回傳 undefined，但你能以 in 運算子（§4.9.3）測試一個特性是否真的存在。刪除一個陣列元素會在該陣列中留下一個「洞」並且不會改變該陣列的長度。所產生的陣列是稀疏（*sparse*）的（參閱 §7.3）。

delete 預期它的運算元是一個 lvalue。如果它不是一個 lvalue，該運算子就不會採取任何行動，而回傳 true。否則，delete 會試著刪除指定的那個值。如果它成功地刪除了指定的 lvalue，delete 就會回傳 true。然而，不是所有的特性都能被刪除：不可配置的特性（non-configurable properties）就不能刪除。

在嚴格模式中，如果它的運算元是一個未經資格修飾的識別字（unqualified identifier），例如一個變數、函式或函式參數，delete 就會提出一個 SyntaxError：它只有在運算元是一個特性存取運算式（property access expression，§4.4）時才有作用。如果被要求刪除任何的不可配置（non-configurable，即不可刪除的）特性，嚴格模式也規定 delete 會提出一個 TypeError。在嚴格模式之外，在這些情況下都不會有例外發生，而 delete 單純只會回傳 false 來表示該運算元無法被刪除。

這裡有些例子用到了 delete 運算子：

```
let o = {x: 1, y: 2};
delete o.x;   // 刪除該物件的特性之一，回傳 true.
typeof o.x;   // 特性不存在，回傳 "undefined"。
delete o.x;   // 刪除一個不存在的特性，回傳 true。
delete 1;     // 這沒有意義，但它單純只會回傳 true。
// 無法刪除一個變數，回傳 false，或在嚴格模式中提出 SyntaxError。
delete o;
```

```
// 無法刪除的特性：回傳 false，或在嚴格模式中提出 TypeError。
delete Object.prototype;
```

我們會在 §6.4 中再次見到 delete 運算子。

4.13.5　await 運算子

await 是在 ES2017 中引進，作為讓非同步程式設計（asynchronous programming）在 JavaScript 中更為自然的一種方式。你得閱讀第 13 章才能了解這個運算子。不過，簡而言之，await 預期一個 Promise 物件（代表一個非同步計算）作為它唯一的運算元，而它讓你的程式表現得好像正在等候那個非同步計算完成一樣（但它這麼做的時候不會實際阻斷執行，而它也不會防止其他的非同步計算同時推進）。await 運算子的值是該 Promise（承諾）物件的履行值（fulfillment value）。很重要的是，await 只能合法用在已經使用 async 關鍵字宣告為非同步的函式內。同樣地，完整細節請參閱第 13 章。

4.13.6　void 運算子

void 是一個單元運算子，用在它單一運算元之前，後者可以是任何型別。這個運算子不同一般也不常被使用，它會估算它的運算元，然後捨棄該值，並回傳 undefined。既然運算元的值會被捨棄，使用 void 運算子只在該運算元有副作用的時候有意義。

void 運算子隱晦難解到很難給出實際的例子來展示它的用途。有一種情況是你想要定義不回傳任何東西的一個函式，而且想使用箭號函式的語法捷徑（參閱 §8.1.3），其中函式的主體是會被估算並回傳的單一運算式。如果你只是為了運算式的副作用而估算它，並且不想要回傳它的值，那麼最簡單的辦法就是在函式主體周圍使用曲括號（curly braces）。不過，作為一種替代方式，你也可以在這種情況下使用 void 運算子：

```
let counter = 0;
const increment = () => void counter++;
increment()   // => undefined
counter       // => 1
```

4.13.7　逗號運算子（,）

comma 運算子是一個二元運算子，其運算元可以是任何型別。它估算它的左運算元，估算其右運算元，然後回傳右運算元的值。因此，下面這行：

```
i=0, j=1, k=2;
```

估算為 2，而且基本上等同於：

```
i = 0; j = 1; k = 2;
```

左手邊的運算式永遠都會被估算，但其值會被捨棄，這代表只有在左手邊的運算元有副作用的時候，使用逗號運算子才合理。逗號運算子常被使用的唯一情境是具有多個迴圈變數的 for 迴圈（§5.4.3）：

```
// 下面第一個逗號是 let 述句語法的一部分
// 第二個逗號是逗號運算子：它讓我們得以
// 把 2 個運算式（i++ 和 j--）擠到預期 1 個運算式的述句（for 迴圈）中。
for(let i=0,j=10; i < j; i++,j--) {
    console.log(i+j);
}
```

4.14　總結

本章涵蓋了廣泛的主題，而且這裡有未來你繼續學習 JavaScript 時可能會想要重新複習的許多參考材料。不過有些關鍵必須記住，如下：

- 運算式是 JavaScript 程式的片語。

- 任何運算式都能被估算為一個 JavaScript 值。

- 除了產生一個值之外，運算式也可能有副作用（例如變數指定）。

- 簡單的運算式，例如字面值、變數參考以及特性存取，都能以運算子結合產生較大的運算式。

- JavaScript 為算術、比較、Boolean 邏輯、指定和位元操作定義了運算子，還有其他的一些運算子，包括三元的條件運算子。

- JavaScript 的 + 運算子同時被用來相加數字和串接字串。

- 邏輯運算子 && 和 || 有特殊的「短路」行為，有時只會估算它們引數的其中一個。常見的 JavaScript 慣用語要求你必須了解這些運算子的特殊行為。

第五章

述句

第 4 章把運算式（expressions）描述為 JavaScript 的片語（phrases）。依照這個類比，述句（*statements*）就是 JavaScript 的句子（sentences）或命令（commands）。就像英文句子是以句號做結並與其他句子做出區隔，JavaScript 述句是以分號（semicolons，§2.6）做結的。運算式會被**估算**（*evaluated*）以產生一個值，但述句是被**執行**（*executed*）來使某些事情發生。

「使某些事情發生」的方式之一是估算具有副作用的一個運算式。具有副作用的運算式，例如指定和函式調用，都可以單獨作為述句，而以這種方式使用時，它們被稱作**運算式述句**（*expression statements*）。另一大類相似的述句是**宣告述句**（*declaration statements*），它們會宣告新的變數和定義新的函式。

JavaScript 程式（program）不過就是要執行的一序列述句（a sequence of statements）。預設情況下，JavaScript 直譯器會以它們被寫出的順序，一個接著一個執行那些述句。另一種「使某些事情發生」的方式是更動這種預設的執行順序，而 JavaScript 有幾個述句或**控制結構**（*control structures*）所做的事就是這樣：

條件式（*Conditionals*）

像是 if 和 switch 之類的述句會使 JavaScript 直譯器依據某個運算式的值來執行或跳過其他述句

迴圈（*Loops*）

像是 while 和 for 之類的述句會重複執行其他的述句

跳躍（*Jumps*）

像是 break、return 與 throw 之類的述句會使直譯器跳到程式的另一個部分去執行

接下來的各個小節描述 JavaScript 中的各種述句並說明它們的語法。本章結尾的表 5-1 總結了這些語法。一個 JavaScript 程式單純就是一序列彼此以分號區隔的述句，所以只要熟悉 JavaScript 的述句，你就能開始撰寫 JavaScript 的程式了。

5.1 運算式述句

JavaScript 中最簡單的一種述句就是具有副作用（side effects）的運算式。那一類的述句已經在第 4 章展示過了。指定述句（assignment statements）是主要的一種運算式述句。舉例來說：

```
greeting = "Hello " + name;
i *= 3;
```

遞增和遞減運算子 ++ 和 -- 與指定述句相關。它們有改變一個變數值的副作用，就如同執行了一個指定那般：

```
counter++;
```

delete 運算子具有刪除一個物件特性的重要副作用。因此，它幾乎總是被當作一個述句來用，而非作為一個較大運算式的一部分：

```
delete o.x;
```

函式呼叫（function calls）是另外一類主要的運算式述句。舉例來說：

```
console.log(debugMessage);
displaySpinner(); // 在 Web app 中顯示一個旋轉器的假想函式。
```

這些函式呼叫都是運算式，但它們有會影響宿主環境（host environment）或程式狀態的副作用，而在此它們被當作述句使用。若有一個函式沒有任何副作用，那麼呼叫它就沒有任何意義，除非它是一個較大的運算式或指定述句的一部分。舉例來說，你不會只是計算出一個餘弦（cosine）值，然後就丟棄結果：

```
Math.cos(x);
```

但你可能會計算該值，並把它指定給一個變數以供未來使用：

```
cx = Math.cos(x);
```

注意到在這每一個範例中，每一行程式碼都是以一個分號做結（terminated）。

5.2　複合述句與空述句

正如逗號運算子（§4.13.7）會把多個運算式結合單一個運算式，一個述句區塊（*statement block*）會把多個述句結合成單一個複合述句（*compound statement*）。一個述句區塊單純就是包在曲括號（curly braces，或稱「大括號」）內的一序列述句。因此，下列幾行會被當成單一個述句，並且能被用在 JavaScript 預期單一述句的任何地方：

```
{
    x = Math.PI;
    cx = Math.cos(x);
    console.log("cos(π) = " + cx);
}
```

關於這個述句區塊，有幾件事需要注意。首先，它並**沒有**以一個分號做結。區塊內的那些原始述句都有以分號做結，但該區塊本身並沒有。其次，區塊內的那幾行相對於包著它們的曲括號往內縮排了一段距離，這並非必要，但能讓程式碼更容易閱讀與理解。

就像運算式經常會含有子運算式，許多 JavaScript 述句也會包含子述句（substatements）。正式說來，JavaScript 語法通常允許單一個子述句。舉例來說，while 迴圈的語法就包括作為迴圈主體的單一個述句。藉由一個述句區塊，你就能在允許的單一個子述句內放入任何數目的述句。

複合述句能讓你在 JavaScript 語法預期單一個述句的地方使用多個述句。**空述句**（*empty statement*）則相反：它允許你在預期一個述句的地方不放上任何述句。空述句看起來就像這樣：

```
    ;
```

JavaScript 直譯器執行空述句的時候不會採取任何動作。空述句偶爾能在你想要建立出具有空主體的迴圈時派上用場。考慮下列的 for 迴圈（for 迴圈會在 §5.4.3 中涵蓋）：

```
// 初始化一個陣列 a
for(let i = 0; i < a.length; a[i++] = 0) ;
```

在這個迴圈中，所有的工作都是由運算式 a[i++] = 0 進行的，沒必要有迴圈主體。然而，JavaScript 語法要求一個述句作為迴圈主體，所以一個空的述句，即單純的一個分號，就被使用。

注意到，在一個 for 迴圈、while 迴圈或 if 述句的右括弧後面意外放上一個分號，可能會導致難以偵測的麻煩臭蟲產生。舉例來說，下列程式碼所做的事大概不是作者的意圖：

```
if ((a === 0) || (b === 0));   // 糟糕！這行什麼都沒做 ...
    o = null;                   // 而這行永遠都會被執行。
```

當你刻意想要使用空述句，比較好的辦法是註解你的程式碼，清楚表明你是刻意那樣做的。舉例來說：

```
for(let i = 0; i < a.length; a[i++] = 0) /* 空的 */ ;
```

5.3　條件式

條件式述句（conditional statements）會依據指定的一個運算式的值來執行或跳過其他的述句。這些述句是你程式碼的決策點，而它們有時也被稱為「分支（branches）」。想像 JavaScript 直譯器依循一條路徑執行過你的程式碼，條件式述句就會是程式碼分支為兩條或更多條路徑的地方，而直譯器必須挑選要走哪條路徑。

接下來的各個小節解說 JavaScript 基本的條件式，即 if/else 述句，也會涵蓋 switch，一種較為複雜的多路分支（multiway branch）述句。

5.3.1　if

if 述句是最基本的控制述句，能讓 JavaScript 做出決策，或更精確地說，條件式地（conditionally）執行述句。這個述句有兩種形式。第一種是：

```
if (expression)
    statement
```

在這種形式中，*expression* 會被估算。如果結果值是 truthy 的，*statement* 就會被執行。如果 *expression* 是 falsy 的，*statement* 就不會執行（truthy 值和 falsy 值的定義請參閱 §3.4）。舉例來說：

```
if (username == null)       // 若 username 是 null 或 undefined，
    username = "John Doe";  // 就定義它
```

或類似的：

```
// 若 username 是 null、undefined、false、0、"" 或 NaN，就給它一個新的值
if (!username) username = "John Doe";
```

注意到 *expression* 周圍的括弧是 if 述句語法必要的一部分。

JavaScript 語法要求 if 關鍵字和帶括弧的運算式後要有單一個述句,但你可以使用一個述句區塊來把多個述句結合為一個。所以 if 述句看起來也可能像這樣:

```
if (!address) {
    address = "";
    message = "Please specify a mailing address.";
}
```

第二種形式的 if 述句引入了一個 else 子句(clause),它會在 *expression* 是 false 的時候執行。其語法為:

```
if (expression)
    statement1
else
    statement2
```

這種形式的 if 述句會在 *expression* 是 truthy 之時執行 *statement1*,並在 *expression* 是 falsy 的時候,執行 *statement2*。舉例來說:

```
if (n === 1)
    console.log("You have 1 new message.");
else
    console.log(`You have ${n} new messages.`);
```

當你有帶著 else 子句的巢狀 if 述句,就要特別小心,以確保 else 子句跟的是正確的 if 述句。考慮下列這幾行:

```
i = j = 1;
k = 2;
if (i === j)
    if (j === k)
        console.log("i equals k");
else
    console.log("i doesn't equal j");     // 錯了!!
```

在這個例子中,內層的 if 述句構成了外層 if 述句在語法上所允許的那個單一述句。遺憾的是,這裡並不清楚那個 else 是與哪個 if 配對(除了縮排所給的提示外)。而在這個例子中,縮排方式是錯的,因為 JavaScript 直譯器實際上會把前面的例子解讀為:

```
if (i === j) {
    if (j === k)
        console.log("i equals k");
    else
        console.log("i doesn't equal j");     // 糟糕!
}
```

JavaScript 的規則是，預設情況下，一個 else 子句會是最接近的 if 述句的一部分（就跟大多數的程式語言一樣）。要消除這個例子的歧義，並讓它更容易閱讀、理解、維護和除錯，你應該使用曲括號（curly braces）：

```
if (i === j) {
    if (j === k) {
        console.log("i equals k");
    }
} else {  // 曲括號的位置能做出如此差異！
    console.log("i doesn't equal j");
}
```

許多程式設計師都養成習慣以曲括號包圍 if 和 else 述句（以及其他的複合述句，例如 while 迴圈）的主體，即使主體僅含有單一個述句。一致地這樣做可以防止前述的那類問題，而我也建議你在實務中採用這種做法。在這本印刷書中，我特別花費了一些心力讓範例程式碼保持垂直方向的簡潔性，因此在這方面我並不總是遵循我自己的建議。

5.3.2　else if

if/else 述句會估算一個運算式，並依據其結果執行兩段程式碼中的一段。但如果你需要執行很多段程式碼中的一段呢？那麼做的方式之一是使用 else if 述句。else if 其實並不真的是一個 JavaScript 述句，而單純是運用重複的 if/else 述句時會產生的一種經常被使用的程式設計慣用語：

```
if (n === 1) {
    // 執行程式碼區塊 #1
} else if (n === 2) {
    // 執行程式碼區塊 #2
} else if (n === 3) {
    // 執行程式碼區塊 #3
} else {
    // 如果所有的 else 都失敗，就執行區塊 #4
}
```

這段程式碼並沒有什麼特殊之處，它只是一系列的 if 述句，其中每個跟隨在後面的 if 都是前一個述句的 else 子句的一部分。使用 else if 慣用語是偏好的做法，會比把這些述句展開來寫成它們語法上等效的完整內嵌形式還要更容易閱讀：

```
if (n === 1) {
    // 執行程式碼區塊 #1
}
else {
    if (n === 2) {
```

```
        // 執行程式區塊 #2
    }
    else {
        if (n === 3) {
            // 執行程式區塊 #3
        }
        else {
            // 如果所有的 else 都失敗，就執行區塊 #4
        }
    }
}
```

5.3.3　switch

if 述句可以讓程式的執行流程分支，而你也能用 else if 慣用語來進行多路分支。然而，當所有的分支都取決於相同運算式的值，這就不是最佳解法。在這種情況中，在多個 if 述句中重複估算那個運算式是很浪費的。

switch 述句處理的正是這種情況。switch 關鍵字後面跟著括弧中的一個運算式，以及曲括號中的一個程式碼區塊：

```
switch(expression) {
    statements
}
```

然而，switch 述句的完整語法比這個還要複雜。那個程式碼區塊中的各個位置會以 case 關鍵字與其後的一個運算式及一個冒號所標示。一個 switch 執行時，它會計算 expression 的值，然後尋找其運算式估算為同一個值的一個 case 標籤（在此相等性是以 === 運算子判斷的）。如果它有找到相符的，就會在那個 case 所標示的述句之處開始執行它的程式碼區塊。如果它沒有找到值相符的一個 case，它就會尋找標示為 default: 的一個述句。若沒有 default: 標籤，switch 述句就會跳過那整個區塊的程式碼。

switch 這個述句解釋起來有點令人困惑，它所進行的運算以一個範例來說明就會清楚許多。下列的 switch 述句等同於前一節所展示的重複的 if/else 述句：

```
switch(n) {
case 1:                    // 若 n === 1 就從這裡開始
    // 執行程式碼區塊 #1.
    break;                 // 停止於此
case 2:                    // 如果 n === 2 就從這裡開始
    // 執行程式碼區塊 #2.
    break;                 // 停止於此
```

```
case 3:                          // 若 n === 3 就從這裡開始
    // 執行程式碼區塊 #3.
    break;                       // 停止於此
default:                         // 如果所有的 else 都失敗 ...
    // 執行程式碼區塊 #4.
    break;                       // 停止於此
}
```

注意到這段程式碼中用在每個 case 尾端的 break 關鍵字。會在本章後面描述的 break 述句，會使直譯器跳（或「break out」，「闖出」）到 switch 述句的結尾，然後繼續執行跟在它後面的述句。一個 switch 述句中的 case 子句指出的僅是想要執行的程式碼之**起始點**（*starting point*），它們並沒有指定任何的終點。若缺少 break 述句，switch 述句就會在值與它的 *expression* 之值相符的那個 case 標籤處開始執行它的程式碼區塊，並持續執行直到抵達該區塊的結尾為止。在很少數的情況下，寫出像這樣會從一個 case 標籤「掉落通過（falls through）」下一個標籤的程式碼可能會有用，但 99% 的時間你都應該留意有沒有以一個 break 述句來結束每個 case（然而，在一個函式內使用 switch 的時候，你可能會使用一個 return 述句而非 break 述句。兩者都能終結 switch 述句，並防止執行流程落到下一個 case）。

這裡有一個更為真實的 switch 述句範例，它會依據值的型別把那個值轉換為一個字串：

```
function convert(x) {
    switch(typeof x) {
    case "number":               // 將數字轉為一個十六進位整數
        return x.toString(16);
    case "string":               // 回傳包在引號中的字串
        return '"' + x + '"';
    default:                     // 以一般的方式轉換任何其他型別的值
        return String(x);
    }
}
```

注意到在前兩個例子中，case 關鍵字的後面分別都接著數字和字串字面值。這是 switch 在實務上最常被使用的方式，但要注意 ECMAScript 標準允許每個 case 後面接著一個任意的運算式。

switch 述句會先估算接在 switch 關鍵字後的運算式，然後估算那些 case 運算式，以它們出現的順序進行，直到它找到相符的一個值為止 [1]。匹配的案例（case）是用 === 同一性

---

1 因為 case 運算式是在執行時期（runtime）被估算的，這使得 JavaScript 的 switch 述句與 C、C++ 和 Java 的 switch 述句有很大的不同（也比較沒效率）。在那些語言中，case 運算式必須是同型別的編譯期常數（compile-time constants），而 switch 述句經常可以編譯為高效率的低階**跳越表**（*jump tables*）。

運算子（identity operator）來判斷的，而非 == 相等性運算子（equality operator），所以運算式必須在沒有任何型別轉換的情形下匹配才行。

因為並不是所有的 case 運算式都會在每次 switch 述句執行時被估算，你應該避免使用含有副作用的 case 運算式，例如函式呼叫或指定。最安全的辦法是限制你的 case 運算式為常數運算式。

如前面解釋過的，若沒有 case 運算式與 switch 運算式匹配，那麼 switch 述句就會在標示為 default: 的述句處開始執行它的主體。如果沒有 default: 標籤，那麼 switch 述句就會跳過它的整個主體。注意到，在所展示的例子中，default: 標籤都出現在 switch 主體的尾端，跟在所有的 case 標籤之後。這是它符合邏輯且常見的位置，但它實際上可以出現在述句主體內的任何地方。

5.4　迴圈

要了解條件式述句（conditional statements），我們想像 JavaScript 的直譯器會依循一種分支的路徑跑過你的原始碼。迴圈述句（*looping statements*）則是會把該路徑往回彎向自己以重複你程式碼某個部分的那種。JavaScript 有五種迴圈述句：while、do/while、for、for/of（與它的 for/await 變體），以及 for/in。接下來的各小節依序解說其中每一個。迴圈的一個常見用途是迭代過（iterate over）一個陣列的元素。§7.6 會詳細討論那種迴圈，並涵蓋 Array 類別定義的特殊迴圈方法。

5.4.1　while

就像 if 述句是 JavaScript 最基本的條件式，while 述句是 JavaScript 最基本的迴圈。它有下列語法：

```
while (expression)
    statement
```

要執行一個 while 述句，直譯器會先估算 *expression*，如果它的值是 falsy 的，那麼直譯器就會跳過作為迴圈主體的 *statement*，移往程式中的下一個述句。另一方面，如果 *expression* 是 truthy 的，那麼直譯器就會執行 *statement* 並重複，跳回到迴圈頂端，再次估算 *expression*。另一種描述方式則是，當（*while*）*expression* 是 truthy 的，直譯器就會重複執行 *statement*。注意到你能以 while(true) 這個語法建立出一個無窮迴圈。

通常，你不會想要 JavaScript 一次又一次重複執行完全相同的運算。幾乎在每個迴圈中，迴圈的每次**迭代**（*iteration*）都會有一個或多個變數發生改變。因為變數有變，執行 *statement* 所進行的動作可能會在每次通過迴圈時都有所不同。此外，如果 *expression* 中涉及了那個或那些有改變的變數，那麼該運算式的值每次通過迴圈時也可能不同。這很重要，否則的話，一開始是 truthy 的運算式就永遠不會變，而迴圈也永遠不會結束！這裡有個 while 迴圈的例子，它從 0 到 9 印出那些數字：

```
let count = 0;
while(count < 10) {
    console.log(count);
    count++;
}
```

如你所見，變數 count 一開始是 0，並在迴圈主體每次執行時遞增。一旦迴圈執行了 10 次，該運算式就變為 false（即變數 count 不再小於 10），這個 while 述句就完成，而直譯器就能移往程式中的下一個述句。許多迴圈都有像 count 那樣的一個計數器變數（counter variable）。變數名稱 i、j 與 k 經常被用作迴圈計數器，不過若那樣能使你的程式碼更容易理解，你就應該使用更有描述性的名稱。

5.4.2　do/while

do/while 迴圈就像是 while 迴圈，只不過迴圈運算式是在迴圈底部測試，而非在頂端測試。這表示這種迴圈的主體一定至少會執行一次。其語法是：

```
do
    statement
while (expression);
```

在實務上，比起它的 while 表親，do/while 迴圈較少被使用，很少有情況是你確定一個迴圈至少必須執行一次的。這裡有 do/while 迴圈的一個例子：

```
function printArray(a) {
    let len = a.length, i = 0;
    if (len === 0) {
        console.log("Empty Array");
    } else {
        do {
            console.log(a[i]);
        } while(++i < len);
    }
}
```

do/while 迴圈和一般的 while 迴圈之間有幾個語法上的差異。首先，do 迴圈必須有 do 關鍵字（標示迴圈開頭）以及 while 關鍵字（標示結尾，並引入迴圈條件）。此外，do 迴圈一定要以一個分號做結。如果迴圈主體包在曲括號中，那 while 迴圈就不需要那個分號。

5.4.3　for

for 述句提供了一種經常會比 while 述句更方便的迴圈構造。for 述句簡化了依循一種常見模式的迴圈。大多數迴圈都有某種類型的一個計數器變數（counter variable），這個變數會在迴圈啟動前被初始化，並會在迴圈的每次迭代前被測試。最後，這個計數器變數會在迴圈主體的結尾遞增或以其他方式更新，就在該變數再次被測試之前。在這種迴圈中，初始化（initialization）、測試（test）和更新（update）是對於一個迴圈變數的三個關鍵操作。for 述句把這三個操作各自編碼為一個運算式，並讓那些運算式成為了迴圈語法明確的一部分：

```
for(initialize ; test ; increment)
    statement
```

initialize、test 和 increment 這三個（以分號區隔的）運算式分別負責迴圈變數的初始化、測試和遞增。把它們全部放在迴圈的第一行能讓我們更輕易了解一個 for 迴圈在做什麼，並防止像是忘記初始化或遞增迴圈變數的錯誤。

解釋 for 迴圈運作方式最簡單的辦法是展示等效的 while 迴圈[2]：

```
initialize;
while(test) {
    statement
    increment;
}
```

換句話說，initialize 運算式會在迴圈開始前被估算一次，為了發揮用處，這個運算式必須有副作用（通常是一個指定）。JavaScript 也允許 initialize 是一個變數宣告述句，如此你就能同時宣告並初始化一個迴圈計數器。test 運算式會在每次迭代前估算，並控制迴圈的主體是否執行。如果 test 估算為一個 truthy 值，那麼作為迴圈主體的 statement 就會被執行。最後，increment 運算式會被估算，同樣地，這也必須是一個具有副作用的運算式才能派上用場。一般來說，它要不是一個指定運算式，就是使用 ++ 或 -- 運算子。

2　當我們考慮到 §5.5.3 中的 continue 述句，我們會看到這個 while 迴圈並不全然與 for 迴圈等效。

我們能以像下列這樣的一個 for 迴圈來印出 0 到 9 的數字。將它與前一節所示的等效 while 迴圈做對比：

```
for(let count = 0; count < 10; count++) {
    console.log(count);
}
```

當然，迴圈可能會變得比這個簡單的例子還要複雜許多，而有的時候迴圈的每次迭代都會有多個變數改變。這種情況就是 JavaScript 中逗號運算子會常被使用的唯一地方，它提供了一種方式來把多個初始化和遞增運算式結合成適合用在 for 迴圈中的單一運算式：

```
let i, j, sum = 0;
for(i = 0, j = 10 ; i < 10 ; i++, j--) {
    sum += i * j;
}
```

在我們目前所有的迴圈範例中，迴圈變數都是數值型的。這是相當常見的，但並非必要。下列程式碼使用一個 for 迴圈來巡訪（traverse）一個連結串列（linked list）資料結構，並回傳陣列中的最後一個物件（即第一個沒有 next 特性的物件）：

```
function tail(o) {                        // 回傳連結串列 o 的尾巴
    for(; o.next; o = o.next) /* empty */ ; // 在 o.next 是 truthy 的時候巡訪
    return o;
}
```

注意到這段程式碼沒有 *initialize* 運算式。那三個運算式的任何一個都可以從 for 迴圈省略，但那兩個分號是必須的。如果你省略了 *test* 運算式，迴圈就會永遠重複，而 for(;;) 是寫出一個無窮迴圈的另一種方式，如同 while(true)。

5.4.4　for/of

ES6 定義了一種新的迴圈述句：for/of。這種新的迴圈用到了 for 關鍵字，但卻是與一般的 for 迴圈完全不同的一種迴圈（它也與我們會在 §5.4.5 中描述的較舊的 for/in 迴圈完全不同）。

for/of 迴圈要與可迭代（*iterable*）物件並用。我們會在第 12 章中解說一個物件是可迭代的，到底代表著什麼意義，至於本章，只要知道陣列、字串、集合（sets）和映射（maps）都是可迭代的就夠了：它們皆代表一個序列（sequence）或集合的元素，而你可以使用一個 for/of 迴圈來迭代過（iterate through）它們。

舉例來說，這裡有個例子，示範如何使用 for/of 來以迴圈迭代過一個數字陣列的元素，並計算它們的總和：

```
let data = [1, 2, 3, 4, 5, 6, 7, 8, 9], sum = 0;
for(let element of data) {
    sum += element;
}
sum        // => 45
```

從表面上來看，這語法就像是一般的 for 迴圈：for 關鍵字後面接著的括弧中含有描述迴圈應該做些什麼的細節。在這個例子中，括弧內含有一個變數宣告（或者，對於已經宣告的變數，單純只有該變數的名稱）接著 of 關鍵字，以及會估算為一個可迭代物件的一個運算式，像是此例中的 data 陣列。就跟所有的迴圈一樣，for/of 迴圈的主體跟在那對括弧後，通常被放在曲括號（curly braces）中。

在剛才展示的程式碼中，迴圈主體會為 data 陣列的每個元素都執行一次。在迴圈主體的每次執行前，陣列的下個元素會被指定給那個元素（element）變數。陣列元素的迭代順序是從第一個到最後一個。

陣列是「即時（live）」迭代的，迭代過程中所做的變更可能會影響迭代結果。如果我們修改前面的程式碼，在迴圈主體內新增了 data.push(sum); 這行，那麼我們就建立出一個無窮迴圈，因為迭代動作永遠都無法抵達陣列的最後一個元素。

for/of 與物件

物件（預設）並不是可迭代的。試著在一個普通的物件上使用 for/of 會在執行時期擲出一個 TypeError：

```
let o = { x: 1, y: 2, z: 3 };
for(let element of o) { // 擲出 TypeError，因為非可迭代的
    console.log(element);
}
```

如果你想要迭代過一個物件的特性，你可以使用 for/in 迴圈（會在 §5.4.5 介紹）或將 Object.keys() 方法與 for/of 並用：

```
let o = { x: 1, y: 2, z: 3 };
let keys = "";
for(let k of Object.keys(o)) {
    keys += k;
}
keys   // => "xyz"
```

這之所以行得通，是因為 Object.keys() 會為一個物件回傳由其特性名稱所構成的一個陣列，而陣列是 for/of 可迭代的。也請注意，對於一個物件的鍵值（keys）的這種迭代並非像前面的陣列範例那樣是「即時（live）」的，也就是說，在迴圈主體中對物件 o 所做的更動不會影響到迭代動作。若你在意的不是一個物件的鍵值，你也可以像這樣迭代過它們對應的值：

```
let sum = 0;
for(let v of Object.values(o)) {
    sum += v;
}
sum // => 6
```

而如果你對一個物件之特性的鍵值和值都有興趣，你可以搭配使用 for/of 和 Object.entries() 以及解構指定（destructuring assignment）：

```
let pairs = "";
for(let [k, v] of Object.entries(o)) {
    pairs += k + v;
}
pairs  // => "x1y2z3"
```

Object.entries() 會回傳由陣列組成的一個陣列（array of arrays），其中每個內層的陣列都代表該物件一個特性的鍵值與值對組（key/value pair）。我們在這個程式碼範例中使用解構指定來把那些內層的陣列拆成兩個個別的變數。

for/of 與字串

在 ES6 中，字串是可逐字元迭代的：

```
let frequency = {};
for(let letter of "mississippi") {
    if (frequency[letter]) {
        frequency[letter]++;
    } else {
        frequency[letter] = 1;
    }
}
frequency   // => {m: 1, i: 4, s: 4, p: 2}
```

注意到字串是以 Unicode 的編碼位置（codepoint）來迭代的，而非以 UTF-16 字元進行。字串「I ❤ 🐐」的 .length 是 5（因為那兩個表情符號每個都需要兩個 UTF-16 字元來表示）。但若你以 for/of 迭代那個字串，迴圈主體會執行三次，也就是三個編碼位置「I」、「❤」和「🐐」都執行一次。

for/of 與集合及映射

內建的 ES6 Set（集合）和 Map（映射）是可迭代的。當你以 for/of 迭代一個 Set，迴圈主體會為該集合的每個元素都執行一次。你可以使用像這樣的程式碼來印出一段文字字串中唯一的字詞（unique words）：

```
let text = "Na na na na na na na na Batman!";
let wordSet = new Set(text.split(" "));
let unique = [];
for(let word of wordSet) {
    unique.push(word);
}
unique // => ["Na", "na", "Batman!"]
```

Map 是很有趣的案例，因為 Map 物件的迭代器（iterator）不會迭代 Map 的鍵值或 Map 的值，而是其鍵值與值對組（key/value pairs）。每次迭代時，迭代器會回傳一個陣列，其第一個元素是一個鍵值，而第二個元素是對應的值。給定一個映射 m，你可以像這樣迭代並解構它的鍵值與值對組：

```
let m = new Map([[1, "one"]]);
for(let [key, value] of m) {
    key     // => 1
    value   // => "one"
}
```

使用 for/await 的非同步迭代

ES2018 引進了一種新的迭代器，稱作非同步迭代器（*asynchronous iterator*），以及 for/of 迴圈的一種變體，稱作 for/await 迴圈，能與非同步迭代器並用。

你得閱讀第 12 和 13 章才能了解 for/await 迴圈，但這裡是它在程式碼中的樣子：

```
// 從一個非同步的可迭代資料流讀取資料塊（chunks）並印出它們
async function printStream(stream) {
    for await (let chunk of stream) {
        console.log(chunk);
    }
}
```

5.4.5　for/in

一個 for/in 迴圈看起來就像一個 for/of 迴圈，但 of 關鍵字被改為了 in。雖然 for/of 迴圈得在 of 之後使用一個可迭代物件，for/in 迴圈卻能在 in 之後使用任何物件。for/of 迴圈是 ES6 的新功能，但 for/in 從最開始就一直是 JavaScript 的一部分（這也是它的語法聽起來更自然的原因）。

for/in 述句會以迴圈跑過一個指定物件的特性名稱，其語法看起來像這樣：

```
for (variable in object)
    statement
```

variable 通常指名一個變數，但它也可以是一個變數宣告或適合用在指定運算式左手邊的任何東西。object 是會估算為一個物件的一個運算式。一如以往，statement 是作為迴圈主體的述句或述句區塊。

而你可能會像這樣使用一個 for/in 迴圈：

```
for(let p in o) {        // 把 o 的特性名稱指定給變數 p
    console.log(o[p]); // 印出每個特性的值
}
```

要執行一個 for/in 述句，JavaScript 直譯器首先會估算 object 運算式。如果它估算為 null 或 undefined，直譯器就會跳過迴圈，移往下一個述句。直譯器現在會為該物件的每個可列舉特性（enumerable property）都執行迴圈的主體一次。然而，在每次迭代之前，直譯器會估算 variable 運算式，並指定特性的名稱（一個字串值）給它。

注意到 for/in 迴圈中的 variable 可以是任意的運算式，只要它會估算為適合用在一個指定左邊的東西就行。這個運算式會在每次通過迴圈時被估算，這表示它每次的估算結果都可能不同。舉例來說，你可以用像下列這樣的程式碼來把所有物件特性的名稱拷貝到一個陣列中：

```
let o = { x: 1, y: 2, z: 3 };
let a = [], i = 0;
for(a[i++] in o) /* 的 */;
```

JavaScript 陣列單純就是一種特殊的物件，而陣列索引（array indexes）是能以一個 for/in 迴圈列舉的物件特性。舉例來說，在前面的程式碼後接著這一行會列舉陣列索引 0、1 和 2：

```
for(let i in a) console.log(i);
```

我在自己的程式碼中發現一種常見的臭蟲來源，就是在我想要使用 for/of 的時候意外把 for/in 用於陣列。處理陣列時，你幾乎總是想要使用 for/of 而非 for/in。

for/in 迴圈實際上並不會列舉出一個物件的所有特性。它不會列舉名稱為符號（symbols）的特性。而在名稱是字串的特性中，它只會以迴圈跑過那些可列舉（*enumerable*）的特性（參閱 §14.1）。核心 JavaScript 所定義的各個內建方法都不是可列舉的。舉例來說，所有的物件都有一個 toString() 方法，但 for/in 迴圈並不會列舉這個 toString 特性。除了內建方法外，內建物件的許多其他特性也都是不可列舉的。你的程式碼定義的所有特性和方法預設都是可列舉的（你可以使用 §14.1 中會介紹的技巧來使它們不可列舉）。

可列舉的繼承特性（enumerable inherited properties，參閱 §6.3.2）也會被 for/in 迴圈列舉。這意味著，如果你使用 for/in 迴圈，而且所用的程式碼定義了所有物件都會繼承的特性，那你迴圈的行為可能不會是你預期的那樣。為此，許多程式設計師都會優先選用 for/of 迴圈搭配 Object.keys()，而非使用 for/in 迴圈。

若是一個 for/in 迴圈的主體刪除了尚未被列舉的一個特性，那個特性就不會被列舉。如果迴圈的主體在物件上定義了新的特性，那些特性可能被列舉，也可能不會。有關 for/in 列舉物件特性的順序，更多的資訊請參閱 §6.6.1。

5.5　跳躍

另一大類的 JavaScript 述句是跳躍述句（*jump statements*）。如其名稱所示，這些述句會使 JavaScript 直譯器跳到原始碼中的一個新位置去。break 述句會使直譯器跳到一個迴圈的結尾或是其他述句。continue 會使直譯器略過一個迴圈主體剩餘的部分，跳回到迴圈頂端，開始一次新的迭代。JavaScript 允許述句有名稱，或稱為「帶有標籤（*labeled*）」，而 break 和 continue 能夠識別目標迴圈或其他的述句標籤（statement label）。

return 述句使得直譯器從一個函式的調用處（function invocation）跳回到調用它的程式碼，並為該次調用提供值。yield 述句是源自產生器函式（generator function）的一種臨時回傳（interim return）。throw 述句提出（raises）或擲出（*throws*）一個例外，並且是設計來與 try/catch/finally 述句搭配使用的，它們會建立出一個區塊的例外處理（exception-handling）程式碼。這是一種複雜的跳躍述句：當一個例外被擲出，直譯器會跳到最接近的外圍例外處理器（enclosing exception handler），它可能是在同一個函式中，或是在呼叫堆疊（call stack）內上層的一個調用中的函式裡。

這些跳躍述句每一個的細節都在接下來的各個小節裡。

5.5.1　帶標籤的述句

任何述句都可以帶有標籤（*labeled*），只要在它前面加上一個識別字及一個冒號就行了：

identifier: statement

為一個述句加上標籤，你就賦予了它可在程式其他地方用來參考至它的一個名稱。你可以為任何述句加上標籤，雖然為具有主體的述句加上標籤才會有用處，例如迴圈或條件式。藉由賦予一個迴圈名稱，你就能在該迴圈的主體內使用 break 和 continue 述句來退出迴圈，或直接跳到迴圈頂端開始下次迭代。JavaScript 述句中，會用到述句標籤的，只有 break 跟 continue，它們涵蓋在接下來的小節中。這裡有一個帶有標籤的 while 迴圈範例，以及用到那個標籤的一個 continue 述句。

```
mainloop: while(token !== null) {
    //  程式碼省略 ...
    // Code omitted...
    continue mainloop;  // 跳到這個具名迴圈的下次迭代
    // 更多省略的程式碼 ...
}
```

你用來標示一個述句的 *identifier* 可以是合法的任何 JavaScript 識別字，只要不是保留字就行了。標籤的命名空間（namespace）與變數和函式的命名空間不同，所以你可以把相同的識別字同時用作一個述句標籤和變數或函式的名稱。述句標籤只在套用它們的述句（當然也包括其子述句）中有定義。一個述句的標籤不能跟包含它的另一個述句相同，但兩個述句可以有相同的標籤，只要它們沒有內嵌在彼此之中就行了。帶標籤的那些述句本身也可以被加上標籤，在效果上，這表示任何的述句都可以有多個標籤。

5.5.2　break

break 述句，單獨使用時，會導致最內層的外圍迴圈（innermost enclosing loop）或 switch 述句即刻退出（exit）。它的語法很簡單：

```
break;
```

因為它會導致一個迴圈或 switch 退出，這種形式的 break 述句只有出現在那類述句之內才是合法的。

你已經見過 break 述句用在一個 switch 述句中的範例了。在迴圈中，它通常用來提早退出，不管是為了什麼原因，只要沒理由繼續完成迴圈就行。當一個迴圈有複雜的終止條件，通常比較容易的做法是以 break 述句實作其中的一些條件，而非試著在單一個迴圈運算式中將它們全都表達出來。下列的程式碼搜尋一個陣列的元素以找出某個特定的值。當它抵達陣列的結尾，此迴圈就會正常的終止，而當它找到在迴圈中要找的東西，它就會以一個 break 述句退出：

```
for(let i = 0; i < a.length; i++) {
    if (a[i] === target) break;
}
```

JavaScript 也允許 break 關鍵字的後面接著一個述句標籤（只有識別字，沒有冒號）：

```
break labelname;
```

當 break 與一個標籤並用，它會跳到具有指定標籤的那個外圍述句（enclosing statement）的結尾，或者說終結（terminates）該述句。若是沒有外圍述句具有那個指定的標籤，那麼以這種形式使用 break 就會是一種語法錯誤。藉由這種形式的 break 述句，那個具名述句（named statement）並不需要是迴圈或 switch：break 能夠「闖出（break out of）」任何的外圍述句。這個述句甚至可以是包在曲括號（curly braces）中成為只是為了以一個標籤命名該區塊的一個述句區塊。

break 關鍵字和 labelname 之間並不允許分行符號（newline）。原因出於 JavaScript 會自動插入省略的分號的功能：如果你在 break 關鍵字和其後的標籤之間放上一個行終止符（line terminator），JavaScript 會假設你的意思是要使用該述句未帶標籤的簡單形式，並把那個行終止符視為一個分號（參閱 §2.6）。

如果你想要跳出不是最接近的外圍迴圈或 switch 的一個述句，你就需要帶標籤形式的 break 述句。下列程式碼示範這點：

```
let matrix = getData();  // 從某處取得一個 2D 的數字陣列
// 現在加總 matrix 中的所有數字
let sum = 0, success = false;
// 從一個帶標籤的述句開始，以在錯誤發生時跳出它
computeSum: if (matrix) {
    for(let x = 0; x < matrix.length; x++) {
        let row = matrix[x];
        if (!row) break computeSum;
        for(let y = 0; y < row.length; y++) {
            let cell = row[y];
            if (isNaN(cell)) break computeSum;
            sum += cell;
        }
    }
    success = true;
}
```

```
// 那個 break 述句跳到這裡。如果我們以 success == false
// 的狀態抵達這裡那麼我們拿到的矩陣（matrix）就有地方出錯了。
// 否則，sum 就會含有該矩陣所有方格的總和。
```

最後，注意到一個 break 述句，不管是否帶有標籤，都無法跨越函式邊界轉移控制權。
舉例來說，你無法標示一個函式定義述句，然後在該函式內使用那個標籤。

5.5.3　continue

continue 述句類似於 break 述句。然而，它不是退出一個迴圈，continue 會重啟一個迴圈
進行下次迭代。continue 述句的語法就跟 break 述句一樣簡單：

```
continue;
```

continue 述句也能與一個標籤（label）並用：

```
continue labelname;
```

continue 述句不管是否帶有標籤，都只能用在一個迴圈的主體（body）中。在其他任何
地方使用它都會導致語法錯誤。

當 continue 述句被執行，外圍迴圈目前的迭代（current iteration）就會終止，並開始下
次迭代（next iteration）。對於不同類型的迴圈，這代表著不同的事：

- 在一個 while 迴圈中，位於迴圈開頭的那個指定的 *expression* 會再次被測試，而如果
它是 true，迴圈主體就會從頂端開始執行。

- 在一個 do/while 迴圈中，這會跳到迴圈底部去執行，在那裡，迴圈條件會在重啟迴
圈從頂端開始執行前再次被測試。

- 在一個 for 迴圈中，*increment* 運算式會被估算，而 *test* 運算式會再次被測試，以判
斷是否應該進行另一次迭代。

- 在一個 for/of 或 for/in 迴圈中，迴圈會以被放到指定變數中的下一個要迭代的值或
下一個特性名稱，重新開始。

注意到 while 和 for 迴圈中 continue 述句的行為差異：while 迴圈會直接回到它的條件，
但 for 迴圈會先估算它的 *increment* 運算式，然後再回到它的條件。前面我們曾經以一個
「等效」的 while 迴圈來考量 for 迴圈的行為。但因為 continue 述句對於這兩種迴圈會有
不同的行為，我們實際上不可能單獨以一個 while 迴圈完美模擬出一個 for 迴圈。

下列範例展示一個沒有標籤的 continue 述句被用來在有錯誤發生時，跳過一個迴圈目前迭代的剩餘部分：

```
for(let i = 0; i < data.length; i++) {
    if (!data[i]) continue;  // 無法以未定義的資料繼續進行
    total += data[i];
}
```

如同 break 述句，continue 述句也可以在要重啟的迴圈並非最接近的外圍迴圈時，以帶標籤的形式用在巢狀迴圈（nested loops）內。此外，就像 break 述句，continue 關鍵字和它的 *labelname* 之間不允許分行（line breaks）。

5.5.4　return

回想一下，函式調用（function invocations）是運算式，而所有的運算式都有值。一個函式內的 return 述句指出該函式的調用值（value of invocations）。這裡是 return 述句的語法：

```
return expression;
```

一個 return 述句只能出現在一個函式的主體中，出現在任何其他地方都是語法錯誤。當 return 述句被執行，含有它的函式就會把 *expression* 的值回傳（returns）給它的呼叫者。舉例來說：

```
function square(x) { return x*x; } // 具有一個 return 述句的函式
square(2)                          // => 4
```

若沒有 return 述句，一個函式調用單純只會依序執行函式主體中的每個述句，直到抵達函式結尾為止，然後回到它的呼叫者。在這種情況中，該調用運算式會估算為 undefined。return 述句經常作為一個函式中的最後一個述句出現，但它並不一定要是最後的述句：一個函式會在一個 return 述句被執行時回到它的呼叫者，即使函式主體中仍有剩餘的其他述句也一樣。

return 述句也可以不帶一個 *expression* 使用，來使該函式回傳 undefined 給它的呼叫者。舉例來說：

```
function displayObject(o) {
    // 如果引數是 null 或 undefined 就即刻回傳。
    if (!o) return;
    // 函式其餘部分在此 ...
}
```

由於 JavaScript 有自動分號插入功能（§2.6），你不能在 return 關鍵字和跟在其後的運算式之間包括一個分行符號（line break）。

5.5.5　yield

yield 述句跟 return 述句很像，但只用於 ES6 的產生器函式（generator functions，參閱§12.3）中，以產出（yield）所生成的值序列（generated sequence of values）中的下一個值，而不用實際回傳：

```
// 產出一個範圍的整數的產生器函式
function* range(from, to) {
    for(let i = from; i <= to; i++) {
        yield i;
    }
}
```

要了解 yield，你必須了解迭代器（iterators）和產生器（generators），而那要到第 12 章才會涵蓋。不過為了完整性，這裡還是涵蓋了 yield（雖然嚴格說來，yield 是一個運算子而非一種述句，如 §12.4.2 中所解釋的那樣）。

5.5.6　throw

一個例外（*exception*）是指出發生了某種例外情況（exceptional condition）或錯誤的一種訊號。擲出（*throw*）一個例外就是要表明有這樣的錯誤或例外情況。捕捉（*catch*）一個例外則是要處理（handle）它，即採取任何必要或適當的動作來從例外復原。在 JavaScript 中，每當有執行期錯誤（runtime error）發生，或程式使用 throw 述句明確地擲出，就會有例外產生。例外是以 try/catch/finally 述句來捕捉，這會在下一節中描述。

throw 述句有下列語法：

```
throw expression;
```

expression 可能估算為任何型別的一個值。你可能會擲出代表錯誤碼的一個數字，或含有人類可讀的錯誤訊息的一個字串。Error 類別及其子類別會在 JavaScript 直譯器本身擲出錯誤時被使用，而你也能使用它們。一個 Error 物件會有一個 name 特性，指出錯誤的類型，以及一個 message 特性存放傳入給建構器函式的字串。這裡有一個範例函式，它會在以無效的引數被調用時，擲出一個 Error 物件：

```
function factorial(x) {
    // 如果輸入引數無效，就擲出一個例外！
    if (x < 0) throw new Error("x must not be negative");
    // 否則，計算出一個值，並正常回傳
    let f;
    for(f = 1; x > 1; f *= x, x--) /* empty */ ;
    return f;
}
factorial(4)    // => 24
```

若有一個例外被擲出，JavaScript 直譯器就會即刻停止正常的程式執行，並跳到最接近的例外處理器（exception handler）。例外處理器是使用 try/catch/finally 述句的 catch 子句來撰寫，這會在下一節中描述。如果例外在其中被擲出的程式碼區塊沒有關聯的一個 catch 子句，直譯器會檢查外圍最接近的下一層程式碼區塊，看看是否有與之關聯的某個例外處理器。這種程序會持續進行，直到找到處理器為止。如果例外是在一個函式中被擲出，而其中不包含處理它的 try/catch/finally 述句，該例外就會往上傳播（propagates up）到調用該函式的程式碼。如此，例外會往外穿越 JavaScript 方法的語彙結構並在呼叫堆疊（call stack）中往上傳播。如果一直都沒找到例外處理器，該例外就會被視為錯誤，並回報給使用者。

5.5.7 try/catch/finally

try/catch/finally 述句是 JavaScript 的例外處理機制。這種述句的 try 子句單純定義了其例外要被處理的程式碼區塊。try 區塊後面跟著一個 catch 子句，它是一個區塊的述句，只要 try 區塊中有任何地方發生了一個例外，它就會被調用。catch 子句後面接著一個 finally 區塊，其中含有不管 try 區塊中發生了什麼事都保證會執行的清理程式碼（cleanup code）。catch 和 finally 區塊都是選擇性的，但一個 try 區塊必定至少要伴隨著這些區塊中的其中一個。try、catch 與 finally 區塊全都是以曲括號（curly braces）來開頭和結尾的。這些曲括號是語法必要的一部分，不能省略，即使一個子句僅包含單一個述句也一樣。

下列程式碼演示了 try/catch/finally 述句的語法和用途：

```
try {
    // 正常來說，這段程式碼會從區塊的頂端執行到底部
    // 不會有問題。但有時它可能會擲出一個例外，
    // 不管是透過一個 throw 述句直接那樣做，或間接地，
    // 呼叫了擲出一個例外的某個方法。
}
catch(e) {
```

```
        // 在這個區塊中的述句只會在 try 區塊擲出一個例外時執行
        // 這些述句可以使用區域變數 e 來參考被擲出的
        // 那個 Error 物件或其他的值。
        // 這個區塊能以某種方式處理該例外,也可以什麼都不做
        // 忽略該例外,又或者以 throw 重新擲出該例外。
    }
    finally {
        // 這個區塊含有一定會執行的述句,不管 try 區塊中
        // 發生了什麼事。它們會在 try 區塊
        // 以下列方式終結時執行:
        //   1) 正常完成,在抵達區塊的底部後
        //   2) 因為一個 break、continue 或 return 述句
        //   3) 以會被前面的 catch 子句處理的一個例外
        //   4) 因為仍然在傳播的一個未被捕捉的例外
    }
```

注意到 catch 關鍵字一般後面都會跟著一個在括弧中的識別字。這個識別字就像是一個函式參數,當一個例外被捕捉,與該例外關聯的值(例如一個 Error 物件)會被指定給這個參數。與一個 catch 子句關聯的識別字有區塊範疇,它只在那個 catch 區塊中有定義。

這裡有 try/catch 述句的一個真實例子。它用到在前一節中定義的 factorial() 方法,以及客戶端的 JavaScript 方法 prompt() 與 alert() 以進行輸入與輸出:

```
    try {
        // 請求使用者輸入一個數字
        let n = Number(prompt("Please enter a positive integer", ""));
        // 計算該數字的階乘(factorial),假設輸入是有效的
        let f = factorial(n);
        // 顯示結果
        alert(n + "! = " + f);
    }
    catch(ex) {      // 如果使用者的輸入無效,就會跑到這裡
        alert(ex);   // 告訴使用者錯誤是什麼
    }
```

這個例子是沒有 finally 子句的一個 try/catch 述句。雖然 finally 用到的頻率並不如 catch,它還是有所用處。然而,它的行為需要額外的解釋。只要 try 區塊有任何部分被執行了,finally 子句就保證會執行,不管 try 區塊中的程式碼是以何種方式完成的。它通常被用來在 try 子句中的程式碼之後進行清理工作。

在正常情況中，JavaScript 直譯器會抵達 try 區塊的結尾，然後前進到 finally 區塊，後者會進行任何必要的清理。如果直譯器是因為 return、continue 或 break 述句而離開 try 區塊，finally 區塊就會在直譯器跳到新目的地之前被執行。

若有一個例外在 try 區塊中發生，而且有關聯的某個 catch 區塊能處理該例外，直譯器就會先執行那個 catch 區塊，然後再執行 finally 區塊。如果沒有區域性的 catch 區塊來處理該例外，直譯器就會先執行 finally 區塊，然後跳到最接近的外圍 catch 子句。

若有一個 finally 區塊本身以一個 return、continue、break 或 throw 述句導致了一次跳躍，或呼叫到的某個方法擲出了例外，直譯器就會捨棄任何待決的跳躍，而進行那個新的跳躍。舉例來說，若有一個 finally 子句擲出一個例外，那個例外就會取代正要被擲出的任何例外。如果一個 finally 子句發出了一個 return 述句，該方法就會正常回傳，即使有例外已被擲出而且尚未處理也一樣。

try 和 finally 無須一個 catch 子句就能並用。在這種情況中，finally 區塊單純就是保證會被執行的清理程式碼，不管 try 區塊中發生了什麼事。回想到我們無法以一個 while 迴圈完美地模擬一個 for 迴圈，因為 continue 述句在這兩種迴圈中的行為不同。如果我們加上一個 try/finally 述句，我們就能寫出運作起來像 for 迴圈並能正確處理 continue 述句的一個 while 迴圈：

```
// 模擬 for(initialize ; test ;increment ) body;
initialize ;
while( test ) {
    try { body ; }
    finally { increment ; }
}
```

然而，要注意含有一個 break 述句的 *body* 其行為在 while 迴圈中會與在 for 迴圈中稍有不同（會在退出前導致一次額外的遞增），所以即便是有了 finally 子句，還是不可能以 while 完全模擬 for。

單獨的 catch 子句

偶爾你會發現自己使用一個 catch 子句只是為了偵測並停止一個例外的傳播，即便你並不在意那個例外的型別或值。在 ES2019 與之後版本中，你可以省略那對括弧及那個識別字，在這種情況中單獨使用 catch 關鍵字。這裡有個例子：

```
// 就像 JSON.parse()，但回傳 undefined 而非擲出一個錯誤
function parseJSON(s) {
    try {
        return JSON.parse(s);
    } catch {
        // 有事情出錯了，但我們不在意那是什麼
        return undefined;
    }
}
```

5.6　其他述句

本節描述剩餘的其他三個 JavaScript 述句：with、debugger 以及 "use strict"。

5.6.1　with

with 述句執行一個程式碼區塊的時候，會使所指定的那個物件之特性彷彿是在那段程式碼範疇中的變數一般。它有下列語法：

```
with (object)
    statement
```

這段述句會建立 *object* 的特性是其中變數的一個暫時範疇（temporary scope），然後在那個範疇中執行 *statement*。

with 述句在嚴格模式（strict mode，參閱 §5.6.3）中是被禁止的，而在非嚴格模式中也應該被視為是被棄用（deprecated）的：請盡可能避免使用它。用到 with 的 JavaScript 程式碼很難最佳化，而且很可能比沒使用 with 述句的等效程式碼執行起來慢很多。

with 常見的用途是讓我們更容易處理深層內嵌的物件階層架構（deeply nested object hierarchies）。舉例來說，在客戶端 JavaScript 中，你可能必須打出像這樣的運算式來存取一個 HTML 表單（form）的元素：

```
document.forms[0].address.value
```

如果你必須多次寫出像這樣的運算式，你就能使用 with 述句來把那個表單物件的特性當成變數使用：

```
with(document.forms[0]) {
    // 在此直接存取表單元素。例如：
    name.value = "";
    address.value = "";
    email.value = "";
}
```

這減少了你必須打入的字數：你不再需要在每個表單特性名稱的前面都加上 document.
forms[0] 了。當然，要避開 with 述句也同樣簡單，只要把前面的程式碼寫成這樣就
行了：

```
let f = document.forms[0];
f.name.value = "";
f.address.value = "";
f.email.value = "";
```

請注意，如果你使用 const 或 let 或 var 在一個 with 述句的主體中宣告一個變數或常數，
這所建立的會是一個普通的常數，而非在指定的物件內定義出一個新的特性。

5.6.2　debugger

debugger 述句正常來說什麼都不會做。然而，若有除錯器（debugger）程式可用而且正在
執行，那麼一個 JavaScript 實作可以（但並非必須）進行某種除錯動作。實務上，這個
述句的行為就像是一個中斷點（breakpoint）：JavaScript 程式碼的執行停止，而你可以
使用除錯器來印出變數的值或檢視呼叫堆疊等等。舉例來說，假設你在你的函式 f() 中
得到一個例外，因為它以一個未定義的引數被呼叫了，但你找不到那個呼叫源自何處。
為了幫助你除錯此問題，你可能會更動 f()，讓它的開頭看起來像這樣：

```
function f(o) {
    if (o === undefined) debugger;  // 暫時的一行程式碼，作為除錯之用
    ...                             // 函式其餘的部分在這裡。
}
```

現在，當 f() 不帶引數被呼叫，執行就會中斷，你就能使用除錯器來檢視呼叫堆疊，找
出那個有問題的呼叫來自哪裡。

請注意，光是擁有一個除錯器是不夠的：debugger 述句不會幫你啟動那個除錯器。然
而，如果你正在使用 Web 瀏覽器，並開啟了開發人員工具的主控台（developer tools
console），這個述句就會導致一個中斷點。

5.6.3 "use strict"

"use strict" 是在 ES5 中引進的一個指引（*directive*）。指引並非述句（但也夠接近了，所以 "use strict" 的說明放在這裡）。"use strict" 指引和一般的述句之間，有兩個重大差異：

- 它並不包含任何語言關鍵字：這個指引只是由一個特殊的字串字面值（放在單或雙引號中）所構成的一個運算式述句。

- 它只能出現在一個指令稿（script）的開頭，或是一個函式主體的開頭，而且要放在任何真正的述句出現之前。

一個 "use strict" 指引的用途是指出（指令稿或函式中）跟在其後的程式碼都處於*嚴格模式*（*strict code*）。如果一個指令稿有 "use strict" 指引，那麼該指令稿的頂層（非函式）程式碼都是嚴格模式的。如果是在嚴格模式中定義，或是它具有一個 "use strict" 指引，那麼一個函式主體就是嚴格模式的。如果 eval() 是從嚴格模式被呼叫，或是該程式碼字串包含一個 "use strict" 指引，那麼傳入給 eval() 方法的程式碼就處於嚴格模式。除了明確宣告為嚴格（strict）的程式碼，在一個 class 主體（第 9 章）或一個 ES6 模組（§10.3）中的程式碼，也自動會是嚴格模式的。這意味著，如果你所有的 JavaScript 程式碼都是寫成模組（modules），那麼就自動全都是嚴格的，你永遠都不需要使用一個明確的 "use strict" 指引。

嚴格程式碼（strict code）是在*嚴格模式*中執行。嚴格模式是這個語言的一個受限的子集（restricted subset），它修正了重大的語言缺失，並提供較強大的錯誤檢查功能，也提升了安全性。因為嚴格模式不是預設值，仍然用到有缺陷的傳統功能的舊有程式碼將會繼續正確運作。嚴格模式和非嚴格模式之間的差異如下（前三個特別重要）：

- with 述句在嚴格模式中並不被允許。

- 在嚴格模式中，所有的變數都必須宣告過：你把一個值指定給一個識別字的時候，如果該識別字不是一個已宣告的變數、函式、函式參數、catch 子句參數或全域物件的特性，就會有一個 ReferenceError 被擲出（在非嚴格模式中，這會隱含地宣告一個全域變數，也就是新增一個特性給全域物件）。

- 在嚴格模式中，作為函式（而非方法）被調用的函式會有 undefined 的 this 值（在非嚴格模式中，作為函式被調用的函式永遠都會接受全域物件作為它們的 this 值）。此外，在嚴格模式中，當一個函式是以 call() 或 apply() 被調用（§8.7.4），this 值就一定會是傳入作為第一引數給 call() 或 apply() 的那個值（在非嚴格模式中，null 和 undefined 值會被取代為全域物件，而非物件值會被轉換為物件）。

- 在嚴格模式中，對不可寫入的特性（nonwritable properties）之指定（assignments），以及試著在一個不可擴充的物件（non-extensible objects）上創建新的特性，都會擲出一個 TypeError（在非嚴格模式中，這些嘗試只會默默失敗）。

- 在嚴格模式中，傳入給 eval() 的程式碼無法在呼叫者的範疇（caller's scope）中宣告變數或定義函式，而在非嚴格模式中可以。取而代之，那些變數和函式定義會存活在為了那次 eval() 所建立的一個新範疇中。這個範疇會在 eval() 回傳時被捨棄。

- 在嚴格模式中，一個函式中的引數物件（Arguments object，§8.3.3）持有的是傳入給該函式的那些值的一個靜態拷貝（static copy）。在非嚴格模式中，這個引數物件會有「神奇」的行為，其中該陣列的元素和具名的函式參數都參考至同樣的值。

- 在嚴格模式中，如果 delete 運算子後面接的是一個未經資格修飾（unqualified）的識別字，例如一個變數、函式或函式參數，就會有一個 SyntaxError 被擲出（在非嚴格模式中，這樣的一個 delete 運算式什麼都不會做，並估算為 false）。

- 在嚴格模式中，試圖刪除一個不可配置（nonconfigurable）的特性會導致一個 TypeError 被擲出（在非嚴格模式中，這種嘗試會失敗，而 delete 運算式會估算為 false）。

- 在嚴格模式中，一個物件字面值（object literal）若是定義了兩個或更多個同名的特性，就會是語法錯誤（在非嚴格模式中，不會有錯誤發生）。

- 在嚴格模式中，一個函式宣告有兩個或更多個參數具有同樣名稱，就會是語法錯誤（在非嚴格模式中，不會有錯誤發生）。

- 在嚴格模式中，八進位的整數字面值（octal integer literals，這種整數以後面沒有跟著一個 b、o 或 x 的一個 0 開頭）是不被允許的（在非嚴格模式中，某些 JavaScript 實作允許八進位字面值）。

- 在嚴格模式中，識別字 eval 和 arguments 被視為關鍵字，而你不能更改它們的值。你無法指定一個值給這些識別字、將它們宣告為變數、使用它們作為函式名稱、將它們用作函式參數名稱，或使用它們作為一個 catch 區塊的識別字。

- 在嚴格模式中，檢視呼叫堆疊（call stack）的能力是受到限制的。arguments.caller 和 arguments.callee 都會在一個嚴格模式的函式中擲出 TypeError。嚴格模式的函式也有被讀取時會擲出 TypeError 的 caller 和 arguments 特性（某些 JavaScript 實作會在非嚴格的函式上定義這些非標準的特性）。

5.7　宣告

關鍵字 const、let、var、function、class、import 與 export 從技術上來說並非述句,但它們看起來很像述句,而本書會非正式地稱它們為述句,所以本章也應該提到它們。

更精確地說,這些關鍵字應該被描述為**宣告**(*declarations*)而非述句。我們在本章開頭說過,述句會「使某些事情發生」。宣告的用途是定義新的值,並賦予它們名稱,讓我們可以用來參考(refer to)那些值。它們本身並不會讓太多事情發生,但藉著為值提供名稱,它們在很大程度上定義了你程式中其他述句的意義。

一個程式運行(runs)時,被估算(evaluated)的是該程式的運算式,而被執行(executed)的是該程式的述句。程式中的宣告並不是以相同的方式「運行」的,取而代之,它們定義了程式本身的結構。粗略來說,你可以把宣告看作是程式碼開始運行前,會先被處理的那部分程式。

JavaScript 宣告用來定義常數、變數、函式和類別,並用來在模組之間匯入(importing)和匯出(exporting)值。接下來的小節會為所有的這些宣告提供範例。它們全都會在本書的其他地方更詳細地涵蓋。

5.7.1　const、let 和 var

const、let 與 var 宣告涵蓋在 §3.10 中。在 ES6 和後續版本中,const 宣告常數(constants),而 let 宣告變數(variables)。在 ES6 之前,var 關鍵字是宣告變數的唯一方式,而且並沒有方式得以宣告常數。以 var 宣告的變數所屬範疇是包含它們的函式(containing function),而非包含它們的區塊(containing block)。這可能會是臭蟲的一種來源,而在現代 JavaScript 中,實際上真的沒有理由用 var 取代 let:

```
const TAU = 2*Math.PI;
let radius = 3;
var circumference = TAU * radius;
```

5.7.2　function

function 宣告用來定義函式(functions),後者會在第 8 章中詳細涵蓋(我們也在 §4.3 見過 function,在那裡它被用作一個函式運算式的一部分,而非一個函式宣告)。一個函式宣告(function declaration)看起來像這樣:

```
function area(radius) {
    return Math.PI * radius * radius;
}
```

一個函式宣告會創建一個函式物件（function object），並把所指的名稱賦予給它，在此例中即為 area。在我們程式中的其他地方，我們就能使用這個名稱來參考該函式，並執行它內含的程式碼。任何 JavaScript 程式碼區塊中的函式宣告都會在程式碼執行前先被處理，而函式名稱在那整個區塊中都會繫結（bound）至函式物件。我們說函式宣告會被「拉升（hoisted）」，因為這就好像在定義它們的範疇中，它們全都被往上移到頂端一樣。結果就是，調用一個函式的程式碼可以出現在宣告那個函式的程式碼之前。

§12.3 會描述稱作**產生器**（*generator*）的一種特殊函式。產生器的宣告也使用 function 關鍵字，但會在其後加上一個星號（asterisk）。§13.3 會描述非同步函式（asynchronous functions），它也是用 function 關鍵字宣告，但會前綴有 async 關鍵字。

5.7.3　class

在 ES6 和後續版本中，class 宣告會創建一個新的類別（class），並賦予它一個我們可用來參考它的名稱。類別會在第 9 章中詳細描述。一個簡單的類別宣告看起來可能像這樣：

```
class Circle {
    constructor(radius) { this.r = radius; }
    area() { return Math.PI * this.r * this.r; }
    circumference() { return 2 * Math.PI * this.r; }
}
```

不同於函式，類別宣告並不會被拉升，以這種方式宣告的一個類別無法被出現在其宣告之前的程式碼所用。

5.7.4　import 和 export

import 和 export 會一起被用來讓定義在一個 JavaScript 程式碼模組中的值可在另一個模組中取用。一個模組（module）是由 JavaScript 程式碼所構成的一個檔案（file），它具有自己的全域命名空間（global namespace），完全獨立於所有其他的模組。定義在一個模組中的一個值（例如函式或類別）能在另一個模組中使用的唯一方式是定義端模組（defining module）以 export 匯出它，而使用端模組（using module）以 import 匯入它。模組是第 10 章的主題，而 import 和 export 則詳細涵蓋於 §10.3。

import 指引（directives）被用來從另一個 JavaScript 程式碼檔案匯入（import）一或多個值，並賦予它們在目前模組中的名稱。import 指引有幾種不同的形式。這裡有些例子：

```
import Circle from './geometry/circle.js';
import { PI, TAU } from './geometry/constants.js';
import { magnitude as hypotenuse } from './vectors/utils.js';
```

一個 JavaScript 模組內的值是私有的，無法被匯入到其他模組中，除非有被明確地匯出，export 指引所做的就是這件事：它宣告定義在目前模組中的一或多個值被匯出了，因此能被其他模組匯入使用。export 指引的變體比 import 指引更多。這裡有其中之一：

```
// geometry/constants.js
const PI = Math.PI;
const TAU = 2 * PI;
export { PI, TAU };
```

export 關鍵字有時會被用在其他宣告上作為修飾詞（modifier），以產生一種複合宣告（compound declaration）來定義一個常數、變數、函式或類別，同時將之匯出。而如果一個模組只匯出單一個值，這通常是以特殊形式的 export default 進行：

```
export const TAU = 2 * Math.PI;
export function magnitude(x,y) { return Math.sqrt(x*x + y*y); }
export default class Circle { /* 這裡省略了類別定義 */ }
```

5.8　JavaScript 述句總結

本章介紹了 JavaScript 語言的每一種述句，它們總結於表 5-1 中。

表 5-1　JavaScript 述句語法

述句	用途
break	退出最內層的迴圈或 switch 或具名的外圍述句
case	標示一個 switch 中的一個述句
class	宣告一個類別
const	宣告並初始化一或多個常數
continue	開始最內層迴圈或具名迴圈的下一次迭代
debugger	除錯器的中斷點
default	標示一個 switch 中的預設述句

述句	用途
do/while	while 迴圈的一種替代選擇
export	宣告能被匯入到其他模組中的值
for	一種容易使用的迴圈
for/await	非同步地迭代一個 async 迭代器的值
for/in	列舉一個物件的特性名稱
for/of	列舉一個可迭代物件（例如一個陣列）的值
function	宣告一個函式
if/else	依據某個條件執行一個述句或另一個
import	為定義在其他模組中的值宣告名稱
label	賦予述句一個名稱以用於 break 或 continue
let	宣告並初始化一或多個具有區塊範疇的變數（新語法）
return	從一個函式回傳一個值
switch	導向 case 或 default: 標籤的多路分支
throw	擲出一個例外
try/catch/finally	例外的處理和清理程式碼
"use strict"	將嚴格模式的限制套用到指令稿或函式
var	宣告並初始化一或多個變數（舊語法）
while	一個基本的迴圈構造
with	擴充範疇串鏈（scope chain，已被棄用，而在嚴格模式中是禁止的）
yield	提供一個要被迭代的值，只能用在產生器函式中

第六章

物件

物件（objects）是 JavaScript 最基本的資料型別，而你已經在這之前的章節中見過它們很多次了。因為物件對於 JavaScript 語言是如此的重要，詳細理解它們如何運作對你而言是至關緊要的，而本章提供的就是那些細節。它先從物件的正式概述開始，然後深入到關於建立物件和物件特性之查詢、設定、刪除、測試和列舉（enumerating）的實務章節。專注於特性的這些章節之後的章節介紹如何擴充和序列化（serialize）物件，以及如何在物件上定義重要的方法。最後，本章以一個很長的章節做結，討論此語言 ES6 及更新近版本中物件字面值（object literal）的新語法。

6.1　物件簡介

一個物件是一種合成值（composite value）：它聚合（aggregates）了多個值（原始值或其他物件）並允許你以名稱來儲存和取回那些值。一個物件是**特性**（*properties*）所組成的一種無序群集（unordered collection），每個特性都有一個名稱（name）和一個值（value）。特性名稱（property names）通常是字串（雖然如我們會在 §6.10.3 中見到的，特性名稱也可以是 Symbol），所以我們可以說物件將字串映射（map）至值。這種字串對值的映射（string-to-value mapping）有各種稱呼，你大概已經以「hash（雜湊）」、「hashtable（雜湊表）」、「dictionary（字典）」或「associative array（關聯式陣列）」之名熟悉這種基礎的資料結構。不過物件並不僅是單純的字串對值映射。除了維護它自己的一組特性，一個 JavaScript 物件還會繼承另一個物件的特性，該物件稱作它的「原型（prototype）」。一個物件的方法（methods）通常都是繼承而來的特性（inherited properties）而這種「原型式繼承（prototypal inheritance）」是 JavaScript 的一種關鍵特色。

JavaScript 物件是動態（dynamic）的，特性通常都可以被新增或刪除，但它們也能被用來模擬靜態物件（static objects）或靜態定型語言（statically typed languages）的「structs（結構）」。它們也能被用來（藉由忽略字串對值映射的值部分）表示字串的集合（sets of strings）。

JavaScript 中，任何不是字串、數字、Symbol（符號）或 true、false、null 或 undefined 的值，都是物件。而雖然字串、數字和 boolean 不是物件，它們可以表現得像是不可變的物件（immutable objects）。

回想 §3.8，物件是可變（*mutable*）的，並且是藉由參考（by reference）來操作，而非藉由值（by value）。如果變數 x 參考至（refers to）一個物件，而程式碼 let y = x; 被執行了，那麼變數 y 就會持有對同一個物件的參考（reference），而非那個物件的一個拷貝（copy）。透過變數 y 對該物件所做的變更，透過變數 x 也都看得到。

關於物件，最常做的事情就是創建（create）它們，以及設定（set）、查詢（query）、刪除（delete）、測試（test）和列舉（enumerate）它們的特性。這些基本的運算會在本章開頭的幾個章節中涵蓋。在那之後的章節則會涵蓋更進階的主題。

一個特性（*property*）具有一個名稱和一個值。特性名稱可以是任何字串，包括空字串（或任何 Symbol），但物件不能有兩個同名的特性。特性值可以是任何的 JavaScript 值，也可以是一個 getter（取值器）或 setter（設值器）函式（或兩者皆是）。我們會在 §6.10.6 學到 getter 和 setter 函式。

有時候我們可能必須區分直接定義在一個物件上的特性、和從一個原型物件繼承而來的特性。JavaScript 使用自有特性（*own property*）這個術語來指涉非繼承特性（non-inherited properties）。

除了名稱和值，每個特性還有三個特性屬性（*property attributes*）：

- *writable*（可寫入）屬性指出該特性的值是否可以設定。
- *enumerable*（可列舉）屬性指出該特性的名稱是否會被 for/in 迴圈所回傳。
- *configurable*（可配置）屬性指出該特性是否能被刪除，以及其屬性是否能被修改。

JavaScript 的許多內建物件都有特性是唯讀（read-only）、不可列舉（non-enumerable）或不可配置（non-configurable）的。然而，預設情況下，你所建立的物件之特性全都是可寫入、可列舉且可配置的。§14.1 介紹用來為你的物件指定非預設特性屬性值的技巧。

6.2　建立物件

物件能透過物件字面值（object literals）、`new` 關鍵字，以及 `Object.create()` 函式來創建。後面的各個小節描述這每一個技巧。

6.3.1　物件字面值

創建一個物件最簡單的方式是在你的 JavaScript 程式碼中包括一個物件字面值。在其最簡單的形式中，一個**物件字面值**（*object literal*）是由逗號分隔的一串以冒號區隔的 name:value（名稱：值）對組，包在曲括號中。特性名稱（property name）是一個 JavaScript 識別字或字串字面值（允許空字串）。特性值（property value）是任何的 JavaScript 運算式，該運算式的值（可以是一個原始值或物件值）就成為了該特性的值。這裡有一些例子：

```
let empty = {};                         // 有特性的一個物件
let point = { x: 0, y: 0 };             // 兩個數值特性
let p2 = { x: point.x, y: point.y+1 };  // 更為複雜的值
let book = {
    "main title": "JavaScript",          // 這些特性名稱包括空格
    "sub-title": "The Definitive Guide", // 與連字號，所以使用字串字面值。
    for: "all audiences",                // for 是保留字，但不須引號。
    author: {                            // 這個特性的值
        firstname: "David",              // 本身也是一個物件。
        surname: "Flanagan"
    }
};
```

在一個物件字面值中，跟在最後一個特性後的一個尾隨逗號是合法的，而有些程式設計風格鼓勵使用這種尾隨的逗號，如此未來你在該物件字面值尾端新增一個特性時，就比較不容易造成語法錯誤。

一個物件字面值是會在每次被估算（evaluated）時，創建並初始化另一個新物件的運算式。每個特性的值會在每次該字面值被估算時估算。這意味著，若出現在迴圈主體或會被重複呼叫的函式中，單一個物件字面值可以創造出許多新的物件，而那些物件的特性值可能會與彼此不同。

在此展示的物件字面值所用的簡單語法從最早期的 JavaScript 開始就是合法的。此語言最近的版本引進了數個新的物件字面值功能，那會在 §6.10 中涵蓋。

6.2.2　以 new 建立物件

new 運算子會建立並初始化一個新物件。這個 new 關鍵字的後面必須接著一個函式調用
（function invocation）。以這種方式使用的函式被稱為一個**建構器**（*constructor*）而
住要用來初始化一個新創建的物件。JavaScript 為它的內建型別提供了建構器。舉例
來說：

```
let o = new Object();  // 創建一個空物件：等同於 {}。
let a = new Array();   // 創建一個空陣列：等同於 []。
let d = new Date();    // 創建一個 Date 物件表示目前的時間
let r = new Map();     // 創建一個 Map 物件用於鍵值與值的映射
```

除了這些內建的建構器，定義你自己的建構器函式來初始化新創建的物件，也是很常見
的事情。這會在第 9 章中涵蓋。

6.2.3　原型

在我們涵蓋第三種物件創建技巧之前，我們必須先暫停一下，解釋何謂原型
（prototypes）。幾乎每一個 JavaScript 物件都有第二個與之關聯的 JavaScript 物件。這
第二個物件被稱作一個**原型**（*prototype*），而那第一個物件會從原型繼承特性。

藉由物件字面值創建的所有物件都有相同的原型物件，而在 JavaScript 程式碼中，我們
會以 Object.prototype 來參考這個原型物件。使用 new 關鍵字及一個建構器調用所創建的
物件會使用該建構器函式的 prototype 特性值作為它們的原型。因此藉由 new Object() 所
創建的物件會繼承自 Object.prototype，就跟以 {} 建立的物件一樣。同樣地，new Array()
所創建的物件使用 Array.prototype 作為其原型，而以 new Date() 創建的物件使用 Date.
prototype 作為其原型。初次學習 JavaScript 時，這可能令人困惑。記得：幾乎所有的物
件都有一個**原型**，但只有相對少數的物件具備一個 prototype 特性。正是具有 prototype
特性的這些物件為其他的物件定義了**原型**。

Object.prototype 是非常少數沒有原型的物件：它並沒有繼承任何特性。其他的原型物
件則是確實具有一個原型的正常物件。大多數的內建建構器（以及多數使用者定義的
建構器）都有繼承自 Object.prototype 的一個原型。舉例來說，Date.prototype 從 Object.
prototype 繼承特性，所以藉由 new Date() 所建立的一個 Date 物件會同時從 Date.prototype
及 Object.prototype 繼承特性。這種連結起來的一系列原型物件被稱作一條**原型鏈**
（*prototype chain*）。

§6.3.2 會解釋原型繼承的運作方式。第 9 章會更詳細解說原型和建構器之間的關係:它展示如何撰寫一個建構器函式,並將它的 prototype 特性設為要被該建構器所創建的「實體(instances)」使用的原型物件,藉此定義出新「類別(classes)」的物件。而我們會在 §14.3 學到如何查詢(甚至更改)一個物件的原型。

6.2.4　Object.create()

Object.create() 會創建一個新物件,使用它的第一個引數作為該物件的原型:

```
let o1 = Object.create({x: 1, y: 2});     // o1 繼承了特性 x 和 y。
o1.x + o1.y                               // => 3
```

你可以傳入 null 來創建一個沒有原型的新物件,但如果你那樣做,那個新創建的物件就不會繼承任何東西,就連像是 toString() 之類的基本方法都沒有(這也代表它不能與 + 運算子並用):

```
let o2 = Object.create(null);             // o2 沒有繼承特性或方法。
```

如果你想要創建一個普通的空物件(就像 {} 或 new Object() 所回傳的那種),就傳入 Object.prototype:

```
let o3 = Object.create(Object.prototype); // o3 就像 {} 或 new Object()。
```

能以任意的一個原型來建立新物件,是很強大的功能,而我們會在本章好幾個地方用到 Object.create()(Object.create() 也接受選擇性的第二個引數,用以描述新物件的特性。這第二引數是會在 §14.1 中涵蓋的一項進階功能)。

Object.create() 的使用時機之一是當你想要設下防護,不讓你無法控制的某個程式庫函式不經意(但非惡意)修改到一個物件。你可以不用直接把那個物件傳入該函式,而是傳入一個繼承自它的物件。如果該函式讀取那個物件的特性,它會看到繼承而來的值。然而,如果它設定特性,那些寫入動作並不會影響到原本的物件。

```
let o = { x: "don't change this value" };
library.function(Object.create(o));  // 防止意外的修改
```

要了解這為何行得通,你得知道 JavaScript 中特性的查詢和設定方式。那些則是下一節的主題。

6.3　查詢和設定特性

要獲得一個特性的值，就使用 §4.4 中所描述的點號（dot，.）或方括號（square bracket，[]）運算子。左手邊應該是其值為一個物件的運算式。若使用點號運算子，右手邊必須是指名該特性的一個簡單識別字。若使用方括號，方括號中的值必須是能估算為含有目標特性名稱的一個字串的運算式：

```
let author = book.author;       // 取得 book 的 "author" 特性。
let name = author.surname;      // 取得 author 的 "surname" 特性。
let title = book["main title"]; // 取得 book 的 "main title" 特性。
```

要創建或設定一個特性，就以查詢該特性的相同方式使用一個點號或方括號，但把它們放在一個指定運算式（assignment expression）的左手邊：

```
book.edition = 7;                       // 為 book 建立一個 "edition" 特性。
book["main title"] = "ECMAScript";  // 更改 "main title" 特性。
```

使用方括號記號法時，我們說過方括號內的運算式必須估算為一個字串。更精確的描述是，那個運算式必須估算為一個字串，或一個可被轉為字串的值，或一個 Symbol（符號，§6.10.3）。舉例來說，在第 7 章中，我們會看到在方括號中使用數字是很常見的事情。

6.3.1　作為關聯式陣列（Associative Arrays）的物件

如前一節中解釋過的，下列兩個 JavaScript 運算式會有相同的值：

```
object.property
object["property"]
```

第一種語法，使用點號和一個識別字，就類似 C 或 Java 中用來存取結構（struct）或物件的靜態欄位（static field）的語法。第二種語法，使用方括號及一個字串，看起來像是陣列存取，但對象是以字串索引的一個陣列，而非以數字。這種陣列被稱作**關聯式陣列**（*associative array*，或者 hash 或 map 或 dictionary）。JavaScript 物件是關聯式陣列，而本節解釋為何這很重要。

在 C、C++、Java 或類似的強定型語言（strongly typed languages）中，一個物件只能有固定數目的特性，而那些特性的名稱必須事先定義。因為 JavaScript 是一種寬鬆定型語言（loosely typed language），這種規則就不適用：一個程式能在任何物件中建立任意數目的特性。然而，當你使用 . 運算子來存取一個物件的特性，該特性的名稱是表達為一個識別字（identifier）。識別字必須照原樣逐字打入你的 JavaScript 程式中，它們並不是資料型別（datatype），所以它無法被程式所操作。

另一方面，當你以 [] 陣列記號存取物件的特性，該特性的名稱是表達為一個字串。字串是 JavaScript 的資料型別，所以它們可以在程式運行過程中被操作或創建。所以，舉例來說，你能以 JavaScript 撰寫像下列這樣的程式碼：

```
let addr = "";
for(let i = 0; i < 4; i++) {
    addr += customer[`address${i}`] + "\n";
}
```

這段程式碼會讀取並串接 customer 物件的 address0、address1、address2 與 address3 特性。

這個簡短的範例展示了以字串運算式使用陣列記號來存取物件特性的彈性。這段程式碼也能以點記號改寫，但還是有情況是只有陣列記號能辦到的。假設，舉例來說，你正在撰寫一個程式，它會使用網路資源來計算使用者目前的股票投資價值。這個程式允許使用者輸入他們所擁有的每支股票的名稱，以及每股持有的數量。你可能會使用一個名為 portfolio（投資組合）的物件來存放這筆資訊。在此物件上每支股票都有一個特性。特性的名稱就是股票的名稱，而特性值是持有該支股票的數量。因此，舉例來說，若是一名使用者持有 IBM 的 50 股份，portfolio.ibm 特性的值就會是 50。

這個程式的一部分可能會是用來新增股票到投資組合中的一個函式：

```
function addstock(portfolio, stockname, shares) {
    portfolio[stockname] = shares;
}
```

因為使用者是在執行時期輸入股票名稱的，所以我們沒有辦法事先知道特性的名稱。既然你無法在撰寫程式時知道那些特性名稱，你就沒辦法使用 . 運算子來存取 portfolio 物件的特性。然而，你可以使用 [] 運算子，因為它是用一個字串值（是動態的，而且能在執行期修改）而非一個識別字（是靜態的，而且必須寫定在程式中）來指名特性。

在第 5 章中，我們介紹了 for/in 迴圈（而我們稍後就會在 §6.6 中再次看到它）。這個 JavaScript 述句的威力會在你把它用在關聯式陣列上時顯現。這裡有計算一個投資組合總價值時，你會使用它的方式：

```
function computeValue(portfolio) {
    let total = 0.0;
    for(let stock in portfolio) {      // 對於投資組合中的每支股票：
        let shares = portfolio[stock];  // 取得擁有的股份
```

```
        let price = getQuote(stock);      // 查找每股價格
        total += shares * price;          // 把該支股票的價值加到總價值
    }
    return total;                         // 回傳總價值。
}
```

如這裡所示，JavaScript 物件經常被用作關聯式陣列，而了解它的運作方式是很重要的。不過在 ES6 和後續版本中，在 §11.1.2 中描述的 Map 類別經常會是比使用普通物件更好的選擇。

6.3.2 繼承

JavaScript 物件有一組「自有特性（own properties）」，而它們也會從它們的原型物件繼承一組特性。要了解這個，我們必須更詳細考量特性的存取。本節中的範例使用 Object.create() 函式來創建具有特定原型的物件。然而，我們會在第 9 章中看到，每次你以 new 建立某個類別的一個實體時，你都是在建立繼承自某個原型物件的一個物件。

假設你在物件 o 中查詢特性 x。如果 o 沒有那個名稱的一個自有特性，就會為特性 x 查詢 o[1] 的原型物件。如果那個原型物件沒有那個名稱的自有特性，但本身也有一個原型，那麼查詢就會在那個原型的原型上進行。這種程序會持續下去，直到找到特性 x 或搜尋到具有 null 原型的一個物件為止。如你所見，一個物件的 prototype 特性會建立出一條串鏈（chain）或連結串列（linked list），而特性就是從之繼承而來的：

```
let o = {};               // o 從 Object.prototype 繼承物件方法
o.x = 1;                   // 而它現在具有一個自有特性 x。
let p = Object.create(o); // p 從 o 和 Object.prototype 繼承特性
p.y = 2;                   // 並且有一個自有特性 y。
let q = Object.create(p); // q 從 p、o ... Object.prototype
q.z = 3;                   // 繼承了特性並有一個自有特性 z。
let f = q.toString();      // toString 繼承自 Object.prototype
q.x + q.y                  // => 3，x 和 y 繼承自 o 和 p
```

現在，假設你對物件 o 的特性 x 進行指定。如果 o 已經有一個名為 x 的自有（非繼承）特性，那麼這個指定單純只會改變那個既存特性的值。否則，這個指定會在物件 o 上建立一個名為 x 的新特性。如果 o 之前有繼承特性 x，那個繼承特性現在就會被這個新創建的同名自有特性所隱藏。

1　記得，幾乎所有的物件都有一個原型，但大多數都沒有名為 prototype 的特性。即使你無法直接存取原型物件，JavaScript 的繼承仍然可運作。不過若是你想要學習如何那樣做，請參閱 §14.3。

特性指定檢視原型串鏈（prototype chain）只為了判斷該次指定是否被允許。舉例來說，如果 o 繼承了一個名為 x 的唯讀（read-only）特性，那麼這個指定就不被允許（一個特性是否能被設定的相關細節在 §6.3.3 中）。然而，如果該次指定是被允許的，那麼它一定只會在原物件上創建或設定一個特性，永遠都不會修改原型串鏈中的物件。繼承只會發生在查詢特性之時，而不會在設定它們時有效果，是 JavaScript 的一個關鍵特色，因為這允許我們選擇性地覆寫繼承而來的特性：

```
let unitcircle = { r: 1 };        // 一個要被繼承的物件
let c = Object.create(unitcircle); // c 繼承了特性 r
c.x = 1; c.y = 1;                 // c 定義了兩個它自己的特性
c.r = 2;                         // c 覆寫了它繼承而來的特性
unitcircle.r                     // => 1：該特性不受影響
```

「特性指定要不是失敗就是會在原物件中設定一個特性」這個規則有一個例外。如果 o 繼承了特性 x，而那個特性是具有一個設值器方法（setter method）的存取器特性（accessor property，參閱 §6.10.6），那麼那個設值器方法會被呼叫，而非是在 o 中創建一個新特性 x。然而，要注意的是，那個設值器方法是在該物件上被呼叫，而非在定義了那個特性的原型物件上，所以，如果那個設值器方法會定義任何的特性，它會是在 o 上那麼做，而同樣不會修改到原型鏈。

6.3.3　特性存取錯誤

特性存取運算式（property access expressions）並非總是會回傳或設定一個值。本節說明你查詢或設定一個特性時，可能出錯的事情。

查詢一個不存在的特性並非錯誤。如果特性 x 沒有作為 o 的自有特性或繼承特性被找到，特性存取運算式 o.x 就會估算為 undefined。回想起來我們的 book 物件有一個「sub-title」特性，但不是「subtitle」特性：

```
book.subtitle    // => undefined：特性並不存在
```

然而，嘗試查詢一個不存在的物件之特性，則是錯誤。null 和 undefined 值沒有特性，而查詢這些值的特性會是一種錯誤。接續前面的例子：

```
let len = book.subtitle.length; // !TypeError：undefined 並沒有 length
```

如果 . 的左手邊是 null 或 undefined，特性存取運算式就會失敗。所以撰寫像 book.author.
surname 這樣的一個運算式時，如果你不確定 book 和 book.author 是否真的有定義，你就要
特別小心。這裡有防止這種情況產生錯誤的兩種方式：

```
// 一種較囉嗦但明確的技巧
let surname = undefined;
if (book) {
    if (book.author) {
        surname = book.author.surname;
    }
}

// 取得 surname 或 null 或 undefined 的一種簡介且慣用的替代方式
surname = book && book.author && book.author.surname;
```

要了解這種慣用的運算式為何能夠防止 TypeError 例外，你可能會想要複習 §4.10.1 中
&& 運算子的短路行為。

如 §4.4.1 所描述的，ES2020 支援使用 ?. 的條件式特性存取（conditional property
access），這能讓我們把前面的指定運算式改寫成：

```
let surname = book?.author?.surname;
```

試著在 null 或 undefined 上設定一個特性也會導致 TypeError。嘗試在其他值上設定特
性，也不總是會成功：有些特性是唯讀的，無法被設定，而有些物件並不允許新增特
性。在嚴格模式（§5.6.3）中，設定一個特性的嘗試失敗時，就會有一個 TypeError 被擲
出。在嚴格模式外，這些失敗通常都靜默無聲。

規範一個特性指定何時成功，何時失敗的規則很直覺，但很難精簡地表達。試著設定物
件 o 的特性 p 時，會在下列這些情況下失敗：

- o 有一個唯讀的自有特性 p：你沒辦法設定唯讀特性。

- o 有一個唯讀的繼承特性 p：你沒辦法以同名的自有特性隱藏一個繼承而來的唯讀
  特性。

- o 沒有名為 p 的自有特性；o 並沒有繼承具有一個設值器方法的特性 p，而且 o
  的 *extensible* 屬性（參閱 §14.2）為 false。因為 p 並非已經存在於 o 之中，而且
  也沒有設值器方法可以呼叫，那麼 p 就必須被新增到 o。但若 o 不是可擴充（not
  extensible）的，那麼就無法在其上定義新的特性。

6.4 刪除特性

delete 運算子（§4.13.4）會從物件移除一個特性。它單一的運算元應該是一個特性存取運算式。令人意外的是，delete 並非作用在該特性的值之上，而是作用在該特性本身：

```
delete book.author;          // book 物件現在沒有 author 特性。
delete book["main title"];   // 現在它也沒有 "main title" 了。
```

delete 運算子只會刪除自有特性，不會刪除繼承特性（要刪除一個繼承特性，你必須在定義它的原型物件上刪除它，這麼做會影響到繼承那個原型的每一個物件）。

如果刪除成功或刪除沒有效果（例如刪除一個不存在的特性），一個 delete 運算式就會估算為 true。與一個不是特性存取運算式的運算式並用時，delete 也會估算為 true：

```
let o = {x: 1};      // o 具有自有特性 x 並繼承了特性 toString
delete o.x           // => true：刪除了特性 x
delete o.x           // => true：什麼都沒做（x 並不存在）但仍然是 true
delete o.toString    // => true：什麼都沒做（toString 不是自有特性）
delete 1             // => true：無異議，但無論如何仍為 true
```

delete 並不會移除 *configurable* 屬性為 false 的特性。內建物件的特定特性是不可配置（non-configurable）的，變數宣告和函式宣告所創建的全域物件之特性也是。在嚴格模式中，試著刪除一個不可配置的特性會導致 TypeError。在非嚴格模式中，遇到這種情況時，delete 單純只會估算為 false：

```
// 在嚴格模式中，所有的這些刪除動作都會擲出 TypeError 而非回傳 false
delete Object.prototype // => false：特性是不可配置的
var x = 1;              // 宣告一個全域變數
delete globalThis.x     // => false：無法刪除這個特性
function f() {}         // 宣告一個全域函式
delete globalThis.f     // => false：也無法刪除這個特性
```

在非嚴格模式中刪除全域物件的可配置特性（configurable properties）時，你可以省略對全域物件的參考，單純在 delete 運算子後面使用特性名稱：

```
globalThis.x = 1;    // 建立一個可配置的全域特性（不用 let 或 var）
delete x             // => true：此特性可被刪除
```

然而，在嚴格模式中，如果其運算元是一個未經資格修飾的識別字，像是 x，那麼 delete 就會提出一個 SyntaxError，而你必須進行明確的特性存取：

```
delete x;            // 嚴格模式中是 SyntaxError
delete globalThis.x; // 這行得通
```

6.5 測試特性

JavaScript 物件可被想成是特性的集合（sets of properties），而測試集合的成員資格經常是很實用的功能，也就是檢查一個物件是否擁有給定名稱的一個特性。要這麼做，你可以使用 in 運算子、hasOwnProperty() 或 propertyIsEnumerable() 方法，或單純去查詢該物件。在此所示的範例全都使用字串作為特性名稱，但它們也能處理 Symbol（符號，§6.10.3）。

in 在它的左邊預期一個特性名稱，而在其右邊預期一個物件。如果該物件有一個自有特性或繼承特性具備那個名稱，它就回傳 true：

```
let o = { x: 1 };
"x" in o          // => true：o 有自有特性 "x"
"y" in o          // => false：o 沒有特性 "y"
"toString" in o   // => true：o 繼承了 toString 特性
```

一個物件的 hasOwnProperty() 方法測試該物件是否具有那個給定名稱的一個自有特性。它會為繼承特性回傳 false：

```
let o = { x: 1 };
o.hasOwnProperty("x")        // => true：o 有自有特性 x
o.hasOwnProperty("y")        // => false：o 沒有特性 y
o.hasOwnProperty("toString") // => false：toString 是一個繼承特性
```

propertyIsEnumerable() 強化了 hasOwnProperty() 測試。它會在所指名的特性是一個自有特性，而且其 *enumerable* 特性為 true 時，才回傳 true。特定的內建特性不是可列舉（enumerable）的。一般 JavaScript 程式碼所建立的特性都是可列舉的，除非你用了 §14.1 中的技巧來使它們不可列舉。

```
let o = { x: 1 };
o.propertyIsEnumerable("x")  // => true：o 具有一個自有的可列舉特性 x
o.propertyIsEnumerable("toString")  // => false：不是一個自有特性
Object.prototype.propertyIsEnumerable("toString") // => false：不可列舉
```

除了使用 in 運算子，單純查詢該特性並使用 !== 來確保它不是 undefined 通常就夠了：

```
let o = { x: 1 };
o.x !== undefined        // => true：o 有特性 x
o.y !== undefined        // => false：o 沒有特性 y
o.toString !== undefined // => true：o 繼承了一個 toString 特性
```

有一件事情是 in 運算子能做到，而這裡展示的簡單特性存取技巧所不能的。in 可以區分不存在的特性和存在但被設為 undefined 的特性。考慮這段程式碼：

```
let o = { x: undefined };   // 特性明確地被設為了 undefined
o.x !== undefined           // => false：特性存在但值為 undefined
o.y !== undefined           // => false：特性甚至不存在
"x" in o                    // => true：特性存在
"y" in o                    // => false：特性不存在
delete o.x;                 // 刪除特性 x
"x" in o                    // => false：它不再存在了
```

6.6　列舉特性

除了測試個別特性是否存在，我們有的時候會想要迭代過或獲取一個物件全部特性所成的一個串列。要這麼做，有幾種不同方式可用。

for/in 迴圈涵蓋在 §5.4.5 中。它會為所指物件的每個可列舉特性（enumerable property，不管是自有的或繼承的）執行一次迴圈主體，指定特性的名稱給迴圈變數。物件繼承的內建方法不是可列舉的，但你的程式碼為物件新增的特性預設都是可列舉的。舉例來說：

```
let o = {x: 1, y: 2, z: 3};            // 三個可列舉的自有特性
o.propertyIsEnumerable("toString")     // => false：不可列舉
for(let p in o) {                      // 迴圈跑過那些特性
    console.log(p);                    // 印出 x、y 與 z 但沒有 toString
}
```

要防止以 for/in 列舉出繼承而來的特性，你可以在迴圈主體內加上一個明確的檢查：

```
for(let p in o) {
    if (!o.hasOwnProperty(p)) continue;      // 跳過繼承特性
}

for(let p in o) {
    if (typeof o[p] === "function") continue; // 跳過所有的方法
}
```

作為使用 for/in 迴圈的一種替代方式，取得一個物件的特性名稱所成的一個陣列，然後以 for/of 迴圈跑過那個陣列，通常會容易些。可以用來取得一個特性名稱陣列的函式有四個：

- Object.keys() 回傳由一個物件的可列舉自有特性之名稱所組成的一個陣列。這不包含不可列舉的特性、繼承特性或其名稱是一個 Symbol（符號，參閱 §6.10.3）的特性。

- Object.getOwnPropertyNames() 的運作方式如同 Object.keys()，但所回傳的陣列也包含不可列舉的自有特性名稱，只要它們的名稱是字串。

- Object.getOwnPropertySymbols() 回傳其名稱是符號（Symbols）的自有特性，不管它們是否可列舉。

- Reflect.ownKeys() 回傳所有的自有特性名稱，可列舉和不可列舉的都包含，是字串或符號都可以（參閱 §14.6）。

§6.7 中有將 Object.keys() 和 for/of 迴圈並用的例子。

6.6.1　特性列舉順序

ES6 正式定義了一個物件的自有特性被列舉的順序。Object.keys()、Object.getOwnPropertyNames()、Object.getOwnPropertySymbols()、Reflect.ownKeys() 和像是 JSON.stringify() 之類的相關方法全都會以下列順序列出特性，然後才施加它們自己額外的限制，例如是否列出不可列舉特性，或名稱為字串或符號的特性：

- 名稱為非負整數（non-negative integers）的字串特性會先列出，依照從小到大的數值順序。這個規則意味著陣列和類陣列物件（array-like objects）的特性會依序列舉。

- 列出了看起來像陣列索引的所有特性後，接著列出字串名稱的所有剩餘特性（包括看起來像負數或浮點數的特性）。這些特性會以它們被加到物件中的同樣順序列出。對於定義在一個物件字面值中的特性，這個順序就跟它們出現在該字面值中的順序相同。

- 最後，名稱為 Symbol 物件的那些特性會以它們被加到物件中的順序列出。

for/in 迴圈的列舉順序並不如這些列舉函式規定的那麼嚴格，不過 JavaScript 實作通常會以剛才所描述的順序列舉自有特性，然後往上巡訪原型鏈，以相同的順序列出每個原型物件中的特性。然而，要注意的是，若有一個同名的特性已被列舉，或甚至只是有一個同名不可列舉特性被查看過了，那該屬性也不會被列舉。

6.7 擴充物件

在 JavaScript 程式中一個常見的作業是把一個物件的特性拷貝到另外一個。藉由像這樣的程式碼,這很容易做到:

```
let target = {x: 1}, source = {y: 2, z: 3};
for(let key of Object.keys(source)) {
    target[key] = source[key];
}
target  // => {x: 1, y: 2, z: 3}
```

但因為這是很常見的作業,各種 JavaScript 框架(frameworks)都有定義工具函式(utility functions)來執行這種拷貝運算,經常命名為 extend()。終於,在 ES6 中,這項能力以 Object.assign() 的形式被納入到了核心 JavaScript 語言中。

Object.assign() 預期兩個或更多個物件作為它的引數。它會修改並回傳第一個引數,也就是目標物件(target object),但不會更動第二個與任何其他的後續引數,它們則是來源物件(source objects)。對於每個來源物件,它會把該物件的可列舉自有特性(包括名稱是 Symbol 的那些)拷貝到目標物件中。它以引數列中的順序來處理那些來源物件,所以第一個來源物件中的特性會覆寫目標物件中的同名特性,而第二個來源物件(如果有的話)中的特性會覆寫第一個來源物件中的同名特性。

Object.assign() 會以一般的特性取得(get)和設定(set)運算來拷貝特性,因此若來源物件有取值器方法(getter method)或目標物件有設值器方法(setter method),它們就會在拷貝過程中被呼叫,但它們本身不會被拷貝。

從一個物件指定(assign)特性到另一個物件的時機之一是,當你有一個物件為許多特性定義了預設值,而你想要把那些預設特性拷貝到另一個物件中,如果同名的特性在該物件中尚未存在的話。天真的使用 Object.assign() 將無法做到你想要的:

```
Object.assign(o, defaults);  // 以 defaults 覆寫 o 中的所有東西
```

取而代之,你應該做的是創建一個新物件,將那些預設值(defaults)拷貝進去,然後以 o 中的特性覆寫那些預設值:

```
o = Object.assign({}, defaults, o);
```

我們會在 §6.10.4 中看到,你也能用 ... 分散運算子(spread operator)來表達這種拷貝並覆寫的運算,就像這樣:

```
o = {...defaults, ...o};
```

我們也可以撰寫出只會在特性欠缺時拷貝它們的另一種版本的 Object.assign()，以避免創建額外物件的負擔：

```
// 就像 Object.assign() 但不會覆寫現有的特性
// （也不會處理名稱是 Symbol 的特性）
function merge(target, ...sources) {
    for(let source of sources) {
        for(let key of Object.keys(source)) {
            if (!(key in target)) { // 這不同於 Object.assign()
                target[key] = source[key];
            }
        }
    }
    return target;
}
Object.assign({x: 1}, {x: 2, y: 2}, {y: 3, z: 4})  // => {x: 2, y: 3, z: 4}
merge({x: 1}, {x: 2, y: 2}, {y: 3, z: 4})          // => {x: 1, y: 2, z: 4}
```

撰寫像這個 merge() 那樣的其他特性操作工具也不困難。舉例來說，restrict() 函式可以刪除一個物件中沒出現在另一個範本物件（template object）中的那些特性。又或者，subtract() 函式可以從一個物件中移除另一個物件的所有特性。

6.8　序列化物件

物件的*序列化*（*serialization*）這種程序，會把一個物件的狀態（state）轉換成之後可以從之復原（restored）出該狀態的一個字串。函式 JSON.stringify() 與 JSON.parse() 就負責序列化和回復 JavaScript 物件。這些函式使用 JSON 資料互換格式（data interchange format）。JSON 代表的是「JavaScript Object Notation（JavaScript 物件記號法）」，而它的語法非常類似 JavaScript 的物件與陣列字面值：

```
let o = {x: 1, y: {z: [false, null, ""]}}; // 定義一個測試物件
let s = JSON.stringify(o);    // s == '{"x":1,"y":{"z":[false,null,""]}}'
let p = JSON.parse(s);        // p == {x: 1, y: {z: [false, null, ""]}}
```

JSON 的語法是 JavaScript 語法的一個子集（*subset*），而它無法表達所有的 JavaScript 值。物件、陣列、字串、有限數字、true、false 和 null 都有支援，可被序列化並回復。NaN、Infinity 與 -Infinity 會被序列化為 null。Date 物件會被序列化為 ISO 格式的日期字串（date strings，參閱 Date.toJSON() 函式），不過 JSON.parse() 會讓它們保留在字串形式，不會回復原本的 Date 物件。Function、RegExp 與 Error 物件以及 undefined 值無法被序列化或回復。JSON.stringify() 只會序列化一個物件的可列舉自有特性。如果一個特

性值無法被序列化，那個特性單純會從字串化後的輸出（stringified output）中被省略。JSON.stringify() 與 JSON.parse() 都接受選擇性的第二引數，可用來自訂序列化或回復的程序，例如指定一串要被序列化的特性，或在序列化或字串化的過程中轉換特定的值。這些函式的完整說明文件在 §11.6 中。

6.9　物件方法

如前面討論過的，所有的 JavaScript 物件（除了明確不以原型創建出來的那些）都會從 Object.prototype 繼承特性。這些繼承而來的特性（inherited properties）主要是方法（methods），而因為它們是通用的，JavaScript 程式設計師也對它們特別有興趣。舉例來說，我們已經見過了 hasOwnProperty() 與 propertyIsEnumerable() 方法（而我們也已經涵蓋了不少定義在 Object 建構器上的靜態函式，例如 Object.create() 與 Object.keys()）。本節介紹幾個定義在 Object.prototype 上的通用物件方法，它們是設計來被其他更為專門的實作取代用的。在接下來的章節中，我們會展示在單一個物件上定義這些方法的範例。在第 9 章，你會學到如何更一般化地為一整個類別的物件定義這些方法。

6.9.1　toString() 方法

toString() 方法不接受引數，它會回傳一個字串，這個字串以某種方式表示了它在其上被調用的那個物件的值。每當 JavaScript 需要把物件轉為字串，它就會調用物件的這個方法。舉例來說，這會發生在你使用 + 運算子串接一個字串和一個物件的時候，或是當你把一個物件傳入給預期一個字串的方法之時。

預設的 toString() 方法所提供的資訊並不多（雖然可用來判斷一個物件的類別，如我們會在 §14.4.3 中看到的）。舉例來說，下列的程式碼單純只會估算為字串 "[object Object]"：

```
let s = { x: 1, y: 1 }.toString();  // s == "[object Object]"
```

因為這個預設方法並沒有顯示多少有用的資訊，許多類別會定義它們自己版本的 toString()。舉例來說，當一個陣列被轉換為一個字串，你會獲得一串陣列元素，它們自己本身也被轉換為了字串，而當一個函式被轉換為字串，你會獲得該函式的原始碼。你可能會像這樣定義你自己的 toString() 方法：

```
let point = {
    x: 1,
    y: 2,
```

```
    toString: function() { return `(${this.x}, ${this.y})`; }
};
String(point)    // => "(1, 2)": toString() 被用來進行字串轉換
```

6.9.2　toLocaleString() 方法

除了基本的 toString() 方法，物件全都有一個 toLocaleString()。這個方法的用途是回傳物件的一種本地化的字串表示值（localized string representation）。Object 所定義的預設 toLocaleString() 本身並不會做任何本地化（localization）的工作：它單純只會呼叫 toString() 並回傳那個值。Date 和 Number 類別定義的 toLocaleString() 自訂版本嘗試依據當地的慣例格式化數字、日期和時間。Array 定義的 toLocaleString() 方法運作起來就像 toString()，只不過它格式化陣列元素的方法是呼叫它們的 toLocaleString() 方法，而非它們的 toString() 方法。你可能會像這樣對一個 point 物件做同樣的事：

```
let point = {
    x: 1000,
    y: 2000,
    toString: function() { return `(${this.x}, ${this.y})`; },
    toLocaleString: function() {
        return `(${this.x.toLocaleString()}, ${this.y.toLocaleString()})`;
    }
};
point.toString()         // => "(1000, 2000)"
point.toLocaleString()   // => "(1,000, 2,000)": 注意到千分隔符（thousands separators）
```

§11.7 會說明的國際化（internationalization）類別在實作 toLocaleString() 方法時可以派上用場。

6.9.3　valueOf() 方法

valueOf() 方法跟 toString() 方法很像，但它會在 JavaScript 需要把一個物件轉為字串以外的某個原始型別時被呼叫，通常會是數字。當一個物件被用在要求一個原始值的情境之下，JavaScript 就會自動呼叫這個方法。預設的 valueOf() 方法並不會做什麼有趣的事情，不過某些內建類別有定義它們自己的 valueOf() 方法。Date 類別定義的 valueOf() 會把日期轉為數字，而這就讓 Date 物件能夠以 < 和 > 進行時間先後順序的比較。你也能為一個點物件（point object）做類似的事情，定義一個 valueOf() 方法回傳該點與原點（origin）之間的距離：

```
let point = {
    x: 3,
```

```
    y: 4,
    valueOf: function() { return Math.hypot(this.x, this.y); }
};
Number(point)  // => 5：valueOf() 被用來進行對數字的轉換
point > 4      // => true
point > 5      // => false
point < 6      // => true
```

6.9.4 toJSON() 方法

`Object.prototype` 實際上並沒有定義一個 `toJSON()` 方法，不過 `JSON.stringify()` 方法（參閱 §6.8）被要求序列化任何物件時，它會在其上尋找一個 `toJSON()` 方法。若要被序列化的物件上存在有這種方法，它就會被調用，而序列化的是其回傳值，而非原本的物件。`Date` 類別（§11.4）定義的 `toJSON()` 方法會回傳日期的一種可序列化的字串表示值。我們可以像這樣為我們的 Point 物件做同樣的事：

```
let point = {
    x: 1,
    y: 2,
    toString: function() { return `(${this.x}, ${this.y})`; },
    toJSON: function() { return this.toString(); }
};
JSON.stringify([point])   // => '["(1, 2)"]'
```

6.10 擴充的物件字面值語法

最近版本的 JavaScript 以數種實用的方式擴充了物件字面值（object literals）的語法。接下來的各小節解說那些擴充語法。

6.10.1 簡寫特性

假設你有儲存在變數 x 和 y 中的值，而你希望建立一個物件帶有名為 x 和 y 的特性來存放那些值。藉由基本的物件字面值語法，你會重複每個識別字兩次：

```
let x = 1, y = 2;
let o = {
    x: x,
    y: y
};
```

在 ES6 和後續版本中，你可以捨棄冒號以及重複的那次識別字，寫出更簡單的程式碼：

```
let x = 1, y = 2;
let o = { x, y };
o.x + o.y  // => 3
```

6.10.2　計算出來的特性名稱（Computed Property Names）

有的時候，你需要建立具有一個特定特性的物件，但那個特性的名稱並非你能逐字打入原始碼中的一個編譯期常數，你需要的特性名稱可能儲存在一個變數中，或者是你所調用的一個函式的回傳值。你無法為這種特性使用基本的物件字面值。取而代之，你必須創建一個物件，然後以額外的步驟新增所要的那些特性：

```
const PROPERTY_NAME = "p1";
function computePropertyName() { return "p" + 2; }

let o = {};
o[PROPERTY_NAME] = 1;
o[computePropertyName()] = 2;
```

使用 ES6 的一個稱作計算特性（*computed properties*）的功能來設置像這樣的一個物件會容易得多，它能讓你把前面程式碼的方括號（square brackets）直接移到物件字面值中：

```
const PROPERTY_NAME = "p1";
function computePropertyName() { return "p" + 2; }

let p = {
    [PROPERTY_NAME]: 1,
    [computePropertyName()]: 2
};

p.p1 + p.p2 // => 3
```

在這種新的語法中，方括號界定了一個任意的 JavaScript 運算式。那個運算式會被估算，而所產生的值（必要的話會被轉為字串）會被用作特性名稱。

你會想要使用計算特性的一個時機是，你有一個程式庫的 JavaScript 程式碼，它預期被傳入具有特定一組特性的物件，而那些特性的名稱是在那個程式庫中被定義為常數。如果你正在撰寫的程式碼負責創建要傳入給那個程式庫的物件，你是可以寫定那些特性名稱，但會有在什麼地方打錯特性名稱而產生臭蟲的風險，而如果新版本的該程式庫更改了那些必要特性的名稱，你也會有版本不符合的問題產生。取而代之，你可能會發現，透過計算特性語法使用該程式庫所定義的特性名稱常數會使你的程式碼更加可靠。

6.10.3　符號作為特性名稱

計算特性語法（computed property syntax）讓另外一個非常重要的物件字面值功能變得可能。在 ES6 和後續版本中，特性名稱可以是字串或符號（symbols）。如果你把一個符號指定給一個變數或常數，那麼你就能透過計算特性語法把那個符號當作特性名稱使用：

```
const extension = Symbol("my extension symbol");
let o = {
    [extension]: { /* extension 資料儲存在這個物件中 */ }
};
o[extension].x = 0; // 這不會與 o 的其他特性衝突
```

如同 §3.6 中解釋過的，Symbol 是不透明的值（opaque values）。除了把它們用作特性名稱外，你無法以它們做任何事。不過每個符號都與其他的每個符號不同，這意味著 Symbol 很適合用來建立唯一的特性名稱。呼叫 Symbol() 工廠函式（factory function）來創建一個新的 Symbol（符號是原始值，而非物件，所以 Symbol() 不是以 new 調用的建構器函式）。Symbol() 回傳的值不等於任何其他的符號或其他的值。你可以傳入一個字串給 Symbol()，當你的 Symbol 要被轉換為字串，就會使用這個字串。但這僅作為除錯輔助之用：以相同的字串引數創建的兩個符號仍然與彼此不同。

符號的重點並不在於安全性（security），而是要為 JavaScript 物件定義一種安全的擴充機制。如果你從第三方程式碼取得一個你沒有掌控權的物件，而你需要新增一些你自己的特性到該物件，並且想要確保你的特性不會與可能已經存在於那個物件上的任何特性產生衝突，你可以安全地使用 Symbol 作為你的特性名稱。如果你那麼做，你也能夠確信第三方程式碼不會意外更動到你以符號為名的那些特性（當然，第三方程式碼可以使用 Object.getOwnPropertySymbols() 來找出你正在使用的符號，然後更動或刪除你的特性，這就是符號並非安全性機制的原因）。

6.10.4　分散運算子

在 ES2018 和後續版本中，你可以在一個物件字面值內使用「分散運算子（spread operator）」，也就是 ...，來把一個現有物件的特性拷貝到一個新物件中：

```
let position = { x: 0, y: 0 };
let dimensions = { width: 100, height: 75 };
let rect = { ...position, ...dimensions };
rect.x + rect.y + rect.width + rect.height // => 175
```

在這段程式碼中，position 和 dimensions 物件的特性會被「分散（spread out）」到 rect 物件字面值中，就好像它們被逐字寫入到那些曲括號中一樣。注意到這種 ... 語法經常被稱作分散運算子，但在任何意義上，它都不算是真正的 JavaScript 運算子，而是只能在物件字面值中使用的一種特例語法（三個點會在其他 JavaScript 情境中作為其他目的之用，而只有在物件字面值中，才會讓三個點產生這種將一個物件內插到另一個中的效果）。

如果特性被分散的物件以及特性被分散到其中的那個物件都有一個同名的特性，那麼該特性的值就會是最後出現的那個：

```
let o = { x: 1 };
let p = { x: 0, ...o };
p.x    // => 1：來自物件 o 的值覆寫了初始值
let q = { ...o, x: 2 };
q.x    // => 2：2 這個值覆寫了之前來自 o 的值。
```

也請注意到，分散運算子只會分散一個物件的自有特性，不會碰到繼承而來的那些：

```
let o = Object.create({x: 1}); // o 繼承了特性 x
let p = { ...o };
p.x                            // => undefined
```

最後，值得注意的是，雖然分散運算子只是你程式碼中三個小小的點，對於 JavaScript 直譯器來說，它們可能代表著大量的工作。如果一個物件有 n 個特性，那麼將那些特性分散到另一個物件中的過程就很可能是一種 $O(n)$ 的作業。這意味著，如果你發現自己把 ... 用在一個迴圈或遞迴函式（recursive function）中，作為累積資料到一個大型物件中的方式，你所撰寫的可能是一個沒有效率的 $O(n^2)$ 演算法，會在 n 變大時變得緩慢而失去規模擴充性。

6.10.5　簡寫方法

當一個函式被定義為一個物件的特性，我們就稱那個函式為一個**方法**（*method*，關於方法，我們在第 8 和第 9 章會有更多東西好說）。在 ES6 之前，你會使用一個函式定義運算式（function definition expression）在物件字面值中定義一個方法，就像你定義物件的其他任何特性一樣：

```
let square = {
    area: function() { return this.side * this.side; },
    side: 10
};
square.area() // => 100
```

然而，在 ES6 中，物件字面值語法（以及我們會在第 9 章中看到的類別定義語法）都經過擴充，允許一種簡寫方式，其中 function 關鍵字和冒號可以省略，產生像這樣的程式碼：

```
let square = {
    area() { return this.side * this.side; },
    side: 10
};
square.area() // => 100
```

這兩種形式的程式碼都是等效的：都會新增一個名為 area 的特性到那個物件字面值中，也都會將那個特性的值設為所指定的函式。這種簡寫語法更清楚顯示 area() 是一個函式，而非像 side 那樣的資料特性。

當你使用這種簡寫語法撰寫一個方法，只要在物件字面值中是合法的，特性名稱就可以是任何形式：除了一般的 JavaScript 識別字，像是上面的名稱 area，你也能使用字串字面值或計算特性名稱（computed property names），這包括是 Symbol 的特性名稱：

```
const METHOD_NAME = "m";
const symbol = Symbol();
let weirdMethods = {
    "method With Spaces"(x) { return x + 1; },
    [METHOD_NAME](x) { return x + 2; },
    [symbol](x) { return x + 3; }
};
weirdMethods["method With Spaces"](1)  // => 2
weirdMethods[METHOD_NAME](1)           // => 3
weirdMethods[symbol](1)                // => 4
```

使用 Symbol 作為特性名稱並沒有表面上看起來那麼奇怪。為了使一個物件可迭代（iterable，如此它才能與 for/of 迴圈並用），你必須以符號名稱 Symbol.iterator 定義一個方法，而第 12 章中會有範例做的正是那種事。

6.10.6　特性取值器和設值器

在本章中，到目前為止我們討論過的所有物件特性都是具有一個名稱和一個普通值的資料特性（*data properties*）。JavaScript 也支援存取器特性（*accessor properties*），它們沒有單一個值，而是有一或兩個存取器方法（accessor methods）：一個取值器（*getter*）和一個設值器（*setter*）。

當一個程式查詢一個存取器特性的值，JavaScript 會調用取值器方法（不傳入引數）。這個方法的回傳值就會成為那個特性存取運算式的值。當一個程式設定一個存取器特性的值，JavaScript 就會調用設值器方法，傳入該指定右手邊的值。在某種意義上，這個方法負責「設定（setting）」那個特性值。這個設值器方法的回傳值會被忽略。

如果一個特性同時擁有一個取值器和一個設值器方法，它就是一個可讀寫（read/write）的特性。如果它只有一個取值器方法，它就是一個唯讀（read-only）特性。而如果它只有一個設值器方法，它就是一個只能寫入（write-only）的特性（這是資料特性無法辦到的事情），而試著讀取它永遠都只會估算為 undefined。

存取器特性能以一種擴充的物件字面值語法來定義（不同於我們在此見過的其他 ES6 擴充語法，取值器和設值器是在 ES5 中引進的）：

```
let o = {
    // 一個普通的資料特性
    dataProp: value,

    // 定義為一對函式的一個存取器特性。
    get accessorProp() { return this.dataProp; },
    set accessorProp(value) { this.dataProp = value; }
};
```

存取器特性被定義為一或兩個名稱跟特性名稱相同的方法。它們看起來像是使用 ES6 簡寫語法定義的普通方法，只不過取值器和設值器的定義前面加上了 get 或 set（在 ES6 中，定義取值器和設值器的時候，你也能使用計算特性名稱。只要把 get 或 set 後面的特性名稱取代為方括號中的一個運算式就行了）。

上面定義的存取器方法單純只會取得和設定一個資料特性的值，而在這種情況下，其實並沒有理由優先選用存取器特性而非資料特性。但作為一個更有趣的例子，請考慮下列代表一個 2D 笛卡兒點（Cartesian point）的物件。它具有普通的資料特性來代表該點的 x 和 y 坐標，而它也有能夠給出該點等效的極坐標（polar coordinates）的存取器特性：

```
let p = {
    // x 和 y 是可讀寫的普通資料特性。
    x: 1.0,
    y: 1.0,

    // r 是具有取值器和設值器的一個可讀寫的存取器特性。
    // 別忘了在存取器方法後面放上一個逗號。
    get r() { return Math.hypot(this.x, this.y); },
    set r(newvalue) {
        let oldvalue = Math.hypot(this.x, this.y);
```

```
        let ratio = newvalue/oldvalue;
        this.x *= ratio;
        this.y *= ratio;
    },

    // theta 是只有取值器的一個唯讀的存取器特性。
    get theta() { return Math.atan2(this.y, this.x); }
};
p.r       // => Math.SQRT2
p.theta // => Math.PI / 4
```

注意到這個範例中，取值器和設值器所用到的 this 關鍵字。JavaScript 會把這些函式當
作它們定義處的物件上的方法來調用，這代表在該函式主體中，this 會參考至點物件
p。所以 r 特性的取值器方法能以 this.x 和 this.y 的形式來參考 x 和 y 特性。方法以及
this 關鍵字會在 §8.2.2 中更詳細地涵蓋。

存取器方法會被繼承，就跟資料特性一樣，所以你能把上面定義的物件 p 用作其他點的
原型（prototype）。你可以賦予那些新的物件它們自己的 x 和 y 特性，而它們會繼承 r 和
theta 特性：

```
let q = Object.create(p); // 繼承了取值器和設值器的一個新物件
q.x = 3; q.y = 4;          // 建立 q 自己的資料特性
q.r                        // => 5：繼承而來的存取器特性可以運作
q.theta                    // => Math.atan2(4, 3)
```

上面的程式碼使用存取器特性定義出能為單一組資料提供兩種表達方式的一個 API。使
用存取器特性的其他理由包括特性寫入的合理性檢查（sanity checking），以及每次特性
讀取都回傳不同的值：

```
// 這個物件會產生嚴格遞增的序號（serial number）
const serialnum = {
    // 這個資料特性存放下一個序號。
    // 特性名稱中的 _ 暗示著它僅限內部使用。
    _n: 0,

    // 回傳目前的值並遞增它
    get next() { return this._n++; },

    // 為 n 設定一個新的值，但只在它比目前的值還要大時才那麼做
    set next(n) {
        if (n > this._n) this._n = n;
        else throw new Error("serial number can only be set to a larger value");
    }
};
```

```
serialnum.next = 10;    // 設定起始的序號
serialnum.next          // => 10
serialnum.next          // => 11：每次我們取得下一個就會是不同的值
```

最後，這裡還有一個例子使用取值器方法來實作具有「神奇」行為的特性：

```
// 這個物件具有會回傳隨機數字（random numbers）的存取器特性。
// 舉例來說，運算式 "random.octet" 每次被估算時，
// 都會產出介於 0 到 255 之間的一個隨機數字。
const random = {
    get octet() { return Math.floor(Math.random()*256); },
    get uint16() { return Math.floor(Math.random()*65536); },
    get int16() { return Math.floor(Math.random()*65536)-32768; }
};
```

6.11　總結

本章詳細說明了 JavaScript 的物件，所涵蓋的主題包括：

- 基本的物件術語，包含像是 *enumerable*（**可列舉**）和 *own property*（**自有特性**）之類專有名詞的意義。

- 物件字面值語法，包括 ES6 和之後版本中的許多新功能。

- 如何讀取、寫入、刪除、列舉一個物件的特性，以及檢查它們是否存在。

- JavaScript 中基於原型的繼承（prototype-based inheritance）是如何運作的，以及如何以 Object.create() 建立出繼承自另一個物件的新物件。

- 如何使用 Object.assign() 把一個物件的特性拷貝到另一個物件中。

不是原始值（primitive values）的所有 JavaScript 值都是物件（objects）。這包括陣列和函式，它們是接下來兩章的主題。

第七章

陣列

本章介紹陣列，它是 JavaScript 及其他大多數程式語言中的一種基本資料型別。一個**陣列**（*array*）是值的一個有序群集（an ordered collection of values）。其中每個值都稱作一個**元素**（*element*），而每個元素在陣列中都有一個數值位置（numeric position），稱作它的**索引**（*index*）。JavaScript 的陣列是**不具型**（*untyped*）的：一個陣列元素可以是任何型別，而同一個陣列的不同元素可以有不同的型別。陣列元素甚至可以是物件或其他陣列，這能讓你建立出複雜的資料結構，例如物件所組成的陣列（arrays of objects），或陣列所構成的陣列（arrays of arrays）。JavaScript 陣列是**從零起算**（*zero-based*）的，並使用 32 位元的索引：第一個元素的索引是 0，而可能的最高索引是 4294967294（$2^{32}-2$），因此最大的陣列大小（size）為 4,294,967,295 個元素。JavaScript 的陣列是**動態**（*dynamic*）的：它們會視需要增長或縮減，創建一個陣列的時候不需要宣告一個固定大小，也不用在大小改變時重新配置（reallocate）它。JavaScript 陣列可以是**稀疏**（*sparse*）的：元素不需要有連續（contiguous）的索引，可以有空缺存在。每個 JavaScript 陣列都有一個 length（長度）特性。對於非稀疏（nonsparse）陣列，這個特性指出陣列中的元素數目。對於稀疏陣列，length 會比任何元素的最高索引都還要大（但這並沒有告訴我們跟元素數目有關的任何事情）。

JavaScript 陣列是 JavaScript 物件的一種特化形式，而陣列索引其實並不比剛好是整數的特性名稱特殊到哪裡去。我們會在本章的其他地方更深入談論陣列的特化（specializations）。JavaScript 實作通常會最佳化陣列，使得對於數值索引的陣列元素之存取一般都會比存取普通的物件特性還要快很多。

陣列從 Array.prototype 繼承特性，後者定義了很豐富的一組陣列操作方法，涵蓋在 §7.8 中。那些方法大多是*泛用*（*generic*）的，這意味著它們不只能在真正的陣列上正確運作，也能用於任何的「類陣列物件（array-like object）」。我們會在 §7.9 中討論類陣列物件。最後，JavaScript 字串的行為就像是字元組成的陣列（arrays of characters），我們會在 §7.10 中討論這個面向。

ES6 引進了一組新的陣列類別，統稱為「具型陣列（typed arrays）」。不同於一般的 JavaScript 陣列，具型陣列有固定的長度，並有固定的數值元素型別。它們提供了高效能的處理，以及對於二進位資料的位元組層級存取（byte-level access），這會在 §11.2 中涵蓋。

7.1　創建陣列

要建立陣列，有數種方式可用。接下來的各小節解說如何藉由下列方式創建陣列：

- 陣列字面值（array literals）
- 在一個可迭代物件（iterable object）上使用 ... 分散運算子（spread operator）
- Array() 建構器（constructor）
- Array.of() 和 Array.from() 工廠方法（factory methods）

7.1.1　陣列字面值

目前建立一個陣列最簡單的方式是透過一個陣列字面值，它單純就是放在方括號（square brackets）內、並以逗號（comma）區隔的一串陣列元素。舉例來說：

```
let empty = [];              // 沒有元素的一個陣列
let primes = [2, 3, 5, 7, 11];  // 具有 5 個數值元素的陣列
let misc = [ 1.1, true, "a", ]; // 3 個不同型別的元素 + 尾隨的逗號
```

一個陣列字面值中的值沒必要是常數，它們可以是任意的運算式：

```
let base = 1024;
let table = [base, base+1, base+2, base+3];
```

陣列字面值可以包含物件字面值或其他的陣列字面值：

```
let b = [[1, {x: 1, y: 2}], [2, {x: 3, y: 4}]];
```

若有一個陣列字面值含有連續的多個逗號，其間沒有放上任何值，該陣列就是稀疏的（參閱 §7.3）。其值被省略的那些陣列元素並不存在，但如果你查詢它們，它們會是 undefined：

```
let count = [1,,3]; // 索引 0 與 2 有元素。索引 1 沒有元素
let undefs = [,,];  // 沒有元素的陣列，但其 length 為 2
```

陣列字面值允許一個選擇性的尾隨逗號（trailing comma），所以 [,,] 的長度（length）為 2，而非 3。

7.1.2　分散運算子

在 ES6 及後續版本中，你可以使用「分散運算子（spread operator）」，也就是 ...，在一個陣列字面值中引入某個陣列的元素：

```
let a = [1, 2, 3];
let b = [0, ...a, 4];  // b == [0, 1, 2, 3, 4]
```

那三個點會把陣列 a「分散（spread）」，讓它的元素成為被創建的陣列字面值中的元素。這彷彿就像是 ...a 被陣列 a 的元素所取代，直接列出作為外圍陣列字面值的一部分（要注意的是，雖然我們稱這三個點為分散運算子，它其實並非真正的運算子，因為它只能被用在陣列字面值以及函式調用中，如我們會在本書後面看到的那樣）。

分散運算子是為一個陣列建立（淺層）拷貝的一種便利的方式：

```
let original = [1,2,3];
let copy = [...original];
copy[0] = 0;  // 修改 copy 並不會改變 original
original[0]   // => 1
```

分散運算子可用在任何可迭代物件上（可迭代物件就是 for/of 迴圈能迭代過的東西，我們最早在 §5.4.4 見過它們，而我們會在第 12 章中看到更多關於它們的說明）。字串是可迭代的，所以你可以使用一個分散運算子來把任何的字串轉為單字元字串（single-character strings）所構成的一個陣列：

```
let digits = [..."0123456789ABCDEF"];
digits // => ["0","1","2","3","4","5","6","7","8","9","A","B","C","D","E","F"]
```

集合物件（set objects，參閱 §11.1.1）是可迭代的，所以從一個陣列移除重複元素的一個簡單做法是把該陣列轉為一個集合，然後即刻使用分散運算子將那個集合轉回一個陣列：

```
let letters = [..."hello world"];
[...new Set(letters)]  // => ["h","e","l","o"," ","w","r","d"]
```

7.1.3　Array() 建構器

建立陣列的另一種方式是使用 Array() 建構器。你能以三種不同的方式調用這個建構器：

- 不帶引數呼叫它：

    ```
    let a = new Array();
    ```

    這種方式會建立出一個沒有元素的空陣列，也等同於陣列字面值 []。

- 使用單一個引數呼叫它，用以指定一個長度：

    ```
    let a = new Array(10);
    ```

    這個技巧會以指定的長度建立一個陣列。當你事先知道需要多少元素，就能使用這種形式的 Array() 建構器來預先配置（preallocate）一個陣列。注意到沒有值被儲存在這個陣列，而該陣列的索引特性 "0"、"1" 等等的甚至尚未定義。

- 為陣列明確指定兩個或更多個陣列元素或單一個非數值元素：

    ```
    let a = new Array(5, 4, 3, 2, 1, "testing, testing");
    ```

    在這種形式中，建構器的引數會變成新陣列的元素。使用陣列字面值幾乎總是會比 Array() 建構器的這種用法還要簡單。

7.1.4　Array.of()

當 Array() 建構器函式是以一個數值引數被調用，它會把那個引數當作陣列的長度。但是當我們以一個以上的數值引數調用它，它會把那些引數視為要創建的那個陣列的元素。這表示 Array() 建構器無法用來創建具有單一個數值元素的陣列。

ES6 中的 Array.of() 函式就是要解決這個問題：它是一個工廠方法（factory method），會使用它的引數值（不管有多少個）作為陣列元素來創建並回傳一個新的陣列：

```
Array.of()        // => []，不帶引數時回傳空陣列
Array.of(10)      // => [10]，可以建立只有單一個數值元素的陣列
Array.of(1,2,3)   // => [1, 2, 3]
```

7.1.5　Array.from()

Array.from() 是在 ES6 中引進的另一個陣列工廠方法。它預期一個可迭代物件或類陣列物件作為第一個引數，並會回傳含有該物件的元素的一個新陣列。使用一個可迭代引數

時，`Array.from(iterable)` 運作起來就像是分散運算子 `[...iterable]`。這也是為一個陣列製作一份拷貝的一種簡單方式：

```
let copy = Array.from(original);
```

`Array.from()` 之所以重要，也因為它定義了一種方式來為一個類陣列物件（array-like object）製作出是真正陣列（true-array）的一份拷貝。類陣列物件是具有一個數值 `length` 特性，而且所儲存的值之特性名稱剛好為整數的非陣列物件。使用客戶端 JavaScript 時，某些 Web 瀏覽器方法所回傳的值會是類陣列的，如果你先把它們轉為真正的陣列，可能會比較容易處理：

```
let truearray = Array.from(arraylike);
```

`Array.from()` 也接受一個選擇性的第二引數。如果你傳入一個函式作為第二引數，那麼在新陣列建構的過程中，來源物件的每個元素都會被傳入給你所指定的函式，而該函式的回傳值會被儲存在該陣列中，而非原本的值（這非常類似本章後面會介紹的陣列的 `map()` 方法，但在建構陣列的同時進行這種映射工作會比建置好陣列，然後再把它映射到另一個新的陣列還要更有效率）。

7.2　讀取與寫入陣列元素

你可以使用 `[]` 運算子來存取陣列的一個元素。對該陣列的一個參考（reference）應該出現在這對方括號的左邊。具有非負整數值的一個任意運算式應該放在方括號內。你可以使用這個語法來讀取及寫入陣列的一個元素的值。因此，下列全都是合法的 JavaScript 述句：

```
let a = ["world"];      // 以一個單元素陣列開始
let value = a[0];       // 讀取元素 0
a[1] = 3.14;            // 寫入元素 1
let i = 2;
a[i] = 3;               // 寫入元素 2
a[i + 1] = "hello";     // 寫入元素 3
a[a[i]] = a[0];         // 讀取元素 0 與 2，寫入元素 3
```

陣列的特殊之處在於，當你使用小於 $2^{32}-1$ 的非負整數作為特性名稱，陣列會自動為你維護 `length` 特性的值。舉例來說，在前面，我們以單一個元素創建了陣列 a。然後我們在索引 1、2 與 3 指定了值。該陣列的 `length` 特性會在我們那麼做的同時改變，因此：

```
a.length        // => 4
```

記得陣列是一種特化的物件。用來存取陣列元素的方括號運作起來就跟用來存取物件特性的方括號一樣。JavaScript 會把你所指定的數值陣列索引轉為一個字串，於是索引 1 變成了字串「1」，然後使用該字串作為一個特性名稱。將索引從一個數字轉為字串的轉換並沒有什麼特殊之處，你也能以一般的物件來那麼做：

```
let o = {};      // 建立一個普通的物件
o[1] = "one";    // 以一個整數索引它
o["1"]           // => "one"，數值和字串特性名稱是一樣的
```

清楚區分**陣列索引**（*array index*）和**物件特性名稱**（*object property name*）是有幫助的。所有的索引都是特性名稱，但只有是整數而且介於 0 與 $2^{32}-2$ 之間的特性名稱是索引。所有的陣列都是物件，而你可以在它們上面建立任何名稱的特性。然而，如果你用到是陣列索引的特性，陣列會有在必要時更新它們 length 特性的特殊行為。

請注意，你可以使用有負值或者不是整數的數字來索引一個陣列。當你這麼做，該數字會被轉為一個字串，然後那個字串會被用作特性名稱。既然該名稱不是一個非負整數，它會被視為一個普通的物件特性，而非陣列索引。此外，如果你以剛好是一個非負整數的字串來索引一個陣列，它就會表現得像是一個陣列索引，而非一個物件特性。如果你使用等同於一個整數的浮點數，也會是如此：

```
a[-1.23] = true; // 這會建立一個名為 "-1.23" 的特性名稱
a["1000"] = 0;   // 這是陣列的第 1001 個元素
a[1.000] = 1;    // 陣列索引 1。等同於 a[1] = 1;
```

陣列索引單純是一種特殊的物件特性名稱，意味著 JavaScript 陣列沒有「超出界限（out of bounds）」這種錯誤的概念。當你試著在任何物件上查詢一個不存在的特性，這不會產生錯誤，你只會得到 undefined。就跟物件一樣，這對陣列來說也是如此：

```
let a = [true, false]; // 這個陣列在索引 0 和 1 有元素
a[2]                   // => undefined，此索引上沒有元素。
a[-1]                  // => undefined，沒有這個名稱的特性。
```

7.3　稀疏陣列

在一個**稀疏**（*sparse*）陣列中，元素沒有從 0 開始的連續索引。一般來說，陣列的 length 特性指的是陣列中的元素數目。如果陣列是稀疏的，length 特性的值就會比元素數還要大。稀疏陣列能以 Array() 建構器創建，或單純對大於目前陣列 length 的陣列索引進行指定。

```
let a = new Array(5);  // 沒有元素，但 a.length 是 5。
a = [];                // 創建沒有元素的一個陣列，而 length = 0。
a[1000] = 0;           // 這個指定新增了一個元素，但把 length 設成 1001。
```

我們會在後面看到，你也能以 delete 運算子來讓一個陣列變得稀疏。

比起密集陣列（dense arrays），足夠稀疏的陣列通常會以一種較慢但較節省記憶體的方式實作，而在這樣的陣列中查找元素所花費的時間，會跟一般的物件特性查找一樣多。

要注意的是，當你在一個陣列字面值中省略了一個值（使用重複的逗號，例如 [1,,3]），所產生的陣列就會是稀疏的，而所省略的元素並不會存在：

```
let a1 = [,];           // 這個陣列沒有元素，但 length 為 1
let a2 = [undefined];   // 此陣列有一個 undefined 元素
0 in a1                 // => false：a1 沒有索引為 0 的元素
0 in a2                 // => true：a2 的索引 0 上有那個 undefined 值
```

了解稀疏陣列是了解 JavaScript 陣列真正的本質很重要的一部分。然而，在實務上，你所處理的 JavaScript 陣列大多都不會是稀疏的。而如果你非得處理一個稀疏陣列，你的程式碼大概會把它當作具有 undefined 元素的一個非稀疏陣列。

7.4　陣列長度

每個陣列都有一個 length（長度）特性，而正是這個特性使得陣列不同於一般的 JavaScript 物件。對於密集（即非稀疏）陣列，length 特性指出陣列中的元素數目。它的值會比陣列中的最高索引多一：

```
[].length              // => 0：陣列沒有元素
["a","b","c"].length   // => 3：最高的索引是 2，length 為 3
```

當一個陣列是稀疏的，length 特性會比元素的數目還要大，而我們能確定的只有 length 保證會比陣列中每個元素的索引都還要大。或者，換個方式說，一個陣列（稀疏與否）永遠都不會有元素的索引大於或等於它的 length。為了維護這種不變性（invariant），陣列會有兩種特殊行為。第一種在前面描述過了：如果你指定一個值給其索引 i 大於或等於陣列目前 length 的一陣列元素，那麼 length 特性的值就會被設為 i+1。

陣列為了維護長度不變性而實作的第二種特殊行為是，如果你把 length 特性設為小於目前值的一個非負整數 n，那麼索引大於或等於 n 的任何元素都會從陣列中刪除：

```
a = [1,2,3,4,5];  // 先從一個 5 元素的陣列開始。
a.length = 3;     // a 現在是 [1,2,3]。
```

```
a.length = 0;        // 刪除所有的元素。a 為 []。
a.length = 5;        // 長度為 5，但沒有元素，就像 new Array(5)
```

你也可以把一個陣列的 length 特性設為比目前的值還要大的一個值。這麼做並不會新增任何新元素到陣列中，只會在該陣列的尾端建立出一個稀疏的區域。

7.5　新增或刪除陣列元素

我們已經見過新增元素到一個陣列中最簡單的方式，只要指定值給新的索引就好了：

```
let a = [];          // 先從一個空陣列開始。
a[0] = "zero";       // 新增元素給它。
a[1] = "one";
```

你也可以使用 push() 方法來新增一個或更多個值到一個陣列的尾端：

```
let a = [];              // 先從一個空陣列開始
a.push("zero");          // 在結尾新增一個值。a = ["zero"]
a.push("one", "two");    // 多新增兩個值。a = ["zero", "one", "two"]
```

推放（pushing）一個值到陣列 a 上，等同於把那個值指定給 a[a.length]。你可以使用 unshift() 方法（會在 §7.8 中描述）在一個陣列的開頭插入一個值，並將現有的陣列元素移往較高的索引。pop() 方法則是 push() 的相反：它會移除陣列的最後一個元素，回傳它，並且把陣列的長度減 1。同樣地，shift() 方法移除並回傳陣列的第一個元素，將長度減 1，並把所有的元素往前移，讓它們的索引比目前的索引少一。這些方法的更多資訊，請參閱 §7.8。

你能以 delete 運算子刪除陣列元素，就像刪除物件特性那樣：

```
let a = [1,2,3];
delete a[2];       // a 的索引 2 上現在沒有元素了
2 in a             // => false：沒有定義陣列索引 2
a.length           // => 3：delete 不會影響陣列長度
```

刪除一個陣列元素類似於（但有些微不同）指定 undefined 給那個元素。注意到在陣列上使用 delete 並不會更動到 length 特性，也不會把具有較高索引的元素往前移來填補被刪除的特性所遺留的空缺。如果你從一個陣列刪除一個元素，那個陣列就會變成稀疏的。

如我們在前面看到的，要從一個陣列尾端移除元素，你也可以單純把 length 特性設為想要的新長度就行了。

最後，splice() 是一個通用的方法，可用來插入、刪除或取代陣列元素。它會更改 length 特性，並視需要把陣列元素移往較高或較低的索引。

7.6　迭代陣列

到了 ES6，以迴圈跑過一個陣列的每個元素最簡單的方式就是使用 for/of 迴圈，我們曾在 §5.4.4 中詳細涵蓋過它：

```
let letters = [..."Hello world"];  // 字母組成的一個陣列
let string = "";
for(let letter of letters) {
    string += letter;
}
string  // => "Hello world"，我們重新組出了原本的文字
```

for/of 迴圈所用的內建的陣列迭代器（array iterator）會以遞增順序（ascending order）回傳一個陣列的元素。它對於稀疏陣列沒有特殊行為，單純只會為不存在的任何陣列元素回傳 undefined。

如果你想要為一個陣列使用 for/of 迴圈，並且需要知道每個陣列元素的索引，就用該陣列的 entries() 方法，再配合解構指定（destructuring assignment），像這樣：

```
let everyother = "";
for(let [index, letter] of letters.entries()) {
    if (index % 2 === 0) everyother += letter;  // 位於偶數索引的字母
}
everyother  // => "Hlowrd"
```

迭代陣列的另一種好辦法是使用 forEach()。這並非一種新形式的 for 迴圈，而是為陣列迭代提供一種函式型（functional）做法的一個陣列方法。你傳入一個函式給一個陣列的 forEach() 方法，而 forEach() 會為該陣列的每個元素調用一次你的函式：

```
let uppercase = "";
letters.forEach(letter => {  // 注意到這裡的箭號函式語法
    uppercase += letter.toUpperCase();
});
uppercase  // => "HELLO WORLD"
```

如你所預期的，forEach() 會依序迭代陣列元素，而它實際上會傳入陣列索引給你的函式作為第二引數，這偶爾會有用處。不同於 for/of 迴圈，forEach() 能察覺稀疏陣列，並且不會為不在那裡的元素調用你的函式。

§7.8.1 會詳細說明 forEach() 方法。該小節也會涵蓋進行特殊類型陣列迭代的相關方法，例如 map() 和 filter。

你也能以傳統但通用的 for 迴圈（§5.4.3）來處理一個陣列的每個元素：

```
let vowels = "";
for(let i = 0; i < letters.length; i++) { // 對於陣列中每個索引
    let letter = letters[i];              // 取得位於該索引的元素
    if (/[aeiou]/.test(letter)) {         // 使用正規表達式的測試
        vowels += letter;                 // 如果它是一個母音，就記下它
    }
}
vowels   // => "eoo"
```

在巢狀迴圈（nested loops）或其他效能很關鍵的情境之下，你有的時候可能會看到這種基本的陣列迭代迴圈寫法，讓陣列的長度只查找一次，而不會每次迭代都要查找。下列兩種形式的 for 迴圈都是慣用寫法，雖然不是特別常見，而配合現代的 JavaScript 直譯器，它們會對效能有何影響，現在還不全然清楚：

```
// 把陣列長度儲存到一個區域變數中
for(let i = 0, len = letters.length; i < len; i++) {
    // 迴圈主體不變
}

// 從陣列結尾往回迭代到開頭
for(let i = letters.length-1; i >= 0; i--) {
    // 迴圈主體不變
}
```

這些範例假設陣列是密集的，而且所有的元素所含的資料都有效。如果不是這樣，你應該在使用它們之前測試陣列元素。如果你想要跳過未定義或不存在的元素，你可以寫成：

```
for(let i = 0; i < a.length; i++) {
    if (a[i] === undefined) continue; // 跳過未定義及不存在的元素
    // loop body here
}
```

7.7　多維陣列

JavaScript 並沒有支援真正的多維陣列（multidimensional arrays）但你能以陣列組成的陣列（arrays of arrays）來近似它們。要存取由陣列組成的陣列中的一個值，只要使

用 [] 運算子兩次就行了。舉例來說，假設變數 matrix 是由數字陣列組成的一個陣列。
matrix[x] 中的每個元素都會是一個數字陣列。要存取這個陣列中的一個特定的數字，你
會寫 matrix[x][y]。這裡有一個具體的例子，它使用一個二維陣列作為乘法表：

```
// 創建一個多維陣列
let table = new Array(10);              // 這表有 10 列（rows）
for(let i = 0; i < table.length; i++) {
    table[i] = new Array(10);          // 每列有 10 欄（columns）
}

// 初始化陣列
for(let row = 0; row < table.length; row++) {
    for(let col = 0; col < table[row].length; col++) {
        table[row][col] = row*col;
    }
}

// 使用多維陣列來計算 5*7
table[5][7]  // => 35
```

7.8　陣列方法

前面幾節都專注在用來處理陣列的基本 JavaScript 語法。不過，一般來說，最強大的是
Array 類別所定義的方法。接下來的章節說明那些方法。閱讀那些方法的說明時，要記
得它們有些會修改它們在其上被呼叫的那個陣列，而有些不會動到該陣列。有幾個方法
會回傳一個陣列：有的時候，那會是一個新陣列，而原本的陣列沒有改變。其他時候，
方法會就地（in place）修改該陣列，並會回傳指向修改過的陣列的一個參考。

接下來的每個小節都會涵蓋一組相關的陣列方法：

- 迭代器方法（iterator methods）以迴圈跑過一個陣列的元素，通常會在那每個元素
  上調用你所指定的一個函式。

- 堆疊（stack）與佇列（queue）方法會在一個陣列的開頭或尾端新增或移除陣列
  元素。

- 子陣列方法（subarray methods）用來擷取、刪除、插入、填滿和拷貝一個較大陣列
  的連續區域。

- 搜尋（searching）與排序（sorting）方法用以在一個陣列中定位（locating）元素，
  以及排序一個陣列的元素。

接下來的小節也涵蓋 Array 類別的靜態方法（static methods），以及用來串接陣列或把陣列轉為字串的幾個其他方法。

7.8.1　陣列的迭代器方法

在本節中描述的方法會迭代過陣列，依序把陣列元素傳入給你所提供的一個函式，而它們提供了便利的方式來迭代（iterate）、映射（map）、過濾（filter）、測試（test）和縮簡（reduce）陣列。

不過在我們詳細解說這些方法之前，值得為它們做出一些一般化的描述。首先，這些方法全都接受一個函式作為它們的第一個引數，並且會為陣列的每個元素（或某些元素）調用一次那個函式。如果陣列是稀疏的，你所傳入的函式不會為不存在的元素所調用。在多數情況下，你提供的函式會以三個引數調用：陣列元素的值、陣列元素的索引，以及該陣列本身。通常，你只會需要這些引數值的頭一個，並且可以忽略第二和第三個值。

會在接下來的小節中描述的大多數迭代器方法都接受一個選擇性的第二引數。若有指定，該函式被調用的方式，就好像它是那個第二引數的方法一般，也就是說，你傳入的第二引數會成為你傳入作為第一引數的函式內的 this 關鍵字之值。你傳入的函式之回傳值通常都很重要，但不同的方法會以不同的方式處理那個回傳值。在此所描述的方法都不會修改它們在其上被調用的那個陣列（當然，你傳入的函式可以修改該陣列）。

這些方法每一個都是以一個函式作為第一引數來調用的，而把那個函式直接定義在行內作為方法調用運算式的一部分，是很常見的事情，而非使用在他處定義的一個現有的函式。箭號函式語法（參閱 §8.1.3）特別適合與這些方法並用，而我們會在接下來的範例中使用它。

forEach()

forEach() 方法會迭代過一個陣列，為每個元素調用你所指定的一個函式。如我們已經描述過的，你傳入該函式作為第一個引數給 forEach()，然後 forEach() 會以三個引數調用你的函式：陣列元素值、陣列元素的索引，以及陣列本身。如果你只在意陣列元素的值，你可以寫出只有一個參數的函式，其餘的引數會被忽略：

```
let data = [1,2,3,4,5], sum = 0;
// 計算陣列元素的總合
data.forEach(value => { sum += value; });          // sum == 15
```

```
// 現在遞增（increment）每個陣列元素
data.forEach(function(v, i, a) { a[i] = v + 1; }); // data == [2,3,4,5,6]
```

注意到 forEach() 並沒有提供任何方式在所有的元素都已經傳入該函式之前終止迭代，也就是說，你沒有一般 for 迴圈中 break 述句那種等效的功能可用。

map()

map() 會把它在其上被調用的陣列的每個元素傳入給你指定的函式，然後回傳一個陣列，其中含有你的函式所回傳的那些值。舉例來說：

```
let a = [1, 2, 3];
a.map(x => x*x)   // -> [1, 4, 9]：該函式接受輸入 x 並回傳 x*x
```

你傳入給 map() 的函式被調用的方式就跟傳入給 forEach() 的函式一樣。然而，對於 map() 方法，你傳入的函式應該回傳一個值。注意到 map() 會回傳一個新陣列：它不會修改它在其上被調用的那個陣列。如果那個陣列是稀疏的，你的函式就不會為欠缺的元素被呼叫，但所回傳的陣列會與原陣列一樣是稀疏的，稀疏的方式也相同：它會有相等的長度，欠缺的元素也相同。

filter()

filter() 會回傳一個陣列，其中含有它在其上被調用的那個陣列之元素的一個子集。你傳入給它的函式應該是一個**判定式**（*predicate*）：其回傳值會被解讀為 truthy 或 falsy 值的一個函式。這個判定式被調用的方式就跟 forEach() 和 map() 一樣。如果回傳值是 true，或一個能轉為 true 的值，那麼被傳入給判定式的元素就會是那個子集的成員之一，並會被加到會成為回傳值的那個陣列中。例子：

```
let a = [5, 4, 3, 2, 1];
a.filter(x => x < 3)         // => [2, 1]，小於 3 的值
a.filter((x,i) => i%2 === 0) // => [5, 3, 1]，每隔一個值
```

注意到 filter() 會跳過稀疏陣列中的欠缺的元素，而它的回傳值永遠都會是密集的。要關閉一個稀疏陣列中的空缺，你可以這樣做：

```
let dense = sparse.filter(() => true);
```

而要關閉空缺並移除未定義的元素和 null 元素，你可以像這樣使用 filter：

```
a = a.filter(x => x !== undefined && x !== null);
```

find() 和 findIndex()

find() 與 findIndex() 方法就像是 filter()，因為它們也會迭代過你的陣列尋找你的判定函式為之回傳一個 truthy 值的元素。然而，跟 filter() 不同的是，這兩個方法都會在判定式初次找到一個元素時停止迭代，在那種情況下，find() 會回傳匹配的元素，而 findIndex() 會回傳匹配元素的索引（index）。若沒找到匹配的元素，find() 會回傳 undefined，而 findIndex() 會回傳 -1：

```
let a = [1,2,3,4,5];
a.findIndex(x => x === 3) // => 2，值 3 出現在索引 2
a.findIndex(x => x < 0)   // => -1，陣列中沒有負數
a.find(x => x % 5 === 0)  // => 5：這是 5 的一個倍數
a.find(x => x % 7 === 0)  // => undefined：陣列中沒有 7 的倍數
```

every() 和 some()

every() 與 some() 是陣列判定式（array predicates）：它們會套用你所指定的一個判定式到陣列的元素，然後回傳 true 或 false。

every() 方法就像數學上的量詞（quantifier）「for all（對所有）」∀：它只會在你的判定式為陣列中的所有元素都回傳 true 的時候，才會回傳 true：

```
let a = [1,2,3,4,5];
a.every(x => x < 10)      // => true：所有的值都小於 10。
a.every(x => x % 2 === 0) // => false：並非所有的值都是偶數。
```

some() 方法就類似數學上的量詞「there exists（存在有）」∃：如果陣列中存在至少一個元素會讓判定式回傳 true，它就會回傳 true，而只會在陣列中所有的元素都使判定式回傳 false 的時候回傳 false：

```
let a = [1,2,3,4,5];
a.some(x => x%2===0)  // => true，a 有一些（some）偶數。
a.some(isNaN)         // => false，a 沒有非數字。
```

注意到 every() 與 some() 都會在它們知道要回傳什麼值之時立刻停止迭代陣列元素。some() 會在你的判定式初次回傳 true 的時候回傳 true，而且只會在你的判定式一直回傳 false 的時候才會迭代過整個陣列。every() 則相反：它會在你的判定式初次回傳 false 的時候回傳 false，而只會在你的判定式一直都回傳 true 的時候迭代完所有的元素。也請注意到，依照數學慣例，在一個空陣列上調用時，every() 會回傳 true，而 some() 會回傳 false。

reduce() 和 reduceRight()

reduce() 與 reduceRight() 方法會使用你所指定的函式結合一個陣列的元素來產生單一個值。這是函式型程式設計（functional programming）中常見的作業，也被稱為「inject」和「fold」。例子可以幫助說明它的運作方式：

```
let a = [1,2,3,4,5];
a.reduce((x,y) => x+y, 0)        // => 15，值的總和
a.reduce((x,y) => x*y, 1)        // => 120，值的乘積
a.reduce((x,y) => (x > y) ? x : y) // => 5，最大的值
```

reduce() 接受兩個引數。第一個是會進行縮簡（reduction）作業的函式。這個縮簡函式的任務是以某種方式把兩個值結合或化簡為單一個值，並回傳那個縮簡後的值。我們在此展示的例子中，函式結合兩個值的方式是相加它們、相乘它們，以及選出最大的。第二個（選擇性的）引數是要傳入該函式的一個初始值（initial value）。

與 reduce() 並用的函式與傳入給 forEach() 或 map() 的函式不同。熟悉的元素值、索引及陣列值是作為第二、第三及第四引數傳入。第一個引數是縮簡作業目前為止累積的結果。在對該函式的初次呼叫中，這個第一引數是你作為第二引數傳入給 reduce() 的那個初始值。在後續的呼叫中，它會是該函式前次調用所回傳的值。在第一個例子中，縮簡函式會先以引數 0 和 1 被呼叫。它把它們加起來，並回傳 1。然後它再以引數 1 和 2 被呼叫，並回傳 3。接著，它計算 3+3=6、6+4=10 以及最後的 10+5=15。這個最終值 15 就成為 reduce() 的回傳值。

你可能已經注意到此範例中，對 reduce() 的第三個呼叫只有單一個引數：它並沒有指定初始值。當你像這樣不帶初始值來調用 reduce()，它會使用陣列的第一個元素作為初始值。這意味著對那個縮簡函式的第一次呼叫會有陣列的第一和第二個元素作為它的第一與第二引數。在總和與乘積的例子中，我們也可以省略初始值引數。

在一個空陣列上不帶引數呼叫 reduce() 會導致一個 TypeError。如果你只以一個值呼叫它，不管是使用只有單一元素的一個陣列並且不帶初始值，或是使用一個空的陣列以及一個初始值，它單純就只會回傳那一個值，甚至不會呼叫那個縮簡函式。

reduceRight() 的運作方式就像 reduce()，只不過它是從最高索引往最低索引的方向（右到左）來處理陣列，而非從最低到最高。如果縮簡運算有右到左的結合性（right-to-left associativity），你可能就會想要這麼做，舉例來說：

```
// 計算 2^(3^4)。指數運算有右到左的優先序
let a = [2, 3, 4];
a.reduceRight((acc,val) => Math.pow(val,acc)) // => 2.4178516392292583e+24
```

注意到 reduce() 和 reduceRight() 都沒有接受一個選擇性的引數來指定縮簡函式要在其上被調用的 this 值。選擇性的初始值引數佔據了那個位置。如果你需要讓你的縮簡函式作為某個特定物件的方法來調用，請參閱 Function.bind() 方法（§8.7.5）。

為了簡單起見，到目前為止所展示的範例都是數值性的，但 reduce() 和 reduceRight() 不僅能用於數學計算。能把兩個值（例如兩個物件）結合成一個同型別的值的任何函式都能當作一個縮簡函式來用。另一方面，使用陣列縮簡表達的演算法可能很快就會變得複雜且難以理解，而你可能會發現，使用一般的迴圈構造來處理你的陣列，會使你的程式碼更容易閱讀、撰寫和推理。

7.8.2 以 flat() 和 flatMap() 來攤平你的陣列

在 ES2019 中，flat() 方法會創建並回傳一個新陣列，其中含有與它在其上被呼叫的那個陣列相同的元素，只不過那些元素中本身是陣列的會被「攤平（flattened）」再放入要回傳的陣列中。舉例來說：

```
[1, [2, 3]].flat()    // => [1, 2, 3]
[1, [2, [3]]].flat()  // => [1, 2, [3]]
```

不帶引數呼叫時，flat() 會攤平一層的巢狀結構（one level of nesting）。原陣列中本身是陣列的元素會被攤平，但那些陣列的陣列元素不會被攤平。如果你想要攤平更多層，就傳入一個數字給 flat()：

```
let a = [1, [2, [3, [4]]]];
a.flat(1)   // => [1, 2, [3, [4]]]
a.flat(2)   // => [1, 2, 3, [4]]
a.flat(3)   // => [1, 2, 3, 4]
a.flat(4)   // => [1, 2, 3, 4]
```

flatMap() 方法的運作方式就像是 map() 方法（參閱前面的「map()」一節），只不過所回傳的陣列會自動被攤平，彷彿傳入了 flat() 那樣，也就是說，呼叫 a.flatMap(f) 等同於 a.map(f).flat()（但更有效率）：

```
let phrases = ["hello world", "the definitive guide"];
let words = phrases.flatMap(phrase => phrase.split(" "));
words // => ["hello", "world", "the", "definitive", "guide"];
```

你可以把 flatMap() 想成是廣義的 map()，允許輸入陣列的每個元素被映射（map）到輸出陣列的任意多個元素。特別是，flatMap() 允許你將輸入元素映射到一個空陣列，而這個空陣列被攤平後，就不會有任何東西進到輸出陣列中：

```
// 把非負數字映射到它們的平方根（square roots）
[-2, -1, 1, 2].flatMap(x => x < 0 ? [] : Math.sqrt(x)) // => [1, 2**0.5]
```

7.8.3　以 concat() 相加陣列

concat() 方法會創建並回傳一個新陣列，其中包含 concat() 在其上調用的原陣列之元素，後面接著 concat() 的每個引數。若有引數本身是一個陣列，那麼被串接（concatenated）的就會是該陣列的元素，而非那個陣列本身。然而要注意，concat() 並不會遞迴地（recursively）攤平陣列的陣列。concat() 也不會修改它在其上被調用的那個陣列：

```
let a = [1,2,3];
a.concat(4, 5)        // => [1,2,3,4,5]
a.concat([4,5],[6,7]) // => [1,2,3,4,5,6,7]，陣列被攤平了
a.concat(4, [5,[6,7]]) // => [1,2,3,4,5,[6,7]]，但巢狀陣列不會
a                     // => [1,2,3]，原本的陣列沒有修改
```

注意到 concat() 會為它在其上被呼叫的那個陣列製作一份新的拷貝。在許多情況中，這是應該做的正確的事，但這也是一種昂貴的運算。如果你發現自己正在寫像 a = a.concat(x) 這樣的程式碼，那你應該考慮使用 push() 或 splice() 就地修改你的陣列，而非創建一個新的。

7.8.4　使用 push()、pop()、shift() 與 unshift() 的堆疊與佇列

push() 和 pop() 方法都能讓你把陣列當成堆疊（stacks）來處理。push() 方法會把一或多個新元素附加（appends）到一個陣列的尾端，並回傳該陣列的新長度。不同於 concat()，push() 不會攤平陣列引數。pop() 方法做的則相反：它會刪除一個陣列最後的元素，遞減陣列長度，並回傳它所移除的值。注意到這兩個方法都會就地（in place）修改陣列。push() 配合 pop() 能讓你使用 JavaScript 陣列實作出先進後出的堆疊（first-in, last-out stack）。例如：

```
let stack = [];        // stack == []
stack.push(1,2);       // stack == [1,2];
stack.pop();           // stack == [1]，回傳 2
stack.push(3);         // stack == [1,3]
stack.pop();           // stack == [1]，回傳 3
stack.push([4,5]);     // stack == [1,[4,5]]
stack.pop()            // stack == [1]，回傳 [4,5]
stack.pop();           // stack == []，回傳 1
```

push() 並不會攤平你傳入給它的陣列，但如果你想要把一個陣列的所有元素都推放（push）到另一個陣列上，你可以使用分散運算子（spread operator，§8.3.4）明確地將之攤平：

```
a.push(...values);
```

unshift() 與 shift() 方法的行為就很像 push() 跟 pop()，只不過它們是在一個陣列的開頭插入或移除元素，而非從尾端。unshift() 新增一個元素或一些元素到陣列的開頭，會把現有的陣列元素往上移到較高的索引位置，以騰出空間，並會回傳陣列的新長度。shift() 移除並回傳陣列的第一個元素，會把所有後續的元素往下移動一個位置，以佔據陣列開頭新的空間。你可以使用 unshift() 與 shift() 來實作一個堆疊，但會比使用 push() 和 pop() 更沒效率，因為每次在陣列開頭新增或移除一個元素都需要將陣列元素往上移或往下移。不過，你可以使用 push() 在陣列尾端新增元素，並用 shift() 將它們從陣列開頭移除，藉此實作一個佇列（queue）資料結構：

```
let q = [];          // q == []
q.push(1,2);         // q == [1,2]
q.shift();           // q == [2]，回傳 1
q.push(3)            // q == [2, 3]
q.shift()            // q == [3]，回傳 2
q.shift()            // q == []，回傳 3
```

unshift() 有一個值得特別點出的功能，因為你可能會覺得它令人意外。傳入多個引數給 unshift() 的時候，它們會一次全部被插入，這意味著，比起將它們一次一個逐個插入，最終它們在陣列中的順序會有所不同：

```
let a = [];          // a == []
a.unshift(1)         // a == [1]
a.unshift(2)         // a == [2, 1]
a = [];              // a == []
a.unshift(1,2)       // a == [1, 2]
```

7.8.5 使用 slice()、splice()、fill() 與 copyWithin() 操作子陣列

Array 定義了幾個能作用在一個陣列的連續區域（contiguous regions）或子陣列（subarrays）或「切片（slices）」上的方法。接下來的章節描述用來擷取、取代、填滿或拷貝切片的方法。

slice()

slice() 方法回傳指定陣列的一個**切片**（*slice*）或子陣列。它的兩個引數指出要回傳的切片之開頭（start）與結尾（end）。所回傳的陣列含有第一個引數所指定的元素，以及所有後續的元素，一直到（但不包含）第二個引數所指定的元素。若僅指定一個引數，那所回傳的陣列就含有從那個起始位置到陣列結尾的所有元素。若有任一個引數是負的，它所指定的就是相對於陣列長度的一個陣列元素。舉例來說，若有一個引數是 -1，所指定的就是陣列中的最後一個元素，而是 -2 的一個引數所指的則是在那一個之前的元素。注意到 slice() 不會修改它在其上被調用的陣列。這裡有些例子：

```
let a = [1,2,3,4,5];
a.slice(0,3);    // 回傳 [1,2,3]
a.slice(3);      // 回傳 [4,5]
a.slice(1,-1);   // 回傳 [2,3,4]
a.slice(-3,-2);  // 回傳 [3]
```

splice()

splice() 是在一個陣列中插入或移除元素的一個通用方法。不同於 slice() 與 concat()，splice() 會修改它在其上被調用的那個陣列。注意到 splice() 和 slice() 有非常相似的名稱，但進行的運算卻大不相同。

splice() 能夠從一個陣列刪除元素、插入新元素到一個陣列中，或同時進行這兩種作業。陣列中出現在插入或刪除點後面的元素之索引會視需要增加或減少，以維持它們與陣列其餘部分的連續性。splice() 的第一個引數指定要開始插入或刪除的陣列位置。第二個引數指出應該從陣列刪除（或稱「剪除」，「spliced out」）的元素數目（注意到這是這兩個方法之間的另一個差異。slice() 的第二引數是一個結尾位置，而 splice() 的第二引數是一個長度）。若此第二引數被省略，陣列從起始元素到陣列結尾的所有元素都會被移除。splice() 會回傳由被刪除的元素組成的一個陣列，若沒有元素被刪除，就會是一個空陣列。舉例來說：

```
let a = [1,2,3,4,5,6,7,8];
a.splice(4)    // => [5,6,7,8]，a 現在是 [1,2,3,4]
a.splice(1,2)  // => [2,3]，a 現在是 [1,4]
a.splice(1,1)  // => [4]，a 現在是 [1]
```

splice() 的前兩個引數指出哪些陣列元素要被刪除。這些引數後面可以跟著任意數目的額外引數，指定要被插入到陣列中的元素，從第一個引數指出的位置開始。舉例來說：

```
let a = [1,2,3,4,5];
a.splice(2,0,"a","b")  // => []，a 現在是 [1,2,"a","b",3,4,5]
a.splice(2,2,[1,2],3)  // => ["a","b"]，a 現在是 [1,2,[1,2],3,3,4,5]
```

注意到，不同於 concat()，splice() 插入的是陣列本身，而非那些陣列的元素。

fill()

fill() 方法會把一個陣列的元素，或一個陣列的一個切片，設為一個指定的值。它會變動它在其上被呼叫的陣列，也會回傳修改過的陣列：

```
let a = new Array(5);  // 先從沒有元素而長度為 5 的陣列開始
a.fill(0)              // => [0,0,0,0,0]，以零填滿陣列
a.fill(9, 1)           // => [0,9,9,9,9]，從索引 1 開始以 9 填滿
a.fill(8, 2, -1)       // => [0,9,8,8,9]，在索引 2、3 以 8 填滿
```

fill() 的第一個引數是要設定到那些陣列元素的值。選擇性的第二引數指出起始索引（starting index）。若省略，就從索引 0 開始填滿。選擇性的第三引數指出結尾索引（ending index），從起始位置一直到（但不包含）這個索引的陣列元素都會被填滿。若省略此引數，那麼陣列就會從起始索引開始填滿到結尾。你可以傳入負數來指定相對於陣列結尾的索引，就跟 slice() 一樣。

copyWithin()

copyWithin() 會把一個陣列的一個切片拷貝到該陣列中的一個新位置。它會就地修改陣列，並回傳修改過的陣列，但不會改變陣列的長度。第一個引數指出要把第一個元素拷貝至那裡的目的地索引（destination index）。第二個引數指出要被拷貝的第一個元素之索引。如果這第二引數被省略，就會使用 0。第三個引數指出要拷貝的元素片段之結尾。若省略，就會使用陣列的長度。從起始索引一直到（但不包含）結尾索引的元素都會被拷貝。你可以傳入負數來指定相對於陣列結尾的索引，就跟 slice() 一樣：

```
let a = [1,2,3,4,5];
a.copyWithin(1)        // => [1,1,2,3,4]：將陣列元素往上拷貝一個位置
a.copyWithin(2, 3, 5)  // => [1,1,3,4,4]：把最後 2 個元素拷貝到索引 2
a.copyWithin(0, -2)    // => [4,4,3,4,4]：負的偏移量（offsets）也行得通
```

copyWithin() 主要是作為一種高效能的方法，特別適合用於具型陣列（typed arrays，參閱 §11.2）。它的靈感來自於 C 標準程式庫的 memmove() 函式。注意到即使來源區域與目的區域之間有重疊，拷貝動作也能正確運作。

7.8.6　陣列的搜尋和排序方法

Array 實作了類似於同名字串方法的 indexOf()、lastIndexOf() 與 includes() 方法。另外也有用來重新安排陣列元素順序的 sort() 與 reverse() 方法。這些方法會在接下來的小節中描述。

indexOf() 和 lastIndexOf()

indexOf() 與 lastIndexOf() 會搜尋一個陣列，尋找具有指定的值的一個元素，並回傳第一個找到的這種元素的索引，或在沒找到時回傳 -1。indexOf() 會從頭到尾搜尋陣列，而 lastIndex() 則是從結尾搜尋到開頭：

```
let a = [0,1,2,1,0];
a.indexOf(1)        // => 1：a[1] 是 1
a.lastIndexOf(1)    // => 3：a[3] 是 1
a.indexOf(3)        // => -1：沒有元素有 3 這個值
```

indexOf() 與 lastIndexOf() 使用 === 運算子的相等性來比較它們的引數和陣列元素。如果你的陣列含有物件而非原始值，這些方法就會檢查看看兩個參考是否都指向同一個物件。如果你想要實際查看物件的內容，試著改為使用 find() 方法搭配你自訂的判定函式。

indexOf() 與 lastIndexOf() 接受一個選擇性的第二引數，指出要開始搜尋的陣列索引。若省略此引數，indexOf() 就會從頭開始，而 lastIndex() 則從尾端開始。第二個引數允許負值，並且會被視為與陣列結尾的偏移量（offset），就跟 slice() 方法一樣：舉例來說，-1 的值指出陣列最後一個元素。

下列函式在一個陣列中尋找一個指定的值，並回傳由所有匹配元素的索引構成的一個陣列。這示範了 indexOf() 的第二引數如何用來找出第一個以外的匹配處。

```
// 在陣列 a 找出值 x 的所有出現處，並回傳一個陣列
// 其中含有所有匹配的索引
function findall(a, x) {
    let results = [],        // 我們會回傳的索引陣列
        len = a.length,      // 要搜尋的陣列之長度
        pos = 0;             // 開始搜尋的位置
    while(pos < len) {       // 還有元素要搜尋的時候 ...
        pos = a.indexOf(x, pos); // 搜尋
        if (pos === -1) break;   // 若什麼都沒找到，就完成了。
        results.push(pos);       // 否則，把索引儲存在陣列中
        pos = pos + 1;           // 並在下一個元素處開始下次搜尋
    }
    return results;          // 回傳索引陣列
}
```

注意到字串也有運作方式類似這些陣列方法的 indexOf() 和 lastIndexOf() 方法，只不過一個負的第二引數會被視為零。

includes()

ES2016 的 includes() 方法接受單一個引數，並在陣列含有那個值的時候回傳 true，否則回傳 false。它並沒有告訴你那個值的索引，只會告知你是否存在。includes() 方法在效果上就是陣列的集合成員資格測試（set membership test）。然而，要注意的是，使用陣列來表達集合並不是很有效率，如果你要處理的元素不僅少數幾個，你應該使用一個真正的 Set 物件（§11.1.1）。

這個 includes() 方法與 indexOf() 方法之間有一個細微但重要的差異。indexOf() 測試相等性所用的演算法跟 === 運算子一樣，而那個相等性演算法會把「不是一個數字（not-a-number，NaN）」值視為不同於所有其他的值，包括它自己。includes() 使用稍微不同版本的相等性，會把 NaN 視為與自己相等。這意味著 indexOf() 不會偵測到陣列中的 NaN 值，但 includes() 可以：

```
let a = [1,true,3,NaN];
a.includes(true)          // => true
a.includes(2)             // => false
a.includes(NaN)           // => true
a.indexOf(NaN)            // => -1，indexOf 不會找到 NaN
```

sort()

sort() 會就地（in place）排序一個陣列的元素，並回傳排序過的陣列。不帶引數呼叫時，sort() 會以字母順序排列陣列元素（必要的話，暫時將它們轉為字串以進行比較）：

```
let a = ["banana", "cherry", "apple"];
a.sort(); // a == ["apple", "banana", "cherry"]
```

如果一個陣列含有未定義的元素，它們會被排序到陣列結尾。

要把一個陣列排列成字母順序以外的順序，你必須傳入一個比較函式（comparison function）作為 sort() 的一個引數。這個函式決定它的兩個引數中哪一個應該先出現在排序過的陣列中。如果第一個引數應該出現在第二個之前，比較函式應該回傳小於零的一個數字。如果第一個引數在排序過的陣列中應該出現在第二個引數之後，該函式應該回傳大於零的一個數字。而如果兩個值相等（也就是它們的順序不重要），比較函式應該回傳 0。因此，舉例來說，要把陣列以數值順序排列，而非字母順序，你可以這樣做：

```
let a = [33, 4, 1111, 222];
a.sort();                // a == [1111, 222, 33, 4]，字母順序
a.sort(function(a,b) {   // 傳入一個比較器函式
    return a-b;          // 依據順序回傳 < 0、0 或 > 0
});                      // a == [4, 33, 222, 1111]，數值順序
a.sort((a,b) => b-a);    // a == [1111, 222, 33, 4]，反向的數值順序
```

作為排序陣列項目的另一個例子，你可能想要對一個字串陣列進行不區分大小寫（case-insensitive）的字母順序排列，所以傳入一個比較函式，它會在比較它的兩個引數之前先把它們轉為小寫（藉由 toLowerCase() 方法）：

```
let a = ["ant", "Bug", "cat", "Dog"];
a.sort();    // a == ["Bug","Dog","ant","cat"]，區分大小寫的排序
a.sort(function(s,t) {
    let a = s.toLowerCase();
    let b = t.toLowerCase();
    if (a < b) return -1;
    if (a > b) return 1;
    return 0;
});    // a == ["ant","Bug","cat","Dog"]，不區分大小寫的排序
```

reverse()

reverse() 方法會反轉（reverses）一個陣列元素的順序，並回傳反轉過後的陣列。它會就地進行，換句話說，它不會建立元素重新安排過的一個新陣列，而是在已經存在的陣列中重新安排元素順序：

```
let a = [1,2,3];
a.reverse();    // a == [3,2,1]
```

7.8.7　陣列對字串的轉換

Array 類別定義了三個可以把陣列轉為字串的方法，這一般是你在建立日誌（log）或錯誤訊息時會想要做的事情（如果你想要把一個陣列的內容儲存為文字形式以供之後重複使用，就以 JSON.stringify()[§6.8] 序列化陣列，而非使用這裡描述的方法）。

join() 方法會把一個陣列的所有元素轉為字串，並串接它們，回傳所產生的字串。你可以指定一個選擇性的字串用以區隔結果字串中的元素。若沒指定分隔符（separator）字串，就會使用一個逗號（comma）：

```
let a = [1, 2, 3];
a.join()          // => "1,2,3"
a.join(" ")       // => "1 2 3"
```

```
a.join("")                 // => "123"
let b = new Array(10); // 長度為 10 但沒有元素的一個陣列
b.join("-")                // => "---------"：由 9 個連字符（hyphens）構成的一個字串
```

join() 方法是 String.split() 方法的相反，後者會把一個字串拆成片段以建立出一個陣列。

陣列，如同所有的 JavaScript 物件，也有一個 toString() 方法。對一個陣列來說，此方法運作起來就像不帶引數的 join() 方法：

```
[1,2,3].toString()          // => "1,2,3"
["a", "b", "c"].toString()  // => "a,b,c"
[1, [2,"c"]].toString()     // => "1,2,c"
```

注意到輸出並沒有包含陣列值周圍的方括號或任何其他種類的定界符（delimiter）。

toLocaleString() 是 toString() 的本地化版本（localized version）。它會呼叫元素的 toLocaleString() 方法來把每個陣列元素轉為一個字串，然後使用一個地區限定（且由實作定義）的分隔符字串來串接所產生的字串。

7.8.8　靜態的陣列函式

除了我們已經說明過的陣列方法，Array 類別也定義了三個靜態函式（static functions），你可以透過 Array 建構器調用它們，而非在陣列上調用。Array.of() 與 Array.from() 是用來創建新陣列的工廠方法（factory methods）。它們記載在 §7.1.4 和 §7.1.5。

另一個靜態的陣列函式是 Array.isArray()，它可用來判斷一個未知的值是否為陣列：

```
Array.isArray([])     // => true
Array.isArray({})     // => false
```

7.9　類陣列物件

如我們見過的，JavaScript 陣列有其他物件沒有的一些特色：

- 新元素加入時，length 特性會自動更新。
- 把 length 設為較小的值會截斷（truncates）陣列。
- 陣列從 Array.prototype 繼承了實用的方法。
- Array.isArray() 會為陣列回傳 true。

這些是使得 JavaScript 陣列不同於一般物件的特色，但它們並非定義一個陣列的必要功能。把具有數值 length 特性和對應的非負整數特性的任何物件視為某種陣列，經常也是完全合理的事情。

實務上的確偶爾會出現這種「類陣列（array-like）」物件，而雖然你無法直接在它們之上調用陣列方法，或預期 length 特性的特殊行為，你依然能以用於真正陣列的相同程式碼來迭代過它們。事實證明，有許多陣列演算法在類陣列物件上運作得跟在真實陣列上一樣好。如果你的演算法把陣列視為唯讀的，或至少不會動到陣列長度，那更是如此。

下列程式碼接受一個普通的物件，新增特性給它，使它成為類陣列物件，然後迭代過這個偽陣列（pseudo-array）的「元素」：

```
let a = {};  // 先從一個普通的空物件開始

// 新增特性給它，使它成為「類陣列」的
let i = 0;
while(i < 10) {
    a[i] = i * i;
    i++;
}
a.length = i;

// 現在迭代過它，就好像它是一個真正的陣列一樣
let total = 0;
for(let j = 0; j < a.length; j++) {
    total += a[j];
}
```

在客戶端 JavaScript 中，用來處理 HTML 文件（documents）的幾個方法（例如 document.querySelectorAll()）都會回傳類陣列物件。這裡有個函式可用來測試物件運作起來是否類似陣列：

```
// 判斷 o 是否為一個類陣列物件。
// 字串和函式有數值的 length 特性，但會被
// typeof 測試排除。在客戶端 JavaScript 中，DOM 的
// 文字節點（text nodes）有數值的 length 特性，可能需要以
// 一個額外的 o.nodeType !== 3 測試加以排除。
function isArrayLike(o) {
    if (o &&                        // o 不是 null、undefined 等等東西。
        typeof o === "object" &&    // o 是一個物件
        Number.isFinite(o.length) && // o.length 是一個有限數字
        o.length >= 0 &&            // o.length 是非負的
        Number.isInteger(o.length) && // o.length 是一個整數
        o.length < 4294967295) {    // o.length < 2^32 - 1
```

```
        return true;                    // 那麼 o 就是類陣列的。
    } else {
        return false;                   // 否則就不是。
    }
}
```

我們會在後續的一個章節中看到字串的行為類似陣列。儘管如此，像這個那樣的類陣列物件測試通常會為字串回傳 false，一般而言，它們最好被當作字串來處理，而非陣列。

大多數的 JavaScript 陣列方法都刻意被設計為泛用的，如此被套用到類陣列物件上時，也能像在真實陣列上那樣正確運作。因為類陣列物件並沒有繼承 Array.prototype，你無法在它們之上直接調用陣列方法。然而，你可以使用 Function.call 方法間接地調用它們（詳情請參閱 §8.7.4）：

```
let a = {"0": "a", "1": "b", "2": "c", length: 3}; // 一個類陣列物件
Array.prototype.join.call(a, "+")                   // => "a+b+c"
Array.prototype.map.call(a, x => x.toUpperCase())   // => ["A","B","C"]
Array.prototype.slice.call(a, 0)    // => ["a","b","c"]：真正的陣列拷貝
Array.from(a)                       // => ["a","b","c"]：較容易的陣列拷貝
```

這段程式碼的倒數第二行在一個類陣列物件上調用了 Array 的 slice() 方法，以將那個物件的元素拷貝到一個真正的陣列物件中。這是一種慣用的手法，很常在傳統程式碼中看到，但現在以 Array.from() 來那麼做會容易許多。

7.10　字串作為陣列

JavaScript 字串的行為就像是 UTF-16 的 Unicode 字元（characters）所組成的唯讀陣列。除了使用 charAt() 方法存取個別的字元，你也可以使用方括號：

```
let s = "test";
s.charAt(0)    // => "t"
s[1]           // => "e"
```

當然，typeof 運算子仍然會為字串回傳「string」，而如果傳入一個字串，Array.isArray() 會回傳 false。

可索引的字串（indexable strings）主要的好處單純就是我們能以方括號取代對 charAt() 的呼叫，前者更為簡潔易讀，也可能比較有效率。不過字串的行為就像陣列也意味著，我們可以把泛用的陣列方法套用到它們身上。舉例來說：

```
Array.prototype.join.call("JavaScript", " ")  // => "J a v a S c r i p t"
```

要牢記在心的是，字串是不可變的值，所以被當成陣列對待時，它們會是唯讀陣列。像是 push()、sort()、reverse() 與 splice() 之類的陣列方法會就地修改陣列，所以無法用在字串上。不過試著使用一個陣列方法修改一個字串不會導致錯誤產生，只會默默失敗。

7.11　總結

本章深入涵蓋了 JavaScript 的陣列，包括關於稀疏陣列和類陣列物件的奇特細節。本章要記得的主要重點有：

- 陣列字面值寫成方括號中以逗號區隔的值串列。

- 存取個別陣列元素的方式是在方括號中指定所要的陣列索引。

- ES6 所引進的 for/of 迴圈和 ... 分散運算子特別適合用來迭代陣列。

- Array 類別定義了很豐富的一組方法來操作陣列，而你務必讓自己熟悉這個 Array API。

第八章

函式

本章涵蓋 JavaScript 函式（functions）。函式是 JavaScript 程式基本的構建組塊（building block），也是幾乎所有程式語言都有的一種常見功能。你可能已經以*子常式*（*subroutine*）或*程序*（*procedure*）之類的名稱熟悉函式的概念了。

一個*函式*（*function*）是一個區塊（block）的 JavaScript 程式碼，它被定義了一次，但可以被執行（executed）或調用（invoked）任意多次。JavaScript 函式是*參數化*（*parameterized*）的：一個函式定義可以包含一串被稱作*參數*（*parameters*）的識別字，它們運作起來就像是函式主體（body）內的區域變數（local variables）。函式調用（function invocations）為函式的參數提供了值，或稱為*引數*（*arguments*）。函式經常會用它們的引數值計算出會成為函式調用運算式（function-invocation expression）之值的一個*回傳值*（*return value*）。除了引數，每次調用都還會有另一個值，稱作*調用情境*（*invocation context*），作為 this 關鍵字的值。

若有一個函式被指定給了某個物件的特性（property），它就會被稱為那個物件的一個*方法*（*method*）。當一個函式在一個物件上（*on*）被調用，或者說*透過*（*through*）那個物件調用，該物件就會是那個函式的調用情境或 this 值。設計來初始化（initialize）一個新創物件的函式被稱作**建構器**（*constructors*）。建構器在 §6.2 中描述過，並且將在第 9 章中再次涵蓋。

在 JavaScript 中，函式是物件（objects），而且它們能被程式所操作。舉例來說，JavaScript 可以把函式指定給變數，或將它們傳給其他函式。既然函式是物件，你可以在它們之上設定特性，甚至在其上調用方法。

JavaScript 的函式定義（function definitions）可以內嵌在其他函式中，而它們能夠存取它們定義處範疇（scope）中的任何變數。這意味著 JavaScript 函式是 *closures*（閉包），能讓我們施展重要且強大的程式設計技巧。

8.1 定義函式

定義一個 JavaScript 函式最直截明瞭的方式是使用 function 關鍵字，它可被用作一個宣告（declaration）或一個運算式（expression）。ES6 定義了不使用 function 關鍵字定義函式的一種重要的新方式：「箭號函式（arrow functions）」有一種特別精簡的語法，很適合用在要把一個函式當作引數傳入另一個函式的時候。接下來的章節涵蓋定義函式的這三種方式。注意到函式定義語法涉及到函式參數的某些細節會推延到 §8.3 介紹。

在物件字面值和類別定義中，有一種便利的簡寫語法用來定義方法。這種簡寫語法曾在 §6.10.5 中涵蓋過，並等同於使用一個函式定義運算式，再使用基本的 name:value 物件字面值語法將之指定給一個物件特性。在另一種特例中，你可以在物件字面值中使用關鍵字 get 和 set 來定義特殊的取值器（getter）和設值器（setter）方法。這種函式定義語法在 §6.10.6 涵蓋過。

注意到函式也能以 Function() 建構器來定義，那是 §8.7.7 的主題。此外，JavaScript 定義了一些特殊類型的函式。function* 定義產生器函式（generator functions，參閱第 12 章）而 async function 定義非同步函式（asynchronous functions，參閱第 13 章）。

8.1.1 函式宣告

函式宣告（function declarations）的組成是 function 關鍵字，後面接著這些部分：

- 命名該函式的一個識別字（identifier）。這個名稱（name）是函式宣告必要的一部分：它會被用作一個變數的名稱，而這個新創建的函式物件會被指定給那個變數。

- 一對括弧（parentheses）圍住的以逗號分隔的一串零或更多個識別字。這些識別字是該函式的參數名稱（parameter names），而它們的行為就像是該函式主體內的區域變數。

- 裡面放有零或更多個 JavaScript 述句（statements）的一對曲括號（curly braces）。這些述句就是函式的主體：它們會在該函式被調用時執行。

這裡有一些函式宣告的例子：

```
// 印出 o 的每個特性的名稱與值。回傳 undefined。
function printprops(o) {
    for(let p in o) {
        console.log(`${p}: ${o[p]}\n`);
    }
}

// 計算笛卡兒點 (x1,y1) 與 (x2,y2) 之間的距離（distance）。
function distance(x1, y1, x2, y2) {
    let dx = x2 - x1;
    let dy = y2 - y1;
    return Math.sqrt(dx*dx + dy*dy);
}

// 一個遞迴函式（會呼叫自身的），用以計算階乘（factorials）
// 回想到 x! 是 x 與小於它的所有正整數之乘積（product）。
function factorial(x) {
    if (x <= 1) return 1;
    return x * factorial(x-1);
}
```

關於函式宣告，要了解的重點之一是，函式的名稱會成為一個變數，其值則是函式本身。函式宣告述句會被「拉升（hoisted）」到外圍指令稿（script）、函式或區塊的頂端，因此以這種方式定義的函式可被出現在其定義之前的程式碼所調用。換句話說，定義在一個 JavaScript 程式碼區塊中的所有函式，在該區塊中的任何地方都有定義，而且它們會在 JavaScript 直譯器（interpreter）開始執行那個區塊中的任何程式碼之前先被定義。

我們剛才描述過的 distance() 與 factorial() 函式被設計用來計算出一個值，而它們使用 return 來把那個值回傳給它們的呼叫者（caller）。return 述句會導致函式停止執行，並將它運算式（如果有的話）的值回傳給呼叫者。若是 return 述句沒有關聯的運算式，函式的回傳值就會是 undefined。

printprops() 函式就不同了：它的任務是印出一個物件之特性的名稱與值。不需要回傳值，而該函式也沒有包含 return 述句。一個 printprops 函式調用的值永遠都會是 undefined。如果一個函式不包含 return 述句，它單純只會執行函式主體中的每個述句，直到抵達尾端為止，並回傳 undefined 值給呼叫者。

在 ES6 之前，函式宣告只被允許出現在一個 JavaScript 檔案的頂層（top level）或是在另一個函式中。雖然某些 JavaScript 實作調整了這個規則，嚴格來說，那時在迴圈主體、條件式（conditionals）或其他區塊內定義函式都是不合法的。然而，在 ES6 的嚴格模式（strict mode）中，區塊內的函式宣告是被允許的。不過在一個區塊內定義的函式僅存在於那個區塊中，該區塊外部是看不到的。

8.1.2　函式運算式

函式運算式（function expressions）看起來很像函式宣告，但它們是出現在一個較大的運算式或述句的情境中，而其名稱是選擇性的。這裡有一些函式運算式的例子：

```
// 這個函式運算式定義了會計算其引數平方值的一個函式。
// 注意到我們把它指定給了一個變數
const square = function(x) { return x*x; };

// 函式運算式可以包含名稱，這適合用來進行遞迴（recursion）。
const f = function fact(x) { if (x <= 1) return 1; else return x*fact(x-1); };

// 函式運算式也可被用作其他函式的引數：
[3,2,1].sort(function(a,b) { return a-b; });

// 函式運算式有時會在定義後即刻被調用：
let tensquared = (function(x) {return x*x;}(10));
```

注意到，對於定義為運算式的函式，函式名稱是選擇性的，而我們前面展示的大部分函式運算式都省略了它。一個函式宣告實際上是宣告（*declares*）了一個變數，並將一個函式物件指定給它。另一方面，函式運算式並沒有宣告一個變數：如果你需要多次參考它，那要把新定義的函式物件指定給一個常數或變數，是由你來決定的。良好的實務做法是使用 const 搭配函式運算式，如此你才不會因為意外指定了新的值而覆寫你的函式。

需要參考自己的函式，像是那個階乘函式，可以為函式運算式指定一個名稱。若是一個函式運算式含有一個名稱，那個函式的區域函式範疇（local function scope）就會包含那個名稱對該函式物件的一個繫結（binding）。在效果上，那個函式名稱就成為了該函式中的一個區域變數。定義為運算式的大多數函式都不需要名稱，這會使得它們的定義更為簡潔（雖然還不及箭號函式那麼精簡，如後面所述）。

以一個函式宣告定義一個函式 f() 與把它創建為運算式之後再把一個函式指定給變數 f 之間有一個重要差異。使用宣告形式時，函式物件會在包含它們的程式碼開始執行前先被建立出來，而定義會被拉升，所以你可以從出現在定義述句之前的程式碼呼叫那些函式。然而，對於定義為運算式的函式而言，就不是這樣了：那些函式在定義它們的運算式實際被估算（evaluated）之前都不存在。此外，為了調用一個函式，你必須能夠參考

（refer to）它，而定義為一個運算式的函式被指定給一個變數之前，你都無法參考它，因此以運算式定義的函式無法在它們定義之前被調用。

8.1.3　箭號函式

在 ES6 中，你可以使用一種特別精簡的語法來定義函式，稱之為「箭號函式（arrow functions）」。這種語法讓人聯想到數學符號，使用一個 => 「箭號（arrow）」來區隔函式參數和函式主體，並沒有用到 function 關鍵字，而既然箭號函式是運算式而非述句，也沒必要使用函式名稱。一個箭號函式的一般形式是括弧中以逗號分隔的一串參數，後面接著 => 箭號，再接著曲括號中的函式主體：

```
const sum = (x, y) => { return x + y; };
```

不過箭號函式還支援一種甚至更簡潔的語法。如果函式的主體只有一個 return 述句，你可以省略 return 關鍵字、跟在其後的分號，以及那對曲括號，把函式的主體寫成其值要被回傳的運算：

```
const sum = (x, y) => x + y;
```

此外，如果箭號函式剛好只有一個參數，你可以省略參數列周圍的括弧：

```
const polynomial = x => x*x + 2*x + 3;
```

然而，要注意的是，完全沒有引數的箭號函式必須帶有空的一對括弧：

```
const constantFunc = () => 42;
```

注意到，撰寫一個箭號函式時，你一定不能在函式參數和 => 之間放上一個分行符號，不然的話，你可能會得到像 const polynomial = x 這樣的一行程式碼，而那本身是語法上有效的一個指定述句（assignment statement）。

此外，如果你箭號函式的主體是單一個 return 述句，但要回傳的運算式是一個物件字面值，那麼你就得把那個物件字面值放在括弧內，區分函式主體的曲括號與物件字面值的曲括號，以避免語法上的歧義：

```
const f = x => { return { value: x }; };  // 可以：f() 回傳一個物件
const g = x => ({ value: x });            // 可以：g() 回傳一個物件
const h = x => { value: x };              // 不行：h() 什麼都不回傳
const i = x => { v: x, w: x };            // 不行：語法錯誤
```

在第三行程式碼中，函式 h() 是真正的歧義：你想要用作一個物件字面值的程式碼可以被剖析（parsed）為一個帶標籤的述句（labeled statement），所以建立出來的是回傳

undefined 的一個函式。然而，在第四行中，那個更複雜的物件字面值不是有效的述句，而這個非法的程式碼會導致語法錯誤。

箭號函式簡潔的語法讓它們是你在需要傳入一個函式給另一個函式時的理想選擇，而這是使用 map()、filter() 與 reduce() 之類的陣列方法（參閱 §7.8.1）時經常需要做的事：

```
// 製作一個陣列的拷貝並移除 null 的元素。
let filtered = [1,null,2,3].filter(x => x !== null); // filtered == [1,2,3]
// 計算一些數字的平方:
let squares = [1,2,3,4].map(x => x*x);                // squares == [1,4,9,16]
```

箭號函式與透過其他方式定義的函式之間有一個關鍵差異：它們會從它們定義處的範疇繼承 this 關鍵字的值，而非像以其他方式定義的函式那樣會有它們自己的調用情境。這是箭號函式的一個重要且非常有用的功能，而我們會在本章後面再次回到這一點。箭號函式與其他函式的差別還有：它們沒有一個 prototype 特性，這表示它們無法被用作新類別的建構器函式（參閱 §9.2）。

8.1.4　巢狀函式（Nested Functions）

在 JavaScript 中，函式可以內嵌（nested）在其他函式中。舉例來說：

```
function hypotenuse(a, b) {
    function square(x) { return x*x; }
    return Math.sqrt(square(a) + square(b));
}
```

這種內嵌的函式最有趣的地方是它們的變數範疇規則（variable scoping rules）：它們可以存取它們內嵌在其中的那個函式（或那些函式）的參數和變數。舉例來說，在這裡所展示的程式碼中，內層函式 square() 可以讀寫外層函式 hypotenuse() 所定義的參數 a 和 b。巢狀函式的這些範疇規則非常重要，我們會在 §8.6 中再次考慮它們。

8.2　調用函式

構成一個函式之主體（body）的 JavaScript 程式碼並不會在該函式被定義（defined）的時候執行，而是在它被調用（invoked）時執行。JavaScript 的函式能以五種方式調用：

- 作為函式
- 作為方法

- 作為建構器

- 透過它們的 call() 與 apply() 方法間接（indirectly）調用

- 經由看起來不像一般函式調用（function invocations）的 JavaScript 語言功能隱含地（implicitly）調用

8.2.1　函式調用

函式是以一個調用運算式（invocation expression，§4.5）作為函式或方法被調用。一個調用運算式的組成是一個會估算為函式物件的函式運算式，後面接著一個左括弧、逗號分隔的零或多個引數運算式所成的一個串列，以及一個右括弧。如果那個函式運算式是一個特性存取運算式，也就是該函式是物件的一個特性或陣列的一個元素，那麼它就是一個方法調用運算式（method invocation expression）。那種情況會在下列範例中解釋。接下來的程式碼包括幾個普通的函式調用運算式：

```
printprops({x: 1});
let total = distance(0,0,2,1) + distance(2,1,3,5);
let probability = factorial(5)/factorial(13);
```

在一個調用中，每個引數運算式（介於括弧中的那些）都會被估算，而它們的結果會變成函式的引數。這些值會被指定給函式定義中命名的參數。在函式的主體中，對某個參數的一個參考（reference）會估算為對應的引數值。

對於一般的函式調用，函式的回傳值會成為那個調用運算式的值。如果函式因為直譯器抵達結尾而回傳，那麼回傳值就是 return。如果函式因為直譯器執行了一個 return 述句而回傳，那麼回傳值就是接在 return 後的那個運算式之值，如果 return 述句沒有值，那就是 undefined。

條件式調用（Conditional Invocation）

在 ES2020 中，你可以在一個函式調用中的函式運算式之後、左括弧之前，插入 ?. 以在它不是 null 或 undefined 的時候才調用該函式。也就是說，運算式 f?.(x) 等同於（假設沒有副作用的話）：

```
(f !== null && f !== undefined) ? f(x) : undefined
```

這種條件式調用語法的完整細節在 §4.5.1 中。

對於非嚴格模式中的函式調用，調用情境（this 值）會是全域物件。然而，在嚴格模式中，調用情境會是 undefined。注意到使用箭號語法定義的函式行為會不同：它們永遠都會繼承它們被定義的時候作用中的 this 值。

寫成要作為函式（而非方法）調用的函式通常完全不會用到 this 關鍵字。不過這個關鍵字可被用來判斷是否處於嚴格模式：

```
// 定義並調用一個函式來判斷我們是否處於嚴格模式。
const strict = (function() { return !this; }());
```

遞迴函式與堆疊

一個遞迴（*recursive*）函式，就像本章開頭的那個 factorial() 函式，是會呼叫自身的函式。某些演算法，例如涉及到樹狀資料結構（tree-based data structures）的那些，就能特別優雅地以遞迴函式實作。然而，撰寫遞迴函式時，很重要的是要考量到記憶體的限制。當一個函式 A 呼叫函式 B，然後函式 B 呼叫函式 C，JavaScript 直譯器就得為所有的這三個函式追蹤記錄執行情境（execution contexts）。當函式 C 完成，直譯器需要知道要在函式 B 的什麼地方恢復執行，而當函式 B 完成，它需要知道要從函式 A 的哪裡恢復執行。你可以把這些執行情境視為一種堆疊（stack）。當一個函式呼叫另一個函式，一個新的執行情境就會被推放到堆疊上。當那個函式回傳，它的執行情境物件會從堆疊上移除（popped off）。如果一個函式遞迴地呼叫自身 100 次，這個堆疊就會有 100 個物件被推放進去，然後還要取出那 100 個物件。這種呼叫堆疊（call stack）會佔據記憶體。在現代硬體上，寫出會呼叫自身數百次的遞迴函式通常沒什麼問題。但如果一個函式呼叫了自己一萬次，它就可能會以「Maximum call-stack size exceeded（超出呼叫堆疊最大容量限制）」之類的錯誤而失敗。

8.2.2 方法調用

一個*方法*（*method*）只不過就是儲存在物件的一個特性中的 JavaScript 函式。如果你有一個函式 f 及一個物件 o，你能以下列這行程式碼為 o 定義出一個名為 m 的方法：

```
o.m = f;
```

定義了物件 o 的方法 m() 之後，就像這樣調用它：

```
o.m();
```

或者，如果 m() 預期兩個引數的話，你可能會像這樣調用它：

```
o.m(x, y);
```

這個範例中的程式碼是一個調用運算式：它包含一個函式運算式 o.m 以及兩個引數運算式 x 和 y。該函式運算式本身是一個特性存取運算式，而這意味著那個函式是作為一個方法被調用，而非作為一般的函式。

一個方法調用的引數和回傳值被處理的方式就跟介紹一般函式調用時所描述的完全一樣。不過方法調用與函式調用之間有一個重要差異：調用情境。特性存取運算式由兩個部分構成：一個物件（在此為 o）以及一個特性名稱（m）。在像這樣的一個方法調用運算式中，物件 o 會變成調用情境，而函式主體可以使用關鍵字 this 來參考那個物件。這裡有一個具體的範例：

```
let calculator = { // 一個物件字面值
    operand1: 1,
    operand2: 1,
    add() {        // 我們為此函式使用方法的簡寫語法
        // 注意到我們使用 this 關鍵字來參考包含它的物件。
        this.result = this.operand1 + this.operand2;
    }
};
calculator.add(); // 計算 1+1 的一個方法調用
calculator.result // => 2
```

大多數的方法調用都使用點記號（dot notation）來存取特性，但使用方括號（square brackets）的特性存取運算式也能觸發方法調用。舉例來說，下列兩者都是方法調用：

```
o["m"](x,y);   // 寫出 o.m(x,y) 的另一種方式
a[0](z)        // 也是一個方法調用（假設 a[0] 是一個函式）
```

方法調用也可以涉及更複雜的特性存取運算式：

```
customer.surname.toUpperCase(); // 在 customer.surname 上調用方法
f().m();                        // 在 f() 的回傳值上調用方法 m()
```

方法與 this 關鍵字是物件導向程式設計（object-oriented programming）典範的中心。被當作方法使用的任何函式在效果上都會像是被傳入一個隱含的引數，也就是作為調用它的媒介的那個物件。一般來說，一個方法會在那個物件上進行某種運算，而方法調用語法是表達「某個函式正作用在一個物件上」的一種優雅方式。比較下列兩行：

```
rect.setSize(width, height);
setRectSize(rect, width, height);
```

在這兩行程式碼中調用的那個虛構函式可能會在（假想）物件 rect 上進行完全相同的事情，但第一行的方法調用語法更清楚指出該運算的主要焦點是物件 rect。

方法鏈串（Method Chaining）

當方法回傳物件，你可以使用一個方法調用的回傳值作為一個後續調用的一部分。這會產生作為單一個運算式的一系列（或「串鏈」，「chain」）方法調用。舉例來說，處理基於 Promise 的非同步運算（asynchronous operations，參閱第 13 章）時，很常會見到結構寫成像這樣的程式碼：

```
// 循序執行三個非同步運算，並處理錯誤。
doStepOne().then(doStepTwo).then(doStepThree).catch(handleErrors);
```

當你寫的一個方法本身沒有回傳值，請考慮讓它回傳 this。如果你在你的 API 中一致地這樣做，你就能夠使用一種被稱作「方法鏈串（method chaining）[1]」的程式設計風格，其中只要指名一個物件一次，然後就能在其上調用多個方法：

```
new Square().x(100).y(100).size(50).outline("red").fill("blue").draw();
```

注意到 this 是一個關鍵字，而非變數或特性名稱，JavaScript 語法並不允許你指定一個值給 this。

除了箭號函式外，this 關鍵字的範疇規則與變數並不相同，內嵌的函式（nested functions）不會繼承包含它們的函式的 this 值。如果一個內嵌函式被當作方法調用，它的 this 值會是它在其上被調用的那個物件。如果一個（不是箭號函式的）內嵌函式被當作函式調用，那麼它的 this 值要不是全域物件（非嚴格模式），就會是 undefined（嚴格模式）。常見的一個誤解是假設在一個方法中定義並作為一個函式被調用的內嵌函式，可以使用 this 來獲取該方法的調用情境。下列程式碼展示這種問題：

```
let o = {              // 一個物件 o。
    m: function() {    // 該物件的方法 m。
        let self = this;  // 把 this 的值儲存在一個變數中。
        this === o        // => true：this 是物件 o。
        f();              // 現在呼叫輔助函式 f()。

        function f() {    // 一個內嵌函式 f
            this === o    // => false：this 是全域物件或 undefined
            self === o    // => true：self 是外層的 this 值。
        }
```

1　這個專有名詞是由 Martin Fowler 所提出。參閱 *http://martinfowler.com/dslCatalog/methodChaining.html*。

```
    }
};
o.m();                        // 在物件 o 上調用方法 m。
```

在內嵌函式 f() 中，this 關鍵字並不等於物件 o。這被廣泛認為是 JavaScript 語言的一種缺陷，而知道它的存在是很重要的。上面的程式碼示範了一種常見的變通之道。在方法 m 中，我們把 this 值指定給了一個變數 self，而在內嵌函式 f 中，我們就能使用 self（而非 this）來參考包含它的物件（containing object）了。

在 ES6 和後續版本中，這種問題的另一種變通方式是將內嵌函式 f 轉換為一個箭號函式，這樣它就會正確地繼承 this 的值：

```
const f = () => {
    this === o   // true，因為箭號函式會繼承 this
};
```

定義為運算式（而非使用一個宣告）的函式不會被拉升（hoisted），因此為了要讓這段程式碼得以運行，f 的函式定義需要在方法 m 中移動，使得它出現在它被調用之前。

另一種變通之道是調用那個內嵌函式的 bind() 方法，來定義會隱含地在某個特定物件上調用的一個新函式：

```
const f = (function() {
    this === o   // true，因為我們把這個函式繫結到外層的 this
}).bind(this);
```

我們會在 §8.7.5 更詳細討論 bind()。

8.2.3　建構器調用

若在一個函式或方法調用的前面放上關鍵字 new，那麼這就是一個建構器調用（constructor invocation，建構器調用在 §4.6 與 §6.2.2 中介紹過，而建構器會在第 9 章中更詳細涵蓋）。建構器調用與一般函式或方法調用的差別在於它們處理引數、調用情境和回傳值的方式。

如果一個建構器調用包含括弧中的一個引數列，那些引數運算式會被估算，並以與函式和方法調用相同的方式被傳入給函式。這並非常見的實務做法，但在建構器調用中，你能省略空的一對括弧。舉例來說，下列兩行是等效的：

```
o = new Object();
o = new Object;
```

一個建構器調用會創建一個新的空物件，它會繼承該建構器的 prototype 特性所指定的物件。建構器函式主要是用來初始化（initialize）物件，而那個新創建的物件就會被用來當作調用情境，所以建構器函式能以 this 關鍵字參考它。要注意的是，即使建構器調用看起來像是方法調用，那個新的物件還是會被用作調用情境，也就是說，在運算式 new o.m() 中，o 不會被用作調用情境。

建構器函式一般不會使用 return 關鍵字。它們通常會初始化新的物件，然後在抵達它們主體結尾時，隱含地回傳。在這種情況下，那個新物件就是建構器調用運算式的值。然而，若是一個建構器有明確使用 return 述句來回傳一個物件，那個物件就會變成調用運算式的值。如果建構器使用沒有值的 return，或者它回傳一個原始值（primitive value），那麼回傳值就會被忽略，而使用新的物件作為該次調用的值。

8.2.4　間接調用

JavaScript 函式是物件，而如同所有的 JavaScript 物件，它們有方法，其中兩個方法 call() 和 apply()，會間接地（indirectly）調用函式。這兩個方法都允許你為該次調用明確指定 this 的值，這表示你可以把任何函式當作任何物件的方法來調用，即使它實際上並非該物件的一個方法。這兩個方法也都允許你為該次調用指定引數。call() 方法使用它自己的引數列作為函式的引數，而 apply() 方法預期一個值陣列（an array of values）被用作引數。call() 與 apply() 方法會在 §8.7.4 中更詳細描述。

8.2.5　隱含的函式調用

JavaScript 有幾個語言功能看起來並不像函式調用，但會導致函式被調用。撰寫可能會被隱含地調用的函式時，要特別小心，因為這些函式中的臭蟲、副作用和效能問題，會比在一般函式中更難診斷和修補，原因很簡單：單純檢視你的程式碼並無法明顯看出它們是何時被呼叫的。

可能導致隱含的函式調用的語言功能包括：

- 如一個物件定義有取值器（getters）或設值器（setters），那麼查詢或設定它特性的值可能就會調用那些方法。更多資訊請參閱 §6.10.6。

- 當一個物件被用在字串情境中（例如與一個字串串接時），它的 toString() 方法會被呼叫。同樣地，當一個物件被用在數值情境中，它的 valueOf() 方法會被調用。細節請參閱 §3.9.3。

- 當你以迴圈跑過（loop over）一個可迭代物件（iterable object）的元素，會發生數個方法呼叫。第 12 章會在函式呼叫層次解說迭代器（iterators）的運作方式，並示範如何寫出那些方法，讓你得以定義自己的可迭代型別（iterable types）。

- 帶標記的範本字面值（tagged template literal）是偽裝起來的函式調用。§14.5 示範如何寫出能與範本字面值字串並用的函式。

- 代理物件（proxy objects，會在 §14.7 中描述）的行為完全都是由函式來控制的。在這些物件上進行的運算幾乎都會導致某個函式被調用。

8.3　函式引數與參數

JavaScript 的函式定義並不會為函式參數指定一個預期的型別，而函式調用也不會在你傳入的引數值上進行任何的型別檢查。事實上，JavaScript 的函式調用甚至不會檢查傳入的引數數目。接下來的各小節會描述一個函式被調用時，若引數少於所宣告的參數，或者引數多於所宣告的參數，那會發生什麼事。它們也會示範如何明確測試函式引數的型別，如果你需要確保一個函式沒有以不適當的引數被調用的話。

8.3.1　選擇性參數和預設值

當一個函式被調用時所用的引數比宣告的參數還要少，那額外的參數就會被設為它們的預設值，那通常會是 undefined。把函式寫成有些引數是選擇性（optional）的，通常會有用處。下面就是一個例子：

```
// 把物件 o 的可列舉特性之名稱附加到
// 陣列 a，並回傳 a。若是省略 a，就創建並回傳一個新陣列。
function getPropertyNames(o, a) {
    if (a === undefined) a = [];  // 如果是 undefined，就用一個新陣列
    for(let property in o) a.push(property);
    return a;
}

// getPropertyNames() 能以一或兩個引數調用：
let o = {x: 1}, p = {y: 2, z: 3};  // 用於測試的兩個物件
let a = getPropertyNames(o); // a == ["x"]，取得 o 的特性並放在一個新陣列中
getPropertyNames(p, a);       // a == ["x","y","z"]，把 p 的特性附加給它
```

在這個函式的第一行，你可以不使用一個 if 述句，而是以這種慣用手法運用 || 運算子：

```
a = a || [];
```

回想 §4.10.2 說過，|| 會在第一個引數是 truthy 的時候回傳它，否則就回傳第二個引數。在此，若有任何物件被傳入作為第二引數，函式就會使用那個物件。但如果第二引數被省略（或 null 或傳入了另一個 falsy 值），就會改用一個新建立的空陣列。

要注意的是，設計具有選擇性引數的函式時，你應該把選擇性的引數放在引數列尾端，如此它們才能被省略。呼叫你函式的程式設計師無法省略第一個引數然後傳入第二個：它們必須明確傳入 undefined 作為那第一引數。

在 ES6 和後續版本中，你可以直接在函式的參數列中，為你的每一個函式參數定義一個預設值（default value）。只需要在參數名稱後面加上一個等號，以及沒有為該參數提供引數時要使用的預設值：

```
// 把物件 o 的可列舉特性之名稱附加到
// 陣列 a，並回傳 a。若是 a 被省略，就創建並回傳一個新陣列。
function getPropertyNames(o, a = []) {
    for(let property in o) a.push(property);
    return a;
}
```

參數的預設值運算式（parameter default expressions）是在你的函式被呼叫時估算，而非在定義之時，所以每次這個 getPropertyNames() 函式以一個引數被調用時，就會有一個新的空陣列被創建並傳入 [2]。參數預設值是常數（或字面值運算式，例如 [] 或 {}）的時候，可能最容易推理函式的運作方式，但這並非必要：舉例來說，你可以使用變數或函式調用來計算一個參數的預設值。一個有趣的情況是，對於具有多個參數的函式，你可以使用前一個參數的值來定義跟在它後面的參數之預設值：

```
// 此函式回傳一個物件表示一個矩形（rectangle）的尺寸。
// 若僅提供寬度（width），就讓高度（height）是寬度的兩倍。
const rectangle = (width, height=width*2) => ({width, height});
rectangle(1)  // => { width: 1, height: 2 }
```

這段程式碼顯示了參數預設值能用於箭號函式。對於方法簡寫函式和所有其他形式的函式定義來說也是如此。

8.3.2　其餘參數和長度不定的引數列

參數預設值讓我們寫出的函式能以個數少於參數的引數來呼叫。其餘參數（*rest parameters*）則讓相反的情況變得可能：它能讓我們寫出的函式能以比參數還要多的引數來調用。這裡有一個範例函式預期一或更多個數值引數，並回傳最大的一個：

2　如果你熟悉 Python，請注意這與 Python 不同，在 Python 中，每個調用都會共用相同的預設值。

```
function max(first=-Infinity, ...rest) {
    let maxValue = first; // 先假設第一個引數是最大的
    // 然後以迴圈跑過其餘的引數，尋找更大的
    for(let n of rest) {
        if (n > maxValue) {
            maxValue = n;
        }
    }
    // 回傳最大的
    return maxValue;
}

max(1, 10, 100, 2, 3, 1000, 4, 5, 6)  // => 1000
```

一個其餘參數（rest parameter）前面接著三個句號（periods），而且它必須是一個函式宣告中最後的一個參數。當你調用帶有一個其餘參數的函式，你所傳入的引數會先被指定給非剩餘的參數（non-rest parameters），然後剩下的任何引數（即「其餘」的引數）都會被儲存在一個陣列中，而那個陣列就成為其餘參數的值。最後的這一點很重要：在一個函式的主體內，一個其餘參數的值永遠都會是一個陣列。這個陣列可能是空的，但一個其餘引數永遠都不會是 undefined（從之可推論出，為一個其餘參數定義一個參數預設值，永遠都沒有用，而且是不合法的）。

像前面例子那樣可以接受任意數目引數的函式被稱作**參數可變函式**（*variadic functions*）、**元數不定函式**（*variable arity functions*）或 *vararg 函式*，本書使用最口語的稱呼 *varargs*，這源於早期的 C 程式語言。

不要把在函式定義中定義一個其餘參數的 ... 與 §8.3.4 所描述的 ... 分散運算子搞混了，後者是用在函式調用中。

8.3.3　Arguments 物件

其餘引數是在 ES6 引進到 JavaScript 中的，在那個版本之前，varargs 函式是用 Arguments（引數）物件來撰寫的：在任何函式的主體中，識別字 arguments 都參考至該次調用的 Arguments 物件。Arguments 物件是一個類陣列物件（參閱 §7.9），它允許傳入函式的引數值藉由數字取用，而非藉由名稱。這裡有前面的 max() 函式改寫過的版本，它改用 Arguments 物件而非一個其餘參數：

```
function max(x) {
    let maxValue = -Infinity;
    // 以迴圈跑過引數，尋找並記起最大的。
    for(let i = 0; i < arguments.length; i++) {
```

```
            if (arguments[i] > maxValue) maxValue = arguments[i];
    }
    // 回傳最大的
    return maxValue;
}

max(1, 10, 100, 2, 3, 1000, 4, 5, 6)  // => 1000
```

Arguments 物件在 JavaScript 的最早期就出現了，並背負著奇怪的歷史包袱，使它沒效率又難以最佳化，特別是在嚴格模式外。你可能仍會碰到使用 Arguments 物件的程式碼，但在你所寫的任何新程式碼中，你都應該避免使用它。重構（refactoring）舊有程式碼時，如果你遇到了使用 arguments 的函式，你通常都能以一個 ...args 其餘參數來取代它。Arguments 物件有部分的不幸遺產是，在嚴格模式中，arguments 被視為一個保留字（reserved word），而你無法宣告以那為名的一個函式參數或區域變數。

8.3.4　函式呼叫的分散運算子（Spread Operator）

在預期個別值的情境中，分散運算子 ... 用來拆分（unpack）或「分散（spread out）」一個陣列（或其他任何的可迭代物件，例如字串）的元素。我們已經在 §7.1.2 中見過與陣列字面值並用的分散運算子。分散運算子也能以同樣的方式用於函式調用：

```
let numbers = [5, 2, 10, -1, 9, 100, 1];
Math.min(...numbers)  // => -1
```

注意到，因為無法被估算以產生一個值，... 並非是一個真正的運算子，而是可用在陣列字面值和函式調用中的一種特殊 JavaScript 語法。

當我們在一個函式定義而非函式調用中使用相同的 ... 語法，它會有分散運算子的相反效果。如我們在 §8.3.2 中見過的，在一個函式定義中使用 ... 會把多個函式引數聚集到一個陣列中。其餘參數和分散運算子通常一起會比較有用，如在下列函式中那樣，它接受一個函式引數，並回傳該函式的一個檢測用版本（instrumented version）以進行測試：

```
// 此函式接受一個函式，並回傳一個包裹起來的版本
function timed(f) {
    return function(...args) {  // Collect args into a rest parameter array
        console.log(`Entering function ${f.name}`);
        let startTime = Date.now();
        try {
            // 把我們所有的引數傳入所包裹的函式（wrapped function）
            return f(...args);  // 把 args 再次分散
```

```
            }
            finally {
                // 在我們回傳所包裹的回傳值之前，印出經過的時間。
                console.log(`Exiting ${f.name} after ${Date.now()-startTime}ms`);
            }
        };
    }

    // 以暴力法（brute force）計算 1 到 n 之間的數字總和
    function benchmark(n) {
        let sum = 0;
        for(let i = 1; i <= n; i++) sum += i;
        return sum;
    }

    // 現在調用那個測試函式有計時（timed）的版本
    timed(benchmark)(1000000) // => 500000500000，這是那些數字的總和
```

8.3.5 解構函式引數為參數

當你以一串引數值調用一個函式，那些值最終會被指定給宣告在函式定義中的參數。函式調用的這個初始階段很類似變數指定（variable assignment）。所以我們能把解構指定（destructuring assignment，參閱 §3.10.3）的技巧用於函式，應該不那麼令人驚訝。

如果你定義的一個函式有放在方括號（square brackets）中的參數名稱，你就是在告訴該函式要預期每一對的方括號都會有一個陣列值傳入，作為調用程序的一部分，那些陣列引數會被拆分到個別命名的參數中。作為一個例子，假設我們把 2D 向量（vectors）表示為兩個數字的陣列（arrays of two numbers），其中第一個元素是 X 坐標，而第二個元素是 Y 坐標。藉由這個簡單的資料結構，我們可以寫出下列函式來相加兩個向量：

```
function vectorAdd(v1, v2) {
    return [v1[0] + v2[0], v1[1] + v2[1]];
}
vectorAdd([1,2], [3,4])  // => [4,6]
```

如果我們把那兩個向量引數解構為名稱更清楚的參數，這段程式碼就會更容易理解：

```
function vectorAdd([x1,y1], [x2,y2]) { // 把 2 個引數拆分為 4 個參數
    return [x1 + x2, y1 + y2];
}
vectorAdd([1,2], [3,4])  // => [4,6]
```

同樣地，如果你正在定義預期一個物件引數的函式，你可以解構那個物件的參數。讓我們再次使用一個向量範例，不過這次讓我們假設我們把向量表示為具有 x 和 y 參數的物件：

```
// 以一個純量值 (scalar value) 乘上向量 {x,y}
function vectorMultiply({x, y}, scalar) {
    return { x: x*scalar, y: y*scalar };
}
vectorMultiply({x: 1, y: 2}, 2)  // => {x: 2, y: 4}
```

解構單一個物件引數為兩個參數的這個例子相當清楚，因為我們所用的參數名稱與送入的物件之特性名稱相符。當你需要把一個名稱的特性解構到具有不同名稱的參數，這個語法就會變得更囉嗦且令人困惑。這裡有向量相加的範例，以基於物件的向量表示法實作：

```
function vectorAdd(
    {x: x1, y: y1}, // 拆分第一個物件到 x1 和 y1 參數中
    {x: x2, y: y2}  // 拆分第二個物件到 x2 和 y2 參數中
)
{
    return { x: x1 + x2, y: y1 + y2 };
}
vectorAdd({x: 1, y: 2}, {x: 3, y: 4})  // => {x: 4, y: 6}
```

像 {x:x1, y:y1} 這樣的解構語法最棘手的地方在於，如何記得哪個是特性名稱，而哪個是參數名稱。對於解構指定和函式呼叫的解構，要牢記在心的規則是，變數或被宣告的參數要放的位置，就跟物件字面值中，值要放的位置一樣。所以特性名稱永遠都在冒號的左手邊，而參數（或變數）名稱是在右邊。

你能以解構的參數定義參數預設值。這裡有能用於 2D 或 3D 向量的向量乘法：

```
// 把向量 {x,y} 或 {x,y,z} 乘以一個純量值
function vectorMultiply({x, y, z=0}, scalar) {
    return { x: x*scalar, y: y*scalar, z: z*scalar };
}
vectorMultiply({x: 1, y: 2}, 2)  // => {x: 2, y: 4, z: 0}
```

某些語言（像是 Python）允許函式的呼叫者藉由以 name=value 形式指定的引數來調用一個函式，如果選擇性引數有許多個，或是參數列長到難以記得正確的順序，這就會很方便。JavaScript 並沒有直接允許這種做法，但你可以藉由解構一個物件引數到你的函式參數中來近似它。考慮這樣的一個函式，它能把指定數目的元素從一個陣列拷貝到另一個陣列中，而且可以為每個陣列選擇性地指定起始的偏移量（starting offsets）。既然有

五個可能的參數，其中有些有預設值，而要呼叫者記得要以什麼順序傳入引數，可能很困難，所以我們可以像這樣來定義並調用 arraycopy()：

```
function arraycopy({from, to=from, n=from.length, fromIndex=0, toIndex=0}) {
    let valuesToCopy = from.slice(fromIndex, fromIndex + n);
    to.splice(toIndex, 0, ...valuesToCopy);
    return to;
}
let a = [1,2,3,4,5], b = [9,8,7,6,5];
arraycopy({from: a, n: 3, to: b, toIndex: 4}) // => [9,8,7,6,1,2,3,5]
```

解構一個陣列時，你可以為被拆分的陣列中額外的值定義一個其餘參數。方括號中的其餘參數完全不同於函式真正的其餘參數：

```
// 這個函式預期一個陣列引數。那個陣列的頭兩個元素
// 會被拆分到 x 與 y 參數中。任何剩餘的元素
// 都會被儲存在 coords 陣列中。而第一個陣列之後的任何引數
// 會被包到 rest 陣列中。
function f([x, y, ...coords], ...rest) {
    return [x+y, ...rest, ...coords];  // 注意：這裡是分散運算子
}
f([1, 2, 3, 4], 5, 6)    // => [3, 5, 6, 3, 4]
```

在 ES2018 中，你也可以在解構一個物件時使用一個其餘參數。那個其餘參數的值會是一個物件，其中包含沒有被解構的任何特性。物件的其餘參數通常適合與物件分散運算子並用，那也是 ES2018 的一個新功能：

```
// 把向量 {x,y} 或 {x,y,z} 乘上一個純量值，保留其他特性
function vectorMultiply({x, y, z=0, ...props}, scalar) {
    return { x: x*scalar, y: y*scalar, z: z*scalar, ...props };
}
vectorMultiply({x: 1, y: 2, w: -1}, 2)  // => {x: 2, y: 4, z: 0, w: -1}
```

最後，要記住的是，除了解構引數物件和陣列，你也可以解構物件組成的陣列（arrays of objects）、具有陣列特性的物件，以及擁有物件特性的物件，基本上到任何深度都行。考慮把圓（circles）表示為物件的繪圖程式碼，這種物件具有 x、y、radius（半徑）和 color（顏色）特性，其中 color 特性是有紅色（red）、綠色（green）和藍色（blue）分量的一個陣列。你可能會定義一個函式，預期有單一個圓物件被傳入給它，而它會把這個圓物件解構為六個分別的參數：

```
function drawCircle({x, y, radius, color: [r, g, b]}) {
    // 尚未實作
}
```

如果函式引數的解構比這還要更複雜，我發現程式碼會變得更難閱讀，而非更簡單。有的時候，比較清楚的方式是明確進行物件的特性存取和陣列索引。

8.3.6　引數型別

JavaScript 的方法參數沒有宣告的型別，你傳入一個函式的值也不會進行型別檢查。你可以為函式引數挑選具有描述性的名稱，並在每個函式的註解中詳細說它們，來使你的程式碼更能自我說明（又或者，請參閱 §17.8 介紹的一個語言擴充功能，允許你在常規的 JavaScript 上放置一層型別檢查）。

如 §3.9 中描述過的，JavaScript 會在需要時進行自由的型別轉換。所以如果你寫了一個函式預期一個字串引數，然後以其他型別的一個值呼叫那個函式，你所傳入的值單純會在該函式試著把它當成字串使用時，被轉換為一個字串。所有的原始型別（primitive types）都可以被轉換為字串，而所有的物件都有 toString() 方法（就算只是不怎麼有用的那種），所以這種情況下永遠都不會有錯誤發生。

然而，這並不一定是真的。再次考慮先前展示過的 arraycopy() 方法。它預期一或兩個陣列引數，並且會在那些引數的型別不對時失敗。除非你正在寫的是只會從你程式碼附近的部分被呼叫的一個私有函式，不然加上像這樣的程式碼來檢查引數的型別可能都會是值得的。最好是讓函式在接收到不對的值時就即刻失敗，並預期這種事情會發生，而不是開始執行一陣子之後才以很可能不怎麼清楚的錯誤訊息警示失敗。這裡有會執行型別檢查的一個範例函式：

```
// 回傳可迭代物件 a 的元素總和。
// a 的元素必須全都是數字。
function sum(a) {
    let total = 0;
    for(let element of a) { // 如果 a 不是可迭代的，就擲出 TypeError
        if (typeof element !== "number") {
            throw new TypeError("sum(): elements must be numbers");
        }
        total += element;
    }
    return total;
}
sum([1,2,3])     // => 6
sum(1, 2, 3);    // !TypeError：1 並非可迭代的
sum([1,2,"3"]); // !TypeError：元素 2 不是一個數字
```

8.4 函式作為值

函式最重要的特色是它們可以被定義並調用。函式的定義與調用是 JavaScript 和其他大多數程式語言的語法功能。然而，在 JavaScript 中，函式不僅是語法，也是值（values），這意味著它們能被指定給變數、儲存在物件的特性或陣列的元素中、作為引數傳給函式，諸如此類的[3]。

要了解函式如何能是 JavaScript 的資料也是 JavaScript 的語法，請考慮這個函式定義：

```
function square(x) { return x*x; }
```

這個定義會創建一個新的函式物件，並將它指定給變數 square。一個函式的名稱其實並不是那麼重要，它單純只是一個變數的名稱，用以參考函式物件。函式可以被指定給另一個變數，並且仍然會以相同方式運作：

```
let s = square;  // 現在 s 參考跟 square 相同的函式
square(4)        // => 16
s(4)             // => 16
```

函式也可以被指定給物件的特性，而非變數。如已經討論過的，我們這樣做時，就稱這種函式為「方法」：

```
let o = {square: function(x) { return x*x; }}; // 一個物件字面值
let y = o.square(16);                          // y == 256
```

函式甚至完全不需要名稱，像是被指定給陣列元素的時候：

```
let a = [x => x*x, 20]; // An array literal
a[0](a[1])              // => 400
```

這最後一個例子的語法看起來很奇怪，但仍然是一個合法的函式調用運算式！

作為把函式視為值多有用的一個例子，請考慮 Array.sort() 方法。這個方法會排序一個陣列的元素。因為排列有許多可能的順序（數值順序、字母順序、日期順序、遞增、遞減等等），sort() 方法選擇性接受一個函式作為引數，以告知它如何進行排序。這個函式有一項簡單的任務：對於被傳入的任何兩個值，它會回傳一個值指出哪個元素在排列好的陣列中應該先出現。這個函式引數使得 Array.sort() 完全通用且有無限的彈性，它可以把任何型別的資料排序為任何想像的到的順序。範例顯示於 §7.8.6。

---

[3] 這看起來好像不是特別有趣的點，除非你熟悉更為靜態的語言，在那種語言中，函式是程式的一部分，但無法被程式所操作。

範例 8-1 展示函式被當成值來用時，能夠辦到什麼類型的事情。這個例子可能不是那麼好懂，但註解會說明過程中所發生的事情。

範例 8-1　使用函式作為資料

```javascript
// 在此我們定義一些簡單的函式
function add(x,y) { return x + y; }
function subtract(x,y) { return x - y; }
function multiply(x,y) { return x * y; }
function divide(x,y) { return x / y; }

// 這裡有一個函式，它接受上面的函式之一作為引數
// 並且會在兩個運算元（operands）上調用它
function operate(operator, operand1, operand2) {
    return operator(operand1, operand2);
}

// 我們可以像這樣調用此函式來計算 (2+3) + (4*5) 的值：
let i = operate(add, operate(add, 2, 3), operate(multiply, 4, 5));

// 為了示範，我們再次實作這個簡單的函式
// 這次放在一個物件字面值中
const operators = {
    add:      (x,y) => x+y,
    subtract: (x,y) => x-y,
    multiply: (x,y) => x*y,
    divide:   (x,y) => x/y,
    pow:      Math.pow  // 這對於預先定義好的函式也行得通
};

// 這個函式接受一個運算子（operator）名稱，在物件中
// 查找那個運算子，然後在所提供的運算元上調用它。
// 注意到用來調用運算子函式的語法。
function operate2(operation, operand1, operand2) {
    if (typeof operators[operation] === "function") {
        return operators[operation](operand1, operand2);
    }
    else throw "unknown operator";
}

operate2("add", "hello", operate2("add", " ", "world")) // => "hello world"
operate2("pow", 10, 2)  // => 100
```

8.4.1　定義你自己的函式特性

在 JavaScript 中，函式並非原始值（primitive values），而是一種特殊的物件，這意味著函式可以有特性。當函式需要其值會跨調用保存的一個「靜態（variable）」變數，使用該函式本身的一個特性，通常都會是很便利的方式。舉例來說，假設你想要寫出會在每次被調用時都回傳一個唯一整數（unique integer）的函式。那個函式必定不能重複回傳相同的值。為了管理這點，此函式需要追蹤記錄它已經回傳的值，而這項資訊必須在函式調用之間持續存在。你可以把這項資訊儲存在一個全域變數中，但那並非必要，因為該項資訊只會由那個函式本身所用。比較好的做法是將此資訊儲存在那個 Function 物件的一個特性中。這裡有一個例子，它會在每次被呼叫時回傳一個唯一整數：

```
// 初始化此函式物件的 counter 特性。
// 函式宣告會被拉升，所以我們真的可以
// 在它的函式宣告之前進行這個指定。
uniqueInteger.counter = 0;

// 此函式會在每次被呼叫時回傳一個不同的整數。
// 它使用它本身的一個特性來記住要回傳的下個值。
function uniqueInteger() {
    return uniqueInteger.counter++;  // 回傳並遞增 counter 特性
}
uniqueInteger()  // => 0
uniqueInteger()  // => 1
```

作為另一個例子，考慮下列的 factorial() 函式，它使用本身的特性（把自己當作一個陣列）來快取（cache）之前計算過的結果：

```
// 計算階乘（factorials）值並把結果快取在該函式本身的特性中。
function factorial(n) {
    if (Number.isInteger(n) && n > 0) {          // 僅限正整數
        if (!(n in factorial)) {                 // 如果沒有快取的結果
            factorial[n] = n * factorial(n-1);   // 就計算並快取之
        }
        return factorial[n];                     // 回傳快取的結果
    } else {
        return NaN;                              // 如果輸入有問題
    }
}
factorial[1] = 1;  // 初始化快取來存放這個基本情況（base case）。
factorial(6)  // => 720
factorial[5]  // => 120，之前的呼叫快取了這個值
```

8.5 函式作為命名空間（Namespaces）

在一個函式內宣告的變數在該函式之外是看不到的。因此，有的時候單純定義一個函式來作為一個暫存的命名空間是有用處的，你可以在其中定義變數，而不會弄亂全域命名空間。

舉例來說，假設你有想要用在數個不同 JavaScript 程式中（又或者，對於客戶端 JavaScript，是用在數個不同網頁上）的一塊 JavaScript 程式碼。假設這段程式碼，就跟大多數程式碼一樣，定義了變數來儲存其計算的中間結果。問題在於，因為這塊程式碼會被用在許多不同程式中，你無法確定它所創建的變數是否會跟使用它的程式所建立的變數相衝突。解法是把那塊程式碼放到一個函式中，然後調用那個函式。如此，原本會是全域值的變數就會成為那個函式的區域變數：

```
function chunkNamespace() {
    // 這裡放程式碼塊（chunk of code）
    // 在這一塊中定義的任何變數都會是此函式的區域值
    // 而不會把全域命名空間弄得雜亂。
}
chunkNamespace();   // 但別忘了調用此函式！
```

這段程式碼只定義單一個全域變數：函式名稱 chunkNamespace。如果定義單一個特性都嫌太多，你能在單一個運算式中定義並調用一個匿名函式（anonymous function）：

```
(function() {   // chunkNamespace() 函式改寫為一個不具名的運算式。
    // 程式碼塊放在這
}());           // 函式字面值的結尾，並且立即調用它。
```

這種在單一個運算式中定義並調用一個函式的技巧經常被使用，以致於它成為了慣用語，並被賦予了「即刻調用的函式運算式（immediately invoked function expression）」這個名稱。注意到前面程式碼範例中所用的括弧。function 之前的左括弧是必要的，因為如果沒有它，JavaScript 直譯器就會試著把 function 關鍵字剖析（parse）為一個函式宣告述句。若有括弧，直譯器才會正確地把這辨識為一個函式定義運算式。前導的括弧也能幫助人類讀者看出一個函式是要被定義來即刻調用，而非定義來後續使用。

把函式當成命名空間的這種用法在下列這種情況會特別有用：當我們使用其中的變數在命名空間函式內部定義了一或多個函式，然後作為命名空間函式的回傳值把它們傳回到外面來。像這樣的函式被稱作 *closures*（閉包），而它們是下一節的主題。

8.6 Closures

如同大多數的現代程式語言，JavaScript 使用**語彙範疇**（*lexical scoping*）。這意味著函式是使用在它們定義之時作用中的變數範疇來執行的，而非它們被調用之時作用中的變數範疇。為了實作語彙範疇，一個 JavaScript 函式物件的內部狀態不僅需要包含函式的程式碼，也必須含有一個參考（reference）指向該函式定義在其中出現的那個範疇（scope）。一個函式物件和該函式的變數在其中解析（resolved）的一個範疇（即一組變數繫結，a set of variable bindings）之組合，在電腦科學的文獻中被稱作一個 *closure*（閉包）。

嚴格來說，所有的 JavaScript 函式都是 closure，但因為大多數的函式被調用時的範疇都與它們被定義時的範疇相同，所以正常來說，是否有涉及到一個 closure 其實並不是很重要。當那些函式是從與它們定義處不同的範疇被調用之時，Closures 就會變得有趣。一個內嵌的函式物件從它在其中被定義的那個函式回傳之時，最常見到這種情況。有幾個強大的程式設計技巧都涉及到這種巢狀函式閉包（nested function closures），而它們的使用在 JavaScript 程式設計中，也已經變得相對常見。初次遭遇時，closures 可能看起來很令人困惑，但了解它們到能夠流暢運用它們的程度，是很重要的。

理解 closures 的第一步是複習內嵌函式的語彙範疇規則。考慮這段程式碼：

```
let scope = "global scope";        // 一個全域變數
function checkscope() {
    let scope = "local scope";     // 一個區域變數
    function f() { return scope; } // 這裡回傳在範疇中的值
    return f();
}
checkscope()                       // => "local scope"
```

checkscope() 函式宣告了一個區域變數，然後定義並調用了一個函式，它會回傳那個變數的值。你應該很清楚為什麼呼叫 checkscope() 會回傳 "local scope"。現在，讓我們稍微更改這段程式碼。你能說出這段程式碼會回傳什麼嗎？

```
let scope = "global scope";        // 一個全域變數
function checkscope() {
    let scope = "local scope";     // 一個區域變數
    function f() { return scope; } // 這裡回傳在範疇中的值
    return f;
}
let s = checkscope()();            // 這會回傳什麼呢？
```

在這段程式碼中，一對括弧從 checkscope() 的內部移到了它的外面。現在不是調用那個內嵌函式並回傳它的結果，checkscope() 單純回傳那個內嵌函式物件本身。當我們在定義它的函式外部調用那個內嵌函式（藉由最後一行程式碼中的第二對括弧），會發生什麼事呢？

記住語彙範疇的基本規則：JavaScript 函式執行時，用的是它們在其中被定義的那個範疇。定義內嵌函式 f() 的那個範疇中，變數 scope 是繫結到 "local scope" 這個值。那個繫結（binding）在 f 執行時仍然作用中，不管它是從何處被執行的。所以前面範例程式碼的最後一行會回傳 "local scope"，而非 "global scope"。這個，簡而言之，就是 closures 令人意外且強大的本質：它們能捕捉它們在其中被定義的外層函式之區域變數（和參數）繫結。

在 §8.4.1 中，我們定義了一個 uniqueInteger() 函式，它使用該函式本身的一個特性來追蹤記錄要回傳的下一個值。那種做法的一個缺點是，有臭蟲或惡意的程式碼可能重置那個計數器（counter）或把它設為一個非整數，導致 uniqueInteger() 函式違反其合約的「唯一（unique）」或「整數（integer）」部分。Closures 會捕捉單一個函式調用的區域變數，並把那些變數當作私有狀態來用。這裡使用一個即刻調用的函式運算式來定義出一個命名空間，以及藉由那個命名空間來讓它的狀態保持私有的一個 closure，藉此改寫 uniqueInteger()：

```
let uniqueInteger = (function() {  // 定義並調用
    let counter = 0;               // 下面函式的私有狀態
    return function() { return counter++; };
}());
uniqueInteger()  // => 0
uniqueInteger()  // => 1
```

為了理解這段程式碼，你必須仔細讀它。乍看之下，第一行程式碼好像是在指定一個函式給變數 uniqueInteger。事實上，那段程式碼是在定義並調用（如那第一行上的左括弧所暗示的）一個函式，所以被指定給 uniqueInteger 的是那個函式的回傳值。現在，如果我們研究該函式的主體，我們會看到它的回傳值是另一個函式，被指定到 uniqueInteger 的就是這個內嵌的函式物件。這個內嵌函式能夠存取在它範疇中的變數，並能使用定義在外層函式中的 counter 變數。一旦那個外層函式回傳了，就沒有其他的程式碼能看到 counter 變數：這個內層的函式對它有唯一的存取權。

像是 counter 這樣的私有變數並不一定得是單一個 closure 獨佔的：在同一個外層函式中定義兩個或更多個內嵌函式並共用相同的範疇，也是完全合理的。考慮下列程式碼：

```
function counter() {
    let n = 0;
    return {
        count: function() { return n++; },
        reset: function() { n = 0; }
    };
}

let c = counter(), d = counter();   // 創建兩個計數器
c.count()                           // => 0
d.count()                           // => 0：它們會獨立地計數
c.reset();                          // reset() 和 count() 方法共享狀態
c.count()                           // => 0：因為我們重置（reset）了 c
d.count()                           // => 1：d 沒有重置
```

counter() 函式回傳一個「計數器」物件。這個物件有兩個方法：count() 回傳下一個整數，而 reset() 會重置內部狀態。要了解的第一件事情是，這兩個方法共享對私有變數 n 的存取權。要了解的第二件事情則是，每次調用 counter() 都會創建一個新的範疇，獨立於之前調用所擁有的範疇，以及那個範疇中的一個新的私有變數。所以如果你呼叫 counter() 兩次，你會得到具備不同私有變數的兩個計數器物件。在一個計數器物件上呼叫 count() 或 reset() 不會影響到另一個。

這裡值得注意的是，你可以結合這種 closure 技巧和特性取值器（getters）與設值器（setters）。接下來這個版本的 counter() 函式是出現在 §6.10.6 中的程式碼的一個變體，它使用 closures 作為私有狀態，而非仰賴一般的物件特性：

```
function counter(n) {  // 函式引數 n 是私有變數
    return {
        // 特性取值器方法回傳並遞增私有計數器變數。
        get count() { return n++; },
        // 特性設值器不允許 n 的值下降
        set count(m) {
            if (m > n) n = m;
            else throw Error("count can only be set to a larger value");
        }
    };
}

let c = counter(1000);
c.count          // => 1000
c.count          // => 1001
c.count = 2000;
c.count          // => 2000
c.count = 2000;  // ！錯誤：count 只能被設為較大的值
```

注意到這個版本的 counter() 函式並不會宣告一個區域變數，而僅是使用它的參數 n 來存放特性存取器方法所共用的私有狀態。這允許 counter() 的呼叫者為那個私有變數指定初始值。

範例 8-2 是透過我們在此所展示的 closure 技巧共用私有狀態的一般化形式。這個例子定義了一個 addPrivateProperty() 函式，它定義了一個私有變數，以及兩個內嵌函式來取得及設定那個變數的值。它會把這些內嵌函式新增為你所指定的物件之方法。

範例 8-2　使用 *closures* 的私有特性存取器方法

```
// 此函式為具有指定名稱的一個特性新增
// 特性存取器方法到物件 o。那些方法會被命名為 get<name>
// 和 set<name>。若有提供一個判定函式（predicate function），
// 設值器方法就會用它來測試其引數的有效性，然後才儲存它。
// 如果判定函式回傳 false，設值器方法就會擲出一個例外。
//
// 這個函式的不尋常之處在於，取值器和設值器方法
// 所操作的特性值並沒有儲存在物件 o 中。
// 取而代之，那個值僅儲存在此函式內的一個區域變數中。
// 取值器和設值器方法也被定義為此函式的區域值，
// 因此能夠存取這個區域變數。
// 這表示該值私屬於那兩個存取器方法，而它
// 無法被設定或修改，除非透過設值器方法。
function addPrivateProperty(o, name, predicate) {
    let value;  // 這就是那特性值

    // 取值器方法單純回傳那個值。
    o[`get${name}`] = function() { return value; };

    // 設值器方法儲存該值，或在判定函式駁回那個值時，
    // 擲出一個例外。
    o[`set${name}`] = function(v) {
        if (predicate && !predicate(v)) {
            throw new TypeError(`set${name}: invalid value ${v}`);
        } else {
            value = v;
        }
    };
}

// 下列程式碼示範如何使用 addPrivateProperty() 方法。
let o = {};  // 這裡是一個空物件。

// 新增特性存取器方法 getName 和 setName()
// 確保允許的只有字串值
```

```
addPrivateProperty(o, "Name", x => typeof x === "string");

o.setName("Frank");        // 設定特性值
o.getName()                // => "Frank"
o.setName(0);              // !TypeError：試著設定一個型別不對的值
```

我們現在見過了幾個例子，其中兩個 closures 被定義在相同範疇中，並共享對同一個（或多個）私有變數的存取權。這是一個重要的技巧，但同樣重要的是，察覺什麼時候 closures 不經意地共用了它們不應該分享的一個變數之存取權。考慮下列程式碼：

```
// 此函式回傳永遠都會回傳 v 的一個函式
function constfunc(v) { return () => v; }

// 建立一個陣列的常數函式：
let funcs = [];
for(var i = 0; i < 10; i++) funcs[i] = constfunc(i);

// 位於陣列元素 5 的函式會回傳 5 這個值。
funcs[5]()    // => 5
```

處理像這樣會使用一個迴圈建立多個 closures 的程式碼時，常見的一種錯誤是試著在定義那些 closures 的函式中移動迴圈。舉例來說，考慮下列程式碼：

```
// 回傳一個函式陣列，其中的函式會回傳值 0-9
function constfuncs() {
    let funcs = [];
    for(var i = 0; i < 10; i++) {
        funcs[i] = () => i;
    }
    return funcs;
}

let funcs = constfuncs();
funcs[5]()      // => 10，為什麼這不會回傳 5 呢？
```

這段程式碼建立了 10 closures 並把它們儲存在一個陣列中。那些 closures 全都是在該函式的同一次調用中定義的，所以它們共享了對變數 i 的存取權。當 constfuncs 回傳時，變數 i 的值是 10，而所有的 10 個 closures 都共用這個值。因此，在所回傳的那個函式陣列裡的函式全都會回傳相同的值，這完全不是我們所要的。要記得的重點是，與一個 closure 關聯的範疇是「活著（live）」的。內嵌函式並不會為那個範疇製作私有的拷貝，或為那些變數繫結製作靜態的快照。基本上，這裡的問題是，以 var 宣告的變數在整個函式中都有定義。我們的 for 迴圈以 var i 宣告迴圈變數，所以變數 i 在整個函式中都有定義，而非只是在迴圈主體的那個更狹窄的範疇內。這段程式碼顯示了 ES5 與之前版本中常見的一種臭蟲，但在 ES6 中所引進的區塊範疇變數（block-scoped variables）解決了這種問題。如果我們單純把 var 取代為 let 或 const，那麼這個問題就消失了。因為 let 和 const 是以區塊為範疇的，迴圈的每次迭代都會定義出獨立於所有其他迭代之範疇的一個範疇，而這些範疇每個都有它自己獨立的 i 繫結。

撰寫 closures 時要記得的另一件事情是，this 是一個 JavaScript 關鍵字，而非變數。如之前討論過的，箭號函式（arrow functions）會繼承包含它們的函式的 this 值，但以 function 關鍵字定義的函式不會。所以如果你正在撰寫需要使用其外圍函式的 this 值的一個 closure，你應該使用箭號函式，或在回傳前先於那個 closure 之上呼叫 bind()，或把外層的 this 值指定給你的 closure 會繼承的一個變數：

```
const self = this;  // 使這個 this 值能被內嵌的函式取用
```

8.7　函式特性、方法與建構器

我們已經知道，函式是 JavaScript 程式中的值。typeof 運算子套用到一個函式上時，會回傳字串 "function"，但函式其實是一種特化過的 JavaScript 物件。既然函式是物件，它們能有特性和方法，就像任何其他物件一樣。甚至還有一個 Function() 建構器可用來創建新的函式物件。接下來的各小節記載 length、name 與 prototype 特性；call()、apply()、bind() 與 toString() 方法，以及 Function() 建構器。

8.7.1　length 特性

一個函式的唯讀特性 length 指出該函式的元數（arity），也就是它在其參數列中宣告的參數數目（number of parameters），那通常就是該函式預期的引數數目（number of arguments）。如果一個函式有一個其餘參數（rest parameter），就這個 length 特性的用途而言，那個參數不會被計算在內。

8.7.2　name 特性

一個函式唯讀的 name 特性指出該函式被定義時所用的名稱，如果有以一個名稱定義的話，或者是一個未具名的函式運算式初次建立時，被指定給的變數或特性之名稱。這個特性主要用在撰寫除錯或錯誤訊息之時。

8.7.3 prototype 特性

除了箭號函式以外，所有的函式都有一個 prototype 特性指向被稱為*原型物件*（*prototype object*）的一個物件。每個函式都有一個不同的原型物件。當函式被用作一個建構器（constructor），新創建的物件會從這個原型物件繼承特性。原型和 prototype 特性曾在 §6.2.3 討論過，也會在第 9 章中再次涵蓋。

8.7.4 call() 和 apply() 方法

call() 與 apply() 能讓你間接調用（§8.2.4）一個函式，就彷彿它是其他某個物件的方法一般。call() 與 apply() 的第一個引數都是函式要在其上被調用的物件，這個引數就是調用情境（invocation context），並且會變成函式主體中 this 關鍵字的值。要把函式 f() 當作物件 o 的一個方法來調用（不傳入引數），你使用 call() 或 apply() 都可以：

```
f.call(o);
f.apply(o);
```

這兩行程式碼都類似於下列程式碼（假設 o 尚未擁有一個名為 m 的特性）：

```
o.m = f;      // 使 f 成為 o 的一個暫時方法。
o.m();        // 調用它，不傳入引數。
delete o.m;   // 移除那個暫時的方法。
```

記得箭號函式會繼承它們定義處之情境的 this 值。這無法以 call() 或 apply() 方法覆寫。如果你在一個箭號函式上呼叫這任何一個方法，第一個引數在效果上等同被忽略。

call() 在第一個調用情境引數之後的任何引數都是要傳入被調用的函式的值（而這些引數不會被箭號函式所忽略）。舉例來說，要把兩個數字傳入給 f() 並把它當作物件 o 的一個方法來調用，你可以使用像這樣的程式碼：

```
f.call(o, 1, 2);
```

apply() 方法就像是 call() 方法，只不過要被傳入函式的引數是以一個陣列指定：

```
f.apply(o, [1,2]);
```

如果一個函式被定義為接受任意數目個引數，apply() 方法就允許你在一個任意長度的陣列之內容上調用那個函式。在 ES6 和後續版本中，我們可以單純使用分散運算子（spread operator），但你可能會看到使用 apply() 的 ES5 程式碼。舉例來說，要找出一個數字陣列中最大的數字,而且不使用分散運算子,你可以使用 apply() 方法把該陣列的元素傳給 Math.max() 函式:

```
let biggest = Math.max.apply(Math, arrayOfNumbers);
```

接下來定義的 trace() 函式類似於 §8.3.4 中所定義的 timed() 函式,但它能用於方法而非函式。它使用 apply() 方法而不是一個分散運算子,而藉由那樣做,它能夠以與包裹器方法(wrapper method)相同的引數和 this 值來調用被包裹的方法(wrapped method):

```javascript
// 把物件 o 名為 m 的方法取代為另一個版本,
// 它會在調用原方法的前後記錄一些訊息。
function trace(o, m) {
    let original = o[m];        // 把原方法記在 closure 中。
    o[m] = function(...args) {  // 現在定義新的方法。
        console.log(new Date(), "Entering:", m);    // 記錄訊息。
        let result = original.apply(this, args);    // 調用原本的。
        console.log(new Date(), "Exiting:", m);     // 記錄訊息。
        return result;                              // 回傳結果。
    };
}
```

8.7.5　bind() 方法

bind() 的主要用途是把一個函式繫結(*bind*)至一個物件。當你在一個函式 f 上調用 bind() 方法,並傳入一個物件 o,此方法會回傳一個新的函式。調用這個新的函式(作為函式)會把原本的函式 f 當作 o 的一個方法來調用。你傳入那個新函式的任何引數都會被傳入給原本的函式。舉例來說:

```javascript
function f(y) { return this.x + y; } // 這個函式需要被繫結
let o = { x: 1 };                    // 我們會繫結至的一個物件
let g = f.bind(o);                   // 呼叫 g(x) 會在 o 上調用 f()
g(2)                                 // => 3
let p = { x: 10, g };                // 把 g() 當作此物件的一個方法來調用
p.g(2)                               // => 3:g 仍然繫結至 o,而非 p。
```

箭號函式會從它們在其中被定義的環境繼承它們的 this 值,而那個值無法使用 bind() 來覆寫,因此,如果前面程式碼中的函式 f() 是被定義為一個箭號函式,那麼繫結就行不通了。然而,呼叫 bind() 最常見的用例是使非箭號函式的行為像是箭號函式,所以這個繫結上的限制在實務上並不是問題。

不過 bind() 方法所做的事不是只有把一個函式繫結至一個物件。它也能進行部分應用(partial application):在第一個引數之後,你傳入給 bind() 的任何引數都會跟那個 this

值一起被繫結。bind() 的這個部分應用功能確實能用於箭號函式。部分應用是函式型程式設計（functional programming）中常見的一種技巧，有時被稱作 *currying*。這裡有透過 bind() 方法進行部分應用的一些例子：

```
let sum = (x,y) => x + y;      // 回傳 2 個引數的總和
let succ = sum.bind(null, 1);  // 把第一個引數繫結至 1
succ(2)   // => 3：x 被繫結至 1，而我們傳入 2 作為 y 引數

function f(y,z) { return this.x + y + z; }
let g = f.bind({x: 1}, 2);     // 繫結 this 和 y
g(3)       // => 6：this.x 被繫結至 1，y 被繫結至 2 而 z 是 3
```

bind() 所回傳的函式之 name 特性會是 bind() 在其上被呼叫的那個函式的 name 特性，再前綴上「bound」這個詞。

8.7.6　toString() 方法

就像所有的 JavaScript 物件，函式也有一個 toString() 方法。ECMAScript 語言規格要求這個方法回傳遵循函式宣告述句語法的一個字串。實務上，大多數（但全部）的這個 toString() 方法實作都會回傳該函式完整的原始碼。內建的函式通常會回傳其中包含 "[native code]" 之類東西的一個字串作為函式主體。

8.7.7　Function() 建構器

因為函式是物件，存在有一個 Function() 建構器可用來創建新的函式：

```
const f = new Function("x", "y", "return x*y;");
```

這行程式碼會建立一個新的函式，它或多或少等同於以熟悉的語法定義的一個函式：

```
const f = function(x, y) { return x*y; };
```

Function() 建構器預期任意數目的字串引數。最後一個引數是函式主體的文字，它可以包含任意的 JavaScript 述句，彼此以分號區隔。此建構器所有其他的引數都是字串，用以指定函式的參數名稱。如果你正在定義不接受引數的一個函式，你可以單純傳入一個字串，也就是函式的主體，給這個建構器。

注意到 Function() 建構器並沒有接受任何的引數來為它所創建的函式指定一個名稱。就像函式字面值，Function() 建構器會創建匿名函式（anonymous functions）。

關於 Function() 建構器，有幾個重點要了解：

- Function() 建構器允許 JavaScript 函式在執行時期（runtime）動態地建立並編譯。

- Function() 建構器會在每次被呼叫時剖析（parses）函式主體並創建一個新的函式物件。如果對建構器的呼叫出現在一個迴圈或經常被呼叫的一個函式之內，這種程序可能很沒效率。相較之下，出現在迴圈中的內嵌函式和函式運算式並不會在每次遭遇到它們時都重新編譯。

- 關於 Function() 建構器的最後一個而且非常關鍵的要點是，它所創建的函式並不使用語彙範疇（lexical scoping），而是永遠都被當作頂層函式（top-level functions）來編譯，如下列程式碼所展示的那樣：

```
let scope = "global";
function constructFunction() {
    let scope = "local";
    return new Function("return scope");  // 沒有捕捉區域範疇！
}
// 此行回傳 "global"，因為 Function() 所回傳的函式
// 並沒有使用區域範疇。
constructFunction()()  // => "global"
```

Function() 建構器最好被想成是一個全域範疇（globally scoped）版本的 eval()（參閱 §4.12.2），會在自己的私有範疇中定義新的變數與函式。你大概永遠都不會需要在你的程式碼中使用這個建構器。

8.8　函式型程式設計

JavaScript 並不是像 Lisp 或 Haskell 那樣的函式型程式語言（functional programming language），但 JavaScript 可以把函式當作物件來操作的事實意味著我們可以在 JavaScript 中運用 functional programming 的技巧。諸如 map() 和 reduce() 之類的陣列方法就特別適合採用 functional programming 的風格。接下來的章節示範 JavaScript 中的 functional programming 技巧，它們的目的主要是探索 JavaScript 函式的強大功能，幫助你拓展思維用的，而非良好程式設計風格的處方。

8.8.1　以函式處理陣列

假設我們有一個數字陣列，而我們想要計算那些值的平均（mean）與標準差（standard deviation）。我們能以不是 functional 的風格那麼做：

```
let data = [1,1,3,5,5];  // 這是我們的數字陣列

// 平均（mean）是元素的總和除以元素的數目
let total = 0;
for(let i = 0; i < data.length; i++) total += data[i];
let mean = total/data.length;  // mean == 3，我們資料的平均值是 3

// 要計算標準差，我們得先把每個元素
// 與平均值的偏差（deviation）之平方加總起來。
total = 0;
for(let i = 0; i < data.length; i++) {
    let deviation = data[i] - mean;
    total += deviation * deviation;
}
let stddev = Math.sqrt(total/(data.length-1));  // stddev == 2
```

我們能使用陣列方法 map() 和 reduce()（參閱 §7.8.1 來複習這些方法）以簡潔的 functional 風格進行相同的那些計算，像這樣：

```
// 首先，定義兩個簡單的函式
const sum = (x,y) => x+y;
const square = x => x*x;

// 然後使用這些函式搭配 Array 的方法來計算 mean 和 stddev
let data = [1,1,3,5,5];
let mean = data.reduce(sum)/data.length;  // mean == 3
let deviations = data.map(x => x-mean);
let stddev = Math.sqrt(deviations.map(square).reduce(sum)/(data.length-1));
stddev  // => 2
```

新版的這段程式碼看起來與第一版的相當不同，但它仍然是在物件上調用方法，所以它還殘留著一些物件導向的慣例。讓我們寫出 functional 版本的 map() 和 reduce() 方法：

```
const map = function(a, ...args) { return a.map(...args); };
const reduce = function(a, ...args) { return a.reduce(...args); };
```

定義了 map() 和 reduce() 這些函式後，我們用來計算平均和標準差的程式碼現在看起來像這樣：

```
const sum = (x,y) => x+y;
const square = x => x*x;

let data = [1,1,3,5,5];
let mean = reduce(data, sum)/data.length;
let deviations = map(data, x => x-mean);
let stddev = Math.sqrt(reduce(map(deviations, square), sum)/(data.length-1));
stddev  // => 2
```

8.8.2 高階函式

高階函式（*higher-order function*）是作用在函式上的一種函式，接受一或多個函式作為引數，並回傳一個新的函式。這裡有一個例子：

```
// 此高階函式回傳一個新的函式，它會把它的引數傳入 f
// 並回傳 f 之回傳值的邏輯否定值（logical negation）
function not(f) {
    return function(...args) {        // 回傳一個新的函式
        let result = f.apply(this, args); // 它會呼叫 f
        return !result;               // 然後否定（negates）其結果。
    };
}

const even = x => x % 2 === 0; // 用來判斷一個數字是否為偶數（even）的函式
const odd = not(even);         // 做相反事情的一個新函式
[1,1,3,5,5].every(odd)         // => true：該陣列的每個元素都是奇數（odd）
```

這個 not() 函式是一個高階函式，因為它接受一個函式引數，並回傳一個新的函式。作為另一個例子，考慮接下來的 mapper() 函式。它接受一個函式引數並回傳一個新的函式，這個新函式會使用那個函式把一個陣列映射（maps）到另一個。此函式用到之前定義過的 map()，而了解這兩個函式之間的不同是很重要的：

```
// 回傳一個函式，它預期一個陣列元素並會把 f 套用到
// 每個元素，回傳由回傳值構成的陣列。
// 把這個與更之前的 map() 函式做對比。
function mapper(f) {
    return a => map(a, f);
}

const increment = x => x+1;
const incrementAll = mapper(increment);
incrementAll([1,2,3])  // => [2,3,4]
```

這裡以另一個更一般化的例子，它接受兩個函式 f 和 g 並回傳會計算 f(g()) 的一個新函式：

```
// 回傳一個計算 f(g(...)) 的新函式。
// 所回傳的函式 h 會把它所有的引數都傳入給 g，
// 然後把 g 的回傳值傳入給 f，然後回傳 f 的回傳值。
// f 和 g 被調用的 this 值跟 h 被調用時的一樣。
function compose(f, g) {
    return function(...args) {
        // 我們為 f 使用 call，因為我們傳入單一個值
        // 而把 apply 用於 g，因為我們傳入一個陣列的值。
```

```
        return f.call(this, g.apply(this, args));
    };
}

const sum = (x,y) => x+y;
const square = x => x*x;
compose(square, sum)(2,3)  // => 25，總和的平方
```

在接下來的章節中定義的 `partial()` 和 `memoize()` 函式是兩個更為重要的高階函式。

8.8.3　函式的部分應用

一個函式 f 函式的 `bind()` 方法（參閱 §8.7.5）會回傳一個新函式，它會在一個指定的情境中，以指定的一組引數調用 f。我們說它把該函式繫結（binds）到一個物件，並部分應用（partially applies）那些引數。`bind()` 方法會從左邊部分套用引數，也就是說，你傳入給 `bind()` 的引數會被放在被傳入給原函式的引數列之開頭。但其實從右邊部分套用引數也是可能的：

```
// 此函式的引數是從左邊傳入
function partialLeft(f, ...outerArgs) {
    return function(...innerArgs) { // 回傳此函式
        let args = [...outerArgs, ...innerArgs]; // 建構引數列
        return f.apply(this, args);          // 然後以它調用 f
    };
}

// 這個函式的引數是從右邊傳入
function partialRight(f, ...outerArgs) {
    return function(...innerArgs) {  // 回傳此函式
        let args = [...innerArgs, ...outerArgs]; // 建構引數列
        return f.apply(this, args);          // 然後以它調用 f
    };
}

// 此函式的引數作為範本（template）之用。
// 引數列中未定義的值會以來自內層集合的值填入。
function partial(f, ...outerArgs) {
    return function(...innerArgs) {
        let args = [...outerArgs]; // 外層引數範本的一個區域拷貝
        let innerIndex=0;          // 哪個內層引數是下一個
        // 以迴圈跑過這些引數，用來自內層引數的值填入 undefined 之處
        for(let i = 0; i < args.length; i++) {
            if (args[i] === undefined) args[i] = innerArgs[innerIndex++];
        }
```

```
        // 現在把任何剩餘的內層引數附加上去
        args.push(...innerArgs.slice(innerIndex));
        return f.apply(this, args);
    };
}

// 這裡有具有三個引數的一個函式
const f = function(x,y,z) { return x * (y - z); };
// 注意到這三個部分應用的差異所在
partialLeft(f, 2)(3,4)        // => -2：繫結第一個引數： 2 * (3 - 4)
partialRight(f, 2)(3,4)       // =>  6：繫結最後一個引數：3 * (4 - 2)
partial(f, undefined, 2)(3,4) // => -6：繫結中間引數：3 * (2 - 4)
```

這些部分應用函式允許我們輕易地以我們已經定義的函式來定義出有趣的函式。這裡有些例子：

```
const increment = partialLeft(sum, 1);
const cuberoot = partialRight(Math.pow, 1/3);
cuberoot(increment(26))  // => 3
```

當我們把它與其他的高階函式結合，部分應用甚至還會變得更有趣。在此，舉例來說，是透過合成（composition）與部分應用來定義前面的 not() 函式的一種方式：

```
const not = partialLeft(compose, x => !x);
const even = x => x % 2 === 0;
const odd = not(even);
const isNumber = not(isNaN);
odd(3) && isNumber(2)  // => true
```

我們也可以使用合成與部分應用來重做我們極端 functional 風格的平均和標準差計算：

```
// sum() 和 square() 函式在上面定義過了。這裡有更多的一些：
const product = (x,y) => x*y;
const neg = partial(product, -1);
const sqrt = partial(Math.pow, undefined, .5);
const reciprocal = partial(Math.pow, undefined, neg(1));

// 現在計算平均和標準差。
let data = [1,1,3,5,5];    // 我們的資料
let mean = product(reduce(data, sum), reciprocal(data.length));
let stddev = sqrt(product(reduce(map(data,
                                     compose(square,
                                             partial(sum, neg(mean)))),
                                 sum),
                          reciprocal(sum(data.length,neg(1)))));
[mean, stddev]  // => [3, 2]
```

注意到計算平均和標準差的這段程式碼完全都是函式調用：其中不涉及運算子，而括弧的數目成長到如此之多，使得這段 JavaScript 程式碼看起來開始有點像 Lisp 程式碼。再一次，對於 JavaScript 程式設計而言，這不是我會提倡的風格，但這是一個有趣的練習，看看 JavaScript 程式碼可以多麼 functional。

8.8.4 記憶

在 §8.4.1 中，我們定義了一個階乘（factorial）函式，它會快取（cached）之前計算出來的結果。在 functional programming 中，這種快取被稱作 *memoization*（記憶）。接下來的程式碼展示一個高階函式 memoize()，它接受一個函式作為引數，並回傳該函式的一個有記憶（memoized）的版本：

```
// 回傳 f 的一個有記憶的版本。
// 這只在 f 的引數全都有不同的字串表示值的時候才行得通。
function memoize(f) {
    const cache = new Map();  // 值快取在 closure 中。

    return function(...args) {
        // 為引數建立一個字串的版本以作為快取的鍵值（cache key）。
        let key = args.length + args.join("+");
        if (cache.has(key)) {
            return cache.get(key);
        } else {
            let result = f.apply(this, args);
            cache.set(key, result);
            return result;
        }
    };
}
```

memoize 函式會建立一個新的物件作為快取，並把這個物件指定給一個區域變數，讓它是所回傳的函式私有的（放在其 closure 中）。所回傳的函式會把它的引數陣列轉為一個字串，並使用那個字串作為快取物件的一個特性名稱。若有一個值存在於快取中，它會直接回傳它。否則，它會呼叫指定的函式來為這些引數計算出值，然後回傳之。這裡有 memoize() 可能的使用方式：

```
// 使用回傳兩個整數的最大公因數（Greatest Common Divisor）
// 的 Euclidian 演算法：http://en.wikipedia.org/wiki/Euclidean_algorithm
function gcd(a,b) {  // 對 a 與 b 的型別檢查已經省略
    if (a < b) {          // 確保開始時 a >= b
        [a, b] = [b, a];  // 使用解構指定以對調（swap）變數
    }
```

```
    while(b !== 0) {          // 這是 Euclid 的 GCD 演算法
        [a, b] = [b, a%b];
    }
    return a;
}

const gcdmemo = memoize(gcd);
gcdmemo(85, 187)  // => 17

// 注意到當我們撰寫一個會記憶的遞迴函式，
// 我們通常會想要遞迴（recurse）到有記憶的版本，而非原本的。
const factorial = memoize(function(n) {
    return (n <= 1) ? 1 : n * factorial(n-1);
});
factorial(5)        // => 120：也為 4、3、2 和 1 快取值。
```

8.9　總結

關於本章，要記得的一些關鍵要點如下：

- 你能以 function 關鍵字和 ES6 的 => 箭號語法定義函式。

- 你可以調用函式，它們可以被當作方法或建構器。

- 某些 ES6 功能允許你為選擇性的函式參數定義預設值、使用一個其餘參數把多個引數聚集到一個陣列中，並把物件或陣列引數解構為函式參數。

- 你可以使用 ... 分散運算子來把一個陣列或其他可迭代物件的元素作為引數傳入到一個函式調用中。

- 在一個外圍函式內被定義且回傳的一個函式保有對它語彙範疇（lexical scope）的存取權，因此可以讀寫在那外層函式內定義的變數。以這種方式使用的函式被稱作 *closures*（閉包），而這是一種很值得了解的技巧。

- 函式是 JavaScript 能夠操作的物件，而這使得函式型的程式設計風格（functional style of programming）變得可能。

第九章

類別

JavaScript 物件涵蓋在第 6 章中。那章把每個物件看成是一組唯一的特性，不同於其他的每個物件。然而，有時定義出都具備特定特性的一整個類別（*class*）的物件，是很有用的。這樣一個類別的成員（members），或者說**實體**（*instances*），會有它們自己的特性（properties）來存放或定義它們的狀態，但它們也會有定義其行為的方法（methods）。這些方法是由類別所定義，並由所有的實體所共享。舉例來說，想像一個名為 Complex 的類別，用以表達複數（complex numbers）以及在其上進行的算術運算。一個 Complex 實體會有特性來存放該複數的實部（real part）和虛部（imaginary part），也就是它們的狀態。而這個 Complex 會定義方法來進行那些數字的加法運算和乘法運算，即其行為。

在 JavaScript 中，類別使用基於原型的繼承（prototype-based inheritance）：若有兩個物件從相同的原型繼承了特性（通常是以函式為值的特性，或方法），那我們就說那些物件是相同類別的實體。這個，簡而言之，就是 JavaScript 類別的運作方式。JavaScript 的原型和繼承在 §6.2.3 和 §6.3.2 中涵蓋過，而你需要熟悉那些章節的材料以理解本章。本章會在 §9.1 中涵蓋原型。

如果兩個物件繼承相同的原型，這通常（但不一定）代表它們是以相同的建構器函式（constructor function）或工廠函式（factory function）所創建並初始化的。建構器在 §4.6、§6.2.2 與 §8.2.3 中涵蓋，而本章會在 §9.2 更深入討論它們。

JavaScript 從最開始就允許類別的定義。ES6 引進了一種嶄新的語法（包括一個 class 關鍵字）來讓類別的建立甚至更容易。這些新的 JavaScript 類別運作的方式跟舊式類別相同，而本章一開始會先解說建立類別的舊有方式，因為那更清楚地顯示為了使類別得以運作，在幕後所發生的事情。一旦我們解說了那些基礎知識，我們就會改為使用新的、簡化過的類別定義語法。

如果你熟悉強定型的物件導向程式語言（strongly typed object-oriented programming languages），例如 Java 或 C++，你會注意到 JavaScript 的類別跟那些語言中的類別相當不同。確實有些語法上的相似性，而你也能在 JavaScript 中模擬許多「傳統（classical）」類別的功能，但最好還是從一開始就了解到 JavaScript 的類別和基於原型（prototype-based）的繼承機制，與 Java 或類似語言的類別和基於類別（class-based）的繼承機制有很大的不同。

9.1　類別與原型

在 JavaScript 中，一個類別（class）是會從相同的原型物件繼承特性的物件所成的一個集合。因此，這個原型物件就是一個類別的中心特色。第 6 章涵蓋了 `Object.create()` 函式，它會回傳繼承自一個指定的原型物件的一個新創物件。如果我們定義了一個原型物件，然後使用 `Object.create()` 來創建繼承自它的物件，我們就定義了一個 JavaScript 類別。通常，一個類別的實體還需要進一步的初始化（initialization），而定義一個會創建並初始化新物件的函式是很常見的事情。範例 9-1 示範的就是這點：它為用以代表一個範圍的值（a range of values）的類別定義了一個原型物件，並也定義了一個*工廠函式*（*factory function*）負責創建和初始化該類別的一個新實體。

範例 9-1　一個簡單的 JavaScript 類別

```
// 這是一個工廠函式，它會回傳一個新的範圍（range）物件。
function range(from, to) {
    // 使用 Object.create() 來創建一個物件繼承
    // 下面所定義的原型物件。那個原型物件被儲存為
    // 此函式的一個特性，並為所有的範圍物件
    // 定義了共有的方法（行為）。
    let r = Object.create(range.methods);

    // 儲存這個新的範圍物件的起點與終點（狀態）。
    // 這些是專屬於此物件的非繼承特性。
    r.from = from;
    r.to = to;

    // 最後回傳那個新物件
    return r;
}

// 這個原型物件定義所有的範圍物件都會繼承的方法。
range.methods = {
    // 若是 x 在範圍中，就回傳 true，否則 false
```

```
// 除了數值範圍，此方法也適用於文字或 Date 範圍。
includes(x) { return this.from <= x && x <= this.to; },

// 使得這個類別的實體可迭代的一個產生器函式。
// 注意到這只能用於數值範圍。
*[Symbol.iterator]() {
    for(let x = Math.ceil(this.from); x <= this.to; x++) yield x;
},

// 回傳該範圍的一個字串表示值
toString() { return "(" + this.from + "..." + this.to + ")"; }
};

// 這裡有 range 物件的一些使用範例。
let r = range(1,3);      // 創建一個 range 物件
r.includes(2)            // => true：2 有在此範圍中
r.toString()             // => "(1...3)"
[...r]                   // => [1, 2, 3]，藉由迭代器轉換為一個陣列
```

範例 9-1 的程式碼中有幾件值得注意的事情：

- 這段程式碼定義了一個工廠函式 range() 用以創建新的 Range 物件。

- 它使用這個 range() 函式的 method 特性作為一個方便的位置來儲存定義了此類別的原型物件。把原型物件放在這裡並沒有什麼特別的，也不是慣用做法。

- range() 函式在每個 Range 物件上定義了 from 和 to 特性。這些是沒有共用的非繼承特性，定義了每個個別的 Range 物件的獨特狀態。

- range.methods 物件使用 ES6 用來定義方法的簡寫語法，這就是你四處都沒看到 function 關鍵字的原因（要複習物件字面值的簡寫方法語法，請參閱 §6.10.5）。

- 原型中有一個方法具有計算出來的名稱（computed name，§6.10.2），即 Symbol.iterator，這表示它正為 Range 物件定義一個迭代器（iterator）。這個方法的名稱前綴有 *，這表示它是一個產生器函式（generator function）而非一般的函式。迭代器和產生器會在第 12 章中涵蓋。至於現在，這裡的結果就是，這個 Range 類別的實體可以與 for/of 迴圈和 ... 分散運算子並用。

- 定義在 range.methods 中的共享的繼承方法全都會使用在 range() 工廠函式中初始化的 from 和 to 特性。為了參考它們，這些方法使用 this 關鍵字來參考它們在其上被調用的那個物件。this 的這種用法是任何類別方法的一種基本特徵。

9.2　類別與建構器

範例 9-1 示範了定義一個 JavaScript 類別的一種簡單方式。然而，那並非那麼做的慣用途徑，因為它並沒有定義一個**建構器**（*constructor*）。建構器是設計來初始化新創物件的函式。建構器是使用 new 關鍵字來調用的，如 §8.2.3. 中所描述的那樣。建構器的調用使用 new 自動創建新的物件，所以建構器本身只需要初始化那個新物件的狀態。建構器調用的關鍵特色是，建構器的 prototype 特性會被用作新物件的原型。§6.2.3 介紹過原型，並強調雖然幾乎所有的物件都有一個原型，但只有少數幾個物件具備一個 prototype特性。終於，我們能講得更清楚了：擁有一個 prototype 特性的就是函式物件。這意味著以同一個建構器函式創建的所有物件都會繼承自相同的物件，因此皆為同一個類別的成員。範例 9-2 展示我們如何更動範例 9-1 的 Range 類別，改用一個建構器函式，而非一個工廠函式。範例 9-1 示範了在不支援 ES6class 關鍵字的 JavaScript 版本中建立一個類別的慣用方式。儘管 class 現在受到良好的支援，仍然還是有很多舊的 JavaScript 程式碼是像這樣來定義類別，而你應該熟悉這些慣用做法，才能讀懂舊有程式碼並在使用 class關鍵字時，了解「幕後」發生了什麼事。

範例 9-2　使用建構器的一個 Range 類別

```
// 這是會初始化新的 Range 物件的一個建構器函式。
// 注意到它並沒有創建或回傳該物件。它只是初始化 this。
function Range(from, to) {
    // 儲存這個新的範圍物件的起點與終點（狀態）。
    // 這些是專屬於此物件的非繼承特性。
    this.from = from;
    this.to = to;
}

// 所有的 Range 物件都繼承自此物件。
// 注意到此特性必須命名為 "prototype" 這才能運作。
Range.prototype = {
    // 如果 x 在此範圍中，就回傳 true，否則 false
    // 除了數值範圍，此方法也適用於文字或 Date 範圍。
    includes: function(x) { return this.from <= x && x <= this.to; },

    // 使得這個類別的實體可迭代的一個產生器函式。
    // 注意到這只能用於數值範圍。
    [Symbol.iterator]: function*() {
        for(let x = Math.ceil(this.from); x <= this.to; x++) yield x;
    },

    // 回傳該範圍的一個字串表示值
```

```
        toString: function() { return "(" + this.from + "..." + this.to + ")"; }
    };

    // 這裡有使用這個新的 Range 類別的一些例子
    let r = new Range(1,3);      // 建立一個 Range 物件，注意用到的 new
    r.includes(2)               // => true：2 在此範圍中
    r.toString()                // => "(1...3)"
    [...r]                      // => [1, 2, 3]，藉由迭代器轉換為一個陣列
```

把範例 9-1 和 9-2 做足夠仔細的比較，並找出這兩種定義類別的技巧之間的差異，是很值得的。首先，注意到將之轉為一個建構器時，我們把 range() 工廠函式改名為了 Range()。這是一種非常常見的編程慣例：建構函式從某種意義上等於定義了類別，而類別都有（依照慣例）以大寫字母開頭的名稱。一般的函式和方法則有以小寫字母開頭的名稱。

接著，注意到 Range() 建構器是以 new 關鍵字來調用（在該範例的結尾）的，而 range() 工廠函式則不用以它調用。範例 9-1 使用一般的函式調用（§8.2.1）來創建新的物件，而範例 9-2 使用建構器調用（§8.2.3）。因為 Range() 建構器是以 new 調用，它不需要呼叫 Object.create() 或採取任何行動來創建新物件。新的物件會在建構器被呼叫之前自動創建，並可作為 this 值來存取。Range() 建構器僅需要初始化 this。建構器甚至不需要回傳那個新創建的物件。建構器調用會自動建立一個新物件，把建構器當作那個物件的方法調用，然後回傳那個新物件。建構器調用與一般的函式調用比起來如此不同，正是我們賦予建構器大寫字母開頭名稱的另一個原因。建構器是被寫來作為建構器調用的，使用 new 關鍵字，而且它們被當作一般函式調用時，通常沒辦法正確運作。讓建構器有別於一般函式的命名慣例能幫助程式設計師知道何時要使用 new。

建構器和 new.target

在一個函式的主體中，你能以特殊的運算式 new.target 來分辨該函式是否是作為一個建構器調用。如果那個運算式的值有定義，那麼你就知道該函式是透過 new 關鍵字被當作建構器調用。當我們在 §9.5 中討論子類別（subclasses），我們會看到 new.target 並不一定總是對目前使用中的那個建構器的一個參考：它也可能參考到某個子類別的建構器函式。

如果 new.target 是 undefined，那麼包含它的函式就是作為一個函式調用，沒有使用 new 關鍵字。JavaScript 的各種錯誤建構器（error constructors）可以不帶 new 調用，如果你想要在自己的建構器中模擬這項特色，可以像這樣寫：

```
function C() {
    if (!new.target) return new C();
    // 初始化程式碼放在這
}
```

此技巧只能用於以這種舊方式定義的建構器。以 class 關鍵字建立的類別不允許它們的建構器被調用時不帶 new。

範例 9-1 和 9-2 之間的另一個關鍵差異在於原型的命名方式。在第一個範例中,原型是 range.methods,這是一個便利並具有描述性的名稱,但是任意挑選的。在第二個範例中,原型是 Range.prototype,而此名稱是強制性的。Range() 建構器的一個調用自動會使用 Range.prototype 作為新的 Range 物件的原型。

最後,也請注意到範例 9-1 到 9-2 都沒有改變的事情:對這兩個類別而言,那些方法的定義和調用方式都相同。因為範例 9-2 要示範 ES6 之前版本的 JavaScript 中建立類別的慣用方式,所以它沒有在原型物件中使用 ES6 的簡寫方法語法,而是以 function 關鍵字明確寫出那些方法。但你可以看到在這兩個範例中,那些方法的實作都相同。

很重要的是,注意到這兩個範圍範例定義建構器或方法的時候都沒有使用箭號函式。回想 §8.1.3 說過,以那種方式定義的函式不會有一個 prototype 特性,因此無法被用作建構器。此外,箭號函式會從它們定義處的情境繼承 this 關鍵字,而非依據它們藉以被調用的物件來設定它,而這使它們對於方法來說沒有用處,因為方法的決定性特徵就是它們使用 this 來參考它們在其上被調用的那個實體。

幸好,新的 ES6 類別語法不允許使用箭號函式來定義方法的這種選擇,所以這不會是你使用那個語法時可能意外犯下的失誤。我們很快就會涵蓋 ES6 的 class 關鍵字,不過關於建構器,還有更多細節必須先涵蓋才行。

9.2.1　建構器、類別身分,以及 instanceof

如我們已經見過的,原型物件是一個類別之識別身分(identity)的必要基礎:只有在兩個物件是繼承自相同的原型物件之時,它們才是相同類別的實體。初始化一個新物件之狀態的建構函式並非必要基礎:兩個建構器函式可以有指向相同原型物件的 prototype 特性。若是如此,那麼兩個建構器都可被用來建構同一類別的實體。

雖然建構器不如原型那麼基礎，建構器會被當作一個類別的公開面孔。最明顯的是，建構器函式的名稱通常會被採用為類別的名稱。例如，我們說 Range() 建構器創建 Range 物件。然而，更重要的是，測試物件是否為某個類別的成員時，建構器會被用作 instanceof 運算子右邊的運算元。如果我們有一個物件 r 並且想要知道它是否為一個 Range 物件，我們可以寫：

```
r instanceof Range    // => true： r 繼承自 Range.prototype
```

instanceof 運算子是在 §4.9.4 中描述的，其左手運算元應該是要被測試的物件，而右手運算元應該是指出一個類別名稱的建構器。如果 o 繼承自 C.prototype，運算式 o instanceof C 就會估算為 true。這個繼承不需要是直接的：如果 o 繼承的物件所繼承的物件是繼承了 C.prototype 的一個物件，那麼此運算式仍然會估算為 true。

嚴格來說，在前面的程式碼範例中，instanceof 運算子並沒有檢查 r 實際上是否是由 Range 建構器所初始化，而是檢查 r 是否繼承自 Range.prototype。如果我們定義了一個函式 Strange() 並把它的原型特性設為跟 Range.prototype 一樣，那麼以 new Strange() 創建的物件會被 instanceof 視為 Range 物件（然而，它們實際上無法像 Range 物件那樣運作，因為它們的 from 和 to 特性並沒有被初始化）：

```
function Strange() {}
Strange.prototype = Range.prototype;
new Strange() instanceof Range    // => true
```

雖然 instanceof 無法實際驗證一個建構器的使用，它仍然會用一個建構器函式作為它的右手邊，因為建構器是一個類別的公開識別身分（public identity）。

如果你想要測試一個物件的原型鏈（prototype chain）以尋找某個特定的原型，並且不想使用建構器函式作為中介者，你可以使用 isPrototypeOf() 方法。舉例來說，在範例 9-1 中，我們並沒有使用建構器函式就定義出了一個類別，所以無法把那個類別與 instanceof 並用。然而，我們可以用這段程式碼來測試一個物件 r 是否為那個無建構器類別（constructor-less class）的一個成員：

```
range.methods.isPrototypeOf(r);  // range.methods 是原型物件。
```

9.2.2　constructor 特性

在範例 9-2 中，我們把 Range.prototype 設為了含有我們類別的方法的一個新物件。雖然把那些方法表達為單一個物件字面值（object literal）的特性很方便，其實並沒有必要創建出一個新物件。任何常規的 JavaScript 函式（除卻箭號函式、產生器函式，以及

async 函式）都可以被用作建構器，而建構器調用需要一個 prototype 特性。因此，每個常規的 JavaScript 函式[1]都自動會有一個 prototype 特性。這個特性的值是一個物件，它僅有單一個不可列舉的 constructor 特性。這個 constructor 特性的值就是對應的函式物件：

```
let F = function() {}; // 這是一個函式物件。
let p = F.prototype;   // 這是與 F 關聯的原型物件。
let c = p.constructor; // 這是與那個原型關聯的函式。
c === F                // => true：對於任何的 F，F.prototype.constructor === F
```

這個預先定義的、具有它 constructor 特性的原型物件之存在，意味著物件通常會繼承一個 constructor 特性指向它們的建構器。既然建構器會作為一個類別的公開識別身分（public identity）之用，這個建構器特性就給出了一個物件的類別：

```
let o = new F();        // 建立類別 F 的一個物件 o
o.constructor === F     // => true：constructor 特性指出其類別
```

圖 9-1 顯示了建構器函式與其原型物件、從該原型到建構器的反向參考，以及以建構器創建的實體之間的這種關係。

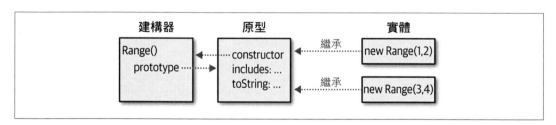

圖 9-1　建構器函式、其原型，以及實體

注意到圖 9-1 使用我們的 Range() 建構器作為一個例子。然而，事實上在範例 9-2 中定義的 Range 類別會把預先定義的 Range.prototype 物件覆寫為它自己的一個物件，而它所定義的那個新的原型物件沒有一個 constructor 特性。所以 Range 類別的實體，如定義的，並沒有一個 constructor 特性。我們可以明確新增一個 constructor 特性到原型中以糾正這個問題：

```
Range.prototype = {
    constructor: Range,  // 明確設定建構器的反向參考

    /* 方法定義放在這裡 */
};
```

---

[1] 除了 ES5 的 Function.bind() 方法所回傳的函式。已繫結的函式（bound functions）沒有它們自己的原型特性，但若被當作建構器調用，它們會使用底層函式的原型特性。

你很有可能在舊有的 JavaScript 程式碼中看到的另一個常見技巧是使用預先定義的原型物件以及其 constructor 特性，一次新增一個方法給它，透過像這樣的程式碼：

```
// 擴充預先定義的 Range.prototype 物件，如此我們就不會
// 覆寫自動創建的 Range.prototype.constructor 特性。
Range.prototype.includes = function(x) {
    return this.from <= x && x <= this.to;
};
Range.prototype.toString = function() {
    return "(" + this.from + "..." + this.to + ")";
};
```

9.3 使用 class 關鍵字的類別

從這個語言最初的那個版本開始，類別就是 JavaScript 的一部分，但在 ES6 中，因為 class 關鍵字的引進，它們終於有了自己的語法。範例 9-3 顯示以這種新的語法撰寫時，我們的 Range 類別看起來會像怎樣。

範例 9-3 使用 *class* 重新寫過的 *Range* 類別

```
class Range {
    constructor(from, to) {
        // 儲存這個新的範圍物件的起點與終點 (狀態)。
        // 這些是專屬於此物件的非繼承特性。
        this.from = from;
        this.to = to;
    }

    // 如果 x 在此範圍中，就回傳 true，否則 false
    // 除了數值範圍，此方法也適用於文字或 Date 範圍。
    includes(x) { return this.from <= x && x <= this.to; }

    // 使得這個類別的實體可迭代的一個產生器函式。
    // 注意到這只能用於數值範圍。
    *[Symbol.iterator]() {
        for(let x = Math.ceil(this.from); x <= this.to; x++) yield x;
    }

    // 回傳此範圍的一個字串表示值
    toString() { return `(${this.from}...${this.to})`; }
}

// 這裡有這個新的 Range 類別的一些使用範例
let r = new Range(1,3);     // 創建一個 Range 物件
```

```
r.includes(2)              // => true：2 有在此範圍中
r.toString()               // => "(1...3)"
[...r]                     // => [1, 2, 3]，藉由迭代器轉換為一個陣列
```

要了解的一個重點是，定義在範例 9-2 和 9-3 中的類別運作起來完全相同。引進 class 關鍵字到這個語言並沒有更動 JavaScript 基於原型的類別之基礎本質。而雖然範例 9-3 用到 class 關鍵字，所產生的 Range 物件會是一個建構器函式，就像範例 9-2 中定義的版本一樣。新的 class 語法很乾淨且便利，但最好被想成是範例 9-2 中所展示的更為基礎的類別定義機制的「語法糖衣（syntactic sugar）」。

注意到範例 9-3 中關於 class 語法的這些事情：

- 類別是以 class 關鍵字宣告的，其後跟著類別的名稱以及曲括號（curly braces）中的一個類別主體。

- 類別主體包括用到了物件字面值方法簡寫（我們也在範例 9-1 中使用過）的方法定義，其中 function 關鍵字被省略了。然而，不同於物件字面值，這裡並沒有使用逗號來分隔那些方法（雖然類別主體在表面上類似物件字面值，它們是不同的東西。特別是，它們並不支援使用名稱與值對組的特性定義）。

- 關鍵字 constructor 用來為類別定義建構器函式（constructor function）。然而，所定義的函式實際上並非以「constructor」為名。class 宣告述句定義了一個新的變數 Range 並把這個特殊的 constructor 函式的值指定給那個變數。

- 如果你的類別不需要進行任何的初始化，你可以省略 constructor 關鍵字及其主體，就會有一個空的建構器函式隱含地為你而建立。

如果你想要定義從另一個類別衍生或繼承自（inherits from）它的一個子類別（subclass），你可以使用 extends 關鍵字搭配 class 關鍵字：

```
// 一個 Span 類似一個 Range，但它的初始化不是使用
// 一個起點和終點，而是使用一個起點和長度初始化它
class Span extends Range {
    constructor(start, length) {
        if (length >= 0) {
            super(start, start + length);
        } else {
            super(start + length, start);
        }
    }
}
```

子類別的建立可以自成一整個主題。我們會在 §9.5 中再次回到它，解釋這裡所示的 extends 和 super 關鍵字。

就像函式宣告，類別宣告有述句的形式，也有運算式的形式。就像我們可以寫：

```
let square = function(x) { return x * x; };
square(3)   // => 9
```

我們也能寫：

```
let Square = class { constructor(x) { this.area = x * x; } };
new Square(3).area   // => 9
```

如同函式定義運算式，類別定義運算式也能包含一個選擇性的類別名稱。如果你有提供這樣的一個名稱，那個名稱就只會在類別主體本身中有定義。

雖然函式運算式相當常見（特別是箭號函式簡寫的形式），在 JavaScript 程式設計中，類別定義運算式並不是你可能會常使用的東西，除非你在寫的函式要接受一個類別作為它的引數，並回傳一個子類別。

作為 class 關鍵字介紹的總結，我們要提及幾個你應該知道、但從 class 語法看不太出來的重點：

- 一個 class 宣告的主體中，所有的程式碼都隱含是在嚴格模式（§5.6.3）中，即使並沒有 "use strict" 指引（directive）出現。這就意味著，舉例來說，你不能在類別主體中使用八進位的整數字面值或 with 述句，而如果你在使用之前忘記宣告一個變數，你就更可能得到語法錯誤。

- 不同於函式宣告，類別宣告並不會被「拉升（hoisted）」。回想 §8.1.1 說過，函式定義會表現得好像它們被移到了外圍檔案或外圍函式的頂端，代表你可以在該函式的實際定義出現之前的程式碼中調用一個函式。雖然類別宣告在很多方面都類似函式宣告，它們並沒有這種拉升行為：你**無法**在宣告之前實體化（instantiate）一個類別。

9.3.1　靜態方法

你可以在一個 class 主體中定義一個靜態方法（static method），只要在方法宣告前面加上 static 關鍵字就行了。靜態方法被定義為建構器函式的特性，而非原型物件的的特性。

舉例來說，假設我們新增了下列程式碼到範例 9-3 中：

```
static parse(s) {
    let matches = s.match(/^\(((\d+)\.\.\.(\d+)\)$/);
    if (!matches) {
        throw new TypeError(`Cannot parse Range from "${s}".`)
    }
    return new Range(parseInt(matches[1]), parseInt(matches[2]));
}
```

這段程式碼所定義的方法是 Range.parse()，而非 Range.prototype.parse()，而你必須透過建構器調用它，而非透過一個實體：

```
let r = Range.parse('(1...10)'); // 回傳一個新的 Range 物件
r.parse('(1...10)');             // !TypeError：r.parse 不是一個函式
```

你有的時候會看到靜態方法被稱作**類別方法**（*class methods*），因為它們是使用類別或建構器的名稱來調用的。使用這個術語的時候，是要把類別方法對比在類別實體上調用的普通**實體方法**（*instance methods*）。因為靜態方法是在建構器上調用，而非是在任何特定的實體上，在一個靜態方法中使用 this 關鍵字幾乎永遠都沒意義。

我們會在範例 9-4 中看到靜態方法的例子。

9.3.2 取值器、設值器和其他方法形式

在一個 class 主體中，你可以定義取值器（getter）和設值器（setter），就像你在物件字面值中可以做的那樣（§6.10.6）。唯一的差異是，在類別主體中，你不用在取值器或設值器後面放上一個逗號。範例 9-4 包括類別中取值器方法的一個實際例子。

一般來說，在物件字面值中允許的所有簡寫方法定義語法，在類別主體中也都允許。這包括產生器方法（以 * 標示的）以及其名稱為方括號中一個運算式之值的方法。事實上，你已經見過（在範例 9-3 中）名稱是計算出來的一個產生器方法，也就是使得 Range 類別可迭代的那個：

```
*[Symbol.iterator]() {
    for(let x = Math.ceil(this.from); x <= this.to; x++) yield x;
}
```

9.3.3　公開、私有和靜態欄位

在此對於以 class 關鍵字定義的類別之討論中，我們只描述了類別主體中的方法定義。ES6 標準只允許建立方法（包括取值器、設值器和產生器）及靜態方法，它並沒有包括用來定義欄位（fields）的語法。如果你想要在一個類別實體上定義一個欄位（這只不過是「特性」的一個物件導向同義詞），你必須在建構器函式或其方法之一中那樣做。而如果你想要為一個類別定義一個靜態欄位（static field），你必須在類別主體外那麼做，在類別已經定義了之後。範例 9-4 包括了這兩種欄位的例子。

不過現在有進行中的標準化工作，針對擴充的類別語法，允許實體和靜態欄位的定義，不管是公開（public）形式或私有（private）形式。在本節其餘部分所展示的程式碼在 2020 年初期尚不是標準的 JavaScript，但在 Chrome 中已經有支援了，而在 Firefox 中也有部分支援（僅限公開的實體欄位）。公開實體欄位（public instance fields）的語法常為使用 React 框架（framework）和 Babel 轉譯器（transpiler）的 JavaScript 程式設計師所用。

假設你正在撰寫像這個一樣的類別，帶有會初始化三個欄位的一個建構器：

```
class Buffer {
    constructor() {
        this.size = 0;
        this.capacity = 4096;
        this.buffer = new Uint8Array(this.capacity);
    }
}
```

藉由很可能會被標準化的實體欄位新語法，你可以改為這樣寫：

```
class Buffer {
    size = 0;
    capacity = 4096;
    buffer = new Uint8Array(this.capacity);
}
```

初始化欄位的程式碼已經被移出了建構器，現在直接出現在類別主體中（當然，那些程式碼依然會作為建構器的一部分執行。如果你沒有定義建構器，那些欄位會被初始化為隱含建立的建構器的一部分）。出現在指定左手邊的 this. 前綴消失了，但注意到你仍然必須使用 this. 來參考這些欄位，即使是在初始器指定（initializer assignments）的右手邊。以這種方式初始化你實體欄位的好處是，這種語法允許（但非必要）你把這些初始器往上放到類別定義的頂端，清楚向讀者表明什麼欄位會存放每個實體的狀態。你可以不帶初始器來宣告欄位，只要寫出欄位的名稱後面接著一個分號就行了。如果你那樣做，欄位的初始值就會是 undefined。比較好的風格是讓你所有類別欄位都有明確的初始值。

在加入這種欄位語法之前，類別主體看起來很像使用捷徑方法語法的物件字面值，只不過逗號被移除了。使用等號與分號而非冒號與逗號的這種欄位語法，清楚顯示了類別主體與物件字面值並不相同。

尋求標準化這些實體欄位的提案也定義了私有的實體欄位（private instance fields）。如果你使用顯示於前面範例中的實體欄位初始化語法來定義名稱以 #（這正常來說不是 JavaScript 識別字中的合法字元）開頭的一個欄位，那個欄位就只有在類別主體中是可用的，而對於類別主體外的任何程式碼而言都是看不到而且無法取用的（因此也是不可變的）。如果，對於前面假想的 Buffer 類別，你想要確保該類別的使用者不會意外修改到一個實體的 size 欄位，你可以改用一個私有的 #size 欄位，然後定義一個取值器函式來提供那個值的唯讀存取：

```
class Buffer {
    #size = 0;
    get size() { return this.#size; }
}
```

注意到私有欄位必須使用這種新的欄位語法來宣告，才能被使用。你不能只是在一個類別的建構器中寫出 this.#size = 0;，除非你有直接在該類別主體中包含那個欄位的「宣告」。

最後，有一個相關的提案想要標準化用於欄位的 static 關鍵字。若你在一個公開或私有的欄位宣告前加上 static，那些欄位會被創建為建構器函式的特性，而非實體的特性。考慮我們定義過的那個靜態的 Range.parse() 方法，它包含一個相當複雜的正規表達式（regular expression）運算式，可能比較適合被取出來放到它自己的靜態欄位中。藉由此提案的靜態欄位新語法，我們可以像這樣來做到那點：

```
static integerRangePattern = /^\((\d+)\.\.\.(\d+)\)$/;
static parse(s) {
    let matches = s.match(Range.integerRangePattern);
    if (!matches) {
        throw new TypeError(`Cannot parse Range from "${s}".`)
    }
    return new Range(parseInt(matches[1]), matches[2]);
}
```

如果我們希望這個靜態欄位只能在該類別中存取，我們可以使用像是 #pattern 的名稱來讓它成為私有的。

9.3.4　範例：一個複數類別

範例 9-4 定義了一個類別來表示複數（complex numbers）。該類別是相對簡單的一個，但它包括了實體方法（含取值器）、靜態方法、實體欄位以及靜態欄位。它包含一些被註解掉的程式碼，示範我們可以如何使用這種尚未標準化的語法在類別主體中定義實體欄位和靜態欄位。

範例 9-4　*Complex.js*：一個複數類別

```
/**
 * 這個 Complex 類別的實體代表複數。
 * 回想到一個複數就是一個實數（real number）與一個虛數（imaginary number）
 * 的和（sum），而那個虛數 i 是 -1 的平方根（square root）。
 */
class Complex {
    // 一旦類別的欄位宣告標準化了，我們就能在此
    // 宣告私有欄位來存放一個複數的實部與虛部
    // 使用像這樣的程式碼
    //
    // #r = 0;
    // #i = 0;

    // 這個建構器函式在它所創建的每個實體上定義了實體欄位 r 和 i。
    // 這些欄位存放該複數的實部（real part）與虛部（imaginary part）
    // 它們是這種物件的狀態。
    constructor(real, imaginary) {
        this.r = real;       // 這個欄位存放數字的實部。
        this.i = imaginary;  // 這個欄位存放虛部。
    }

    // 這裡有兩個實體方法用於複數的加法與乘法
    // 如果 c 和 d 是這個類別的實體，我們
    // 可以寫 c.plus(d) 或 d.times(c)
    plus(that) {
        return new Complex(this.r + that.r, this.i + that.i);
    }
    times(that) {
        return new Complex(this.r * that.r - this.i * that.i,
                           this.r * that.i + this.i * that.r);
    }
```

```
      // 而這裡是那些複數算術方法的靜態變體。
      // 我們可以寫 Complex.sum(c,d) 和 Complex.product(c,d)
      static sum(c, d) { return c.plus(d); }
      static product(c, d) { return c.times(d); }

      // 這裡有一些被定義為取值器的實體方法
      // 所以它們用起來就像是欄位。實部和虛部的取值器
      // 會在我們使用私有欄位 this.#r 和 this.#i 的時候派上用場
      get real() { return this.r; }
      get imaginary() { return this.i; }
      get magnitude() { return Math.hypot(this.r, this.i); }

      // 類別應該幾乎都會有一個 toString() 方法
      toString() { return `{${this.r},${this.i}}`; }

      // 定義一個方法用以測試你類別的兩個實體
      // 是否表示相同的值經常都會有用處
      equals(that) {
          return that instanceof Complex &&
              this.r === that.r &&
              this.i === that.i;
      }

      // 一旦類別主體內的靜態欄位受到支援,我們就能
      // 像這樣定義一個實用的 Complex.ZERO 常數:
      // static ZERO = new Complex(0,0);
}

// 這裡有一些類別欄位存放預先定義的一些實用的複數。
Complex.ZERO = new Complex(0,0);
Complex.ONE = new Complex(1,0);
Complex.I = new Complex(0,1);
```

定義了範例 9-4 的這個 Complex 類別後,我們就能透過像這樣的程式碼使用它的建構
器、實體欄位、實體方法、類別欄位和類別方法:

```
let c = new Complex(2, 3);      // 以建構器創建一個新的物件
let d = new Complex(c.i, c.r);  // 使用 c 的實體欄位
c.plus(d).toString()            // => "{5,5}",使用實體方法
c.magnitude                     // => Math.hypot(2,3),使用一個取值器函式
Complex.product(c, d)           // => new Complex(0, 13),一個靜態方法
Complex.ZERO.toString()         // => "{0,0}",一個靜態特性
```

9.4　新增方法至現有的類別

JavaScript 基於原型的繼承機制是動態的：一個物件會從它的原型繼承特性，即使其原型的特性在該物件創建之後改變了也一樣。這意味著我們可以單純藉由新增方法到它們的原型物件來擴增 JavaScript 類別。

舉例來說，這裡的程式碼會新增一個用以計算共軛複數（complex conjugate）的方法給範例 9-4 的 Complex 類別：

```
// 回傳一個複數，它是此複數的共軛複數。
Complex.prototype.conj = function() { return new Complex(this.r, -this.i); };
```

JavaScript 內建類別的原型物件也是像這樣開放的，這表示我們可以新增方法給數字、字串、陣列、函式等等。這在為此語言較舊的版本實作新的語言功能時，就很有用：

```
// 如果新的 String 方法 startsWith() 尚未定義的話 ...
if (!String.prototype.startsWith) {
    // ... 那就使用舊有的 indexOf() 方法像這樣定義它。
    String.prototype.startsWith = function(s) {
        return this.indexOf(s) === 0;
    };
}
```

這裡有另一個例子：

```
// 調用函式 f 這麼多次，傳入迭代次數
// 舉例來說，要印出 "hello" 3 次：
//     let n = 3;
//     n.times(i => { console.log(`hello ${i}`); });
Number.prototype.times = function(f, context) {
    let n = this.valueOf();
    for(let i = 0; i < n; i++) f.call(context, i);
};
```

像這樣新增方法到內建型別的原型一般都認為是壞主意，因為若是未來新版本的 JavaScript 定義了同名的方法，那就會導致混淆和相容性問題。你甚至還可以新增方法到 Object.prototype，讓它們可被所有的物件取用，但這永遠都不會是一件好事，因為新增給 Object.prototype 的特性 for/in 迴圈都看得到（雖然你能使用 Object.defineProperty() [§14.1] 來使新的特性不可列舉）。

9.5　子類別

在物件導向程式設計中，一個類別 B 可以**擴充**（*extend*）另一個類別 A，或者說從類別 A **衍生**（*subclass*）出類別 B。我們說 A 是**超類別**（*superclass*），而 B 是**子類別**（*subclass*）。B 的實體繼承了 A 的方法。類別 B 可以定義自己的方法，其中有些可能會**覆寫**（*override*）類別 A 所定義的同名方法。如果 B 的一個方法覆寫了 A 的某個方法，那麼 B 中用來覆寫的那個方法（overriding method）經常會需要調用 A 中被覆寫的那個方法（overridden method）。同樣地，子類別的建構器 B() 通常也都需要調用超類別建構器 A()，以確保實體有被完全初始化。

本節會先展示如何以舊有的、在 ES6 之前的方式來定義子類別，然後很快就會開始示範如何使用 class 和 extends 關鍵字來衍生子類別，以及使用 super 關鍵字的超類別建構器方法調用。接著的小節是關於如何避免子類別，仰賴物件的合成（object composition）而非繼承。本節以一個延伸範例做結，定義出了 Set 類別的階層架構，並示範如何使用抽象類別（abstract classes）來分離介面（interface）與實作（implementation）。

9.5.1　子類別與原型

假設我們想要為範例 9-2 的 Range 類別定義出一個 Span 子類別。這個子類別的運作方式就如同 Range，但不是以起點（start）和終點（end）來初始化，而是指定一個起點以及一段距離（distance）或稱跨距（span）。這個 Span 類別的一個實體也是 Range 超類別的實體。一個跨距實體（span instance）從 Span.prototype 繼承了一個自訂的 toString() 方法，但為了成為 Range 的一個子類別，它也必須繼承來自 Range.prototype 的方法（例如 includes()）。

範例 9-5　*Span.js：一個簡單的 Range 子類別*

```
// 這是我們子類別的建構器函式
function Span(start, span) {
    if (span >= 0) {
        this.from = start;
        this.to = start + span;
    } else {
        this.to = start;
        this.from = start + span;
    }
}

// 確保 Span 原型繼承自 Range 原型
```

```
Span.prototype = Object.create(Range.prototype);

// 我們不想要繼承 Range.prototype.constructor，所以我們
// 定義我們自己的 constructor 特性。
Span.prototype.constructor = Span;

// 藉由定義它自己的 toString() 方法，Span 覆寫了
// 它原本會從 Range 繼承的 toString() 方法。
Span.prototype.toString = function() {
    return `(${this.from}... +${this.to - this.from})`;
};
```

為了使 Span 是 Range 的一個子類別，我們需要安排讓 Span.prototype 繼承自 Range.prototype。前面例子中關鍵的一行程式碼是這個，如果你看得出它的意義，你就理解了 JavaScript 中子類別的運作方式：

```
Span.prototype = Object.create(Range.prototype);
```

以 Span() 建構器創建的物件會繼承自 Span.prototype 物件，但我們建立那個物件時讓它繼承自 Range.prototype，所以 Span 的物件將會 Span.prototype 及 Range.prototype 兩者都繼承。

你可能注意到我們的 Span() 建構器會設定同樣的 from 和 to 特性，就跟 Range() 建構器所做的一樣，所以我們不需要調用 Range() 建構器來初始化新的物件。同樣地，Span 的 toString() 方法完全重新實作了字串的轉換，而不需要呼叫 Range 版本的 toString()。這使得 Span 成為了一個特例，而這種衍生子類別的方式之所以行得通，單純是因為我們知道其超類別的實作細節。一個可靠的子類別衍生機制必須允許類別調用它們超類別的方法和建構器，但在 ES6 之前，JavaScript 並沒有簡單的途徑可以做到這些事。

幸好，作為 class 語法的一部分，ES6 以 super 關鍵字解決了這些問題。下一節示範它如何運作。

9.5.2　使用 extends 和 super 衍生子類別

在 ES6 和後續版本中，你可以在一個類別宣告中加入一個 extends 子句來建立一個子類別，而你甚至可以為內建類別這樣做：

```
// 一個簡單的 Array 子類別，它為第一個和最後一個元素加上取值器。
class EZArray extends Array {
    get first() { return this[0]; }
    get last() { return this[this.length-1]; }
}
```

```
let a = new EZArray();
a instanceof EZArray   // => true：a 是子類別實體
a instanceof Array     // => true：a 也是一個超類別實體
a.push(1,2,3,4);       // a.length == 4，我們可以使用繼承的方法
a.pop()                // => 4：另一個繼承的方法
a.first                // => 1：子類別所定義的 first 取值器
a.last                 // => 3：子類別所定義的 last 取值器
a[1]                   // => 2：一般的陣列存取語法仍然可行。
Array.isArray(a)       // => true：子類別的實體真的是陣列
EZArray.isArray(a)     // => true：子類別也繼承了靜態方法！
```

這個 EZArray 子類別定義了兩個簡單的取值器方法。EZArray 的實體表現得就像普通的陣列，而我們可以使用繼承的方法和特性，像是 push()、pop() 與 length。但我們也能使用在子類別中定義的 first 和 last 取值器。不只繼承了像 pop() 那樣的實體方法，像是 Array.isArray() 的靜態方法也繼承了。這是 ES6 類別語法所帶來的新功能：EZArray 是一個函式，但它也繼承自 Array()：

```
// EZArray 繼承了實體方法，因為 EZArray.prototype
// 繼承自 Array.prototype
Array.prototype.isPrototypeOf(EZArray.prototype) // => true

// 而 EZArray 也繼承了靜態方法和特性，因為
// EZArray 繼承自 Array。這是 extends 關鍵字的一個特殊功能
// 這在 ES6 之前是不可能做到的。
Array.isPrototypeOf(EZArray) // => true
```

我們的 EZArray 子類別太過簡單而不是非常有教育意義。範例 9-6 是功能更完備的一個例子。它定義了內建的 Map 類別的一個 TypedMap 子類別，新增了型別檢查來確保該映射（map）的鍵值與值是所指定的型別（根據 typeof）。重點在於，這個例子示範了如何使用 super 關鍵字來調用超類別的建構器和方法。

範例 9-6　*TypedMap.js*：會檢查鍵值與值之型別的一個 *Map* 的子類別

```
class TypedMap extends Map {
    constructor(keyType, valueType, entries) {
        // 若有指定項目（entries），就檢查它們的型別
        if (entries) {
            for(let [k, v] of entries) {
                if (typeof k !== keyType || typeof v !== valueType) {
                    throw new TypeError(`Wrong type for entry [${k}, ${v}]`);
                }
            }
        }
```

```
        // 以（經過型別檢查的）初始項目初始化超類別
        super(entries);

        // 然後藉由儲存型別來初始化這個子類別
        this.keyType = keyType;
        this.valueType = valueType;
    }

    // 現在重新定義 set() 方法來為任何
    // 新增到此映射的項目加上型別檢查。
    set(key, value) {
        // 如果鍵值或值的型別不對，就擲出一個錯誤
        if (this.keyType && typeof key !== this.keyType) {
            throw new TypeError(`${key} is not of type ${this.keyType}`);
        }
        if (this.valueType && typeof value !== this.valueType) {
            throw new TypeError(`${value} is not of type ${this.valueType}`);
        }

        // 如果型別是正確的，我們就調用超類別版本的
        // set() 方法，以實際把項目新增到映射。
        // 而我們會回傳那個超類別方法所回傳的任何東西。
        return super.set(key, value);
    }
}
```

TypedMap() 建構器的頭兩個引數是所要的鍵值和值型別。那些應該是 typeof 運算子會回傳的字串，例如「number」或「boolean」。你也可以指定第三個引數：一個陣列（或任何的可迭代物件），由 [key,value] 陣列所構成，用以指定該映射中的初始項目。如果你有指定任何的初始項目，那麼建構器所做的第一件事情就是驗證它們的型別是否正確。接著建構器會調用超類別的建構器，使用 super 關鍵字，就好像它是一個函式名稱一般。Map() 建構器接受一個選擇性的引數：由 [key,value] 陣列所構成的一個可迭代物件。所以 TypedMap() 建構器選擇性的第三個引數就是 Map() 建構器選擇性的第一個引數，而我們會透過 super(entries) 把它傳入到那個超類別建構器。

調用了超類別建構器來初始化超類別的狀態後，TypedMap() 建構器接著初始化它自己的子類別狀態，也就是把 this.keyType 和 this.valueType 設為指定的型別。它必須設定這些特性，如此才能在 set() 方法中再次使用它們。

在建構器中使用 super() 有幾個重要的規則你需要知道：

- 如果你以 extends 關鍵字定義了一個類別,那麼你類別的建構器必須使用 super() 來調用超類別的建構器。

- 若你沒有在你的子類別中定義一個建構器,就會有一個自動為你定義。這個隱含地定義的建構器單純會把它接收到的任何值傳入給 super()。

- 在你以 super() 調用超類別的建構器之前,你不可以在你的建構器中使用 this 關鍵字。這強制施加了一種規則:超類別能夠在子類別之前先初始化它們自身。

- new.target 這個特殊運算式在不以 new 關鍵字調用的函式中會是未定義(undefined)的。然而,在建構器函式中,new.target 是指向被調用的建構器的一個參考。當一個子類別建構器被調用了,並使用 super() 來調用超類別建構器,那個超類別建構器會以 new.target 的值看到子類別的建構器。一個設計良好的超類別應該不需要知道它是否被衍生了子類別,但舉例來說,能夠把 new.target.name 用在訊息記錄上,可能會有所用處。

在建構器之後,範例 9-6 的下個部分是一個名為 set() 的方法。Map 超類別定義了一個名為 set() 的方法來把一個新的項目(entry)加到該映射(mpa)中。我們說 TypedMap 中的這個 set() 方法覆寫(*overrides*)了它超類別的 set() 方法。這個簡單的 TypedMap 子類別完全不知道如何把新項目加到映射中,但它知道如何檢查型別,所以那就是它先做的事,驗證要被新增到映射的鍵值(key)與值(value)有正確的型別,並在它們不是的時候,擲出一個錯誤。這個 set() 方法沒有任何方式來把鍵值與值新增到該映射本身,但那正是超類別的 set() 方法的用途。所以我們再次使用 super 關鍵字來調用超類別版本的該方法。在這種情境下,super 運作起來就很像 this 關鍵字:它參考至目前的物件,但允許存取超類別中被覆寫的方法。

在建構器中,你必須先調用超類別的建構器,才能存取 this 並自行初始化新的物件。覆寫一個方法的時候,並沒有這些規定。覆寫一個超類別方法的方法並沒必要調用超類別的方法。如果它確實有用 super 來調用超類別中被覆寫的方法(或任何方法),它可以在用來覆寫的方法中的開頭、中間或結尾那樣做。

最後,在我們離開 TypedMap 範例之前,值得注意到這個類別是運用私有欄位(private fields)的理想候選。就目前這樣撰寫的此類別而言,使用者可以使用 keyType 或 valueType 特性來顛覆型別檢查。

一旦私有欄位受到支援,我們就可以把那些特性改為 #keyType 與 #valueType,如此它們就無法從外部更動。

9.5.3 委任（Delegation）而非繼承

extends 關鍵字讓我們得以輕易建立子類別。但那並不代表你就應該建立很多子類別。如果你希望寫出與其他某個類別共有行為的一個類別，你可以藉由建立一個子類別來試著繼承那個行為。但要把那個想要的行為弄到你的類別中，通常較容易且更有彈性的方式是讓你的類別創建那另一個類別的一個實體，並在需要時單純把工作委任（delegating）給那個實體就行了。你建立一個新類別的方式不是衍生子類別，而是包裹（wrapping）或「組合（composing）」其他的類別。這種委任的做法常被稱作「合成（composition）」，而物件導向程式設計經常引用的一個格言正是「優先選用合成而非繼承（favor composition over inheritance）」[2]。

舉例來說，假設我們想要一個 Histogram（直方圖）類別，其行為像是 JavaScript 的 Set 類別，但它並非只是追蹤記錄一個值是否有被加到集合（set）中，而是計算（count）該值被新增進來的次數。因為這個 Histogram 類別的 API 類似於 Set，我們可能會考慮衍生出 Set 的子類別，並加入一個 count() 方法。另一方面，一旦我們開始思考如何實作這個 count() 方法，我們可能發現這個 Histogram 類別比較像一個 Map 而非 Set，因為它需要維護那些值和它們被加入的次數之間的一個映射（mapping）。所以我們不衍生 Set 的子類別，而是建立出一個類別，定義一種類集合（Set-like）的 API，但藉由委任一個內部的 Map 物件來實作那些方法。範例 9-7 顯示我們如何做到那樣。

範例 9-7　*Histogram.js*：透過委任實作的一個類集合類別

```
/**
 * 一個類集合的類別，會追蹤記錄一個值被新增了幾次。
 * 呼叫 add() 和 remove() 的方式就跟使用一個 Set 的時候一樣，
 * 而呼叫 count() 可以找出一個給定的值被新增了幾次。
 * 預設的迭代器會產出至少被新增過一次的那些值。
 * 如果你想要迭代 [value, count] 對組，就使用 entries()。
 */
class Histogram {
    // 為了要初始化，我們單純創建一個 Map 物件來委任它處理工作
    constructor() { this.map = new Map(); }

    // 對於任何給定的鍵值，次數就是這個 Map 中的值，
    // 如果該鍵值在此 Map 中沒出現，就為零。
    count(key) { return this.map.get(key) || 0; }

    // 類集合方法 has() 會在次數大於零之時回傳 true
```

2　舉例來說，可以參閱 Erich Gamma 等人所著的《*Design Patterns*》（Addison-Wesley Professional 出版），或 Joshua Bloch 所著的《*Effective Java*》。

```
        has(key) { return this.count(key) > 0; }

        // 這個直方圖的大小（size）就是 Map 中的項目數。
        get size() { return this.map.size; }

        // 要新增一個鍵值，就遞增它在 Map 中的次數。
        add(key) { this.map.set(key, this.count(key) + 1); }

        // 刪除一個鍵值就稍微麻煩一點，因為次數如果降到零，
        // 我們就必須從 Map 刪除該鍵值
        delete(key) {
            let count = this.count(key);
            if (count === 1) {
                this.map.delete(key);
            } else if (count > 1) {
                this.map.set(key, count - 1);
            }
        }

        // 迭代一個 Histogram 只會回傳儲存在其中的鍵值
        [Symbol.iterator]() { return this.map.keys(); }

        // 這些其他的迭代器方法單純只會委任 Map 物件
        keys() { return this.map.keys(); }
        values() { return this.map.values(); }
        entries() { return this.map.entries(); }
    }
```

範例 9-7 中的 Histogram() 建構器所做的事情就只是創建一個 Map 物件。而大多數的方法都是單行程式碼，只是把工作委任給映射的某個方法而已，使得這個實作相當簡單。因為我們用到委任而非繼承，一個 Histogram 物件並不是 Set 或 Map 的一個實體。但 Histogram 實作了數個常被用到的 Set 方法，而在像是 JavaScript 這種不具型（untyped）的語言中，這樣通常就夠好了：正式的繼承關係有時候很不錯，但經常是選擇性的。

9.5.4　類別階層架構（Class Hierarchies）與　　　　抽象類別（Abstract Classes）

範例 9-6 示範我們如何衍生出 Map 的子類別。範例 9-7 示範如何改為委任給一個 Map 物件而不用實際建立任何子類別。使用 JavaScript 的類別來封裝資料並模組化（modularize）你的程式碼經常是很好的技巧，而你可能會發現自己頻繁使用 class 關鍵

字。但你可能會發現你偏好合成勝過於繼承，而且很少會須要用到 extends（除了你在使用某個程式庫或框架，而它們要求你擴充其基礎類別的時候）。

然而，有幾種情況下，多層次的子類別是適當的，而本章的結尾會有一個延伸的範例，展示代表不同種類集合的一個階層架構的類別（範例 9-8 中定義的集合類別類似於 JavaScript 內建的 Set 類別，但並不完全與之相容）。

範例 9-8 定義了很多子類別，但它也示範了如何定義抽象類別（*abstract classes*），也就是不包括完整實作的類別，來作為一組相關的子類別共同的超類別。一個抽象超類別可以定義所有的子類別都會繼承並共有的一個部份實作。然後那些子類別只需要定義它們自己的獨特行為，也就是實作超類別所定義但沒有實作的抽象方法（abstract methods）。注意到對於抽象方法或抽象類別，JavaScript 並沒有任何的正式定義，在此我單純只是用那些名稱來指涉未實作的方法（unimplemented methods），和未完整實作的類別（incompletely implemented classes）。

範例 9-8 有豐富的註解說明，並自成一體。我鼓勵你把它當作關於類別的本章的整合範例來讀。範例 9-8 中的最後一個類別使用 &、| 與 ~ 運算子做了很多位元操作，你可在 §4.8.3 中複習它們。

範例 9-8　*Set.js*：一個階層架構的抽象與具體集合類別

```
/**
 * AbstractSet 類別定義單一個抽象方法 has()。
 */
class AbstractSet {
    // 在此擲出一個錯誤，如此子類別
    // 就被迫要定義它們自己的這個方法的可運作版本。
    has(x) { throw new Error("Abstract method"); }
}

/**
 * NotSet 是 AbstractSet 的一個具體子類別。
 * 此集合的成員全都為不是其他集合成員的值
 * 因為它是以另外的集合來定義的，所以它不是可寫入的，
 * 也因為它有無限多的成員，它是不可列舉的。
 * 我們能對它做的只有測試成員資格，
 * 並使用數學記號將之轉換為一個字串。
 */
class NotSet extends AbstractSet {
    constructor(set) {
        super();
        this.set = set;
```

```
    }

    // 我們對於繼承而來的抽象方法之實作
    has(x) { return !this.set.has(x); }
    // 而我們也覆寫這個 Object 方法
    toString() { return `{ x| x ∉ ${this.set.toString()} }`; }
}


/**
 * RangeSet 是 AbstractSet 的一個具體的子類別。它的成員
 * 全都是介於 from 和 to 界限之間的值，包含端點。
 * 既然它的成員可以是浮點數，它就不是
 * 可列舉的，並且沒有一個有意義的大小。
 */
class RangeSet extends AbstractSet {
    constructor(from, to) {
        super();
        this.from = from;
        this.to = to;
    }

    has(x) { return x >= this.from && x <= this.to; }
    toString() { return `{ x| ${this.from} ≤ x ≤ ${this.to} }`; }
}


/*
 * AbstractEnumerableSet 是 AbstractSet 的一個抽象子類別。它定義了
 * 一個抽象的取值器，會回傳集合的大小，也定義了一個
 * 抽象的迭代器。然後它在那之上實作了具體的 isEmpty()、toString()
 * 和 equals() 方法。實作了這個迭代器、
 * 大小取值器和 has() 方法的子類別會
 * 免費得到這些具體方法。
 */
class AbstractEnumerableSet extends AbstractSet {
    get size() { throw new Error("Abstract method"); }
    [Symbol.iterator]() { throw new Error("Abstract method"); }

    isEmpty() { return this.size === 0; }
    toString() { return `{${Array.from(this).join(", ")}}`; }
    equals(set) {
        // 如果另一個集合不是可列舉的，它就不等於這一個
        if (!(set instanceof AbstractEnumerableSet)) return false;

        // 如果它們沒有相同的大小，它們就不相等
        if (this.size !== set.size) return false;
```

```
        // 迴圈跑過這個集合的元素
        for(let element of this) {
            // 若有元素沒在另一個集合，它們就不相等
            if (!set.has(element)) return false;
        }

        // 元素都相符，所以集合相等
        return true;
    }
}


/*
 * SingletonSet 是 AbstractEnumerableSet 的一個具體子類別。
 * 一個單體集合 (singleton set) 是一個只有單一成員的唯讀集合。
 */
class SingletonSet extends AbstractEnumerableSet {
    constructor(member) {
        super();
        this.member = member;
    }

    // 我們實作這三個方法，並繼承依據這三個方法
    // 所實作的 isEmpty、equals() 和 toString()
    has(x) { return x === this.member; }
    get size() { return 1; }
    *[Symbol.iterator]() { yield this.member; }
}


/*
 * AbstractWritableSet 是 AbstractEnumerableSet 的一個抽象子類別。
 * 它定義了抽象方法 insert() 與 remove()，
 * 它們會在集合中插入和移除個別的元素，然後以它們為基礎實作具體的
 * add()、subtract() 和 intersect() 方法。注意到
 * 我們的 API 在此開始與標準的 JavaScript Set 類別有所差異。
 */
class AbstractWritableSet extends   AbstractEnumerableSet {
    insert(x) { throw new Error("Abstract method"); }
    remove(x) { throw new Error("Abstract method"); }

    add(set) {
        for(let element of set) {
            this.insert(element);
        }
    }

    subtract(set) {
```

```
        for(let element of set) {
            this.remove(element);
        }
    }

    intersect(set) {
        for(let element of this) {
            if (!set.has(element)) {
                this.remove(element);
            }
        }
    }
}


/**
 * BitSet 是 AbstractWritableSet 的一個具體子類別
 * 它具有非常有效率的固定大小集合實作，適合用於
 * 元素是非負整數而且小於某個最大大小的集合。
 */
class BitSet extends AbstractWritableSet {
    constructor(max) {
        super();
        this.max = max;    // 我們能夠儲存的最大整數
        this.n = 0;        // 集合中有多少個整數
        this.numBytes = Math.floor(max / 8) + 1;   // 我們需要多少個位元組（bytes）
        this.data = new Uint8Array(this.numBytes); // 那些位元組
    }

    // 檢查一個值是否為此集合的一個合法成員的內部方法
    _valid(x) { return Number.isInteger(x) && x >= 0 && x <= this.max; }

    // 測試我們 data 陣列的指定位元組的指定位元是否有設定。
    // 回傳 true 或 false。
    _has(byte, bit) { return (this.data[byte] & BitSet.bits[bit]) !== 0; }

    // 值 x 在這個 BitSet 中嗎？
    has(x) {
        if (this._valid(x)) {
            let byte = Math.floor(x / 8);
            let bit = x % 8;
            return this._has(byte, bit);
        } else {
            return false;
        }
    }
```

```
// 把值 x 插入到這個 BitSet 中
insert(x) {
    if (this._valid(x)) {               // 如果該值是有效的
        let byte = Math.floor(x / 8);   // 轉換為位元組合位元
        let bit = x % 8;
        if (!this._has(byte, bit)) {    // 如果那個位元尚未設定
            this.data[byte] |= BitSet.bits[bit]; // 那就設定它
            this.n++;                            // 並遞增集合大小
        }
    } else {
        throw new TypeError("Invalid set element: " + x );
    }
}

remove(x) {
    if (this._valid(x)) {               // 如果該值是有效的
        let byte = Math.floor(x / 8);   // 計算位元組與位元
        let bit = x % 8;
        if (this._has(byte, bit)) {     // 如果該位元已經設定了
            this.data[byte] &= BitSet.masks[bit]; // 就反設定（unset）它
            this.n--;                             // 並遞減大小
        }
    } else {
        throw new TypeError("Invalid set element: " + x );
    }
}

// 回傳集合大小的一個取值器
get size() { return this.n; }

// 單純依序檢查每個位元來迭代此集合。
// （我們可以更聰明許多，大幅最佳化這個）
*[Symbol.iterator]() {
    for(let i = 0; i <= this.max; i++) {
        if (this.has(i)) {
            yield i;
        }
    }
}
}

// 一些預先計算出來的值，會被 has(), insert() 和 remove() 方法所用
BitSet.bits = new Uint8Array([1, 2, 4, 8, 16, 32, 64, 128]);
BitSet.masks = new Uint8Array([~1, ~2, ~4, ~8, ~16, ~32, ~64, ~128]);
```

9.6 總結

本章解說過了 JavaScript 類別的關鍵特色：

- 是相同類別之成員的物件會從相同的原型物件繼承特性。這個原型物件是 JavaScript 類別的關鍵功能，而單獨依靠 `Object.create()` 方法定義出類別也是可能的。

- 在 ES6 之前，類別典型的定義方式是先定義一個建構器函式。以 `function` 關鍵字建立的函式會有一個 `prototype` 特性，而這個特性的值是一個物件，當函式是透過 `new` 作為一個建構器被調用，所有如此創建出來的物件都會使用那個物件作為原型。藉由初始化這個原型物件，你可以為你的類別定義定義共有的方法。雖然這個原型物件是類別的關鍵功能，但建構器函式才是類別的公開的識別身分（public identity）。

- ES6 引進了一個 class 關鍵字，讓我們能夠更輕易定義類別，但在底層，建構器和原型的機制仍然沒變。

- 子類別的定義方式是在類別宣告中使用 extends 關鍵字。

- 子類別能夠藉由 super 關鍵字調用它們超類別的建構器或被覆寫的方法。

第十章

模組

模組化程式設計（modular programming）的目標是希望能以作者和來源各異的程式碼模組（modules of code）組合出大型程式，並且讓那些程式碼正確運作，即便存在有各模組的作者沒有預期到的程式碼也是如此。從實務上來說，模組化主要關於封裝（encapsulating）或隱藏私有的實作細節（implementation details），並維持全域命名空間（global namespace）的井然有序，如此模組才不會意外修改到其他模組所定義的變數、函式和類別。

直到最近，JavaScript 都沒有對於模組的內建支援，而負責大型源碼庫（code bases）的程式設計師必須透過類別、物件和閉包（closures）來運用可得的弱模組性（weak modularity）。以 closure 為基礎的模組性，配合程式碼捆裝工具（code-bundling tools），就導向了基於 require() 函式的一種實務形式的模組性，而這正是 Node 所採用的做法。基於 require() 的模組是 Node 程式設計環境不可或缺的一部分，但從未被採納為 JavaScript 官方語言的一部分。取而代之，ES6 使用 import 和 export 關鍵字來定義模組。雖然 import 和 export 多年來都是這個語言的一部分，但直到相對的最近它們才被 Web 瀏覽器和 Node 所實作。而且，事實上，JavaScript 的模組性仍然仰賴程式碼的捆裝工具。

接下來的章節涵蓋：

- 藉由類別、物件和 closures 自行製作模組
- 使用 require() 的 Node 模組
- 使用 export、import 與 import() 的 ES6 模組。

10.1 使用類別、物件和 Closures 的模組

雖然這可能很明顯，但還是值得指出類別（classes）最重要的功能之一，就是它們可以作為它們方法的模組（modules）。回想到範例 9-8。那個範例定義了數個不同的類別，全都有一個名為 has() 的方法，但如果你寫了一個會用到該範例多個集合類別的程式，也不會有什麼問題：舉例來說，SingletonSet 的 has() 實作並沒有覆寫 BitSet 的 has() 方法的危險。

一個類別的方法之所以獨立於其他無關的類別之方法，是因為每個類別的方法都是被定義為獨立的原型物件的特性。類別之所以是模組化的原因在於，物件是模組化的：在一個 JavaScript 物件中定義一個特性非常類似宣告一個變數，但新增特性到物件並不會影響一個程式的全域命名空間，也不會影響到其他物件的特性。JavaScript 定義了不少的數學函數與常數，但並非全域地定義它們，而是被聚集起來作為單一個 Math 全域物件的特性。相同的這種技巧其實可用在範例 9-8 中，我們可以不用定義名稱像是 SingletonSet 和 BitSet 那樣的全域類別，那個範例可以寫成只定義單一個全域的 Sets 物件，而其特性則參考那各個類別。然後這個 Sets 程式庫的使用者能以 Sets.Singleton 與 Sets.Bit 之類的名稱來參考那些類別。

把類別和物件用於模組化是 JavaScript 程式設計中常見且實用的技巧，但能做到的也只有這樣了。特別是，它並沒有為我們提供任何方式來把內部的實作細節隱藏在模組中。再次考慮範例 9-8。若是我們把那個範例寫成一個模組，或許我們會想要把那幾個抽象類別當作該模組的內部細節，只讓模組的使用者取用那些具體的子類別。同樣地，在 BitSet 類別中，_valid() 與 _has() 方法是內部的工具，其實不應該對外顯露給該類別的使用者。而 BitSet.bits 與 BitSet.masks 則是最好藏起來的實作細節。

如我們在 §8.6 中所見，在一個函式中所宣告的區域變數和內嵌函式私屬於那個函式。這表示我們可以使用即刻調用的函式運算式（immediately invoked function expressions）來達到某種模組性，讓實作細節和工具函式隱藏在外圍函式中，但讓該函式的回傳值成為該模組的公開 API。在 BitSet 類別的例子中，我們可能會像這樣來架構該模組：

```
const BitSet = (function() { // 把 BitSet 設為此函式的回傳值
    // 這裡是私有的實作細節
    function isValid(set, n) { ... }
    function has(set, byte, bit) { ... }
    const BITS = new Uint8Array([1, 2, 4, 8, 16, 32, 64, 128]);
    const MASKS = new Uint8Array([~1, ~2, ~4, ~8, ~16, ~32, ~64, ~128]);

    // 此模組的公開 API 就是我們在此定義並回傳的 BitSet 類別。
```

```
    // 這個類別可以使用在上面定義的那些私有函式和常數
    // 但對於類別的使用者而言，它們會是隱藏起來的
    return class BitSet extends AbstractWritableSet {
        // ... 實作省略了 ...
    };
}());
```

模組性的這種做法模組中的項目超過一個的時候變得更有趣一點。舉例來說，下列程式碼定義了一個迷你的統計模組，匯出 mean() 與 stddev() 函式，同時隱藏實作細節：

```
// 我們可以像這樣定義一個統計模組
const stats = (function() {
    // 工具函式是此模組私有的
    const sum = (x, y) => x + y;
    const square = x => x * x;

    // 會被匯出的一個公開函式
    function mean(data) {
        return data.reduce(sum)/data.length;
    }

    // 會被匯出的一個公開函式
    function stddev(data) {
        let m = mean(data);
        return Math.sqrt(
            data.map(x => x - m).map(square).reduce(sum)/(data.length-1)
        );
    }

    // 我們把這些公開函式匯出為一個物件的特性
    return { mean, stddev };
}());

// 而這裡是此模組可能的使用方式
stats.mean([1, 3, 5, 7, 9])   // => 5
stats.stddev([1, 3, 5, 7, 9]) // => Math.sqrt(10)
```

10.1.1　自動化基於 Closure 的模組性

注意到藉由在檔案的開頭與結尾插入一些文字來把一個 JavaScript 程式碼檔案變換成這種模組是相當機械化的過程。所需要的只是用於 JavaScript 程式碼檔案的一些慣例，以指出哪些值要被匯出，而哪些沒有。

想像有一種工具會接受一組檔案，把那每個檔案的內容包裹在一個即刻調用的函式運算式中，記錄每個函式的回傳值，並把所有的東西都串接為一個巨大的檔案。結果看起來可能會是像這樣的東西：

```javascript
const modules = {};
function require(moduleName) { return modules[moduleName]; }

modules["sets.js"] = (function() {
    const exports = {};

    // sets.js 檔案的內容放到這裡：
    exports.BitSet = class BitSet { ... };

    return exports;
}());

modules["stats.js"] = (function() {
    const exports = {};

    // stats.js 檔案的內容放到這裡：
    const sum = (x, y) => x + y;
    const square = x = > x * x;
    exports.mean = function(data) { ... };
    exports.stddev = function(data) { ... };

    return exports;
}());
```

讓模組捆裝為像是前面範例所示那樣的單一個檔案，你就能想像寫出像下面這樣的程式碼來運用那些模組：

```javascript
// 取得我們需要的那些模組（或模組內容）的參考
const stats = require("stats.js");
const BitSet = require("sets.js").BitSet;

// 現在使用那些模組撰寫程式碼
let s = new BitSet(100);
s.insert(10);
s.insert(20);
s.insert(30);
let average = stats.mean([...s]); // 平均值是 20
```

這些程式碼大略描述出了 Web 瀏覽器的程式碼捆裝工具（例如 webpack 和 Parcel）是如何運作的，而這也是對於 require() 函式（像是 Node 程式中所用的那個）的一個簡單的介紹。

10.2　Node 中的模組

在 Node 程式設計中，依據所需把程式分割為多個檔案是正常的事情。這些 JavaScript 程式碼檔案被假設都存活在一個快速的檔案系統上。不同於 Web 瀏覽器必須透過相對緩慢的網路連線讀取 JavaScript 檔案，把一個 Node 程式捆裝為單一個 JavaScript 檔案是沒必要的，不會有什麼好處。

在 Node 中，每個檔案都是具備一個私有命名空間的獨立模組。定義在一個檔案中的常數、變數、函式與類別是那個檔案私有的，除非該檔案匯出它們。只有在一個模組明確地匯出它們的時候，在另一個模組中才看得到那些值。

Node 模組以 require() 函式匯入（import）其他的模組，並藉由設定 exports 物件的特性或完全取代 module.exports 物件來匯出它們的公開 API。

10.2.1　Node 的匯出

Node 定義了一個全域的 exports 物件，它永遠有定義。如果你在撰寫會匯出多個值的一個 Node 模組，你可以單純把它們指定給這個物件的特性：

```
const sum = (x, y) => x + y;
const square = x => x * x;

exports.mean = data => data.reduce(sum)/data.length;
exports.stddev = function(d) {
    let m = exports.mean(d);
    return Math.sqrt(d.map(x => x - m).map(square).reduce(sum)/(d.length-1));
};
```

然而，你想要定義的模組通常只會匯出單一個函式或類別，而非充滿函式或類別的一個物件。要做到那樣，你單純就把你想要匯出的那單一個值指定給 module.exports：

```
module.exports = class BitSet extends AbstractWritableSet {
    // 實作省略
};
```

module.exports 的預設值是 exports 所參考的同一個物件。在前面的 stats 模組中，我們也可以把平均函式指定給 module.exports.mean 而非 exports.mean。就像是 stats 模組那樣的模組而言，另一種做法是在該模組結尾匯出單一個物件，而非一路上逐個匯出函式：

```
// 定義所有的函式，公開的或私有的
const sum = (x, y) => x + y;
const square = x => x * x;
```

```
const mean = data => data.reduce(sum)/data.length;
const stddev = d => {
    let m = mean(d);
    return Math.sqrt(d.map(x => x - m).map(square).reduce(sum)/(d.length-1));
};

// 現在只匯出公開的那些
module.exports = { mean, stddev };
```

10.2.2　Node 的匯入

一個 Node 模組會藉由呼叫 require() 函式來匯入（imports）另一個模組。此函式的引數是要被匯入的模組之名稱，而其回傳值是該模組所匯出的任何值（通常是一個函式、類別或物件）。

如果你想要匯入 Node 內建的某個系統模組，或你透過套件管理器（package manager）安裝在你系統上的一個模組，那麼你就使用該模組未經資格修飾的名稱（unqualified name），不使用會把它變成一個檔案系統路徑的任何「 / 」字元：

```
// 這些模組內建於 Node
const fs = require("fs");          // 內建的檔案系統模組
const http = require("http");      // 內建的 HTTP 模組

// Express HTTP 伺服器框架是一個第三方的模組。
// 它並不是 Node 的一部分，但已經在本地端安裝好了
const express = require("express");
```

當你想要匯入你自己程式碼的一個模組，模組名稱應該是含有那些程式碼的檔案之路徑，相對於目前模組的檔案。使用以一個 / 字元開頭的絕對路徑（absolute paths）是合法的，但通常匯入是你自己程式一部分的模組時，模組的名稱會以 ./（有時是 ../）開頭來指出它們相對於目前目錄（current directory）或父目錄（parent directory）。舉例來說：

```
const stats = require('./stats.js');
const BitSet = require('./utils/bitset.js');
```

（你也可以省略你正在匯入的檔案的 *.js* 後綴，而 Node 仍然會找得到檔案，但常看到那些延伸檔名被明確包含在其中。）

當一個模組只匯出單一個函式或類別，你所要做的事情就是要求（require）它。當一個模組匯出具有多個特性的一個物件，你就要做選擇：你可以匯入那整個物件，或只匯入該物件你計畫使用的那些特定的特性（使用解構指定）。比較這兩種做法：

```
// 匯入整個 stats 物件，帶著它所有的函式
const stats = require('./stats.js');

// 我們得到了比需要的更多的函式，但它們
// 被整齊地組織到了一個方便的「stats」命名空間中。
let average = stats.mean(data);

// 又或者，我們可以使用慣用的解構指定直接把
// 我們想要的那些函式匯入到區域命名空間中：
const { stddev } = require('./stats.js');

// 這很不錯也簡潔，但我們喪失了一點情境
// 因為沒有 'stats' 前綴作為 stddev() 函式的命名空間
let sd = stddev(data);
```

10.2.3　Web 上的 Node 式模組

具有一個 Exports 物件和一個 require() 函式的模組是內建在 Node 之中的。但如果你願意以捆裝工具（例如 webpack）來處理你的程式碼，那麼把這種形式的模組用於要在 Web 瀏覽器中執行的程式碼，也是可能的。直到最近，這樣做都是很常見的事情，而你可能會看到許多 Web 程式碼仍然那樣做。

然而，現在 JavaScript 有它自己的標準模組語法，使用捆裝器（bundlers）的開發人員比較可能透過 import 和 export 述句使用官方的 JavaScript 模組。

10.3　ES6 中的模組

ES6 新增了 import 和 export 關鍵字到 JavaScript，作為核心語言的一項功能，終於支援真正的模組性。ES6 的模組性在概念上與 Node 的模組性相同：每個檔案都自成一個模組，而在一個檔案中定義的常數、變數、函式和類別都是那個模組私有的，除非它們被明確匯出。從一個模組匯出的值可在有明確匯入它們的模組中取用。ES6 模組與 Node 模組差在用來匯出與匯入的語法，以及模組在 Web 瀏覽器中被定義的方式。接下來的章節詳細解說那些事情。

不過還要先注意到 ES6 模組在某些重要面向也不同於一般的 JavaScript「指令稿（scripts）」。最明顯的差異在於模組性本身：在一般的指令稿中，頂層（top-level）的變數、函式和類別宣告都會跑到所有指令稿所共享的一個全域情境（global context）中。藉由模組，每個檔案都會有它自己的私有情境（private context），並且可以使用 import 和 export 述句，畢竟那就是整個重點所在。但模組與指令稿之間還有其他的

差異。在一個 ES6 模組內的程式碼（像是在任何 ES6class 定義內的程式碼）會自動處於嚴格模式（§5.6.3）。這意味著，當你開始使用 ES6 模組，你永遠都沒必要再寫 "use strict"。而這表示模組中的程式碼無法使用 with 述句或 arguments 物件或未宣告的變數。ES6 模組甚至還比嚴格模式更嚴苛一點：處於嚴格模式時，在作為函式調用的函式中，this 會是 undefined。在模組中，this 甚至在頂層程式碼中都是 undefined（相較之下，Web 瀏覽器和 Node 中的指令稿會把 this 設為全域物件）。

 Web 上和 Node 中的 ES6 模組

藉由程式碼捆裝器（code bundlers，例如 webpack）的幫助，ES6 模組已經在 Web 上使用多年了，捆裝器會把獨立的 JavaScript 程式碼模組結合為大型的、非模組的捆包（bundles），適合放到網頁中。然而，在本文寫作之時，終於所有的 Web 瀏覽器（除了 Internet Explorer）都有原生支援 ES6 模組。原生使用（used natively）時，ES6 模組是藉由一個特殊的 <script type="module"> 標記（tag）被加到 HTML 頁面中，這會在本章後面描述。

與此同時，作為開創了 JavaScript 模組性的先鋒，Node 發現自己正處於尷尬的位置，必須支援兩種不完全相容的模組系統。Node 13 支援 ES6 模組，但現在絕大部分的 Node 程式仍然使用 Node 模組。

10.3.1　ES6 的匯出

要從一個 ES6 模組匯出一個常數、變數、函式或類別，只要在宣告前面加上關鍵字 export 就行了：

```
export const PI = Math.PI;

export function degreesToRadians(d) { return d * PI / 180; }

export class Circle {
    constructor(r) { this.r = r; }
    area() { return PI * this.r * this.r; }
}
```

若不想讓 export 關鍵字四散在你的模組中，作為一種替代方式，你能以普通的方式定義你的常數、變數、函式和類別，不使用 export 述句，然後（通常是在你模組的結尾）寫出單一個 export 述句，在單一個地方宣告到底要匯出什麼。所以我們不用像前面程式碼中那樣寫出三個個別的 exports，我們可以在結尾寫出單一行等效的程式碼：

```
export { Circle, degreesToRadians, PI };
```

這種語法看起來就像 export 關鍵字後面跟著一個物件字面值（使用簡寫記法），但在這種情況中，那些曲括號（curly braces）實際上並沒有定義出一個物件字面值。這種匯出語法單純只是要求要有放在曲括號內的一個以逗號區隔的識別字串列。

寫出只匯出一個值（通常是函式或類別）的模組是很常見的事，而在這種情況中，我們通常使用 export default 而非 export：

```
export default class BitSet {
    // 實作省略
}
```

預設匯出（default exports）比非預設匯出要更容易匯入一點，所以如果只有一個要匯出的值，就使用 export default，可以讓要用你匯出值的模組更輕鬆。

使用 export 的一般匯出只能在具有一個名稱的宣告上進行。使用 export default 的預設匯出可以匯出任何的運算式，包括匿名函式運算式和匿名的類別運算式。這表示如果你使用 export default，你就能匯出物件字面值。所以不同於 export 語法，如果你看到 export default 後面有曲括號，它就真的是要被匯出的一個物件字面值。

模組有一組普通的匯出，也有一個預設匯出，是合法的，但不怎麼常見。如果一個模組有一個預設匯出，它只能有一個。

最後，注意到 export 關鍵字只能出現在你 JavaScript 程式碼的頂層（top level）。你不能從一個類別、函式、迴圈或條件式匯出一個值（這是 ES6 模組系統的一個重要特色，讓靜態分析變得可能：一個模組匯出每次執行都會相同，而匯出的符號可以在模組實際執行前就決定出來）。

10.3.2　ES6 的匯入

你會以 import 關鍵字匯入其他模組所匯出的值。匯入最簡單的形式用於有定義一個預設匯出的模組：

```
import BitSet from './bitset.js';
```

這是 import 關鍵字後面接著一個識別字，接著 from 關鍵字，再接著一個字串字面值，指出其預設匯出我們要匯入的那個模組的名稱。所指定的模組的預設匯出值會變成目前模組中所指定的那個識別字的值。

匯入的值被指定給了它的那個識別字是一個常數，就好像它是以 const 關鍵字宣告的一樣。就像匯出，匯入也只能出現在一個模組的頂層，不允許出現在類別、函式、迴圈或條件式中。依照幾乎是通用的慣例，一個模組所需的匯入會被放置在模組的開頭。然而，有趣的是，這並非必要：就像函式宣告，匯入會被「拉升（hoisted）」到頂端，而所有匯入的值都能被模組的任何程式碼取用。

從之匯入一個值的模組會被指定為單引號或雙引號中的一個字串字面值（你不可以使用其值是字串的一個變數或其他運算式，也不能使用在重音符之間的一個字串，因為範本字面值可能內插變數，因此並不總是有常數值）。在 Web 瀏覽器中，這個字串會被解讀為一個 URL，相對於進行匯入動作的模組所在的位置（在 Node 中，或是使用捆裝工具時，該字串會被解讀為相對於目前模組的一個檔案名稱，但這在實務上沒什麼差異）。一個模組指定符（*module specifier*）字串必須是以「/」開頭的一個絕對路徑（absolute path），或以「./」或「../」開頭的一個相對路徑（relative path），或是具備協定（protocol）和主機名稱（hostname）的一個完整的 URL。ES6 規格並不允許未經資格修飾（unqualified）的指定符字串，例如 "util.js"，因為這會有歧義，不知道這是要指名跟當前模組同個目錄中的一個模組，或是安裝在某個特殊位置的某種系統模組（像是 webpack 之類的程式碼捆裝工具並沒有遵守禁止「未修飾的模組指定符」的這項限制，它們的組態可以輕易被設定為在你所指定的某個程式庫目錄中找尋這種未修飾的模組）。這個語言的未來版本可能會允許「未修飾的模組指定符（bare module specifiers）」，但就現在而言，它們是不被允許的。如果你想要從跟目前模組所在處相同的目錄匯入一個模組，就在模組名稱前放上「./」，並從「./util.js」匯入，而非「util.js」。

到目前為止，我們只考慮過從使用 `export default` 的一個模組匯入單一個值的情況。要從匯出多個值的一個模組匯入那些值，我們使用稍微不同的語法：

```
import { mean, stddev } from "./stats.js";
```

回想到預設匯出並不需要在定義它們的模組中有一個名稱，而是我們會在匯入那些值的時候提供一個區域名稱。但一個模組的非預設匯出在匯出它們的模組中確實擁有名稱，而當我們匯入那些值，我們會以那些名稱來參考它們。匯出的模組可能匯出任意數目的具名值（named value）。參考那個模組的一個 `import` 述句可以匯入那些值的任何子集，只要把它們的名稱列在曲括號（curly braces）中即可。那些曲括號使得這種 `import` 述句看起來有點像一個解構指定（destructuring assignment），而解構指定實際上正是這種風格的匯入所做之事的一種很好的類比。曲括號內的那些識別字全都會被拉升到進行匯入的模組的頂端，行為就像是常數一般。

風格指南有時會建議你明確匯入你模組會用到的每個符號。然而，從一個定義了許多匯出的模組匯入東西時，你可以輕易地以像這樣的一個 `import` 述句匯入所有東西：

```
import * as stats from "./stats.js";
```

像這樣的一個 import 述句會創建一個物件,並把它指定給名為 stats 的一個常數。該模組每一個被匯入的非預設匯出都會成為這個 stats 物件的一個特性。非預設匯出永遠都會有名稱,而那些就會被用作該物件內的特性名稱。那些特性基本上就是常數:它們無法被覆寫或刪除。藉由前面例子所示的通配匯入(wildcard import),進行匯入的模組會透過 stats 物件使用所匯入的 mean() 和 stddev() 函式,以 stats.mean() 和 stats.stddev() 的形式調用它們。

模組通常要不是定義一個預設匯出,就是定義多個具名匯出。雖然是合法的,但不常見到一個模組 export 及 export default 兩者都用到。但是當一個模組那樣做時,你能以像這樣的一個 import 述句來同時匯入預設值和那些具名值:

```
import Histogram, { mean, stddev } from "./histogram-stats.js";
```

到目前為止,我們已經看到如何從帶有預設匯出的模組和帶有非預設或具名匯出的模組匯入東西。但還有另一種形式的 import 述句用於完全沒有匯出的模組。要把一個無匯出的模組(no-exports module)包含到你的程式中,就單純使用 import 關鍵字和模組指定符:

```
import "./analytics.js";
```

像這樣的模組會在它被初次匯入時執行(而後續的匯入什麼都不會做)。一個只定義了函式的模組只有在它至少有匯出其中一個函式時,才會有用處。但若是一個模組會執行一些程式碼,那麼就算不帶符號被匯入,它可能也會有用處。用於 Web 應用程式的一個分析模組(analytic s module)可能會執行程式碼來註冊各種事件處理器(event handlers),然後使用那些事件處理器在適當的時機把遙測資料(telemetry data)送回給伺服器。該模組自成一體,不需要匯出任何東西,但我們仍然需要 import 它,如此它才能作為我們程式的一部分實際執行。

請注意,你甚至可以把這種什麼都不匯入的 import 語法用在確實有匯出東西的模組上。如果一個模組定義了實用的行為,獨立於它所匯出的值,而如果你的程式並不需要所匯出的那些值,你仍然可以單純為了那種預設行為而匯入該模組。

10.3.3　有更名的匯入與匯出

如果兩個模組使用相同的名稱匯出了兩個不同的值,而那些值你都想要匯入,你就必須在匯入時更改其中一個值的名稱,或兩個都改。同樣地,如果你想要匯入的值其名稱在你的模組中已經被使用了,你就得更改那個匯入的值之名稱。你可以使用 as 關鍵字搭配具名匯入在匯入過程中更改它們的名稱:

```
import { render as renderImage } from "./imageutils.js";
import { render as renderUI } from "./ui.js";
```

這幾行會在目前模組中匯入兩個函式。在定義它們的模組中，兩者的名稱皆為render()，但分別以更有描述性且無歧義的名稱 renderImage() 和 renderUI() 被匯入。

回想到預設匯出並沒有名稱。進行匯入的模組永遠都會在匯入一個預設匯出時挑選其名稱。所以在那種情況中，不需要更改名稱用的特殊語法。

話雖如此，在匯入時更名的能力提供了另一種方式來讓我們匯入同時定義有預設匯出和具名匯出的模組。回想到前一節的「./histogram-stats.js」模組。這裡是同時匯入該模組的預設及具名匯出的另一種方式：

```
import { default as Histogram, mean, stddev } from "./histogram-stats.js";
```

在這種情況中，JavaScript 的關鍵字 default 作為一個預留位置，讓我們得以表明我們想要匯入該模組的預設匯出，並提供一個名稱給它。

匯出的時候更改值的名稱，也是可能的，但僅限於使用 export 述句帶有曲括號的變體。需要這麼做並不常見，但如果你挑選了短而簡鍊的名稱在你模組內部使用，你可能就會偏好以更具描述性的名稱匯出你的值，以減少與其他模組衝突的可能性。如同匯入，你會使用 as 關鍵字來那麼做：

```
export {
    layout as calculateLayout,
    render as renderLayout
};
```

要記得的是，雖然那些曲括號看起來有點像物件字面值，但它們並不是，而 export 關鍵字在 as 之前預期單一個識別字，而非一個運算式。這意味著，很遺憾的，你無法使用像這樣的匯出更名：

```
export { Math.sin as sin, Math.cos as cos }; // SyntaxError
```

10.3.4　重新匯出

在本章中，我們討論過一個虛構的「./stats.js」模組，它會匯出 mean() 和 stddev() 函式。如果我們正在撰寫這樣的一個模組，而我們認為該模組的使用者只會想要其中的一個函式，那麼我們可能會在一個「./stats/mean.js」模組中定義 mean()，而在「./stats/stddev.js」中定義 stddev()。如此一來，程式可以更精準地匯入它們需要的函式，不會被不需要的程式碼弄得體積膨脹。

然而，即使我們是在個別的模組中定義那些統計函式，我們可能預期會有很多程式兩個函式都想要，而且會很感激有一個便利的「./stats.js」模組存在，讓它們能以一行程式碼就兩者皆匯入。

既然那些實作現在處於兩個分別的檔案中，定義這個「./stat.js」模組就很簡單：

```
import { mean } from "./stats/mean.js";
import { stddev } from "./stats/stddev.js";
export { mean, stdev };
```

ES6 模組預期到了這種用例，並為此提供一種特殊語法。你不用匯入一個符號只為了再次匯出它，你可以把匯入和匯出的步驟結合成單一個「re-export（重新匯出）」述句，使用 export 關鍵字和 from 關鍵字：

```
export { mean } from "./stats/mean.js";
export { stddev } from "./stats/stddev.js";
```

注意到這段程式碼中並沒有實際用到 mean 和 stddev 這些名稱。如果在一個 re-export 中我們並沒有特地要選擇什麼名稱，而只是想要從另一個模組匯出所有的具名值，我們可以使用一個通配符（wildcard）：

```
export * from "./stats/mean.js";
export * from "./stats/stddev.js";
```

重新匯出語法也允許使用 as 的更名動作，就像一般的 import 和 export 述句。假設我們想要 re-export 那個 mean() 函式，並也定義 average() 作為該函式的另一個名稱。我們可以像這樣做：

```
export { mean, mean as average } from "./stats/mean.js";
export { stddev } from "./stats/stddev.js";
```

這個例子中所有的 re-exports 都假設「./stats/mean.js」和「./stats/stddev.js」模組使用 export 匯出它們的函式，而非使用 export default。但事實上，既然這些模組都只有單一個匯出，以 export default 定義它們也是合理的。若是我們那麼做，那麼 re-export 的語法就會稍微複雜一些，因為它需要替未具名的預設匯出定義一個名稱。我們可以像這樣做：

```
export { default as mean } from "./stats/mean.js";
export { default as stddev } from "./stats/stddev.js";
```

如果你想要 re-export 另一個模組的一個具名符號作為你模組的預設匯出，你可以先做一次 import 再接著一次 export default，或是像這樣結合那兩個述句：

```
// 從 ./stats.js 匯入 mean() 函式並讓它成為
// 這個模組的預設匯出
export { mean as default } from "./stats.js"
```

而最後，想要 re-export 另一個模組的預設匯出作為你模組的預設匯出（雖然不清楚你為什麼要這麼做，因為使用者可以乾脆直接匯入那個模組），你可以寫：

```
// average.js 模組單純只是 re-exports 那個 stats/mean.js 的預設匯出
export { default } from "./stats/mean.js"
```

10.3.5　Web 上的 JavaScript 模組

前面的章節以有點抽象的方式描述了 ES6 模組與它們的 import 和 export 宣告。在本節和下一節中，我們會討論它們在 Web 瀏覽器（browsers）中實際上是如何運作的，而如果你並非有經驗的 Web 開發人員，你可能會發現讀完第 15 章之後再讀本章其餘的部分會比較容易理解。

在 2020 年初期，使用 ES6 模組的生產程式碼（production code）一般仍然是以像是 webpack 之類的工具捆裝的。這麼做有些取捨存在 [1]，但整體而言，程式碼捆裝通常會得到更好的效能。那在未來可能會改變，因為網路速度的成長，而瀏覽器供應商也持續最佳化它們的 ES6 模組實作。

雖然捆裝工具（bundling tools）在正式的生產環境中可能仍然有用處，它們在開發過程中已非必要，因為當前所有的瀏覽器都對 JavaScript 模組有原生的支援（native support）。回想到模組預設會使用嚴格模式、this 不會參考一個全域物件，而預設情況下，頂層宣告也不會是被共用的全域值。既然模組必須以不同於傳統非模組程式碼的方式執行，它們的引進不僅要對 JavaScript 做出變更，HTML 也要。如果你想要在 Web 瀏覽器中原生地使用 import 指引，你必須使用一個 `<script type="module">` 標記（tag）告知 Web 瀏覽器你的程式碼是一個模組。

ES6 模組的一個很好的特色是，每個模組都有靜態的一組匯入。所以給定單一個起始的模組，Web 瀏覽器可以載入它所匯入的所有模組，然後載入那第一批的模組所匯入的所有模組，依此類推，直到完整的一個程式都被載入為止。我們已經看到一個 import 述句中的模組指定符（module specifier）可以被視為一個相對的 URL。一個 `<script type="module">` 標記標示著一個模組程式的起點。然而，它所匯入的模組都不會預期是在 `<script>` 標記中：它們會作為一般的 JavaScript 檔案，視需要載入，並且會在

1　舉例來說：會有頻繁的漸進式更新的 Web apps，以及會經常回頭訪問的使用者可能會發現使用小型的模組而非大型的捆包可以產生較佳的平均載入時間，因為更加善用了使用者的瀏覽器快取。

嚴格模式中作為一般的 ES6 模組執行。使用 `<script type="module">` 標記來定義模組化 JavaScript 程式的主要進入點（main entry）可以像這般簡單：

```
<script type="module">import "./main.js";</script>
```

在一個行內（inline）的 `<script type="module">` 標記內的程式碼是一個 ES6 模組，因此可以使用 export 述句。然而，那麼做並沒有什麼用處，因為 HTML 的 `<script>` 標記語法並沒有提供任何方式來為行內模組（inline modules）定義一個名稱，所以即便這種模組確實有匯出一個值，其他模組也沒辦法匯入它。

具有 `type="module"` 屬性的指令稿（scripts）會像帶有 defer 屬性的指令稿那樣被載入與執行。程式碼的載入會在 HTML 剖析器（parser）遇到 `<script>` 標記時，就即刻開始（就模組而言，這種程式碼的載入步驟可能是會載入多個 JavaScript 檔案的一個遞迴程序）。但程式碼的執行在 HTML 的剖析工作完成之前都不會開始。而一旦 HTML 的剖析完成，指令稿（模組與否）都會以它們出現在 HTML 文件（document）中的順序被執行。

你能透過 async 屬性修改模組的執行時間，它對模組的運作方式跟在一般指令稿之上相同。一個 async 模組會在該段程式碼被載入時就即刻執行，即使 HTML 的剖析尚未完成，或甚至那會更動指令稿的相對順序，也一樣。

支援 `<script type="module">` 的 Web 瀏覽器也必須支援 `<script nomodule>`。能察覺模組的瀏覽器會忽略帶有 nomodule 屬性的任何指令稿，並且不會執行它們。不支援模組的瀏覽器不會認得 nomodule 屬性，所以它們會忽略它，並執行該指令稿。這提供了一種強大的技巧來處理瀏覽器相容性的議題。支援 ES6 模組的瀏覽器也支援其他的現代 JavaScript 功能，例如類別、箭號函式，以及 for/of 迴圈。如果你撰寫現代的 JavaScript 並以 `<script type="module">` 載入它，你就知道它只會被能夠支援它的瀏覽器所載入。而至於 IE11（在 2020 它是唯一不支援 ES6 的瀏覽器）的備用方案，你可以使用像是 Babel 和 webpack 之類的工具來把你的程式碼變換為非模組式的 ES5 程式碼，然後藉由 `<script nomodule>` 載入變換過後的那個較沒效率的程式碼。

一般指令稿和模組指令稿之間的另一個重要差異與跨來源載入（cross-origin loading）有關。一個普通的 `<script>` 標記會從網際網路上的任何伺服器載入一個檔案或 JavaScript 程式碼，而網際網路用於廣告、分析和追蹤程式碼之基礎設施都仰賴這個事實。而 `<script type="module">` 提供了一個機會來讓這個更嚴謹一點，從之載入模組的來源必須跟包含它們的 HTML 文件相同，不然就是要有適當的 CORS 標頭（headers）出現，安全地允許跨來源的載入。這個新的安全限制的一個不幸的副作用是，這讓我們很難在開發模式中使用 file:URL 來測試 ES6 模組。使用 ES6 模組的時候，你很可能必須設定一個靜態的 Web 伺服器以進行測試。

某些程式設計師喜歡使用延伸檔名 .mjs 來區分模組化的 JavaScript 檔案和帶有傳統的 .js 延伸檔名的一般的、非模組化的 JavaScript 檔案。就 Web 瀏覽器和 <script> 標記的目的而言，延伸檔名（file extension）其實無關緊要（然而，MIME 類型是很重要的，所以如果你使用 .mjs 檔案，你可能需要設置你的 Web 伺服器以跟 .js 檔案相同的 MIME 類型來供應它們）。Node 對 ES6 的支援確實用到那個延伸檔名作為一種提示，來區分它所載入的每個檔案用的是哪個模組系統。所以如果你正在撰寫 ES6 模組並且想要讓它們可為 Node 所用，那採用 .mjs 的命名慣例可能有所幫助。

10.3.6 使用 import() 的動態載入

我們已經看到 ES6 的 import 和 export 指引（directives）是完全靜態的，並且讓 JavaScript 直譯器和其他的 JavaScript 工具能在模組載入的同時藉由簡單的文字分析判斷出模組之間的關係，而不用實際執行模組中的任何程式碼。使用靜態匯入的模組，你能保證你匯入到一個模組中的值，會在你模組中的任何程式開始執行之前就準備就緒可供使用。

在 Web 上，程式碼必須透過網路傳輸，而非從檔案系統讀取。而一旦傳輸完成，那個程式碼經常是在 CPU 相對緩慢的行動裝置上執行。在這種環境下，使用靜態模組匯入可能就不是那麼合理了，因為執行任何部分之前，都必須先載入整個程式才行。

對於 Web 應用程式而言，一開始只載入足夠的程式碼以描繪（render）要呈現給使用者的第一個頁面，是很常見的做法。然後，一旦使用者有了一些能夠與之互動的初始內容，它們就能開始載入 Web app 其餘部分所需的、體積通常會大很多的那些程式碼。Web 瀏覽器讓我們能輕易地動態載入程式碼，只要使用 DOM API 來注入一個新的 <script> 標記到目前的 HTML 文件中就行了，而 Web apps 已經那樣做好幾年了。

雖然動態載入（dynamic loading）已經可行很久了，它都沒有成為這個語言本身的一部分。在 ES2020 中引進的 import() 改變了這點（在 2020 年的初期，支援 ES6 模組的所有瀏覽器都有支援動態匯入了）。你傳入一個模組指定符（module specifier）給 import() 而它會回傳一個 Promise 物件，代表載入和執行那個指定模組的非同步程序（asynchronous process）。當動態匯入完成，這個 Promise（承諾）會被「履行」（「fulfilled」，非同步程式設計和 Promises 的完整細節請參閱第 13 章）並產生一個物件，就像你以 import * as 形式的靜態匯入述句得到的那種一樣。

因此你可以不用像這樣靜態匯入 "./stats.js" 模組：

```
import * as stats from "./stats.js";
```

我們可以動態地匯入它並使用它，像這樣：

```
import("./stats.js").then(stats => {
    let average = stats.mean(data);
})
```

又或者，在一個 async 函式中，我們能以 await 簡化這個程式碼（再一次，你可能需要閱讀第 13 章才能理解這段程式碼）：

```
async analyzeData(data) {
    let stats = await import("./stats.js");
    return {
        average: stats.mean(data),
        stddev: stats.stddev(data)
    };
}
```

import() 的引數應該是一個模組指定符，完全就像你會以一個靜態的 import 指引來使用的那種。但對於 import()，你並沒有受限必須使用一個常數的字串字面值：能估算為形式正確的一個字串的任何運算式都行。

動態的 import() 看起來就像函式調用，但它實際上不是。取而代之，import() 是一個運算子，而那些括弧是這個運算子語法必要的一部分。這一點不尋常的語法之所以存在，是因為 import() 必須要能夠解析（resolve）作為相對於目前執行中模組的 URL 的模組指定符，而這需要不能合法放入一個 JavaScript 函式中的一點實作魔法。這種函式 vs. 運算子的分別在實務上很少造成差異，但如果你試著寫出像 console.log(import); 或 let require = import; 之類的程式碼，你就會注意到它的存在。

最後，注意到動態的 import() 不僅限於 Web 瀏覽器。像是 webpack 之類的程式碼打包工具（code-packaging tools）也能善加利用它。使用一個程式碼捆裝器（code bundler）最直截簡單的方式就是告知它你程式的主要進入點，讓它找出所有的靜態 import 指引，並將所有的東西都組合成一個大型檔案。然而，藉由策略性的使用動態的 import() 呼叫，你能把那一整塊捆包（bundle）拆成可以視需要載入的一組較小的捆包。

10.3.7　import.meta.url

ES6 模組系統還有最後一個功能要討論。在一個 ES6 模組中（但在一般的 <script> 中，或以 require() 載入的 Node 模組中則不然），特殊語法 import.meta 參考至一個物件，其中含有關於目前執行的模組的詮釋資料（metadata）。這個物件的 url 特性是從之載入該模組的那個 URL（在 Node 中，這會是一個 file://URL）。

import.meta.url 的主要用例是能夠參考儲存在與該模組相同目錄（或相對於該目錄的地方）中的影像、資料檔案或其他資源。URL() 建構器讓我們能夠輕易依據一個絕對 URL（像是 import.meta.url）解析一個相對 URL。舉例來說，假設你寫的一個模組包括需要本地化的字串，而那些本地化檔案（localization files）儲存在一個 l10n/ 目錄中，而它所在的目錄與該模組本身相同。你的模組就能使用由一個函式所創建的 URL 來載入它的字串，像這樣：

```
function localStringsURL(locale) {
    return new URL(`l10n/${locale}.json`, import.meta.url);
}
```

10.4　總結

模組化的主要目標是要讓程式設計師能夠隱藏他們程式碼的實作細節，如此來自各種來源的程式碼塊就能被組合成大型的程式，而不用擔心其中一塊會覆寫另一塊的函式或變數。這章解說了三種不同的 JavaScript 模組系統：

- 在 JavaScript 的初期，模組化只能透過即刻調用的函式運算式的巧妙運用來達成。

- 在 JavaScript 語言之上新增了它自己的模組系統。Node 模組是以 require() 匯入的，並藉由設定 Exports 物件的特性或設定 module.exports 特性來定義它們的匯出。

- 在 ES6 中，JavaScript 終於藉由 import 和 export 關鍵字得到了自己的模組系統，而 ES2020 則以 import() 新增了對動態匯入的支援。

第十一章

JavaScript 標準程式庫

某些資料型別，例如數字和字串（第 3 章）、物件（第 6 章）和陣列（第 7 章）對於
JavaScript 來說是如此的基礎，以致於我們能把它們視為是這個語言本身的一部分。
本章涵蓋其他重要但不那麼必要的 API，它們可被想成是為 JavaScript 定義了「標準
程式庫（standard library）」：這些是內建在 JavaScript 中的實用類別與函式，所有的
JavaScript 程式都能取用，不管是在 Web 瀏覽器或是在 Node 中 [1]。

本章的章節是彼此獨立的，而你能以任何順序閱讀它們。它們涵蓋了：

- Set 和 Map 類別用來表達值的集合（sets of values），和從一個值集合到另一個值集
  合的映射（mappings）。

- 稱為 TypedArrays 的類陣列物件（array-like objects）用以表示二進位資料的陣列
  （arrays of binary data），連同一個相關的類別用來從非陣列的二進位資料擷取出值。

- 正規表達式（regular expressions）和 RegExp 類別，它們定義了文字模式（textual
  patterns），適合用於文字處理。這節也詳細涵蓋了正規表達式的語法。

- Date 類別用來表示和操作日期（dates）與時間（times）。

- Error 類別和它的各種子類別，它們的實體（instances）會在 JavaScript 程式中有錯
  誤（errors）發生時被擲出。

- JSON 物件，其方法支援 JavaScript 資料結構的序列化（serialization）與解序列化
  （deserialization），只要它們是由物件、陣列、字串、數字或 boolean 值所構成。

---

1 並非這裡所記載的每樣東西都是 JavaScript 語言規格所定義的：這裡介紹的某些類別與函式最早是在
  Web 瀏覽器中實作的，然後被 Node 所採用，使它們成為 JavaScript 標準程式庫的公認成員。

- Intl 物件和它所定義的類別能幫助你本地化（localize）你的 JavaScript 程式。

- Console 物件，其方法輸出字串的方式特別適合用於程式的除錯（debugging）或記錄（logging）那些程式的行為。

- URL 類別，它簡化剖析（parsing）和操作 URL 的工作。這節也涵蓋了用來編碼（encoding）和解碼（decoding）URL 及其組成部分的全域函式。

- setTimeout() 和相關的函式用來設定一段指定的時間過去之後，要執行的程式碼。

本章中的某些章節，特別是具型陣列（typed arrays）和正規表達式相關的那些，篇幅相當長，因為要有效運用那些型別，你需要了解大量的背景資訊。然而，其他的許多章節都很短：它們單純只會介紹一個新的 API 並展示一些使用範例。

11.1　集合與映射

JavaScript 的 Object（物件）型別是一種多用途的資料結構，可用來把字串（物件的特性名稱）映射至任意的值。而當映射至的值是某個固定的東西，例如 true，那麼該物件就等同於一個字串集合。

在 JavaScript 程式設計中，物件實際上也相當頻繁地被用作映射（maps）和集合（sets），但這僅侷限於字串，並且也會因為物件一般都會繼承名稱像是 "toString" 那類通常不會作為映射或集合一部分的特性，而使事情複雜化。

為此，ES6 引進了真正的 Set 和 Map 類別，我們會在接下來的小節中涵蓋它們。

11.1.1　Set 類別

一個集合（set）是值的一個群集（a collection of values），就像一個陣列那樣。然而，有別於陣列，集合沒有索引，而且它們不允許重複（duplicates）：一個值要麼是一個集合的成員，要麼就不是它的成員，你不可能詢問一個值出現在一個集合中多少次。

以 Set() 建構器創建一個 Set 物件：

```
let s = new Set();       // 一個新的空集合
let t = new Set([1, s]); // 擁有兩個成員的一個新集合
```

Set() 建構器的引數並不一定要是一個陣列：任何可迭代物件（iterable object，包括其他的 Set 物件）都是允許的：

```
let t = new Set(s);             // 拷貝了 s 的元素的一個新集合。
let unique = new Set("Mississippi"); // 4 個元素："M"、"i"、"s" 與 "p"
```

一個集合的 size 特性就像是一個陣列的 length 特性：它告訴你該集合含有多少個值：

```
unique.size       // => 4
```

你創建集合的時候，不需要初始化它們。你可以在任何時候使用 add()、delete() 與 clear() 來新增或刪除元素。記得集合無法包含重複的元素，所以把一個值加到已經包含它的一個集合裡，是沒有效果的：

```
let s = new Set(); // 一開始是空的
s.size             // => 0
s.add(1);          // 新增一個數字
s.size             // => 1，現在此集合有一個成員
s.add(1);          // 再次新增同一個數字
s.size             // => 1，大小（size）並沒有改變
s.add(true);       // 新增另一值，注意到混合型別是沒有問題的
s.size             // => 2
s.add([1,2,3]);    // 新增一個陣列值
s.size             // => 3，新增的是那個陣列，而非它的元素
s.delete(1)        // => true：成功刪除了元素 1
s.size             // => 2：大小降回到 2
s.delete("test")   // => false："test" 並非成員之一，刪除失敗
s.delete(true)     // => true：刪除成功
s.delete([1,2,3])  // => false：集合中的陣列並不同
s.size             // => 1：集合中仍有那一個陣列
s.clear();         // 從集合移除所有東西
s.size             // => 0
```

這段程式碼有幾個重點要注意：

- add() 方法接受單一個引數：如果你傳入一個陣列，它會把該陣列本身加到集合中，而非個別的陣列元素。不過 add() 永遠都會回傳它在其上被調用的集合，所以如果你想要新增多個值到一個集合，你可以使用鏈串的方法呼叫，像是 s.add('a').add('b').add('c');。

- delete() 方法一次也只會刪除單一個集合元素。然而，跟 add() 不同的是，delete() 會回傳一個 boolean 值。如果你所指定的值真的是該集合的一個成員，那麼 delete() 就會移除它，並回傳 true。否則，它什麼都不會做，並回傳 false。

- 最後，要了解的一個非常重要的重點是，集合的成員資格（set membership）是依據嚴格的相等性（strict equality）檢查，像 === 運算子會進行的那種。一個集合可以同時包含數字 1 和字串 "1"，因為它把它們視為不同的值。當那些值是物件（或陣列或函式）的時候，它們也彷彿是以 === 來比較的。這就是我們無法在這段程式碼中從該集合刪除那個陣列元素的原因。我們新增了一個陣列到該集合中，然後傳入一個不同的陣列（雖然其中的元素相同）給 delete() 方法試圖移除那個陣列。為了要讓這行得通，我們必須傳入剛好指向那同一個陣列的一個參考。

 Python 程式設計師請留意：這是 JavaScript 集合和 Python 集合之間的一個顯著差異。Python 集合會比較成員的相等性（equality），而非同一性（identity），但取捨在於，Python 集合只允許不可變的成員（immutable members），像是元組（tuples），不允許串列（lists）和字典（dicts）被加到集合中。

實務上，我們對集合所做的最重要的事並非新增或移除元素，而是檢查看看一個指定的值是否為集合的成員。我們以 has() 方法來那麼做：

```
let oneDigitPrimes = new Set([2,3,5,7]);
oneDigitPrimes.has(2)    // => true：2 是一個一位數的質數
oneDigitPrimes.has(3)    // => true：3 也是
oneDigitPrimes.has(4)    // => false：4 不是質數（prime）
oneDigitPrimes.has("5")  // => false："5" 甚至不是一個數字
```

關於集合，要了解的最重要的事情是，它們是最佳化來進行成員資格測試（membership testing）的，無論集合有多少成員，has() 方法都會非常快速。陣列的 includes() 方法也會進行成員資格測試，但它所花費的時間正比於陣列的大小，而使用一個陣列作為一個集合可能會比使用一個真正的 Set 物件還要慢很多很多。

Set 類別是可迭代的，這代表你可以使用一個 for/of 迴圈來列舉一個集合的所有元素：

```
let sum = 0;
for(let p of oneDigitPrimes) { // 迴圈跑過這些一位數的質數
    sum += p;                   // 並把它們加起來
}
sum                            // => 17: 2 + 3 + 5 + 7
```

因為 Set 物件是可迭代的，你能以 ... 分散運算子把它們轉換為陣列或引數串列：

```
[...oneDigitPrimes]           // => [2,3,5,7]：該集合轉換為一個 Array
Math.max(...oneDigitPrimes)   // => 7：作為函式引數傳入的集合元素
```

集合經常被描述為「無序群集（unordered collections）」。然而，對於 JavaScript 的 Set 類別而言，這並不全然是真的。一個 JavaScript 集合是未索引（unindexed）的：你不能像對陣列那樣，要求集合的第一個或第三個元素。但 JavaScript 的 Set 類別永遠都記得那些元素被插入的順序，而當你迭代一個集合，它也永遠都會使用這個順序：第一個被插入的元素會是第一個被迭代的（假設你沒有先刪除了它），而最後插入的元素會是最後被迭代的那一個 [2]。

除了可迭代，Set 類別也實作了一個 forEach() 方法，類似於陣列的同名方法：

```
let product = 1;
oneDigitPrimes.forEach(n => { product *= n; });
product        // => 210: 2 * 3 * 5 * 7
```

一個陣列的 forEach() 會把陣列索引作為第二個引數傳入給你所指定的函式。集合沒有索引，所以這個方法的 Set 類別版本只會傳入元素值同時作為第一和第二引數。

11.1.2　Map 類別

一個 Map（映射）物件代表一組稱之為鍵值（*keys*）的值，其中每個鍵值都有另一個與之關聯的值（或它映射至的值）。在某個意義上，一個映射就像是一個陣列，但並非使用一組循序的整數作為鍵值，映射允許我們使用任意的值作為「索引」。如同陣列，映射很快速：查找與一個鍵值關聯的值速度會很快（雖然沒有快到跟索引一個陣列一樣），不管映射有多大。

使用 Map() 建構器創建一個新的映射：

```
let m = new Map();  // 創建一個新的空映射
let n = new Map([   // 以字串鍵值到數字的映射來初始化一個新的 map
    ["one", 1],
    ["two", 2]
]);
```

Map() 建構器的選擇性引數應該是一個可迭代物件，它會產出兩個元素的 [key, value] 陣列。在實務上，這表示如果你想要在創建它的時候初始化一個 map，你通常會把想要的鍵值與關聯的值寫成由陣列組成的一個陣列。但你也能夠使用 Map() 建構器來拷貝其他的映射，或從一個現有的物件拷貝特性名稱與值：

```
let copy = new Map(n); // 鍵值與值跟映射 n 相同的一個新的映射
let o = { x: 1, y: 2}; // 具有兩個特性的一個物件
let p = new Map(Object.entries(o)); // 等同於 new Map([["x", 1], ["y", 2]])
```

2　這種可預測的迭代順序，是 Python 程式設計師可能發現的 JavaScript 集合的另一個意外之處。

一旦你創建了一個 Map 物件，你就藉由 get() 查詢與一個給定的鍵值關聯的值，並以 set() 新增一個鍵值與值對組（key/value pair）。不過要記得，一個映射是鍵值的一個集合，其中每個鍵值都有一個關聯的值。這與鍵值與值對組的一個集合不完全相同。如果你以一個已經存在於映射中的鍵值呼叫 set()，你會改變與那個鍵值關聯的值，而非新增一個鍵值與值的對映（key/value mapping）。除了 get() 和 set()，Map 類別也定義了類似 Set 方法的方法：使用 has() 來檢查一個映射是否包含指定的鍵值；使用 delete() 從映射移除一個鍵值（及其關聯的值）；使用 clear() 從映射移除所有的鍵值與值對組，以及使用 size 特性來找出一個映射含有多少個鍵值。

```
let m = new Map();      // 從一個空的映射開始
m.size                  // => 0: 空的映射沒有鍵值
m.set("one", 1);        // 將鍵值 "one" 映射至值 1
m.set("two", 2);        // 而鍵值 "two" 映射至值 2。
m.size                  // => 2: 此映射現在有兩個鍵值
m.get("two")            // => 2: 回傳與鍵值 "two" 關聯的值
m.get("three")          // => undefined: 這個鍵值沒有在映射中
m.set("one", true);     // 更改與一個現有鍵值關聯的值
m.size                  // => 2: 大小沒有改變
m.has("one")            // => true: 此映射有一個鍵值 "one"
m.has(true)             // => false: 此鍵值沒有一個鍵值 true
m.delete("one")         // => true: 該鍵值存在，刪除成功
m.size                  // => 1
m.delete("three")       // => false: 無法刪除一個不存在的鍵值
m.clear();              // 從此映射移除所有的鍵值與值
```

就像 Set 的 add() 方法，Map 的 set() 方法也可以鏈串起來，讓我們可以不用陣列的陣列就初始化映射：

```
let m = new Map().set("one", 1).set("two", 2).set("three", 3);
m.size          // => 3
m.get("two")    // => 2
```

就跟 Set 一樣，任何的 JavaScript 值都可被用作一個 Map 中的鍵值或值。這包括 null、undefined 與 NaN，以及像物件或陣列那樣的參考型別（reference types）。而如同 Set 類別，Map 也會以同一性（identity）比較鍵值，而非相等性（equality），所以如果你使用一個物件或陣列作為一個鍵值，它會被視為跟其他每一個物件或陣列都不同，即使是含有完全相同特性或元素的那些：

```
let m = new Map();      // 先從一個空映射開始。
m.set({}, 1);           // 將一個空的物件映射至數字 1。
m.set({}, 2);           // 將一個不同的空物件映射至數字 2。
m.size                  // => 2: 這個映射中有兩個鍵值
m.get({})               // => undefined: 但這個空物件並非一個鍵值
```

```
m.set(m, undefined); // 將這個映射本身對映到 undefined 值。
m.has(m)             // => true：m 是本身中的一個鍵值
m.get(m)             // => undefined：與 m 不是鍵值的時候我們會得到的值相同
```

Map 物件是可迭代的，而每個迭代的值都是一個雙元素的陣列，其中第一個元素是鍵值，而第二個元素是與該鍵值關聯的值。如果你使用分散運算子搭配一個 Map 物件，你會得到一個陣列的陣列，就像我們傳入 Map() 建構器的那種。而使用 for/of 迴圈迭代一個映射時，慣用的寫法是使用解構指定來把鍵值與值指定給分別的變數：

```
let m = new Map([["x", 1], ["y", 2]]);
[...m]    // => [["x", 1], ["y", 2]]

for(let [key, value] of m) {
    // 第一次迭代，鍵值會是 "x" 而值會是 1
    // 第二次迭代，鍵值會是 "y" 而值會是 2
}
```

就像 Set 類別，Map 類別也會以插入順序（insertion order）迭代。所迭代的第一個鍵值與值對組會是最早被加入到映射中的那個，而最後一個迭代的則是最新加入的那個。

若你只想要迭代一個映射的鍵值，或只是所關聯的值，就使用 keys() 和 values() 方法：這些方法回傳的可迭代物件會以插入順序迭代鍵值和值（entries() 所回傳的可迭代物件會迭代鍵值與值對組，但這就跟直接迭代映射完全沒兩樣）。

```
[...m.keys()]    // => ["x", "y"]：只有鍵值
[...m.values()]  // => [1, 2]：只有值
[...m.entries()] // => [["x", 1], ["y", 2]]：等同於 [...m]
```

Map 物件也可使用 Array 類別首先實作的 forEach() 方法來迭代。

```
m.forEach((value, key) => {  // 注意到是 value, key，而非 key, value
    // 第一次調用時，值會是 1 而鍵值是 "x"
    // 第二次調用時，值會是 2 而鍵值會是 "y"
});
```

在上面的程式碼中，值（value）參數出現在鍵值（key）參數之前，可能看起來很怪，因為使用 for/of 迭代時，鍵值會先出現。如同在本節開頭提到的，你可以把一個映射想成是一種廣義的陣列，其中整數的陣列索引被取代為了任意的鍵值。陣列的 forEach() 方法會先傳入陣列元素，接著才是陣列索引，所以，依照這個類比，映射的 forEach() 方法會先傳入值，而映射鍵值其次。

11.1.3　WeakMap 和 WeakSet

WeakMap 類別是 Map 類別的一種變體（但並非一個實際的子類別），它不會防止其鍵值被垃圾回收。垃圾回收（garbage collection）是 JavaScript 直譯器回收（reclaims）不再「可及（reachable）」因此無法為程式所用的物件之記憶體的過程。一般的映射持有對其鍵值的「強（strong）」參考（references），即使指向它們的所有其他參考都消失了，仍然可透過該映射來觸及它們。對比之下，WeakMap 所持有的就是對其鍵值的「弱（weak）」參考，所以它們無法透過 WeakMap 觸及，而它們在該映射中的存在，並不會防止它們的記憶體被回收。

WeakMap() 建構器就像是 Map() 建構器，但 WeakMap 和 Map 之間有一些顯著的差異：

- WeakMap 的鍵值必須是物件或陣列，原始值（primitive values）並不適用垃圾回收，而且不能被用作鍵值。

- WeakMap 僅實作 get()、set()、has() 與 delete() 方法。特別是，WeakMap 不可迭代，而沒有定義 keys()、values() 或 forEach()。如果 WeakMap 是可迭代的，它的鍵值就要是可及的，那就不會是「弱（weak）」的了。

- 同樣地，WeakMap 並沒有實作 size 特性，因為一個 WeakMap 的大小可能隨時因為物件的垃圾回收而改變。

WeakMap 的主要用途是要讓你能夠把值與物件關聯，而不會導致記憶體洩漏（memory leaks）。假設，舉例來說，你正在撰寫一個函式，它接受一個物件引數，並且需要在那個物件上進行某些耗時的計算。為了效率，你可能會想要快取計算出來的值以供後續使用。如果你使用一個 Map 物件來實作這個快取，你就會使得那些物件無法被回收，但藉由 WeakMap，你就避免了這種問題（你經常能使用一個私有的 Symbol 特性直接在該物件上快取計算出來的值，來達到類似的結果，參閱 §6.10.3）。

WeakSet 實作了一種物件集合，它不會防止那些物件被垃圾回收。WeakSet() 建構器的運作方式就像 Set() 建構器，但 WeakSet 物件與 Set 物件之間的差異就如同 WeakMap 物件和 Map 物件之間的差異那樣：

- WeakSet 並不允許原始值作為成員

- WeakSet 只實作 add()、has() 與 delete() 方法，而且是不可迭代的。

- WeakSet 並沒有一個 size 特性。

WeakSet 並沒有經常被使用：它的用例就類似 WeakMap 的那些。舉例來說，如果你把一個物件標示（或「烙印（brand）」）為具有某些特殊的特性或型別，你可以把它新增到一個 WeakSet 中。然後，在其他地方，當你想要檢查那個特性或型別，就測試在那個 WeakSet 中的成員資格就好了。以一個普通的集合來這樣做，會使得所有被標示的物件無法被垃圾回收，但使用 WeakSet 的時候這就不是問題。

11.2 具型陣列和二進位資料

一般的 JavaScript 陣列可以有任何型別的元素，並且可以動態地增長或縮減。JavaScript 實作會進行大量的最佳化，使得典型的 JavaScript 陣列使用非常快速。儘管如此，它們仍然跟較低階語言（例如 C 和 Java）的陣列型別相當的不同。**具型陣列**（*typed arrays*）是 ES6[3] 中的新功能，就跟那些語言的低階陣列接近許多。具型陣列嚴格來說並非陣列（Array.isArray() 會為它們回傳 false），但它們實作了在 §7.8 中所描述的所有陣列方法，還加上少數幾個它們自己的。然而，它們與一般的陣列在一些非常重要的面向上有所差異：

- 一個具型陣列的元素全都是數字。然而，不同於一般的 JavaScript 數字，具型陣列允許你為要儲存在陣列中的數字指定型別（有號與無號的整數和 IEEE-754 的浮點數）以及大小（8 位元到 64 位元）。

- 創建它之時，你必須為一個具型陣列指定長度，而那個長度永遠都不能改變。

- 一個具型陣列的元素永遠都會在該陣列創建時被初始化為 0。

11.2.1 具型陣列的型別

JavaScript 並沒有定義一個 TypedArray 類別，而是提供 11 種的具型陣列，每種都有一個不同的元素型別和建構器：

建構器	數值型別
Int8Array()	有號位元組
Uint8Array()	無號位元組
Uint8ClampedArray()	不帶迴轉（rollover）的無號位元組

---

3 具型陣列最初是在 Web 瀏覽器新增了對 WebGL 圖形的支援時，被引進到了客戶端（client-side）的 JavaScript。在 ES6 中，新的改變是它們已經晉升為一個核心語言功能。

建構器	數值型別
Int16Array()	有號的 16 位元短整數（short integers）
Uint16Array()	無號的 16 位元短整數
Int32Array()	有號的 32 位元整數
Uint32Array()	無號的 32 位元整數
BigInt64Array()	有號的 64 位元 BigInt 值（ES2020）
BigUint64Array()	無號的 64 位元 BigInt 值（ES2020）
Float32Array()	32 位元的浮點數值
Float64Array()	64 位元的浮點數值：常規的 JavaScript 數字

名稱以 Int 開頭的型別存放 1、2 或 4 個位元組（8、16 或 32 位元）的有號整數。名稱以 Uint 開頭的型別存放那些相同長度的無號整數（unsigned integers）。「BigInt」和「BigUint」型別存放 64 位元整數，在 JavaScript 中表達為 BigInt 值（參閱 §3.2.5）。以 Float 開頭的型別存放浮點數（floating-point numbers）。一個 Float64Array 的元素跟一般的 JavaScript 數字同型別。一個 Float32Array 的元素有較低的精確度以及較小的範圍，但只需要一半的記憶體（在 C 和 Java 中這種型別被稱為 float）。

Uint8ClampedArray 是 Uint8Array 的一種特例變體。這兩種型別都存放無號的位元組，並且可以表示介於 0 到 255 之間的數字。使用 Uint8Array 時，如果你儲存了大於 255 或小於零的一個值到一個陣列元素中，它會「繞回來（wraps around）」，而你會得到某個其他的值。這就是電腦記憶體在底層的運作方式，所以非常快速。Uint8ClampedArray 會做一些額外的型別檢查，所以，如果你儲存了大於 255 或小於 0 的值，它會將之「夾緊（clamps）」為 255 或 0，不會繞回來（這種箝制行為是 HTMLelement 元素的低階 API 所要求的，用以操作像素顏色）。

這每個具型陣列的建構器都有一個 BYTES_PER_ELEMENT（每個元素的位元組數）特性，依據型別，可能帶有 1、2、4 或 8 的值。

11.2.2 創建具型陣列

創建一個具型陣列最簡單的方式是呼叫適當的建構器，並傳入一個數值引數指出你希望陣列中有多少個元素：

```
let bytes = new Uint8Array(1024);    // 1024 位元組
let matrix = new Float64Array(9);    // 一個 3x3 矩陣
```

```
let point = new Int16Array(3);         // 3D 空間中的一個點
let rgba = new Uint8ClampedArray(4);   // 一個 4 位元組的 RGBA 像素值
let sudoku = new Int8Array(81);        // 一個 9x9 的數獨板
```

當你以這種方式創建具型陣列，陣列元素全都保證會被初始化為 0、0n 或 0.0。但如果你知道要在你的具型陣列中放什麼值，你也可以在創建陣列時指定那些值。那每個具型陣列建構器都有靜態的 from() 與 of() 方法，運作起來就像 Array.from() 與 Array.of()：

```
let white = Uint8ClampedArray.of(255, 255, 255, 0);  // RGBA 不透明的白色
```

回想到 Array.from() 工廠方法預期一個類陣列物件或可迭代物件作為它的第一個引數。具型陣列的變體版本也是，只不過那個可迭代物件或類陣列物件也必須有數值元素。舉例來說，字串是可迭代的，但把它們傳入給一個具型陣列的 from() 工廠方法是沒有意義的。

如果你只是要使用單引數版本的 from()，你可以捨棄 .from 並直接把你的可迭代或類陣列物件傳入給建構器函式，行為會完全相同。注意到建構器和 from() 工廠方法都允許你拷貝既存的具型陣列，雖然可能改變其型別：

```
let ints = Uint32Array.from(white);  // 同樣的 4 個數字，但作為整數
```

當你從一個現有的陣列、可迭代物件或類陣列物件創建出一個新的具型陣列，那些值可能被截斷（truncated）以符合你陣列的型別限制。這發生時不會有警告或錯誤產生：

```
// 浮點數被截斷為整數，較長的整數則被截斷為 8 位元
Uint8Array.of(1.23, 2.99, 45000) // => new Uint8Array([1, 2, 200])
```

最後，還有一種方式可以用來建立涉及到 ArrayBuffer 型別的具型陣列。一個 ArrayBuffer 是對一塊記憶體的一個不透明參考（opaque reference）。你能以建構器創建一個，只要傳入你想要配置（allocate）的記憶體位元組數就行了：

```
let buffer = new ArrayBuffer(1024*1024);
buffer.byteLength   // => 1024*1024，1 MB 的記憶體
```

ArrayBuffer 類別並不允許你讀寫你所配置的任何位元組，但你可以使用那個緩衝區（buffer）的記憶體來建立具型陣列，而那樣就能讓你讀寫那塊記憶體。要那麼做，就以一個 ArrayBuffer 作為第一引數呼叫具型陣列的建構器，並以在該陣列緩衝區（array buffer）中的一個位元組偏移量（byte offset）作為第二引數，以及陣列長度（單位是元素個數，而非位元組數）作為第三引數。第二與第三引數是選擇性的。如果你兩者皆省略，那麼陣列會使用那個陣列緩衝區中的所有記憶體。如果你只省略長度引數，那麼你的陣列會使用起始位置到陣列結尾之間的所有可用記憶體。關於這種形式的具型陣列建構器，還有一件事要牢記在心：陣列必定是記憶體對齊（memory aligned）的，所

以如果你指定了一個位元組偏移量，那個值應該要是你型別大小的倍數。舉例來說，Int32Array() 建構器要求四的倍數，而 Float64Array() 要求八的倍數。

給定前面建立的 ArrayBuffer，你可以創建出像這些的具型陣列：

```
let asbytes = new Uint8Array(buffer);        // 視為位元組
let asints = new Int32Array(buffer);         // 視為 32 位元的有號整數
let lastK = new Uint8Array(buffer, 1023*1024); // 最後一個 KB 作為位元組
let ints2 = new Int32Array(buffer, 1024, 256); // 第二個 KB 作為 256 個整數
```

這四種具型陣列提供了四種不同的觀點（views）來看待 ArrayBuffer 所表示的記憶體。要知道的一個重點是，所有的具型陣列都有一個底層的 ArrayBuffer，即使你沒有明確指定一個也是如此。如果你呼叫一個具型陣列建構器的時候沒有傳入一個緩衝區物件，就會有適當大小的一個緩衝區自動被建立出來。如之後會描述的，任何具型陣列的 buffer 特性都指向這個底層的 ArrayBuffer 物件。直接處理 ArrayBuffer 物件的原因可能是有時候你想要對單一個緩衝區有多個具型陣列的觀點。

11.2.3　使用具型陣列

一旦你創建了一個具型陣列，你就能以常規的方括號記法（square-bracket notation）讀寫其元素，就像你會對任何其他的類陣列物件所做的一樣：

```
// 回傳小於 n 的最大質數，使用厄拉托西尼篩法（sieve of Eratosthenes）
function sieve(n) {
    let a = new Uint8Array(n+1);            // 如果 x 是合數（composite），a[x] 就會是 1
    let max = Math.floor(Math.sqrt(n));     // 不要處理比這還要大的因數
    let p = 2;                              // 2 是第一個質數（prime）
    while(p <= max) {                       // 對於小於 max 的質數
        for(let i = 2*p; i <= n; i += p)   // 把 p 的倍數標示為合數
            a[i] = 1;
        while(a[++p]) /* 空的 */;          // 下一個未標示的索引就是質數
    }
    while(a[n]) n--;                        // 往回跑迴圈以找出最大質數
    return n;                              // 並回傳它
}
```

這裡的函式計算小於你所指定的數字的最大質數。這裡的程式碼就跟使用一個普通 JavaScript 陣列時完全相同，但用的是 Uint8Array() 而非 Array()，在我的測試中，這使得此程式碼的執行速度變為四倍多，並使用比原本八分之一還要少的記憶體量。

具型陣列並非真正的陣列，但它們重新實作了大部分的陣列方法，所以使用它們的方式就跟一般陣列很像：

```
let ints = new Int16Array(10);       // 10 個短整數
ints.fill(3).map(x=>x*x).join("")    // => "9999999999"
```

記得具型陣列有固定的長度，所以其 length 特性是唯讀的，而會改變陣列長度的方法
（例如 push()、pop()、unshift()、shift() 與 splice()）並沒有為具型陣列所實作。會更動
陣列內容但不會改變其長度的方法（例如 sort()、reverse() 與 fill()）則有實作。像是
map() 與 slice() 那樣會回傳新陣列的方法會回傳一個具型陣列，其型別跟它們在其上被
呼叫那個相同。

11.2.4　具型陣列的方法與特性

除了標準的陣列方法，具型陣列也實作了幾個它們自己的方法。set() 會藉由拷貝一個普
通或具型陣列的元素到一個具型陣列中來一次設定該具型陣列的多個元素：

```
let bytes = new Uint8Array(1024);    // 一個 1K 的緩衝區
let pattern = new Uint8Array([0,1,2,3]); // 4 個位元組的一個陣列
bytes.set(pattern);        // 把它們拷貝到另一個位元組陣列的開頭
bytes.set(pattern, 4);     // 在不同的偏移量上再次拷貝它們
bytes.set([0,1,2,3], 8);   // 或單純從一個普通陣列直接拷貝值
bytes.slice(0, 12)         // => new Uint8Array([0,1,2,3,0,1,2,3,0,1,2,3])
```

set() 方法接受一個陣列或具型陣列作為它的第一引數，以及一個元素偏移量（element
offset）作為它選擇性的第二引數，若省略預設為 0。如果你是從一個具型陣列拷貝值到
另一個，這種運算很可能會非常快速。

具型陣列也有一個 subarray 方法，它會回傳它在其上被呼叫的那個陣列的一個部分：

```
let ints = new Int16Array([0,1,2,3,4,5,6,7,8,9]);        // 10 個短整數
let last3 = ints.subarray(ints.length-3, ints.length);  // 它們的最後三個
last3[0]      // => 7：這等同於 ints[7]
```

subarray() 接受的引數跟 slice() 方法相同，運作方式看起來也一樣，但有一個重大的差
異。slice() 會在一個新的、獨立的具型陣列中回傳指定的那些元素，而這個陣列並沒有
與原本的陣列共用記憶體。subarray() 並沒有拷貝任何記憶體，它只是為相同的底層值回
傳一個新的 view（觀點）：

```
ints[9] = -1; // 改變原陣列中的一個值 ...
last3[2]      // => -1：而它在子陣列（subarray）中也會改變
```

subarray() 會回傳一個現有陣列的一個新的 view 的事實，把我們帶回到了 ArrayBuffer
的主題。每個具型陣列都有三個特性與底層的緩衝區有關：

```
last3.buffer              // 一個具型陣列的 ArrayBuffer 物件
last3.buffer === ints.buffer // => true：兩者都是相同緩衝區的不同觀點
last3.byteOffset          // => 14：這個 view 從該緩衝區的位元組 14 開始
last3.byteLength          // => 6：這個 view 有 6 個位元組（3 個 16 位元整數）長
last3.buffer.byteLength   // => 20：但底層的緩衝區有 20 個位元組
```

buffer 特性是該陣列的 ArrayBuffer。byteOffset 是該陣列的資料在底層緩衝區中的起始位置。而 byteLength 是陣列的資料長度，單位是位元組。對於任何的具型陣列 a，這個不變式應該永遠為真：

```
a.length * a.BYTES_PER_ELEMENT === a.byteLength  // => true
```

ArrayBuffer 只是隱藏起來的位元組塊。你能以具型陣列存取那些位元組，但一個 ArrayBuffer 本身並非一個具型陣列。然而，要小心：你可以把數值陣列索引用於 ArrayBuffer，就跟任何 JavaScript 物件一樣。這麼做並不會讓你存取到緩衝區中的位元組，但這可能導致令人困惑的臭蟲：

```
let bytes = new Uint8Array(8);
bytes[0] = 1;            // 把第一個位元組設為 1
bytes.buffer[0]         // => undefined：緩衝區沒有索引 0
bytes.buffer[1] = 255;  // 嘗試不正確地設定緩衝區中的一個位元組
bytes.buffer[1]         // => 255：這只會設定一個普通的 JS 特性
bytes[1]                // => 0：上面那行並沒有設定位元組
```

我們之前看到你能以 ArrayBuffer() 建構器建立一個 ArrayBuffer，然後創建出使用那個緩衝區的具型陣列。另一種做法是建立一個初始的具型陣列，然後使用那個陣列的緩衝區來建立其他的 views（觀點）：

```
let bytes = new Uint8Array(1024);          // 1024 位元組
let ints = new Uint32Array(bytes.buffer);  // 或 256 個整數
let floats = new Float64Array(bytes.buffer); // 或 128 個 doubles
```

11.2.5 DataView 和位元組序（Endianness）

具型陣列允許你以 8、16、32 或 64 位元為區塊（chunks）來檢視（view）相同的位元組序列（sequence of bytes）。這就帶出了「位元組序（endianness）」：位元組被安排為較長的字組（words）所用的順序。為了效率，具型陣列使用底層硬體原生的位元組序（native endianness）。在小端序（little-endian）的系統上，一個 ArrayBuffer 中的一個數字之位元組是從最低有效（least significant）位元組到最高有效（most significant）位元組來安排的。在大端序（big-endian）平台上，位元組的安排順序是從最高到最低。你能以像這樣的程式碼來判斷底層平台的位元組序：

```
// 如果整數 0x00000001 在記憶體中的安排方式為 01 00 00 00，
// 那麼我們就是在小端序平台上。在大端序平台上，
// 我們會得到位元組 00 00 00 01。
let littleEndian = new Int8Array(new Int32Array([1]).buffer)[0] === 1;
```

今天，大多數常見的 CPU 架構都是小端序的。然而，許多網路協定，以及某些二進位
檔案格式，要求大端序的位元組順序。如果你所用的具型陣列有來自網路或檔案的資
料，你就沒辦法假設平台的位元組會跟資料的位元組順序相符。一般來說，處理外部
資料時，你可以使用 Int8Array 和 Uint8Array 來把那些資料當成由個別位元組構成的一
個陣列來看，但你不應該使用具有多位元組字組大小（multibyte word sizes）的其他具
型陣列。取而代之，你可以使用 DataView 類別，它定義了方法來讀寫源自一個具有明
確指定的位元組順序的 ArrayBuffer 的值：

```
// 假設我們有二進位資料的位元組所構成的一個具型陣列要處理。
// 首先，我們建立一個 DataView 物件，讓我們可以有彈性地讀寫
// 來自那些位元組的值
let view = new DataView(bytes.buffer,
                        bytes.byteOffset,
                        bytes.byteLength);

let int = view.getInt32(0);      // 從位元組 0 讀取大端序的有號整數
int = view.getInt32(4, false);   // 下一個整數也是大端序
int = view.getUint32(8, true);   // 下一個整數是小端序而且無號的
view.setUint32(8, int, false);   // 以大端序格式寫回
```

DataView 為 10 個具型陣列類別（排除 Uint8ClampedArray）定義了 10 個 get 方法。它
的名稱就像 getInt16()、getUint32()、getBigInt64() 與 getFloat64() 這樣。第一個引數是位
元組偏移量（byte offset），指出在 ArrayBuffer 中該值開始的位置。所有的這些取值器
方法，除了 getInt8() 與 getUint8() 以外，都接受一個選擇性的 boolean 值作為它們的第
二引數。如果第二引數被省略，或為 false，就會使用大端序的位元組順序。如果那第二
引數是 true，就用小端序。

DataView 也定義了 10 個對應的 Set 方法，用以寫入底層的 ArrayBuffer。第一個引數
是該值起始的偏移量。第二個引數是要寫入的值。這些每個方法，除了 setInt8() 與
setUint8() 以外，都接受一個選擇性的第三引數。如果該引數被省略或為 false，該值就
會以最高有效位元組優先的大端序格式寫入。如果該引數為 true，那個值就會以小端序
格式寫入，其中最低有效位元組優先。

具型陣列和 DataView 類別賦予你處理二進位資料所需的所有工具，能讓你寫出會做解
壓縮 ZIP 檔案、或從 JPEG 檔案擷取詮釋資料（metadata）之類工作的 JavaScript 程式。

11.3 以正規表達式進行模式比對

一個正規表達式（*regular expression*）是描述某種文字模式（textual pattern）的一個物件。JavaScript 的 RegExp 類別代表正規表達式，String 和 RegExp 都定義了會使用正規表達式對文字進行強大的模式比對（pattern-matching）和搜尋取代（search-and-replace）功能。然而，為了有效使用 RegExp API，你也必須學習如何使用正規表達式的文法來描述文字的模式，它基本上自成一個迷你的程式語言。幸好，JavaScript 的正規表達式文法相當類似許多其他程式語言所用的文法，所以你可能已經熟悉它了（如果還沒，你投資在學習 JavaScript 正規表達式的努力，很可能也會在其他程式設計情境下發揮用處而有所回報）。

接下來的小節會先描述正規表達式的文法，然後，在說明如何撰寫正規表達式之後，會接著解釋如何把它們與 String 和 RegExp 類別的方法並用。

11.3.1 定義正規表達式

在 JavaScript 中，正規表達式是以 RegExp 物件來表示。當然，RegExp 物件能以 RegExp() 建構器來創建，但它們更常是使用一種特殊的字面值語法（literal syntax）來建立。如同字串字面值是放在引號中的字元，正規表達式字面值是被指定為一對斜線（/）字元中的字元。因此，你的 JavaScript 程式碼可能含有像這樣的程式碼：

```
let pattern = /s$/;
```

這行程式碼會建立一個新的 RegExp 物件，並把它指定給變數 pattern。這一個 RegExp 物件匹配（matches）以字母「s」結尾的任何字串。這個正規表達式也能透過 RegExp() 建構器等效地創建出來，像這樣：

```
let pattern = new RegExp("s$");
```

正規表達式的模式規格（pattern specifications）由一系列的字元所構成。大多數的字元，包括所有的文數字元（alphanumeric characters），單純描述要照字面匹配（matched literally）的字元。因此，正規表達式 /java/ 匹配含有子字串「java」的任何字串。正規表達式中的其他字元並非照字面匹配，而是具有特殊意義。舉例來說，正規表達式 /s$/ 含有兩個字元，第一個字元「s」照字面匹配自己本身。第二個字元「$」是一個特殊的詮釋字元（meta-character），匹配一個字串的結尾。因此，這個正規表達式匹配含有字母「s」作為它最後一個字元的任何字串。

如我們會看到的，正規表達式也可以有一或多個旗標字元（flag characters）影響它們的運作方式。旗標是跟在 RegExp 字面值的第二個斜線字元後指定的，或是作為 RegExp() 建構器的第二個字串引數。舉例來說，如果我們想要匹配以「s」或「S」結尾的字串，可以把 i 旗標用在我們的正規表達式上，來表示我們想要進行不區分大小寫（case-insensitive）的匹配：

```
let pattern = /s$/i;
```

接下來的章節描述會在 JavaScript 正規表達式中使用的各種字元和詮釋字元。

字面值字元（Literal characters）

在正規表達式中的所有字母字元（alphabetic characters）和數字（digits）都是照字面匹配它們自己本身。JavaScript 的正規表達式語法也透過以一個反斜線（\）開頭的轉義序列（escape sequences）支援特定的非字母字元。舉例來說，序列 \n 匹配字串中一個字面上的 newline 字元。表 11-1 列出了那些字元。

表 11-1　正規表達式的字面值字元

字元	匹配
文數字元	自己本身
\0	NUL 字元（\u0000）
\t	Tab（\u0009）
\n	Newline（\u000A）
\v	Vertical tab（\u000B）
\f	Form feed（\u000C）
\r	Carriage return（\u000D）
\x*nn*	十六進位數字 *nn* 所指定的拉丁字元（Latin character）；例如 \x0A 等同於 \n。
\u*xxxx*	十六進位數字 *xxxx* 所指定的 Unicode 字元；例如 \u0009 等同於 \t。
\u{*n*}	編碼位置（codepoint）*n* 所指定的 Unicode 字元，其中 *n* 是一到六個的十六進位數字，介於 0 與 10FFFF。請注意，這個語法只在使用 u 旗標的正規表達式中才有支援。
\c*X*	控制字元 ^*X*；舉例來說，\cJ 等同於 newline 字元 \n。

在正規表達式中，有幾個標點符號字元（punctuation characters）有特殊意義，它們是：

```
^ $ . * + ? | \ / ( ) [ ] { }
```

這些字元的意義會在接下來的章節中討論。其中有些字元只有在一個正規表達式的特定情境之中才有特殊意義，在其他情境中，則被視為字面上的意義。然而，作為一個通則，如果你想要把任何的這些標點符號字元照字面上的意義包含在一個正規表達式中，你必須在它們前面加上一個 \。其他的標點符號字元，例如引號（quotation marks）和 @，則沒有特殊意義，在正規表達式中單純只會照字面匹配它們自己。

如果你無法記起到底哪個標點符號字元必須以一個反斜線轉義，你可以安全地在任何標點符號字元前面放上一個反斜線。另一方面，注意到有許多字母和數字在前面加上一個反斜線時，都有特殊意義，所以你想要照字面匹配的任何字母或數字都不應該前綴一個反斜線來轉義。要在正規表達式中包含一個字面上的反斜線，當然你也得以一個反斜線轉義它。舉例來說，下列正規表達式匹配含有一個反斜線的任何字串：/\\/（而如果你使用 RegExp() 建構器，要記得你正規表達式中的任何反斜線都必須加倍，因為字串也使用反斜線作為一個轉義字元）。

字元類別

個別的字面值字元可被結合為**字元類別**（*character classes*），只要把它們放在方括號（square brackets）中即可。一個字元類別匹配包含在其中的任何一個字元。因此，正規表達式 /[abc]/ 匹配字母 a、b 或 c 中任何一個。也可以定義出否定的字元類別（negated character classes），它們會匹配任何的字元，除了包含在方括號之中的那些以外。一個否定的字元類別的指定方式是在左方括號內放上一個脫字符（caret，^）作為第一個字元。/[^abc]/ 這個 RegExp 匹配 a、b 或 c 以外的任何一個字元。字元類別可以使用一個連字符（hyphen，-）來表示一個範圍的字元。要匹配拉丁字母集（Latin alphabet）的任何一個小寫字元，就用 /[a-z]/，而要匹配拉丁字母集的任何字母或數字，就用 /[a-zAZ0-9]/（而如果你想要在字元類別中包含一個實際的連字符，只要讓它是右方括號之前的最後一個字元即可）。

因為特定的字元類別經常被使用，JavaScript 正規表達式語法包括了特殊字元和轉義序列來表示那些常見的類別。舉例來說，\s 匹配空格字元（space character）、tab 字元，以及任何其他的 Unicode 空白字元（whitespace character）；\S 匹配任何**不是** Unicode 空白的字元。表 11-2 列出了那些字元，並總結了字元類別語法（注意到其中有幾個字元類別轉義序列只匹配 ASCII 字元，而且尚未被擴充能處理 Unicode 字元。然而，你可以明確定義你自己的 Unicode 字元類別，例如 /[\u0400-\u04FF]/ 匹配任何的 Cyrillic 字元）。

表 11-2　正規表達式的字元類別

字元	匹配
[...]	介於方括號之間的任何一個字元。
[^...]	沒有在方括號之間的任何一個字元。
.	除了 newline 或其他 Unicode 行終止符（line terminator）之外的任何字元。或者，如果 RegExp 使用 s 旗標，那麼一個句點（period）就匹配任何的字元，包括行終止符。
\w	任何的 ASCII 字詞字元（word character）。等同於 [a-zA-Z0-9_]。
\W	不是 ASCII 字詞字元的任何字元。等同於 [^a-zA-Z0-9_]。
\s	任何的 Unicode 空白字元（whitespace character）。
\S	不是 Unicode 空白的任何字元。
\d	任何的 ASCII 數字（digit）。等同於 [0-9]。
\D	除了 ASCII 數字外的任何字元。等同於 [^0-9]。
[\b]	一個字面上的 backspace 退格字元（特例）。

注意到特殊字元類別的轉義可用在方括號中。\s 匹配任何的空白字元，而 \d 匹配任何的數字，所以 /[\s\d]/ 匹配任何一個空白字元或數字。要留意有一個特例。如你之後會看到的，\b 轉義有某種特殊意義。然而，用在一個字元類別中的時候，它代表退格字元（backspace character）。因此，要在正規表達式中表達一個字面上的 backspace 字元，就用只帶有一個元素的字元類別：/[\b]/。

Unicode 的字元類別

在 ES2018 中，如果一個正規表達式使用 u 旗標，就會支援字元類別 \p{...} 和它的否定 \P{...}（在 2020 年初期，這已經被 Node、Chrome、Edge 與 Safari 所實作，但 Firefox 還沒）。這些字元類別依據的是 Unicode 標準所定義的特性，而它們所代表的字元集合可能隨著 Unicode 演進而改變。

\d 字元類別只匹配 ASCII 數字（digits）。如果你想要匹配源自世界上任何書寫系統的一個十進位數字（decimal digit），你可以使用 /\p{Decimal_Number}/u。

而如果你想要匹配在任何語言中都**不是**一個十進位數字的任何一個字元，你可以大寫 p，寫成 \P{Decimal_Number}。如果你希望匹配任何類數字（number-like）的字元，包括分數（fractions）和羅馬數字（roman numerals），你可以使用 \p{Number}。注意到「Decimal_Number」和「Number」並非限定於 JavaScript 或正規表達式文法：它們是 Unicode 標準所定義的字元種類（category of characters）的名稱。

\w 字元類別只適用於 ASCII 文字，但藉由 \p 我們可以近似出一個國際化的版本，像這樣：

```
/[\p{Alphabetic}\p{Decimal_Number}\p{Mark}]/u
```

（不過若要與世界上語言的複雜度完全相容，我們實際上還得加進「Connector_Punctuation」與「Join_Control」這些種類。）

作為一個例子，\p 語法也允許我們定義正規表達式來匹配源自某個特定字母集（alphabet），或書寫系統（script）的字元：

```
let greekLetter = /\p{Script=Greek}/u;
let cyrillicLetter = /\p{Script=Cyrillic}/u;
```

重複（repetition）

在你目前為止學過的正規表達式語法中，你可以把一個兩位數（two-digit）的數字描述為 /\d\d/ 而四位數的數字則為 /\d\d\d\d/。但你沒有辦法描述，舉例來說，可能有任意位數的一個數字（number），或有三個字母後面再跟著一個選擇性數字（digit）的一個字串。這些更為複雜的模式得使用指定正規表達式的一個元素可能重複多少次的正規表達式語法。

指定重複的字元一定是跟在套用它們的模式之後。因為特定類型的重複相當常用，有特殊的字元用以表達那些情況。舉例來說，+ 匹配它前面的模式出現一或更多次。

表 11-3 總結了這個重複語法。

表 11-3　正規表達式重複字元

字元	意義
{n,m}	匹配前面的項目至少 n 次，但不多於 m 次。
{n,}	匹配前面的項目 n 或更多次。
{n}	匹配前面的項目剛好出現 n 次。
?	匹配前面的項目出現零或一次。也就是說，前面的項目是選擇性（optional）的。等同於 {0,1}。
+	匹配前面的項目出現一或更多次。等同於 {1,}。
*	匹配前面的項目出現零或更多次。等同於 {0,}。

下列幾行展示一些例子：

```
let r = /\d{2,4}/; // 匹配兩位數到四位數
r = /\w{3}\d?/;    // 匹配剛好三個的字詞字元以及一個選擇性的數字（digit）
r = /\s+java\s+/;  // 匹配前後有一或多個空格的 "java"
r = /[^(]*/;       // 匹配不是左括弧（open parens）的零或多個字元
```

注意到在所有的這些範例中，重複指定符（repetition specifiers）都是套用到它們之前的單一個字元或字元類別。如果你想要匹配更複雜的表達式之重複，你會需要以括弧（parentheses）定義一個群組（group），這會在接下來的章節中解說。

使用 * 與 ? 重複字元時，要特別小心。既然這些字元可以匹配它們前面任何東西的零次出現，它就能匹配「什麼都沒有（nothing）」。舉例來說，正規表達式 /a*/ 其實會匹配字串 "bbbb"，因為該字串含有字母 a 的零次出現（zero occurrences）。

非貪進式（Non-greedy）重複

列於表 11-3 中的重複字元會盡可能的匹配多次，只要正規表達式後續任何部分能夠繼續匹配的話。我們說這種重複是「貪進（greedy）」的。我們也可以指出重複應該以非貪進（non-greedy）的方式進行。只要在重複的那個字元或那些字元後面加上一個問號就行了：??、+?、*? 或甚至 {1,5}?。舉例來說，正規表達式 /a+/ 匹配字母 a 的一或多次出現。套用到字串 "aaa" 時，它會匹配全部的三個字母。但 /a+?/ 匹配字母 a 的一或多次出現時，會匹配盡可能少的必要字元。套用到上面相同的字串時，這個模式只會匹配第一個字母 a。

使用非貪進式重複可能不一定會產生你所預期的結果。考慮 /a+b 這個模式，它會匹配一或多個 a，後面接著字母 b。套用到字串 "aaab" 的時候，它會匹配整個字串。現在讓我們使用非貪進的版本：/a+?b/。這應該匹配字母 b 前面接著盡可能少的 a。套用到相同字串 "aaab" 時，你可能會預期它只匹配一個 a 和最後的字母 b。然而，事實上這個模式會匹配整個字串，就像該模式的貪進版本一樣。這是因為正規表達式的模式匹配進行的方式是找尋字串中可能會有匹配的第一個位置。既然從該字串的第一個字元開始就可能會有一個匹配，始於後續字元的較短匹配甚至永遠不會被納入考量。

選項、群組與參考

正規表達式文法包括特殊的字元來指定選項（alternatives，或稱「擇一匹配」）、子表達式的歸組（grouping subexpressions），以及參考至（referring to）前面的子表達式。| 字元區隔替代選項（alternatives）。舉例來說，/ab|cd|ef/ 匹配字串「ab」或字串「cd」或字串「ef」。而 /\d{3}|[a-z]{4}/ 匹配三位數或四個小寫的字母。

注意到選項被考量的順序是從左到右，直到找到一個匹配為止。如果左邊的選項匹配了，那右邊的選項就會被忽略，即使它會產生一個「更好」的匹配也一樣。因此，當模式 /a|ab/ 被套用到字串「ab」，它只會匹配那第一個字母。

括弧（parentheses）在正規表達式中有數個用途。其中之一是將把不同的項目歸組（group）為單一個子表達式，讓那些項目可被 |、*、+、? 等視為一個單元。舉例來說，/java(script)?/ 匹配「java」後面跟著選擇性的「script」。而 /(ab|cd)+|ef/ 匹配字串「ef」，或是字串「ab」或「cd」中任一個的一或多次重複。

正規表達式中括弧的另一種用途是在完整的模式中定義子模式（subpatterns）。當一個正規表達式成功匹配了一個目標字串，我們能夠從那個目標字串擷取出與任何帶括弧的子模式匹配的部分（你會在本節後面看到如何獲得這些匹配的子字串）。舉例來說，假設你正在尋找一或多個小寫字母後面接著一或多個數字（digits）。你可能會使用模式 /[a-z]+\d+/。但假設實際上你只關心在每個匹配結尾的那些數字。如果你把模式的那個部分放在括弧裡 (/[a-z]+(\d+)/)，你就能從所找到的任何匹配擷取出那些數字，如之後會解說的。

帶括弧的子表達式（parenthesized subexpressions）的一個相關用途是允許你在同一個正規表達式的後面參考回前面的一個子表達式。這是藉由在一個 \ 字元後面接上一個數字（digit）或多個數字來達成。那些數字參考至正規表達式中帶括弧子表達式的位置。舉例來說，\1 參考回第一個子表達式，而 \3 參考回第三個。要注意的是，因為子表達式可能內嵌（nested）在其他表達式中，所計算的會是左括弧（left parenthesis）的位置。舉例來說，在下列的正規表達式中，內嵌的子表達式 ([Ss]cript) 是以 \2 來參考的：

/([Jj]ava([Ss]cript)?)\sis\s(fun\w*)/

在一個正規表達式中，對前面的一個子表達式的參考，並**不是**參考至那個子表達式的模式，而是匹配該模式的文字。因此，參考可被用來施加限制，要求一個字串的不同部分必須含有完全相同的字元。舉例來說，下列的正規表達式匹配單或雙引號中的零或多個字元。然而，它並沒有要求左引號和右引號必須相符（即都是單引號或都是雙引號）：

/['"][^'"]*['"]/

要限制那些引號必須相符，就使用一個參考：

/(['"])[^'"]*\1/

那個 \1 匹配第一個帶括弧的子表達式所匹配的任何東西。在這個例子中，它所施加的限制是，右引號要與左引號相符。這個正規表達式並不允許雙引號字串中有單引號，反過來也是（在一個字元類別中使用參考是不合法的，所以你不能寫：/(['"])[^\1]*\1/）。

我們後面涵蓋到 RegExp API 時，你會看到對帶括弧的子表達式的這種參考，是正規表達式搜尋與取代（search-and-replace）運算的一個強大功能。

你也可以在一個正規表達式中將項目歸組，但不建立對那些項目的編號參考。在這種情況中，你不只是把項目放在 (和) 之間來歸組，而是以 (?: 起始該群組並以) 結束它。考慮下列模式：

/([Jj]ava(?:[Ss]cript)?)\sis\s(fun\w*)/

在這個例子中，子表達式 (?:[Ss]cript) 單純用於歸組（grouping），所以 ? 重複字元能夠套用到該群組（group）。這些修改過的括弧並不會產生一個參考，所以在這個正規表達式中，\2 參考至 (fun\w*) 所匹配的文字。

表 11-4 總結了正規表達式的選項、群組和參考運算子。

表 11-4　正規表達式的選項、群組和參考字元

字元	意義
|	選項：匹配左邊的子表達式或右邊的子表達式。
(...)	群組：將項目歸組為能與 *、+、?、| 等並用的一個單元。並記住匹配此群組的那些字元，以供後續參考使用。

字元	意義
(?:...)	僅歸組：把項目歸組為一個單元，但不記住匹配此群組的那些字元。
\n	匹配群組編號 n 初次匹配時，所匹配到的那些相同字元。群組是放在括弧內的子表達式（可能內嵌）。群組編號的指定方式是從左到右計數左括弧。以 (?: 構成的群組並沒有加以編號。

具名的捕捉群組

ES2018 標準化了一種新功能，可以使正規表達式更能自我說明，並更容易理解。這種新功能稱作「具名捕捉群組（named capture groups）」，而它能讓一個正規表達式中的每個左括弧都關聯到一個名稱，如此我們就能以名稱參考到匹配的文字，而非藉由編號。同等重要的是：使用名稱能讓閱讀程式碼的人更容易了解正規表達式的那個部分是什麼用途。在 2020 年初期，這項功能已由 Node、Chrome、Edge 與 Safari 實作，但 Firefox 尚未實作。

要命名一個群組，就使用 (?<...> 來取代 (，並把那個名稱放在角括號（angle brackets）之間。舉例來說，這裡有一個正規表達式可用來檢查美國郵寄地址最後一行的格式：

```
/(?<city>\w+) (?<state>[A-Z]{2}) (?<zipcode>\d{5})(?<zip9>-\d{4})?/
```

注意到那些群組名稱提供了多少上下文脈絡來使這個正規表達式更容易了解。在 §11.3.2 中，當我們討論 String 的 replace() 與 match() 方法以及 RegExp 的 exec() 方法時，你會看到 RegExp API 如何能讓你藉由名稱而非位置來參考這每個群組所匹配的文字。

如果你想要在一個正規表達式中往回參考某個具名的捕捉群組，你也能藉由名稱那麼做。在前面的例子中，我們使用一個正規表達式的「回溯參考（backreference）」寫出的一個 RegExp 能夠匹配其中左右引號必須相符的單或雙引號字串。我們可以使用一個具名捕捉群組和一個具名的回溯參考來改寫這個 RegExp，像這樣：

```
/(?<quote>['"])[^'"]*\k<quote>/
```

\k<quote> 是一個具名的回溯參考，指向捕捉左引號的那個具名群組。

指定匹配位置

如前面描述過的，一個正規表達式中有許多元素會匹配一個字串中的單一字元。舉例來說，\s 匹配單一個空白字元。其他的正規表達式元素匹配字元間的位置（positions）而非實際的字元。例如 \b 匹配一個 ASCII 字詞邊界（word boundary），也就是一個 \w（ASCII 字詞字元）和一個 \W（非字詞字元）之間的邊界，或是一個 ASCII 字詞字元和一個字串的開頭或結尾之間的邊界 [4]。然而，像 \b 這樣的元素並沒有指定要用在一個匹配的字串（matched string）中的任何字元，而是在其上能夠發生一個匹配的合法位置。這些元素有時被稱為 **正規表達式的定錨點**（*regular expression anchors*），因為它們將該模式錨定（anchor）在搜尋字串中的一個特定位置。最常用到的定錨元素為 ^，它會把模式綁定到字串的開頭，還有 $，它會把模式錨定到字串的結尾。

舉例來說，要匹配自成一行的字詞「JavaScript」，你可以使用正規表達式 /^JavaScript$/。如果你想要搜尋作為一個字詞的「Java」本身（而非作為一個前綴，像在「JavaScript」中那樣），你可以嘗試 /\sJava\s/ 這個模式，它要求該字詞前後有一個空格。但這種解法有兩個問題存在。首先，它並沒有匹配位在一個字串開頭或結尾的「Java」，而只有出現時兩邊都有空格才會匹配。其次，當這個模式確實找到一個匹配處，它所回傳的匹配字串會有前導及尾隨的空格，那不完全是我們所要的。所以不以 \s 匹配實際的空格字元，而是以 \b 匹配（或錨定至）字詞邊界。所產生的表達式是 /\bJava\b/。元素 \B 將匹配錨定至不是字詞邊界的一個位置。因此，模式 /\B[Ss]cript/ 匹配「JavaScript」和「postscript」，但不匹配「script」或「Scripting」。

你也能夠使用任意的正規表達式作為定錨條件（anchor conditions）。如果你在 (?= 和) 字元之間包含一個表達式，它就是一個預看斷言（lookahead assertion），而它指出所包圍的那些字元必須匹配，但不實際匹配它們。舉例來說，要匹配一個常見的程式語言之名稱，但只在它後面跟著一個冒號（colon）時匹配，你可以用 /[Jj]ava([Ss]cript)?(?=\:)/。這個模式匹配「JavaScript: The Definitive Guide」中的字詞「JavaScript」，但不匹配「Java in a Nutshell」中的「Java」，因為它後面沒有跟著一個冒號。

如果你改為以 (?! 引入一個斷言，它就會是一個負向預看斷言（negative lookahead assertion），它指出接下來的字元必定不能匹配。舉例來說，/Java(?!Script)([A-Z]\w*)/ 匹配「Java」後面跟著一個大寫字母，以及任意數目的額外 ASCII 字詞字元，只要「Java」後面沒有跟著「script」就可以。它匹配「JavaBeans」但不匹配「Javanese」，而它匹配「JavaScrip」，但不匹配「JavaScript」或「JavaScripter」。表 11-5 總結了正規表達式的定錨點。

4　除了在一個字元類別（方括號）中，其中 \b 匹配退格字元（backspace character）。

表 11-5　正規表達式的定錨字元

字元	意義
^	匹配字串的開頭，若有使用 m 旗標，則匹配一行的開頭。
$	匹配字串的結尾，若有使用 m 旗標。則匹配一行的結尾。
\b	匹配一個字詞邊界。也就是說，匹配介於一個 \w 字元和一個 \W 字元之間，或介於一個 \w 字元和一個字串開頭或結尾之間的位置（然而，請注意 [\b] 匹配退格）。
\B	匹配不是字詞邊界的一個位置。
(?=p)	一個正向預看斷言。要求接下來的字元匹配模式 p，但不把那些字元包括在匹配中。
(?!p)	一個負向預看斷言。要求接下來的字元不能匹配模式 p。

回顧斷言（Lookbehind Assertions）

ES2018 擴充了正規表達式語法，允許所謂的「回顧（lookbehind）」斷言。它們就像預看斷言，但會參考目前匹配位置之前的文字。在 2020 年初期，它們已在 Node、Chrome 與 Edge 中實作，但 Firefox 和 Safari 尚未實作。

以 (?<=...) 指定一個正向回顧斷言（positive lookbehind assertion），並以 (?<!...) 指定一個負向回顧斷言（negative lookbehind assertion）。舉例來說，如果你正在處理美國的郵寄地址，你可以匹配一個 5 位數的郵遞區號（zip code），但只在它跟在雙字母的州名縮寫之後時才匹配，像這樣：

```
/(?<= [A-Z]{2} )\d{5}/
```

而你能以一個負向回顧斷言匹配前面沒有接著一個 Unicode 貨幣符號（currency symbol）的一個數字字串（string of digits），像這樣：

```
/(?<![\p{Currency_Symbol}\d.])\d+(\.\d+)?/u
```

旗標

每個正規表達式都可以有一個或更多個與之關聯的旗標（flags）來更動它的比對行為。JavaScript 定義了六個可能的旗標，每個都以單一個字母表示。旗標是指定在一個正規表達式字面值的第二個 / 字元之後，或是作為一個字串傳入給 RegExp() 建構器當作第二個引數。所支援的旗標及它們的意義是：

g

g 旗標指出那個正規表達式是「全域（global）」的，也就是說，我們想要用它來找出一個字串中的所有匹配，而非只是找出第一個匹配。這個旗標並不會改變模式比對的進行方式，但如我們會在後面看到的，它會在重要的面向上改變 String 的 match() 方法和 RegExp 的 exec() 方法之行為。

i

i 旗標指出模式比對應該不區分大小寫。

m

m 旗標指出比對應該以「多行（multiline）」模式進行。它說這個 RegExp 將被用於多行的字串，而 ^ 和 $ 定錨點應該同時匹配字串的開頭與結尾以及字串中個別文字行的開頭與結尾。

s

就像 m 旗標，s 旗標也會在處理包含 newline 的文字時派上用場。一般來說，正規表達式中的一個 . 匹配行終止符（line terminator）以外的任何字元。然而，有使用 s 旗標的時候，模式 . 會匹配任何的字元，包括行終止符。s 旗標是在 ES2018 加到 JavaScript 中的，而在 2020 年初期，在 Node、Chrome、Edge 與 Safari 中都有支援，但 Firefox 還沒有。

u

u 旗標代表 Unicode，它使正規表達式匹配完整的 Unicode 編碼位置（codepoints）而非只匹配 16 位元值。這個旗標是在 ES6 中引進的，而你應該養成習慣在所有的正規表達式上使用它，除非你有不那麼做的理由。若你沒有使用此旗標，那你的 RegExp 將無法順利用於包含表情符號（emoji）和需要超過 16 位元的其他字元（包括許多中文字元）的文字。若沒有 u 旗標，模式 . 字元會匹配任何 1 個 UTF-16 的 16 位元值，然而使用此旗標時，它會匹配一個 Unicode 編碼位置，包括那些超過 16 位元的。在一個 RegExp 上設定 u 旗標也能讓你為 Unicode 字元使用新的 \u{...} 轉義序列，並也允許 Unicode 字元類別的 \p{...} 記號。

y

> y 旗標指出那個正規表達式是「sticky（緊黏）」的，應該在一個字串的開頭，或緊接在前一個匹配的第一個字元處匹配。與設計來找出單一個匹配的正規表達式並用時，它在效果上等同於把那個正規表達式視為以 ^ 開頭來將之錨定至字串的開頭。這個旗標用在會重複找出一個字串中所有匹配的正規表達式上會比較有用。在那種情況中，它會觸發 String 的 match() 方法和 RegExp 的 exec() 方法的特殊行為，迫使每個後續的匹配都被錨定到前一個匹配結束的字串位置。

這些旗標能以任何組合或順序來指定。舉例來說，如果你希望你的正規表達式能察覺 Unicode 並進行不區分大小寫的比對，而且你想用它在一個字串中尋找多個匹配，你就會指定旗標 uig、gui 或那三個字母的其他任何排列。

11.3.2　用於模式比對的字串方法

到目前為止，我們已經描述過用來定義正規表達式的文法了，但還沒解釋那些正規表達式如何被實際用在 JavaScript 程式碼中。我們現在開始涵蓋使用 RegExp 物件的 API。本節首先會介紹使用正規表達式來進行模式比對和搜尋與取代運算的字串方法。在這之後的章節會接著介紹 RegExp 物件和它的方法與特性，以繼續透過 JavaScript 正規表達式進行模式比對的討論。

search()

字串支援四個用到正規表達式的方法。最簡單的一個是 search()。這個方法接受一個正規表達式引數，並回傳第一個匹配的子字串起始的字元位置，或在沒有匹配時回傳 -1：

```
"JavaScript".search(/script/ui)  // => 4
"Python".search(/script/ui)      // => -1
```

如果 search() 的引數不是一個正規表達式，它會先將之傳入給 RegExp 建構器進行轉換。search() 不支援全域搜尋，它會忽略它正規表達式引數的 g 旗標。

replace()

replace() 方法進行一種搜尋與取代（search-and-replace）的運算。它接受一個正規表達式作為它的第一個引數，以及一個替換字串（replacement string）作為第二引數。它會搜尋它在其上被呼叫的那個字串，找出與指定模式的匹配。如果那個正規表達式設有 g 旗標，replace() 方法就會以那個替換字串取代字串中的所有匹配；否則，它只會取代

所找到的第一個匹配。如果 replace() 的第一個引數是一個字串而非一個正規表達式，此方法就會照字面搜尋那個字串，而非藉由 RegExp() 建構器把它轉換為正規表達式，跟 search() 所做的不同。作為一個範例，像下面那樣使用 replace() 來為一段文字中所有的字詞 "JavaScript" 提供統一的大小寫：

```
// 不管它的大小寫方式為何，以正確的大小寫取代之
text.replace(/javascript/gi, "JavaScript");
```

然而，replace() 比這還要強大。回想到一個正規表達式帶括弧的子表達式是從左到右編號的，而該正規表達式會記得那每個子表達式所匹配的文字。如果一個 $ 後面跟著一個數字（digit）出現在替換字串中，replace() 會以匹配所指定的子表達式的文字取代那兩個字元。這是一種非常有用的功能。舉例來說，你可以用它來把一個字串中的引號取代為其他字元：

```
// 一段引言（quote）是一個引號，後面接著
// 任意數目的非引號字元（這是我們會捕捉的），
// 再接著另一個引號。
let quote = /"([^"]*)"/g;
// 把直的引號取代為書名號（guillemets）
// 被引用的文字（儲存在 $1 中）則不變。
'He said "stop"'.replace(quote, '«$1»')  // => 'He said «stop»'
```

如果你的 RegExp 用到具名的捕捉群組（named capture groups），那你就能以名稱參考匹配的文字，而非藉由數字：

```
let quote = /"(?<quotedText>[^"]*)"/g;
'He said "stop"'.replace(quote, '«$<quotedText>»')  // => 'He said «stop»'
```

除了傳入一個替換字串作為 replace() 的第二引數，你也可以傳入一個函式，它會被調用來計算出替換用的直。這個替換函式（replacement function）會以數個引數調用。首先是整個匹配的文字。接著，如果那個 RegExp 有捕捉群組，那些群組所捕捉的子字串就會傳入作為引數。下一個引數是在該字串中找到那個匹配的位置。在那之後，replace() 在其上被呼叫的整個字串會被傳入。而最後，如果那個 RegExp 含有任何的具名捕捉群組，那麼替換函式的最後一個引數就會是一個物件，其特性名稱符合捕捉群組的名稱，而特性值是匹配的文字。作為一個例子，這裡的程式碼使用一個替換函式來將一個字串中的十進位整數轉換為了十六進位：

```
let s = "15 times 15 is 225";
s.replace(/\d+/gu, n => parseInt(n).toString(16))  // => "f times f is e1"
```

match()

match() 方法是最一般化的 String 正規表達式方法。它接受一個正規表達式作為它唯一的引數（或藉由傳入給 RegExp 建構器來把它的引數轉為一個正規表達式），並回傳一個陣列，其中含有匹配的結果，或在沒找到匹配時，回傳 null。如果正規表達式設有 g 旗標，這個方法所回傳的陣列會包含在字串中出現的所有匹配。舉例來說：

```
"7 plus 8 equals 15".match(/\d+/g)  // => ["7", "8", "15"]
```

如果正規表達式並沒有設定 g 旗標，match() 就不會做全域的搜尋，它只會搜尋第一個匹配。在這種非全域的情況下，match() 仍然會回傳一個陣列，但陣列元素完全不同。沒有 g 旗標的時候，所回傳的陣列的第一個元素是匹配的字串，而任何剩餘的元素都是匹配該正規表達式帶括弧捕捉群組的子字串。因此，如果 match() 回傳一個陣列 a，a[0] 含有完整的匹配，a[1] 含有匹配第一個帶括弧表達式的子字串，依此類推。與 replace() 方法做類比，a[1] 跟 $1 會是相同的字串，a[2] 與 $2 是相同的字串，依此類推。

舉例來說，考慮以下列程式碼剖析一個 URL [5] 的情況：

```
// 一個非常簡單的 URL 剖析用 RegExp
let url = /(\w+):\/\/([\w.]+)\/(\S*)/;
let text = "Visit my blog at http://www.example.com/~david";
let match = text.match(url);
let fullurl, protocol, host, path;
if (match !== null) {
    fullurl = match[0];    // fullurl == "http://www.example.com/~david"
    protocol = match[1];   // protocol == "http"
    host = match[2];       // host == "www.example.com"
    path = match[3];       // path == "~david"
}
```

在這個非全域的情況中，match() 所回傳的陣列除了帶有編號的陣列元素，也會有一些物件特性。input 特性參考至 match() 在其上被呼叫的那個字串。index 特性則是在那個字串中該匹配起始的位置。而如果正規表達式含有具名的捕捉群組，那麼所回傳的陣列也會有一個 groups 特性，其值是一個物件。這個物件的特性名稱與具名群組的名稱相符，而其特性值是匹配的文字。舉例來說，我們可以像這樣改寫前面的 URL 剖析範例：

```
let url = /(?<protocol>\w+):\/\/(?<host>[\w.]+)\/(?<path>\S*)/;
let text = "Visit my blog at http://www.example.com/~david";
let match = text.match(url);
match[0]                // => "http://www.example.com/~david"
match.input             // => text
```

5　以正規表達式剖析 URL 並不是一個好主意。更可靠的 URL 剖析器（parser）請參閱 §11.9。

```
match.index              // => 17
match.groups.protocol    // => "http"
match.groups.host        // => "www.example.com"
match.groups.path        // => "~david"
```

我們已經看到 match() 會依據 RegExp 是否設定 g 旗標而有相當不同的行為。設定有 y 旗標時，也會有重要但沒那麼顯著的差異。回想到 y 旗標會讓一個正規表達式變得「sticky（緊黏）」，因為它會限制匹配必須始於字串中的哪些地方。如果一個 RegExp 設有 g 和 y 兩個旗標，那麼 match() 會回傳由匹配的字串所組成的一個陣列，就跟設有 g 但沒設定 y 的時候一樣。但第一個匹配必須始於字串的開頭，而後續的每個匹配都必須始於緊接在前一個匹配之後的字元。

若設了 y 旗標但沒設定 g，那麼 match() 就會試著找出單一個匹配，而且預設情況下，這個匹配被侷限於字串的開頭。然而，你可以把 RegExp 物件的 lastIndex 特性設為你想要在其上開始匹配的索引，藉此變更預設的匹配起始位置。若有找到一個匹配，那這個 lastIndex 就會自動更新為該匹配之後的第一個字元，所以如果你再次呼叫 match()，在這種情況下，它會尋找一個後續的匹配（lastIndex 看起來似乎是一個很怪的名稱，因為該特性指定的是下個匹配要開始位置。我們會在涵蓋 RegExp 的 exec() 方法時再次見到它，而其名稱在那種情境下會比較合理）。

```
let vowel = /[aeiou]/y;   // 緊黏的母音匹配
"test".match(vowel)       // => null："test" 並非以一個母音開頭
vowel.lastIndex = 1;      // 指定一個不同的匹配位置
"test".match(vowel)[0]    // => "e"：我們在位置 1 找到了一個母音
vowel.lastIndex           // => 2：lastIndex 自動更新了
"test".match(vowel)       // => null：位置 2 沒有母音
vowel.lastIndex           // => 0：lastIndex 在失敗的匹配之後被重置了
```

值得注意的是，傳入一個非全域的正規表達式給一個字串的 match() 方法等同於該字串傳入那個正規表達式的 exec() 方法：在這兩種情況下，所回傳的陣列及其特性都相同。

matchAll()

matchAll() 方法是在 ES2020 定義的，而在 2020 年初期，已經由現代的 Web 瀏覽器和 Node 所實作了。matchAll() 預期設有 g 旗標的一個 RegExp。然而，它不是像 match() 那樣回傳匹配的子字串所構成的一個陣列，它回傳一個迭代器（iterator），這個迭代器會產出物件，就是 match() 與一個非全域 RegExp 並用時會回傳的那種匹配物件。這使得 matchAll() 成為以迴圈跑過一個字串中所有匹配最簡單也最通用的一種方式。

你可能會使用 matchAll() 來以迴圈跑過一個文字字串中的字詞，像這樣：

```
// 介於字詞邊界之間的一或多個 Unicode 字母字元（alphabetic characters）
const words = /\b\p{Alphabetic}+\b/gu; // \p 在 Firefox 中尚未支援
const text = "This is a naïve test of the matchAll() method.";
for(let word of text.matchAll(words)) {
    console.log(`Found '${word[0]}' at index ${word.index}.`);
}
```

你可以設定一個 RegExp 物件的 lastIndex 特性來告知 matchAll() 要從字串中的哪個索引開始匹配。然而，不同於其他的模式比對方法，matchAll() 永遠都不會修改你在其上呼叫它的那個 RegExp 的 lastIndex 特性，而這讓它比較不可能在你的程式碼中導致臭蟲。

split()

String 物件的最後一個正規表達式方法是 split()。這個方法會把它在其上被呼叫的那個字串拆成子字串組成的一個陣列，使用引數作為分隔符。它能像這樣以一個字串引數來使用：

```
"123,456,789".split(",")            // => ["123", "456", "789"]
```

split() 也能接受一個正規表達式作為它的引數，而這就能讓你指定更一般化的分隔符。這裡我們用以呼叫它的分隔符在其任一邊都可包含任意數量的空白：

```
"1, 2, 3,\n4, 5".split(/\s*,\s*/)  // => ["1", "2", "3", "4", "5"]
```

令人意外的是，如果你以一個 RegExp 定界符（delimiter）來呼叫 split()，而那個正規表達式含有捕捉群組，那麼匹配那些捕捉群組的文字將會被包含在所回傳的陣列中。舉例來說：

```
const htmlTag = /<([^>]+)>/;  // < 後面跟著一或多個非 >，再跟著 >
"Testing<br/>1,2,3".split(htmlTag)  // => ["Testing", "br/", "1,2,3"]
```

11.3.3 RegExp 類別

本節記載 RegExp() 建構器、RegExp 實體的特性，以及由 RegExp 類別所定義的兩個重要的模式比對方法。

RegExp() 建構器接受一或兩個字串引數，並創建一個新的 RegExp 物件。這個建構器的第一個引數是一個字串，它包含正規表達式的主體，也就是會出現在一個正規表達式字面值的斜線之間的那些文字。注意到字串字面值和正規表達式都把 \ 字元用於轉義序列（escape sequences），所以當你傳入一個正規表達式給 RegExp() 作為一個字串字面值

（string literal），你必須把每個 \ 字元都取代為 \\。RegExp() 的第二個引數是選擇性的，若有提供，它代表該正規表達式的旗標。它應該是 g、i、m、s、u、y 或這些字母的任何組合。

舉例來說：

```
// 找出一個字串中的所有五位數。注意到這裡加倍的 \\。
let zipcode = new RegExp("\\d{5}", "g");
```

RegExp() 建構器適合用在一個正規表達式必須動態建構，而無法以正規表達式字面值來表達之時。舉例來說，要搜尋使用者所輸入的一個字串，正規表達式就必須在執行期（runtime）以 RegExp() 創建。

除了傳入一個字串作為 RegExp() 的第一個引數，你也可以傳入一個 RegExp 物件。這能讓你拷貝一個正規表達式並改變它的旗標：

```
let exactMatch = /JavaScript/;
let caseInsensitive = new RegExp(exactMatch, "i");
```

RegExp 的特性

RegExp 物件有下列特性：

source

這個唯讀特性是該正規表達式的來源文字（source text）：在一個 RegExp 字面值中，出現在斜線之間的那些字元。

flags

這個唯讀特性是一個字串，指出代表那個 RegExp 之旗標的字母集合。

global

一個唯讀的 boolean 特性，會在 g 旗標有設定時為 true。

ignoreCase

一個唯讀的 boolean 特性，會在 i 旗標有設定時為 true。

multiline

一個唯讀的 boolean 特性，會在 m 旗標有設定時為 true。

dotAll

一個唯讀的 boolean 特性，會在 s 旗標有設定時為 true。

unicode

一個唯讀的 boolean 特性，會在 u 旗標有設定時為 true。

sticky

一個唯讀的 boolean 特性，會在 y 旗標有設定時為 true。

lastIndex

這個特性是一個可讀寫的整數。對於具有 g 或 y 的旗標，它指出要開始搜尋的下一個字元位置。它被 exec() 與 test() 方法所用，它們會在接下來的兩小節中描述。

test()

RegExp 類別的 test() 方法是使用一個正規表達式最簡單的方式。它接受單一個字串引數，並在該字串匹配那個模式時回傳 true，或在不匹配時回傳 false。

test() 運作的方式單純就是呼叫會在下一節描述（更複雜許多）的 exec() 方法，並在 exec() 回傳一個非 null 值的時候回傳 true。因此，如果你把 test() 用在具有 g 或 y 旗標的一個 RegExp 上，那麼它的行為就會取決於那個 RegExp 物件的 lastIndex 特性，而那可能意外改變。更多細節請參閱後面的「lastIndex 特性和 RegExp 的重複使用」。

exec()

RegExp 的 exec() 方法是使用正規表達式最一般化且強大的方式。它接受單一個字串引數，並在那個字串中尋找一個匹配。若沒找到匹配，它會回傳 null。然而，若有找到一個匹配，它會回傳一個陣列，就像 match() 方法為非全域搜尋所回傳的那種陣列。該陣列的元素 0 含有匹配該正規表達式的字串，而任何後續的陣列元素則含有匹配任何捕捉群組的子字串。所回傳的陣列也有具名特性：index 特性含有發生匹配的字元位置，而 input 特性指出被搜尋的字串，以及 groups 特性，若有定義，就參考至一個物件，其中存放匹配任何具名捕捉群組的子字串。

不同於 String 的 match() 方法，exec() 不管正規表達式是否有全域的 g 旗標，都會回傳同一種的陣列。回想到 match() 接收到一個全域的正規表達式時，會回傳所有匹配所構成的一個陣列。相較之下，exec() 永遠都會回傳單一個匹配，並提供關於那個匹配的完整資訊。當 exec() 在設有全域 g 旗標或緊黏 y 旗標的一個正規表達式上被呼叫時，它會諮詢那個 RegExp 物件的 lastIndex 特性來判斷要從哪裡開始尋找一個匹配（而若設有 y 旗標，它也會限制該匹配必須從那個位置開始）。對於一個新創建的 RegExp 物件，lastIndex 會是 0，而搜尋就從字串的開頭開始。但每次 exec() 成功找到一個匹配時，它就會更新 lastIndex 為緊接在剛才匹配的文字之後的那個字元的索引。如果 exec() 沒有找到匹配，它就會把 lastIndex 重置為 0。這種特殊行為能讓你重複呼叫 exec() 以迴圈跑過一個字串中所有的正規表達式匹配（雖然，如我們描述過的，在 ES2020 與之後的版本中，String 的 matchAll() 方法是以迴圈跑過所有匹配比較簡單的方式）。舉例來說，下列程式碼中的迴圈會跑兩次：

```
let pattern = /Java/g;
let text = "JavaScript > Java";
let match;
while((match = pattern.exec(text)) !== null) {
    console.log(`Matched ${match[0]} at ${match.index}`);
    console.log(`Next search begins at ${pattern.lastIndex}`);
}
```

---

lastIndex 特性和 RegExp 的重複使用

如你已經看到的，JavaScript 的正規表達式 API 很複雜。lastIndex 和 g 與 y 旗標的搭配使用更是這個 API 特別棘手的一部分。當你使用這些旗標，你得在呼叫 match()、exec() 或 test() 方法的時候特別小心，因為這些方法的行為取決於 lastIndex，而 lastIndex 的值取決於你之前以那個 RegExp 物件做過什麼。這讓人很輕易寫出帶有臭蟲的程式碼。

舉例來說，假設我們想要找出一段 HTML 文字字串中所有 <p> 標記的索引。我們可能會寫出像這樣的程式碼：

```
let match, positions = [];
while((match = /<p>/g.exec(html)) !== null) { // 可能的無限迴圈
    positions.push(match.index);
}
```

這段程式碼並沒有做我們希望它去做的事情。如果那個 html 字串含有至少一個 <p> 標記，那它就會永遠迴圈。問題在於，我們在 while 的迴圈條件用了一個 RegExp 字面值。對於該迴圈的每次迭代，我們都創建了其 lastIndex 被設為 0 的一個新的 RegExp 物件，所以 exec() 永遠都會從字串的開頭開始，而如果有匹配存在，它就會持續一再匹配。解法當然就是定義一次那個 RegExp，並把它存到一個變數中，如此迴圈的每次迭代我們都會使用相同的 RegExp 物件。

另一方面，有的時候重複使用一個 RegExp 物件卻是錯的做法。舉例來說，假設我們想要以迴圈跑過一個字典中所有的字詞，以找到含有一對重複字母的字詞：

```
let dictionary = [ "apple", "book", "coffee" ];
let doubleLetterWords = [];
let doubleLetter = /(\w)\1/g;

for(let word of dictionary) {
    if (doubleLetter.test(word)) {
        doubleLetterWords.push(word);
    }
}
doubleLetterWords  // => ["apple", "coffee"]：缺少了 "book"！
```

因為我們在 RegExp 上設定了 g 旗標，lastIndex 特性會在成功的匹配之後改變，而 test() 方法（以 exec() 為基礎的）會從 lastIndex 所指定的位置開始尋找一個匹配。匹配到了「apple」中的「pp」之後，lastIndex 是 3，所以們會在位置 3 開始搜尋字詞「book」，所以並沒有看到它所包含的「oo」。

我們可以移除 g 旗標來修正此問題（它在這個例子裡其實是沒必要的），或把那個 RegExp 字面值移到迴圈的主體中，讓它在每次迭代都會重新創建，或在每次呼叫 test() 之前明確將 lastIndex 重置為零。

這裡學到的教訓是，lastIndex 使得 RegExp API 容易出錯。所以使用 g 或 y 旗標和迴圈時，要特別小心。而在 ES2020 和之後的版本中，使用 String 的 matchAll 方法而非 exec() 以繞過這個問題，因為 matchAll 並不會修改 lastIndex。

11.4　日期與時間

Date 類別是 JavaScript 用來處理日期與時間的 API。使用 Date() 建構器創建一個 Date 物件。沒有引數時，它會回傳一個 Date 物件代表目前的日期與時間：

```
let now = new Date();     // 目前的時間
```

如果你傳入一個數值引數，Date() 建構器會把那個引數解讀為從 1970 紀元（epoch）開始算起的毫秒數（number of milliseconds）：

```
let epoch = new Date(0);  // GMT，1970 年 1 月 1 日的子夜（Midnight）
```

如果你指定了兩個或更多個整數引數，它們會被解讀為你當地時區的年（year）、月（month）、日（day-of-month）、小時（hour）、分鐘（minute）、秒（second），以及毫秒（millisecond），就像這樣：

```
let century = new Date(2100,       // 2100 年
                       0,          // 一月
                       1,          // 1 日
                       2, 3, 4, 5); // 02:03:04.005，本地時間
```

Date API 的一個古怪之處在於，一年的第一個月是數字 0，但一個月的第一天是數字 1。如果你省略那些時間欄位，Date() 建構器會把它們全都預設為 0，將時間設為子夜（midnight）。

注意到當我們以多個數字調用，Date() 建構器會使用本地電腦設定的任何時區來解讀它們。如果你想要指定 UTC（Universal Coordinated Time，「世界協調時間」，即 GMT），那你可以使用 Date.UTC()。這個靜態方法接受的引數與 Date() 建構器相同，以 UTC 解讀它們，並回傳你能傳入給 Date() 建構器的一個毫秒時戳（millisecond timestamp）：

```
// 英格蘭的 2100 年 1 月 1 日子夜
let century = new Date(Date.UTC(2100, 0, 1));
```

若你印出一個日期（例如透過 console.log(century)），它預設會以你的當地時區印出。如果你想要以 UTC 顯示一個日期，你應該藉由 toUTCString() 或 toISOString() 明確將之轉為一個字串。

最後，若你傳入一個字串給 Date() 建構器，它會試著把那個字串剖析（parse）為一個日期與時間規格。此建構器能夠剖析 toString()、toUTCString() 與 toISOString() 方法所產生的日期格式：

```
let century = new Date("2100-01-01T00:00:00Z");  // 一個 ISO 格式的日期
```

一旦你有了一個 Date 物件，就有各種 get 和 set 方法能讓你查詢或修改那個 Date 的年、月、日、小時、分鐘、秒與毫秒欄位。這些方法每個都有兩種形式：一種使用當地時間來取得或設定，而另一種使用 UTC 時間來取得或設定。舉例來說，要取得或設定一個 Date 物件的年欄位，你會使用 getFullYear()、getUTCFullYear()、setFullYear() 或 setUTCFullYear()：

```
let d = new Date();              // 從目前的日期開始
d.setFullYear(d.getFullYear() + 1);  // 遞增年欄位
```

要取得或設定一個 Date 的其他欄位，就把方法名稱中的「FullYear」取代為「Month」、「Date」、「Hours」、「Minutes」、「Seconds」或「Milliseconds」。某些日期設定方法允許你一次設定多個欄位。setFullYear() 與 setUTCFullYear() 也選擇性的允許你同時設定月與日。而 setHours() 與 setUTCHours() 除了小時欄位外，也允許你指定分鐘、秒與毫秒欄位。

注意到用來查詢月中第幾天（day-of-month，即「日」）的方法是 getDate() 與 getUTCDate()。聽起來很自然的函式 getDay() 與 getUTCDay() 回傳星期（day-of-week，週中第幾天，從代表星期日的 0 到代表星期六的 6）。星期是唯讀的，所以沒有對應的 setDay() 方法。

11.4.1　時戳（Timestamps）

JavaScript 在內部將日期表示為整數，指出從（或在那之前）UTC 時間 1970 年 1 月 1 日子夜開始算起的毫秒數。像 8,640,000,000,000,000 這麼大的整數也有支援，所以 JavaScript 將有超過 270,000 年不會耗盡計算毫秒的整數。

對於任何的 Date 物件，getTime() 方法會回傳這個內部值，而 setTime() 方法則會設定它。所以舉例來說，你能以像這樣的程式碼為一個 Date 加上 30 秒：

```
d.setTime(d.getTime() + 30000);
```

這些毫秒數值有時被稱作時戳（*timestamps*），而有的時候直接處理它們而非 Date 物件是有用處的。靜態的 Date.now() 方法回傳目前的時間為一個時戳，能在你想要測量你的程式碼花多少時間執行時有所幫助：

```
let startTime = Date.now();
reticulateSplines(); // 進行某些耗時的運算
let endTime = Date.now();
console.log(`Spline reticulation took ${endTime - startTime}ms.`);
```

11.4.2　時間算術

Date 物件能以 JavaScript 標準的 <、<=、> 與 >= 比較運算子進行比較。而你也可以從一個 Date 物件減去另一個，以決定那兩個日期間的毫秒數（這之所以行得通，是因為 Date 類別定義了會回傳一個時戳的 valueOf() 方法）。

如果你想要為一個 Date 加上或減去指定的秒數、分鐘數或小時數，最簡單的辦法通常是像前面例子為一個日期加上 30 秒時所示範的那樣修改時戳。如果你想要加上天數，這個技巧就會變得比較麻煩，而對於月數和年數，它們則完全不可行，因為會有變動的天數要考慮。要進行涉及天數、月數和年數的日期算術，你可以使用 setDate()、setMonth() 與 setYear()。舉例來說，這裡是為目前日期加上三個月又兩週的程式碼：

```
let d = new Date();
d.setMonth(d.getMonth() + 3, d.getDate() + 14);
```

日期的設定方法即使在溢位（overflow）時也能正確運作。我們為目前的月數加上了三個月，我們可能會得到大於 11（代表十二月）的一個值。setMonth() 會在必要時遞增年數以處理這種情況。同樣地，當我們設定該月的日數為大於該月總天數的一個值，那月數就會適當地遞增。

11.4.3　格式化與剖析日期字串

如果你使用 Date 類別來實際追蹤記錄日期與時間（相對於只是測量時間間隔），那你很可能就會需要顯示日期與時間給你程式碼的使用者。Date 類別定義了數個不同方法來將 Date 物件轉為字串。這裡有一些範例：

```
let d = new Date(2020, 0, 1, 17, 10, 30); // 2020 年元旦的 5:10:30pm
d.toString()    // => "Wed Jan 01 2020 17:10:30 GMT-0800 (Pacific Standard Time)"
d.toUTCString()        // => "Thu, 02 Jan 2020 01:10:30 GMT"
d.toLocaleDateString() // => "1/1/2020" : 'en-US' 當地時間
d.toLocaleTimeString() // => "5:10:30 PM" : 'en-US' 當地時間
d.toISOString()        // => "2020-01-02T01:10:30.000Z"
```

這裡完整列出了 Date 類別的字串格式方法：

toString()

　　這個方法使用當地的時區但並沒有依據所在地區格式化日期與時間。

toUTCString()

　　這個方法使用 UTC 時區，但並沒有依據所在地區格式化日期與時間。

toISOString()

　　此方法會以 ISO-8601 標準的 year-month-day hours:minutes:seconds.ms 格式來印出日期與時間。字母「T」用以區隔輸出的日期部分與時間部分。時間會以 UTC 表示，而這由輸出的最後一個字母「Z」來指出。

toLocaleString()

　　此方法使用當地的時區，以及適合使用者所在地區的格式。

toDateString()

　　此方法僅格式化 Date 的日期部分，並省略時間。它使用當地時區，而且並沒有做地區化的格式設定。

`toLocaleDateString()`

此方法僅格式日期。它使用當地時區，以及適合所在地區的日期格式。

`toTimeString()`

此方法僅格式化時間，並省略日期。它使用當地時區，但並不會以適合所在地區的格式來格式化時間。

`toLocaleTimeString()`

此方法以適合所在地區的格式來格式化時間，並使用當地時區。

注意到這些日期轉字串方法都不是格式化日期與時間以顯示給終端使用者的理想選擇。更通用且能察覺所在地區的日期與時間格式化技巧請參閱 §11.7.2。

最後，除了把一個 Date 物件轉為字串的這些方法，還有一個靜態的 `Date.parse()` 方法，它接受一個字串作為它的引數，並試著將之剖析（parse）為一個日期與時間，然後回傳代表該日期的一個時戳。`Date.parse()` 能夠剖析 `Date()` 建構器可以剖析的相同字串，而且保證能剖析 `toISOString()`、`toUTCString()` 與 `toString()` 的輸出。

11.5　錯誤類別

JavaScript 的 throw 和 catch 述句可以擲出和捕捉任何的 JavaScript 值，包括原始值（primitive values）。並不存在必須用來警示錯誤的例外型別（exception type）。不過 JavaScript 確實定義有一個 Error 類別，以 throw 警示一個錯誤時，傳統上會使用 Error 或其子類別的實體。使用 Error 物件的一個好理由是，當你創建一個 Error，它會捕捉 JavaScript 的堆疊（stack）狀態，而如果該例外未被捕捉，堆疊軌跡（stack trace）就會跟錯誤訊息一起被顯示出來，這能協助你除錯所發生的問題（注意到堆疊軌跡顯示的是該 Error 物件被創建的地方，而非 throw 述句擲出它的地方。如果你總是以 throw new Error() 緊接在擲出它之前創建該物件，這就不會導致任何混淆）。

Error 物件有兩個特性：message 與 name，以及一個 `toString()` 方法。message 特性的值是你傳入給 `Error()` 建構器的值，必要時會被轉換為字串。對於以 `Error()` 創建的錯誤物件，name 特性永遠都會是「Error」。其 `toString()` 方法單純只會回傳 name 特性，後面跟著一個冒號和空格，然後是 message 特性的值。

雖然並非 ECMAScript 標準的一部分，Node 和所有現代的瀏覽器也在 Error 物件上定義了一個 stack 特性。此特性的值是一個多行的字串，含有在那個 Error 物件創建之時的 JavaScript 呼叫堆疊（call stack）的堆疊軌跡。若有非預期的錯誤被捕捉到，這會是值得記錄的實用資訊。

除了 Error 類別，JavaScript 也定義了它的幾個子類別，用以警示 ECMAScript 所定義的特定類型的錯誤。這些子類別是 EvalError、RangeError、ReferenceError、SyntaxError、TypeError 與 URIError。如果適當，你可以在自己的程式碼中使用這些錯誤類別。就像是作為基礎的 Error 類別，這每個子類別都有一個建構器，接受單一個訊息（message）引數。而這每個子類別的實體也都有一個 name 特性，其值與建構器的名稱相同。

你可以自由定義你自己的 Error 子類別以適當地封裝你自己程式的錯誤情況。注意到你並沒有受限於 name 和 message 特性。如果你建立一個子類別，你可以定義新的特性來提供錯誤的細節。舉例來說，如果你正在撰寫一個剖析器（parser），你可能會發現定義帶有 line 和 column 特性的一個 ParseError 類別為剖析錯誤提供確切的位置資訊，會很實用。又或者你正在處理 HTTP 請求，你可能想要定義一個 HTTPError 類別，它具有一個 status 特性用以存放失敗請求的 HTTP 狀態碼（status code，例如 404 或 500）。

舉例來說：

```
class HTTPError extends Error {
    constructor(status, statusText, url) {
        super(`${status} ${statusText}: ${url}`);
        this.status = status;
        this.statusText = statusText;
        this.url = url;
    }

    get name() { return "HTTPError"; }
}

let error = new HTTPError(404, "Not Found", "http://example.com/");
error.status          // => 404
error.message         // => "404 Not Found: http://example.com/"
error.name            // => "HTTPError"
```

11.6　JSON 的序列化和剖析

當一個程式需要儲存資料或得透過網路連線傳輸資料給另一個程式,它必須把它記憶體中的資料結構轉換為由位元組或字元所構成的一個字串,以做儲存或傳輸之用,並且之後可以被剖析以還原為原本在記憶體中的資料結構。這種將資料結構轉換為位元組或字元串流的過程被稱作**序列化**(*serialization*,或稱 *marshaling* 或甚至 *pickling*)。

在 JavaScript 中,序列化資料最容易的方式是使用一種稱作 JSON 的序列化格式,這個頭字語代表「JavaScript Object Notation(JavaScript 物件表示法)」,而如其名稱所示,這種格式使用 JavaScript 的物件和陣列字面值語法來將由物件與陣列所構成的資料結構轉為字串。JSON 支援原始的數字和字串,還有 true、false 與 null 這些值,以及從那些原始值建置出來的陣列和物件。JSON 並不支援其他的 JavaScript 型別,例如 Map、Set、RegExp、Date 或具型陣列。儘管如此,它仍被證明是一種非常多用途的資料格式,甚至其他不是基於 JavaScript 的程式也經常使用它。

JavaScript 透過 JSON.stringify() 與 JSON.parse() 兩個函式支援 JSON 的序列化與解序列化(deserialization),我們曾在 §6.8 中簡短涵蓋過。給定一個物件或陣列(任意程度深的內嵌),只要其中不包含任何無法序列化的值(像是 RegExp 物件或具型陣列),你就能單純把它傳入給 JSON.stringify() 來序列化該物件。如其名稱所示,此函式的回傳值會是一個字串(string)。而給定 JSON.stringify() 所回傳的一個字串,你就能把它傳入給 JSON.parse() 來重新建立原本的資料結構:

```
let o = {s: "", n: 0, a: [true, false, null]};
let s = JSON.stringify(o);  // s == '{"s":"","n":0,"a":[true,false,null]}'
let copy = JSON.parse(s);   // copy == {s: "", n: 0, a: [true, false, null]}
```

如果我們暫且不論序列化之後的資料要儲存在哪裡或要透過網路送至哪裡,我們可以使用這一對函式作為製作一個物件之深層拷貝(deep copy)的一種沒有效率的方式:

```
// 為任何可序列化的物件或陣列製作一個深層拷貝
function deepcopy(o) {
    return JSON.parse(JSON.stringify(o));
}
```

JSON 是 JavaScript 的一個子集

當資料被序列化為 JSON 格式，結果會是一個運算式有效的 JavaScript 原始碼（source code），它能被估算（evaluates）為原資料結構的一個拷貝。如果你在一個 JSON 字串前面加上 var data =並將結果傳入給 eval()，你就會得到原資料結構的一個拷貝，而且它被指定給了變數 data。然而，你永遠都不應該這麼做，因為這會是很大的安全性漏洞，若有攻擊者能夠將任意的 JavaScript 程式碼注入到一個 JSON 檔案中，他們就能使你的程式執行他們的程式碼。使用 JSON.parse() 來解碼 JSON 格式化的資料會比較快速且安全。

JSON 有時會被用作人類可讀的組態檔案（configuration file）格式。如果你發覺自己正在手動編輯一個 JSON，請記得 JSON 格式是 JavaScript 非常嚴格的一個子集。註解並不被允許，而特性名稱必須圍在雙引號之中，即使是在 JavaScript 不強制要求那麼做的地方也要加上雙引號。

一般來說，你只會傳入單一個引數給 JSON.stringify() 與 JSON.parse()。這兩個函式都接受一個選擇性的第二引數，能讓我們擴充 JSON 格式，接下來會描述那些。JSON.stringify() 也接受一個選擇性的第三引數，我們會先討論它。如果你希望你 JSON 格式化後的字串是人類可讀的（例如用於組態設定檔的時候），那你應該傳入 null 作為第二引數，並傳入一個數字或字串作為第三引數。這第三個引數告訴 JSON.stringify() 它應該在多個縮排的文字行上格式化這個資料。如果那第三引數是一個數字，那麼它會使用那個數目的空格作為每個縮排層次。如果那第三個引數是一個空白字串（例如 '\t'），它會使用那個字串作為每一層的縮排。

```
let o = {s: "test", n: 0};
JSON.stringify(o, null, 2)  // => '{\n  "s": "test",\n  "n": 0\n}'
```

JSON.parse() 會忽略空白，所以傳入第三個引數給 JSON.stringify() 對於將該字串轉回資料結構的能力並沒有影響。

11.6.1　JSON 客製化

如果要求 JSON.stringify() 序列化 JSON 格式沒有原生支援的一個值，它會查看那個值是否有一個 toJSON() 方法，若有，它會呼叫那個方法，然後字串化其回傳值而非原本的值。Date 物件有實作 toJSON()：它回傳的字串跟 toISOString() 方法所回傳的相同。這意味著，如果你序列化包含一個 Date 的物件，其日期會自動被轉為一個字串。當你剖析那個序列化後的字串，重新建立出來的資料結構並不會與一開始的完全相同，因為原物件有一個 Date 的地方現在會是一個字串。

如果你需要重新建立 Date 物件（或以任何其他方式修改那個被剖析的物件），你可以傳入一個「reviver（復甦器）」函式作為 JSON.parse() 的第二引數。若有指定，這個「reviver」函式會為輸入字串剖析出來的每個原始值調用一次（但含有那些原始值的物件或陣列不會）。此函式以兩個引數調用。第一個是一個特性名稱，它要不是物件的特性名稱，就是轉換為字串的一個陣列索引。第二個引數是那個物件特性或陣列元素的原始值。此外，這個函式會作為包含該原始值的物件或陣列的一個方法被調用，因此你能以 this 關鍵字來參考那個外圍物件。

這個 reviver 函式的回傳值會變成那個具名特性的新值。如果它回傳它的第二引數，該特性就會保持不變。如果它回傳 undefined，那麼該具名特性就會在 JSON.parse() 回傳給使用者之前從那個物件或陣列被刪除。

作為一個例子，這裡有對 JSON.parse() 的一個呼叫，它使用一個 reviver 函式來過濾某些特性，並重新建立 Date 物件：

```
let data = JSON.parse(text, function(key, value) {
    // 移除其特性名稱以一個底線開頭的任何值
    if (key[0] === "_") return undefined;

    // 如果那個值是 ISO 8601 日期格式的一個字串，就把它轉為一個 Date。
    if (typeof value === "string" &&
        /^\d\d\d\d-\d\d-\d\dT\d\d:\d\d:\d\d.\d\d\dZ$/.test(value)) {
        return new Date(value);
    }

    // 否則，原封不動地回傳該值
    return value;
});
```

除了像前面所描述的那樣會用到 toJSON()，JSON.stringify() 也允許客製化它的輸出，只要傳入一個陣列或一個函式作為選擇性的第二引數。

若傳入一個字串（或數字，它們會被轉為字串）陣列作為第二引數，它們會被用作物件特性（或陣列元素）的名稱。名稱沒有在該陣列中的任何特性會從字串化（stringification）的過程中省略。此外，所回傳的字串包含那些特性的順序，會與它們出現在陣列中的順序相同（這在撰寫測試的時候可能非常有用）。

如果你傳入一個函式，它就會是一個更換器函式（replacer function），效果上等同於是你傳入 JSON.parse() 的選擇性 reviver 函式的相反。若有指定，這個 replacer 函式會為要被字串化的每個值調用。這個 replacer 函式的第一個引數是該值在那個物件中的物件特性名稱或陣列索引，而第二個引數是該值本身。這個 replacer 函式會作為含有要被字串化的值的那個物件或陣列的一個方法被調用。被字串化的會是這個 replacer 函式的回傳值，而非原本的值。如果 replacer 回傳 undefined 或什麼都沒回傳，那麼那個值（以及它的陣列元素或物件特性）就會從字串化的過程中省略。

```
// 指定要序列化什麼欄位，以及要以什麼順序序列化它們
let text = JSON.stringify(address, ["city","state","country"]);

// 指定一個 replacer 函式，略過值為 RegExp 的特性
let json = JSON.stringify(o, (k, v) => v instanceof RegExp ? undefined : v);
```

這裡的兩個 JSON.stringify() 呼叫以無害的方式使用那第二引數，產生不用特殊 reviver 函式就能解序列化的序列化輸出。不過一般來說，如果你為一個型別定義了 toJSON() 方法，或你有使用一個 replacer 函式將不可序列化的值取代為可序列化的值，那你通常就需要使用一個自訂的 reviver 函式來搭配 JSON.parse() 以取回你原本的資料結構。如果你那麼做，你應該清楚你是在定義一個客製化的資料格式，並犧牲了與 JSON 相容工具和語言所成的一個大型生態系統的可移植性（portability）及相容性（compatibility）。

11.7　國際化 API

JavaScript 的國際化（internationalization）API 由三個類別構成：Intl.NumberFormat、Intl.DateTimeFormat 與 Intl.Collator，它們能讓我們以適合當地的方式格式化數字（包括貨幣金額與百分比）、日期與時間，並以適合所在地區的方式比較字串。這些類別並非 ECMAScript 標準的一部分，而是定義為 ECMA402 標準（*https://tc39.es/ecma402/*）的一部分，並且受到 Web 瀏覽器的廣泛支援。這個 Intl API 在 Node 中也受支援，但在本文寫作之時，預先建置的 Node 二進位檔（binaries）並沒有內附處理 US English 以外地區所需的本地化資料。所以為了把這些類別與 Node 並用，你可能需要另外下載資料套件，或使用自訂建置版的 Node。

國際化最重要的一個部分是顯示已經翻譯成使用者所用語言的文字。要達成這個有各種方式可行，但它們都不在這裡所描述的 Intl API 的範圍中。

11.7.1　格式化數字

世界各地的使用者都預期數字是以不同方式格式化的。小數點（decimal points）可能是句點（periods）或逗號（commas）。千分隔符（thousands separators）可能是逗號或句點，而且不是所有地方都是每三位數使用一次。有些貨幣細分到百分之一，有些到千分之一，而有些沒有如此劃分。最後，雖然從 0 到 9 的所謂「阿拉伯數字（Arabic numerals）」在許多語言中都有使用，它並非通用的，某些國家的使用者會預期看到數字是以源自他們自己書寫系統的符號來寫出的。

Intl.NumberFormat 類別定義了一個 format() 方法，它會把所有的那些格式化可能性納入考量。此建構器接受兩個引數。第一個引數指出數字應該格式化的地區（locale），而第二個引數是一個物件，規範數字應該如何格式化的更多細節。如果第一個引數被省略，或為 undefined，那就會使用系統的地區設定（我們假設那是使用者偏好的地區）。如果第一引數是一個字串，它所指定的就是所要的地區，例如 "en-US"（美國所用的英文）、"fr"（法國）或 "zh-Hans-CN"（中國所用的中文，使用簡化的漢字書寫系統）。第一個引數也可以是由地區字串（locale strings）所成的一個陣列，而在這種情況中，Intl. NumberFormat 會選擇支援良好且最特定的那個。

Intl.NumberFormat() 建構器的第二引數，若有指定，應該是一個物件，定義了一或多個下列的特性：

style

　　指出所要的那種數字格式。預設為 "decimal"。指定 "percent" 來將一個數字格式化為一個百分比（percentage）或指定 "currency" 來將一個數字格式化為金額。

currency

　　如果樣式（style）是 "currency"，那這個特性就是必要的，以指定所要的貨幣的三字母 ISO 貨幣碼（currency code，例如美元的 "USD"，英鎊的 "GBP"）。

currencyDisplay

　　如果樣式是 "currency"，那麼此特性就指出貨幣應該如何被顯示。預設值 "symbol" 是使用一個貨幣符號（currency symbol），如果該貨幣有的話。"code" 這個值使用三字母的 ISO 碼，而 "name" 值則以長的形式寫出貨幣名稱。

useGrouping

如果你不希望數字有千分隔符（或他們地區適用的等效格式），就把此特性設為 false。

minimumIntegerDigits

用來顯示該數字整數部分的最少位數（minimum number of digits）。如果該數字的位數比這個少，就會在左邊填補零。預設值是 1，但你也可以使用像 21 這麼高的值。

minimumFractionDigits、maximumFractionDigits

這兩個特性控制該數字小數部分（fractional part）的格式化。如果一個數字的小數位數少於最小值（minimum），就會在右邊填補零。若超過最大值（maximum），那麼小數部分就會被捨入（rounded）。這兩個特性合法的值都介於 0 與 20。預設的最小值為 0，而預設的最大值為 3，除了格式化貨幣金額的時候，那時小數部分的長度會隨著所指定的貨幣而變。

minimumSignificantDigits、maximumSignificantDigits

這些特性控制格式化一個數字時所用的有效數字（significant digits）位數，舉例來說，讓它們適合用於格式化科學資料。若有指定，這些特性會覆寫前面所列的整數和小數位數特性。合法的值介於 1 到 21。

一旦你以所要的地區和選項創建了一個 Intl.NumberFormat 物件，你會傳入一個數字給它的 format() 方法以使用它，這會回傳一個適當格式化過的字串。舉例來說：

```
let euros = Intl.NumberFormat("es", {style: "currency", currency: "EUR"});
euros.format(10)    // => "10,00 €": 10 歐元 (euros)，西班牙格式

let pounds = Intl.NumberFormat("en", {style: "currency", currency: "GBP"});
pounds.format(1000) // => "£1,000.00"：一千英鎊，英國格式
```

Intl.NumberFormat（及其他的 Intl 類別）的一個實用的特色是，它的 format() 方法繫結到它所屬的 NumberFormat 物件。因此，除了定義一個變數來參考那個格式化物件，然後在其上調用 format() 方法，你可以乾脆把 format() 指定給一個變數，然後把它當作一個獨立的函式來使用，如這個範例中那樣：

```
let data = [0.05, .75, 1];
let formatData = Intl.NumberFormat(undefined, {
    style: "percent",
    minimumFractionDigits: 1,
    maximumFractionDigits: 1
```

```
}).format;

data.map(formatData)    // => ["5.0%", "75.0%", "100.0%"]：地區為 en-US
```

某些語言，例如阿拉伯語（Arabic），使用他們自己的文字來表達十進位數字：

```
let arabic = Intl.NumberFormat("ar", {useGrouping: false}).format;
arabic(1234567890)    // => "١٢٣٤٥٦٧٨٩٠."
```

其他的語言，例如印地語（Hindi），所用的文字雖有自己的一組數字（digits），但傾向於預設使用 ASCII 的 0–9 數字。如果你想要覆寫用於數字的預設文字，就把 -u-nu- 加到地區設定，並在其後接著一個縮寫的文字名稱（script name）。舉例來說，你能像這樣以印度樣式的分組（Indian-style grouping）和天城文數字（Devanagari digits）來格式化數字：

```
let hindi = Intl.NumberFormat("hi-IN-u-nu-deva").format;
hindi(1234567890)    // => "१,२३,४५,६७,८९०"
```

地區設定中的 -u- 指出後面跟的東西是一個 Unicode 延伸（extension）。nu 是該數字系統的延伸名稱，而 deva 是 Devanagari 的簡稱。Intl API 標準為其他幾個數字系統定義了名稱，主要是南亞和東南亞的印地語。

11.7.2　格式化日期與時間

Intl.DateTimeFormat 類別跟 Intl.NumberFormat 類別很像。Intl.DateTimeFormat() 建構器接受的兩個引數跟 Intl.NumberFormat() 一樣：一個地區設定或地區陣列，以及格式化選項的一個物件。而使用一個 Intl.DateTimeFormat 實體的方式是呼叫它的 format() 方法來將一個 Date 物件轉為一個字串。

如在 §11.4 中提到的，Date 類別有定義簡單的 toLocaleDateString() 與 toLocaleTimeString() 方法以產生適合用於使用者所在地區的輸出。但這些方法無法讓你控制日期與時間要顯示什麼欄位。或許你想要在日期格式中省略年，但加入星期（weekday）。你希望月是以數值表示或寫出其名稱呢？ Intl.DateTimeFormat 類別提供細緻的控制，讓你依據傳入給建構器作為第二引數的選項物件（options object）中的特性來決定要輸出什麼。然而，要注意的是，Intl.DateTimeFormat 並不總是能夠完全照你所要求的那樣顯示。如果你指定的選項有格式化小時和秒，但省略了分鐘，你會發現格式器（formatter）還是顯示了分鐘。這背後的概念是，你使用選項物件來指定要呈現什麼日期與時間欄位給使用者，以及你希望如何格式化它們（例如透過名稱或透過數字），然後格式器會尋找最接近你的要求的一個適合當地的格式。

可用的選項如下。只為你希望出現在格式化輸出中的日期與時間欄位指定特性。

year

完整的四位數年份（four-digit year）請使用 "numeric"，或以 "2-digit" 使用兩位數的縮寫。

month

為可能的簡短數字（例如「1」）使用 "numeric"，或設定 "2-digit" 來使用永遠有兩位數的一種數值表示法，例如「01」。使用 "long" 來選擇完整的名稱，例如「January」，或以 "short" 選用縮寫名稱，例如「Jan」，而 "narrow" 則選用不保證唯一的高度縮寫名稱，例如「J」。

day

使用 "numeric" 來選擇一或兩位數字，或設定 "2-digit" 來選擇兩位數的該月第幾日（day-of-month）。

weekday

設定 "long" 使用完整的名稱，例如「Monday」，設定 "short" 使用縮寫名稱，例如「Mon」，而 "narrow" 則表示不保證唯一的高度縮寫名稱，例如「M」。

era

這個特性指出一個日期是否應該以一個年代（era）格式化，例如 CE 或 BCE。如果你正在格式化非常久遠以前的日期，或你使用日本曆（Japanese calendar），這可能就會有用處。合法的值有 "long"、"short" 與 "narrow"。

hour、minute、second

這些特性指出你希望如何顯示時間。設定 "numeric" 來使用一或兩位數的欄位，或設定 "2-digit" 來迫使單位數（single-digit numbers）的左邊補 0。

timeZone

這個特性指出想要用來格式化日期的時區（time zone）。若省略，就會使用當地的時區。實作一定會認得「UTC」，也可能認得 IANA（Internet Assigned Numbers Authority）的時區名稱，例如「America/Los_Angeles」。

timeZoneName

這個特性指出在一個格式化過後的日期或時間中,時區應該如何顯示。設定 "long" 來使用完整寫出的時區名稱,或設定 "short" 使用縮寫或數值的時區。

hour12

這個 boolean 特性指出是否使用 12 小時制。預設值取決於地區設定,但你能以這個特性覆寫之。

hourCycle

這個特性能讓你指定子夜(midnight)是寫成 0 小時、12 小時或 24 小時。預設取決於地區設定,但你能以此特性覆寫預設值。注意到 hour12 的優先序高於此特性。使用 "h11" 來指定子夜為 0,而子夜之前的小時為 11pm。使用 "h12" 來指出子夜為 12。使用 "h23" 來指出子夜為 0,而子夜之前的小時為 23。或是使用 "h24" 來指出子夜為 24。

這裡有些例子:

```
let d = new Date("2020-01-02T13:14:15Z");  // 2020 年 1 月 2 日,13:14:15 UTC

// 若沒有選項,我們會得到一個基本的數值日期格式
Intl.DateTimeFormat("en-US").format(d) // => "1/2/2020"
Intl.DateTimeFormat("fr-FR").format(d) // => "02/01/2020"

// 寫出星期與月份
let opts = { weekday: "long", month: "long", year: "numeric", day: "numeric" };
Intl.DateTimeFormat("en-US", opts).format(d) // => "Thursday, January 2, 2020"
Intl.DateTimeFormat("es-ES", opts).format(d) // => "jueves, 2 de enero de 2020"

// 紐約(New York)的時間,顯示給說法語的加拿大人
opts = { hour: "numeric", minute: "2-digit", timeZone: "America/New_York" };
Intl.DateTimeFormat("fr-CA", opts).format(d) // => "8 h 14"
```

Intl.DateTimeFormat 可以使用其他的曆法來顯示日期,而不使用預設的基於基督教年代(Christian era)的格里曆(Gregorian calendar)。雖然某些地區可能預設就使用非基督教曆法,你隨時都可以把 -u-ca- 加到地區設定中,後面跟著曆法的名稱,藉此明確指定一個曆法。可能的曆法名稱包括「buddhist」、「chinese」、「coptic」、「ethiopic」、「gregory」、「hebrew」、「indian」、「islamic」、「iso8601」、「japanese」與「persian」。接續前面的例子,我們能以各種非基督教曆法來決定年份:

```
let opts = { year: "numeric", era: "short" };
Intl.DateTimeFormat("en", opts).format(d)                // => "2020 AD"
Intl.DateTimeFormat("en-u-ca-iso8601", opts).format(d)   // => "2020 AD"
Intl.DateTimeFormat("en-u-ca-hebrew", opts).format(d)    // => "5780 AM"
Intl.DateTimeFormat("en-u-ca-buddhist", opts).format(d)  // => "2563 BE"
Intl.DateTimeFormat("en-u-ca-islamic", opts).format(d)   // => "1441 AH"
Intl.DateTimeFormat("en-u-ca-persian", opts).format(d)   // => "1398 AP"
Intl.DateTimeFormat("en-u-ca-indian", opts).format(d)    // => "1941 Saka"
Intl.DateTimeFormat("en-u-ca-chinese", opts).format(d)   // => "36 78"
Intl.DateTimeFormat("en-u-ca-japanese", opts).format(d)  // => "2 Reiwa"
```

11.7.3　比較字串

把字串依照字母順序（alphabetical order，或適用於非字母文字的某種更一般的
「collation order」，「文字順序」）排序，經常比英語使用者所認為的還要具有挑戰
性。英語使用者僅用到一個相對小的字母集（alphabet）並且沒有重音字母（accented
letters），而且我們還有字元編碼（character encoding，即現已整合至 Unicode 的
ASCII）所帶來的好處，其數字值完全符合我們標準的字串排序順序。對於其他語言，
事情就沒這麼簡單了。舉例來說，西班牙文（Spanish）把 ñ 視為是在 n 之後但在 o 之
前的不同字母。在立陶宛語（Lithuanian）的字母集中，Y 出現在 J 之前，而威爾斯語
（Welsh）把 CH 和 DD 之類的二合字母（digraphs）視為單一個字母，並讓 CH 出現在
C 之後，而 DD 排序在 D 之後。

如果你想要以他們會認為自然的順序顯示字串給使用者，那麼光是在一個字串陣列上
使用 sort() 方法並不足夠。但如果你創建了一個 Intl.Collator 物件，你就能把該物件的
compare() 方法傳給 sort() 方法來進行適用當地的字串排序。Intl.Collator 物件可以被設定
成其 compare() 方法會進行不區分大小寫的比較，或甚至是只考慮基礎字母而忽略重音及
其他變音符號（diacritics）的比較。

就像 Intl.NumberFormat() 與 Intl.DateTimeFormat()，Intl.Collator() 建構器也接受兩個引
數。第一個指定一個地區或一個地區陣列，而第二個是一個選擇性的物件，其特性指出
要進行的字串比較之確切種類。所支援的特性有這些：

usage

　　此特性指出這個 collator（核對器）物件將如何被使用。預設值是 "sort"，但你也可
　　以指定 "search"。背後的概念是，排序字串時，你通常會想要能夠盡可能分辨字串的
　　一個 collator 以產生可靠的順序。但比較兩個字串時，某些地區可能想要較不嚴格的
　　比較，例如忽略重音。

sensitivity

這個特性指出 collator 比較字串時是否區分字母的大小寫（letter case）和重音（accents）。"base" 這個值會讓比較忽略大小寫與重音，只考慮每個字元的基礎字母（base letter，不過要注意的是，某些語言會把特定的重音字元視為不同的基礎字母）。"accent" 會在比較中考慮重音，但忽略大小寫。"case" 考慮大小寫並忽略重音。而 "variant" 則進行嚴格的比較，大小寫和重音都考慮。此特性的預設值在 usage 是 "sort" 的時候會是 "variant"。如果 usage 是 "search"，那麼是否區分就取決於地區設定。

ignorePunctuation

比較字串時，把這個特性設為 true 來忽略空格和標點符號。舉例來說，當此特性被設為 true，字串「any one」和「anyone」會被視為相等。

numeric

如果你正在比較的字串是整數或含有整數，而你希望它們以數值順序排列而非字母順序，那就把這個特性設為 true。舉例來說，若有設定此選項，字串「Version 9」會被排序在「Version 10」之前。

caseFirst

此特性指出字母的大寫（uppercase）或小寫（lowercase）哪個應該先出現。如果你指定 "upper"，那麼「A」就會排序在「a」之前。如果你指定 "lower"，那麼「a」就會排序在「A」之前。不管是哪個，注意到相同字母的大寫和小寫變體在排好的順序中將會與彼此相鄰，這有別於 Unicode 的字典順序（lexicographic ordering，也是 Array 的 sort() 方法之預設行為），其中全部的 ASCII 大寫字母都出現在所有的 ASCII 小寫字母之前。此特性的預設值取決於地區設定，而實作可以忽略此特性，藉此不允許你覆寫大小寫的排列順序。

一旦你以想要的地區設定和選項創建了一個 Intl.Collator 物件，你就能用它的 compare() 方法來比較兩個字串。此方法會回傳一個數字。如果回傳的值小於零，那麼第一個字串就會出現在第二個字串之前。如果它大於零，那麼第一個字串就會出現在第二個字串之後。而如果 compare() 回傳零，那麼兩個字串對這個 collator 而言就相等。

接受兩個字串並回傳小於、等於或大於零的一個數字的這個 compare() 方法正是 Array 的 sort() 方法預期的選擇性引數。此外，Intl.Collator 會自動將 compare() 方法繫結到它的實體，因此你可以把它直接傳給 sort()，而不用撰寫一個包裹器（wrapper）函式並透過 collator 物件調用它。這裡有一些例子：

```
// 一個基本的比較器（ comparator）用於使用者所在地區的排序。
// 永遠不要沒傳入像這種東西就排序人類可讀的字串：
const collator = new Intl.Collator().compare;
["a", "z", "A", "Z"].sort(collator)       // => ["a", "A", "z", "Z"]

// 檔案名稱經常包括數字，所以我們應該特別排序那些
const filenameOrder = new Intl.Collator(undefined, { numeric: true }).compare;
["page10", "page9"].sort(filenameOrder)  // => ["page9", "page10"]

// 找出大致匹配目標字串的所有字串
const fuzzyMatcher = new Intl.Collator(undefined, {
    sensitivity: "base",
    ignorePunctuation: true
}).compare;
let strings = ["food", "fool", "Føø Bar"];
strings.findIndex(s => fuzzyMatcher(s, "foobar") === 0)  // => 2
```

某些地區設定（locales）有一種以上的可能文字順序（collation order）。舉例來說，在德國（Germany），電話簿使用一種比字典稍微更注重語音（phonetic）的排列順序（sort order）。西班牙（Spain）在 1994 年之前，「ch」和「ll」被視為分別的字母，所以那個國家現在有一種現代的排列順序，以及一種傳統的排列順序。而在中國（China），文字順序可能基於字元編碼、每個字元的基本部首（base radical）和筆畫（strokes），或是字元的羅馬拼音（Pinyin romanization）。這些文字排序的變體無法透過 Intl.Collator 的選項引數選取，但可為地區設定加上 -uco- 和想要的變體名稱來選用。舉例來說，使用 "de-DE-uco-phonebk" 來選擇德國的電話簿順序，而在台灣（Taiwan）可透過 "zh-TW-u-copinyin" 來選用拼音順序。

```
// 1994 年以前，CH 和 LL 在西班牙被視為分別的字母
const modernSpanish = Intl.Collator("es-ES").compare;
const traditionalSpanish = Intl.Collator("es-ES-u-co-trad").compare;
let palabras = ["luz", "llama", "como", "chico"];
palabras.sort(modernSpanish)      // => ["chico", "como", "llama", "luz"]
palabras.sort(traditionalSpanish) // => ["como", "chico", "luz", "llama"]
```

11.8　Console API

你在本書各處都已經見過 console.log() 函式的使用：在 Web 瀏覽器中，它會在瀏覽器的開發人員工具窗格（developer tools pane）的「Console（主控台）」分頁中印出一個字串，這在除錯（debugging）時非常有幫助。在 Node 中，console.log() 是一個通用的輸出函式，並會將它的引數印出到該行程（process）的 stdout 資料流（stream），這通常是在一個終端機視窗（terminal window）中顯示給使用者作為程式輸出。

除了 console.log() 以外，Console API 還定義了數個實用的函式。這個 API 並非 ECMAScript 標準的一部分，但瀏覽器和 Node 都有支援，而且已經在 *https://console.spec.whatwg.org* 正式撰寫出來並加以標準化。

Console API 定義了下列函式：

console.log()

這是最知名的主控台函式（console functions）。它會把它的引數轉為字串，並將之輸出到主控台。它會在引數之間包括空格，並在輸出所有的引數後，開啟新的一行。

console.debug()、console.info()、console.warn()、console.error()

這些函式幾乎與 console.log() 完全相同。在 Node 中，console.error() 會把它的輸出送到 stderr 資料流而非 stdout 資料流，但其他的函式都是 console.log() 的別名（aliases）。在瀏覽器中，這些函式每一個所產生的輸出訊息前面都可能加上一個圖示（icon）指出它的等級（level）或嚴重性（severity），而開發人員主控台（developer console）也可能允許開發人員以等級過濾主控台訊息。

console.assert()

如果第一個引數是 truthy 的（也就是該斷言通過了），那麼這個函式什麼都不會做。但如果第一個引數是 false 或任何其他的 falsy 值，那麼被印出的方式就彷彿它們被傳入 console.error() 並帶有一個「Assertion failed」前綴。要注意，不同於典型的 assert() 函式，console.assert() 並不會在一個斷言失敗（assertion fails）時擲出一個例外。

console.clear()

此函式會在可能的情況下清空（clears）主控台。這在瀏覽器中行得通，而當 Node 是顯示其輸出到一個終端機，那在 Node 中也是。然而，如果 Node 的輸出被重導至一個檔案或一個管線（pipe）那麼呼叫此函式將沒有效果。

console.table()

此函式是一個非常強大但很少人知道的功能，用以產生表格式輸出（tabular output），而且在需要產生總結資料的輸出的 Node 程式中特別有用。console.table() 會試著以表格形式呈現它的引數（雖然沒辦法那麼做的時候，它會使用一般的 console.log() 格式顯示）。當引數是相對短的物件陣列（array of objects），而且陣列中的所有物件都有同一組（相對少的）特性時運作得最好。在這種情況中，陣列中的每個物件都會被格式化為表格的一列（row），而每個特性則都是表格的一欄（column）。你也能夠傳入由特性名稱組成的一個陣列作為選擇性的第二引數，來指定所要的欄位集合（set of columns）。如果你傳入一個物件而非由物件組成的一個陣列，那麼輸出的表格會有一欄是特性名稱，還有一欄是特性值。又或者，如果那些特性值本身是物件，它們的特性名稱會成為該表格中的欄位。

console.trace()

這個函式會記錄（log）它的引數，就像 console.log() 做的那樣，而且除此之外，還會在其輸出後加上一個堆疊軌跡（stack trace）。在 Node 中，那個輸出會跑到 stderr 而非 stdout。

console.count()

這個函式接受一個字串引數，並記錄那個字串，後面接著它以那個字串被呼叫過的次數。舉例來說，這可能會在除錯一個事件處理器（event handler）的時候派上用場，如果你需要追蹤記錄該事件處理器被觸發過了幾次的話。

console.countReset()

此函式接受一個字串引數，並重置（resets）那個字串的計數器（counter）。

console.group()

此函式會把它的引數印到主控台，就彷彿它們被傳入 console.log() 那樣，然後設定主控台的內部狀態，使得所有後續的主控台訊息都以相對於剛才所印出的訊息內縮（indented）的方式印出（直到下次 console.groupEnd() 為止）。這能讓一組相關的訊

息在視覺上以縮排（indentation）分組。在 Web 瀏覽器中，開發人員主控台通常會允許分成一組的訊息可以作為一個群組來收縮或展開。console.group() 的引數通常用來為群組提供一個解釋性的名稱。

console.groupCollapsed()

此函式的運作方式就像 console.group()，只不過在瀏覽器中，該群組預設會「收縮（collapsed）」，而它所包含的訊息因此隱藏，除非使用者點擊來展開該群組。在 Node 中，此函式是 console.group() 的一個同義詞。

console.groupEnd()

此函式不接受引數。它自己不會產生輸出，但會結束由最新的 console.group() 或 console.groupCollapsed() 呼叫所導致的內縮和分組。

console.time()

此函式接受單一個字串引數，記錄它以該字串被呼叫的時間，並且不產生輸出。

console.timeLog()

此函式接受一個字串作為它的第一個引數。如果那個字串之前有被傳入給 console.time()，那它就會印出該字串後面接著從那個 console.time() 呼叫之後經過的時間。如果 console.timeLog() 有任何額外的引數，它們就會像是被傳入給 console.log() 那樣印出。

console.timeEnd()

此函式接受單一個字串引數。如果那個引數之前有被傳入給 console.time()，那麼它就會印出那個引數，以及經過的時間。在呼叫 console.timeEnd() 之後，若沒有先再次呼叫 console.time() 的話，呼叫 console.timeLog() 就不再是合法的。

11.8.1　使用 Console 格式化輸出

會印出它們引數的主控台函式，例如 console.log()，有一個鮮為人知的功能：如果第一個引數是包含 %s、%i、%d、%f、%o、%O 或 %c 的一個字串，那麼這第一引數就會被視為一個格式字串[6]，而後續引數的值會被替換到字串中，取代那些雙字元的 % 序列。

6　C 程式設計師會認出許多來自 printf() 函式的這些字元序列。

那些序列的意義如下：

%s

引數被轉換為一個字串。

%i 與 %d

引數被轉換為一個數字，然後截斷（truncated）為一個整數。

%f

引數被轉換為一個數字

%o 與 %O

引數被視為一個物件，而特性名稱與值會被顯示出來（在 Web 瀏覽器中，這種展示通常是互動式的，而使用者可以展開或收縮特性以探索巢狀的資料結構）。%o 與 %O 都會顯示物件的細節。大寫的變體使用取決於實作的輸出格式，一般認為對軟體開發人員最有用處。

%c

在 Web 瀏覽器中，這個引數會被解讀為 CSS 樣式（styles）的一個字串，用來設定後續的任何文字的樣式（直到下一個 %c 序列或字串結尾）。在 Node 中，%c 序列及其對應的引數單純會被忽略。

要注意的是，在主控台函式中使用一個格式字串經常是沒必要的：單純傳入一或多個值（包括物件）給那些函式，並讓實作以有用的方式顯示它們，通常會比較容易。作為一個例子，注意到如果你傳入一個 Error 物件給 console.log()，它會自動將它的堆疊軌跡一起印出。

11.9　URL API

由於 JavaScript 在 Web 瀏覽器和 Web 伺服器中的使用非常普遍，JavaScript 程式碼經常需要處理 URL。URL 類別會剖析 URL，也允許修改（例如新增搜尋參數或更動路徑）現有的 URL。它也能正確處理 URL 各個組成部分（components）的轉義（escaping）和反轉義（unescaping）這種複雜的主題。

URL 類別並非任何 ECMAScript 標準的一部分，但它在 Node 和所有的網際網路瀏覽器（除了 Internet Explorer）中都能運作。它標準化於 *https://url.spec.whatwg.org*。

以 URL() 建構器創建一個 URL 物件，傳入一個絕對 URL 字串作為引數。或是傳入一個相對 URL 作為第一引數，以及它相對於的那個絕對 URL 作為第二引數。一旦你創建了那個 URL 物件，它的各個特性就能讓你查詢該 URL 各部分的未轉義版本（unescaped versions）：

```
let url = new URL("https://example.com:8000/path/name?q=term#fragment");
url.href        // => "https://example.com:8000/path/name?q=term#fragment"
url.origin      // => "https://example.com:8000"
url.protocol    // => "https:"
url.host        // => "example.com:8000"
url.hostname    // => "example.com"
url.port        // => "8000"
url.pathname    // => "/path/name"
url.search      // => "?q=term"
url.hash        // => "#fragment"
```

雖然不常被使用，URL 也可以包括一個使用者名稱（username）或者一個使用者名稱及密碼（password），而 URL 類別也能剖析這些 URL 組成部分：

```
let url = new URL("ftp://admin:1337!@ftp.example.com/");
url.href        // => "ftp://admin:1337!@ftp.example.com/"
url.origin      // => "ftp://ftp.example.com"
url.username    // => "admin"
url.password    // => "1337!"
```

這裡的 origin 特性是 URL 的協定（protocol）和主機（host）的一個簡單組合（包括通訊埠，若有指定的話）。因此，它是一個唯讀的特性。不過在前面例子展示的其他特性每一個都是可讀可寫的：你可以設定任何的那些特性以設定 URL 對應的部分：

```
let url = new URL("https://example.com");   // 先從我們的伺服器開始
url.pathname = "api/search";                // 新增一個 API 端點的路徑
url.search = "q=test";                      // 新增一個查詢參數（query parameter）
url.toString()  // => "https://example.com/api/search?q=test"
```

URL 類別的一個重要功能是它能在必要時加上標點符號並轉義（escapes）URL 中的特殊字元：

```
let url = new URL("https://example.com");
url.pathname = "path with spaces";
url.search = "q=foo#bar";
url.pathname    // => "/path%20with%20spaces"
url.search      // => "?q=foo%23bar"
url.href        // => "https://example.com/path%20with%20spaces?q=foo%23bar"
```

這些例子中的 href 特性是最特殊的一個：讀取 href 等同於呼叫 toString()，這會把那個 URL 的所有部分重新組合為 URL 的標準字串形式（canonical string form）。而將 href 設定為一個新的字串會在那個新字串上重新執行 URL 剖析器，就好像你再次呼叫了 URL() 那樣。

在前面的例子中，我們使用 search 特性來參考一個 URL 的整個查詢部分（query portion），它是由從一個問號（question mark）到 URL 結尾或到第一個井號字元（hash character）的那些字元所構成。有的時候把這視為單一個 URL 特性就足夠了。然而，HTTP 請求（requests）經常會把多個表單欄位（form fields）或多個 API 參數編碼為一個 URL 的查詢部分，使用 application/x-www-form-urlencoded 格式。在此格式中，URL 的查詢部分是一個問號，後面跟著一或多個名稱與值對組（name/value pairs），其間以 & 號（ampersands）與彼此區隔。相同的名稱可以出現超過一次，結果就是帶有多個值的一個具名搜尋參數（named search parameter）。

如果你想要把這種名稱與值對組編碼為一個 URL 的查詢部分，那麼 searchParams 特性會比 search 特性更有用。這個 search 特性是可讀寫的字串，讓你取得或設定 URL 的整個查詢部分。searchParams 特性是對一個 URLSearchParams 物件的一個唯讀參考（read-only reference），該物件具有用來取得、設定、新增、刪除和排序被編碼到 URL 查詢部分的那些參數：

```
let url = new URL("https://example.com/search");
url.search                        // => "" : 尚無查詢
url.searchParams.append("q", "term"); // 新增一個搜尋參數
url.search                        // => "?q=term"
url.searchParams.set("q", "x");   // 變更此參數的值
url.search                        // => "?q=x"
url.searchParams.get("q")         // => "x" : 查詢該參數的值
url.searchParams.has("q")         // => true : 存在有一個 q 參數
url.searchParams.has("p")         // => false : 並沒有 p 參數
url.searchParams.append("opts", "1"); // 新增另一個搜尋參數
url.search                        // => "?q=x&opts=1"
url.searchParams.append("opts", "&"); // 為相同名稱新增另一個值
url.search                        // => "?q=x&opts=1&opts=%26" : 注意到轉義
url.searchParams.get("opts")      // => "1" : 第一個值
url.searchParams.getAll("opts")   // => ["1", "&"] : 所有的值
url.searchParams.sort();          // 把參數以字母順序排列
url.search                        // => "?opts=1&opts=%26&q=x"
url.searchParams.set("opts", "y"); // 變更 opts 參數
url.search                        // => "?opts=y&q=x"
// searchParams 是可迭代的
[...url.searchParams]             // => [["opts", "y"], ["q", "x"]]
```

```
url.searchParams.delete("opts");     // 刪除 opts 參數
url.search                           // => "?q=x"
url.href                             // => "https://example.com/search?q=x"
```

searchParams 特性的值是一個 URLSearchParams 物件。如果你想要把 URL 參數編碼為一個查詢字串（query string），你可以創建一個 URLSearchParams 物件，附加上參數，然後將之轉為一個字串，並在一個 URL 的 search 特性上設定它：

```
let url = new URL("http://example.com");
let params = new URLSearchParams();
params.append("q", "term");
params.append("opts", "exact");
params.toString()          // => "q=term&opts=exact"
url.search = params;
url.href                   // => "http://example.com/?q=term&opts=exact"
```

11.9.1　傳統的 URL 函式

在前面所描述的 URL API 被定義之前，曾有要在核心 JavaScript 語言中支援 URL 轉義與反轉義的多次嘗試。第一次的嘗試是全域地定義的 escape() 與 unescape() 函式，它們現在被棄用（deprecated）了，但仍然廣為實作。它們不應該被使用。

當 escape() 與 unescape() 被棄用的時候，ECMAScript 引進了兩對替代的全域函式：

encodeURI() 與 decodeURI()

　　encodeURI() 接受一個字串作為它的引數，並回傳一個新的字串，其中的非 ASCII 字元加上特定的 ASCII 字元（例如空格）都被轉義了。decodeURI() 則反轉這個程序。需要轉義的字元會先被轉為它們的 UTF-8 編碼，然後該編碼的每個位元組會以一個 %xx 轉義序列來取代，其中 *xx* 是兩個十六進位的數字。因為 encodeURI() 是要用來編碼整個 URL，它不會轉義 URL 的分隔符字元，例如 /、? 與 #。但這意味著 encodeURI() 無法正確地用於在它們的各個組成部分中有那些字元的 URL。

encodeURIComponent() 與 decodeURIComponent()

　　這一對函式運作起來就像 encodeURI() 與 decodeURI()，只不過它們主要是用來轉義一個 URI 的個別部分，所以它們也會轉義用來區隔那些組成部分的 /、? 與 # 那類字元。這些是傳統 URL 函式中最有用處的，但要注意 encodeURIComponent() 會轉義路徑名稱（path name）中你可能並不想要轉義的 / 字元。而它會把一個查詢參數中的空格（spaces）轉為 %20，即便在 URL 的那個部分中，空格應該是以一個 + 來轉義。

所有的這些傳統函式最基本的問題是，它們試圖將單一個編碼方案套用到一個 URL 的所有部分，而實際上 URL 的不同部分所用的編碼並不相同。如果你想要一個正確格式化並編碼的 URL，解法就是你所做的全部 URL 操作都使用 URL 類別。

11.10　計時器

從 JavaScript 的最早期開始，Web 瀏覽器就都有定義兩個函式，即 setTimeout() 與 setInterval()，讓程式設計師能夠要求瀏覽器在一段指定的時間過後調用一個函式，或間隔一段指定的時間重複調用該函式。這些函式從未被標準化為核心語言的一部分，但它們在所有瀏覽器和 Node 中都能運作，也是 JavaScript 標準程式庫公認的一部分。

setTimeout() 的第一個引數是一個函式，而第二個引數是一個數字，指出要經過多少毫秒（milliseconds）才調用該函式。在指定的時間過後（如果系統很忙的話，可能還要稍微久一點），該函式會不帶引數被調用。舉例來說，這裡有三個 setTimeout() 呼叫，分別會在一秒、兩秒以及三秒之後印出主控台訊息：

```
setTimeout(() => { console.log("Ready..."); }, 1000);
setTimeout(() => { console.log("set..."); }, 2000);
setTimeout(() => { console.log("go!"); }, 3000);
```

注意到 setTimeout() 並不會等候時間經過才回傳。此範例中所有的這三行程式碼幾乎都是立刻執行，但那時什麼都沒發生，要等到 1,000 毫秒經過之後才會有。

如果你省略 setTimeout() 的第二個引數，它預設就會為 0。然而，那並不代表你所指定的函式會即刻調用。取而代之，該函式會被註冊為「盡快（as soon as possible）」呼叫。如果瀏覽器正處理使用者輸入或其他的事件而特別忙碌，可能要等上 10 毫秒或更多，那個函式才會被調用。

setTimeout() 會註冊一個函式被調用一次。有的時候，那個函式本身會呼叫 setTimeout() 在未來的某個時間點排定另一次調用。不過如果你想重複調用一個函式，使用 setInterval() 通常會比較簡單。setInterval() 接受與 setTimeout() 相同的兩個引數，但會在每次指定的毫秒數（近似地）過後重複調用該函式。

setTimeout() 與 setInterval() 都會回傳一個值。如果你把這個值儲存在一個變數中，你就可以在之後用它來取消那個函式的執行，只要把它傳給 clearTimeout() 或 clearInterval() 就行了。通常，這個回傳值在 Web 瀏覽器中會是個數字，而在 Node 中則是個物件。實際的型別並不重要，而你應該把它當作一個不透明的值（opaque value）對待。你能拿這個值做的唯一事情就是把它傳給 clearTimeout() 來取消以 setTimeout() 註冊的一個函式之執行（假設它尚未被調用），或是停止以 setInterval() 註冊的一個函式之重複執行。

這裡有個例子示範如何使用 setTimeout()、setInterval() 與 clearInterval() 搭配 Console API 來顯示一個簡單的數位時鐘：

```
// 一秒一次：清空主控台，並印出目前時間
let clock = setInterval(() => {
    console.clear();
    console.log(new Date().toLocaleTimeString());
}, 1000);

// 十秒之後，停止上面重複的程式碼。
setTimeout(() => { clearInterval(clock); }, 10000);
```

我們會在第 13 章涵蓋非同步程式設計（asynchronous programming）時，再次看到 setTimeout() 與 setInterval()

11.11　總結

學習程式語言並不只是精通文法就好。同等重要的是研究標準程式庫，藉此熟悉語言內附的所有工具。本章記載了 JavaScript 的標準程式庫，其中包括：

- 重要的資料結構，例如 Set、Map 與具型陣列。
- 處理日期和 URL 用的 Date 和 URL 類別。
- JavaScript 用來比對文字模式的正規表達式文法以及 RegExp 類別。
- JavaScrip 用來格式化日期、時間和數字及排序字串的國際化程式庫。
- 用來序列化和解序列化簡單資料結構的 JSON 物件和用來記錄訊息的主控台物件。

第十二章

迭代器與產生器

可迭代物件（iterable objects）以及與它們關聯的迭代器（iterators）是 ES6 的功能之一，我們已經在本書見過數次了。陣列（包括 TypedArrays）都是可迭代的，字串和 Set 與 Map 物件也是。這意味著這些資料結構可使用 for/of 迴圈來迭代（iterate）或以迴圈跑過（looped over），如我們在 §5.4.4 中見過的：

```
let sum = 0;
for(let i of [1,2,3]) { // 為這些每一個值跑迴圈一次
    sum += i;
}
sum    // => 6
```

迭代器也能與 ... 運算子搭配，來把一個可迭代物件展開或「分散（spread）」為一個陣列初始器（array initializer）或與函式調用（function invocation）並用，如我們在 §7.1.2 中見到的：

```
let chars = [..."abcd"]; // chars == ["a", "b", "c", "d"]
let data = [1, 2, 3, 4, 5];
Math.max(...data)        // => 5
```

迭代器能與解構指定（destructuring assignment）並用：

```
let purpleHaze = Uint8Array.of(255, 0, 255, 128);
let [r, g, b, a] = purpleHaze; // a == 128
```

當你迭代一個 Map 物件，所回傳的值會是 [key, value] 對組（pairs），這在一個 for/of 迴圈中很適合搭配解構指定：

```
let m = new Map([["one", 1], ["two", 2]]);
for(let [k,v] of m) console.log(k, v); // 記錄 'one 1' 與 'two 2'
```

如果你只想要迭代鍵值（keys）或只有值（values），而非它們的對組，你可以使用 keys() 與 values() 方法：

```
[...m]             // => [["one", 1], ["two", 2]]：預設迭代
[...m.entries()]   // => [["one", 1], ["two", 2]]：entries() 方法也相同
[...m.keys()]      // => ["one", "two"]：keys() 方法只迭代映射（map）的鍵值
[...m.values()]    // => [1, 2]: values() 方法只迭代映射的值
```

最後，經常與 Array 物件並用的幾個內建函式和建構器實際上被寫成（在 ES6 和之後版本中）會接受任意的迭代器。Set() 建構器就是這種 API 之一：

```
// 字串是可迭代的，所以這兩個集合是相同的：
new Set("abc") // => new Set(["a", "b", "c"])
```

本章解釋迭代器的運作方式，並示範如何建立你自己的可迭代資料結構。解說過基本的迭代器之後，本章會涵蓋產生器（generators），它是 ES6 的一個強大的新功能，主要用作建立迭代器的一種特別容易的方式。

12.1 迭代器的運作方式

for/of 迴圈和分散運算子能與可迭代物件完美搭配，但值得了解實際上發生了什麼事，才使得迭代器得以運作。要理解 JavaScript 中的迭代，有三種不同的型別你需要了解。首先是*可迭代物件*（*iterable* objects）：它們是像是 Array、Set 與 Map 那種可被迭代的型別。其次是*迭代器物件*（*iterator* object）本身，負責進行迭代。而第三是*迭代結果物件*（*iteration result* object），用以存放迭代每個步驟的結果。

可迭代物件是具有一個特殊迭代器方法（iterator method）的任何物件，它會回傳一個迭代器物件。一個迭代器是具有一個 next() 方法的任何物件，此方法會回傳一個迭代結果物件。而一個迭代結果物件是具有名為 value 和 done 的特性的一種物件。要迭代一個可迭代物件，你首先會呼叫它的迭代器方法以取得一個迭代器物件。然後，你重複呼叫該迭代器物件的 next() 方法，直到所回傳的值有設為 true 的 done 特性。麻煩之處在於，一個可迭代物件的迭代器方法並沒有一個慣例名稱，而是使用 Symbol.iterator 這個符號（Symbol）作為它的名稱。所以使用一個簡單的 for/of 以迴圈跑過一個可迭代物件 iterable 也能以這種困難的方式寫出：

```
let iterable = [99];
let iterator = iterable[Symbol.iterator]();
for(let result = iterator.next(); !result.done; result = iterator.next()) {
    console.log(result.value)  // result.value == 99
}
```

內建的可迭代資料型別的迭代器物件本身就是可迭代的（也就是說，它有一個名為 Symbol.iterator 的方法，而此方法單純回傳自己本身）。這在下列這種程式碼中，當你想要迭代過一個「已部分使用（partially used）」的迭代器時偶爾會有用處：

```
let list = [1,2,3,4,5];
let iter = list[Symbol.iterator]();
let head = iter.next().value;  // head == 1
let tail = [...iter];          // tail == [2,3,4,5]
```

12.2 實作可迭代物件

可迭代物件在 ES6 中是如此的有用，以致於你應該在自己的資料型別表示可被迭代的東西時，讓它們成為可迭代的。第 9 章的範例 9-2 和 9-3 中所展示的那些 Range 類別就是可迭代的。那些類別使用產生器函式（generator functions）來使它們本身可迭代。我們會在本章後面記載產生器，但首先，我們會再次實作 Range 類別，不仰賴產生器來使它成為可迭代的。

為了要使一個類別變得可迭代，你必須實作名為 Symbol.iterator 這個符號的一個方法。此方法必須回傳具有一個 next() 方法的迭代器物件。而那個 next() 方法必須回傳具有 value 特性和 boolean 的 done 特性的一個迭代結果物件。範例 12-1 實作了一個可迭代的 Range 類別，並示範如何建立可迭代物件、迭代器物件，以及迭代結果物件。

範例 *12-1* 一個可迭代的數值 *Range* 類別

```
/*
 * 一個 Range 物件代表一個範圍的數字 {x: from <= x <= to}
 * Range 定義了一個 has() 方法用以測試一個給定的數字是否為該範圍的成員之一。
 * Range 是可迭代的，並會迭代該範圍中的所有整數。
 */
class Range {
    constructor (from, to) {
        this.from = from;
        this.to = to;
    }

    // 使一個 Range 表現得像是由數字組成的一個 Set
    has(x) { return typeof x === "number" && this.from <= x && x <= this.to; }

    // 使用集合記法（set notation）回傳該範圍的字串表示值
    toString() { return `{ x | ${this.from} ≤ x ≤ ${this.to} }`; }
```

```
        // 回傳一個迭代器物件來使一個 Range 可迭代。
        // 注意到此方法的名稱是一個特殊符號,而非一個字串。
        [Symbol.iterator]() {
            // 每個迭代器實體都必須獨立於其他實體來迭代該範圍。
            // 所以我們需要一個狀態變數來追蹤我們在迭代中的位置。
            // 我們必須從第一個 >= from 的整數開始。
            let next = Math.ceil(this.from);  // 這是我們回傳的下一個值
            let last = this.to;               // 我們不會回傳大於這個的任何東西
            return {                          // 這是一個迭代器物件
                // 就是這個 next() 方法讓它成為了一個迭代器物件
                // 它必須回傳一個迭代結果物件。
                next() {
                    return (next <= last)     // 如果我們尚未回傳最後一個值
                        ? { value: next++ }   // 就回傳下一個值並遞增它
                        : { done: true };     // 否則,指出我們完成了。
                },

                // 為了方便,我們使這個迭代器本身是可迭代的。
                [Symbol.iterator]() { return this; }
            };
        }
    }

    for(let x of new Range(1,10)) console.log(x); // 記錄數字 1 到 10
    [...new Range(-2,2)]                          // => [-2, -1, 0, 1, 2]
```

除了讓你的類別可迭代,定義會回傳可迭代值的函式可能會相當有用。考慮替代
JavaScript 的 map() 和 filter() 方法的這些以可迭代物件為基礎的做法:

```
    // 回傳一個可迭代物件,來迭代將 f() 套用到
    // 來源可迭代物件的每個值之後的結果
    function map(iterable, f) {
        let iterator = iterable[Symbol.iterator]();
        return {      // 此物件同時是迭代器及可迭代物件
            [Symbol.iterator]() { return this; },
            next() {
                let v = iterator.next();
                if (v.done) {
                    return v;
                } else {
                    return { value: f(v.value) };
                }
            }
        };
    }
```

```
// 映射一個範圍的整數到它們的平方，並轉換為一個陣列
[...map(new Range(1,4), x => x*x)]   // => [1, 4, 9, 16]


// 回傳一個可迭代物件，它會過濾指定的可迭代物件，
// 只迭代判定式（predicate）為之回傳 true 的那些元素
function filter(iterable, predicate) {
    let iterator = iterable[Symbol.iterator]();
    return { // 此物件同時是迭代器及可迭代物件
        [Symbol.iterator]() { return this; },
        next() {
            for(;;) {
                let v = iterator.next();
                if (v.done || predicate(v.value)) {
                    return v;
                }
            }
        }
    };
}


// 過濾一個範圍，只留下偶數
[...filter(new Range(1,10), x => x % 2 === 0)]   // => [2,4,6,8,10]
```

可迭代物件和迭代器的一個關鍵特色是，它們本質上就是惰性（lazy）的：當計算過程
需要計算下一個值，該值的計算可以推延到實際用到那個值的時候。舉例來說，假設你
有一個非常長的文字字串，而你想要將之單詞化（tokenize）為以空格分隔的字詞。你
可以單純使用你字串的 split() 方法，但如果你那麼做，那麼整個字串都必須先處理完成
才行，否則你甚至連那第一個字詞都無法使用。而你最後還得為回傳的陣列以及其中的
所有字串配置大量的記憶體。這裡有一個函式能讓你惰性地（lazily）迭代一個字串的字
詞，而不用把它們全都放在記憶體中（在 ES2020 中，使用 §11.3.2 描述過的，會回傳迭
代器的 matchAll() 方法來實作這個函式會容易許多）：

```
function words(s) {
    var r = /\s+|$/g;                   // 匹配一或多個空格或結尾
    r.lastIndex = s.match(/[^ ]/).index; // 在第一個非空格開始匹配
    return {                            // 回傳一個可迭代的迭代器物件
        [Symbol.iterator]() {           // 這讓我們可迭代
            return this;
        },
        next() {                        // 這讓我們成為一個迭代器
            let start = r.lastIndex;    // 從上次匹配結束之處重新開始
            if (start < s.length) {     // 如果尚未完成
                let match = r.exec(s);  // 匹配下一個字詞邊界
```

```
            if (match) {                  // 如果我們找到一個，就回傳該字詞
                return { value: s.substring(start, match.index) };
            }
        }
        return { done: true };           // 否則，指出我們完成了
    }
  };
}

[...words(" abc def  ghi! ")] // => ["abc", "def", "ghi!"]
```

12.2.1 「關閉」一個迭代器：return() 方法

想像（在伺服端）有 words() 迭代器的一個 JavaScript 變體，它不從引數接受一個來源字串，而是接受一個檔案名稱，開啟該檔案，從之讀取文字行，並迭代那些行的字詞。在大多數的作業系統中，開啟檔案來讀取它們的程式必須在讀取完成時關閉（close）那些檔案，所這個假想的迭代器必定會在 next() 方法回傳其中的最後一個字詞之後關閉該檔案。

但迭代器並不總是會一路執行到最後：一個 for/of 迴圈可能會因為一個 break 或 return 或例外（exception）而終止。同樣地，當一個迭代器與解構指定（destructuring assignment）並用時，next() 方法只會被呼叫足夠的次數，以獲取所指定的那些變數每一個的值。迭代器可能還有很多可以回傳的值，但那些永遠都不會被請求。

如果我們假想的「檔案中字詞（words-in-a-file）」迭代器，永遠都不會一路執行到完結，它還是需要關閉它所開啟的檔案。為此，迭代器物件可以實作一個 return() 方法來搭配 next() 方法。如果迭代在 next() 回傳 done 特性被設為 true 的一個迭代結果之前就停止了（最常見的原因是你藉由一個 break 述句提早離開了 for/of 迴圈），那麼直譯器就會檢查看看該迭代器物件是否有一個 return() 方法。若存在此方法，直譯器就會不帶引數調用它，賦予迭代器關閉檔案、釋放記憶體或進行其他清理工作的機會。return() 方法必須回傳一個迭代結果物件，此物件的特性會被忽略，但回傳一個非物件值會是一種錯誤。

for/of 迴圈和分散運算子是 JavaScript 非常實用的功能，所以你在建立 API 的時候，盡可能使用它們會是一個好主意。但必須處理一個可迭代物件、它的迭代器物件，以及該迭代器的結果物件，使得這種過程有點複雜。幸好，產生器可以大幅簡化自訂迭代器的建立過程，如我們會在本章其餘部分看到的。

12.3 產生器

產生器（*generator*）是以 ES6 強大的新語法定義的一種迭代器，它特別適合用在要被迭代的值並非資料結構的元素，而是某個計算的結果之時。

要建立一個產生器，你必須先定義一個**產生器函式**（*generator function*）。一個產生器函式在語法上就像是一個普通的 JavaScript 函式，不過是以關鍵字 function* 來定義，而非使用 function（嚴格來說，那不是一個新的關鍵字，只是在關鍵字 function 後面，函式名稱前面加上一個 *）。當你調用一個產生器函式，它並不會實際執行函式主體，而是回傳一個產生器物件（generator object）。這個產生器物件是一個迭代器，呼叫它的 next() 方法會導致該產生器函式的主體從頭開始（或從目前的位置開始）執行，直到抵達一個 yield 述句為止。yield 是在 ES6 中新引進的，類似 return 述句的東西。yield 述句的值會變成在迭代器上呼叫 next() 所回傳的值。舉個例子可以讓這變得更清楚：

```
// 產出一位數質數（基數為 10）之集合的一個產生器函式。
function* oneDigitPrimes() {  // 調用此函式不會執行程式碼
    yield 2;                  // 而只是回傳一個產生器物件。呼叫
    yield 3;                  // 那個產生器的 next() 方法會執行
    yield 5;                  // 其程式碼，直到有一個 yield 述句
    yield 7;                  // 為 next() 方法提供回傳值。
}

// 當我們調用產生器函式，我們會得到一個產生器
let primes = oneDigitPrimes();

// 產生器是會迭代所產出的那些值的一種迭代器物件
primes.next().value        // => 2
primes.next().value        // => 3
primes.next().value        // => 5
primes.next().value        // => 7
primes.next().done         // => true

// 產生器有一個 Symbol.迭代器方法來使它們可迭代
primes[Symbol.iterator]()    // => primes

// 我們像對其他可迭代型別那樣來使用產生器
[...oneDigitPrimes()]        // => [2,3,5,7]
let sum = 0;
for(let prime of oneDigitPrimes()) sum += prime;
sum                          // => 17
```

在此範例中，我們使用一個 function* 述句來定義一個產生器。然而，就像一般的函式，我們也能以運算式形式來定義產生器。再一次，我們只需要把一個星號（asterisk）放在 function 關鍵字之後：

```
const seq = function*(from,to) {
    for(let i = from; i <= to; i++) yield i;
};
[...seq(3,5)]  // => [3, 4, 5]
```

在類別與物件字面值中，我們可以使用簡寫記法在定義方法的時候完全省略 function 關鍵字。在要這種情境中定義一個產生器，我們只要在方法名稱前面加上一個星號就好了，就像對 function 關鍵字所做的那樣，像這樣：

```
let o = {
    x: 1, y: 2, z: 3,
    // 產出這個物件的每個鍵值的一個產生器
    *g() {
        for(let key of Object.keys(this)) {
            yield key;
        }
    }
};
[...o.g()] // => ["x", "y", "z", "g"]
```

注意到你沒辦法使用箭號函式語法撰寫產生器函式。

產生器經常可以讓可迭代類別的定義變得特別容易。我們可以用一個短得多的 *[Symbol.iterator]() 產生器函式來取代範例 12-1 所示的 [Symbol.iterator]() 方法，它看起來像這樣：

```
*[Symbol.iterator]() {
    for(let x = Math.ceil(this.from); x <= this.to; x++) yield x;
}
```

參閱第 9 章中的範例 9-3 來查看這個基於產生器的迭代器函式所在的情境脈絡。

12.3.1　產生器範例

若是它們會藉由進行某種計算來實際「生成（generate）」它們所產出的值，那麼產生器就會更有趣一點。舉例來說，這裡有一個產生器函式會產出斐波那契數（Fibonacci numbers）：

```
function* fibonacciSequence() {
    let x = 0, y = 1;
    for(;;) {
        yield y;
        [x, y] = [y, x+y];  // 注意：解構指定
    }
}
```

注意到這裡的 fibonacciSequence() 產生器函式有一個無窮迴圈，並且會永遠產出值，不會回傳。如果這個產生器與 ... 分散運算子並用，它會持續跑迴圈，直到記憶體耗盡使得程式當掉為止。然而，如果小心一點，還是可能把它用在一個 for/of 迴圈中：

```
// 回傳第 n 個斐波那契數
function fibonacci(n) {
    for(let f of fibonacciSequence()) {
        if (n-- <= 0) return f;
    }
}
fibonacci(20)    // => 10946
```

這種無限產生器與一個 take() 產生器搭配時會更加有用：

```
// 產出所指定的可迭代物件的前 n 個元素
function* take(n, iterable) {
    let it = iterable[Symbol.iterator](); // 取得可迭代物件的迭代器
    while(n-- > 0) {                       // 迴圈 n 次：
        let next = it.next();  // 從迭代器取得下個項目。
        if (next.done) return; // 如果沒有值了，就提早回傳
        else yield next.value; // 否則，產出該值
    }
}

// 前 5 個斐波那契數所構成的一個陣列
[...take(5, fibonacciSequence())]  // => [1, 1, 2, 3, 5]
```

這裡有另一個實用的產生器函式，會交錯產出多個可迭代物件的元素：

```
// 給定可迭代物件所成的一個陣列，以交錯的順序產出它們的元素。
function* zip(...iterables) {
    // 為每個可迭代物件取得一個迭代器
    let iterators = iterables.map(i => i[Symbol.iterator]());
    let index = 0;
    while(iterators.length > 0) {       // 還有其他迭代器時
        if (index >= iterators.length) {    // 如果我們到達最後一個迭代器
            index = 0;                      // 回到第一個。
        }
```

```
        let item = iterators[index].next();  // 從下一個迭代器取得下一個項目。
        if (item.done) {                      // 如果那個迭代器完成了
            iterators.splice(index, 1);       // 那麼就從陣列移除它。
        }
        else {                                // 否則，
            yield item.value;                 // 產出迭代的值
            index++;                          // 並移往下一個迭代器。
        }
    }
}

// 交錯產出三個可迭代物件
[...zip(oneDigitPrimes(),"ab",[0])]      // => [2,"a",0,3,"b",5,7]
```

12.3.2 yield* 和遞迴產生器

除了在前面例子定義的 zip() 產生器，有類似的產生器函式能夠循序（sequentially）而非交錯（interleaving）產出多個可迭代物件的元素，可能會很有用。我們可以像這樣撰寫那種產生器：

```
function* sequence(...iterables) {
    for(let iterable of iterables) {
        for(let item of iterable) {
            yield item;
        }
    }
}

[...sequence("abc",oneDigitPrimes())]  // => ["a","b","c",2,3,5,7]
```

這種產出其他某些可迭代物件之元素的過程在產生器函式中夠常見，使得 ES6 為此準備了特殊語法。yield* 關鍵字就像 yield，只不過它不是產出單一個值，而是迭代一個可迭代物件，並產出每一個結果值。我們用過的 sequence() 產生器函式能以 yield* 來簡化，就像這樣：

```
function* sequence(...iterables) {
    for(let iterable of iterables) {
        yield* iterable;
    }
}

[...sequence("abc",oneDigitPrimes())]  // => ["a","b","c",2,3,5,7]
```

陣列的 forEach() 方法經常是以迴圈跑過一個陣列之元素的一種優雅的方式，所以你可能會想要像這樣撰寫 sequence() 函式：

```
function* sequence(...iterables) {
    iterables.forEach(iterable => yield* iterable );  // 錯誤
}
```

然而，這是行不通的，yield 和 yield* 只能在產生器函式中使用，但這段程式碼中內嵌的箭號函式是一個普通的函式，而非一個 function* 產生器函式，所以並不允許 yield。

yield* 能與任何種類的可迭代物件並用，包括以產生器實作的可迭代物件。這意味著 yield* 允許我們定義遞迴產生器（recursive generators），而舉例來說，你可以使用這項功能在遞迴定義的樹狀結構（recursively defined tree structure）上進行簡單的非遞迴迭代（non-recursive iteration）。

12.4　進階的產生器功能

產生器函式最常見的用途是建立迭代器，但產生器最基本的特色就是能讓你暫停一項計算、產出中間的結果，然後在之後恢復該計算的執行。這意味著產生器擁有超越那些迭代器的功能，而我們會在接下來的章節中探索那些功能。

12.4.1　一個產生器函式的回傳值

目前為止我們見過的產生器函式都沒有 return 述句，就算有也是被用來導致提早回歸，而非回傳一個值。不過，如同任何的函式，一個產生器函式也能回傳一個值。為了理解在這種情況下發生了什麼事，請回想迭代（iteration）的運作方式。next() 函式的回傳值是擁有 value 特性和 done 特性的一個物件。使用典型的迭代器和產生器時，如果 value 特性有定義，那麼 done 就是未定義的或為 false。而如果 done 為 true，那麼 value 就會是未定義的。但在會回傳一個值的產生器的情況中，對 next 的最後呼叫會回傳 value 和 done 兩者皆有定義的一個物件。其 value 特性存放有產生器函式的回傳值，而 done 特性為 true，指出沒有值要迭代了。這個最後的值會被 for/of 迴圈和分散運算子所忽略，但明確呼叫 next() 進行手動迭代的程式碼可以取用它：

```
function *oneAndDone() {
    yield 1;
    return "done";
}

// 這個回傳值不會出現在一般迭代中。
```

```
[...oneAndDone()]    // => [1]

// 但如果你明確的呼叫 next() 就能取用它
let generator = oneAndDone();
generator.next()            // => { value: 1, done: false}
generator.next()            // => { value: "done", done: true }
// 如果產生器已經完成了，回傳值就不會再次回傳
generator.next()            // => { value: undefined, done: true }
```

12.4.2　一個 yield 運算式的值

在前面的討論中，我們把 yield 視為接受一個值但沒有自己的值的一種述句。然而，yield 其實是一種運算式，而它可以有一個值。

當一個產生器的 next() 方法被調用，該產生器函式就會執行，直到抵達一個 yield 運算式為止。跟在 yield 關鍵字之後的運算式會被估算，而那個值就會變為 next() 調用的回傳值。此時產生器函式會停止執行，就暫停在那個 yield 運算式的估算過程中間。下次那個產生器的 next() 方法被呼叫，傳入給 next() 的引數就會變成被暫停的那個 yield 運算式的值。所以產生器以 yield 回傳值給它的呼叫者，而呼叫者以 next() 傳入值到產生器中。產生器與呼叫者是兩條分開的執行流程，與彼此來回傳遞值（和控制權）。下列程式碼展示了這點：

```
function* smallNumbers() {
    console.log("next() invoked the first time; argument discarded");
    let y1 = yield 1;    // y1 == "b"
    console.log("next() invoked a second time with argument", y1);
    let y2 = yield 2;    // y2 == "c"
    console.log("next() invoked a third time with argument", y2);
    let y3 = yield 3;    // y3 == "d"
    console.log("next() invoked a fourth time with argument", y3);
    return 4;
}

let g = smallNumbers();
console.log("generator created; no code runs yet");
let n1 = g.next("a");    // n1.value == 1
console.log("generator yielded", n1.value);
let n2 = g.next("b");    // n2.value == 2
console.log("generator yielded", n2.value);
let n3 = g.next("c");    // n3.value == 3
console.log("generator yielded", n3.value);
let n4 = g.next("d");    // n4 == { value: 4, done: true }
console.log("generator returned", n4.value);
```

這段程式碼執行時，它會產生下列的輸出，顯示兩個程式碼區塊之間的一來一往：

```
generator created; no code runs yet
next() invoked the first time; argument discarded
generator yielded 1
next() invoked a second time with argument b
generator yielded 2
next() invoked a third time with argument c
generator yielded 3
next() invoked a fourth time with argument d
generator returned 4
```

注意到這段程式碼中的不對稱性。`next()` 的第一次調用啟動了產生器，但傳入那次調用的值並無法被產生器取用。

12.4.3　一個產生器的 return() 和 throw() 方法

我們已經看到，你可以接收由一個產生器函式所產出（yield）或回傳的值。而你也可以傳入值給一個執行中的產生器，只要在呼叫該產生器的 next() 方法之時，將那些值傳入。

除了以 next() 提供輸入給一個產生器，你也能夠藉由呼叫它的 return() 和 throw() 方法來更動該產生器內的控制流程。如其名稱所示，在一個產生器上呼叫這些方法會導致它回傳（return）一個值或擲出（throw）一個例外，就彷彿該產生器中的下個述句是一個 return 或 throw 那樣。

回想本章前面說過，如果一個迭代器定義了一個 return() 方法，而迭代提早停止，那麼直譯器就會自動呼叫 return() 方法來賦予該迭代器關閉檔案或清理其他東西的機會。在產生器的情況中，你無法定義一個自訂的 return() 方法來處理清理工作，但你可以組織產生器程式碼的結構，使用一個 try/finally 述句來確保產生器回傳時，必要的清理工作有完成（在 finally 區塊中）。藉由強迫產生器回傳，該產生器內建的 return() 方法會確保該產生器不會再被使用時，有執行清理程式碼。

正如同一個產生器的 next() 方法允許我們把任意的值傳入到一個正在執行的產生器中，產生器的 throw() 方法也賦予了我們一種方式來發送任意的訊號（以例外的形式）到一個產生器中。呼叫 throw() 方法永遠都會在該產生器內導致一個例外。但如果該產生器函式寫有適當的例外處理程式碼，那麼該例外就不一定是致命的，而是可以作為更動該產生器行為的一種方式。舉例來說，想像一個計數器（counter）產生器會產出持續遞增的一序列整數。這可以被寫成一個以 throw() 送入的例外會導致該計數器被重置為零。

當一個產生器使用 yield* 從其他的某個可迭代物件產出值,那麼對該產生器的 next() 方法的一個呼叫就會導致那個可迭代物件的 next() 方法被呼叫。對 return() 與 throw() 方法來說也是如此。如果在一個可迭代物件上使用 yield* 的一個產生器定義有那些方法,那麼在該產生器上呼叫 return() 或 throw() 會導致該迭代器的 return() 或 throw() 方法接著被呼叫。所有的迭代器都必須有一個 next() 方法。需要在未完成的迭代之後進行清理的迭代器應該定義一個 return() 方法。而任何迭代器都可以定義一個 throw() 方法,雖然我不知道有什麼實務的理由需要那樣做。

12.4.4　關於產生器的最後注意事項

產生器是非常強大的一般化控制結構。它們賦予我們以 yield 暫停一項計算的能力,並能讓我們在之後的某個任意的時間點以一個任意輸入值重啟該計算。使用產生器在單執行緒(single-threaded)的 JavaScript 程式碼中建立某種合作性的執行緒系統(cooperative threading system)是可能的。而使用產生器來遮蔽你程式非同步(asynchronous)的部分,使得你的程式碼看起來是循序且同步的,即便你的某些函式呼叫實際上是非同步的,而且取決於來自網路的事件,這也是可能的。

試著使用產生器去做這些事情會導致腦筋急轉彎似的、難以理解或解釋的程式碼。然而,還是曾有人那樣做,而唯一真正實際的用例是管理非同步程式碼。不過 JavaScript 現在在 async 和 await 關鍵字(參閱第 13 章)是專門為此用途所設計的,不再有任何理由需要以此方式濫用產生器。

12.5　總結

在本章中,你學到了:

- for/of 迴圈及 ... 分散運算子能與可迭代物件並用。

- 若是一個物件有一個方法的名稱是 [Symbol.iterator] 這個符號,而且會回傳一個迭代器物件,那該物件就是可迭代的。

- 一個迭代器物件具有會回傳一個迭代結果物件的 next() 方法。

- 一個迭代結果物件具有一個 value 特性,用以存放下一個被迭代的值,如果有的話。如果迭代已經完成,那麼這個結果物件必須有一個設為 true 的 done 特性。

- 若要實作你自己的可迭代物件，你可以定義一個 [Symbol.iterator]() 方法，讓它回傳帶有 next() 方法的一個物件，並讓那個方法回傳迭代結果物件。你也可以實作接受迭代器引數的函式並回傳迭代器值。

- 產生器函式（以 function* 而非 function 定義的函式）是另一種定義迭代器的方式。

- 當你調用一個產生器函式，該函式的主體並不會立即執行，而是回傳一個可迭代的迭代器物件。每次該迭代器的 next() 方法被呼叫，該產生器函式就會有另一部份被執行。

- 產生器函式可以使用 yield 關鍵字來指定由迭代器所回傳的值。對 next() 的每次呼叫都會導致產生器函式執行到下一個 yield 運算式。然後那個 yield 運算式的值會變成迭代器所回傳的值。若已經沒有 yield 運算式了，那麼該產生器函式就會回傳，迭代就完成了。

第十三章

非同步 JavaScript

某些電腦程式，例如科學模擬（scientific simulations）和機器學習模型（machine learning models），是所謂的計算密集型（compute-bound）：它們會持續執行，不會暫停，直到計算出它們的結果為止。然而，大多數真實世界的程式主要都是非同步（*asynchronous*）的。這意味著它們經常得停止計算，同時等候資料抵達或某些事件發生。Web 瀏覽器中的 JavaScript 程式通常都是**事件驅動**（*event-driven*）的，代表它們會等候使用者點擊滑鼠或觸碰螢幕，再實際做些事情。而基於 JavaScript 的伺服器（servers）一般都會等候客戶端的請求（client requests）通過網路抵達，才會開始做事。

這種非同步程式設計在 JavaScript 中是很尋常的事，而本章會介紹三個重要的語言功能，幫助我們輕易處理非同步程式碼。ES6 中的新功能 Promise（承諾）是一種物件，用來代表一項非同步運算尚無法取用的結果（not-yet-available result）。關鍵字 async 與 await 是在 ES2017 中引進的，提供了新的語法來簡化非同步程式設計，讓你能夠把基於 Promise 的程式碼組織得像是同步的一樣。最後，非同步的迭代器（asynchronous iterators）和 for/await 迴圈是在 ES2018 中引進的，允許你使用看似同步的簡單迴圈來處理非同步事件的串流。

諷刺的是，即使 JavaScript 提供了這些強大的功能來處理非同步程式碼，其核心語言並沒有任何功能本身是非同步的。因此，為了示範 Promise、async、await 與 for/await 的用法，我們得先繞路到客戶端（client-side）和伺服端（server-side）JavaScript，講解 Web 瀏覽器和 Node 的一些非同步功能（你會在第 15 章和 16 章學到更多有關客戶端與伺服端 JavaScript 的東西）。

13.1　使用 Callbacks 的非同步程式設計

在最基本的層次，JavaScript 中的非同步程式設計是透過 *callbacks*（回呼）來完成的。一個 callback 是你所撰寫並傳入給其他某個函式的一種函式。然後那另一個函式會在某個條件達成或某個（非同步）事件發生時，調用（「回頭呼叫」，「calls back」）你的函式。對你所提供的那個 callback 函式的調用通知你該條件滿足了或該事件發生了，而有的時候，這種調用會包含提供額外細節的函式引數。透過一些具體範例這會比較容易理解，而接下來的各個小節會使用客戶端 JavaScript 和 Node 來展示以 callback 為基礎的各種形式的非同步程式設計。

13.1.1　計時器（Timers）

最簡單的一種非同步性（asynchrony）是你想要在指定長度的一段時間過去後，執行某些程式碼。如我們在 §11.10 中見過的，你能以 setTimeout() 函式來做到這點：

```
setTimeout(checkForUpdates, 60000);
```

setTimeout() 的第一個引數是一個函式，而第二個引數是以毫秒（milliseconds）為單位的一段時間間隔（time interval）。在前面的程式碼中，一個虛構的 checkForUpdates() 函式會在那個 setTimeout() 呼叫的 60,000 毫秒（1 分鐘）之後被呼叫。checkForUpdates() 是你的程式可能會定義的一個回呼函式（callback function），而 setTimeout() 則是你調用來註冊你的 callback 函式並指定在什麼非同步條件之下它應該被調用的函式。

setTimeout() 會呼叫指定的 callback 函式一次，不傳入引數，然後就忘了它。如果你所寫的函式真的是要檢查更新（check for updates），你大概會希望它重複地執行。你可以使用 setInterval() 來這麼做，而非用 setTimeout()：

```
// 一秒後呼叫 checkForUpdates，在那之後，每分鐘重複呼叫一次
let updateIntervalId = setInterval(checkForUpdates, 60000);

// setInterval() 所回傳的值可用來停止重複調用
// 只要用它來呼叫 clearInterval() 即可（同樣地，setTimeout()
// 也會回傳一個你可以傳入給 clearTimeout() 的值）
function stopCheckingForUpdates() {
    clearInterval(updateIntervalId);
}
```

13.1.2　事件（Events）

客戶端 JavaScript 程式幾乎普遍都是事件驅動的：它們不是執行某種預先決定的計算，通常都是等候使用者做些事情，然後回應使用者的動作。Web 瀏覽器會在使用者按下一個鍵盤按鍵、移動滑鼠、點擊一個滑鼠按鈕，或點選觸控裝置的螢幕時，產生一個事件（*event*）。事件驅動的 JavaScript 程式會為指定情境中特定類型的事件註冊 callback 函式，而 Web 瀏覽器則會在指定的事件發生時，調用那些函式。這些 callback 函式被稱為事件處理器（*event handlers*）或事件收聽器（*event listeners*），而它們是以 addEventListener() 來註冊的：

```
// 請求 Web 瀏覽器回傳一個物件來表示
// 匹配這個 CSS 選擇器（selector）的 HTML <button> 元素
let okay = document.querySelector('#confirmUpdateDialog button.okay');

// 現在註冊一個 callback 函式
// 在使用者點擊那個按鈕時調用。
okay.addEventListener('click', applyUpdate);
```

在這個例子中，applyUpdate 是一個虛構的 callback 函式，我們假設它的實作在其他的某個地方。對 document.querySelector() 的呼叫回傳一個物件來代表網頁中所指定的那一個元素。我們在那個元素上呼叫 addEventListener() 以註冊（register）我們的 callback。然後 addEventListener() 的第一個引數是一個字串，指出我們感興趣的事件之種類，在此為滑鼠點擊或觸控螢幕的點觸。如果使用者點擊或點觸網頁上的那個指定的元素，那麼瀏覽器就會調用我們的 applyUpdate() 回呼函式，傳入包含該事件相關細節（例如時間和滑鼠指標的坐標）的一個物件。

13.1.3　網路事件

JavaScript 程式設計中另一個常見的同步性來源是網路請求（network requests）。在瀏覽器中執行的 JavaScript 能以像這樣的程式碼從 Web 伺服器擷取資料：

```
function getCurrentVersionNumber(versionCallback) { // Note callback argument
    // 對後端的版本 API 發出一個以指令稿控制的 HTTP 請求
    let request = new XMLHttpRequest();
    request.open("GET", "http://www.example.com/api/version");
    request.send();

    // 註冊一個會在回應（response）抵達時被調用的 callback
    request.onload = function() {
        if (request.status === 200) {
            // 如果 HTTP 狀態是良好的，就取得版本號碼並呼叫 callback。
            let currentVersion = parseFloat(request.responseText);
```

```
            versionCallback(null, currentVersion);
        } else {
            // 否則回報一個錯誤給 callback
            versionCallback(response.statusText, null);
        }
    };
    // 註冊另一個 callback，會在網路發生錯誤時被調用
    request.onerror = request.ontimeout = function(e) {
        versionCallback(e.type, null);
    };
}
```

客戶端 JavaScript 程式碼可以使用 XMLHttpRequest 類別加上回呼函式（callback functions）來發出 HTTP 請求，並在伺服器的回應抵達時非同步地處理它[1]。這裡所定義的 getCurrentVersionNumber() 函式（我們可以想像它被我們在 §13.1.1 中討論過的假想 checkForUpdates() 函式所使用）會發出一個 HTTP 請求，並定義會在接收到伺服器的回應，或逾時（timeout）或其他錯誤導致請求失敗時被調用的事件處理器。

注意到上面的程式碼範例並沒有像我們前面的例子那樣呼叫 addEventListener()。對於大多數的 Web API（包括這一個），我們可以在產生事件的物件上調用 addEventListener() 並傳入感興趣的事件名稱以及回呼函式，藉此定義事件處理器。不過一般來說，你也能把單一個事件收聽器直接指定給該物件的一個特性，藉此註冊它。這就是我們在這段範例程式碼中所做的，將函式指定給 onload、onerror 與 ontimeout 特性。依照慣例，像這些的事件收聽器特性（event listener properties）永遠都會有以 on 開頭的名稱。addEventListener() 是較有彈性的技巧，因為它允許多個事件處理器。但在你很確定不會有其他的程式碼需要為同一個物件和事件類型註冊一個收聽器時，單純將適當的特性設為你的 callback 可能會比較簡單。

關於此範例程式碼中的 getCurrentVersionNumber() 函式，要注意的另一件事情是，因為它發出的是一個非同步請求，所以它無法同步地回傳呼叫者感興趣的值（目前的版本號碼）。取而代之，呼叫者傳入一個 callback 函式，它會在結果準備好了或有錯誤發生時被調用。在此，呼叫者所提供的 callback 函式預期兩個引數。若是那個 XMLHttpRequest 有正確運作，那麼 getCurrentVersionNumber() 就會以 null 為第一引數，而版本號碼作為第二引數來調用那個 callback。或者，如果有錯誤發生，getCurrentVersionNumber() 呼叫那個 callback 時，就會以錯誤的細節作為第一引數，而 null 作為第二引數。

1　XMLHttpRequest 類別與 XML 並沒有什麼特別的關係。在現代的客戶端 JavaScript 中，它大多已經被 fetch()API 所取代，那會在 §15.11.1 中涵蓋。這裡所展示程式碼範例是本書剩下的最後一個基於 XMLHttpRequest 的例子。

13.1.4　Node 中的 Callbacks 和事件

Node.js 伺服端（server-side）的 JavaScript 環境有很大程度是非同步的，並定義了用到 callback 和事件的許多 API。舉例來說，讀取一個檔案之內容的預設 API 就是非同步的，並且會在檔案的內容已經讀取完成時調用一個 callback 函式：

```
const fs = require("fs"); // "fs" 模組具有檔案系統相關的 API
let options = {           // 存放我們程式選項的一個物件
    // 預設的選項在此
};

// 讀取一個組態檔（configuration file）然後呼叫 callback 函式
fs.readFile("config.json", "utf-8", (err, text) => {
    if (err) {
        // 若有錯誤，顯示警告訊息，但繼續進行
        console.warn("Could not read config file:", err);
    } else {
        // 否則，剖析檔案內容，並指定給選項物件
        Object.assign(options, JSON.parse(text));
    }

    // 不管哪種情況，我們都可以開始執行程式
    startProgram(options);
});
```

Node 的 `fs.readFile()` 函式接受一個有兩個參數的 callback 作為它的最後一個引數。它會非同步地讀取指定的檔案，然後調用那個 callback。如果檔案讀取成功，它會把檔案內容當作那個 callback 的第二引數傳入。若有錯誤發生，它會把那個錯誤當作第一個 callback 引數傳入。在此例中，我們以一個箭號函式來表達這個 callback，那是用於這種簡單作業的一種簡潔且自然的語法。

Node 也定義了數個以事件為基礎的 API。接下來的函式展示如何在 Node 中對一個 URL 的內容發出一個 HTTP 請求。它有兩層的非同步程式碼，並以事件收聽器來進行處理。注意到 Node 使用一個 `on()` 方法來註冊事件收聽器，而非使用 `addEventListener()`：

```
const https = require("https");

// 讀取指定 URL 的文字內容，並且非同步地將之傳給 callback。
function getText(url, callback) {
    // 為此 URL 發動一個 HTTP GET 請求
    request = https.get(url);

    // 註冊一個函式來處理 "response" 事件。
```

```
request.on("response", response => {
    // 這個 response 事件代表已經接收到回應標頭（response headers）
    let httpStatus = response.statusCode;

    // 尚未接收到那個 HTTP 回應的主體（body）。
    // 所以我們註冊更多的處理器在它抵達時呼叫。
    response.setEncoding("utf-8");  // 我們預期 Unicode 的文字
    let body = "";                  // 我們會把它們累積在此。

    // 這個事件處理器會在主體有一部分（chunk）已經就緒時被呼叫
    response.on("data", chunk => { body += chunk; });

    // 這個事件處理器會在回應完成時被呼叫
    response.on("end", () => {
        if (httpStatus === 200) {   // 如果 HTTP 回應是好的
            callback(null, body);   // 就將回應主體傳入給 callback
        } else {                    // 否則傳入一個錯誤
            callback(httpStatus, null);
        }
    });
});

// 我們也註冊了一個事件處理器來應付較低階的網路錯誤
request.on("error", (err) => {
    callback(err, null);
});
}
```

13.2　Promise

現在我們已經見過了在客戶端和伺服端 JavaScript 環境下，使用 callback 和基於事件的非同步程式設計範例，我們可以介紹 *Promise*（承諾）了，它是設計來簡化非同步程式設計的一項核心語言功能。

一個 Promise 是代表一項非同步計算之結果的一個物件。這個結果可能已經就緒，也可能尚未準備好，Promise API 對此刻意保持模糊：你沒有辦法同步地得到一個 Promise 的值，你只能要求 Promise 在那個值就緒時，呼叫一個 callback 函式。如果你正在定義像是前一節的 getText() 函式的那種非同步 API，但想要讓它以 Promise 為基礎，省略掉 callback 引數，改為回傳一個 Promise 物件。那麼呼叫者就能在這個 Promise 物件上註冊一或多個 callbacks，而它們會在該項非同步計算完成時被調用。

因此，從最簡單的層次來說，Promise 只不過是運用 callback 的另一種方式。然而，使用它們有實務上的好處。基於 callback 的非同步程式設計有一個真正的問題，就是最後可能一個 callback 裡面有另外的 callbacks，而那些 callbacks 裡面還有其他 callbacks，使得它們的程式碼行高度內縮，難以閱讀，這種情況並不少見。Promise 能讓這種巢狀回呼（nested callback）重新表達為更線性的 *Promise 串鏈*（*chain*），比較容易閱讀而且更容易推理。

Callback 的另一個問題是，它們可能會使得錯誤的處理變得困難。如果一個非同步函式（或一個非同步調用的 callback）擲出了一個例外，你沒辦法讓那個例外傳播回那項非同步運算的發起者。這是非同步程式設計的一個基本事實：它會破壞例外的處理。替代做法是十分小心地藉由 callback 引數和回傳值追蹤並傳播錯誤，但這很繁瑣，難以弄對。Promise 在此也幫得上忙，它標準化了一種方式來處理錯誤，並提供一種方式來讓錯誤得以在一個串鏈的承諾（a chain of promises）上正確地傳播。

注意到 Promise 代表的是單一個非同步計算的未來結果，它們無法被用來表示重複的非同步計算。舉例來說，在本章後面，我們會撰寫一個基於 Promise 的替代方案來模擬 setTimeout() 函式，但我們無法使用 Promise 來取代 setInterval()，因為那個函式會重複地調用一個 callback 函式，而 Promise 單純就不是為了那種事情所設計的。同樣地，我們可以使用一個 Promise 來取代一個 XMLHttpRequest 物件的「load（載入）」事件處理器，因為那個 callback 只會被呼叫一次。但我們通常不會把一個 Promise 用於一個 HTML 按鈕物件（button object）的「click（點擊）」事件處理器，因為我們一般都會允許使用者點擊一個按鈕多次。

接下來的各小節將會：

- 解釋 Promise 的相關術語，並顯示基本的 Promise 用法
- 展示多個承諾（promises）可以如何被鏈串（chained）
- 示範如何建立你自己以 Promise 為基礎的 API

Promise 乍看之下好像很簡單，而 Promise 的基本用例也真的是簡單明瞭。但除了最簡單的用例之外，它們可能變得出乎意料地令人困惑。Promise 是非同步程式設計的一種強大的慣用語，但你得深入了解它們才有辦法正確並自信地運用它們。不過花費時間來發展那種深層理解是值得的，我鼓勵你仔細研讀篇幅很長的這一章。

13.2.1　使用 Promise

Promise 在 JavaScript 的核心語言中出現之後，Web 瀏覽器就已經開始實作基於 Promise 的 API 了。在前一節中，我們實作了一個 getText() 函式，它會發出一個非同步的 HTTP 請求，並把那個 HTTP 回應的主體作為字串傳入一個指定的 callback 函式。想像這個函式的一個變體，getJSON()，它會把 HTTP 回應的主體剖析為 JSON，並回傳一個 Promise 而非接受一個 callback 引數。我們會在本章後面實作一個 getJSON(函式，至於現在，先看看我們會如何使用這個回傳 Promise 的工具函式：

```
getJSON(url).then(jsonData => {
    // 這是一個 callback 函式，它會在剖析好的 JSON 值
    // 可取用時以那個值非同步地被調用
});
```

getJSON() 會為你指定的 URL 發動一個非同步的 HTTP 請求，然後，在那個請求仍然待決之時，它回傳一個 Promise 物件。這個 Promise 物件定義了一個 then() 實體方法。我們不是把我們的 callback 函式直接傳入給 getJSON()，而是將它傳入給這個 then() 方法。當 HTTP 回應抵達時，那個回應的主體會被剖析為 JSON，剖析出來的結果值會被傳入給我們傳入到 then() 的那個函式。

你可以把這個 then() 方法想成是像客戶端 JavaScript 中用來註冊事件處理器的那個 addEventListener() 方法。如果你呼叫一個 Promise 物件的 then() 方法多次，那麼你所指定的每個函式都會在承諾的計算（promised computation）完成時被呼叫。

但與許多事件處理器不同的是，一個 Promise 代表的是單一項計算，而藉由 then() 註冊的每個函式都只會被調用一次。值得注意的是，你傳入給 then() 的函式是非同步調用的，即使你在呼叫 then() 的時候該項非同步計算已經完成，也是一樣。

從簡單的語法層次來說，then() 方法是 Promise 最與眾不同的特色，而慣用的寫法是在回傳 Promise 的函式調用後直接加上 .then()，而沒有將那個 Promise 物件指定給一個變數的中介步驟。

另一個慣用的寫法是，以動詞（verbs）命名會回傳 Promise 的函式，以及用到 Promise 結果的函式，而藉由這種慣用語所產生的程式碼會特別容易閱讀：

```
// 假設你有一個像這樣的函式來顯示使用者的個人檔案（user profile）
function displayUserProfile(profile) { /* implementation omitted */ }

// 這裡是以一個 Promise 來使用那個函式的方式。
```

```
// 注意到這行程式碼讀起來幾乎就像是一個英文句子：
getJSON("/api/user/profile").then(displayUserProfile);
```

以 Promise 處理錯誤

非同步的運算，特別是涉及到網路的那些，通常可能會以數種方式失敗，而可靠的程式碼必須被寫成能夠處理那些無法避免會發生的錯誤。

對 Promise 而言，我們可以傳入第二個函式給 then() 方法來做到這點：

```
getJSON("/api/user/profile").then(displayUserProfile, handleProfileError);
```

一個 Promise 代表在該 Promise 物件創建之後發生的一項非同步計算的未來結果。因為那個計算是在 Promise 物件被回傳給我們之後進行的，那個計算無法以傳統的方式回傳一個值或擲出一個我們可以捕捉的例外。我們傳入給 then() 的函式提供了替代之道。當一項同步計算正常完成了，它單純會把它的結果回傳給其呼叫者。當基於 Promise 的一項非同步計算正常完成，它會把它的結果傳入給作為 then() 的第一個引數的那個函式。

在一項同步計算中，若有事情出錯，它會擲出一個例外，這個例外會在呼叫堆疊（call stack）中往上傳遞，直到有一個 catch 子句能夠處理它為止。當一項非同步計算執行時，它的呼叫者已經不在堆疊上了，所以若有事情出錯，我們單純就是沒辦法把一個例外擲回給呼叫者。

取而代之，基於 Promise 的非同步計算會把那個例外（通常是某種的 Error 物件，雖然這並非必要）傳入給我們傳入到 then() 的第二個函式。所以，在上面的程式碼中，如果 getJSON() 正常執行，它會把它的結果傳給 displayUserProfile()。如果有錯誤發生（使用者沒有登入、伺服器下線、使用者的網際網路連線斷掉、請求逾時等等），那麼 getJSON() 就會傳入一個 Error 物件給 handleProfileError()。

實務上，很少看到兩個函式被傳給 then()。使用 Promise 時，有一種更好且更慣用的方式來處理錯誤。要了解它，首先考慮 getJSON() 正常完成，但 displayUserProfile() 中有一個錯誤發生時，會發生什麼事。那個 callback 函式會在 getJSON() 回傳時被非同步地調用，所以它也是非同步的，無法有意義地擲出一個例外（因為呼叫堆疊上沒有程式碼來處理它）。

在那段程式碼中，處理錯誤更慣用的方式看起來像這樣：

```
getJSON("/api/user/profile").then(displayUserProfile).catch(handleProfileError);
```

藉由這段程式碼，來自 getJSON() 的一個正常結果仍然會被傳入給 displayUserProfile()，但 getJSON() 或 displayUserProfile() 中的任何錯誤（包括 displayUserProfile 所擲出的任何例外）都會被傳入給 handleProfileError()。那個 catch() 方法只不過是以 null 的第一引數以及作為第二引數的指定的錯誤處理函式來呼叫 then() 的一種簡寫方式。

我們會在下一節討論到 Promise 串鏈的時候更詳細談論這個 catch() 方法和這種錯誤處理慣用語。

Promise 的專有名詞

在我們進一步討論 Promise 之前，值得暫停一下來定義一些專有名詞。不是在設計程式時，我們提到人類的承諾，會說承諾被「遵守（kept）」或「違背（broken）」了。當我們討論 JavaScript 承諾，等效的術語會是「履行（fulfilled）」和「拒絕（rejected）」。想像你呼叫了一個 Promise 的 then() 方法，並傳入了兩個 callback 函式給它。我們會在那第一個 callback 被呼叫時，說該承諾已被履行。而當那第二個 callback 被呼叫，我們則說那個 Promise 被拒絕了。若有一個 Promise 沒有被履行，也沒有被拒絕，那麼它就是待決（pending）的。而只要一個承諾被履行或拒絕，我們就說它已解決（settled）。一旦一個 Promise 已解決，它就永遠不會從履行變為拒絕，反之亦然。

回想我們在本節開頭是如何定義 Promise 的：「一個 Promise 是代表一項非同步運算之結果（result）的物件」。很重要的是要記得，Promises 不僅是註冊要在某些非同步程式碼完成時執行的 callbacks 的抽象方式，它們還代表著那些非同步程式碼的結果。如果那些非同步程式碼正常執行（而該 Promise 被履行了），那麼那個結果基本上就是那段程式碼的回傳值。而如果那段非同步程式碼沒有正常完成（而該 Promise 被拒絕了），那麼結果就會是一個 Error 物件或該段程式碼不是非同步的時候可能會擲出的某個其他的值。已解決的任何 Promise 都會有一個與之關聯的值，而那個值將不會再改變。如果 Promise 被履行，那麼該值就會是被傳入給註冊為 then() 的第一個引數的任何 callback 函式的一個回傳值。若是 Promise 被拒絕，那麼該值就會是被傳入給以 catch() 註冊或作為 then() 的第二個引數的任何 callback 函式的某種錯誤。

我之所以想要精確使用 Promise 的術語，是因為 Promise 也能被 *解析*（*resolved*）。我們很容易會把這種已解析的狀態（resolved state）和已履行的狀態（fulfilled state）或已解決的狀態（settled state）搞混，但它與兩者都不完全是同樣的東西。理解已解析的狀態是深入了解 Promise 的關鍵之一，而我會在下面討論 Promise 串鏈的時候再回頭講它。

13.2.2　鏈串承諾（Chaining Promises）

Promises 最主要的一個好處是它們提供了一種自然的方式來將一序列的非同步運算（a sequence of asynchronous operations）表達為 then() 方法調用的一個線性串鏈（a linear chain ofthen()method invocations），而不用把每個運算內嵌到前一個運算的 callback 中。這裡，舉例來說，就是一個虛構的 Promise 串鏈：

```
fetch(documentURL)                        // 發出一個 HTTP 請求
    .then(response => response.json())    // 請求該回應的 JSON 主體
    .then(document => {                   // 當我們拿到剖析過的 JSON
        return render(document);          // 就顯示該文件給使用者
    })
    .then(rendered => {                   // 當我們拿到描繪（rendered）好的文件
        cacheInDatabase(rendered);        // 就把它快取到本地的資料庫。
    })
    .catch(error => handle(error));       // 處理發生的任何錯誤
```

這段程式碼說明了 Promises 所成的一個串鏈可以讓我們輕易表達一個序列的非同步運算。然而，我們並不會討論這個 Promise 串鏈。不過我們會繼續探索使用 Promise 串鏈來發出 HTTP 請求的想法。

在本章前面，我們看到 XMLHttpRequest 物件被用來在 JavaScript 中發出一個 HTTP 請求。那個名稱奇怪的物件有一個老舊且怪異的 API，而它大多已經被較新的，基於 Promise 的 Fetch API（§15.11.1）所取代。在它最簡單的形式中，這個新的 HTTP API 不過就是函式 fetch()。你傳給它一個 URL，而它會回傳一個 Promise。這個承諾會在 HTTP 回應（response）開始抵達，而 HTTP 狀態（status）和標頭（headers）可以取用時被履行：

```
fetch("/api/user/profile").then(response => {
    // 當此承諾被解析，我們會有狀態和標頭
    if (response.ok &&
        response.headers.get("Content-Type") === "application/json") {
```

```
        // 這裡我們可以做什麼呢？我們實際上尚未有回應主體。
    }
});
```

當 fetch() 所回傳的 Promise 被履行，它會傳入一個 Response 物件給你傳入它 then() 方法的函式。這個回應物件（response object）賦予你請求狀態和標頭的存取權，而它也定義了像是 text() 與 json() 之類的方法，這分別能讓你以文字和 JSON 剖析過的形式來存取回應的主體。但雖然最初的 Promise 被履行了，回應的主體可能尚未抵達。所以用來存取回應主體的這些 text() 和 json() 方法本身也回傳 Promise。這裡有使用 fetch() 和 response.json() 方法來取得一個 HTTP 回應之主體的一種直覺的方式：

```
fetch("/api/user/profile").then(response => {
    response.json().then(profile => {  // 請求 JSON 剖析過的主體
        // 當回應的主體抵達，它會自動地被
        // 剖析為 JSON 並傳入給此函式。
        displayUserProfile(profile);
    });
});
```

這是使用 Promise 的一種天真的方式，因為就像 callbacks，我們把它們內嵌了，這妨礙了其用途。偏好的慣用語是以像這樣的程式碼在一個循序的串鏈中使用 Promise：

```
fetch("/api/user/profile")
    .then(response => {
        return response.json();
    })
    .then(profile => {
        displayUserProfile(profile);
    });
```

讓我們看一下這段程式碼中的方法調用，忽略傳入那些方法的引數：

```
fetch().then().then()
```

若有一個以上的方法像這樣在單一個運算式中被調用，我們就稱之為一個**方法串鏈**（*method chain*）。我們知道 fetch() 函式會回傳一個 Promise 物件，而我們可以看到這個串鏈中的第一個 .then() 會在所回傳的 Promise 物件上調用一個方法。但此串鏈中有第二個 .then()，這表示那個 then() 方法的第一次調用本身必定也回傳一個 Promise。

有的時候，當一個 API 被設計成使用這種方法串鏈，其中就只有單一個物件，而那個物件的每個方法都會回傳該物件本身以方便鏈串（chaining）。然而，這並非 Promise 的運作方式。當我們撰寫一個串鏈的 .then() 調用，我們並非是在單一個 Promise 物件上註冊多個 callbacks，而是那 then() 方法的每個調用都會回傳一個新的 Promise 物件。那個新的 Promise 物件在傳入給 then() 的函式完成之前，都不會被履行。

讓我們回到上面原本的 fetch() 串鏈的一個簡化過的形式。如果我們在他處定義傳入給 then() 調用的函式，我們可以把程式碼重構成這樣子：

```
fetch(theURL)          // 任務 1；回傳承諾 1
    .then(callback1)   // 任務 2；回傳承諾 2
    .then(callback2);  // 任務 3；回傳承諾 3
```

讓我們詳細走過這段程式碼：

1. 在第一行中，fetch() 是以一個 URL 來調用。它為那個 URL 發起了一個 HTTP GET 請求，並回傳一個 Promise。我們稱這個 HTTP 請求為「任務 1」，稱那個 Promise 為「承諾 1」。

2. 在第二行中，我們調用了承諾 1 的 then() 方法，傳入我們想在承諾 1 被履行後調用的 callback1 函式。那個 then() 會把我們的 callback 儲存在某處，然後回傳一個新的 Promise。我們稱這個步驟中的那個新的 Promise 為「承諾 2」，而我們說「任務 2」在 callback1 被調用時開始了。

3. 在第三行中，我們調用承諾 2 的 then() 方法，傳入想要在承諾 2 履行後被調用的 callback2 函式。這個 then() 方法記住我們的 callback 並再回傳另一個 Promise。我們說 callback2 被調用時，「任務 3」開始了。我們稱這最後一個 Promise 為「承諾 3」，但我們其實不需要它的名稱，因為我們完全不會使用它。

4. 前面三個步驟全都會在運算式初次執行時同步地發生。現在我們有一個非同步的暫停，也就是在第 1 步中發動的 HTTP 請求透過網際網路送出時。

5. 最後，HTTP 回應開始抵達。fetch() 呼叫的非同步部分把 HTTP 狀態和標頭包裹在一個 Response 物件中，並以那個 Response 物件作為值來履行承諾 1。

6. 當承諾 1 被履行，它的值（那個 Response 物件）會被傳入給我們的 callback1() 函式，而任務 2 就開始了。這個任務的工作，以一個 Response 物件作為輸入，就是獲取回應的主體作為一個 JSON 物件。

7. 讓我們假設任務 2 正常完成，而且能夠剖析 HTTP 回應的主體以產生一個 JSON 物件。這個 JSON 物件被用來履行承諾 2。

8. 當它被傳入給 callback2 函式，履行承諾 2 的值就成為了任務 3 的輸入。這第三個任務現在會以某種未指定的方式顯示資料給使用者看。當任務 3 完成（假設它正常完成），承諾 3 就被履行了。但因為我們永遠都不會拿承諾 3 來做什麼，那個 Promise 解決時，什麼都不會發生，這個非同步計算的串鏈就結束於這個點。

13.2.3　解析承諾

藉由前一節中的清單解釋擷取 URL 的 Promise 串鏈時，我們談到承諾 1、2 和 3，但其實還涉及了第四個 Promise 物件，而這就把我們帶到了一個 Promise 被「解析（resolved）」代表什麼意思的重要討論。

記得 fetch() 會回傳一個 Promise 物件，而它被履行時，會傳入一個 Response 物件到我們註冊的 callback 函式。這個 Response 物件有 .text()、.json() 等其他的方法來以各種形式請求 HTTP 回應的主體。但因為那個主體可能尚未抵達，這些方法必須回傳 Promise 物件。在我們所研讀的那個例子中，「任務 2」呼叫 .json() 方法並回傳它的值。這就是第四個 Promise 物件，而它是 callback1 函式的回傳值。

讓我們再次改寫這個擷取 URL 的程式碼，以更囉嗦且更不慣用的方式來讓那些 callback 和承諾變得明確：

```
function c1(response) {            // callback 1
    let p4 = response.json();
    return p4;                     // 回傳承諾 4
}

function c2(profile) {            // callback 2
    displayUserProfile(profile);
}

let p1 = fetch("/api/user/profile");  // 承諾 1、任務 1
let p2 = p1.then(c1);                 // 承諾 2、任務 2
let p3 = p2.then(c2);                 // 承諾 3、任務 3
```

為了要讓 Promise 串鏈有效運作，任務 2 的輸出必須變成任務 3 的輸入。而在我們考慮的範例中，任務 3 的輸入就是被擷取的 URL 的主體，剖析為一個 JSON 物件。但如同我們剛才討論過的，c1 這個 callback 的回傳值並不是一個 JSON 物件，而是那個 JSON 物件的 Promise p4。這看起來像是一種矛盾，但實際上並不是：當 p1 被履行，c1 會被調用，而任務 2 就開始了。而當 p2 被履行，c2 就會被調用，而任務 3 就開始了。但只是因為任務 2 在 c1 被調用的時候開始，並不代表任務 2 必定會在 c1 回傳時結束。畢竟 Promise 就是用來管理非同步任務的，如果任務 2 是非同步的（在此它是），那麼那個 callback 回傳的時候，該任務還不會完成。

我們現在已經準備好討論真正精通 Promise 所需理解的最後細節。當你將一個 callback c 傳入給 then() 方法，then() 會回傳一個 Promise p，並安排在之後的某個時間非同步地調用 c。這個 callback 會進行某些計算，並回傳一個值 v。當此 callback 回傳，p 會以 v 這個值來**解析**。當一個 Promise 以本身不是一個 Promise 的值被解析，它會立刻以那個值被履行。所以如果 c 回傳一個非 Promise，那個回傳值就會成為 p 的值，p 就被履行了，而我們也完成了。但如果那個回傳值 v 本身是一個 Promise，那麼 p 就被解析了但尚未**被履行**（*resolved but not yet fulfilled*）。在此階段，在 Promise v 解決（settles）之前，p 都無法解決。如果 v 被履行了，那麼 p 就會被履行為相同的值。如果 v 被拒絕了，那麼 p 也會以相同原因被拒絕。這就是一個 Promise 被「解析了（resolved）」的狀態所代表的意義：此 Promise 與另一個 Promise 產生了關聯，或稱被「鎖定到了（locked onto）」另一個 Promise。我們尚不知道 p 是否會被履行或拒絕，但我們的 callback c 對此已經沒有任何控制權了。p 被「解析了」的意思就是現在它的命運完全取決於 Promise v 發生了什麼事。

讓我們帶著這個回到我們的 URL 擷取範例。當 c1 回傳 p4，p2 就被解析了。但被解析並不等同於被履行了，所以任務 3 尚未開始。當 HTTP 回應完整的主體可取用時，.json() 方法就能剖析它，並使用那個剖析後的值來履行 p4。當 p4 被履行，p2 也自動會以剖析好的相同 JSON 值被履行。此時，剖析出來的 JSON 會被傳入給 c2，而任務 3 就開始了。

這可能是 JavaScript 最難以理解的部分之一，而你可能需要多次閱讀本節。圖 13-1 以視覺化的方式呈現這個過程，幫助它變得更加清楚。

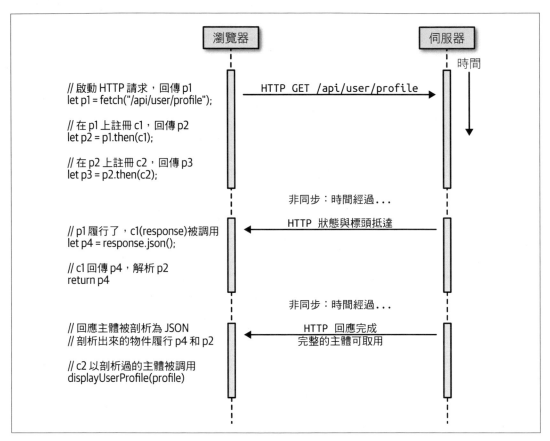

```
// 啟動 HTTP 請求，回傳 p1
let p1 = fetch("/api/user/profile");

// 在 p1 上註冊 c1，回傳 p2
let p2 = p1.then(c1);

// 在 p2 上註冊 c2，回傳 p3
let p3 = p2.then(c2);
```

瀏覽器 · 伺服器

時間

HTTP GET /api/user/profile

非同步：時間經過...

HTTP 狀態與標頭抵達

```
// p1 履行了，c1(response)被調用
let p4 = response.json();

// c1 回傳 p4，解析 p2
return p4
```

非同步：時間經過...

HTTP 回應完成
完整的主體可取用

```
// 回應主體被剖析為 JSON
// 剖析出來的物件履行 p4 和 p2

// c2 以剖析過的主體被調用
displayUserProfile(profile)
```

圖 13-1　以 Promise 擷取一個 URL

13.2.4　更多關於承諾和錯誤的資訊

在本章前面，我們看到你可以傳入第二個 callback 函式給 .then() 方法，而這第二個函式會在 Promise 被拒絕時調用。那發生的時候，這個第二個 callback 函式的引數會是一個值，通常是一個 Error 物件，代表拒絕的原因（reason）。我們也學到傳入兩個 callbacks 給 .then() 方法是不常見的（甚至非慣用的）。取而代之，Promise 相關錯誤的處理方式通常是新增一個 .catch() 方法調用到一個 Promise 串鏈上。現在既然我們已經檢視過了 Promise 串鏈，我們可以回到錯誤處理，更詳細地討論它。開啟這個討論之前，我想先強調細心的錯誤處理對於非同步程式設計來說是非常重要的。使用同步程式碼時，如果省略錯誤處理程式碼，你至少會得到可以用來找出發生了什麼事情的一個例外和堆疊軌

跡（stack trace）。而對於非同步程式碼，未處理的例外經常也不會回報，錯誤可能默默發生，使得它們更難除錯。好消息是，方法 .catch() 能讓你在使用 Promise 的時候更容易處理錯誤。

catch 與 finally 方法

一個 Promise 的 .catch() 方法是以 null 作為第一引數，錯誤處理 callback 作為第二引數來呼叫 .then() 的一種簡寫方式。給定任何的 Promisep 以及一個 callbackc，接下來的這兩行程式碼是等效的：

```
p.then(null, c);
p.catch(c);
```

.catch() 簡寫法應該優先選用，因為它比較簡單，也因為它的名稱與一個 try/catch 例外處理述句中的 catch 子句相符。如我們已經討論過的，一般的例外對非同步程式碼無效。Promise 的 .catch() 方法是能用於非同步程式碼的一種替代方式。若同步程式碼中有事情出錯，我們可以說一個例外會「在呼叫堆疊中往上傳播（bubbling up the call stack）」，直到找到一個 catch 區塊為止。使用非同步的 Promise 串鏈時，堪用的比喻可能是一個錯誤會「沿著串鏈往下流（trickling down the chain）」，直到它找到一個 .catch() 調用。

在 ES2018 中，Promise 物件也定義了一個 .finally() 方法，其用途類似於一個 try/catch/finally 述句中的 finally 子句。如果你新增了一個 .finally() 調用到你的 Promise 串鏈，那麼你傳入 .finally() 的 callback 就會在你於其上呼叫它的 Promise 解決的時候被調用。你的 callback 會在那個 Promise 履行或被拒絕時調用，而且不會有任何的引數傳入給它，所以你無法發現它是否被履行或拒絕。但如果你需要在任一種情況中執行某種清理程式碼（例如關閉開啟的檔案或網路連線），.finally() 的 callback 就是那麼做的理想方式。就像 .then() 與 .catch()，.finally() 會回傳一個新的 Promise 物件。一個 .finally()callback 的回傳值一般都會被忽略，而 .finally() 所回傳的 Promise 被解析或拒絕的值，通常會與 .finally() 在其上被調用的那個 Promise 藉以解析或拒絕的值相同。然而，如果一個 .finally()callback 擲出一個例外，那麼 .finally() 所回傳的 Promise 就會以那個值被拒絕。

在前面章節中研讀過的 URL 擷取程式碼並沒有進行任何錯誤處理。現在讓我們以該段程式碼更實際的一個版本來更正這點：

```
fetch("/api/user/profile")      // 啟動 HTTP 請求
    .then(response => {          // 在狀態和標頭就緒時呼叫這個
        if (!response.ok) {      // 如果我們得到一個 404 Not Found 或類似的錯誤
            return null;         // 使用者可能登出了；回傳 null 的個人檔案
        }

        // 現在檢查標頭來確保伺服器發送 JSON 給我們。
        // 若非如此,我們的伺服器就壞了,而這是嚴重的錯誤!
        let type = response.headers.get("content-type");
        if (type !== "application/json") {
            throw new TypeError(`Expected JSON, got ${type}`);
        }

        // 如果我們到了這裡,那我們就得到一個 2xx 狀態,以及一個
        // JSON content-type。所以我們就可以有自信地為作為
        // 一個 JSON 物件的回應主體回傳一個 Promise。
        return response.json();
    })
    .then(profile => {          // 以剖析出來的回應主體或 null 來呼叫
        if (profile) {
            displayUserProfile(profile);
        }
        else { // 如果我們在上面得到一個 404 錯誤並回傳 null,就會跑到這裡
            displayLoggedOutProfilePage();
        }
    })
    .catch(e => {
        if (e instanceof NetworkError) {
            // 如果失去網際網路連線,fetch() 就會以這種方式失敗
            displayErrorMessage("Check your internet connection.");
        }
        else if (e instanceof TypeError) {
            // 如果我們在上面擲出 TypeError,這個就會發生
            displayErrorMessage("Something is wrong with our server!");
        }
        else {
            // 這必定是某種未預期的錯誤
            console.error(e);
        }
    });
```

讓我們看看事情出錯的時候會發生什麼事情,藉此分析這段程式碼。我們會使用之前所用的命名方案:p1 是 fetch() 呼叫所回傳的 Promise。p2 是第一個 .then() 呼叫所回傳的 Promise,而 c1 是我們傳入那個 .then() 呼叫的 callback。p3 是第二個 .then() 呼叫所回傳

的 Promise，而 c2 是我們傳入給那個呼叫的 callback。最後，c3 是我們傳入給 .catch() 呼叫的 callback（那個呼叫回傳一個 Promise，但我們不需要以名稱參考它）。

可能失敗的第一件事情是 fetch() 請求本身。如果網路連線中斷（或因為其他原因無法發出一個 HTTP 請求），那麼 Promisep1 就會以一個 NetworkError 物件被拒絕。我們並沒有傳入一個錯誤處理 callback 函式作為第二引數給那個 .then() 呼叫，所以 p2 同樣會以相同的 NetworkError 物件被拒絕（若我們有傳入一個錯誤處理器給那第一個 .then() 呼叫，那個錯誤處理器就會被調用，而如果它正常地回傳，p2 就會以那個處理器的回傳值被解析或履行）。不過，若沒有處理器，p2 會被拒絕，然後 p3 也會因為相同的原因被拒絕。此時，c3 錯誤處理 callback 會被呼叫，而其中的 NetworkError 限定程式碼就會執行。

我們的程式碼可能失敗的另一種方式是 HTTP 請求回傳了 404 Not Found 或其他的 HTTP 錯誤。這些是有效的 HTTP 回應，所以 fetch() 呼叫並沒有視它們為錯誤。fetch() 把一個 404 Not Found 封裝在一個 Response 物件中，並以那個物件履行 p1，導致 c1 被調用。我們在 c1 中的程式碼會檢查 Response 物件的 ok 特性來偵測到它沒有收到一個正常的 HTTP 回應，並單純回傳 null 來處理那種情況。因為這個回傳值不是一個 Promise，它會即刻履行 p2，而 c2 就以這個值被調用。我們在 c2 中的程式碼會明確檢查 falsy 值，並以顯示不同結果給使用者的方式來處理它。在此，我們把一個異常狀況視為非錯誤，並且不使用錯誤處理器來處理它。

一個更為嚴重的錯誤可能發生在 c1 中：如果我們得到了一個正常的 HTTP 回應碼，但 Content-Type 標頭並沒有適當設定。我們的程式碼預期一個以 JSON 格式化的回應，所以如果伺服器送給我們的是 HTML、XML 或純文字，我們就有問題了。c1 包括了檢查 Content-Type 標頭的程式碼。如果那個標頭是錯的，它會把這視為一種無法復原的問題，並擲出一個 TypeError。當傳入給 .then()（或 .catch()）的一個 callback 擲出一個值，是那個 .then() 呼叫之回傳值的 Promise 就會以所擲出的那個值被拒絕。在這種情況中，c1 中提出一個 TypeError 的程式碼會導致 p2 以那個 TypeError 物件被拒絕。既然我們並沒有為 p2 指定一個錯誤處理器，p3 也會被拒絕。c2 不會被呼叫，而那個 TypeError 會被傳遞給 c3，它有程式碼來明確檢查並處理這種類型的錯誤。

這段程式碼中，有幾件事情值得注意。首先，注意到那個錯誤物件是以一個普通的、同步的 throw 述句擲出，而最後被一個 Promise 串鏈中的一個 .catch() 方法調用非同步地處理。這應該能讓人清楚看出為什麼這種簡寫方法是偏好的做法，而非傳入第二個引數給 .then()，以及為什麼以一個 .catch() 呼叫來結束 Promise 串鏈是很慣用的手法。

在我們離開錯誤處理這個主題之前，我想要指出，雖然慣用的做法是以一個 .catch()
來結束每個 Promise 串鏈以清理（或至少記錄）在串鏈中發生的任何錯誤，在一個
Promise 串鏈中的其他地方使用 .catch() 也是完全有效的。如果你的 Promise 串鏈中的階
段之一可能因為某種錯誤而失敗，而如果那種錯誤是可以復原而不應該防止串鏈其餘部
分繼續執行的那種，那麼你就能在串鏈中插入一個 .catch() 呼叫，產生看起來可能像這
樣的程式碼：

```
startAsyncOperation()
    .then(doStageTwo)
    .catch(recoverFromStageTwoError)
    .then(doStageThree)
    .then(doStageFour)
    .catch(logStageThreeAndFourErrors);
```

記得你傳入給 .catch() 的 callback 只會在前一個階段的 callback 有擲出一個錯誤時被調
用。如果那個 callback 正常回傳，那麼 .catch()callback 就會被跳過，而前一個 callback
的回傳值就會變為下一個 .then()callback 的輸入。也請記得，.catch()callback 並不只用
於回報錯誤，而是處理錯誤並從之復原。一旦一個錯誤被傳入給一個 .catch()callback，
它就會停止在 Promise 串鏈往下傳播。一個 .catch()callback 可能擲出一個新的錯誤，但
如果它正常回傳，那麼那個回傳值會被用來解析或履行所關聯的 Promise，而錯誤會停
止傳播。

讓我們更具體一點：在前面的程式碼範例中，如果 startAsyncOperation() 或 doStageTwo()
有任一者擲出錯誤，那麼 recoverFromStageTwoError() 函式就會被調用。如果
recoverFromStageTwoError() 正常回傳，那麼它的回傳值會被傳給 doStageThree()，而那個非
同步運算就會照常運行。另一方面，如果 recoverFromStageTwoError() 無法挽救情況，它
本身會擲出一個錯誤（或它會重新擲出它收到的錯誤）。在這種情況中，doStageThree()
或 doStageFour() 都不會被調用，而 recoverFromStageTwoError() 所擲出的錯誤會被傳給
logStageThreeAndFourErrors()。

有時，在複雜的網路環境中，錯誤可能或多或少隨機發生，而藉由單純重試非同步請求
來處理那些錯誤可能會是適當的處置。想像你寫了一個基於 Promise 的運算來查詢一個
資料庫：

```
queryDatabase()
    .then(displayTable)
    .catch(displayDatabaseError);
```

現在假設暫時性的網路負載問題導致這有 1% 的時間會失敗。一個簡單的解法可能是以一個 .catch() 呼叫重試那個查詢：

```
queryDatabase()
    .catch(e => wait(500).then(queryDatabase))  // 失敗時，等待並重試
    .then(displayTable)
    .catch(displayDatabaseError);
```

如果這種假想的失敗是真的隨機，那麼增加這行程式碼應該會讓你的失敗率從 1% 降到 .01%。

從一個 Promise callback 回傳

讓我們最後一次回到前面的 URL 擷取範例，並考慮我們傳入給第一個 .then() 調用的 c1callback。注意到 c1 有三種可能的終止方式。它可能會以 .json() 呼叫所回傳的 Promise 正常回傳。這導致 p2 被解析，但那個 Promise 是否會被履行或拒絕，則取決於那個新回傳的 Promise 發生什麼事。c1 也可能以 null 值正常回傳，這導致 p2 即刻被履行。最後，c1 可能藉由擲出一個錯誤來終止，這會使得 p2 被拒絕。這些是一個 Promise 的三種可能結果，而 c1 中的程式碼示範了 callback 如何能導致這每一種結果。

在一個 Promise 串鏈中，串鏈一個階段所回傳（或擲出）的值會變為該串鏈下個階段的輸入，所以把這點做好是很重要的。實務上，忘記從一個 callback 函式回傳一個值，其實是 Promise 相關臭蟲的一個常見的來源，而 JavaScript 的箭號函式（arrow function）捷徑語法會使這種情形惡化。考慮我們前面見過的這行程式碼：

```
    .catch(e => wait(500).then(queryDatabase))
```

回想第 8 章所說的，箭號函式允許很多捷徑。既然剛好只有一個引數（錯誤值），我們就可以省略括弧。因為函式的主體是單一個運算式，我們也可以省略函式主體周圍的曲括號（curly braces），而那個運算式的值會變成該函式的回傳值。因為這些捷徑，前面的程式碼是正確的。但考慮這個看似無害的變更：

```
    .catch(e => { wait(500).then(queryDatabase) })
```

因為加上了曲括號，我們不再有自動的回傳。此函式現在回傳 undefined 而非回傳一個 Promise，這意味著此 Promise 串鏈的下一個階段會以 undefined 作為它的輸入被調用，而非查詢取回的結果。這是一個細微難察的錯誤，可能不容易除錯。

13.2.5 　平行的承諾

我們花了很多時間談論循序執行一個較大的非同步運算之非同步步驟的 Promise 串鏈。不過有的時候，我們會想要平行（in parallel）執行數個非同步運算。函式 Promise.all() 可以做到這點。Promise.all() 接受由 Promise 物件所組成的一個陣列作為它的輸入，並回傳一個 Promise。所回傳的 Promise 會在那些輸入的 Promises 中有任何一個被拒絕時被拒絕。否則，它就會以一個陣列被履行，其中含有輸入的每一個 Promise 的履行值。所以，舉例來說，如果你想要擷取多個 URL 的文字內容，你可以使用像這樣的程式碼：

```
// 以 URL 組成的一個陣列開始
const urls = [ /* 這裡有零或多個 URL */ ];
// 將之轉換為一個陣列的 Promise 物件
promises = urls.map(url => fetch(url).then(r => r.text()));
// 現在取得一個 Promise 來平行執行所有的那些 Promises
Promise.all(promises)
    .then(bodies => { /* 用這個字串陣列來做些事情 */ })
    .catch(e => console.error(e));
```

Promise.all() 比前面所描述的還要更有彈性一點。其輸入陣列可以包含 Promise 物件及非 Promise 值。如果該陣列的某個元素不是 Promise，它會被視為是一個已經履行的 Promise 的值，單純會原封不動地被拷貝到輸出陣列中。

若是輸入的那些 Promises 中有任何一個被拒絕了，Promise.all() 所回傳的 Promise 就會被拒絕。這會在第一次拒絕時，立即發生，並且可能發生在其他的輸入 Promises 仍然待決之時。在 ES2020 中，Promise.allSettled() 接受一個陣列的輸入 Promises，並回傳一個 Promise，就像 Promise.all() 所做的那樣，只不過 Promise.allSettled() 永遠都不會拒絕所回傳的 Promise，而且它會等到所有的輸入 Promises 都已解決（settled）才會履行那個 Promise。那個 Promise 會解析為一個物件陣列，其中每個輸入 Promise 都會有一個物件。所回傳的那些物件的每一個都會有被設為 "fulfilled" 或 "rejected" 的一個 status 特性。如果狀態（status）是「已履行（fulfilled）」，那麼該物件也會有一個 value 特性，給出履行值（fulfillment value）。而如果狀態是「被拒絕（rejected）」，那麼該物件還會有一個 reason 特性，給出對應 Promise 的錯誤或拒絕值（rejection value）：

```
Promise.allSettled([Promise.resolve(1), Promise.reject(2), 3]).then(results => {
    results[0]  // => { status: "fulfilled", value: 1 }
    results[1]  // => { status: "rejected", reason: 2 }
    results[2]  // => { status: "fulfilled", value: 3 }
});
```

偶爾，你可能會想要一次執行數個 Promises 但只在乎第一個履行的那個值，在那種情況中，你可以使用 `Promise.race()` 來取代 `Promise.all()`。它會回傳一個 Promise，而這個 Promise 會在輸入陣列中最早有一個 Promise 被履行或拒絕時，被履行或拒絕（又或者，如果輸入陣列中有任何的非 Promise 值，它就會單純回傳其中第一個）。

13.2.6　做出承諾

我們已經在前面的許多個範例中用過了會回傳 Promise 的函式 `fetch()`，因為它是內建在瀏覽器中會回傳一個 Promise 的最簡單的函式之一。我們對於 Promise 的討論也仰賴虛構的 Promise 回傳函式 `getJSON()` 和 `wait()`。被寫成會回傳 Promise 的函式真的相當有用，而本節會示範如何建立你自己的以 Promise 為基礎的 API。特別是，我們會展示 `getJSON()` 和 `wait()` 的實作。

基於其他 Promise 的 Promise

如果你已經有會回傳 Promise 的其他函式，那麼要寫出會回傳 Promise 的一個函式就很容易了。給定一個 Promise，你永遠都可以藉由呼叫 `.then()` 來建立（並回傳）一個新的 Promise。所以如果使用現有的 `fetch()` 函式作為起點，我們可以像這樣寫出 `getJSON()`：

```
function getJSON(url) {
    return fetch(url).then(response => response.json());
}
```

這段程式碼很單純，因為 `fetch()`API 的 Response 物件具有預先定義的 `json()` 方法。這個 `json()` 方法會回傳一個 Promise，而我們會從我們的 callback 回傳它（這個 callback 是一個箭號函式，而且主體只有單一個運算式，所以回傳動作是隱含的），因此 `getJSON()` 所回傳的 Promise 會解析為 `response.json()` 所回傳的 Promise。當那個 Promise 被履行，`getJSON()` 所回傳 Promise 會履行為相同的值。注意到這個 `getJSON()` 實作中沒有做錯誤處理。沒有檢查 `response.ok` 和 Content-Type 標頭，我們單純會在回應主體無法剖析為 JSON 之時，允許 `json()` 方法以一個 SyntaxError 拒絕它所回傳的 Promise。

讓我們撰寫另一個回傳 Promise 的函式，這次使用 `getJSON()` 作為最初的 Promise 來源：

```
function getHighScore() {
    return getJSON("/api/user/profile").then(profile => profile.highScore);
}
```

我們假設這個函式是某種網頁遊戲的一部分，而 URL "/api/user/profile" 會回傳一個 JSON 格式的資料結構，其中包含一個 `highScore` 特性。

基於同步值的 Promise

有的時候，你可能需要實作一個現有的、基於 Promise 的 API，並從一個函式回傳一個
Promise，儘管要進行的計算實際上並不需要任何非同步運算。在那種情況中，靜態方法
`Promise.resolve()` 與 `Promise.reject()` 可以做到你想要的。`Promise.resolve()` 接受一個值作
為它的單一引數，並回傳一個 Promise，這個 Promise 會立即（但非同步地）被履行為
那個值。同樣地，`Promise.reject()` 接受單一個引數，並回傳一個 Promise，而它會以那
個值作為理由（reason）被拒絕（更清楚一點：這些靜態方法所回傳的 Promises 在它們
被回傳之時尚未被履行或拒絕，但它們會在目前那塊同步程式碼執行完畢之後立即被履
行或拒絕。通常，這會在數毫秒之內發生，除非有很多待決的非同步任務等候執行）。

回想 §13.2.3 說到的，一個已解析（resolved）的 Promise 並不等同於一個已履行
（fulfilled）的 Promise。當我們呼叫 `Promise.resolve()`，我們通常會傳入履行值來創建很
快會以那個值履行的一個 Promise 物件。然而，此方法的名稱並不是 `Promise.fulfill()`。
如果你傳入一個 Promise`p1` 給 `Promise.resolve()`，它會回傳一個新的 Promise `p2`，它會即
刻被解析，但在 `p1` 被履行或拒絕之前，它都不會被履行或拒絕。

撰寫一個基於 Promise 的函式，其中值是同步計算出來，並以 `Promise.resolve()` 非同步
地回傳，是可能的，但並不常見。然而，相當常見的是，一個非同步函式中有同步的特
例，而你能以 `Promise.resolve()` 與 `Promise.reject()` 來處理那些特例。特別是，如果你在
開始一項非同步運算之前偵測到錯誤情況（例如引數值不對），你能以 `Promise.reject()`
建立一個 Promise 並回傳它，藉此回報那個錯誤（在那種情況中，你也可以單純同步地
擲出一個錯誤，但那被視為是不好的形式，因為那樣一來，你函式的呼叫者就必須同
時撰寫一個同步的 catch 子句並使用一個非同步的 `.catch()` 方法來處理錯誤）。最後，
`Promise.resolve()` 有時可被用來建立一個 Promise 串鏈中最初的 Promise。我們會看到以
這種方式使用它的幾個範例。

從頭建立承諾

對於 `getJSON()` 與 `getHighScore()`，我們一開始都是先呼叫一個現有的函式來取得一個初始
的 Promise，並呼叫那個初始 Promise 的 `.then()` 方法來創建並回傳一個新的 Promise。
但如果無法使用另一個回傳 Promise 的函式作為起點，要如何撰寫一個回傳 Promise 的
函式呢？在那種情況中，你可以使用 `Promise()` 建構器來創建你有完整控制權的一個新
的 Promise 物件。這裡的運作方式是：你調用 `Promise()` 建構器並傳入一個函式作為它
唯一的引數。你所傳入的函式應該寫成預期兩個參數，而依照慣例，它們應該命名為

resolve 與 reject。此建構器會同步地呼叫你的函式，並以函式引數作為 resolve 和 reject 參數。呼叫你的函式之後，Promise() 建構器會回傳新創建的 Promise。所回傳的那個 Promise 是由你傳入建構器的那個函式來控制。那個函式應該進行某些非同步運算，然後呼叫 resolve 函式來解析或履行所回傳的 Promise，或呼叫 reject 函式來拒絕所回傳的 Promise。你的函式沒必要是非同步的：它可以同步地呼叫 resolve 或 reject，但如果你那樣做，Promise 仍然會非同步地被解析、履行或拒絕。

光是閱讀，可能很難了解傳入給一個建構器的那個函式所接收到的那些函式，但希望透過一些例子能讓這清楚一點。這裡是基於 Promise 的 wait() 函式的撰寫方式，我們曾在本章前面各個範例中用過它：

```
function wait(duration) {
    // 建立並回傳一個新的 Promise
    return new Promise((resolve, reject) => { // 這控制此 Promise
        // 如果引數無效，就拒絕此 Promise
        if (duration < 0) {
            reject(new Error("Time travel not yet implemented"));
        }
        // 否則，非同步地等候，然後解析該 Promise。
        // setTimeout 會不帶引數調用 resolve()，這意味著
        // 此 Promise 會以未定義的值來履行。
        setTimeout(resolve, duration);
    });
}
```

注意到你用來控制以 Promise() 建構器創建的那個 Promise 之命運的那對函式名為 resolve() 和 reject()，而非 fulfill() 和 reject()。如果你傳入一個 Promise 給 resolve()，那麼所回傳的 Promise 會解析為那個新的 Promise。然而，比較常見的是，你會傳入一個非 Promise 值，所回傳的 Promise 就會以那個值履行。

範例 13-1 就是使用 Promise() 建構器的另一個範例。這實作了我們的 getJSON() 函式以在 Node 中使用，其中沒有內建 fetch()API。記得本章開始時，我們討論過非同步 callback 和事件。此範例同時使用了 callback 和事件處理器，因此很好地示範了我們如何以其他風格的非同步程式設計為基礎，實作出基於 Promise 的 API。

範例 13-1　一個非同步的 getJSON() 函式

```
const http = require("http");

function getJSON(url) {
    // 創建並回傳一個新的 Promise
```

```
return new Promise((resolve, reject) => {
    // 為指定的 URL 發動一個 HTTP GET 請求
    request = http.get(url, response => { // 回應開始時被呼叫
        // 如果 HTTP 狀態是錯的，拒絕那個 Promise
        if (response.statusCode !== 200) {
            reject(new Error(`HTTP status ${response.statusCode}`));
            response.resume();  // 如此我們才不會洩漏記憶體
        }
        // 如果回應標頭是錯的就拒絕它
        else if (response.headers["content-type"] !== "application/json") {
            reject(new Error("Invalid content-type"));
            response.resume();  // 不洩漏記憶體
        }
        else {
            // 否則，註冊事件來讀取回應的主體
            let body = "";
            response.setEncoding("utf-8");
            response.on("data", chunk => { body += chunk; });
            response.on("end", () => {
                // 當回應主體完成，試著剖析它
                try {
                    let parsed = JSON.parse(body);
                    // 如果剖析成功，就履行此 Promise
                    resolve(parsed);
                } catch(e) {
                    // 如果剖析失敗，就拒絕此 Promise
                    reject(e);
                }
            });
        }
    });
    // 如果請求在我們取得一個回應之前就失敗（例如網路中斷），
    // 我們也會拒絕此 Promise
    request.on("error", error => {
        reject(error);
    });
});
}
```

13.2.7　循序的承諾

Promise.all() 能讓我們輕易地平行執行任意數目個 Promises。而 Promise 串鏈能讓我們輕易表達一序列固定數目的 Promises。然而，要循序（in sequence）執行任意數目的 Promises 就比較麻煩了。舉例來說，假設你有要擷取的 URL 所組成的一個陣列，但為

了避免讓你的網路負載過重，你希望一次擷取它們其中的一個。如果這個陣列是任意長度且內容未知的，你就無法事先寫出一個 Promise 串鏈，所以你需要動態地建構一個，透過像這樣的程式碼：

```
function fetchSequentially(urls) {
    // 我們會在擷取它們的過程中把 URL 的主體儲存在此
    const bodies = [];

    // 這裡是一個回傳 Promise 的函式，它會擷取一個主體
    function fetchOne(url) {
        return fetch(url)
            .then(response => response.text())
            .then(body => {
                // 我們將該主體儲存到陣列，而在此我們會刻意
                // 省略一個回傳值（回傳 undefined）
                bodies.push(body);
            });
    }

    // 先從一個會立即履行的 Promise 開始（藉由 undefined 值）
    let p = Promise.resolve(undefined);

    // 現在迴圈跑過所要的 URL，建置出任意長度的一個 Promise 串鏈
    // 在該串鏈每個階段擷取一個 URL
    for(url of urls) {
        p = p.then(() => fetchOne(url));
    }

    // 當該串鏈中最後一個 Promise 被履行，那時
    // 主體陣列就準備好了。所以讓我們為那個主體陣列
    // 回傳一個 Promise。注意到我們並沒有包括任何的錯誤處理器：
    // 我們希望能讓錯誤傳播到呼叫者。
    return p.then(() => bodies);
}
```

定義好了這個 fetchSequentially() 函式之後，我們就能以非常類似前面用來展示 Promise.all() 的平行擷取程式碼的程式碼來一次擷取一個 URL：

```
fetchSequentially(urls)
    .then(bodies => { /* 以這個字串陣列做些事情 */ })
    .catch(e => console.error(e));
```

fetchSequentially() 一開始先創建一個會在它回傳後即刻履行的 Promise。然後它從那個最初的 Promise 建置出一個很長的線性 Promise 串鏈，並回傳該串鏈中的最後一個 Promise。這就像是排好一連串的骨牌，然後推倒第一個。

我們還有另一種（可能更為優雅）的途徑可走。我們不事先建立那些 Promises，而是讓每個 Promise 的 callback 建立並回傳下一個 Promise。也就是說，不是建立並鏈串一系列的 Promise，而是建立會解析為另一個 Promise 的 Promise。不是建立像骨牌（domino）似的 Promise 串鏈，我們改為建立一連串內嵌在其他 Promise 中的 Promise，就像一組俄羅斯娃娃（matryoshka dolls）那樣。透過這種做法，我們的程式碼可以回傳第一個（最外層）的 Promise，知道它最終會履行（或拒絕！）為跟序列中最後一個（最內層）Promise 相同的值。接下來的 promiseSequence() 函式是寫成泛用的，並非專用於 URL 擷取。它之所以出現在我們 Promise 討論的最後這裡，是因為它很複雜。然而，如果你有仔細閱讀本章，我希望你有辦法理解它的運作方式。特別是，注意到內嵌在 promiseSequence() 中的函式看似會遞迴呼叫本身，但因為這個「遞迴（recursive）」呼叫是透過一個 then() 方法，所以實際上並沒有發生任何傳統的遞迴（recursion）：

```
// 此函式接受一個陣列的輸入值，以及一個「promiseMaker（承諾製造者）」函式。
// 對於陣列中的任何輸入值 x，promiseMaker(x) 應該回傳一個 Promise
// 它會履行為一個輸出值。這個函式會回傳一個 Promise
// 它會履行為由計算出來的輸出值所組成的一個陣列。
//
// 這裡不是一次創建所有的 Promises 並讓它們平行執行，
// promiseSequence() 只會一次執行一個 Promise
// 並且在前一個 Promise 履行之前
// 都不會為一個值呼叫 promiseMaker()。
function promiseSequence(inputs, promiseMaker) {
    // 為那個陣列製作一個我們能夠修改的私有拷貝
    inputs = [...inputs];

    // 這裡是我們會用作一個 Promise callback 的函式
    // 正是這種偽遞迴（pseudorecursive）魔法讓所有的這些行得通。
    function handleNextInput(outputs) {
        if (inputs.length === 0) {
            // 如果沒有剩下的輸入了，那就回傳輸出陣列，
            // 最後履行這個 Promise 以及之前所有的
            // 解析了但尚未履行的 Promises。
            return outputs;
        } else {
            // 如果仍有輸入值要處理，那麼我們會
            // 回傳一個 Promise 物件，以來自一個
            // 新 Promise 的未來值解析目前的 Promise。
            let nextInput = inputs.shift(); // 取得下一個輸入值，
```

```
            return promiseMaker(nextInput)  // 計算下一個輸出值，
                // 然後以新的輸出值建立一個新的輸出陣列
                .then(output => outputs.concat(output))
                // 然後「遞迴」，傳入新的、比較長的輸出陣列
                .then(handleNextInput);
        }
    }

    // 從會履行為一個空陣列的一個 Promise 開始，並使用
    // 上面的函式作為它的 callback。
    return Promise.resolve([]).then(handleNextInput);
}
```

這個 promiseSequence() 函式是刻意設計為泛用的。我們能透過像這樣的程式碼使用它來擷取 URL：

```
// 給定一個 URL，回傳一個會履行為 URL 主體文字的 Promise
function fetchBody(url) { return fetch(url).then(r => r.text()); }
// 用它來循序地擷取幾個 URL 主體
promiseSequence(urls, fetchBody)
    .then(bodies => { /* 以這個字串陣列做些事情 */ })
    .catch(console.error);
```

13.3 async 和 await

ES2017 引進了兩個新的關鍵字 async 與 await，代表著非同步 JavaScript 程式設計的一種典範轉移。這些新的關鍵字大幅簡化了 Promise 的使用，並能讓我們寫出的基於 Promise 的非同步程式碼看起來就像會在等候網路回應或其他非同步事件時阻斷（blocks）的同步程式碼。雖然理解 Promise 如何運作仍然很重要，但它們的大部分複雜度（有時甚至是它們的存在本身！）都會在與 async 和 await 並用時消失。

如我們在本章前面討論過的，非同步程式碼無法像一般的同步程式碼那樣回傳一個值或擲出一個例外。而這就是為什麼 Promise 會被設計成現在這樣子。一個已履行的 Promise 的值就像是一個同步函式的回傳值。而一個被拒絕的 Promise 的值就像是一個同步函式所擲出的值。後者的這種相似性由 .catch() 方法的名稱明確顯示出來。async 與 await 接受有效率的、基於 Promise 的程式碼，並把那些 Promises 隱藏起來，讓你的非同步程式碼可以像沒有效率的、會阻斷的同步程式碼那樣容易閱讀也容易推理。

13.3.1　await 運算式

await 關鍵字接受一個 Promise，並把它轉回一個回傳值或一個擲出的例外。給定一個 Promise 物件 p，運算式 await p 會等候直到 p 解決（settles）了為止。如果 p 履行了，那麼 await p 的值就會是 p 的履行值。另一方面，如果 p 被拒絕，那麼 await p 運算式就會擲出 p 的拒絕值。我們通常不會以一個存放了 Promise 的變數來使用 await，而是把它用在會回傳一個 Promise 的函式之調用前面：

```
let response = await fetch("/api/user/profile");
let profile = await response.json();
```

要馬上理解的一個重點是，await 關鍵字並不會使得你的程式阻斷，而且基本上在所指定的 Promise 解決之前，什麼都不會做。這段程式碼依然是非同步的，await 單純只是掩蓋了這個事實。這意味著，任何用到 await 的程式碼本身也會是非同步的。

13.3.2　async 函式

因為用到 await 的任何程式碼都是非同步的，所有一個關鍵規則存在：你只能在以 async 關鍵字宣告的函式中使用 await 關鍵字。這裡有本章前面的 getHighScore() 函式的一個版本，改寫為使用 async 和 await：

```
async function getHighScore() {
    let response = await fetch("/api/user/profile");
    let profile = await response.json();
    return profile.highScore;
}
```

把一個函式宣告為 async 意味著該函式的回傳值會是一個 Promise，即使沒有 Promise 相關的程式碼出現在該函式的主體中，也是如此。如果一個 async 函式看似正常回傳，那麼身為該函式真正回傳值的那個 Promise 物件會解析為那個明確的回傳值。而如果一個 async 函式看似擲出了一個例外，那麼它所回傳的 Promise 物件會以那個例外被拒絕。

這個 getHighScore() 函式被宣告為 async，所以它會回傳一個 Promise。而因為它回傳一個 Promise，我們就可以對它使用 await 關鍵字：

```
displayHighScore(await getHighScore());
```

但記得，那行程式碼只有在身處另一個 async 函式內的時候才能運作！你可以在 async
函式中內嵌 await 運算式，你想要多深都行。但如果你身處頂層[2]或因為某些原因身處
一個不是 async 的函式之內，你就無法使用 await，並必須以一般的方式處理所回傳的
Promise：

```
getHighScore().then(displayHighScore).catch(console.error);
```

你可以把 async 關鍵字用於任何種類的函式。對於作為一個述句或一個運算式的 function
關鍵字，它都行得通。它也能用於箭號函式以及類別和物件字面值中的方法捷徑形式
（關於撰寫函式的各種方式，請參閱第 8 章）。

13.3.3　等待多個承諾

假設我們是以 async 來撰寫我們的 getJSON() 函式：

```
async function getJSON(url) {
    let response = await fetch(url);
    let body = await response.json();
    return body;
}
```

而現在假設我們想要以這個函式擷取兩個 JSON 值：

```
let value1 = await getJSON(url1);
let value2 = await getJSON(url2);
```

這段程式碼的問題在於，它沒必要是循序的：第二個 URL 的擷取動作要到第一個擷取
完成之後才會開始。如果那第二個 URL 並不仰賴從那第一個 URL 獲取而來的值，那麼
我們或許應該試著同時擷取那兩個值。這就是 async 函式基於 Promise 的本質顯現出來之
處。為了等待一組共時（concurrently）執行的 async 函式，我們就以直接處理 Promise
時相同的方式來使用 Promise.all()：

```
let [value1, value2] = await Promise.all([getJSON(url1), getJSON(url2)]);
```

13.3.4　實作細節

最後，為了理解 async 函式如何運作，思考底層發生了什麼事，可能會有所幫助。

2　在瀏覽器的開發人員主控台中，你通常可以在頂層使用 await。而也有一個正待決議的提案想要在未來版
　本的 JavaScript 中允許頂層的 await。

假設你像這樣寫出一個 async 函式：

```
async function f(x) { /* 主體 */ }
```

你可以把這想成是一個回傳 Promise 的函式包裹住你原函式的主體：

```
function f(x) {
    return new Promise(function(resolve, reject) {
        try {
            resolve((function(x) { /* body */ })(x));
        }
        catch(e) {
            reject(e);
        }
    });
}
```

要以像這樣的語法變換來表達 await 關鍵字就更為困難了。但可把 await 關鍵字想成是一種標識，用來把一個函式主體拆成分開的、同步的部分。一個 ES2017 直譯器能夠把函式主體拆成一序列獨立的子函式（subfunctions），其中每個都會被傳入在它前面的以 await 標示的 Promise 的 then() 方法。

13.4　非同步迭代

本章的開頭討論了以 callback 和事件為基礎的非同步性，而我們介紹 Promises 的時候，我們提到它們適合用於單次的非同步計算，但不適合與重複性的非同步事件來源並用，例如 setInterval()、Web 瀏覽器中的「click（點擊）」事件，或一個 Node 資料流上的「data（資料）」事件。因為單一個 Promise 無法用於非同步事件的序列，我們也無法把普通的 async 函式和 await 述句用於那些東西。

不過 ES2018 提供了一種解決方案。非同步迭代器（asynchronous iterators）就像是第 12 章中所描述的迭代器，但它們是以 Promise 為基礎，並且是專門設計來與一種新形式的 for/of 迴圈並用的：for/await。

13.4.1　for/await 迴圈

Node 12 讓它的可讀取資料流（readable streams）變得可非同步迭代。這意味著你能以像這樣的一個 for/await 迴圈從一個資料流讀取連續的資料塊：

```
const fs = require("fs");

async function parseFile(filename) {
    let stream = fs.createReadStream(filename, { encoding: "utf-8"});
    for await (let chunk of stream) {
        parseChunk(chunk); // 假設 parseChunk() 定義於他處
    }
}
```

如同普通的 await 運算式，for/await 迴圈是基於 Promise 的。概略來說，非同步迭代器會產生一個 Promise，而 for/await 迴圈會等候那個 Promise 履行，將履行值指定給迴圈變數，然後執行該迴圈的主體。接著這會重新來過，從迭代器取得另一個 Promise，並等候那個新的 Promise 履行。

假設你有由 URL 組成的一個陣列：

```
const urls = [url1, url2, url3];
```

你可以在每個 URL 上呼叫 fetch() 來取得一個陣列的 Promises：

```
const promises = urls.map(url => fetch(url));
```

我們在本章前面看到，我們現在可以使用 Promise.all() 來等候陣列中所有的 Promises 全都履行。但假設我們希望在第一個擷取的結果可取用時，馬上拿到它，不想要等候所有的 URL 都被擷取（當然，第一個擷取所花費的時間可能會比任何其他的擷取都還要長，所以這並不必然會比使用 Promise.all() 還要快）。陣列是可迭代的，所以我們能以一個普通的 for/of 迴圈迭代這個承諾陣列（array of promises）：

```
for(const promise of promises) {
    response = await promise;
    handle(response);
}
```

這段範例程式碼使用一個普通的 for/of 迴圈來搭配一個普通的迭代器。但因為這個迭代器回傳 Promise，我們也能使用新的 for/await 來得到稍微簡單一點的程式碼：

```
for await (const response of promises) {
    handle(response);
}
```

在這種情況中，for/await 單純只是把 await 呼叫內建到了迴圈中，並使我們的程式碼稍微更簡潔一點，但這兩個例子所做的事情完全相同。重要的是，這兩個範例都只有在它們被放在宣告為 async 的函式中的時候，才能夠運作。一個 for/await 迴圈在這方面與一個普通的 await 運算式並無不同。

然而，要了解的一個重點是，在這個例子中，我們是把 for/await 用於一個普通的迭代器。搭配完全非同步的迭代器時，事情會變得更有趣。

13.4.2　非同步迭代器

讓我們複習第 12 章的術語。一個可迭代物件（*iterable object*）是能與一個 for/of 迴圈並用的物件。它以符號名稱 Symbol.iterator 定義了一個方法。這個方法回傳一個迭代器（*iterator*）物件。這個迭代器物件有一個 next() 方法，它可以被重複呼叫以獲取那個可迭代物件的值。迭代器物件的 next() 方法會回傳迭代結果（*iteration result*）物件。迭代結果物件有一個 value 特性，也可能會有一個 done 特性。

非同步迭代器與一般的迭代器相當類似，但有兩個重大差異。首先，一個非同步的可迭代物件實作的方法是以 Symbol.asyncIterator 這個符號為名，而非 Symbol.iterator（如我們在前面看到的，for/await 相容於一般的可迭代物件，但它偏好非同步的可迭代物件，並且會在嘗試 Symbol.iterator 方法之前，先嘗試 Symbol.asyncIterator 方法）。其次，一個非同步迭代器的 next() 方法會回傳一個 Promise，它會解析為一個迭代結果物件，而非直接回傳一個迭代結果物件。

> 在前一節中，當我們在一個普通的、同步可迭代的承諾陣列上使用 for/await 的時候，我們處理的是同步的迭代結果物件，其中的 value 特性是一個 Promise 物件，但 done 特性是同步的。真正的非同步迭代器會為迭代結果物件回傳 Promise，而其中的 value 及 done 特性都是非同步的。差異是很細微的：使用非同步迭代器之時，迭代何時結束的抉擇可以非同步地進行。

13.4.3　非同步產生器

如我們在第 12 章中看到的，實作一個迭代器最簡單的方式經常是使用一個產生器（generator）。對於非同步迭代器來說，也是如此，我們能以宣告為 async 的產生器函式來實作它們。一個 async 產生器具有 async 函式的功能，也有產生器的功能：你可以使用 await，就跟你在普通的 async 函式中一樣，而你也可以像在普通的產生器中那樣使用 yield。但你產出（yield）的值會自動被包裹在 Promise 中。甚至連 async 產生器的語法都是它們組合起來的樣子：async function 和 function * 結合成為 async function *。這裡有一個例子顯示你如何使用一個 async 產生器以及一個 for/await 迴圈在固定的時間間隔重複執行程式碼，而且用的是迴圈語法，而非一個 setInterval()callback 函式：

```
// 一個基於 Promise 的包裹器，包住 setTimeout() 讓我們能把它與 await 並用。
// 回傳會在指定的毫秒數經過後履行的一個 Promise
function elapsedTime(ms) {
    return new Promise(resolve => setTimeout(resolve, ms));
}

// 一個 async 產生器函式，它會遞增一個計數器並
// 間隔固定時間產出它指定的次數那麼多次（或無限多次）。
async function* clock(interval, max=Infinity) {
    for(let count = 1; count <= max; count++) { // 一般的 for 迴圈
        await elapsedTime(interval);            // 等候時間經過
        yield count;                            // 產出該計數器
    }
}

// 一個測試函式，將這個 async 產生器與 for/await 並用
async function test() {                       // async 的，如此我們才能使用 for/await
    for await (let tick of clock(300, 100)) { // 每 300 毫秒迴圈 100 次
        console.log(tick);
    }
}
```

13.4.4　實作非同步迭代器

除了使用 async 產生器來實作非同步迭代器，直接定義一個帶有 [Symbol.asyncIterator] () 方法的物件，並讓該方法回傳帶有一個 next() 方法的一個物件，而這個 next() 方法會回傳一個 Promise，這個 Promise 則會解析為一個迭代結果物件，藉此來實作非同步迭代器，也是可能的。在接下來的程式碼中，我們重新實作了前面例子的 clock() 函式，讓它不是一個產生器，而只是單純回傳一個可非同步迭代的物件。注意到這個例子中的 next() 方法並沒有明確回傳一個 Promise，取而代之，我們只是把 next() 宣告為 async：

```
function clock(interval, max=Infinity) {
    // 承諾化（Promise-ified）之後的 setTimeout，可與 await 並用。
    // 注意到這接受一個絕對時間而非一個時間間隔。
    function until(time) {
        return new Promise(resolve => setTimeout(resolve, time - Date.now()));
```

```
    }

    // 回傳一個可非同步迭代的物件
    return {
        startTime: Date.now(),  // 記得我們何時啟動
        count: 1,               // 記得我們是在哪次迭代
        async next() {          // next() 方法讓這成為一個迭代器
            if (this.count > max) {      // 我們完成了嗎?
                return { done: true };   // 迭代結果指出完成
            }
            // 找出下次迭代應該何時開始,
            let targetTime = this.startTime + this.count * interval;
            // 等候到那個時間,
            await until(targetTime);
            // 並在一個迭代結果物件中回傳計數值。
            return { value: this.count++ };
        },
        // 這個方法意味著此迭代器物件也是一個可迭代物件。
        [Symbol.asyncIterator]() { return this; }
    };
}
```

clock() 函式的這個基於迭代器的版本修正了產生器版本中的一個缺陷。注意到,在這段較新的程式碼中,我們鎖定每次迭代應該開始的絕對時間,並從之減去目前的時間,以計算出我們傳入給 setTimeout() 的時間間隔。如果我們把 clock() 與一個 for/await 迴圈並用,這個版本會更精確地以指定的時間間隔執行迴圈的迭代,因為它還考量到實際執行迴圈主體所需的時間。但這個修正並不只是跟時間精準度有關。for/await 迴圈永遠都會等候一次迭代所回傳的 Promise 被履行,才會開始下一次迭代。但如果你不以一個 for/await 迴圈使用一個非同步迭代器,並沒有任何事情可以防止你在任何時候呼叫 next() 方法。使用基於產生器的 clock() 版本時,如果你循序地呼叫 next() 方法三次,你會得到三個幾乎會在相同時間履行的 Promises,這大概不是你想要的。我們在此實作的、基於迭代器的版本就沒有那個問題。

非同步迭代器的好處是,它們能讓我們表示非同步事件或資料所成的串流(streams)。前面討論過的 clock() 函式寫起來相當簡單,因為非同步性的來源是我們自己發出的 setTimeout() 呼叫。但當我們試著處理其他的非同步來源,例如事件處理器的觸發,實作非同步迭代器就會難上許多,因為我們通常只會有單一個事件處理器函式負責回應事件,但對迭代器的 next() 方法的每個呼叫都必須回傳一個不同的 Promise 物件,

而對 next() 的多個呼叫可能發生在第一個 Promise 解析之前，這表示任何的非同步迭代器方法都必須能在非同步事件發生的過程中維護一個它會依序解析的 Promise 佇列（queue）。如果我們把這種 Promise 排隊的行為封裝到一個 AsyncQueue 類別中，那麼依據 AsyncQueue[3] 來寫出非同步迭代器就會變得容易許多。

接下來的 AsyncQueue 類別具有你預期一個佇列類別（queue class）會有的 enqueue() 與 dequeue() 方法。不過這個 dequeue() 方法回傳一個 Promise 而非一個實際的值，這意味著即使從未呼叫過 enqueue()，呼叫 dequeue() 也是 OK 的。AsyncQueue 類別也是一個非同步迭代器，而主要與一個 for/await 迴圈並用，其迴圈主體會在每次有一個新的值被非同步地排入佇列（enqueued）時執行一次（AsyncQueue 有一個 close() 方法。一旦被呼叫，就不能再把更多的值排入佇列。如果一個關閉的佇列是空的，for/await 迴圈就會停止執行）。

注意到 AsyncQueue 的實作並沒有用到 async 或 await，而是直接處理 Promise。其程式碼有點複雜，而你能用它來測試你對我們在這很長一章中所涵蓋的材料之理解程度，即使你並不完全了解 AsyncQueue 的實作，請還是看一下接在其後的較短的範例：它在 AsyncQueue 之上實作了一個簡單但非常有趣的非同步迭代器。

```
/**
 * 一個可非同步迭代的佇列類別。以 enqueue() 新增值
 * 並以 dequeue() 移除值。dequeue() 回傳一個 Promise，
 * 這表示值可以在 enqueue 之前就 dequeue。這個
 * 類別實作 [Symbol.asyncIterator] 和 next() 所以它能與
 * for/await 迴圈並用（後者在 close() 方法
 * 被呼叫之前都不會終止）。
 */
class AsyncQueue {
    constructor() {
        // 被排入佇列但尚未移除佇列的值都儲存在這裡
        this.values = [];
        // 如果 Promises 在它們對應的值排入佇列前就從佇列移除，
        // 那些 Promises 的 resolve 方法就會儲存在這。
        this.resolvers = [];
        // 一旦關閉，就不能再排入任何值到佇列中，
        // 也不會再回傳更多的未履行的 Promises。
        this.closed = false;
    }

    enqueue(value) {
        if (this.closed) {
```

3　我是從 Axel Rauschmayer 博士的部落格（*https://2ality.com*）學到非同步迭代的這種做法。

```
        throw new Error("AsyncQueue closed");
    }
    if (this.resolvers.length > 0) {
        // 如果這個值已經承諾了，就解析那個 Promise
        const resolve = this.resolvers.shift();
        resolve(value);
    }
    else {
        // 否則，將它排入佇列
        this.values.push(value);
    }
}

dequeue() {
    if (this.values.length > 0) {
        // 如果有一個已排入佇列的值，就為它回傳一個解析了的 Promise
        const value = this.values.shift();
        return Promise.resolve(value);
    }
    else if (this.closed) {
        // 如果沒有排入佇列的值，而我們關閉了，就為
        // "end-of-stream"（串流結尾）標記回傳一個解析了的 Promise
        return Promise.resolve(AsyncQueue.EOS);
    }
    else {
        // 否則，回傳一個未解析的 Promise，
        // 把 resolver 函式排入佇列以供之後使用
        return new Promise((resolve) => { this.resolvers.push(resolve); });
    }
}

close() {
    // 一旦佇列關閉，就不能再排入更多值到佇列中。
    // 因此以串流結尾標記來解析任何待決的 Promises
    while(this.resolvers.length > 0) {
        this.resolvers.shift()(AsyncQueue.EOS);
    }
    this.closed = true;
}

// 定義使得此類別可非同步迭代的方法
[Symbol.asyncIterator]() { return this; }

// 定義使這成為一個非同步迭代器的方法。
// dequeue() 的 Promise 會解析為一個值，或在我們關閉的時候
// 解析為 EOS 哨符（sentinel）。這裡我們需要回傳一個 Promise，
```

```
    // 它會解析為一個迭代結果物件。
    next() {
        return this.dequeue().then(value => (value === AsyncQueue.EOS)
                                  ? { value: undefined, done: true }
                                  : { value: value, done: false });
    }
}

// dequeue() 所回傳的一個哨符值，在關閉時標記 "end of stream"
AsyncQueue.EOS = Symbol("end-of-stream");
```

因為這個 AsyncQueue 類別定義了非同步迭代的基礎，所以我們可以單純藉由非同步地
將值排入佇列來建立出我們自己的、更有趣的非同步迭代器。這裡有一個例子，它使用
AsyncQueue 來產生能以 for/await 迴圈處理的一個串流的 Web 瀏覽器事件：

```
// 將指定的文件元素上指定類型的事件推入到
// 一個 AsyncQueue 物件之上，並回傳該佇列以用作一個事件串流
function eventStream(elt, type) {
    const q = new AsyncQueue();              // 創建一個佇列
    elt.addEventListener(type, e=>q.enqueue(e)); // 將事件排入佇列
    return q;
}

async function handleKeys() {
    // 取得一個串流的 keypress 事件，並為每一個執行迴圈一次
    for await (const event of eventStream(document, "keypress")) {
        console.log(event.key);
    }
}
```

13.5　總結

在本章中，你學到了：

- 真實世界中大多數的 JavaScript 程式設計都是非同步的。

- 傳統上，非同步性是以事件和 callback 函式來處理的。然而，這可能會變得複雜，
  因為你最後可能會有內嵌在其他 callbacks 之內的多層的 callbacks，也因為要做好可
  靠的錯誤處理，是很困難的。

- Promises 提供了一種新的方式來組織 callback 函式。如果使用正確（遺憾的是，Promise 很容易被誤用），它們可以把原本是巢狀的非同步程式碼轉換為線性的 then() 呼叫串鏈，其中計算的一個非同步步驟會跟在另一個之後。此外，Promises 也允許你把錯誤處理程式碼集中到位於一個 then() 呼叫串鏈尾端的單一個 catch() 呼叫中。

- async 與 await 關鍵字能讓我們撰寫底層是基於 Promise 但看起來像是同步程式碼的非同步程式碼。這使得程式碼更容易理解與推理。若有一個函式被宣告為 async，它會隱含地回傳一個 Promise。在一個 async 函式內，你可以 await 一個 Promise（或回傳一個 Promise 的函式），就好像那個 Promise 值是同步地計算出來一樣。

- 可非同步迭代的物件能與 for/await 迴圈並用。你可以實作一個 [Symbol.asyncIterator]() 方法或調用一個 async function * 產生器函式來建立可非同步迭代的物件。非同步迭代器為 Node 中在串流上的 "data" 事件提供了一種替代之道，而且在客戶端 JavaScript 中，可被用來表示一個串流的使用者輸入事件。

第十四章

Metaprogramming

本章涵蓋數個較少在日常程式設計中使用的進階 JavaScript 功能，但它們對於撰寫可重用程式庫的程式設計師來說可能會很寶貴，而對於希望把玩 JavaScript 物件行為之細節的任何人來說，也可能會有興趣。

在此所描述的許多功能都能被概略描述為「metaprogramming（元程式設計）」：如果一般的程式設計（programming）是撰寫程式碼來操作資料，那麼 metaprogramming 就是撰寫程式碼來操作其他的程式碼。在像 JavaScript 這樣的一個動態語言中，programming 和 metaprogramming 之間的界線很模糊，即使是以 for/in 迴圈來迭代一個物件之特性的簡單能力，對於習慣更靜態語言的程式設計師來說，或許也可以被視為是「meta」的。

本章涵蓋的 metaprogramming 主題包括：

- §14.1 控制物件特性的可列舉性（enumerability）、可刪除性（deleteability），以及可配置性（configurability）

- §14.2 控制物件的可擴充性（extensibility），以及「密封（sealed）」和「凍結（frozen）」物件的建立

- §14.3 查詢和設定物件的原型（prototypes）

- §14.4 使用已知的符號（well-known Symbols）來微調你型別的行為

- §14.5 以範本標記函式（template tag functions）建立 DSL（domain-specific languages，領域特定語言）

- §14.6 以 reflect 方法探測物件

- §14.7 以 Proxy 控制物件行為

14.1 特性的屬性

JavaScript 物件的特性（properties）當然具有名稱和值，但每個特性都還有三個關聯的屬性（attributes），指出那個特性的行為，以及你可以拿它做什麼：

- *writable*（可寫入）屬性指出一個特性的值是否能夠改變。

- *enumerable*（可列舉）屬性指出該特性是否會被 for/in 迴圈和 Object.keys() 方法所列舉。

- *configurable*（可配置）屬性指出一個特性是否能被刪除，以及該特性的屬性是否能夠更改。

物件字面值（object literals）中的特性，以及透過一般指定（assignment）賦予物件的特性都是可寫入、可列舉並且可配置的。但由 JavaScript 標準程式庫所定義的許多特性就不是了。

本節解說用來查詢和設定特性屬性的 API。這個 API 對於程式庫作者特別重要，因為：

- 它允許他們新增方法給原型物件，並使那些方法不可列舉，就像內建的方法。

- 它允許他們「鎖住」他們的物件，定義出無法變更或刪除的特性。

回想 §6.10.6 提過，「資料特性（data properties）」具有一個值，而「存取器特性（accessor properties）」則是具有一個取值器（getter）或設值器（setter）方法。就本節的目的而言，我們會把一個存取器特性的取值器和設值器方法視為特性的屬性。依據這個邏輯，我們甚至可以說一個資料特性的值也是一個屬性。因此，我們可以說一個特性具有一個名稱和四個屬性。資料特性的四個屬性是 *value*（值）、*writable*、*enumerable* 與 *configurable*。存取器特性沒有 *value* 屬性或 writable 屬性：它們是否可寫入取決於設值器存在與否。所以一個存取器特性的四個屬性是 *get*、*set*、*enumerable* 與 *configurable*。

用來查詢和設定一個特性之屬性的 JavaScript 方法使用一種叫做特性描述器（*property descriptor*）的物件來表示那四個一組的屬性。一個特性描述器物件具有的特性與它所描述的那個特性之屬性同名。因此，一個資料特性的特性描述器有名為 value、writable、enumerable 與 configurable 的特性。而一個存取器特性的描述器有 get 與 set 特性，而非 value 和 writable。writable、enumerable 與 configurable 特性有 boolean 值，而 get 和 set 特性則是函式值。

要為一個指定的物件指名的特性獲取特性描述器，就呼叫
Object.getOwnPropertyDescriptor()：

```
// 回傳 {value: 1, writable:true, enumerable:true, configurable:true}
Object.getOwnPropertyDescriptor({x: 1}, "x");

// 這裡有一個物件具有一個唯讀的存取器特性
const random = {
    get octet() { return Math.floor(Math.random()*256); },
};

// 回傳 { get: /*func*/, set:undefined, enumerable:true, configurable:true}
Object.getOwnPropertyDescriptor(random, "octet");

// 為繼承而來的特性和不存在的特性回傳 undefined。
Object.getOwnPropertyDescriptor({}, "x")        // => undefined，沒有這個特性
Object.getOwnPropertyDescriptor({}, "toString") // => undefined，繼承的
```

如其名稱所示，Object.getOwnPropertyDescriptor() 只適用於自有特性（own properties）。
要查詢繼承特性的屬性，你必須明確地巡訪原型串鏈（prototype chain，參閱 §14.3 中
的 Object.getPrototypeOf()，也請參閱 §14.6 中類似的 Reflect.getOwnPropertyDescriptor()
函式）。

要設定一個特性的屬性，或以指定的屬性建立一個新的特性，就呼叫
Object.defineProperty()，傳入要修改的物件、要建立或更動的特性之名稱，以及特性描
述器物件：

```
let o = {};  // 一開始完全沒特性
// 新增一個不可列舉的資料特性 x 並帶有值 1。
Object.defineProperty(o, "x", {
    value: 1,
    writable: true,
    enumerable: false,
    configurable: true
});

// 驗證該特性存在，不過是不可列舉的
o.x           // => 1
Object.keys(o) // => []

// 現在修改特性 x 讓它是唯讀的
Object.defineProperty(o, "x", { writable: false });

// 試著修改那個特性的值
```

```
o.x = 2;       // 默默失敗，如果在嚴格模式中，則會擲出 TypeError
o.x            // => 1

// 此特性仍然是可配置的，所以我們可以像這樣更改它的值：
Object.defineProperty(o, "x", { value: 2 });
o.x            // => 2

// 現在把 x 從一個資料特性變為一個存取器特性
Object.defineProperty(o, "x", { get: function() { return 0; } });
o.x            // => 0
```

你傳入 Object.defineProperty() 的特性描述器沒必要包含所有的四個屬性。如果你正在建立一個新的特性，那麼省略的屬性會被當作 false 或 undefined。如果你正在修改一個現有的特性，那麼你省略的屬性就只是維持不變。注意到這個方法會更動一個既存的自有特性或建立一個新的自有特性，但不會更動繼承而來的特性。也請參閱 §14.6 中非常類似的 Reflect.defineProperty() 函式。

如果你想要一次建立或修改多個特性，就用 Object.defineProperties()。第一個引數是要被修改的那個物件。第二個引數是一個物件，將要創建或修改的特性之名稱映射到那些特性的特性描述器。舉例來說：

```
let p = Object.defineProperties({}, {
    x: { value: 1, writable: true, enumerable: true, configurable: true },
    y: { value: 1, writable: true, enumerable: true, configurable: true },
    r: {
        get() { return Math.sqrt(this.x*this.x + this.y*this.y); },
        enumerable: true,
        configurable: true
    }
});
p.r  // => Math.SQRT2
```

這段程式碼從一個空的物件開始，然後新增兩個資料特性，以及一個唯讀的存取器特性給它。這段程式碼仰賴 Object.defineProperties() 會回傳修改過的物件的這個事實（跟 Object.defineProperty() 一樣）。

Object.create() 方法是在 §6.2 介紹的。我們學到那個方法的第一個引數是新創建的物件要用的原型物件。此方法也接受第二個選擇性的引數，它與 Object.defineProperties() 的第二個引數相同。如果你傳入一組特性描述器給 Object.create()，那麼它們會被用來新增特性到新創建的物件。

如果建立或修改一個特性的嘗試是不被允許的，Object.defineProperty() 與 Object.defineProperties() 就會擲出 TypeError。如果你試著新增一個特性到一個不可擴充（參閱 §14.2）的物件，這就會發生。這些方法可能擲出 TypeError 的其他原因與屬性本身有關。*writable* 屬性掌控改變 value 屬性的嘗試。而 configurable 屬性掌控改變其他屬性的嘗試（也指出一個特性是否能被刪除）。然而，其規則並不全然簡單明瞭。舉例來說，如果該特性是可配置的，要改變一個不可寫入的特性之值，還是可能的。此外，即使該特性是不可配置的，還是可能把一個特性從可寫入的改為不可寫入的。這裡是完整的規則。

對 Object.defineProperty() 或 Object.defineProperties() 的呼叫如果試圖違反它們，就會擲出 TypeError：

- 如果一個物件不是可擴充的，你可以編輯它既存的自有特性，但你無法新增特性給它。

- 如果一個特性不是可配置的，你就無法改變它的 configurable 或 enumerable 屬性。

- 如果一個資料特性是不可配置的，你就無法將之變為一個存取器特性。

- 如果一個存取器特性是不可配置的，你就無法變更它的取值器或設值器方法，而你也不能把它改為一個資料特性。

- 如果一個資料特性是不可配置的，你就沒辦法把它的 *writable* 屬性從 false 改為 true，但可以把它從 true 改為 false。

- 如果一個資料特性是不可配置且不可寫入的，你就無法改變它的值。然而，如果一個特性是可配置但不可寫入的，你還是可以改變它的值（因為那等同於讓它變成可寫入的，然後改變其值，再將它改回不可寫入）。

§6.7 描述過會從一或多個來源物件拷貝特性值到一個目標物件的 Object.assign() 函式。Object.assign() 只會拷貝可列舉特性，以及特性值，但不會拷貝特性屬性。這通常就是我們要的，但舉例來說，這也代表著如果某個來源物件有一個存取器特性，被拷貝到目標物件的會是取值器函式所回傳的值，而非取值器函式本身。範例 14-1 示範如何使用 Object.getOwnPropertyDescriptor() 和 Object.defineProperty() 來創建 Object.assign() 的一個變體，會拷貝整個特性描述器，而非只是拷貝特性值。

範例 *14-1*　從一個物件拷貝特性和它們的屬性到另一個物件

```
/*
 * 定義一個新的 Object.assignDescriptors() 函式，
 * 它運作起來就像 Object.assign()，
```

```
 * 只不過它會從來源物件拷貝特性描述器到目標物件，
 * 而非只是拷貝特性值。此函式會拷貝所有的自有特性，
 * 可列舉的和不可列舉的都會。而因為它會拷貝描述器，
 * 它會從來源物件拷貝取值器函式，
 * 並覆寫目標物件中的設值器函式，
 * 而非調用那些取值器和設值器。
 *
 * Object.assignDescriptors() 會傳播 Object.defineProperty()
 * 所擲出的任何 TypeError。這可能發生在目標物件是密封的或凍結的之時，
 * 或是有任何的來源特性試著改變
 * 目標物件上的一個現有的不可配置的特性。
 *
 * 注意到 assignDescriptors 特性是藉由 Object.defineProperty()
 * 新增到 Object 的，所以那個新函式可被建立為一個不可列舉的特性，
 * 就跟 Object.assign() 一樣。
 */
Object.defineProperty(Object, "assignDescriptors", {
    // 與 Object.assign() 的屬性相符
    writable: true,
    enumerable: false,
    configurable: true,
    // 作為 assignDescriptors 特性之值的函式
    value: function(target, ...sources) {
        for(let source of sources) {
            for(let name of Object.getOwnPropertyNames(source)) {
                let desc = Object.getOwnPropertyDescriptor(source, name);
                Object.defineProperty(target, name, desc);
            }

            for(let symbol of Object.getOwnPropertySymbols(source)) {
                let desc = Object.getOwnPropertyDescriptor(source, symbol);
                Object.defineProperty(target, symbol, desc);
            }
        }
        return target;
    }
});

let o = {c: 1, get count() {return this.c++;}}; // 定義帶有取值器的物件
let p = Object.assign({}, o);                   // 拷貝特性值
let q = Object.assignDescriptors({}, o);        // 拷貝特性描述器
p.count    // => 1：這現在只是一個資料特性，
p.count    // => 1：所以計數器並未遞增。
q.count    // => 2：在我們初次拷貝它的時候遞增一次，
q.count    // => 3：但我們拷貝取值器方法，所以它遞增。
```

14.2 物件擴充性

一個物件的 *extensible* 屬性指出新的特性是否可被新增到那個物件。普通的 JavaScript 物件預設都是可擴充（extensible）的，但你能以在本節描述的函式來改變這點。

要判斷一個物件是否是可擴充的，就把它傳入給 Object.isExtensible()。要使一個物件變得不可擴充，就把它傳入給 Object.preventExtensions()。一旦你這麼做了，新增特性到該物件的任何嘗試在嚴格模式中都會擲出一個 TypeError，而在非嚴格模式則單純只會默默失敗不會有錯誤產生。此外，試圖改變一個不可擴充物件的原型（參閱 §14.3）永遠都會擲出一個 TypeError。

注意到一旦你使一個物件變為不可擴充的，就沒辦法再次使它變為可擴充的。也注意到呼叫 Object.preventExtensions() 只會影響該物件本身的可擴充性。如果新的特性被加到一個不可擴充物件的原型，那個不可擴充的物件仍然會繼承那些新的特性。

兩個類似的函式 Reflect.isExtensible() 與 Reflect.preventExtensions() 會在 §14.6 中描述。

extensible 屬性的用途是要把物件「封鎖（lock down）」在一個已知的狀態，防止外部的竄改。物件的 *extensible* 屬性經常與特性的 *configurable* 和 *writable* 屬性並用，而 JavaScript 也定義了函式來讓我們輕易地一起設定那些屬性：

- Object.seal() 運作起來就像 Object.preventExtensions()，但除了使物件變得不可擴充，它也會讓那個物件的自有特性全都變為不可配置。這意味著新的特性無法被加到該物件，而現有的特性無法被刪除或配置。然而，是可寫入的現有特性仍然可被設定。你沒有辦法為密封起來的物件解封。你可以使用 Object.isSealed() 來判斷一個物件是否密封。

- Object.freeze() 會更嚴密地封鎖物件。除了使物件不可擴充，以及使它的特性不可配置，它也會使物件所有的自有資料特性變成唯讀的（如果物件具有帶著設值器方法的存取器特性，它們不會受到影響，仍然可藉由對該特性的指定來調用）。使用 Object.isFrozen() 來判斷一個物件是否凍結。

要了解的一個重點是，Object.seal() 與 Object.freeze() 只會影響傳給它們的物件：它們對該物件的原型沒有影響。如果你想要徹底封鎖一個物件，你大概也需要密封或凍結原型鏈中的物件。

Object.preventExtensions()、Object.seal() 與 Object.freeze() 全都會回傳它們接收到的物件，這意味著你可以把它們用在巢狀的函式調用中：

```
// 以一個凍結的原型和一個不可列舉的特性來建立一個密封物件
let o = Object.seal(Object.create(Object.freeze({x: 1}),
                                  {y: {value: 2, writable: true}}));
```

如果你正在撰寫一個 JavaScript 程式庫，它會把物件傳入給你程式庫使用者所撰寫的 callback 函式，你可能會在那些物件上使用 Object.freeze() 來防止使用者的程式碼修改它們。這是很容易且便利的做法，但有取捨存在：舉例來說，凍結的物件可能會干擾常見的 JavaScript 測試策略。

14.3　prototype 屬性

一個物件的 prototype 屬性指出它從之繼承特性的那個物件（複習 §6.2.3 和 §6.3.2 來知悉原型和特性繼承的更多資訊）。這是一個很重要的屬性，我們經常會單純只說「o 的原型（prototype）」而非「o 的 prototype 屬性」。也請記得，當 prototype 以程式碼字體出現，它指的是一個普通的物件特性，而非 prototype 屬性：第 9 章解說過建構器函式的 prototype 特性，它指出以那個建構器創建的物件之 prototype 屬性。

這個 prototype 屬性會在一個物件建立時設定。從物件字面值建立的物件會使用 Object.prototype 作為它們的原型。以 new 創建的物件會使用它們建構器函式的 prototype 特性作為它們的原型。而以 Object.create() 創建的物件會使用那個函式的第一個引數（可以是 null）作為它們的原型。

你可以把一個物件傳入到 Object.getPrototypeOf() 來查詢該物件的原型：

```
Object.getPrototypeOf({})        // => Object.prototype
Object.getPrototypeOf([])        // => Array.prototype
Object.getPrototypeOf(()=>{})    // => Function.prototype
```

一個非常類似的函式，Reflect.getPrototypeOf() 會在 §14.6 中描述。

要判斷一個物件是否為另一個物件的原型（或其原型串鏈的一部分），就使用 isPrototypeOf() 方法：

```
let p = {x: 1};                   // 定義一個原型物件。
let o = Object.create(p);         // 以那個原型建立一個物件。
p.isPrototypeOf(o)                // => true：o 繼承自 p
Object.prototype.isPrototypeOf(p) // => true：p 繼承自 Object.prototype
Object.prototype.isPrototypeOf(o) // => true：o 也是
```

注意到 isPrototypeOf() 進行的功能類似 instanceof 運算子（參閱 §4.9.4）。

一個物件的 prototype 屬性會在該物件創建的時候設定，而一般會保持固定。然而，你能以 Object.setPrototypeOf() 來改變一個物件的原型：

```
let o = {x: 1};
let p = {y: 2};
Object.setPrototypeOf(o, p); // 將 o 的原型設為 p
o.y      // => 2：o 現在繼承特性 y
let a = [1, 2, 3];
Object.setPrototypeOf(a, p); // 把陣列 a 的原型設為 p
a.join   // => undefined：a 不再有一個 join() 方法
```

一般來說應該都不會需要用到 Object.setPrototypeOf()。JavaScript 可能會在「一個物件的原型是固定且不變」的前提之下，進行積極的最佳化。這意味著，如果你有呼叫 Object.setPrototypeOf()，那麼用到更動過的物件的任何程式碼都可能執行的比一般慢很多。

一個類似的函式，Reflect.setPrototypeOf()，會在 §14.6 中描述。

某些早期的瀏覽器 JavaScript 實作會透過 __proto__ 特性（開頭與結尾都有兩個底線）對外提供一個物件的 prototype 屬性。這很久以前就棄用了，但 Web 上有夠多的現存程式碼仰賴 __proto__，使得 ECMAScript 標準強制要求在 Web 瀏覽器中執行的所有 JavaScript 實作都要有它（Node 也支援它，雖然標準並沒有要求 Node 那麼做）。在現代 JavaScript 中，__proto__ 是可讀可寫的，而你可以（雖然不應該）用它作為 Object.getPrototypeOf() 與 Object.setPrototypeOf() 的替代方式。然而，__proto__ 一個有趣的用途是定義一個物件字面值的原型：

```
let p = {z: 3};
let o = {
    x: 1,
    y: 2,
    __proto__: p
};
o.z  // => 3：o 繼承自 p
```

14.4 已知符號

Symbol（符號）型別是在 ES6 被加到 JavaScript 中的，而這麼做的主要原因之一是要安全地為此語言新增擴充功能，而不破壞與 Web 上已經部署的程式碼之相容性。我們在第 12 章看到這的例子之一，那裡我們學到你可以藉由實作其「名稱」為 Symbol.iterator 這個符號的一個方法來讓一個類別可迭代。

Symbol.iterator 是「已知符號（well-known Symbols）」最著名的例子。它們是一組 Symbol 值，儲存為 Symbol() 工廠函式的特性，用來讓 JavaScript 程式碼能控制物件和類別的特定低階行為。接下來的各小節描述這每一個已知符號，並解釋它們可以如何被使用。

14.4.1 Symbol.iterator 和 Symbol.asyncIterator

Symbol.iterator 與 Symbol.asyncIterator 符號允許物件或類別本身成為可迭代（iterable）或可非同步迭代（asynchronously iterable）的。它們分別詳細涵蓋於第 12 章和 §13.4.2，在此再次提到只是為了完整性。

14.4.2 Symbol.hasInstance

在 §4.9.4 中描述 instanceof 運算子時，我們說過其右手邊必須是一個建構器函式，而運算式 o instanceof f 的估算方式是在 o 的原型鏈（prototype chain）中尋找 f.prototype 這個值。這仍然是真的，但在 ES6 和之後版本中，Symbol.hasInstance 提供了一種替代方式。在 ES6 中，如果 instanceof 的右手邊是具有一個 [Symbol.hasInstance] 方法的任何物件，那麼那個方法會以左手邊的值作為其引數被調用，然後該方法的回傳值，被轉換為一個 boolean 值之後，就成為 instanceof 運算子的值。而當然，如果右手邊的值沒有一個 [Symbol.hasInstance] 方法，但是一個函式，那麼 instanceof 運算子的行為就會如常。

Symbol.hasInstance 意味著我們可以使用 instanceof 運算子來做泛型（generic）的型別檢查，只要配合適當定義的偽型別物件（pseudotype objects）即可，例如：

```
// 定義可作為一個「型別」來與 instanceof 並用的一個物件
let uint8 = {
    [Symbol.hasInstance](x) {
        return Number.isInteger(x) && x >= 0 && x <= 255;
    }
};
128 instanceof uint8     // => true
256 instanceof uint8     // => false：太大
Math.PI instanceof uint8 // => false：不是一個整數
```

注意到這個例子很聰明，但也令人困惑，因為它在一般預期一個類別的地方使用一個非類別物件。寫出一個 isUint8() 函式而非仰賴這種 Symbol.hasInstance 行為也是一樣容易，而且對你程式碼的讀者而言，會更加清楚。

14.4.3　Symbol.toStringTag

如果你調用一個基本 JavaScript 物件的 toString() 方法，你會得到字串 "[object Object]"：

```
{}.toString()  // => "[object Object]"
```

如果你把這個相同的 Object.prototype.toString() 函式作為內建型別之實體的一個方法來呼叫，你會得到一些有趣的結果：

```
Object.prototype.toString.call([])      // => "[object Array]"
Object.prototype.toString.call(/./)     // => "[object RegExp]"
Object.prototype.toString.call(()=>{})  // => "[object Function]"
Object.prototype.toString.call("")      // => "[object String]"
Object.prototype.toString.call(0)       // => "[object Number]"
Object.prototype.toString.call(false)   // => "[object Boolean]"
```

其實你可以使用這種 Object.prototype.toString().call() 技巧搭配任何的 JavaScript 值來取得一個物件的「類別屬性（class attribute）」，其中含有除此之外無法取用的型別資訊。接下來的 classof() 函式毫無疑問比 typeof 運算子更有用，後者無法區分物件的型別：

```
function classof(o) {
    return Object.prototype.toString.call(o).slice(8,-1);
}

classof(null)       // => "Null"
classof(undefined)  // => "Undefined"
classof(1)          // => "Number"
classof(10n**100n)  // => "BigInt"
classof("")         // => "String"
classof(false)      // => "Boolean"
classof(Symbol())   // => "Symbol"
classof({})         // => "Object"
classof([])         // => "Array"
classof(/./)        // => "RegExp"
classof(()=>{})     // => "Function"
classof(new Map())  // => "Map"
classof(new Set())  // => "Set"
classof(new Date()) // => "Date"
```

在 ES6 之前，`Object.prototype.toString()` 方法的這個特殊行為只適用於內建型別的實體，但如果你在自己定義的一個類別之實體上呼叫這個 `classof()` 函式，它單純只會回傳 `"Object"`。然而，在 ES6 中，`Object.prototype.toString()` 會在它的引數上尋找一個具有符號名稱 `Symbol.toStringTag` 的特性，如果這種特性存在，它就會在其輸出使用那個特性值。這意味著，如果你定義你自己的一個類別，你可以輕易讓它能與像 `classof()` 這樣的函式並用：

```
class Range {
    get [Symbol.toStringTag]() { return "Range"; }
    // 此類別其餘部分在此省略
}
let r = new Range(1, 10);
Object.prototype.toString.call(r)    // => "[object Range]"
classof(r)                           // => "Range"
```

14.4.4　Symbol.species

在 ES6 之前，JavaScript 並沒有提供任何實際的方式來為內建類別（例如 Array）建立可靠的子類別。然而，在 ES6 中，你只要使用 class 和 extends 關鍵字就能擴充（extend）任何的內建類別。§9.5.2 以這個簡單的 Array 子類別示範了這點：

```
// 一個簡單的 Array 子類別，它會為第一和最後一個元素新增取值器。
class EZArray extends Array {
    get first() { return this[0]; }
    get last() { return this[this.length-1]; }
}

let e = new EZArray(1,2,3);
let f = e.map(x => x * x);
e.last  // => 3：EZArray 的最後一個元素 e
f.last  // => 9：f 也是擁有一個 last 特性的 EZArray
```

Array 定義了方法 `concat()`、`filter()`、`map()`、`slice()` 與 `splice()`，它們會回傳陣列。當我們建立像是 EZArray 這樣繼承了這些方法的陣列子類別，繼承的那些方法應該回傳 Array 的實體或是 EZArray 的實體呢？任一種選擇都有好的論證可以支持，但 ES6 規格指出，（預設情況下）那五個回傳陣列的方法將會回傳子類別的實體。

這裡是它的運作方式：

- 在 ES6 與之後版本中，`Array()` 建構器具有一個以符號 `Symbol.species` 為名的特性（注意到這個 Symbol 是被用作建構器函式的一個特性之名稱。這裡所描述的其他大多數已知符號則是被用作一個原型物件的方法名稱）。

- 當我們以 extends 建立一個子類別，所產生的子類別建構器會從超類別建構器繼承特性（這是除了一般的繼承之外，額外發生的，前者是子類別的實體繼承超類別的方法）。這意味著，Array 的每個子類別的建構器也會有一個繼承而來的特性名為 Symbol.species（又或者，一個子類別能以這個名稱定義它自己的特性，如果它想要的話）。

- 像是 map() 與 slice() 之類會創建並回傳新陣列的方法在 ES6 與之後版本中稍微調整過。它們不是單純建立一個普通的 Array，它們（在效果上）調用 new this. constructor[Symbol.species]() 來創建那個新陣列。

現在有趣的部分來了。假設 Array[Symbol.species] 只是一個普通的資料特性，像這樣定義：

```
Array[Symbol.species] = Array;
```

在那種情況中，子類別建構器會繼承 Array() 建構器作為它們的「物種（species）」，而在一個陣列子類別上調用 map() 會回傳超類別的一個實體，而非子類別的實體。然而，那並非 ES6 實際的行為方式。原因在於，Array[Symbol.species] 是一個唯讀的存取器特性，其取值器函式單純只會回傳 this。子類別建構器會繼承這個取值器函式，這意味著，預設情況下，每個子類別建構器都有它自己的「物種」。

然而，有時這種預設行為並非你所要的。如果你希望 EZArray 的陣列回傳方法回傳一般的 Array 物件，你只需要將 EZArray[Symbol.species] 設為 Array。但因為這個繼承特性是唯讀的存取器，你就不能單純以指定運算子來設定它，不過你可以使用 defineProperty()：

```
EZArray[Symbol.species] = Array; // 設定一個唯讀特性的嘗試失敗了

// 取而代之我們可以使用 defineProperty()：
Object.defineProperty(EZArray, Symbol.species, {value: Array});
```

最簡單的選擇或許是在一開始建立子類別的時候就明確定義你自己的 Symbol.species 取值器：

```
class EZArray extends Array {
    static get [Symbol.species]() { return Array; }
    get first() { return this[0]; }
    get last() { return this[this.length-1]; }
}

let e = new EZArray(1,2,3);
let f = e.map(x => x - 1);
e.last  // => 3
f.last  // => undefined：f 是一個普通的陣列，沒有 last 取值器
```

建立實用的 Array 子類別是引進 Symbol.species 背後最主要的原因,但那不是這個已知符號唯一被使用的地方。具型陣列類別(typed array classes)以跟 Array 類別相同的方式使用 Symbol.species。同樣地,ArrayBuffer 的 slice() 方法也會查看 this.constructor 的 Symbol.species 特性,而非只是建立一個新的 ArrayBuffer。而像是 then() 那樣會回傳一個新的 Promise 物件的承諾方法也會透過這種 species 協定建立那些物件。最後,如果你發現自己正在衍生 Map 的子類別(舉例來說),並定義會回傳新的 Map 物件的方法,你可能會想要使用 Symbol.species 以方便你的子類別的子類別。

14.4.5 Symbol.isConcatSpreadable

Array 方法 concat() 是在前一節描述過的,使用 Symbol.species 來判斷要為所回傳的陣列使用什麼建構器的方法之一。不過 concat() 也用到 Symbol.isConcatSpreadable。回想 §7.8.3 提過,一個陣列的 concat() 方法對待它的 this 值和陣列引數的方式會與它的非陣列引數不同:非陣列引數單純只會被附加到新的陣列,但 this 陣列和任何陣列引數都會被攤平(flattened)或「分散(spread)」,以致於被串接(concatenated)的是陣列的元素,而非該陣列引數本身。

在 ES6 之前,concat() 只會使用 Array.isArray() 來判斷是否要把一個值當成陣列。在 ES6 中,演算法稍微有改變:如果 concat() 的引數(或 this 值)是一個物件,而且具有以符號 Symbol.isConcatSpreadable 為名的一個特性,那麼那個特性的 boolean 值會被用來判斷該引數是否應該被「分散」。如果不存在那種特性,那麼就會使用 Array.isArray(),就像在此語言之前版本中那樣。

在兩種情況下你可能會想要使用這個 Symbol:

- 如果你建立了一個類陣列(array-like,參閱 §7.9)物件,並希望它被傳入 concat() 的時候行為會像一個真正的陣列,你只需要把這個符號特性新增到你的物件中即可:

```
let arraylike = {
    length: 1,
    0: 1,
    [Symbol.isConcatSpreadable]: true
};
[].concat(arraylike)  // => [1]:(若沒分散,就會是 [[1]])
```

- 陣列的子類別預設都是可分散(spreadable)的,所以如果你定義了一個陣列子類別而且不希望它與 concat() 並用的時候行為跟陣列一樣,那你可以 [1] 新增一個像這樣的取值器到你的子類別:

1　V8 JavaScript 引擎中的一個臭蟲意味著這段程式碼無法在 Node 13 正確運作。

```
class NonSpreadableArray extends Array {
    get [Symbol.isConcatSpreadable]() { return false; }
}
let a = new NonSpreadableArray(1,2,3);
[].concat(a).length // => 1，（若 a 被分散，長度就會是 3 個元素）
```

14.4.6 模式比對符號

§11.3.2 記載了使用一個 RegExp 引數來進行模式比對（pattern-matching）運算的 String 方法。在 ES6 和之後版本中，這些方法已經被一般化，能與 RegExp 物件或藉由符號名稱特性定義模式比對行為的任何物件搭配使用。對於 match()、matchAll()、search()、replace() 與 split() 這每個字串方法，都會有一個對應的已知符號：Symbol.match、Symbol.search 等等。

RegExp 是描述文字模式的一種通用且非常強大的方式，但它們可能過於複雜，而且不適合用於模糊比對（fuzzy matching）。藉由這些一般化的字串方法，你可以使用已知符號方法來定義你自己的模式類別，以提供客製化的比對。舉例來說，你可以使用 Intl. Collator（參閱 §11.7.3）來進行字串比較，在比對時忽略重音（accents）。又或者你能以 *Soundex* 演算法為基礎定義一個模式類別，基於它們近似的讀音來比對字詞，或依據一個給定的 Levenshtein（萊文斯坦）距離為上限來寬鬆地比對字串。

一般來說，當你像這樣在一個模式物件上調用這五個 String 方法之一：

```
string.method(pattern, arg)
```

那個調用會被轉為你的模式物件上的一個符號名稱方法調用：

```
pattern[symbol](string, arg)
```

作為一個例子，考慮這下個例子中的模式比對類別，其中使用用過檔案系統（filesystems）的你應該很熟悉的簡單 * 和 ? 通配符（wildcards）來實作模式比對。這種風格的模式比對可以追溯到 Unix 作業系統的最早期，而這種模式經常被稱作 *glob*：

```
class Glob {
    constructor(glob) {
        this.glob = glob;

        // 我們在內部使用 RegExp 來實作 glob 比對。
        // ? 匹配除了 / 以外的任一個字元，而 * 匹配零或更多個
        // 那些字元。我們會在那每個周圍使用捕捉群組（capturing groups）。
        let regexpText = glob.replace("?", "([^/])").replace("*", "([^/]*)");
```

```
        // 我們使用 u 旗標來選用能處理 Unicode 的比對。
        // Glob 是要用來匹配整個字串，所以我們使用 ^ 和 $
        // 定錨點而且沒有實作 search() 或 matchAll()
        // 因為它們不適用於像這樣的模式。
        this.regexp = new RegExp(`^${regexpText}$`, "u");
    }

    toString() { return this.glob; }

    [Symbol.search](s) { return s.search(this.regexp); }
    [Symbol.match](s)  { return s.match(this.regexp); }
    [Symbol.replace](s, replacement) {
        return s.replace(this.regexp, replacement);
    }
}

let pattern = new Glob("docs/*.txt");
"docs/js.txt".search(pattern)    // => 0：匹配在字元 0
"docs/js.htm".search(pattern)    // => -1：沒有匹配
let match = "docs/js.txt".match(pattern);
match[0]      // => "docs/js.txt"
match[1]      // => "js"
match.index   // => 0
"docs/js.txt".replace(pattern, "web/$1.htm")  // => "web/js.htm"
```

14.4.7　Symbol.toPrimitive

§3.9.3 解釋過，JavaScript 有三種稍微不同的演算法用來把物件轉為原始值（primitive values）。概略來說，對於預期或偏好一個字串值的轉換，JavaScript 會先調用一個物件的 toString() 方法，然後在 toString() 沒有定義或沒有回傳一個原始值的時候才退回去調用 valueOf() 方法。對於偏好一個數值的轉換，JavaScript 會先嘗試 valueOf 方法，然後在 valueOf 沒有定義或沒有回傳一個原始值的時候才退回去調用 toString()。而最後，在沒有偏好的情況下，它會讓類別決定如何進行那個轉換。Date 物件會先使用 toString()，而所有其他的型別都會先試 valueOf。

在 ES6 中，已知符號 Symbol.toPrimitive 能讓你覆寫這個預設的物件對原始之轉換行為，讓你能夠完全控制你自己類別的實體會如何被轉換為原始值。要那麼做，就以此符號名稱定義一個方法。此方法必須回傳以某種方式表示該物件的一個原始值。你所定義的方法會以單一個字串引數被調用，這個引數告訴你 JavaScript 試著在你的物件上進行何種轉換：

- 如果該引數為 "string"，就代表 JavaScript 是在預期或偏好（但非強制要求）一個字串的情境之下進行這個轉換。舉例來說，這會發生在你把該物件內插（interpolate）到一個範本字面值（template literal）中的時候。

- 如果該引數為 "number"，就代表 JavaScript 是在預期或偏好（但非強制要求）一個數值的情境之下進行這個轉換。這發生在你將該物件與 < 或 > 運算子或算術運算子（例如 - 與 *）並用之時。

- 如果該引數為 "default"，就意味著 JavaScript 是在數值或字串都可行的情境下轉換你的物件。這會發生在與 +、== 和 != 並用之時。

許多類別可以忽略這個引數，單純在所有情況下都回傳相同的原始值。如果你希望你類別的實體能以 < 和 > 進行比較或排序，那這就是定義一個 [Symbol.toPrimitive] 方法的好理由。

14.4.8　Symbol.unscopables

在此我們會涵蓋的最後一個已知符號是鮮為人知的一個，它之所以被引進，是要作為已棄用的 with 述句所導致的相容性問題的一種變通之道。回想一下，with 述句會接受一個物件，而執行其述句主體時，所在的範疇（scope）就會讓那個物件的特性好像是變數一般。這在 Array 類別引進了新的方法時導致了相容性問題，而這也會破壞某些現有的程式碼。Symbol.unscopables 就是結果。在 ES6 和後續版本中，with 述句稍微修改過。以一個物件 o 並用時，with 述句會計算 Object.keys(o[Symbol.unscopables]||{}) 並在建立要在其中執行其主體的模擬範疇時，忽略名稱有在結果陣列中的那些特性。ES6 藉此新增方法到 Array.prototype 中，而不破壞 Web 上既存的程式碼。這意味著你可以藉由估算下列這段程式碼來得到最新的 Array 方法清單：

```
let newArrayMethods = Object.keys(Array.prototype[Symbol.unscopables]);
```

14.5　範本標記

放在重音符（backticks）中的字串被稱為「範本字面值（template literals）」，曾在 §3.3.4 涵蓋過。當其值是一個函式的運算式後面跟著一個範本字面值，它會被轉為一個函式調用，而我們稱之為「帶標記的範本字面值（tagged template literal）」。定義一個新的標記函式（tag function）來與帶標記的範本字面值搭配使用，也可被想成是 metaprogramming，因為帶標記的範本經常被用來定義 DSL（domain-specific languages，領域特定語言），而定義一個新的標記函式就好像是新增語法到 JavaScript。

帶標記的範本字面值已經被數個前端 JavaScript 套件（frontend JavaScript packages）所採用。GraphQL 查詢語言使用一個 gql`` 標記函式來允許查詢（queries）被內嵌在 JavaScript 程式碼中。而 Emotion 程式庫則使用一個 css`` 標記函式來允許 JavaScript 中內嵌 CSS 樣式（styles）。本節示範如何寫出你自己的標記函式。

標記函式並沒有什麼特殊之處：它們是一般的 JavaScript 函式，定義它們不需要特殊的語法。當一個函式運算式後面跟著一個範本字面值，該函式就會被調用。第一個引數是由字串組成的一個陣列，而後面跟著零或多個額外的引數，它們可以有任何型別的值。

引數的數目取決於內插到範本字面值中的值有幾個。如果那個範本字面值單純是一個常數字串，沒有內插任何值，那麼標記函式就會以只含有一個字串的一個陣列被呼叫，不會有任何額外的引數。如果那個範本字面值包括一個內插的值，那麼標記函式就會以兩個引數被呼叫。第一個是由兩個字串組成的一個陣列，而第二個是那個內插的值。在那個初始陣列中的字串是在那個內插值左邊的字串，以及在它右邊的字串，而其中任一個都可以是空字串。如果那個範本字面值包括兩個內插的值，那麼標記函式就會以三個引數調用：有三個字串的一個陣列，以及兩個內插值。那三個字串（任一個都可以是空字串，也可以全都是空字串）是第一個值左邊的字串、介於那兩個值之間的字串，以及第二個值右邊的字串。在一般的情況中，如果範本字面值有 n 個內插值，那麼標記函式就會以 n+1 個字串被調用。第一個引數會是 n+1 個字串組成的一個陣列，而剩餘的引數則是 n 個內插值，以它們出現在範本字面值中的順序出現。

一個範本字面值的值永遠都是一個字串，但一個帶標記的範本字面值之值則是標記函式所回傳的任何值。這可能是一個字串，但如果該標記函式是用來實作一個 DSL，那麼回傳值通常會是一個非字串的資料結構，它是該字串經過剖析後的一個表示值（parsed representation）。

作為回傳字串的範本標記函式的一個例子，考慮下列的 html`` 範本，它能在你想要安全地內插值到一個 HTML 字串中的時候發揮用處。那個標記會在使用它們來建置最後的字串之前，先對每個值進行 HTML 的轉義（escaping）：

```
function html(strings, ...values) {
    // 將每個值轉為字串並轉義特殊的 HTML 字元
    let escaped = values.map(v => String(v)
                                .replace("&", "&amp;")
                                .replace("<", "&lt;")
                                .replace(">", "&gt;")
                                .replace('"', "&quot;")
                                .replace("'", "&#39;"));
```

```
    // 回傳串接起來的字串和轉義過的值
    let result = strings[0];
    for(let i = 0; i < escaped.length; i++) {
        result += escaped[i] + strings[i+1];
    }
    return result;
}

let operator = "<";
html`<b>x ${operator} y</b>`                    // => "<b>x &lt; y</b>"

let kind = "game", name = "D&D";
html`<div class="${kind}">${name}</div>` // =>'<div class="game">D&amp;D</div>'
```

作為不是回傳一個字串而是一個字串剖析後表示值的標記函式的一個例子，請回想在
§14.4.6 中定義的 Glob 模式類別。因為 Glob() 建構器接受單一個字串引數，我們可以定
義一個標記函式用於建立新的 Glob 物件：

```
function glob(strings, ...values) {
    // 將這些字串和值組合成單一個字串
    let s = strings[0];
    for(let i = 0; i < values.length; i++) {
        s += values[i] + strings[i+1];
    }
    // 回傳那個字串的一個剖析後表示值
    return new Glob(s);
}

let root = "/tmp";
let filePattern = glob`${root}/*.html`;  // 一個 RegExp 的替代品
"/tmp/test.html".match(filePattern)[1]   // => "test"
```

在 §3.3.4 中匆匆帶過的一個功能是 String.raw`` 標記函式，它會以「raw（未經處理）」
的形式回傳一個字串，不解讀任何的反斜線轉義序列（backslash escape sequences）。
它的實作用到我們尚未討論到的一個標記函式功能。當一個標記函式被調用，我們知
道它的第一個引數會是一個字串陣列。但這個陣列還有一個名為 raw 的特性，而那個特
性的值則是另一個字串陣列，其中具有相同數目的元素。那個引數陣列包含的字串所
具有的轉義序列如常被解譯。而那個 raw 陣列所包含的字串中的轉義序列並沒有被解
譯。如果你想要定義的 DSL 之文法會用到反斜線，這個很少人知道的功能就很重要。
舉例來說，假設我們希望我們的 glob`` 標記函式支援 Windows 式的路徑（它們用到反斜

線而非斜線），而我們不希望此標記的使用者必須把每個反斜線寫兩次，我們就能使用 strings.raw[] 來改寫那個函式，取代 strings[]。當然，缺點會是，我們沒有辦法在我們的 glob 字面值中使用像 \u 這樣的轉義序列了。

14.6　Reflect API

Reflect 物件不是一個類別，就像 Math 物件，它的特性單純定義了一組相關的函式。這些在 ES6 中新增的函式，為物件和它們特性的「自我內省（reflecting upon）」工作定義了一個 API。這裡沒有什麼新的功能性：Reflect 物件定義了便利的一組函式，全都放在單一個命名空間中，模仿核心語言語法的行為，並複製各式各樣之前就存在的 Object 函式的功能。

雖然 Reflect 的函式並沒有提供任何新功能，它們確實把那些功能都集中一起放在了一個便利的 API 中。而且更重要的是，Reflect 的那組函式一對一對映到我們會在 §14.7 中學到的那組 Proxy 處理器方法（handler methods）。

Reflect API 由下列函式所構成：

Reflect.apply(f, o, args)

此函式會把函式 f 當成 o 的一個方法來調用（或是在 o 為 null 的時候，將它當作沒有 this 值的一個函式調用），並傳入 args 陣列中的值作為引數。它等同於 f.apply(o, args)。

Reflect.construct(c, args, newTarget)

此函式調用建構器 c 的方式就彷彿有使用 new 關鍵字一樣，並傳入陣列 args 的元素作為引數。若有指定選擇性的 newTarget 引數，它在該次建構器調用中，就會被用作 new.target 的值。若無指定，那麼 new.target 的值就會是 c。

Reflect.defineProperty(o, name, descriptor)

此函式在物件 o 上定義一個特性，使用 name（一個字串或符號）作為該特性的名稱。描述器（descriptor）物件應該定義該特性的值（或取值器和設值器）和屬性。Reflect.defineProperty() 非常類似 Object.defineProperty()，但會在成功時回傳 true，並在失敗時回傳 false（Object.defineProperty() 會在成功時回傳 o 並在失敗時擲出 TypeError）。

Reflect.deleteProperty(o, name)

此函式從物件 o 刪除以指定字串或符號為名的特性，並在成功（或不存在這種特性）時回傳 true，或在該特行無法被刪除時回傳 false。呼叫此函式類似於寫出 delete o[name]。

Reflect.get(o, name, receiver)

此函式回傳物件 o 具有指定名稱（一個字串或符號）的特性之值。如果該特性是帶有一個取值器的存取器方法，而且有指定選擇性的 receiver 引數，那個取值器函式就會作為 receiver 的一個方法被呼叫，而非作為 o 的一個方法。呼叫此函式類似於估算 o[name]。

Reflect.getOwnPropertyDescriptor(o, name)

此函式回傳一個特性描述器（property descriptor）物件，描述物件 o 上名為 name 的特性之屬性，或在沒有這種特性的時候回傳 undefined。這個函式幾乎完全等同於 Object.getOwnPropertyDescriptor()，只不過此函式的 Reflect API 版本要求第一個引數必須是一個物件，如果不是就擲出 TypeError。

Reflect.getPrototypeOf(o)

此函式回傳物件 o 的原型，或在該物件沒有原型的時候回傳 null。它會在 o 是一個原始值而非物件的時候擲出 TypeError。此函式幾乎與 Object.getPrototypeOf() 完全相同，只不過 Object.getPrototypeOf() 只會為 null 和 undefined 引數擲出 TypeError，並會將其他的原始值強制轉型為它們的包裹器物件（wrapper objects）。

Reflect.has(o, name)

如果物件 o 有一個具有指定名稱 name（必須是一個字串或符號）的特性，此函式就會回傳 true。呼叫此函式類似於估算 name in o。

Reflect.isExtensible(o)

如果物件 o 是可擴充的（§14.2），此函式就回傳 true，如果不是就回傳 false。如果 o 不是一個物件，它會擲出 TypeError。Object.isExtensible() 也類似，但在傳入的引數不是物件的時候，單純只會回傳 false。

Reflect.ownKeys(o)

此函式回傳由物件 o 的特性名稱所組成的一個陣列，或在 o 不是一個物件的時候，擲出一個 TypeError。所回傳的陣列中的名稱會是字串或符號。呼叫此函式類似於呼叫 Object.getOwnPropertyNames() 與 Object.getOwnPropertySymbols() 並結合它們的結果。

Reflect.preventExtensions(o)

此函式將物件 o 的 *extensible* 屬性（§14.2）設為 false，並回傳 true 代表成功。如果 o 不是一個物件，它會擲出 TypeError。Object.preventExtensions() 有相同的效果，但回傳 o 而非 true，並且不會為非物件引數擲出 TypeError。

Reflect.set(o, name, value, receiver)

此函式將物件 o 具有指定名稱 name 的特性設為指定的值 value。它會在成功時回傳 true，並在失敗時回傳 false（如果特性是唯讀的，就可能發生）。若 o 不是一個物件，它會擲出 TypeError。如果所指定的特性是帶有一個設值器函式的存取器特性，而且有傳入選擇性的 receiver 引數，那個設值器就會被當作 receiver 的一個方法來調用，而非當作 o 的一個方法。呼叫此函式通常等同於估算 o[name] = value。

Reflect.setPrototypeOf(o, p)

此函式將物件 o 的原型設為 p，並在成功的時候回傳 true，並在失敗時回傳 false（這可能發生在 o 不是可擴充的，或該運算會導致一個循環原型鏈的時候）。如果 o 不是一個物件，或 p 既不是物件也不是 null 的時候擲出一個 TypeError。Object.setPrototypeOf() 也類似，但會在成功時回傳 o，並在失敗時擲出 TypeError。記得呼叫這任一個函式都很有可能會使你的程式碼變慢，因為會打斷 JavaScript 直譯器的最佳化。

14.7 Proxy 物件

在 ES6 和後續版本中可取用的 Proxy（代理）類別，是 JavaScript 最強大的 metaprogramming 功能。它允許我們寫出能更動 JavaScript 物件基本行為的程式碼。在 §14.6 中所描述的 Reflect API 是讓我們能直接存取 JavaScript 物件上一組基本運算的一個函式集合。Proxy 類別所做的事情就是提供我們一種方式來自行實作那些基本的運算，並創造出具有的行為不可能出現在普通物件身上的物件。

當我們建立一個 Proxy 物件，我們會指定另外兩個物件，即目標物件（target object）和處理器物件（handlers object）：

```
let proxy = new Proxy(target, handlers);
```

所產生的 Proxy 物件沒有自己的狀態或行為。每當你在其上進行一項運算（讀取一個特性、寫入一個特性、定義一個新特性、查找原型、將之作為一個函式調用），它就會把那些運算分派（dispatches）給處理器物件或目標物件。

Proxy 物件所支援的運算與 Reflect API 所定義的那些相同。假設 p 是一個 Proxy 物件，而你寫出 delete p.x。Reflect.deleteProperty() 具有跟 delete 運算子相同的行為。而當你使用 delete 運算子刪除一個 Proxy 物件的特性，它就會在處理器物件上尋找一個 deleteProperty() 方法。如這種方法存在，就會被調用。如果不存在這種方法，那麼 Proxy 物件就會改在目標物件上進行該特性的刪除動作。

對於所有的基本運算，Proxy 都是這樣運作的：若有一個適當的方法存在於處理器物件，它就會調用該方法來進行運算（方法名稱與特徵式都與 §14.6 中所涵蓋的那些 Reflect 函式相同）。而如果處理器物件上沒有那個方法，那麼 Proxy 就會在目標物件上進行那個基本運算。這表示一個 Proxy 可以從目標物件或處理器物件獲得它的行為。如果處理器方法是空的，那個 Proxy 基本上就等同於包在目標物件周圍的一層透明的包裹器（wrapper）：

```
let t = { x: 1, y: 2 };
let p = new Proxy(t, {});
p.x            // => 1
delete p.y     // => true：刪除這個 Proxy 的特性 y
t.y            // => undefined：這也會在目標中刪除它
p.z = 3;       // 在 Proxy 上定義一個新的特性
t.z            // => 3：在目標上定義該特性
```

這種的透明包裹器代理（wrapper proxy）基本上就等同於底層的目標物件，這代表其實真的沒理由用它來代替被包裹的那個物件（wrapped object）。然而，被創建為「可撤銷的代理（revocable proxies）」時透明的包裹器也可能會有用處。除了以 Proxy 建構器來創建一個 Proxy，你還可以使用 Proxy.revocable() 工廠函式。這個函式回傳一個物件，其中包含一個 Proxy 物件，還有一個 revoke() 函式。一旦你呼叫這個 revoke() 函式，那個 Proxy 就會立即停止運作：

```
function accessTheDatabase() { /* 實作省略 */ return 42; }
let {proxy, revoke} = Proxy.revocable(accessTheDatabase, {});
```

```
proxy()    // => 42：這個 Proxy 讓我們存取底層的目標函式
revoke(); // 但這個存取能力我們隨時都能任意關掉
proxy(); // !TypeError：我們無法再呼叫此函式
```

注意到除了示範可撤銷的代理，前面的程式碼也顯示除了目標物件，代理也能用於目標
函式。但這裡的主要重點是，可撤銷的代理是某種程式碼隔離（code isolation）的構建
組塊（building block），舉例來說，你可以在應付不信任的第三方程式庫時使用它們。
如果你必須傳入一個函式給不受你控制的一個程式庫，你可以改為傳入一個可撤銷的代
理，然後在使用那個程式庫完畢時，撤銷代理。這能防止那個程式庫保有對你函式的一
個參考，並在非預期的時候呼叫它。這種防禦性程式設計（defensive programming）在
JavaScript 中並非典型，但至少 Proxy 類別讓它變得可能。

如果我們傳入一個非空的處理器物件給 Proxy() 建構器，那我們就不是在定義一個透明的
包裹器物件，而是為我們的代理實作自訂的行為。若有對的一組處理器，那麼底層的目
標物件基本上就變得無關緊要。

舉例來說，接下來的程式碼展示如何實作出看似有無限多個唯讀特性的一個物件，其中
每個特性的值與該特性的名稱相同：

```
// 我們使用一個 Proxy 來創建看似有每個可能的特性的
// 一個物件，其中每個特性的值都等於它的名稱
let identity = new Proxy({}, {
    // 每個特性都以自己的名稱作為它的值
    get(o, name, target) { return name; },
    // 每個特性名稱都有定義
    has(o, name) { return true; },
    // 有太多的特性要列舉了，所以我們就只是擲出
    ownKeys(o) { throw new RangeError("Infinite number of properties"); },
    // 所有的特性都存在，並是不可寫入、不可配置且不可列舉的
    getOwnPropertyDescriptor(o, name) {
        return {
            value: name,
            enumerable: false,
            writable: false,
            configurable: false
        };
    },
    // 所有的特性都是唯讀的，所以它們無法被設定
    set(o, name, value, target) { return false; },
    // 所有的特性都是不可配置的，所以它們無法被刪除
    deleteProperty(o, name) { return false; },
    // 所有的特性都存在，而且都是不可配置的，所我們無法定義更多
    defineProperty(o, name, desc) { return false; },
```

```
    // 在效果上，這意味著該物件不是可擴充的
    isExtensible(o) { return false; },
    // 所有的特性都已經在此物件上定義了，所以它無法
    // 再繼承任何東西，即使它有一個原型物件。
    getPrototypeOf(o) { return null; },
    // 此物件是無法擴充的，所以我們不能改變其原型
    setPrototypeOf(o, proto) { return false; },
});

identity.x              // => "x"
identity.toString       // => "toString"
identity[0]             // => "0"
identity.x = 1;         // 設定特性沒有效果
identity.x              // => "x"
delete identity.x       // => false：也無法刪除特性
identity.x              // => "x"
Object.keys(identity);  // !RangeError：無法列出所有的鍵值
for(let p of identity) ;  // !RangeError
```

代理物件可以從目標物件或從處理器物件導出它們的行為，而我們目前看到的例子都使用其中一個物件或另外一個。但通常定義出這兩個物件都會用到的代理會更加有用。

舉例來說，下列程式碼就使用 Proxy 來為一個目標物件建立一個唯讀的包裹器。試圖從該物件讀取值的時候，那些讀取動作會被正常轉發到目標物件。但若有任何的程式碼試著修改該物件或它的特性，處理器物件的方法就會擲出一個 TypeError。像這樣的一個代理可能有助於撰寫測試：假設你寫了一個函式，它接受一個物件引數，並想要確保你的函式不會試圖修改那個輸入引數。如果你的測試傳入一個唯讀的包裹器物件，那麼任何的寫入都會擲出例外，導致測試失敗：

```
function readOnlyProxy(o) {
    function readonly() { throw new TypeError("Readonly"); }
    return new Proxy(o, {
        set: readonly,
        defineProperty: readonly,
        deleteProperty: readonly,
        setPrototypeOf: readonly,
    });
}

let o = { x: 1, y: 2 };   // 正常的可寫物件
let p = readOnlyProxy(o); // 它的唯讀版本
p.x                       // => 1：讀取特性行得通
p.x = 2;                  // !TypeError：無法變更特性
delete p.y;               // !TypeError：無法刪除特性
```

```
    p.z = 3;                    // !TypeError：無法新增特性
    p.__proto__ = {};           // !TypeError：無法更改原型
```

撰寫代理時的另一種技巧是，定義出會在一個物件上攔截（intercept）運算但仍然會把
該運算委派（delegate）到目標物件的處理器方法。Reflect API（§14.6）與處理器方法
有完全相同的特徵式（signatures），所以它們讓這種委派工作（delegation）變得容易。

舉例來說，這裡是一個代理，它會把所有的運算都委派到目標物件，但使用處理器方法
來記錄（log）那些運算：

```
/*
 * 回傳一個包裹了 o 的 Proxy 物件，在記錄每個運算之後，
 * 就將所有的運算都委派給那個物件。objname 是一個字串
 * 它會出現在訊息記錄中以識別該物件。如果 o 具備
 * 自有特性而其值為物件或函式，那麼如果你查詢
 * 那些特性的值，你會取回一個 loggingProxy，所以
 * 這個代理的記錄行為是會「傳染（contagious）」的。
 */
function loggingProxy(o, objname) {
    // 為我們的記錄用 Proxy 物件定義處理器。
    // 每個處理器都會記錄一個訊息，然後委派給目標物件。
    const handlers = {
        // 這個處理器是個特例，因為對於其值為物件或函式的
        // 自有特性，它會回傳一個代理，
        // 而非該值本身。
        get(target, property, receiver) {
            // 記錄 get 運算
            console.log(`Handler get(${objname},${property.toString()})`);

            // U 使用 Reflect API 來取得特性值
            let value = Reflect.get(target, property, receiver);

            // 如果該特性是目標的一個自有特性
            // 而且其值是一個物件或函式，那就為它回傳一個 Proxy。
            if (Reflect.ownKeys(target).includes(property) &&
                (typeof value === "object" || typeof value === "function")) {
                return loggingProxy(value, `${objname}.${property.toString()}`);
            }

            // 否則，原封不動回傳該值。
            return value;
        },

        // 接下來三個方法沒有什麼特殊之處：
        // 它們會記錄該運算，然後將之委派給目標物件。
```

```
            // 它們是一種特例，單純為了讓我們避免記錄
            // receiver 物件，因為那可能導致無限遞迴。
            set(target, prop, value, receiver) {
                console.log(`Handler set(${objname},${prop.toString()},${value})`);
                return Reflect.set(target, prop, value, receiver);
            },
            apply(target, receiver, args) {
                console.log(`Handler ${objname}(${args})`);
                return Reflect.apply(target, receiver, args);
            },
            construct(target, args, receiver) {
                console.log(`Handler ${objname}(${args})`);
                return Reflect.construct(target, args, receiver);
            }
        };

        // 我們可以自動產生其餘的處理器。
        // Metaprogramming 必勝！
        Reflect.ownKeys(Reflect).forEach(handlerName => {
            if (!(handlerName in handlers)) {
                handlers[handlerName] = function(target, ...args) {
                    // 記錄運算
                    console.log(`Handler ${handlerName}(${objname},${args})`);
                    // 委派運算
                    return Reflect[handlerName](target, ...args);
                };
            }
        });

        // 為使用這些記錄處理器的物件回傳一個代理
        return new Proxy(o, handlers);
    }
```

前面定義的 loggingProxy() 函式所創建的代理會記錄它們被使用的所有方式。如果你正試著理解一個沒有說明的函式如何使用你傳給它的物件，記錄用的代理（logging proxy）就能幫上忙。

考慮下列範例，它們會讓你對陣列的迭代產生真正的見解：

```
// 定義一個資料陣列，以及帶有一個函式特性的物件
let data = [10,20];
let methods = { square: x => x*x };

// 為那個陣列和物件建立記錄用的代理
let proxyData = loggingProxy(data, "data");
```

```
let proxyMethods = loggingProxy(methods, "methods");

// 假設我們想要了解 Array.map() 方法的運作方式
data.map(methods.square)          // => [100, 400]

// 首先，讓我們藉由一個 logging Proxy 陣列來嘗試它
proxyData.map(methods.square)     // => [100, 400]
// 它產生此輸出：
// Handler get(data,map)
// Handler get(data,length)
// Handler get(data,constructor)
// Handler has(data,0)
// Handler get(data,0)
// Handler has(data,1)
// Handler get(data,1)

// 現在已一個代理方法物件來試試看
data.map(proxyMethods.square)     // => [100, 400]
// 記錄的輸出：
// Handler get(methods,square)
// Handler methods.square(10,0,10,20)
// Handler methods.square(20,1,10,20)

// 最後，讓我們使用一個 logging proxy 來了解迭代協定
for(let x of proxyData) console.log("Datum", x);
// Log output:
// Handler get(data,Symbol(Symbol.iterator))
// Handler get(data,length)
// Handler get(data,0)
// Datum 10
// Handler get(data,length)
// Handler get(data,1)
// Datum 20
// Handler get(data,length)
```

從第一塊的記錄輸出我們可以看到，Array.map() 方法會在實際讀取元素值（這會觸發 get() 處理器）之前明確檢查每個陣列元素是否存在（導致 has() 處理器被調用）。可想而知，這是為了區分不存在的陣列元素，以及存在但為 undefined 的元素。

第二塊的記錄輸出讓我們知道，我們傳入 Array.map() 的函式會以三個引數被調用：元素的值、元素的索引，以及該陣列本身（我們的記錄輸出有一個問題：Array.toString() 方法並沒有在它的輸出中包含方括號，如果它們被加到引數列中，記錄訊息就會更加清楚：(10,0, [10,20]))。

記錄輸出的第三塊顯示 for/of 的運作方式，它會尋找以符號 [Symbol.iterator] 為名的一個方法。它也展示了 Array 類別對於此迭代器方法的實作每次迭代都會小心檢查陣列的長度，不會假設陣列長度在迭代過程中會保持常數。

14.7.1　Proxy 不變式（Invariants）

早先定義的 readOnlyProxy() 函式會創建在效果上等同於凍結的 Proxy 物件：試著更動特性值或特性屬性，或者新增或刪除特性，都會擲出例外。但只要目標物件不是凍結（frozen）的，我們就能以 Reflect.isExtensible() 和 Reflect.getOwnPropertyDescriptor() 查詢那個代理來找出這點，而它將會告訴我們，我們應該能夠設定、新增和刪除特性。所以 readOnlyProxy() 創造出來的物件會處在一種不一致的狀態。我們可以藉由新增 isExtensible() 和 getOwnPropertyDescriptor() 處理器來修正這點，或是單純容忍這種輕微的不一致之存在。

然而，Proxy 的處理器 API 允許我們定義出具有重大不一致的物件，而在這種情況中，Proxy 類別本身會防止我們建立出以壞的方式不一致的 Proxy 物件。在本節開頭，我們曾描述代理是沒有它們自己行為的物件，因為它們單純只會把所有的運算轉發到處理器物件和目標物件。但這不全然是真的：轉發一項運算之後，Proxy 類別會在結果上進行一些合理性檢查（sanity checks）來確保重要的 JavaScript 不變式（invariants）沒有被違反。如果它偵測到違反之處，代理會擲出一個 TypeError，而非讓該運算繼續進行。

作為一個例子，如果你為一個不可擴充（non-extensible）的物件建立了一個代理，該代理會在 isExtensible() 處理器回傳 true 的時候擲出一個 TypeError：

```
let target = Object.preventExtensions({});
let proxy = new Proxy(target, { isExtensible() { return true; }});
Reflect.isExtensible(proxy);  // !TypeError：違反了不變式
```

同樣地，不可擴充的目標之代理物件的 getPrototypeOf() 處理器不可以回傳該目標真正的原型物件以外的任何東西。此外，如果目標物件有不可寫入、不可配置的特性，那麼 Proxy 類別會在 get() 處理器回傳實際的值以外的任何東西時，擲出一個 TypeError：

```
let target = Object.freeze({x: 1});
let proxy = new Proxy(target, { get() { return 99; }});
proxy.x;           // !TypeError：get() 所回傳的值與目標並不相符
```

Proxy 強制施加了數個額外的不變式，它們幾乎全都與不可擴充的目標物件以及目標物件上不可配置的特性有關。

14.8 總結

在本章中，你學到：

- JavaScript 物件有一個 *extensible* 屬性，而物件特性有 *writable*、*enumerable* 與 *configurable* 屬性，以及一個值和一個取值器或設值器屬性。你可以透過這些屬性以各種方式「封鎖」你的物件，包括建立「密封」的物件或「凍結」的物件。

- JavaScript 定義了能讓你巡訪（traverse）一個物件的原型鏈的函式，甚至能用來改變一個物件的原型（雖然那樣做會使你的程式碼變慢）。

- Symbol 物件的特性有被稱作「已知符號（well-known Symbols）」的值，你可以把它們用來當作你定義的物件和類別的特性或方法名稱。這麼做會讓你得以控制你的物件與 JavaScript 語言功能及核心程式庫的互動方式。舉例來說，已知符號能讓你把你的類別變為可迭代的，並控制一個實體被傳入給 Object.prototype.toString() 的時候會顯示的字串。在 ES6 之前，這種客製化動作只適用於內建在實作中的原生類別。

- 帶標記的範本字面值是一種函式調用語法，而定義一個新的標記函式就有點類似新增字面值語法到此語言中一樣。定義一個會剖析它的範本字串引數的標記函式，能讓你在 JavaScript 程式碼中內嵌 DSL。標記函式也能讓我們存取字串字面值的一種未經處理的、未轉義的形式，其中反斜線沒有特殊意義。

- Proxy 類別及相關的 Reflect API 允許我們對於 JavaScript 物件的基本行為進行低階的控制。Proxy 物件能被用作可選擇性撤銷的包裹器，以加強程式碼的封裝，而它們也可以被拿來實作非標準的物件行為（像是早期 Web 瀏覽器所定義的一些特例 API）。

第十五章

Web 瀏覽器中的 JavaScript

JavaScript 語言是在 1994 年被創造出來的，其明確的用途就是要讓 Web 瀏覽器（browsers）所顯示的文件（documents）能擁有動態行為。自此這個語言大幅進化了，與此同時，Web 平台的範疇和能力也爆炸性的成長。今日，JavaScript 程式設計師能把 Web 視為一個功能完善的應用程式開發平台。Web 瀏覽器專精於顯示經過格式化的文字和影像，不過就像原生的作業系統（native operating systems），瀏覽器也提供其他的服務，包括繪圖、影片、音訊、網路、儲存以及執行緒（threading）。JavaScript 就是讓 Web 應用程式得以運用 Web 平台所提供的這些服務的語言，而本章示範如何這些服務中最重要的那些。

本章的開頭是 Web 平台的程式設計模型，說明指令稿（scripts）如何被內嵌在 HTML 頁面中（§15.1），以及 JavaScript 程式碼是如何被事件（events）非同步地觸發（§15.2）。接在這個簡介之後的各小節所記載的核心 JavaScript API 讓你的 Web 應用程式能夠：

- 控制文件內容（§15.3）和樣式（style，§15.4）
- 判斷文件元素（document elements）在螢幕上的位置（on-screen position，§15.5）
- 建立可重用的使用者介面元件（reusable user interface components，§15.6）
- 繪製圖形（§15.7 和 §15.8）
- 播放與產生聲音（§15.9）
- 管理瀏覽器的導覽（navigation）與歷程（history，§15.10）
- 透過網路交換資料（§15.11）
- 在使用者的電腦上儲存資料（§15.12）
- 以執行緒進行共時計算（concurrent computation，§15.13）

本書的前幾版試圖詳盡涵蓋瀏覽器所定義的所有 JavaScript API，結果就是，十年前本書的篇幅太長了。Web API 的數量和複雜度持續增長，我也不再認為用一本書涵蓋它們全部是合理的嘗試。在這本書的第七版，我的目標是全面涵蓋 JavaScript 語言，並為此語言在 Node 和瀏覽器中的使用提供深入的介紹。本章無法涵蓋所有的 Web API，而是以足夠細節介紹最為重要的那些，讓你可以立即開始使用它們。而學過這裡所涵蓋的核心 API 之後，你應該就能在需要時快速學會新的 API（像是總結於 §15.15 中的那些）。

Node 只有一個實作，以及單一來源的權威性說明文件。相較之下，Web API 是由主要瀏覽器供應商之間的共識所定義，而權威性的說明文件以語言規格（specification）的形式存在，主要是給實作此 API 的 C++ 程式設計師看的，而非要給 JavaScript 程式設計師使用的。幸好有 Mozilla 的「MDN web docs」計畫（*https://developer.mozilla.org*），它是 Web API 說明文件的一個可靠且詳盡的來源 [1]。

---

[1] 本書的前幾版有延伸的參考章節涵蓋了 JavaScript 的標準程式庫和 Web API。那已經從這第七版中移除，因為 MDN 讓它顯得過時：今日，直接在 MDN 上查找東西會比翻過一本書尋找還要快，而我在 MDN 的前同事們在保持這個線上文件最新狀態的工作上，也做得比這本書能夠辦到的還要好。

- 沒有效率的 API（像是 `document.write()` 方法）因為對伺服器的效能影響嚴重，所以它們的使用不再被接受。

- 早已被能達成相同事情的新 API 所取代的過時 API。一個例子是 `document.bgColor`，它被定義來允許 JavaScript 設定一份文件的背景顏色。CSS 崛起之後，`document.bgColor` 變成一個沒有真正用途的老舊特例。

- 已經被較好的 API 所取代的設計不良的 API。在 Web 的早期，標準委員會定義關鍵 Document Object Model API 的方式沒有針對任何語言，如此相同的 API 可用在 Java 程式中來處理 XML 文件，也能用在 JavaScript 程式中處理 HTML 文件。這使得所產生的 API 不太適合 JavaScript 語言使用，而且具有 Web 程式設計師並不特別在意的功能。從早期的那些設計錯誤中復原花費了幾十年，不過今日的 Web 瀏覽器終於支援大幅改善過的 Document Object Model。

在可見的未來，瀏覽器供應商可能還是需要支援這些傳統 API，以確保回溯相容性，但本書不再需要記載它們或讓你學習它們。Web 平台已經成熟且穩定，如果你是還記得本書第四或第五版的資深 Web 開發人員，那你可能就有那麼多的過時知識要忘記，因為有新的材料要學習。

15.1　Web 程式設計基礎

本節說明用於 Web 的 JavaScript 程式結構是如何組織的，它們是如何被載入到 Web 瀏覽器中、如何獲取輸入、如何產生輸出，以及它們如何藉由回應事件來非同步執行。

15.1.1　HTML <script> 標記中的 JavaScript

Web 瀏覽器顯示 HTML 文件（documents）。如果你希望 Web 瀏覽器執行 JavaScript 程式碼，你就必須從一個 HTML 文件包含（或參考）那段程式碼，這就是 HTML 的 <script> 標記所做的事。

JavaScript 程式碼可以出現在一個 HTML 檔案介於 <script> 與 </script> 標記之間的行內（inline）位置。舉例來說，這裡是一個 HTML 檔案，它包含一個 script（指令稿）標記，其中的 JavaScript 程式碼會動態更新該文件的一個元素以使它表現得像是一個數位時鐘：

```
<!DOCTYPE html>                    <!-- 這是一個 HTML5 檔案 -->
<html>                             <!-- 根元素（root element） -->
<head>                             <!-- 標題（title）、指令稿和樣式（style）可以放在這裡 -->
<title>Digital Clock</title>
<style>                            /* 此時鐘的一個 CSS 樣式表（stylesheet） */
#clock {                           /* 樣式套用到具有 id="clock" 的元素 */
  font: bold 24px sans-serif;      /* 使用一個大的粗字體 */
  background: #ddf;                /* 在淺藍灰色的背景上。 */
  padding: 15px;                   /* 以一些空白包圍它 */
  border: solid black 2px;         /* 有實心的黑邊框 */
  border-radius: 10px;             /* 有圓角（rounded corners） */
}
</style>
</head>
<body>                             <!-- 主體（body）放置文件的內容 -->
<h1>Digital Clock</h1>             <!-- 顯示一個標頭。 -->
<span id="clock"></span>           <!-- 我們會插入時間到這個元素中。 -->
<script>
// 定義一個函式來顯示目前的時間
function displayTime() {
    let clock = document.querySelector("#clock"); // 取得帶有 id="clock" 的元素
    let now = new Date();                         // 取得目前的時間
    clock.textContent = now.toLocaleTimeString(); // 在時鐘裡面顯示時間
}
displayTime()                      // 立即顯示時間
setInterval(displayTime, 1000);    // 然後每秒更新它。
</script>
</body>
</html>
```

雖然 JavaScript 程式碼可以被直接內嵌在一個 <script> 標記中，比較常見的是使用 <script> 標記的 src 屬性來指定含有 JavaScript 程式碼的一個檔案之 URL（一個絕對 URL 或相對於被顯示的 HTML 檔案的 URL）。如果我們把 JavaScript 程式碼從這個 HTML 檔案拿出，並把它儲存在自己的一個 *scripts/digital_clock.js* 檔案中，那麼 <script> 標記可以像這樣來參考那個檔案：

```
<script src="scripts/digital_clock.js"></script>
```

一個 JavaScript 檔案含有純粹的 JavaScript 程式碼，沒有 <script> 標記或任何其他的 HTML。依照慣例，JavaScript 程式碼檔案的名稱以 *.js* 結尾。

帶有一個 src 屬性的 <script> 標記表現得就好像所指定的 JavaScript 檔案是直接出現在 <script> 與 </script> 標記之間。注意到結尾的 </script> 標記在 HTML 文件中是必要的，即使有指定 src 屬性：HTML 並不支援一個 <script/> 標記。

使用 src 屬性有幾個優勢：

- 它簡化你的 HTML 檔案，允許你從其中移除大塊的 JavaScript 程式碼，也就是說，它幫助保持內容和行為的分離。

- 當多個網頁共用相同的 JavaScript 程式碼，使用 src 屬性能讓你只需要維護該段程式碼的單一拷貝就好，不必在程式碼變更的時候，編輯每個 HTML 檔案。

- 如果一個 JavaScript 程式碼檔案被多個網頁共用，它就只需要由第一個用到它的頁面下載一次，後續的頁面能從瀏覽器的快取獲取它。

- 因為 src 屬性接受一個任意的 URL 作為其值，來自一個 Web 伺服器的 JavaScript 程式或網頁可以運用其他伺服器所匯出的程式碼。很多網路廣告都仰賴這個事實。

模組

§10.3 記載 JavaScript 模組並涵蓋它們的 import 和 export 指引。如果你使用模組撰寫你的 JavaScript 程式（而且沒有使用程式碼捆裝工具來把你所有的模組結合成單一個 JavaScript 非模組化檔案），那麼你必須以具有 type="module" 屬性的一個 <script> 標記來載入你程式的頂層模組（top-level module）。如果你這麼做，那你所指定的模組就會被載入，而它所匯入的所有模組都會被載入，而（遞迴地）它們所匯入的所有模組都會被載入。完整細節請參閱 §10.3.5。

指定指令稿的類型（type）

在 Web 的早期，大家認為瀏覽器可能有天會實作 JavaScript 以外的語言，而程式設計師會為它們的 <script> 標記加上 language="javascript" 和 type="application/javascript" 之類的屬性。JavaScript 是 Web 預設（且唯一）的語言。那個 language 屬性已被棄用，而在一個 <script> 標記上使用 type 屬性只有兩個原因：

- 要指出那個指令稿是一個模組
- 內嵌資料到一個網頁中，而不顯示它（參閱 §15.3.4）

指令稿何時執行：async 和 deferred

當 JavaScript 初次被加到 Web 瀏覽器之時，沒有 API 可以巡訪和操作一個已經描繪（rendered）的文件之結構與內容。當時 JavaScript 程式碼能夠影響一份文件之內容的唯一方式是在該文件載入過程中即時產生那個內容，它做到這點方式是使用 document.write() 方法注入 HTML 文字到文件中指令稿所在的位置。

document.write() 的使用不再被視為是良好的風格，但這種可能性存在的事實，意味著 HTML 剖析器遇到一個 <script> 元素之時，預設情況下，它必須執行那個指令稿以確保它沒有輸出任何 HTML，然後才能繼續剖析和描繪（rendering）該文件。這可能大幅降低剖析和描繪該網頁的速度。

幸好，這種預設的同步（*synchronous*）或阻斷式（*blocking*）指令稿執行模式並非唯一選項。<script> 標記可以有 defer 和 async 屬性，這會使得指令稿以不同方式執行。這些是 boolean 屬性，它們沒有值，它們只需要出現在 <script> 標記上。注意到這些屬性只有在與 src 屬性並用時才有意義：

```
<script defer src="deferred.js"></script>
<script async src="async.js"></script>
```

defer 和 async 屬性是告訴瀏覽器所連結的指令稿並沒有使用 document.write() 來產生 HTML 輸出的一種方式，因此瀏覽器可以在下載該指令稿的同時繼續剖析和描繪該文件。defer 屬性會導致瀏覽器推延（defer）指令稿的執行，要等到文件已經完整載入和剖析，並準備就緒可以操作之後。async 屬性導致瀏覽器盡快執行指令稿，但不要在指令稿下載的同時阻斷（block）文件的剖析。如果一個 <script> 標記這兩個屬性都有，async 屬性會有優先權。

注意到推延的指令稿會以它們出現在文件中的順序執行。非同步指令稿（async scripts）會在它們載入的過程中執行，這意味著它們可能不照順序執行。

具有 type="module" 屬性的指令稿預設會在文件載入之後執行，就好像它們有 defer 屬性一樣。你能以 async 屬性覆寫這個預設值，這會導致程式碼在模組和它所有的依存關係都載入時就立刻執行。

async 與 defer 屬性的一個簡單的替代方式是單純把你的指令稿放在 HTML 檔案的尾端，對於直接包含在 HTML 中的程式碼而言，更是如此。如此，指令稿就能在文件被剖析且準備就緒可供操作之前執行，而且能知道文件內容。

視需要載入指令稿

有的時候，你可能會有文件初次載入時不會用到的 JavaScript 程式碼，而只會在使用者採取了某些動作，像是點擊一個按鈕或開啟一個選單的時候需要。如果你是使用模組來開發你的程式碼，你能以 import() 視需要載入一個模組，如 §10.3.6 中所述。

如果你沒有在使用模組，你就能在你希望載入指令稿的時候，單純藉由新增一個 <script> 標記來視需要載入一個 JavaScript 檔案：

```
// 從一個指定的 URL 非同步地載入和執行一個指令稿
// 回傳一個 Promise，它會在指令稿已經載入時解析。
function importScript(url) {
    return new Promise((resolve, reject) => {
        let s = document.createElement("script"); // 建立一個 <script> 元素
        s.onload = () => { resolve(); };          // 載入時解析承諾
        s.onerror = (e) => { reject(e); };        // 失敗時拒絕
        s.src = url;                              // 設定指令稿 URL
        document.head.append(s);                  // 新增 <script> 到文件中
    });
}
```

這個 importScript() 函式使用 DOM API（§15.3）來創建一個新的 <script> 標記，並將它新增到文件的 <head>。而它使用事件處理器（§15.2）來判斷何時指令稿成功載入，或是載入失敗。

15.1.2　Document Object Model

客戶端 JavaScript 程式設計最重要的一個物件就是 Document 物件，它代表顯示在一個瀏覽器視窗（window）或分頁（tab）中的 HTML 文件。用來處理 HTML 文件的 API 稱作 Document Object Model（文件物件模型）或 DOM，而它會在 §15.3 中詳細涵蓋。但 DOM 對於客戶端 JavaScript 來說處於如此中心的位置，應該在此先做簡介。

HTML 文件含有一個內嵌在另一個之中的 HTML 元素，形成了一個樹狀結構。考慮下列簡單的 HTML 文件：

```
<html>
  <head>
    <title>Sample Document</title>
  </head>
  <body>
    <h1>An HTML Document</h1>
    <p>This is a <i>simple</i> document.
  </body>
</html>
```

頂層的 <html> 標記（tag）含有 <head> 與 <body> 標記。<head> 標記含有一個 <title> 標記。而 <body> 標記含有 <h1> 與 <p> 標記。<title> 與 <h1> 標記含有文字字串，而 <p> 標記含有兩個文字字串，其間有一個 <i> 標記。

DOM API 反映一個 HTML 文件的樹狀結構。對於文件中的每個 HTML 標記，都會有一個對應的 JavaScript Element（元素）物件，而對於文件中的每段文字，都會有一個對應 Text（文字）物件。Element 和 Text 類別，以及 Document 類別本身，全都是更廣義的 Node 類別的子類別，而 Node 物件會被組織為一個樹狀結構，JavaScript 可以使用 DOM API 來查詢（query）和巡訪（traverse）它。這個文件的 DOM 視覺化表示在圖 15-1 中。

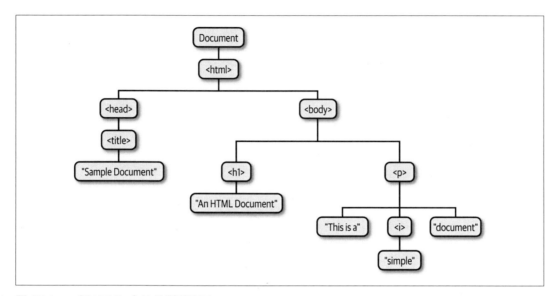

圖 15-1　一個 HTML 文件的樹狀表示

如果你尚不熟悉電腦程式設計中的樹狀結構（tree structures），知道它們是從系譜樹（family tree）借來的術語，會有所幫助。直接位於一個節點（node）上方的節點就是該節點的**父節點**（*parent*）。直接位於一個節點一層之下的另一個節點，就是該節點的**子節點**（*children*）。位於同一層且有相同父節點的節點則是**兄弟節點**（*siblings*）。在另一個節點之下任意層次的那些節點就是該節點的**後裔節點**（*descendants*）。而父節點、祖父節點（grandparent）以及在一個節點之上的所有其他節點則是那個節點的**祖系節點**（*ancestors*）。

DOM API 包括的方法可用來建立新 Element 和 Text 節點，或將它們插入到文件中作為其他 Element 物件的子節點。也有方法用來在文件中移動元素，或完全移除它們。一個伺服端的應用程式可以藉由 console.log() 寫入字串來產生純文字輸出，而一個客戶端的 JavaScript 應用程式可以使用 DOM API 來建置或操作文件樹的文件，以產生格式化的 HTML 輸出。

每個 HTML 標記類型都有一個對應的 JavaScript 類別，而標記在文件中的每次出現都會由該類別的一個實體來表示。舉例來說，一個 `<body>` 標記是由 HTMLBodyElement 的一個實體表示，而一個 `<table>` 標記是由 HTMLTableElement 的一個實體來表示。JavaScript 元素物件有對應於標記 HTML 屬性的特性。舉例來說，表示 `<img>` 標記的 HTMLImageElement 的實體，就有一個 src 特性，對應到該標記的 src 屬性。這個 src 特性的初始值是出現在那個 HTML 標記中的屬性值，而以 JavaScript 設定此特性會改變那個 HTML 屬性的值（而這會使得瀏覽器載入並顯示一張新圖片）。大多數的 JavaScript 元素類別都只是反映出一個 HTML 標記的屬性，但有些會定義額外的方法。舉例來說，HTMLAudioElement 和 HTMLVideoElement 類別就定義了像是 play() 與 pause() 這樣的方法來控制影音檔案的播放。

15.1.3　Web 瀏覽器中的全域物件（Global Object）

每個瀏覽器視窗（window）或分頁（tab）都有一個全域物件（§3.7）。在那個視窗中執行的所有的 JavaScript 程式碼（除了在 worker threads 中執行的程式碼，參閱 §15.13）都共用這單一個全域物件。不管該文件中有多少指令稿或模組，這都成立：一個文件的所有指令稿和模組都共用單一個全域物件，若有一個指令稿在那個物件上定義了一個特性，所有其他的指令稿也都看得到那個特性。

這個全域物件就是定義 JavaScript 標準程式庫（standard library）的地方，例如 parseInt() 函式、Math 物件、Set 類別等等。在 Web 瀏覽器中，此全域物件也含有各種 Web API 的主要進入點（main entry points）。舉例來說，document 特性代表目前所顯示的文件，fetch() 方法能發出 HTTP 網路請求，而 Audio() 建構器允許 JavaScript 程式播放聲音。

在 Web 瀏覽器中，此全域物件有雙重責任：除了定義內建的型別和函式，它也代表目前的 Web 瀏覽器視窗，並定義了像是 history（§15.10.2）之類的特性，它代表該視窗的瀏覽器記錄（browsing history），以及 innerWidth，存放該視窗以像素（pixels）為單位的寬度（width）。這個全域物件有一個特性名為 window，而其值就是該全域物件本身。這意味著在你的客戶端程式碼中，你可以單純打入 window 來參考這個全域物件。使用視窗限定（window-specific）的功能時，包括一個 window. 前綴經常會是個好主意：舉例來說，window.innerWidth 會比 innerWidth 更清楚。

15.1.4　指令稿共用一個命名空間

使用模組時，該模組在頂層（top level，也就是在任何的函式或類別定義之外）定義的常數、變數、函式和類別都是該模組私有的，除非有明確被匯出，在後者的情況中，它們可以選擇性地被其他模組匯入（注意到模組的這種特色也受到程式碼捆裝工具的重視）。

然而，使用非模組指令稿時，情況就完全不同了。如果一個指令稿中的頂層程式碼定義了一個常數、變數、函式或類別，那個宣告會是同一份文件中的所有其他指令稿都看得到的。若有一個指令稿定義了一個函式 f()，而另一個指令稿定義了一個類別 c，那麼第三個指令稿就能調用那個函式和實體化該類別，而不用採取任何動作來匯入它們。所以如果你沒有在使用模組，你文件中的獨立指令稿都會共用單一個命名空間，而且表現得彷彿它們都是單一個較大的指令稿的一部分一樣。這對小型程式來說可能很便利，但對於較大的程式，避免命名衝突的需求可能會變得問題重重，特別是在其中有些指令稿是第三方程式庫的時候。

這個共用的命名空間的運作方式有些源自於歷史的怪異之處。在頂層的 `var` 和 `function` 宣告會在這個共用的全域物件中建立特性。如果一個指令稿定義了一個頂層的函式 `f()`，那麼相同文件中的另一個指令稿就能以 `f()` 或 `window.f()` 調用那個函式。另一方面，ES6 的宣告 `const`、`let` 與 `class`，用於頂層時，並不會在此全域物件中建立特性。然而，它們仍然定義在一個共用的命名空間中：若有一個指令稿定義了一個類別 `C`，其他的指令稿就能以 `new C()` 建立那個類別的實體，但不能使用 `new window.C()`。

總而言之，在模組中，頂層宣告的範疇是該模組，並且可以明確被匯出。然而，在非模組指令稿中，頂層宣告的範疇是包含它們的文件（containing document），而那些宣告會由該文件中的所有指令稿共享。較舊的 `var` 和 `function` 宣告是透過全域物件的特性來共用的。較新的 `const`、`let` 與 `class` 宣告也是共用的，並有相同的文件範疇，但它們並不作為 JavaScript 程式碼能夠存取的任何物件之特性而存在。

15.1.5　JavaScript 程式的執行

在客戶端 JavaScript 中，一個*程式*（*program*）沒有正式的定義，但我們可以說一個 JavaScript 程式是由放在一份文件中的，或從之參考到的所有 JavaScript 程式碼所構成。這些單獨的程式碼共用單一個全域的 Window 物件，這能讓它們存取表示 HTML 文件的同一個底層 Document 物件。非模組的指令稿還額外共用一個頂層命名空間。

若有一個網頁（web page）包含一個內嵌的頁框（frame，使用 `<iframe>` 元素），這個內嵌文件（embedded document）的 JavaScript 程式碼的全域物件和 Document 物件會與被內嵌的那個文件（embedding document）中的程式碼不同，而它可被視為一個另外的 JavaScript 程式。不過要記得，一個 JavaScript 程式的邊界並沒有正式的定義存在。如果那個容器文件（container document）和被包含的文件（contained document）都是載自相同的伺服器，那麼一個文件中的程式碼就能與另一個文件中的程式碼互動，而如果想要，你可以把它們視為單一個程式的兩個互動的部分。§15.13.6 說明一個 JavaScript 程式如何能發送訊息到在一個 `<iframe>` 中執行的 JavaScript 程式碼，或從之接收訊息。

你可以把 JavaScript 程式的執行看成是分為兩階段發生。在第一個階段中，文件內容被載入，而來自 `<script>` 元素（不管是行內指令稿或外部指令稿）會執行。指令稿一般以它們出現在文件中的順序執行，不過這個預設的順序可被我們描述過的 `async` 和 `defer` 屬性所修改。在任何單一指令稿中的 JavaScript 程式碼會從頂端執行到底部，當然還會受到 JavaScript 條件式、迴圈和其他控制結構的影響。某些指令稿在這第一階段實際上並不會做任何事，而只是定義函式和類別以供第二階段使用。其他的指令稿則可能在第一階段進行大量的工作，然後在第二階段什麼都不做。想像一個在文件最尾端的指令稿，它會找出文件中所有的 `<h1>` 與 `<h2>` 標記，然後在文件的開頭產生並插入一個目錄（table of contents）。這可全部都在第一階段中進行（§15.3.6 有個範例做的正是這件事）。

一旦文件已被載入，而所有的指令稿都已執行，JavaScript 的執行就進入第二階段。此階段是非同步（asynchronous）且事件驅動（event-driven）的。如果有一個指令稿要參與這第二階段，那麼它必須在第一階段做到的事情之一，就是註冊至少一個會被非同步調用的事件處理器或其他的 callback 函式。在這個事件驅動的階段，Web 瀏覽器會調用事件處理器函式和其他的 callbacks 以回應非同步發生的事件。事件處理器最常被調用來回應使用者輸入（滑鼠點擊、鍵盤按鍵等），但也可能由網路活動、文件與資源的載入、經過的時間，或 JavaScript 程式碼中的錯誤所觸發。事件和事件處理器在 §15.2 中詳細描述過。

會在事件驅動階段發生的最初的一些事件有「DOMContentLoaded」和「load」事件。「DOMContentLoaded」會在 HTML 文件已經完整載入且剖析後觸發。「load」事件會在文件所有的外部資源，例如影像，也都完全載入時觸發。JavaScript 程式經常使用這兩個事件之一作為觸發器或起始訊號。很常看到程式的指令稿定義了函式，但除了註冊一個會在執行的事件驅動階段開頭被「load」事件所觸發的事件處理器函式之外，其他什麼都不做。然後就是這個「load」事件處理器去操作文件，並做出那個程式應該做的任何事情。注意到在 JavaScript 程式設計中，很常見到像這裡所描述的「load」事件處理器那樣的一個事件處理器函式去註冊其他的事件處理器。

一個 JavaScript 程式的載入階段相對短暫：理想上少於一秒鐘。一旦文件載入好了，事件驅動階段的延續時間就跟文件顯示在 Web 瀏覽器中的時間一樣長。因為此階段是非同步且事件驅動的，可能會有很長的無動作時間，其中沒有執行任何 JavaScript，然後點綴著由使用者或網路事件所觸發的突發活動。接下來我們會更詳細涵蓋這兩個階段。

客戶端 JavaScript 的執行緒模型

JavaScript 是一個單執行緒語言（single-threaded language），而單緒執行（single-threaded execution）使得程式設計更加簡單：你寫出來的程式碼保證不會有兩個事件處理器同時執行。你可以在知道不會有其他執行緒也同時修改它的前提之下，操作文件的內容，而你撰寫 JavaScript 程式碼時，永遠都不需要擔心鎖定（locks）、死結（deadlock）或競態狀況（race conditions）。

單緒執行意味著 Web 瀏覽器會在指令稿和事件處理器執行的時候停止回應使用者輸入。這為 JavaScript 程式設計師帶來了負擔：這代表 JavaScript 指令稿和事件處理器必定不能執行太久。若有一個指令稿執行了計算密集（computationally intensive）的任務，它會為文件的載入帶來延遲，而使用者在那個指令稿完成之前，都無法看到文件內容。若有一個事件處理器進行計算密集的任務，瀏覽器就會變得無回應，可能導致使用者認為它已經當掉了。

Web 平台定義了一種受控形式的共時性（controlled form of concurrency）稱為一個「web worker（web 工作者）」。一個 web worker 是負責進行計算密集任務但不會凍結使用者介面的背景執行緒。在一個 web worker 中執行的程式碼無法存取文件內容，也沒有與主執行緒（main thread）或其他的 workers 共用任何狀態，只能透過非同步的訊息事件（asynchronous message events）來與主執行緒或其他的 workers 溝通，因此主執行緒偵測不到這種共時性，而 web workers 也不會改變 JavaScript 程式基本的單緒執行模型。Web 的執行緒安全機制之完整細節請參閱 §15.13。

客戶端的 JavaScript 時間軸（timeline）

我們已經看到 JavaScript 起始於一個指令稿執行階段（script-execution phase），然後變遷到一個事件處理階段（event-handling phase）。這兩個階段可以進一步拆成下列步驟：

1. Web 瀏覽器創建一個 Document 物件，並開始剖析（parsing）網頁，剖析到 HTML 元素及它們的文字內容時，新增 Element 物件和 Text 節點到文件中。在此步驟中，`document.readyState` 特性的值是 "loading"。

2. 當 HTML 剖析器（parser）遇到一個沒有任何 async、defer 或 type="module" 這些屬性的 <script> 標記，它會把那個指令稿標記加到文件中，然後執行那段指令稿。這段指令稿是同步執行的，而 HTML 剖析器會在該指令稿下載（若是必要）和執行的過程中暫停下來。像這樣的一個指令稿可以使用 document.write() 插入文字到輸入串流（input stream）中，而那些文字會在剖析器恢復執行的時候變成文件的一部分。像這樣的一個指令稿經常只會定義函式和註冊事件處理器以供後續使用，但它也能在它存在的那段時間中巡訪並操作文件的樹狀結構。也就是說，沒有 async 或 defer 屬性的非模組指令稿（non-module scripts）可以看到它們自己的 <script> 標記，以及在它們之前的文件內容。

3. 當剖析器遇到設有 async 屬性的一個 <script> 元素，它就會開始下載那段指令稿文字（而如果該指令稿是一個模組，它也會遞迴地下載該指令稿所有的依存關係）並繼續剖析文件。那段指令稿會在它下載完成後盡快執行，但剖析器不會停下來等候它下載。非同步的指令稿必定不能使用 document.write() 方法。它們可以看到自己的 <script> 標記以及在它們之前出現的所有文件內容，而可能可以存取額外的文件內容，也可能不行。

4. 當文件完全剖析結束，document.readyState 特性就會變為 "interactive"。

5. 設有 defer 屬性的任何指令稿（以及沒有 async 屬性的任何模組指令稿）會以它們出現在文件中的順序被執行。非同步指令稿（async scripts）也可能在這時執行。延遲的指令稿（deferred scripts）能夠存取完整的文件，而且它們必定不能使用 document. write() 方法。

6. 瀏覽器在 Document 物件上觸發一個「DOMContentLoaded」事件。這指出程式的執行從同步的指令稿執行階段變遷到非同步的事件驅動階段。然而，要注意的是，此時可能仍有尚未執行的 async 指令稿。

7. 此時文件已經完整剖析了，但瀏覽器可能還在等候額外的內容載入，例如影像。當所有的這種內容都載入完畢，而且當所有的 async 指令稿都已載入並執行了，document.readyState 特性就會變為 "complete"，而 Web 瀏覽器會在 Window 物件上觸發一個「load」事件。

8. 從現在開始，事件處理器會為了回應使用者輸入事件、網路事件、計時器到期等而被非同步調用。

15.1.6　程式的輸入與輸出

就像任何的程式，客戶端 JavaScript 程式也是處理輸入資料（input data）以產生輸出資料（output data）。有各式各樣的輸入可用：

- JavaScript 程式碼可透過 DOM API（§15.3）存取的文件內容本身。

- 以事件形式出現的使用者輸入，例如 HTML<button> 元素上的滑鼠點擊（或觸控螢幕的點觸），或輸入到 HTML<textarea> 元素中的文字。§15.2 示範 JavaScript 程式如何回應像這樣的使用者事件。

- 客戶端 JavaScript 可透過 document.URL 取用所顯示的文件之 URL。如果你將此字串傳入給 URL() 建構器（§11.9），你就能輕易存取那個 URL 的路徑（path）、查詢（query）或區段（fragment）部分。

- 客戶端程式碼可透過 document.cookie 取用 HTTP「Cookie」請求標頭（request header）的內容。Cookies 通常是由伺服端程式碼用來維護使用者的工作階段（user sessions），但客戶端程式碼必要時也可以讀取（和寫入）它們。進一步的細節請參閱 §15.12.2。

- 全域的 navigator 特性提供了 Web 瀏覽器、它在其上運行的 OS，以及它們各自能力的相關資訊。舉例來說，navigator.userAgent 是一個用來識別 Web 瀏覽器的字串、navigator.language 是使用者偏好的語言，而 navigator.hardwareConcurrency 回傳 Web 瀏覽器可用的邏輯 CPU 數目。同樣地，全域的 screen 特性能讓我們透過 screen.width 與 screen.height 特性取用使用者的顯示器大小。在某種意義上，navigator 與 screen 這些物件之於 Web 瀏覽器，就好像環境變數（environment variables）之於 Node 程式。

客戶端 JavaScript 通常會在需要時藉由 DOM API（§15.3）操作 HTML 文件以產生輸出，或是使用某個較高階的框架，例如 React 或 Angular 來操作文件。客戶端程式碼也能使用 console.log() 及相關的方法（§11.8）來產生輸出，但這種輸出只有在 Web 開發人員主控台（web developer console）才看得到，所以只在除錯時有用，而非作為使用者看得到的輸出。

15.1.7　程式錯誤

不同於直接在 OS 上執行的應用程式（例如 Node 應用程式），Web 瀏覽器中的 JavaScript 程式不會真正「當掉（crash）」。若你的 JavaScript 程式執行過程中發生一個例外，而你並沒有 catch 述句來處理它，那麼就會有錯誤訊息顯示在開發人員主控台，但已經註冊的任何事件處理器都會繼續執行並回應事件。

如果你想要定義作為「最後憑藉」的一個錯誤處理器在這種未被捕捉的例外發生時被調用，就將 Window 物件的 onerror 特性設為那個錯誤處理函式。當一個未被捕捉的例外一路在呼叫堆疊（call stack）中往上傳播到頂，並在一個錯誤訊息即將顯示在開發人員主控台之前，這個 window.onerror 函式會以三個字串引數被調用。window.onerror 的第一個引數是描述該錯誤的一個訊息。第二個引數是一個字串，其中含有造成該錯誤的 JavaScript 程式碼的 URL。第三個引數是文件中那個錯誤發生的行號（line number）。如果 onerror 處理器回傳 true，就等於告訴瀏覽器該處理器已經處理好那個錯誤，沒必要採取進一步的動作，換句話說，瀏覽器不應該顯示它自己的錯誤訊息。

當一個 Promise 被拒絕，而且沒有 .catch() 函式來處理它，那會是一種很類似未捕捉例外的情況：你程式中的一個未預期的錯誤或邏輯錯誤。你可以定義一個 window.onunhandledrejection 函式或使用 window.addEventListener() 為「unhandledrejection」事件註冊一個處理器來偵測到這點。傳入到此處理器的事件物件會有一個 promise 特性，其值是被拒絕的那個 Promise 物件，以及一個 reason 特性，其值是原本會被傳入一個 .catch() 函式的值。就跟前面描述的錯誤處理器一樣，如果你在未處理的拒絕事件物件（unhandled rejection event object）上呼叫 preventDefault()，它就會被視為已被處理，不會在開發人員主控台產生一個錯誤訊息。

onerror 或 onunhandledrejection 的定義經常都不是必須的，但如果你想要回報客戶端的錯誤到伺服端（例如使用 fetch() 函式發出一個 HTTP POST 請求），讓你可以取得在你使用者的瀏覽器中發生的未預期錯誤的資訊，那麼它作為一種遙測機制（telemetry mechanism）可能相當有用。

15.1.8　Web 的安全性模型

網頁能在你的個人裝置上執行任意 JavaScript 程式碼的事實有明顯的安全性疑慮，而瀏覽器供應商也一直努力平衡這兩個相互競爭的目標：

- 定義強大的客戶端 API 以協助開發出有用的 Web 應用程式
- 防止惡意程式碼讀取或更動你的資料、侵犯你的隱私、詐騙你或浪費你的時間

接下來的各小節為身為 JavaScript 程式設計師的你應該意識到的安全性限制和問題提供了快速的概觀。

JavaScript 不能做什麼

Web 瀏覽器對抗惡意程式碼的第一道防線是單純不支援某些能力。舉例來說，客戶端 JavaScript 並沒有提供任何方式來寫入或刪除客戶端電腦上的任意檔案，或列出任意目錄。這意味著 JavaScript 程式無法刪除資料或植入病毒。

同樣地，客戶端 JavaScript 並沒有一般用途的網路能力。一個客戶端 JavaScript 程式可以發出 HTTP 請求（§15.11.1）。而另一個稱為 WebSocket（§15.11.3）的標準，則定義了一個類似 socket 的 API 來與專用的伺服器通訊。但這些 API 都不允許對更寬廣的網路進行未經中介的存取（unmediated access）。通用的網路客戶端和伺服器無法以客戶端 JavaScript 撰寫。

同源策略

同源策略（*same-origin policy*）是對於 JavaScript 程式碼能夠互動的 Web 內容的全面安全性限制。它通常會在網頁包含 `<iframe>` 元素時發揮作用。在這種情況中，同源策略掌管一個頁框中的 JavaScript 程式碼與其他頁框之內容的互動。具體而言，一個指令稿只能讀取來源與包含該指令稿的文件相同的視窗和文件的特性。

一份文件的來源（origin）由從之載入該文件的 URL 之協定（protocol）、主機（host）和通訊埠（port）部分所定義。從不同 Web 伺服器載入的文件有不同的來源。透過相同主機的不同通訊埠載入的文件有不同的來源。而以 `http:` 協定載入的文件與藉由 `https:` 協定載入的文件有不同的來源，即便它們來自於相同的 Web 伺服器。瀏覽器通常會把每個 `file:` URL 視為不同的來源，這意味著如果你正在開發的程式會從相同的伺服器載入一個以上的文件，你可能就無法使用 `file:` URL 在本地端測試它，而必須在開發過程中執行一個靜態的 Web 伺服器。

要理解的一個重點是，指令稿（script）本身的來源對於同源策略來說無關緊要：真正重要的是內嵌了該指令稿的文件（document）之來源。假設，舉例來說，由主機 A 所供應的一個指令稿被包含（使用 `<script>` 元素的 src 屬性）在由主機 B 所提供的一個網頁中。那個指令稿的來源會是主機 B，而該指令稿能夠完全存取包含它的那份文件之內容。如果該文件含有一個 `<iframe>`，其中包含來自主機 B 的第二份文件，那麼該指令稿也能完整存取那第二個文件的內容。但若是那個頂層的文件（top-level document）含有另一個 `<iframe>` 顯示來自主機 C（或甚至是來自主機 A）的一份文件，那麼同源策略就會產生效用，防止該指令稿存取這個內嵌的文件。

同源策略也適用於以指令稿操控的 HTTP 請求（scripted HTTP requests，參閱 §15.11.1）。如果包含某段 JavaScript 程式碼的文件載自某個 Web 伺服器，那段 JavaScript 程式碼就能對那個 Web 伺服器發出任意的 HTTP 請求，但同源策略並不允許指令稿與其他的 Web 伺服器通訊（除非那些 Web 伺服器選用 CORS，如接下來會描述的）。

同源策略對用到多個子網域（subdomains）的大型網站帶來了問題。舉例來說，來源是 *orders.example.com* 的指令稿可能需要讀取 *example.com* 上的文件的特性。為了支援這種多網域的網站，指令稿可以把 document.domain 設為一個文件後綴（domain suffix）以變更它們的來源。如此一個來源是 *https://orders.example.com* 的指令稿就能把 document. domain 設為 "example.com" 以將它的來源改為 *https://example.com*。不過那個指令稿不能把 document.domain 設為 "orders.example"、"ample.com" 或 "com"。

放寬同源策略的第二個技巧是使用 Cross-Origin Resource Sharing，或 CORS（跨來源資源共享），這允許伺服器決定它們願意服務的來源。CORS 以一個新的 Origin: 請求標頭及一個新的 Access-Control-Allow-Origin 回應標頭（response header）來擴充 HTTP。它讓伺服器能夠使用一個標頭明確列出可以請求一個檔案的來源，或使用一個通配符（wildcard）允許任何網站請求一個檔案。瀏覽器遵循 CORS 標頭，除非它們出現，不然不會放寬同源限制。

跨站指令稿操作

跨站指令稿操作（*cross-site scripting*）或 XSS 這個術語用來描述一大類的安全性問題，其中攻擊者會注入 HTML 標記或指令稿到一個目標網站。客戶端 JavaScript 程式設計師必須留意，並且做好防護，以對抗跨站指令稿操作。

如果一個網頁會動態產生文件內容，而且那個內容是基於使用者所提送的資料，又沒有先經過「淨化（sanitizing）」，從其中移除任何內嵌的 HTML 標記。作為一個簡單的例子，考慮下列網頁，它使用 JavaScript 以名字跟使用者打招呼：

```
<script>
let name = new URL(document.URL).searchParams.get("name");
document.querySelector('h1').innerHTML = "Hello " + name;
</script>
```

這兩行指令稿從文件 URL 的「name」查詢參數擷取輸入。然後它使用 DOM API 來把一個 HTML 字串注入到文件的第一個 <h1> 標記中。這個網頁要以像這樣的一個 URL 來調用：

```
http://www.example.com/greet.html?name=David
```

像這樣使用時，它會顯示「Hello David」這段文字。但請考慮它以這個查詢參數被調用時，會發生什麼事：

```
name=%3Cimg%20src=%22x.png%22%20onload=%22alert(%27hacked%27)%22/%3E
```

當那些 URL 轉義過的參數被解碼，這段 URL 會導致下列 HTML 被注入到文件中：

```
Hello <img src="x.png" onload="alert('hacked')"/>
```

在這張影像（image）載入後，onload 屬性中的 JavaScript 字串會被執行。全域的 alert() 函式會顯示一個強制回應的對話方塊（modal dialogue box）。只是一個對話方塊，相對的無害，但也示範了在這個網站上執行任意的程式碼是可能的，原因就出在它顯示未淨化的 HTML。

跨站指令稿操作的攻擊之所以這樣稱呼，就是因為其中涉及了一個以上的網站。網站 B 包含了一個特別設計過的連結（就像前面範例中那一個）連向網站 A。如果網站 B 能夠說服使用者點擊該連結，他們就會被帶到網站 A，但那個網站現在會執行來自網站 B 的程式碼。那段程式碼可能毀壞該頁面或使它發生故障。更危險的是，那段惡意程式碼可以讀取網站 A 所儲存的 cookies（可能是帳號或其他能夠識別個人的資訊）並把那個資料送回網站 B。所注入的程式碼甚至可以記錄使用者按過的鍵，並把那個資料送回網站 B。

一般來說，防止 XSS 攻擊的辦法是，用來創建動態文件內容之前，先從任何不信任的資料中移除 HTML 標記。你可以修正前面所示的 *greet.html* 檔案，只要把不信任的輸入字串中的特殊 HTML 字元取代為它們等效的 HTML 實體（HTML entities）即可：

```
name = name
    .replace(/&/g, "&amp;")
    .replace(/</g, "&lt;")
    .replace(/>/g, "&gt;")
    .replace(/"/g, "&quot;")
    .replace(/'/g, "&#x27;")
    .replace(/\//g, "&#x2F;")
```

XSS 問題的另一個解決之道是設計你的 Web 應用程式的時候，讓不信任的內容永遠都顯示在一個 <iframe> 中，而且其 sandbox 屬性設為停用指令稿與其他能力。

跨站指令稿操作是一個有害的弱點，其根源要追溯到 Web 本身的架構。這個弱點值得深入了解，但進一步的討論超出了本書範圍。有許多線上資源能協助你對抗跨站指令稿操作。

15.2　事件

客戶端 JavaScript 程式使用一種非同步的事件驅動程式設計模型（asynchronous event-driven programming model）。在這種風格的程式設計中，Web 瀏覽器會在文件或瀏覽器或某些元素或與之關聯的物件有事情發生時，產生一個**事件**（*event*）。舉例來說，Web 瀏覽器會在它完成載入一個文件、使用者移動滑鼠游標經過一個超連結（hyperlink）上方，或使用者按了鍵盤上一個按鍵的時候產生一個事件。如果一個 JavaScript 應用程式關心某個特定類型的事件，它可以註冊一或多個在那個類型的事件發生時被調用的函式。請注意，這並不是 Web 程式設計專屬的：具有圖形使用者介面（graphical user interfaces）的所有應用程式都是這樣設計的，它們待在那裡等候使用者來互動（也就是等候事件發生），然後做出回應。

在客戶端 JavaScript 中，事件可能發生在一個 HTML 文件中的任何元素上，而這個事實使得 Web 瀏覽器的事件模型比 Node 的事件模型還要複雜很多。本節先從一些重要的定義開始，以協助解釋那個事件模型：

事件類型（*event type*）

此字串指出發生的事件種類。舉例來說，「mousemove」類型代表使用者移動了滑鼠。類型「keydown」代表使用者在鍵盤上按下了一個按鍵。而類型「load」代表一個文件（或其他資源）已經從網路載入完畢。因為一個事件的類型只是一個字串，它有時被稱為一個**事件名稱**（*event name*），而確實，我們使用這個名稱來識別我們所談論的事件種類。

事件目標（*event target*）

這是事件在其上發生的那個物件，或是事件與之關聯的那個物件。當我們談到事件，我們必須同時指出其類型（type）和目標（target）。舉例來說，一個 Window 上的 load 事件，或是 <button> 元素上的一個 click 事件。Window、Document 與 Element 物件是 JavaScript 應用程式中最常見的事件目標，但有些事件是在其他種物件上觸發。舉例來說，一個 Worker 物件（一種執行緒，涵蓋於 §15.13）是「message」事件的目標，會在那個 worker thread（工作者執行緒）發送一個訊息給主執行緒時發生。

事件處理器（*event handler*）或事件收聽器（*event listener*）

這種函式處理（handles）或回應（responds）一個事件[2]。應用程式會向 Web 瀏覽器註冊它們的事件處理器函式，指定一個事件類型和事件目標。當指定類型的一個事件在指定的目標上發生時，瀏覽器就會調用那個處理器函式。當事件處理器為一個物件而調用，我們就說瀏覽器「發動（fired）」、「觸發（triggered）」或「分派（dispatched）」該事件。有數種方式可用來註冊事件處理器，而處理器註冊和調用的細節會在 §15.2.2 與 §15.2.3 中解釋。

事件物件（*event object*）

這種物件與某個特定的事件關聯，並且含有關於那個事件的細節。事件物件會作為一個引數傳入給事件處理器函式。所有的事件物件都有一個 type 特性，指出事件類型，以及一個 target 特性，指出事件的目標。每個事件類型都有為其關聯的事件物件定義一組特性。舉例來說，與一個滑鼠事件關聯的物件可能包含滑鼠游標的坐標，而與一個鍵盤事件關聯的物件則含有關於被按下的鍵以及按住的修飾鍵（modifier keys）的細節。許多事件類型都只定義少數幾個標準特性，例如 type 和 target，而並沒有攜帶更多其他的實用資訊。對於那些事件，重要的是該事件的發生（occurrence），而非事件的細節。

事件傳播（*event propagation*）

這是瀏覽器用來決定要在哪些物件上觸發事件處理器的過程。對於單一個物件限定的事件，例如 Window 物件上的「load」事件或一個 Worker 物件上的「message」事件，就沒必要傳播。但當特定種類的事件發生在 HTML 文件中的元素上，它們會在文件樹中往上傳播，或說像「氣泡（bubble）」那樣浮現湧起。如果使用者移動滑鼠游標經過一個超連結上方，mousemove 事件就會先在定義那個連結的 <a> 元素上發動。然後它會在外圍元素（containing elements）上發動：或許是一個 <p> 元素、一個 <section> 元素，以及 Document 物件本身。有時在一個 Document 或其他容器元素（container element）上註冊單一個事件處理器會比在你所感興趣的每個個別元素上註冊處理器還要來得更便利。一個事件處理器可以停止一個事件的傳播，讓它不會再持續往上浮，因此不會觸發外圍元素的處理器。處理器會調用事件物件的一個方法來做到這點。在另一種稱為**事件捕捉**（*event capturing*）的事件傳播形式中，特地在容器元素上註冊的處理器會有機會在事件被遞送到它們實際的目標之前，攔截（intercept，或「捕捉」）它們。事件的向上傳播（bubbling）和捕捉會在 §15.2.4 中詳細涵蓋。

---

[2] 有些資訊來源，包括 HTML 的規格，會在技術上區分處理器和收聽器，依據它們被註冊的方式。在本書中，我們會把這兩個詞視為同義。

某些事件有與它們關聯的**預設動作**（*default actions*）。舉例來說，當一個 click 事件發生在一個超連結上，預設動作是讓瀏覽器跟隨那個連結，並載入一個新的頁面。事件處理器可以藉由調用事件物件上的一個方法來防止這種預設動作。這有時被稱作「取消（canceling）」事件，並且會在 §15.2.5 中涵蓋。

15.2.1　事件種類

客戶端 JavaScript 支援的事件類型數目如此之多，我們沒辦法在本章中涵蓋它們全部。不過，把事件區分為幾大類以闡明支援事件的範疇和多樣性，可能會有用處：

取決於裝置的輸入事件（*device-dependent input events*）

這些事件直接關聯到某種特定的輸入裝置，例如滑鼠或鍵盤。它們包括的事件類型有例如「mousedown」、「mousemove」、「mouseup」、「touchstart」、「touchmove」、「touchend」、「keydown」和「keyup」這些。

獨立於裝置的輸入事件（*device-independent input events*）

這些輸入事件並沒有直接關聯到某個特定的輸入裝置。舉例來說，「click」事件指出一個連結或按鈕（或其他文件元素）被啟動了。這經常是透過滑鼠點擊來達成的，但這也可能是藉由鍵盤或（觸控螢幕上的）點觸來完成。「input」事件是「keydown」事件的一個獨立於裝置的替代事件，支援鍵盤輸入也支援其他替代輸入方式，例如剪下貼上（cut-and-paste）或用於表意文字（ideographic scripts）的輸入方法。「pointerdown」、「pointermove」和「pointerup」事件類型是滑鼠與觸控事件獨立於裝置的替代事件。它們能用於滑鼠類的指標、觸控螢幕，以及手寫式的輸入。

使用者介面事件（*user interface events*）

UI 事件是較高階的事件，通常發生在為一個 Web 應用程式定義使用者介面的 HTML 表單元素（form elements）上。它們包括「focus」事件（當一個文字輸入欄位獲得鍵盤焦點）、「change」事件（當使用者改變一個表單元素所顯示的值），以及「submit」事件（當使用者點擊一個表單上的 Submit 按鈕）。

狀態變更事件（*state-change events*）

某些事件並非是由使用者的活動直接觸發，而是透過網路或瀏覽器的活動，並且表示某種生命週期（life-cycle）或狀態相關的改變。分別會在 Window 和 Document 物件上發動，並在文件載入的結尾時發生的「load」和「DOMContentLoaded」事件，大概是最常被用到的這種事件（參閱前面的「客戶端 JavaScript 時間軸」）。瀏覽器會在網路連接狀態改變時，在 Window 物件上發動「online」和「offline」事件。瀏覽器的歷程記錄管理機制（§15.10.4）會發動「popstate」事件回應瀏覽器的上一頁按鈕（Back button）。

API 限定的事件（*API-specific events*）

HTML 和相關的規格所定義的幾個 Web API 都包含它們自己的事件類型。HTML 的 <video> 與 <audio> 元素定義了一長串關聯的事件類型，例如「waiting」、「playing」、「seeking」、「volumechange」等等，而你可以使用它們來自訂媒體的播放方式。一般來說，是非同步而且是在 Promise 被加入到 JavaScript 之前發展出來的 Web 平台 API 都是以事件為基礎的，並且定義有 API 限定的事件。舉例來說，IndexedDB API（§15.12.3）會在資料庫請求成功或失敗時，發動「success」和「error」事件。而雖然用以發出 HTTP 請求的新的 fetch()API（§15.11.1）是基於 Promise 的，它所取代的 XMLHttpRequest API 則有定義數個 API 限定的事件類型。

15.2.2　註冊事件處理器

註冊事件處理器有兩種基本的方式可用。首先，來自 Web 初期的，就是在作為事件目標的物件或文件元素上設定一個特性。第二個（較新且更通用的）技巧是把處理器傳入給那個物件或元素的 addEventListener() 方法。

設定事件處理器特性

註冊一個事件處理器最簡單的方式就是把事件目標的一個特性設為所要的事件處理器。依照慣例，事件處理器特性的名稱都是由「on」這個詞後面接著事件名稱所組成：onclick、onchange、onload、onmouseover 等等。注意到這些特性名稱有區分大小寫，而且全都是寫成小寫[3]，即使是在事件類型是由多個字詞組成（例如「mousedown」）的時候。下列程式碼包含了這種形式的兩個事件處理器註冊：

```
// 將 Window 物件的 onload 特性設為一個函式。
// 該函式就是事件處理器：它會在文件載入時被調用。
window.onload = function() {
    // 查找一個 <form> 元素
    let form = document.querySelector("form#shipping");
    // 在表單上註冊一個會在該表單被提送之前被調用的事件處理器函式。
    // 假設 isFormValid() 定義於他處。
```

---

[3]　如果你曾用過 React 框架來建立客戶端的使用者介面，這可能會讓你感到驚訝。React 對客戶端事件模型做了幾個微小的變更，其中一個是，在 React 中，事件處理器特性的名稱是以 camelCase 寫成：onClick、onMouseOver 等。然而，使用原生的 Web 平台時，事件處理器特性全都是寫成小寫（lowercase）。

```
        form.onsubmit = function(event) { // 當使用者提送（submits）此表單
            if (!isFormValid(this)) {      // 檢查表單輸入是否有效
                event.preventDefault();    // 如果不是，就防止提送。
            }
        };
    };
```

事件處理器特性的缺點在於，它們是依據「對於每個事件類型，事件目標最多只會有一個處理器」這個假設所設計的。通常最好是使用 addEventListener() 來註冊事件處理器，因為那種技巧並不會覆寫之前所註冊的任何處理器。

設定事件處理器屬性

文件元素的事件處理器特性也能直接定義在 HTML 檔案中作為對應的 HTML 標記的屬性（會藉由 JavaScript 註冊在 Window 元素上的處理器能以 HTML 中 <body> 標記上的屬性來定義）。現代的 Web 開發通常不會歡迎這種技巧，但這是可能的，之所以記載於此，是因為你可能仍會在既有的程式碼中看到它。

將一個事件處理器定義為一個 HTML 屬性時，其屬性值應該是一個 JavaScript 程式碼字串。那段程式碼應該是事件處理器函式的**主體**（*body*），而非一個完整的函式宣告。也就是說，你的 HTML 事件處理器程式碼不應該圍有曲括號（curly braces）和前綴有 function 關鍵字。舉例來說：

```
<button onclick="console.log('Thank you');">Please Click</button>
```

如果一個 HTML 事件處理器屬性含有多個 JavaScript 述句，你必須記得以分號區隔那些述句，或把屬性值拆成數行。

當你指定一個 JavaScript 程式碼字串作為一個 HTML 事件處理器屬性的值，瀏覽器會把你的字串轉換成一個運作起來類似這樣的函式：

```
function(event) {
    with(document) {
        with(this.form || {}) {
            with(this) {
                /* 你的程式碼在此 */
            }
        }
    }
}
```

那個 event 引數意味著你的處理器程式碼能夠藉由 event 來參考目前的事件物件。那些 with 述句表示你處理器的程式碼可以直接參考到目標物件、包含它的 `<form>`（如果有的話）以及外圍 Document 物件的特性，就好像它們是範疇中的變數一般。with 述句在嚴格模式中是被禁止的（§5.6.3），但 HTML 屬性中的 JavaScript 程式碼永遠都不會是嚴格的。以這種方式定義的事件處理器執行的環境中，未預期的變數是有定義的。這可能會是令人困惑的臭蟲之來源，也是避免在 HTML 中撰寫事件處理器的一個好理由。

addEventListener()

可以作為事件目標的任何物件，包含 Window 和 Document 物件以及所有的文件 Elements，都定義有一個名為 addEventListener() 的方法，你可以用它來為那個目標註冊事件處理器。addEventListener() 接受三個引數。第一個是要為之註冊處理器的事件類型。事件類型（或事件名稱）是一個字串，它不包含設定事件處理器特性時所用的「on」前綴。addEventListener() 的第二個引數是指定類型的事件發生時應該被調用的函式。第三個引數是選擇性的，並且會在下面解釋。

下列程式碼為一個 `<button>` 元素上的「click」事件註冊了兩個處理器。注意到所用的這兩種技巧之間的差異：

```
<button id="mybutton">Click me</button>
<script>
let b = document.querySelector("#mybutton");
b.onclick = function() { console.log("Thanks for clicking me!"); };
b.addEventListener("click", () => { console.log("Thanks again!"); });
</script>
```

以 "click" 作為其第一引數來呼叫 addEventListener() 並不會影響到 onclick 特性的值。在這段程式碼中，一次按鈕點擊（button click）會在開發人員主控台記錄兩個訊息。如果我們先呼叫 addEventListener() 然後再設定 onclick，我們仍然會看到兩個訊息，只是順序相反。更重要的是，你可以多次呼叫 addEventListener() 以在同一個物件上為相同的事件類型註冊一個以上的處理器函式，當一個事件在一個物件上發生，為那個類型的事件所註冊的所有處理器都會被調用，並以它們當初註冊的順序進行。在同一個物件上以相同的引數調用 addEventListener() 超過一次，不會有什麼效果，該處理器函式仍然只註冊了一次，而這種重複調用並不會改變處理器被調用的順序。

addEventListener() 與預期相同的兩個引數（加上一個選擇性的第三引數）的 removeEventListener() 成對搭配，後者會從一個物件移除一個事件處理器函式，而非新增。暫時註冊一個事件處理器，然後在不久之後將之刪除，經常會有用處。舉例來說，當你得到一個「mousedown」事件，你可能會為「mousemove」和「mouseup」事件註冊暫時的事件處理器，如此你就能看出使用者是否拖曳滑鼠。然後你會在「mouseup」事件抵達時註銷（deregister）那些事件處理器。在這種情況中，你的事件處理器移除程式碼看起來可能像這樣：

```
document.removeEventListener("mousemove", handleMouseMove);
document.removeEventListener("mouseup", handleMouseUp);
```

addEventListener() 選擇性的第三個引數是一個 boolean 值或物件。如果你傳入 true，那麼你的處理器函式就會被註冊為一個**捕捉式**（*capturing*）事件處理器並且會在事件分派（event dispatch）的不同階段被調用。我們會在 §15.2.4 涵蓋事件捕捉。若你在註冊一個事件收聽器的時候傳入了 true 作為第三引數那麼你想要移除該處理器的時候，也必須傳入 true 作為第三引數給 removeEventListener()。

註冊一個捕捉式事件處理器只是 addEventListener() 支援的三個選項之一，而除了傳入單一個 boolean 值，你也可以傳入一個物件，明確指出你想要的選項：

```
document.addEventListener("click", handleClick, {
    capture: true,
    once: true,
    passive: true
});
```

如果這個 Options（選項）物件有一個設為 true 的 capture 特性，那麼事件處理器就會被註冊為一個捕捉式處理器（capturing handler）。如果那個特性是 false 或被省略，那麼處理器就會是非捕捉式的。

如果 Options 物件有一個設為 true 的 once 特性，那麼該事件收聽器就會在觸發一次（once）之後自動被移除。如果這個特性是 false 或被省略，那麼處理器永遠都不會自動被移除。

如果 Options 物件有一個設為 true 的 passive 特性，它指出該事件處理器永遠都不會呼叫 preventDefault() 來取消預設動作（參閱 §15.2.5）。這對於行動裝置上的觸控事件特別重要，如果「touchmove」事件的事件處理器可以防止瀏覽器預設的捲動（scrolling）動作，那麼瀏覽器就無法實作平滑捲動（smooth scrolling）了。這個 passive 特性提供了一種方式來讓我們註冊有潛在破壞性的這種事件處理器，但讓 Web 瀏覽器知道它可以在該事件處理器執行的時候，安全地開始它的預設行為，例如捲動。平滑捲動對於良好的使用者體驗是如此的重要，以致於 Firefox 和 Chrome 預設都讓「touchmove」和

「mousewheel」事件是被動（passive）的。所以如果你真的想要為這些事件之一註冊一個會呼叫 preventDefault() 的處理器，你應該明確地把 passive 特性設為 false。

你也可以傳入一個 Options 物件給 removeEventListener()，但 capture 特性是唯一重要的那個。移除一個收聽器時，沒必要指定 once 或 passive，而那些特性也會被忽略。

15.2.3　事件處理器調用

一旦你註冊了一個事件處理器，Web 瀏覽器就會在指定類型的一個事件在指定的物件上發生的時候，自動調用它。本節詳細描述事件處理器的調用，解說事件處理器的引數、調用情境（this 值），以及一個事件處理器之回傳值的意義。

事件處理器引數

事件處理器是以一個 Event 物件作為它們的單一引數來調用的。這個 Event 物件的特性提供了有關該事件的細節：

type

　　發生的事件類型（type）。

target

　　事件在其上發生的那個物件。

currentTarget

　　對於會傳播的事件，這個特性就是目前的事件處理器在其上註冊的那個物件。

timeStamp

　　一個時戳（單位是毫秒），指出事件何時發生，但並不代表一個絕對時間。你可以判斷兩個事件之間經過的時間，只要從第二個事件的時戳減去第一個事件的時戳就行了。

isTrusted

　　如果該事件是由 Web 瀏覽器本身所分派，此特性就會是 true，而如果該事件是由 JavaScript 程式碼所分派，它就會是 false。

特定種類的事件有額外的特性。舉例來說，滑鼠與指標事件會有 clientX 與 clientY 特性指出發生事件的視窗坐標（window coordinates）。

事件處理器情境

當你藉由設定一個特性來註冊一個事件處理器,它看起來就會好像是在目標物件上定義一個新方法:

```
target.onclick = function() { /* 處理器程式碼 */ };
```

因此,事件處理器會作為它們在其上定義的那個物件之方法被調用,也就不令人意外了。也就是說,在一個事件處理器的主體中,this 關鍵字參考的是該事件處理器在其上註冊的那個物件。

處理器是以目標(target)作為它們的 this 值來被調用的,即使是使用 addEventListener() 註冊的那些。然而,這並不適用於定義為箭號函式(arrow functions)的處理器:箭號函式的 this 值永遠都會是它們在其中被定義的那個範疇。

處理器的回傳值

在現代的 JavaScript 中,事件處理器不應該回傳任何東西。在較舊的程式碼中,你可能會看到有回傳值的事件處理器,而那個回傳值通常是一個訊號,告知瀏覽器不應該進行與該事件關聯的預設動作。舉例來說,如果一個表單中的 Submit(提送)按鈕的 onclick 處理器回傳 false,那麼 Web 瀏覽器就不會提送該表單(通常是因為那個事件處理器判斷出使用者的輸入並沒有通過客戶端的驗證)。

防止瀏覽器進行預設動作的標準方式,也是偏好的方式,是在 Event 物件上呼叫 preventDefault() 方法(§15.2.5)。

調用順序

一個事件目標可能有為一個特定類型的事件所註冊的多個事件處理器。當那個類型的一個事件發生,瀏覽器會調用那所有的處理器,依據它們被註冊的順序進行。有趣的是,即使你混用以 addEventListener() 註冊的事件處理器和在物件特性(例如 onclick)上註冊的事件處理器,這依然成立。

15.2.4　事件傳播

當一個事件的目標是 Window 物件或其他獨立的物件,瀏覽器回應一個事件的方式單純就是在那個物件上調用適當的處理器。然而,當事件目標是一個 Document 或文件的 Element,情況就更加複雜了。

註冊於目標元素上的事件處理器被調用之後，大多數的事件會在 DOM 樹狀結構中「往上浮（bubble up）」。目標的父節點（parent）的事件處理器會被調用。然後註冊在目標的祖父節點（grandparent）上的處理器會被調用。這過程一直持續到 Document 物件，然後再到 Window 物件。事件的向上傳播（bubbling）為在大量個別文件元素上註冊處理器提供了一種替代途徑，你可以改為在一個共同的祖系元素（ancestor element）上註冊單一個處理器，並在那裡處理事件。舉例來說，你可能會在一個 <form> 元素上註冊一個「change」處理器，而非為該表單中的每個元素都註冊一個「change」處理器。

發生在文件元素上的大多數事件都會往上傳播。值得注意的例外是「focus」、「blur」和「scroll」事件。文件元素上的「load」事件會向上傳播，但它會在 Document 物件停止傳播，而不會傳播到 Window 物件上（Window 物件的「load」事件處理器只會在整份文件都已經載入時，才會被觸發）。

事件的 bubbling 是事件傳播（event propagation）的第三「階段」。調用目標物件的事件處理器本身則是第二階段。第一階段，發生在目標處理器被調用之前，稱作「捕捉（capturing）」階段。回想到 addEventListener() 接受一個選擇性的第三引數。如果那個引數為 true，或 {capture:true}，那麼該事件處理器就會被註冊為一個捕捉式的事件處理器（capturing event handler）以在事件傳播的這第一個階段被調用。事件傳播的 capturing（捕捉）階段就像是反過來的 bubbling 階段。Window 物件的 capturing 處理器會先被調用，然後是 Document 物件的 capturing 處理器，然後是 body 物件的，依此類推，持續在 DOM 樹狀結構中往下進行，直到事件目標的父節點的 capturing 事件處理器被調用為止。在事件目標本身上註冊的 capturing 事件處理器不會被調用。

事件的捕捉（capturing）提供了機會讓你可以在事件被遞送到它們目標之前先行偷看一下那些事件。一個 capturing 事件處理器可用來除錯（debugging），或與下一節會描述的事件取消（event cancellation）技巧搭配來過濾事件，讓目標的事件處理器永遠都不會實際被調用。事件捕捉的一個常見用途是處理滑鼠的拖曳（mouse drags），其中滑鼠的動作事件需要由被拖曳的事件來處理，而非拖曳時經過的那些文件元素。

15.2.5　事件取消

瀏覽器會回應許多使用者事件，即使你的程式碼沒有那麼做：當使用者在一個超連結上點擊了滑鼠，瀏覽器就會跟隨那個連結。如果一個 HTML 文字輸入元素擁有鍵盤的焦點，而使用者按了一個鍵，瀏覽器就會寫入該使用者的輸入。如果使用者在觸控螢幕裝置上滑過他們的手指，瀏覽器就會捲動。如果你為類似這些的事件註冊一個事件處理器，你就能調用事件物件的 preventDefault() 方法來防止瀏覽器進行它的預設動作（除非你是以 passive 選項註冊那個處理器，這會使得 preventDefault() 無效）。

取消與一個事件關聯的預設動作只是事件取消（event cancellation）中的一種。我們也可以呼叫事件物件的 stopPropagation() 方法來取消事件的傳播。如果同一個物件上定義有其他處理器，其餘的那些處理器仍然會被調用，但 stopPropagation() 被呼叫後，不會有任何其他物件上的事件處理器會被調用。stopPropagation() 作用於 capturing 階段、事件目標本身，以及 bubbling 階段的過程中。stopImmediatePropagation() 的運作方式如同 stopPropagation()，但它也會防止註冊在同一個物件上的任何後續的事件處理器被調用。

15.2.6　分派自訂事件

客戶端的 JavaScript 事件 API 是相對強大的一個，而你可以用它來定義並分派（dispatch）你自己的事件。舉例來說，假設你的程式需要定期進行一長串的計算或發出一個網路請求，而在這種運算解決之前，是不可能進行其他運算的，而你想要藉由顯示「進度環（spinner）」指出應用程式正忙碌中，以讓使用者知道這點。但忙著處理事情的模組不應該需要知道那個進度環應被顯示於何處。取而代之，那個模組可能只會分派一個事件來公告它正忙碌中，然後在它不忙的時候分派另一個事件。如此，UI 模組就能為那些事件註冊事件處理器，並採取任何適當的 UI 動作來知會使用者。

如果一個 JavaScript 物件有一個 addEventListener() 方法，那它就是一個「事件目標（event target）」，而這意味著它也會有一個 dispatchEvent() 方法。你能以 CustomEvent() 建構器創建你自己的事件物件，並將之傳入給 dispatchEvent()。CustomEvent() 的第一個引數是一個字串，指出你的事件的類型（type），而第二個引數是一個物件，指定事件物件的特性。將此物件的 detail 特性設為一個字串、物件或其他代表你事件內容的值。如果你計畫在一個文件元素上分派你的事件，而希望它在文件樹中往上傳播（bubble up），就新增 bubbles:true 到第二個引數：

```
// 分派一個自訂的事件，以讓 UI 知道我們很忙碌
document.dispatchEvent(new CustomEvent("busy", { detail: true }));

// 進行一項網路運算
fetch(url)
  .then(handleNetworkResponse)
  .catch(handleNetworkError)
  .finally(() => {
    // 在此網路請求成功或失敗之後，分派
    // 另一個事件來讓 UI 知道我們不忙了。
    document.dispatchEvent(new CustomEvent("busy", { detail: false }));
```

```
    });

    // 在你程式的其他地方,你可以為 "busy" 事件註冊一個處理器
    // 並用它來顯示或隱藏進度環來告知使用者
    document.addEventListener("busy", (e) => {
        if (e.detail) {
            showSpinner();
        } else {
            hideSpinner();
        }
    });
```

15.3　以指令稿操控文件

客戶端 JavaScript 存在就是為了將靜態的 HTML 文件轉為互動式的 Web 應用程式。因此以指令稿操控網頁的內容（scripting the content of web pages）實際上正是 JavaScript 的核心用途。

每個 Window 物件都有一個 document 特性參考到一個 Document 物件。這個 Document 代表該視窗（window）的內容,而它正是本節的主題。然而,Document 物件並非單獨存在。它是 DOM 的中心物件,用以表示和操作文件內容。

DOM 在 §15.1.2 中簡介過。本節則詳細解說其 API。這涵蓋了:

- 如何查詢（query）或選取（*select*）文件的個別元素。

- 如何巡訪（*traverse*）一個文件,以及如何找出任何文件元素的祖系節點（ancestors）、兄弟節點（siblings）,以及後裔節點（descendants）。

- 如何查詢和設定文件元素的屬性（attributes）。

- 如何查詢、設定和修改一個文件的內容（content）。

- 如何藉由創建、插入和刪除節點（nodes）來修改一個文件的結構。

15.3.1　選取文件元素

客戶端 JavaScript 程式經常需要操作文件中的一或多個元素。全域的 document 特性參考到 Document 物件,而這個 Document 物件具有 head 與 body 特性,分別參考到 `<head>` 標記和 `<body>` 標記的 Element 物件。但如果一個程式想要操作的元素內嵌在文件的更深層,它就必須以某種方式獲取或選取（*select*）參考至那些文件元素的 Element 物件。

以 CSS 選擇器選取元素

CSS 樣式表（stylesheets）有一種非常強大的語法，稱之為選擇器（*selectors*），用來描述一個文件內的元素或不同的元素集合。DOM 的方法 querySelector() 與 querySelectorAll() 能讓我們找出一個文件中符合某個指定的 CSS 選擇器的那個元素或那些元素。在我們涵蓋這些方法前，我們會先快速介紹一下 CSS 的選擇器語法。

CSS 選擇器能以標記名稱（tag name）、id 屬性的值，或它們 class 屬性中的字詞來描述元素：

```
div                   // 任何的 <div> 元素
#nav                  // 帶有 id="nav" 的元素
.warning              // 其 class 屬性中帶有 "warning" 的任何元素
```

字元用來依據 id 屬性進行比對，而 . 字元用來依據 class 屬性進行比對。元素也可以依據更一般的屬性值進行選取：

```
p[lang="fr"]          // 以法文撰寫的一個段落（paragraph）：<p lang="fr">
*[name="x"]           // 具有一個 name="x" 屬性的任何元素
```

注意到這些範例結合了一個標記名稱選擇器（或通配的標記名稱 *）和一個屬性選擇器（attribute selector）。更複雜的組合也是可能的：

```
span.fatal.error      // 其 class 中帶有 "fatal" 和 "error" 的任何 <span>
span[lang="fr"].warning // 帶有 class "warning" 的任何法文 <span>
```

選擇器也可以指定文件結構：

```
#log span             // 帶有 id="log" 的元素的任何 <span> 後裔
#log>span             // 帶有 id="log" 的元素的任何 <span> 子節點
body>h1:first-child   // <body> 的第一個 <h1> 子節點
img + p.caption       // 帶有 class "caption" 的一個 <p> 而且緊接在一個 <img> 之後
h2 ~ p                // 跟在一個 <h2> 之後而且是它的兄弟節點的任何 <p>
```

若有兩個選擇器是由一個逗號（comma）所分隔，這代表我們選取符合任一個選擇器的元素：

```
button, input[type="button"] // 所有的 <button> 和 <input type="button"> 元素
```

如你所見，CSS 選擇器能讓我們藉由類型、ID、類別（class）、屬性以及在文件中的位置來參考元素。querySelector() 方法接受一個 CSS 選擇器字串作為它的引數，並回傳它在文件中找到的第一個符合的元素，或在找不到時回傳 null：

```
// 尋找帶有屬性 id="spinner" 的 HTML 標記的文件元素
let spinner = document.querySelector("#spinner");
```

querySelectorAll() 也類似，但它會回傳文件中所有符合的元素，而非只是回傳第一個：

```
// 為 <h1>、<h2> 與 <h3> 標記找出所有的 Element 物件
let titles = document.querySelectorAll("h1, h2, h3");
```

querySelectorAll() 的回傳值不是 Element 物件組成的一個陣列，而是稱為 NodeList 的一個類陣列物件（array-like object）。NodeList 物件有一個 length 特性，並且可以像陣列那樣被索引，所以你能以傳統的 for 迴圈處理它們。NodeList 也是可迭代的，因此你也能把它們與 for/of 迴圈並用。如果你想要把一個 NodeList 轉為一個真正的陣列，只要把它傳入 Array.from() 就行了。

querySelectorAll() 所回傳的 NodeList 有一個 length 特性，如果文件中沒有任何元素與指定的選擇器相符，它就會被設為 0。

Element 類別有實作 querySelector() 與 querySelectorAll()，而 Document 類別也有。在一個元素（element）上調用時，這些方法只會回傳是該元素後裔（descendants）的元素。

注意到 CSS 定義了 ::first-line 與 ::first-letter 偽元素（pseudoelements）。在 CSS 中，那些匹配文字節點的某部分，而非實際的元素。與 querySelectorAll() 或 querySelector() 並用時，它們不會匹配。此外，許多瀏覽器會拒絕為 :link 與 :visited 偽類別（pseudoclasses）回傳匹配，因為這可能會對外透露關於使用者瀏覽歷程的資訊。

另一個以 CSS 為基礎的元素選取方法是 closest()。此方法是由 Element 類別所定義，並接受一個選擇器作為它的唯一引數。如果該選擇器匹配它在其上被調用的元素，它就會回傳該元素。否則，它會回傳那個選擇器匹配的最接近（closest）的祖系元素，或是在沒有匹配時回傳 null。在某種意義上，closest() 是 querySelector() 的相反：closest() 從一個元素開始，在樹狀結構中往上尋找一個匹配，而 querySelector() 從一個元素開始，並在樹狀結構中往下尋找一個匹配。當你在文件樹的一個較高的層次註冊了一個事件處理器，closest() 可能就會有用處。舉例來說，如果你正在處理一個「click」事件，你可能會想要知道它是否是在一個超連結上的點擊。事件物件會告訴你目標是什麼，但那個目標可能會是一個連結內的文字，而非超連結的 <a> 標記本身。你的事件處理器可以像這樣尋找最接近的外圍超連結（containing hyperlink）：

```
// 尋找具有一個 href 屬性的最接近的外層 <a> 標記。
let hyperlink = event.target.closest("a[href]");
```

這裡是 closest() 可能的另一種使用方式：

```
// 如果元素 e 是在一個 HTML list 元素之內就回傳 true
function insideList(e) {
    return e.closest("ul,ol,dl") !== null;
}
```

相關的方法 matches() 並不會回傳祖先或後裔：它單純只會測試一個元素是否與一個 CSS 選擇器相符，並在是的時候回傳 true，否則回傳 false：

```
// 如果 e 是一個 HTML heading 元素，就回傳 true
function isHeading(e) {
    return e.matches("h1,h2,h3,h4,h5,h6");
}
```

其他的元素選擇器方法

除了 querySelector() 和 querySelectorAll()，DOM 也定義了幾個較舊的元素選取方法，它們現在或多或少都作廢了。然而，你可能仍然會看到那些方法中有一些（特別是 getElementById()）還在被使用：

```
// 藉由 id 查找一個元素。引數單純是 id，沒有
// CSS 選擇器前級 #。類似於 document.querySelector("#sect1")
let sect1 = document.getElementById("sect1");

// 查找具有 name="color" 屬性的所有元素（例如表單的核取方塊）
// 類似於 document.querySelectorAll('*[name="color"]');
let colors = document.getElementsByName("color");

// 查找文件所有的 <h1> 元素。
// Similar to document.querySelectorAll("h1")
let headings = document.getElementsByTagName("h1");

// getElementsByTagName() 也定義在元素上。
// 取得在 sect1 元素之中的所有 <h2> 元素。
let subheads = sect1.getElementsByTagName("h2");

// 查找具有類別 "tooltip" 的所有元素
// 類似於 document.querySelectorAll(".tooltip")
let tooltips = document.getElementsByClassName("tooltip");

// 查找 sect1 具有類別 "sidebar" 的所有後裔
// 類似於 sect1.querySelectorAll(".sidebar")
let sidebars = sect1.getElementsByClassName("sidebar");
```

就像 querySelectorAll()，這段程式碼中的方法都會回傳一個 NodeList（除了 getElementById()，它會回傳單一個 Element 物件）。然而，不同於 querySelectorAll()，這些舊的選取方法所回傳的 NodeList 是「即時（live）」的，這意味著該串列（list）的長度和內容可能會在文件的內容或結構改變時產生變化。

預先選取的元素（Preselected elements）

出於歷史因素，Document 類別定義了捷徑特性來存取特定種類的節點。舉例來說，images、forms 與 links 特性提供了便利的方式來存取一個文件的 <img>、<form> 與 <a> 元素（但僅限於具有 href 屬性的 <a> 標記）。這些特性參考至 HTMLCollection 物件，它們很類似 NodeList 物件，不過還能額外以元素 ID 或名稱來索引。舉例來說，使用 document.forms 特性，你能夠像這樣存取 <form id="address"> 標記：

```
document.forms.address;
```

選取元素用的一個甚至更過時的 API 是 document.all 特性，它就像是文件中所有元素組成的一個 HTMLCollection。document.all 已被棄用，你不應該再使用它。

15.3.2　文件結構和巡訪

一旦你從一個 Document 選取了一個 Element，你有時候還得找出該文件結構上相關的部分（父節點、兄弟節點、子節點）。當我們感興趣的主要是一個文件的 Elements，而非其中所含的文字（以及它們之間的空白，那也算文字），有一個巡訪用的 API（traversal API）能讓我們把一個文件視為由 Element 物件所組成的一個樹狀結構，並忽略也是文件一部分的 Text 節點。這個巡訪 API 並不涉及任何方法，它單純只是 Element 物件上的一組特性，讓我們參考到一個給定元素的父節點、子節點和兄弟節點：

parentNode

　　一個元素的這個特性參考到該元素的父節點（parent），它會是另一個 Element 或一個 Document 物件。

children

　　這個 NodeList 含有一個元素的 Element 子節點（children），但排除了非 Element 的子節點，例如 Text 節點（和 Comment 節點）。

childElementCount

Element 子節點的數目。回傳的值與 children.length 相同。

firstElementChild、lastElementChild

這些特性指向一個 Element 的第一個（first）和最後一個（last）Element 子節點。
如果那個 Element 沒有 Element 子節點，它們就會是 null。

nextElementSibling、previousElementSibling

這些特性參考至緊接在一個 Element 前後的兄弟 Elements，若沒有這種兄弟節點，
就為 null。

使用這些 Element 特性，Document 的第一個 Element 子節點的第二個子節點 Element 能
以這任一個運算式來參考：

```
document.children[0].children[1]
document.firstElementChild.firstElementChild.nextElementSibling
```

（在標準的 HTML 文件中，這兩個運算式都參考至文件的 <body> 標記。）

這裡有兩個函式示範如何使用這些特性來遞迴地對一個文件進行深度優先的巡訪
（depth-first traversal），並為文件中的每個元素調用一個指定的函式：

```
// 遞迴地巡訪 Document 或 Element e，
// 在 e 以及它的每個後裔節點上調用函式 f
function traverse(e, f) {
    f(e);                              // Invoke f() on e
    for(let child of e.children) {     // 迭代子節點
        traverse(child, f);            // 並對每個進行遞迴處理
    }
}

function traverse2(e, f) {
    f(e);                              // 在 e 上調用 f()
    let child = e.firstElementChild;   // 以連結串列的方式迭代子節點
    while(child !== null) {
        traverse2(child, f);           // 並且遞迴進行
        child = child.nextElementSibling;
    }
}
```

作為節點樹（trees of nodes）的文件

如果你想要巡訪一個文件或一個文件的某個部分，而且不想要忽略 Text 節點，你可以使用在所有 Node 節點上都有定義的另一組特性。這會讓你看到 Element、Text 節點，甚至是 Comment 節點（它們代表文件中的 HTML 註解）。

所有的 Node 節點都定義有下列特性：

parentNode

  是此節點的父節點的那個節點，對於像 Document 物件那樣沒有父節點的節點，則為 null。

childNodes

  一個唯讀的 NodeList，其中含有該節點所有的子節點（不只是 Element 子節點）。

firstChild、lastChild

  一個節點的第一和最後一個子節點，若沒有子節點，就為 null。

nextSibling、previousSibling

  一個節點的下一個（next）和前一個（previous）兄弟節點。這些特性把節點連接成了一種雙向連結串列（doubly linked list）。

nodeType

  指出此節點是哪一種的一個數字。Document 節點有 9 這個值。Element 節點有值 1。Text 節點有值 3。Comment 節點有值 8。

nodeValue

  一個 Text 或 Comment 節點的文字內容。

nodeName

  一個 Element 的 HTML 標記名稱，轉換為大寫。

使用這些 Node 特性，Document 的第一個子節點的第二個子節點能以像這樣的運算式來參考：

```
document.childNodes[0].childNodes[1]
document.firstChild.firstChild.nextSibling
```

假設我們的文件是這樣：

```
<html><head><title>Test</title></head><body>Hello World!</body></html>
```

那麼第一個子節點的第二個子節點就是 <body> 元素。它的 nodeType 為 1，而 nodeName 為 "BODY"。

然而，注意到這個 API 對於文件文字的變化極端敏感。如果文件被修改了，例如在 <html> 和 <head> 標記之間插入了一個 newline，代表那個 newline 的 Text 節點就會變成第一個子節點的第一個子節點，而第二個子節點就會是 <head> 元素，而非 <body> 元素了。

為了示範這個基於 Node 的巡訪 API，這裡有一個函式會回傳一個元素或文件中的所有文字：

```
// 回傳元素 e 的純文字內容，並遞迴至子節點元素。
// 此方法運作起來就像 textContent 特性
function textContent(e) {
    let s = "";                         // 在此累積文字
    for(let child = e.firstChild; child !== null; child = child.nextSibling) {
        let type = child.nodeType;
        if (type === 3) {               // 如果它是一個 Text 節點
            s += child.nodeValue;       // 新增文字內容到我們的字串。
        } else if (type === 1) {        // 而如果它是一個 Element 節點
            s += textContent(child);    // 那就遞迴。
        }
    }
    return s;
}
```

此函式只是示範之用，實務上，你只要寫 e.textContent 就能獲得元素 e 的文字內容。

15.3.3　屬性

HTML 元素由一個標記名稱以及稱為屬性（*attributes*）的一組名稱與值對組（name/value pairs）所構成。舉例來說，定義一個超連結的 <a> 元素，就使用它 href 屬性的值作為連結的目的地。

Element 類別定義了通用的 getAttribute()、setAttribute()、hasAttribute() 和 removeAttribute() 方法來查詢、設定、測試和移除一個元素的屬性。但 HTML 元素的屬性值（對標準的 HTML 元素的所有標準屬性而言）也可以作為代表那些元素的 HTMLElement 物件的特性來取用，通常以 JavaScript 特性的形式操作它們會比呼叫 getAttribute() 和相關的方法還要容易很多。

HTML 屬性作為元素特性

代表一個 HTML 文件之元素的 Element 物件通常定義有對映（mirror）元素的 HTML 屬性的可讀寫特性。Element 有為通用的 HTML 屬性，例如 id、title、lang 與 dir，以及像是 onclick 的事件處理器特性定義特性。元素限定的子型別會定義專屬於那些元素的屬性。舉例來說，要查詢一個影像（image）的 URL，你可以使用代表 <img> 元素的 HTMLElement 的 src 特性：

```
let image = document.querySelector("#main_image");
let url = image.src;        // src 屬性是影像的 URL
image.id === "main_image"   // => true，我們以 id 查找該影像
```

同樣地，你可能會以像這樣的程式碼來設定一個 <form> 元素的表單提送（form-submission）屬性：

```
let f = document.querySelector("form");        // 文件中的第一個 <form>
f.action = "https://www.example.com/submit";   // 設定要提送至的 URL。
f.method = "POST";                             // 設定 HTTP 請求的類型。
```

對某些元素，例如 <input> 元素，有些 HTML 屬性的名稱會映射至不同名的特性。舉例來說，一個 <input> 的 HTMLvalue 屬性，對映 JavaScript 的 defaultValue 特性。<input> 元素的 JavaScriptvalue 特性含有使用者目前的輸入，但變更這個 value 特性並不會影響 defaultValue 特性或 value 屬性。

HTML 屬性不區分大小寫，但 JavaScript 的特性名稱會。要把一個屬性名稱轉換為 JavaScript 特性，就以小寫寫出它。然而，如果該屬性的長度超過一個字詞，就把第一個字詞後的每個字詞的第一個字母大寫，例如 defaultChecked 與 tabIndex。然而，像是 onclick 之類的事件處理器特性則都是寫成小寫。

某些 HTML 屬性的名稱在 JavaScript 中是保留字（reserved words）。對於那些，一般的規則是在特性名稱前面加上「html」。舉例來說，HTML 的 for 屬性（<label> 元素的），就會變成 JavaScript 的 htmlFor 特性。「class」在 JavaScript 中是一個保留字，而非常重要的 HTMLclass 是此規則的一個例外：在 JavaScript 程式碼中，它會變成 className。

代表 HTML 屬性的特性通常會有字串值。但當屬性是一個 boolean 值或數值（例如 <input> 元素的 defaultChecked 與 maxLength 屬性），特性就會是 boolean 值或數字，而非字串。事件處理器屬性永遠都會有函式（或 null）作為它們的值。

注意到這種以特性為基礎，用來取得或設定屬性值的 API 並沒有辦法從一個元素移除屬性。特別是，delete 運算子不能用於此目的。如果你需要刪除一個屬性，請使用 removeAttribute() 方法。

class 屬性

一個 HTML 元素的 class 屬性是特別重要的一個。它的值是以空格分隔的一串要套用到元素上的 CSS 類別，影響元素的 CSS 樣式。因為 class 在 JavaScript 中是一個保留字，此屬性的值是透過 Element 物件上的 className 特性來取用的。這個 className 特性能以一個字串的形式來設定或回傳 class 屬性的值。但 class 屬性名字取得不好：它的值是一串 CSS 類別（a list of CSS classes），而非單一個類別，而在客戶端 JavaScript 程式設計中，想要從這個串列新增或移除個別的類別名稱是很常見的事情，而非把該串列當成單一個字串處理。

為此，Element 物件定義了一個 classList 特性，能讓你把 class 屬性當成一個串列對待。這個 classList 特性的值是一個可迭代的類陣列物件。雖然此特性的名稱是 classList，它的行為卻比較像是一個類別集合（set of classes），並且定義了 add()、remove()、contains() 與 toggle() 方法：

```
// 當我們想要讓使用者知道我們很忙，我們就顯示一個進度環
// 要做到這點，我們必須移除 "hidden" 類別，並加入
// "animated" 類別（假設樣式表有正確配置）。
let spinner = document.querySelector("#spinner");
spinner.classList.remove("hidden");
spinner.classList.add("animated");
```

資料集屬性

有時附加額外的資訊到 HTML 元素是有用處的，特別是在 JavaScript 程式碼會選取那些元素，並以某種方式操作它們的時候。在 HTML 中，名稱是小寫而且以前綴「data-」開頭的任何屬性都被視為有效的，而你可以把它們用於任何目的。這些「資料集屬性（dataset attributes）」不會影響它們在其上出現的那些元素的呈現方式，它們定義了一種標準的方式來附加額外的資料，並且不會損害文件的有效性。

在 DOM 中，Element 物件有一個 dataset 特性參考到一個物件，這個物件具有的特性對應到那些 data- 屬性，但移除了那個前綴。因此，dataset.x 會持有 data-x 屬性的值。含有連字符的屬性（hyphenated attributes）映射到 camelCase 的特性名稱：屬性 data-section-number 會變為特性 dataset.sectionNumber。

假設一個 HTML 文件含有這段文字：

```
<h2 id="title" data-section-number="16.1">Attributes</h2>
```

那你就能寫出像這樣的 JavaScript 程式碼來存取那個節號（section number）：

```
let number = document.querySelector("#title").dataset.sectionNumber;
```

15.3.4　元素內容（Element Content）

再次看一下圖 15-1 中的文件樹，問問自己 `<p>` 元素的「內容（content）」是什麼。我們有兩種方式可以回答此問題：

- 其內容是 "This is a `<i>`simple`</i>` document" 這個 HTML 字串（HTML string）。
- 其內容是 "This is a simple document" 這個純文字字串（plain-text string）。

這兩者皆是有效的答案，而每個答案各以自己的方式發揮用處。接下來的章節解說如何處理表示為 HTML 或純文字的元素內容。

作為 HTML 的元素內容

讀取一個 Element 的 innerHTML 特性會以一個標示碼字串（string of markup）的形式回傳該元素的內容。在一個元素上設定這個特性會調用 Web 瀏覽器的剖析器（parser），並以那個新字串剖析過後的表示值（parsed representation）來取代該元素目前的內容。你可以開啟開發人員主控台並輸入下列這段程式碼以測試這點：

```
document.body.innerHTML = "<h1>Oops</h1>";
```

你會看到整個網頁消失了，並被單一個標頭「Oops」所取代。Web 瀏覽器非常善於剖析 HTML，而設定 innerHTML 通常相當有效率。然而，要注意的是，藉由 += 運算子附加文字到 innerHTML 特性很沒效率，因為這不只需要一個序列化（serialization）步驟將元素內容轉換為一個字串，還要一個剖析步驟來把新的字串轉換回元素內容。

 使用 HTML API 時，非常重要的是永遠都不要把使用者的輸入插入到文件中。如果你那麼做，你就允許了惡意的使用者注入他們自己的指令稿到你的應用程式中。詳情請參閱前面的「跨站指令稿操作」。

一個 Element 的 outerHTML 特性就像是 innerHTML，只不過它的值包括該元素本身。當你查詢 outerHTML，其值就包含該元素的開頭標記（opening tag）與結尾標記（closing tag）。而當你在一個元素上設定 outerHTML，新的內容會取代該元素本身。

一個相關的 Element 方法是 insertAdjacentHTML()，它能讓你將一個任意的 HTML 標示碼字串插入到「相鄰（adjacent）」於指定元素之處。那段標示碼是作為第二引數傳入給此方法，而「相鄰」的確切意義取決於第一個引數的值。這第一引數應該是一個字串，它有 "beforebegin"、"afterbegin"、"beforeend" 或 "afterend" 其中一個值。這些值對應的插入點顯示於圖 15-2。

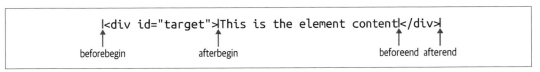

圖 15-2　insertAdjacentHTML() 的插入點

作為純文字的元素內容

有時你想要查詢一個元素作為純文字的內容，或是想要插入純文字到一個文件中（而不必轉義 HTML 標示碼中使用的角括號和 & 符號）。這麼做的標準方式是使用 textContent 特性：

```
let para = document.querySelector("p"); // 文件中的第一個 <p>
let text = para.textContent;            // 取得該段落的文字
para.textContent = "Hello World!";      // 更動那個段落的文字
```

textContent 特性是由 Node 類別所定義，所以它適用於 Text 節點，也能用於 Element 節點。對於 Element 節點，它會尋找並回傳該元素所有後裔中的文字。

Element 類別定義了一個 innerText 特性，類似於 textContent。innerText 有一些不尋常且複雜的行為，例如會試著保留表格（table）的格式。然而，它沒有明確的規格，瀏覽器之間的實作也不一定相容，所以不應該再被使用。

<script> 元素中的文字

行內的 <script> 元素（也就是沒有 src 屬性的那些）會有一個 text 特性，你可用來取得它們的文字。一個 <script> 元素的內容永遠都不會被瀏覽器顯示出來，而 HTML 剖析器會忽略一段指令稿中的角括號（angle brackets）和 &（ampersands）符號。這使得 <script> 元素是內嵌任意的文字資料以供你的應用程式使用的理想位置。單純把該元素的 type 屬性設為某個值（例如 "text/x-custom-data"），清楚指出這段指令稿並非可執行的 JavaScript 程式碼。如果你這麼做，JavaScript 直譯器就會忽略該指令稿，但那個元素會存在於文件樹中，而它的 text 特性會回傳那個資料給你。

15.3.5　建立、插入與刪除節點

我們已經看過如何使用 HTML 或純文字字串查詢或更動文件內容。而我們也看到我們可以巡訪一個 Document 來檢視構成它的個別 Element 和 Text 節點。想在個別節點的層級修改一個文件，也是可能的。Document 類別定義了方法來創建 Element 物件，而 Element 和 Text 節點都有方法來插入、刪除和取代樹狀結構中的節點。

以 Document 類別的 createElement() 方法創建一個新的元素，並以它的 append() 與 prepend() 方法附加文字或其他元素給它。

```
let paragraph = document.createElement("p");  // 創建一個空的 <p> 元素
let emphasis = document.createElement("em");  // 創建一個空的 <em> 元素
emphasis.append("World");                     // 新增文字到 <em> 元素
paragraph.append("Hello ", emphasis, "!");    // 新增文字和 <em> 到 <p>
paragraph.prepend("¡");                       // 在 <p> 的開頭新增更多文字
paragraph.innerHTML                           // => "¡Hello <em>World</em>!"
```

append() 與 prepend() 接受任意數目的引數，那可以是 Node 物件或字串。字串引數會自動被轉換為 Text 節點（你能以 document.createTextNode() 明確創建 Text 節點，但很少有理由需要那樣做）。append() 會將引數新增到元素的子節點串列（child list）尾端。prepend() 則是把那些引數加到子節點串列的開頭。

如果你想要插入一個 Element 或 Text 節點到外圍元素（containing element）的子節點串列的中間，那麼 append() 或 prepend() 都不適用了。在這種情況中，你應該獲取指向一個兄弟節點（sibling node）的參考，並呼叫 before() 來把那個新內容插入到那個兄弟節點之前（before），或呼叫 after() 來插入到那個兄弟節點之後（after）。舉例來說：

```
// 找出帶有 class="greetings" 的標頭元素
let greetings = document.querySelector("h2.greetings");

// 現在在那個標頭後面插入新的段落以及一個水平分隔線（horizontal rule）
greetings.after(paragraph, document.createElement("hr"));
```

就像 append() 與 prepend()，after() 與 before() 也接受任意數目的字串和元素引數，並會在把字串轉為 Text 節點之後，將它們全都插入到文件中。append() 與 prepend() 只在 Element 物件上有定義，但 after() 與 before() 在 Element 和 Text 節點上都行得通：你可以用它們來插入內容到一個 Text 節點的相對位置。

注意到元素只能被插入到文件中的一個位置。如果一個元素已經在文件中了，而你把它插入到其他地方，它會被移到那個新位置，而非拷貝：

```
// 我們在此元素後插入該段落，但現在我們
// 移動了它，所以它改為出現在那個元素之前
greetings.before(paragraph);
```

如果你確實想要為一個元素製作一份拷貝，就用 cloneNode() 方法，傳入 true 來拷貝它所有的內容：

```
// 為該段落製作一份拷貝，並把它插入到 greetings 元素之後
greetings.after(paragraph.cloneNode(true));
```

若要從文件移除（remove）一個 Element 或 Text 節點，你可以呼叫它們的 remove() 方法，或呼叫 replaceWith() 來取代（replace）它。remove() 不接受引數，而 replaceWith 接受任意數目的字串和元素，就跟 before() 與 after() 一樣：

```
// 從文件移除 greetings 元素，並以
// paragraph 元素取代它（若是已經插入到文件中了，
// 就從它目前的位置移動那個段落（paragraph）。
greetings.replaceWith(paragraph);

// 現在移除那個段落。
paragraph.remove();
```

DOM API 也定義了較舊的一代方法，用來插入或移除內容。appendChild()、insertBefore()、replaceChild() 與 removeChild() 比這裡展示的那些方法更難使用，也應該永遠都不會是必要的。

15.3.6 範例：產生一個目錄

範例 15-1 顯示如何動態地為一份文件創建一個目錄（table of contents）。它示範了前面章節中描述過的以指令稿操作文件的許多技巧。此範例有良好的註解，了解這段程式碼應該不會太困難。

範例 15-1 以 DOM API 產生目錄

```
/**
 * TOC.js：為一份文件建立一個目錄。
 *
 * 這段指令稿會在 DOMContentLoaded 事件發動時執行，
 * 並為該文件自動產生一個內容目錄。
 * 它並沒有定義任何的全域符號，所以它不會與
 * 其他的指令稿有所衝突。
 *
 * 當這段指令稿執行時，它會先尋找 id 為 "TOC" 的一個文件元素。
 * 如果沒有這種元素，它會在文件的開頭創建一個。
 * 接著，此函式會尋找從 <h2> 到 <h6> 的所有標記，
 * 將它們視為章節的標題，並在那個 TOC 元素中建立一個目錄。
 * 此函式會為每個章節標頭加上章節號碼
 * 並將那些標頭（headings）包裹在具名的錨點（named anchors）中，
 * 以讓 TOC 能夠連結至它們。所產生的錨點具有的名稱
 * 以 "TOC" 開頭，所以你應該避免在你自己的
 * HTML 中使用這個前綴。
 *
 * 產生出來的 TOC 中的項目能以 CSS 設定樣式。所有的項目
 * 都有 "TOCEntry" 這個類別。項目也有一個類別對應到
 * 該章節標頭的層次。<h1> 標記產生的項目
 * 有 "TOCLevel1" 這個類別，而 <h2> 標記產生的項目有
 * 類別 "TOCLevel2"，依此類推。插入到標頭中的章節號碼有
 * 類別 "TOCSectNum"。
 *
 * 你可以使用像這樣的樣式表來搭配這段指令稿：
 *
 *   #TOC { border: solid black 1px; margin: 10px; padding: 10px; }
 *   .TOCEntry { margin: 5px 0px; }
 *   .TOCEntry a { text-decoration: none; }
 *   .TOCLevel1 { font-size: 16pt; font-weight: bold; }
 *   .TOCLevel2 { font-size: 14pt; margin-left: .25in; }
 *   .TOCLevel3 { font-size: 12pt; margin-left: .5in; }
 *   .TOCSectNum:after { content: ": "; }
 *
 * 要隱藏章節號碼，就用這個：
 *
```

```
 *    .TOCSectNum { display: none }
 **/
document.addEventListener("DOMContentLoaded", () => {
    // 找出 TOC 容器元素。
    // 如果沒有，就在文件的開頭建立一個。
    let toc = document.querySelector("#TOC");
    if (!toc) {
        toc = document.createElement("div");
        toc.id = "TOC";
        document.body.prepend(toc);
    }

    // 找出所有的章節標頭元素。在此我們假設
    // 文件的標題使用 <h1> 而文件中的章節則以
    // <h2> 到 <h6> 標示。
    let headings = document.querySelectorAll("h2,h3,h4,h5,h6");

    // 初始化一個陣列來追蹤記錄章節號碼。
    let sectionNumbers = [0,0,0,0,0];

    // 現在以迴圈跑過我們找到的章節標頭元素。
    for(let heading of headings) {
        // 如果它是在 TOC 容器內，就跳過該標頭。
        if (heading.parentNode === toc) {
            continue;
        }

        // 找出它所在的標頭層次（level）。
        // 減掉 1，因為 <h2> 是一個 level-1 的標頭。
        let level = parseInt(heading.tagName.charAt(1)) - 1;

        // 為此標頭層次遞增章節號碼
        // 並把所有較低的標頭層次號碼重置為零。
        sectionNumbers[level-1]++;
        for(let i = level; i < sectionNumbers.length; i++) {
            sectionNumbers[i] = 0;
        }

        // 現在為所有的標頭層次的結合章節號碼
        // 以產生像是 2.3.1 的一個章節號碼。
        let sectionNumber = sectionNumbers.slice(0, level).join(".");

        // 將此章節號碼新增到章節的標頭標題（header title）。
        // 我們把該號碼放在一個 <span> 中以設定它的樣式。
        let span = document.createElement("span");
        span.className = "TOCSectNum";
```

```
        span.textContent = sectionNumber;
        heading.prepend(span);

        // 將標頭包裹在一個具名錨點鐘，我們才能連結至它。
        let anchor = document.createElement("a");
        let fragmentName = `TOC${sectionNumber}`;
        anchor.name = fragmentName;
        heading.before(anchor);        // 在標頭之前插入錨點
        anchor.append(heading);        // 並在錨點內移動標頭

        // 現在創建一個連結連向此章節。
        let link = document.createElement("a");
        link.href = `#${fragmentName}`;        // 連結目的地

        // 拷貝標頭文字到此連結中。這樣使用 innerHTML 是安全的，
        // 因為我們並沒有插入任何不信任的字串。
        link.innerHTML = heading.innerHTML;

        // 將連結放在一個 div 中，使得它能依據層次來設定樣式。
        let entry = document.createElement("div");
        entry.classList.add("TOCEntry", `TOCLevel${level}`);
        entry.append(link);

        // 並把那個 div 加到 TOC 容器中。
        toc.append(entry);
    }
});
```

15.4　以指令稿操控 CSS

我們已經看到 JavaScript 能夠控制 HTML 文件的邏輯結構和內容。它也能以指令稿控制那些文件的視覺外觀（visual appearance）與格局（layout）。接下來的小節解釋使用 JavaScript 程式碼來搭配 CSS 的幾個不同的技巧。

本書的主題是 JavaScript 而非 CSS，而本節假設你已經知道如何使用 CSS 來設定 HTML 內容的樣式（style）。但還是值得一提常以 JavaScript 指令稿控制的一些 CSS 樣式：

- 將 display 樣式設為「none」會隱藏一個元素。之後你可以把 display 設為其他的值來顯示該元素。

- 你可以把 position 樣式設為「absolute」、「relative」或「fixed」，然後再把 top 與 left 樣式設為想要的坐標，藉此動態調整元素的位置。這在使用 JavaScript 顯示像是強制回應對話方塊（modal dialogues）或工具提示（tooltips）之類的動態內容時會很重要。

- 你能使用 transform 樣式來平移、縮放和旋轉元素。

- 你能藉由 transition 樣式來把 CSS 樣式的變更做成動畫。這些動畫（animations）會由 Web 瀏覽器自動處理，並不需要 JavaScript，但你可以使用 JavaScript 來起始那些動畫。

15.4.1　CSS 類別

使用 JavaScript 影響文件內容之樣式最簡單的辦法是從 HTML 標記的 class 屬性新增或移除 CSS 類別名稱。這很容易透過 Element 物件的 classList 特性來做到，如前面「class 屬性」那一節中所解釋的。

假設，舉例來說，你文件的樣式表（stylesheet）包含一個 hidden 類別的定義：

```
.hidden {
  display:none;
}
```

定義了這個樣式之後，你就能透過像這樣的程式碼來隱藏（然後再顯示）一個元素：

```
// 假設這個 "tooltip" 元素在 HTML 檔案中帶有 class="hidden"。
// 我們可以像這樣來讓它顯示出來：
document.querySelector("#tooltip").classList.remove("hidden");

// 也可以像這樣來使它再次隱藏：
document.querySelector("#tooltip").classList.add("hidden");
```

15.4.2　行內樣式（Inline Styles）

接續前面的 tooltip（工具提示）範例，假設那個文件的結構被設計成只帶有單一個 tooltip 元素，而我們想要在顯示它之前動態決定它的位置。一般來說，我們無法為這個 tooltip 的每個可能的位置都建立一個不同的樣式表，所以 classList 特性在定位上幫不上忙。

在這種情況中,我們需要以指令稿控制那個 tooltip 元素的 style 屬性以設定專屬那一個元素的行內樣式(inline styles)。DOM 在所有的 Element 物件上定義了對應到這個 style 屬性的一個 style 特性。然而,不同於大多數的這種特性,style 特性不是一個字串。取而代之,它是一個 CSSStyleDeclaration 物件:以文字形式出現在 style 屬性中的 CSS 樣式經過剖析後的表示值。要以 JavaScript 顯示我們假想的 tooltip 元素並設定它的位置,我們可以使用像這樣的程式碼:

```
function displayAt(tooltip, x, y) {
    tooltip.style.display = "block";
    tooltip.style.position = "absolute";
    tooltip.style.left = `${x}px`;
    tooltip.style.top = `${y}px`;
}
```

命名慣例:JavaScript 中的 CSS 特性

許多 CSS 樣式特性,例如 font-size,在它們的名稱中都含有連字符(hyphens)。在 JavaScript 中,一個連字符會被解讀為一個減號(minus sign),而且在特性名稱或其他識別字中是不被允許的。因此,CSSStyleDeclaration 物件的特性名稱會與實際的 CSS 特性名稱稍有不同。如果一個 CSS 特性名稱含有一或多個連字符,那麼 CSSStyleDeclaration 特性名稱的形成方式就是移除那些連字符,並將緊接在每個連字符之後的字母變為大寫。舉例來說,CSS 特性 border-left-width 是透過 JavaScript 的 borderLeftWidth 特性來存取的,而 CSS 的 font-family 特性在 JavaScript 中則是寫成 fontFamily。

處理 CSSStyleDeclaration 物件的樣式特性時,記得所有的值都必須指定為字串。在一個樣式表或 style 屬性中,你可以寫:

```
display: block; font-family: sans-serif; background-color: #ffffff;
```

要使用 JavaScript 對元素 e 做出同樣的事,你必須把所有的那些值加上引數:

```
e.style.display = "block";
e.style.fontFamily = "sans-serif";
e.style.backgroundColor = "#ffffff";
```

注意到那些分號(semicolons)是在字串之外。那些就只是普通的 JavaScript 分號,以 JavaScript 進行設定時,你在 CSS 樣式表中看到的分號並非那些字串值必要的一部分。

此外，注意到有許多 CSS 特性都需要單位（units），例如像素的「px」或點的「pt」。因此，像這樣設定 marginLeft 特性是不對的：

```
e.style.marginLeft = 300;      // 不正確：這是一個數字，而非字串
e.style.marginLeft = "300";    // 不正確：少了單位
```

在 JavaScript 中設定樣式特性時，單位是必要的，就像在樣式表中設定樣式特性時一樣。要設定一個元素 e 的 marginLeft 特性值，正確的方式是：

```
e.style.marginLeft = "300px";
```

如果你想要把一個 CSS 特性設為一個計算出來的值（computed value），請確保你有在那個計算結果的結尾附加上單位：

```
e.style.left = `${x0 + left_border + left_padding}px`;
```

記得有些 CSS 特性是其他特性的捷徑，例如 margin 是 margin-top、margin-right、margin-bottom 與 margin-left 的捷徑。CSSStyleDeclaration 物件有對應到那些捷徑特性的特性。舉例來說，你可以像這樣來設定 margin 特性：

```
e.style.margin = `${top}px ${right}px ${bottom}px ${left}px`;
```

有的時候，你可能會發現，以單一個字串值的形式來設定或查詢一個元素的行內樣式，會比使用一個 CSSStyleDeclaration 物件還要容易。要那麼做，你可以使用 Element 的 getAttribute() 與 setAttribute() 方法，或使用 CSSStyleDeclaration 物件的 cssText 特性：

```
// 將元素 e 的行內樣式拷貝到元素 f：
f.setAttribute("style", e.getAttribute("style"));

// 或者像這樣做：
f.style.cssText = e.style.cssText;
```

查詢一個元素的 style 特性時，要記得的是，它代表的只是一個元素的行內樣式（inline styles），而大多數元素的大部分樣式都是指定在樣式表（stylesheets）中，而非置於行內（inline）。此外，查詢 style 特性所獲得的值會使用實際用於 HTML 屬性的那些單位或任何的捷徑特性格式，而你的程式碼必須進行一些精密的剖析工作才能解讀它們。一般來說，如果你想要查詢一個元素的樣式，你大概會想要使用我們接下來要討論的計算樣式（*computed style*）。

15.4.3 　計算樣式

一個元素的計算樣式是瀏覽器從該元素的行內樣式加上所有樣式表中所有適用的樣式
規則所推導（或計算）出來的特性值集合：它就是實際用來顯示該元素的那組特性。
如同行內樣式，計算樣式也是以一個 CSSStyleDeclaration 物件表示。然而，跟行內樣
式不同的是，計算樣式是唯讀的。你不能設定這些樣式，但一個元素計算出來的這個
CSSStyleDeclaration 物件能讓你判斷出瀏覽器描繪（rendering）該元素時所用的樣式特
性值是什麼。

使用 Window 物件的 getComputedStyle() 方法來獲取一個元素的計算樣式。此方法的第一
個引數是你想要獲得其計算樣式的元素。選擇性的第二引數用來指定一個 CSS 偽元素，
例如「::before」或「::after」：

```
let title = document.querySelector("#section1title");
let styles = window.getComputedStyle(title);
let beforeStyles = window.getComputedStyle(title, "::before");
```

getComputedStyle() 的回傳值是一個 CSSStyleDeclaration 物件，代表套用到那個指定元素
（或偽元素）的所有樣式。代表行內樣式的 CSSStyleDeclaration 物件與代表計算樣式的
CSSStyleDeclaration 物件有幾個重大差異：

- 計算樣式的特性是唯讀的。

- 計算樣式的特性是**絕對**的：像是百分比（percentages）或點（points）之類的相對單
  位會被轉為絕對的值。指定一個大小（例如邊距大小或字體大小）的任何特性都會
  有以像素（pixels）為單位的一個值。這個值會是帶有一個「px」後綴的字串，所以
  你仍然需要剖析它，但你不必擔心還要剖析或轉換其他的單位。其值是顏色（colors）
  的特性會以「rgb()」或「rgba()」的格式回傳。

- 捷徑特性（shortcut properties）不會被計算出來，只有它們作為基礎的那些基本特
  性會。舉例來說，不要查詢 margin 特性，而是使用 marginLeft、marginTop 等等。同樣
  地，不要查詢 border 或甚至是 borderWidth，而是使用 borderLeftWidth、borderTopWidth
  等等。

- 計算樣式的 cssText 特性是未定義（undefined）的。

getComputedStyle() 所回傳的一個 CSSStyleDeclaration 物件所含有的資訊一般都會比從該
元素行內的 style 特性所取得的 CSSStyleDeclaration 還要多很多。但計算樣式可能不好
處理，而查詢它們也不總是能提供你所預期的資訊。考慮 font-family 屬性：它接受想要

使用的一串以逗號分隔的字體家族，以因應跨平台的可移植性。當你查詢一個計算樣式的 fontFamily 特性，你只會得到套用到該元素上的最特定的 font-family 樣式的值。這可能會回傳像是「arial,helvetica,sans-serif」這樣的一個值，而這並沒有告訴你實際上用的字體是哪一個。同樣地，如果一個元素的位置不是絕對的，試圖透過它的計算樣式的 top 和 left 特性查詢它的位置和大小，通常都會回傳 auto 這個值。這是一個完全合法的 CSS 值，但大概不是你要找的東西。

雖然 CSS 可用來精確指定文件元素的位置和大小，查詢一個元素的計算樣式並不是判斷該元素之大小和位置的偏好方式。一種更簡單且可移植的替代方式，請參閱 §15.5.2。

15.4.4 以指令稿操控樣式表

除了以指令稿操作 class 屬性和行內樣式，JavaScript 也能操作樣式表（stylesheets）本身。樣式表是透過一個 <style> 標記或 <link rel="stylesheet"> 標記關聯到一個 HTML 文件。這兩者皆是常規的 HTML 標記，所以你能賦予它們 id 屬性，然後以 document. querySelector() 查找它們。

<style> 與 <link> 標記的 Element 物件都有一個 disabled 特性，你可以用它來停用（disable）整個樣式表。你可能會以這樣的程式碼使用它：

```
// 此函式會在 "light" 和 "dark" 主題之間切換
function toggleTheme() {
    let lightTheme = document.querySelector("#light-theme");
    let darkTheme = document.querySelector("#dark-theme");
    if (darkTheme.disabled) {            // 目前是 light，切換到 dark
        lightTheme.disabled = true;
        darkTheme.disabled = false;
    } else {                             // 目前是 dark，切換到 light
        lightTheme.disabled = false;
        darkTheme.disabled = true;
    }
}
```

以指令稿操控樣式表的另一種簡單的方式，是使用我們已經見過的 DOM 操作技巧插入一個新的到文件中。舉例來說：

```
function setTheme(name) {
    // 建立一個新的 <link rel="stylesheet"> 元素來載入所指名的樣式表
    let link = document.createElement("link");
    link.id = "theme";
    link.rel = "stylesheet";
    link.href = `themes/${name}.css`;
```

```
    // 尋找帶有 id "theme" 的一個現有的連結
    let currentTheme = document.querySelector("#theme");
    if (currentTheme) {
        // 若有一個既存的主題（theme），就以一個新的取代它。
        currentTheme.replaceWith(link);
    } else {
        // 否則，單純將該連結插入到主題樣式表。
        document.head.append(link);
    }
}
```

不那麼巧妙地，你也能直接插入一個含有 `<style>` 標記的 HTML 字串到你的文件中。這是一種有趣的訣竅，例如：

```
document.head.insertAdjacentHTML(
    "beforeend",
    "<style>body{transform:rotate(180deg)}</style>"
);
```

瀏覽器定義了一個 API 讓你能夠查看樣式表的內部，以查詢、修改、插入或刪除樣式表中的樣式規則。這個 API 非常專門，所以沒有記載於此。你可以在 MDN 上搜尋「CSSStyleSheet」和「CSS Object Model」以閱讀它們的說明。

15.4.5　CSS 動畫和事件

假設你在一個樣式表中定義了下列兩個 CSS 類別：

```
.transparent { opacity: 0; }
.fadeable { transition: opacity .5s ease-in }
```

如果你把那第一個樣式套用到一個元素上，它就會變得完全透明（transparent），因此看不到。但如果你套用第二個樣式，告訴瀏覽器當那個元素的不透明度（opacity）改變了，那個改變應該要是跨越 0.5 秒的動畫，而「ease-in」則指出這個不透明度的改變一開始應該緩慢進行，然後加速變化。

現在假設你的 HTML 文件包含的一個元素帶有「fadeable」這個類別：

```
<div id="subscribe" class="fadeable notification">...</div>
```

在 JavaScript 中，你可以新增「transparent」類別：

```
document.querySelector("#subscribe").classList.add("transparent");
```

這個元素的不透明度的改變被設定為會以動畫呈現。新增「transparent」類別會改變不透明度，並觸發一個動畫：瀏覽器會讓那個元素「淡出（fades out）」，它會在半秒鐘的時間逐漸變成完全透明。

這反過來也行得通：如果你移除一個「fadeable」元素的「transparent」類別，那也是不透明度的改變，該元素會逐漸變回來，再次變得可見。

JavaScript 不需要做任何事來使這些動畫成真：它們純然是 CSS 的效果。但 JavaScript 可被用來觸發它們。

JavaScript 也能被用來監看一個 CSS 變遷（transition）的進展，因為 Web 瀏覽器會在一個變遷的開頭與結尾發動事件。「transitionrun」事件會在變遷一開始觸發時分派出來。若有指定 transition-delay 樣式，這可能發生在任何視覺上的改變出現之前，一旦視覺變化開始，就會分派一個「transitionstart」事件，而當動畫完成，就會分派一個「transitionend」事件。當然，所有的這些事件的目標都是被動畫化的那個元素。被傳入這些事件的處理器的事件物件是一個 TransitionEvent 物件。它有一個 propertyName 特性指出被動畫化的 CSS 特性，以及「transitionend」的一個 elapsedTime 特性，指出「transitionstart」事件觸發後已經過了多少秒。

除了變遷，CSS 也支援更複雜的一種動畫形式，就稱作「CSS 動畫（CSS Animations）」。這些動畫用到像是 animationname 與 animation-duration 之類的 CSS 特性，以及一個特殊的 @keyframes 規則來定義動畫的細節。CSS 動畫的運作細節遠超出本書的範圍，但同樣地，如果你是在一個 CSS 類別上定義了所有的動畫特性，你就能使用 JavaScript 把那個類別加到想要動畫化的元素上，來觸發動畫。

而就像 CSS 變遷（transitions），CSS 動畫也會觸發你的 JavaScript 程式碼可以收聽（listen）的事件。「animationstart」會在動畫開始時分派出來，而「animationend」會在動畫完成時派送。如果動畫會重複超過一次，那麼每次重複後就會有一個「animationiteration」事件分派出來，除了最後一次以外。事件目標是被動畫化的元素，而傳入處理器函式的事件物件是一個 AnimationEvent 物件。這些事件包含一個 animationName 特性，指出定義該動畫的 animation-name 特性，以及一個 elapsedTime 特性，指出動畫開始後經過了多少秒。

15.5 文件的幾何形狀和捲動

目前為止，在本章中，我們以元素和文字節點所成的抽象樹狀結構的角度看待過文件。但是當瀏覽器把一個文件描繪（renders）在一個視窗中，它就建立出該文件的視覺表現（visual representation），其中每個元素都有一個位置（position）和一個大小（size）。通常，Web 應用程式可以把文件視為元素構成的樹，而永遠都不用考慮到那些元素在螢幕上是如何被描繪的。然而，有的時候，判斷出一個元素的確切幾何形狀（geometry）是必要的。假設，舉例來說，你想要使用 CSS 動態放置一個元素（例如一個 tooltip）到瀏覽器放置好的某個一般元素旁邊，你就需要判斷出那個元素的位置。

接下來的各小節解說你如何能在一個文件以樹狀結構（tree）為基礎的抽象模型（model）和該文件被佈局在一個瀏覽器視窗中之後，基於坐標（coordinate）的幾何觀點（view）之間來回切換。

15.5.1 文件坐標和 Viewport 坐標

一個文件元素的位置是以 CSS 像素（pixels）為單位來測量的，其中的 x 坐標往右遞增，而 y 坐標則是在我們往下時增加。然而，我們能用作坐標系統原點（origin）的有兩個不同的點：一個元素的 x 與 y 坐標可以相對於文件的左上角（top-left corner），或相對於文件在其中顯示的 *viewport*（檢視區）的左上角。在頂層視窗和分頁（tabs）中，「viewport」是瀏覽器實際顯示文件內容的部分：這排除了瀏覽器的「外框（chrome）」，例如選單列、工具列、和分頁列。對於顯示在 <iframe> 標記中的文件，是 DOM 中的 iframe 元素定義了那個內嵌文件的 viewport。不管是哪種情形，當我們談及一個元素的位置，我們必須清楚用的是文件坐標（document coordinates）還是檢視區坐標（viewport coordinates，請注意檢視區坐標有時候被稱作「視窗坐標」）。

如果文件比 viewport 還要小，或者它尚未被捲動（scrolled），那麼文件的左上角就位在 viewport 的左上角，而文件坐標系統跟 viewport 坐標系統就相同。然而，一般來說，要在兩種坐標系統之間轉換，我們必須加上或減去捲動位移量（*scroll offsets*）。舉例來說，如果一個元素在文件坐標中，有 200 像素的 y 坐標，而使用者往下捲動了 75 像素，那麼該元素在 viewport 坐標中，就有 125 像素的 y 坐標。同樣地，如果使用者將 viewport 水平捲動了 200 像素，那麼在 viewport 坐標中有 400 像素 x 坐標的一個元素，在文件坐標中，就會有 600 像素的 x 坐標。

如果我們使用印刷紙質文件作為心智模型，那麼邏輯的假設就是，一個文件中的每個元素在文件坐標中都必須有一個唯一的位置，不管使用者捲動了該文件多少。那是紙質文件的一個吸引人的特性，而那也適用於簡單的 Web 文件，但一般來說，文件坐標在 Web 上並不是真的行得通。問題在於，CSS 的 overflow 特性允許一個文件中的元素含有的內容比它能顯示的更多。元素可以有它們自己的捲軸（scrollbars）並作為它們所包含的內容的 viewport。Web 允許能夠捲動的文件中有能夠捲動的元素這點，意味著想要使用單一個 (x,y) 點來描述文件中的一個元素之位置，單純就是不可能的。

因為文件坐標實際上是行不通的，客戶端 JavaScript 傾向於使用 viewport 坐標。舉例來說，接下來要描述的 getBoundingClientRect() 與 elementFromPoint() 方法就使用 viewport 坐標，而滑鼠和指標事件物件的 clientX 與 clientY 特性也使用這種坐標系統。

當你使用 CSS 的 position:fixed 明確定位一個元素，top 與 left 特性就會以 viewport 坐標解釋。如果你使用 position:relative，元素的定位方式就會相對於它沒有設定 position 特性的時候應該被放置的地方。如果你使用 position:absolute，那麼 top 與 left 就會相對於文件或外圍已定位的最接近的元素（nearest containing positioned element）。這意味著，舉例來說，在一個相對定位的元素（relatively positioned element）內的一個絕對定位的元素（absolutely positioned element）是相對於其容器元素來放置的，而非相對於整個文件。有的時候，創建 top 與 left 被設為 0 的一個相對定位的容器（如此該容器會被正常放置），是非常有用的，這能為它所包含的絕對定位元素建立一個新的坐標系統。我們可以把這個新的坐標系統稱作「容器坐標（container coordinates）」，以跟文件坐標和 viewport 坐標做出區分。

CSS 像素

如果你跟我一樣，老到還記得解析度為 1024 × 768 的電腦顯示器和解析度為 320 × 480 的觸控螢幕手機，那麼你可能還以為「像素（pixel）」這個詞指的是*硬體*中的單一個「圖像元素（picture element）」。今日的 4K 顯示器和「retina」顯示器的解析度是如此之高，使得軟體像素和硬體像素早已脫鉤。一個 CSS 像素，也就是一個客戶端 JavaScript 像素，實際上可能由多個裝置像素（device pixels）所構成。Window 物件的 devicePixelRatio 特性指出每個軟體像素用到多少個裝置像素。舉例來說，若「dpr」為 2，就意味著每個軟體像素實際上是 2 × 2 個硬體像素所組成的一個方格。devicePixelRatio 的值取決於你硬體的實體解析度、你作業系統的設定，以及你瀏覽器的縮放比例（zoom level）。

devicePixelRatio 不必是一個整數。如果你正在使用「12px」的 CSS 字體大小，而裝置的像素比（device pixel ratio）是 2.5，那麼實際的字體大小，以裝置像素為單位，就是 30。因為我們在 CSS 中使用的像素值不再直接對應螢幕上的個別像素，像素坐標也不再需要是整數。如果 devicePixelRatio 是 3，那麼 3.33 的一個坐標就完全合理。而如果該比例實際上是 2，那麼 3.33 的一個坐標就只會被向上捨入為 3.5。

15.5.2　查詢一個元素的幾何形狀

你可以呼叫一個元素的 getBoundingClientRect() 方法來判斷它的大小（包括 CSS 邊框和內距，但不包括外距）和位置（使用 viewport 坐標）。它不接受引數，並會回傳帶有特性 left、right、top、bottom、width 與 height 的一個物件。left 與 top 特性給出元素左上角（upper-left corner）的 x 與 y 坐標，而 right 與 bottom 特性給出右下角（lower-right corner）的坐標。這些值之間的差就是 width 與 height 特性。

區塊元素（block elements），例如影像、段落和 <div> 元素，被瀏覽器擺放時，永遠都會是長方形。然而，行內元素（inline elements），例如 <span>、<code> 與 <b> 元素，可能會跨越多行，因此會由多個矩形所構成。想像一下，舉例來說，<em> 與 </em> 標記之中的一些文字被顯示的方式剛好繞為兩行。它的矩形就由第一行的結尾和第二行的開頭所構成。如果你在此元素上呼叫 getBoundingClientRect()，它的定界矩形（bounding rectangle）就會包含這兩行的整個寬度（width）。如果你想要查詢行內元素的個別矩形，就呼叫 getClientRects() 方法來取得一個唯讀的類陣列物件，其元素會是像 getBoundingClientRect() 所回傳的那些矩形物件（rectangle objects）。

15.5.3　判斷位於一個點上的元素

getBoundingClientRect() 能讓我們判斷一個 viewport 中某個元素目前的位置。有的時候我們想要反過來，找出 viewport 中位於一個給定位置上的是哪個元素。你能以 Document 物件的 elementFromPoint() 方法來做到這點。以一個點的 x 與 y 坐標來呼叫此方法（使用 viewport 坐標，而非文件坐標：例如一個滑鼠事件物件的 clientX 與 clientY 坐標）。elementFromPoint() 回傳位於指定位置的一個 Element 物件。用來選取此元素的 *hit detection*（命中偵測）演算法並沒有明確的規格，但此方法的目的是回傳位於那點的最內層（內嵌最深的）且最上面（有最高的 CSSz-index 屬性）的元素。

15.5.4 捲動

Window 物件的 scrollTo() 方法接受一個點的 x 與 y 坐標（使用文件坐標）並把那些設為捲軸的位移量。也就是說，它捲動視窗的方式會讓指定的點位於 viewport 的左上角。如果你指定的一個點太接近底部或太靠近文件的右邊緣，瀏覽器會盡量讓它靠近左上角，但沒辦法完全到達那裡。下列的程式碼捲動瀏覽器讓文件最底部的頁面可以被看得到：

```
// 取得文件和 viewport 的高度（heights）。
let documentHeight = document.documentElement.offsetHeight;
let viewportHeight = window.innerHeight;
// 進行捲動，以讓最後一「頁」被顯示於 viewport 之中。
window.scrollTo(0, documentHeight - viewportHeight);
```

Window 的 scrollBy() 方法類似於 scrollTo()，但它的引數是相對的，並且會被加到目前的捲動位置：

```
// 每 500 毫秒往下捲動 50 個像素。注意到你沒辦法把這關掉！
setInterval(() => { scrollBy(0,50)}, 500);
```

如果你想要滑順地（smoothly）以 scrollTo() 或 scrollBy() 進行捲動，就傳入單一個物件引數，而非兩個數字，像這樣：

```
window.scrollTo({
  left: 0,
  top: documentHeight - viewportHeight,
  behavior: "smooth"
});
```

經常，我們不是要捲動到一個文件中的某個數值位置，而只是想要進行捲動，以讓文件中的某個特定元素可被看到。你能以那個 HTML 元素上的 scrollIntoView() 方法來達成這點。這個方法會確保它在其上被調用的那個元素會出現在 viewport 中以被看見。預設情況下，它會試著把該元素的頂邊移到 viewport 的頂端上，或接近那裡的位置。如果 false 被傳入作為唯一的引數，它會試著把元素的底部放在 viewport 的底部。瀏覽器也會視需要水平捲動 viewport，以讓元素能被看到。

你也可以傳入一個物件給 scrollIntoView()，設定 behavior:"smooth" 特性來選用平滑捲動。你可以設定 block 特性來指出元素應該被垂直放置於何處，而 inline 特性可用來指定如果需要水平捲動的話，它應該如何水平放置。這兩個特性的合法值有 start、end、nearest 與 center。

15.5.5　檢視區（Viewport）大小、內容大小以及捲動位置

如我們已經討論過的，瀏覽器視窗和其他的 HTML 元素可以顯示能捲動的內容（scrolling content）。在這種情況下，我們有時需要知道檢視區（viewport）的大小、內容的大小，以及內容在檢視區內的捲動位移量（scroll offsets）。本節涵蓋那些細節。

對於瀏覽器視窗，檢視區的大小是由 window.innerWidth 和 window.innerHeight 特性所給出（為行動裝置而最佳化的網頁經常會在它們的 <head> 中使用一個 <meta name="viewport"> 標記來為該頁面設定想要的檢視區寬度）。文件的總大小等同於 <html> 元素的大小，也就是 document.documentElement。你可以在 document.documentElement 上呼叫 getBoundingClientRect() 來取得該文件的寬度（width）與高度（height），又或者你可以使用 document.documentElement 的 offsetWidth 與 offsetHeight 特性。文件在其檢視區中的捲動位移量可透過 window.scrollX 與 window.scrollY 取用。這些是唯讀的特性，所以你無法設定它們來捲動文件，請改為使用 window.scrollTo()。

就元素而言，事情會稍微更複雜一點。每個 Element 物件都定義了下列三組特性：

offsetWidth	clientWidth	scrollWidth
offsetHeight	clientHeight	scrollHeight
offsetLeft	clientLeft	scrollLeft
offsetTop	clientTop	scrollTop
offsetParent		

一個元素的 offsetWidth 與 offsetHeight 特性回傳它在螢幕上的大小（on-screen size），單位是 CSS 像素。所回傳的大小包括元素邊框（border）和內距（padding），但不包含外距（margins）。offsetLeft 與 offsetTop 特性回傳元素的 x 和 y 坐標。對於許多元素，這些值會是文件坐標。但對於定位元素（positioned elements）的後裔，以及其他的某些元素，例如表格中的格子（table cells），這些特性回傳的坐標是相對於一個祖系元素（ancestor element）而非文件本身。offsetParent 特性指出那些特性是相對於哪個元素，這些 offset（位移量）特性全都是唯讀的。

clientWidth 與 clientHeight 就像是 offsetWidth 與 offsetHeight，只不過它們不包含邊框（border）的大小，只有內容區域和它的內距（padding）。clientLeft 與 clientTop 特性並不是非常有用：它們回傳一個元素的內距外邊和它的邊框外邊之間的水平和垂直距離。通常，這些值就只是左邊框和上邊框的寬度。這些客戶端（client）特性全都是唯讀的，對於像是 <i>、<code> 與 <span> 之類的行內元素，它們全都會回傳 0。

scrollWidth 與 scrollHeight 回傳一個元素的內容區域（content area）加上它的內距（padding），再加上任何溢位內容（overflowing content）的大小。當內容區域可以容納內容，而不會溢位，這些特性就等同於 clientWidth 與 clientHeight。但若有溢位發生，它們就包含溢位內容，而回傳值會大於 clientWidth 與 clientHeight。scrollLeft 與 scrollTop 給出元素內容在該元素的檢視區（viewport）內的捲動位移量。不同於在此描述的所有其他特性，scrollLeft 與 scrollTop 是可寫入的特性，而你可以設定它們以捲動一個元素中的內容（在大多數的瀏覽器中，Element 物件也有 scrollTo() 與 scrollBy() 方法，跟 Window 物件一樣，但它們尚未受到普遍的支援）。

15.6　Web 元件

HTML 是用於文件標示（document markup）的一個語言，為此它定義了一組豐富的標記（tags）。在過去三十年間，它成為了用來描述 Web 應用程式使用者介面（user interfaces）的一個語言，但基本的 HTML 標記，例如 <input> 與 <button>，對於現代 UI 設計而言，並不合適。Web 開發人員有辦法讓它們動起來，靠得就是使用 CSS 和 JavaScript 來增強基本 HTML 標記的外觀和行為。考慮典型的使用者介面元件，例如圖 15-3 中所顯示的搜尋方塊（search box）。

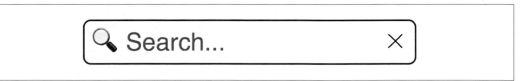

圖 15-3　一個搜尋方塊的使用者介面元件

HTML 的 <input> 元素可用來接受使用者的單行輸入，但它其實沒辦法顯示像左邊那樣的放大鏡圖示或右邊的取消 X 圖示。為了實作像這樣的現代使用者介面元素在 Web 上使用，我們至少需要使用四個 HTML 元素：一個 <input> 元素來接受並顯示使用者的輸入，兩個 <img> 元素（或在此例中，以兩個 <span> 元素顯示 Unicode 的字形），以及一個容器 <div> 元素來放置那三個子節點。此外，我們必須使用 CSS 來隱藏 <input> 元素的預設邊框，並為該容器定義一個邊框。而我們也需要使用 JavaScript 來使所有的這些 HTML 一起合作。舉例來說，當使用者在 X 圖示上點擊，我們需要一個事件處理器來清除 <input> 元素的輸入。

每次你想要在一個 Web 應用程式中顯示一個搜尋方塊時都得這樣做會是很耗費工夫的事情，而且今日大多數的 Web 應用程式並不是使用「原始（raw）」的 HTML 所撰寫的。取而代之，許多 Web 開發人員都使用像是 React 和 Angular 之類的框架（frameworks），它們支援可重用的使用者介面元件（reusable user interface components）的創建，例如這裡所展示的搜尋方塊。Web 元件（Web components）是瀏覽器原生（browser-native）的替代方式，可取代那些框架，它們基於 Web 標準的三個相對新進的功能，允許 JavaScript 以新的標記（tags）擴充 HTML，作為自成一體的、可重用的 UI 元件。

接下來的小節解釋如何在你自己的網頁中使用其他開發人員所定義的 Web 元件，然後再解說 Web 元件所依據的那三項技術，最後把所有的那三個整合到一個範例中，實作出圖 15-3 中所示的搜尋方塊。

15.6.1　使用 Web 元件

Web 元件是以 JavaScript 定義的，所以為了在你的 HTML 檔案中使用一個 Web 元件，你需要引入定義該元件的 JavaScript 檔案。因為 Web 元件是相對新的技術，它們經常被寫成 JavaScript 模組，所以你可能會像這樣在你的 HTML 中包含它們：

```
<script type="module" src="components/search-box.js">
```

Web 元件定義它們自己的 HTML 標記名稱，但有一個重要的限制是那些標記名稱必須包含一個連字符（這意味著未來版本的 HTML 可以引進不含連字符的新標記，而那些標記不會與任何人的 Web 元件產生衝突）。要使用一個 Web 元件，就在你的 HTML 檔案中使用它的標記：

```
<search-box placeholder="Search..."></search-box>
```

Web 元件也可以有屬性（attributes），就像一般的 HTML 標記那樣，你所用的元件的說明文件應該會告訴你支援哪些屬性。Web 元件無法以自關閉的標記（self-closing tags）定義，例如你無法寫 `<search-box/>`。你的 HTML 檔案必須包含開啟標記（opening tag）和關閉標記（closing tag）。

就像一般的 HTML 元素，某些 Web 元件被寫成會預期子節點，而其他則寫成不會預期（也不會顯示）子節點。某些 Web 元件被寫成會選擇性的接受特別標示過的子節點，它們會出現在具名的「插槽（slots）」中。圖 15-3 中所示並在範例 15-3 中實作的 `<search-box>` 就為它所顯示的兩個圖示使用了「插槽」。如果你想要以不同的圖示來使用一個 `<search-box>`，可以使用像這樣的 HTML：

```
<search-box>
  <img src="images/search-icon.png" slot="left"/>
  <img src="images/cancel-icon.png" slot="right"/>
</search-box>
```

slot 屬性是 HTML 的一個擴充功能，用來指定哪個子節點應該去哪邊。插槽的名稱
（slot names），例如此例中的「left」和「right」，是由 Web 元件所定義的。如果你正在
使用的元件支援插槽，這樣的事情應該包含在它的說明文件中。

我之前提過，Web 元件經常被實作為 JavaScript 模組，而能以一個 `<script type="module">`
標記載入到 HTML 檔案中。你可能還記得本章開頭說過，模組會在文件內容剖析後載
入，彷彿它們有一個 deferred 標記一般。所以這意味著，Web 瀏覽器通常會在執行告
訴它 `<search-box>` 到底是什麼的程式碼之前，就先剖析和描繪（render）像是 `<search-`
`box>` 這樣的標記。使用 Web 元件時，這會是常態。Web 瀏覽器中的 HTML 剖析器
（parsers）很有彈性，而且對於它們不了解的輸入非常寬容。若是它們遇到一個 Web
元件標記時，該元件尚未被定義，它們就會新增一個泛用的 HTMLElement 到 DOM 樹
中，即使它們不知道該拿它怎麼辦。之後，當此自訂元素被定義了，那個泛用元素的外
觀跟行為就會被「升級」到想要的那樣。

如果一個 Web 元件有子節點，那些子節點在該元件定義之前，大概不會正確顯示。你可
以用這個 CSS 來讓 Web 元件在被定義之前都保持隱藏：

```
/*
 * 使 <search-box> 元件在定義前都看不到。
 * 並且試著模仿它最終的佈局與大小，如此
 * 附近的內容才不會在它定義之後移動。
 */
search-box:not(:defined) {
    opacity:0;
    display: inline-block;
    width: 300px;
    height: 50px;
}
```

就像一般的 HTML 元素，Web 元件也能在 JavaScript 中使用。如果你在你的網頁中包含
一個 `<search-box>` 標記，那麼你就能以 querySelector() 及一個適當的 CSS 選擇器得到對
它的一個參考，就像其他任何的 HTML 標記一樣。一般來說，只有在定義該元件的模組
執行之後，這麼做才有意義，所以查詢 Web 元件時要特別小心，不要太早那樣做。Web

元件的實作通常（但這非必要）會為它們支援的每個 HTML 屬性都定義一個 JavaScript 特性。而且，就像是 HTML 元素，它們也可以定義實用的方法。再一次，你所使用的 Web 元件的說明文件應該指出你的 JavaScript 程式碼可以使用什麼特性和方法。

既然你已經知道如何使用 Web 元件了，接下來的三個小節涵蓋能讓你實作它們的三個 Web 瀏覽器功能。

DocumentFragment 節點

在我們涵蓋 Web 元件 API 之前，我們得先快速地回到 DOM API 講解 DocumentFragment 是什麼。DOM API 將一個文件組織為由 Node 節點組成的一個樹狀結構，其中一個 Node 可以是一個 Document、Element 或 Text 節點，或甚至是一個 Comment 節點。這些節點型別都無法讓你表達由不包含它們父節點的一組兄弟節點（sibling nodes）所構成的一個文件片段（a fragment of a document）。這就是 DocumentFragment 派上用場的地方：它是另一種類型的 Node，在你想要把一組兄弟節點當作一個單位來操作時，可作為一個臨時的父節點（temporary parent）使用。你能以 document.createDocumentFragment() 創建一個 DocumentFragment 節點。一旦你有了一個 DocumentFragment，你就能把它當成一個 Element 使用，透過 append() 附加內容給它。一個 DocumentFragment 有別於一個 Element，因為它並沒有父節點。但更重要的是，當你插入一個 DocumentFragment 節點到文件中，DocumentFragment 本身不會被插入，而是插入它所有的子節點。

15.6.2 HTML 範本（Templates）

HTML<template> 標記與 Web 元件只有一點關係，但它確實為經常出現在網頁中的元件帶來了一種實用的最佳化。<template> 標記和它們的子節點永遠都不會被 Web 瀏覽器所描繪（rendered），而且只在用到 JavaScript 的網頁上有用處。此標記背後的想法是，當一個網頁包含重複了多次的同一個基本的 HTML 結構（例如一個表格中的列或一個 Web 元件的內部實作），那麼我們就能使用一個 <template> 定義那個元素結構一次，然後使用 JavaScript 視需要重複那個結構多次。

在 JavaScript 中，一個 <template> 標記是由一個 HTMLTemplateElement 物件所表示。這種物件定義了單一個 content 特性，而此特性的值是由那個 <template> 的所有子節點所成的一個 DocumentFragment。你可以複製這個 DocumentFragment，然後在必要時將複製的拷貝插入到你的文件中。那個片段（fragment）本身將不會被插入，但它的子節點會。假設你正在處理包含一個 `<table>` 和 `<template id="row">` 標記的一個文件，而那個範本（template）為這個表格（table）定義了列（rows）的結構。你可能會像這樣使用此範本：

```
let tableBody = document.querySelector("tbody");
let template = document.querySelector("#row");
let clone = template.content.cloneNode(true);  // 深層複製
// ... 使用 DOM 插入內容到那個複製體的 <td> 元素中 ...
// 現在新增該複製體和經過初始化的列到表格中
tableBody.append(clone);
```

範本元素並不需要直接出現在 HTML 文件中才能發揮用處。你能在你的 JavaScript 程式碼中建立一個範本，以 `innerHTML` 創建它的子節點，然後製作所需數量的複製體，而不用承受 `innerHTML` 的剖析負擔。這是 HTML 範本在 Web 元件中的典型使用方式，而範例 15-3 也示範了這個技巧。

15.6.3　自訂的元素

使 Web 元件變得可能的第二個 Web 瀏覽器功能是「自訂元素（custom elements）」：將一個 JavaScript 類別關聯至一個 HTML 標記名稱的能力，可以使得文件中的所有這種標記在 DOM 樹中都自動被轉為該類別的實體（instances）。`customElements.define()` 方法接受一個 Web 元件的標記名稱作為它的第一個引數（記得這種標記名稱必須包含一個連字符）以及 HTMLElement 的一個子類別（subclass）作為它的第二引數。該文件中具有那個標記名稱的任何現有元素都會被「升級」為該類別新創建的實體。而如果瀏覽器的剖析器在未來有剖析任何 HTML，它會在遇到每一個這種標記時，為之建立該類別的一個實體。

傳入 `customElements.define()` 的類別應該擴充 HTMLElement，而且不是像 HTMLButtonElement 那樣的一個更具體的型別[4]。回想第 9 章，當一個 JavaScript 類別擴充（extends）另一個類別，建構器函式必須在它使用 `this` 關鍵字之前呼叫 `super()`，因此，如果自訂元素有一個建構器，它應該在做任何事之前先呼叫 `super()`（不帶任何引數）。

瀏覽器會自動調用一個自訂元素類別的特定「生命週期方法（lifecycle methods）」。`connectedCallback()` 方法會在自訂元素的一個實體被插入到文件中之時被調用，而許多元

4　自訂元素的規格允許從 `<button>` 和其他特定的元素類別衍生子類別，但這在 Safari 中並不受支援，而且要使用擴充了 HTMLElement 以外任何東西的一個自訂元素，必須透過一種不同的語法才行。

素使用此方法來進行初始化。還有一個 disconnectedCallback() 方法會在該元素從文件中
移除時被調用，雖然這較少用到。

如果一個自訂類別定義了一個靜態的 observedAttributes 特性，其值為屬性名稱組成的一
個陣列，而如果自訂元素的一個實體上有其中指名的任何屬性被設定（或改變）了，瀏
覽器就會調用 attributeChangedCallback() 方法，傳入該屬性名稱、它舊的值，以及它新的
值。這個 callback 可以採取任何所需的步驟，依據它的屬性值來更新該元件。

自訂的元素類別也可以定義它們想要的任何其他特性與方法。常見的是，它們會定義
取值器（getter）與設值器（setter）方法來使該元素的屬性值可作為 JavaScript 特性
取用。

作為自訂元素的一個例子，假設我們希望能夠在一般的文字段落中顯示圓形。我們就能
寫出像這樣的 HTML 以描繪出像圖 15-4 中那樣的數學故事問題：

```
<p>
  The document has one marble: <inline-circle></inline-circle>.
  The HTML parser instantiates two more marbles:
  <inline-circle diameter="1.2em" color="blue"></inline-circle>
  <inline-circle diameter=".6em" color="gold"></inline-circle>.
  How many marbles does the document contain now?
</p>
```

The document has one marble: ○. The HTML
parser instantiates two more marbles: ● ○. How
many marbles does the document contain now?

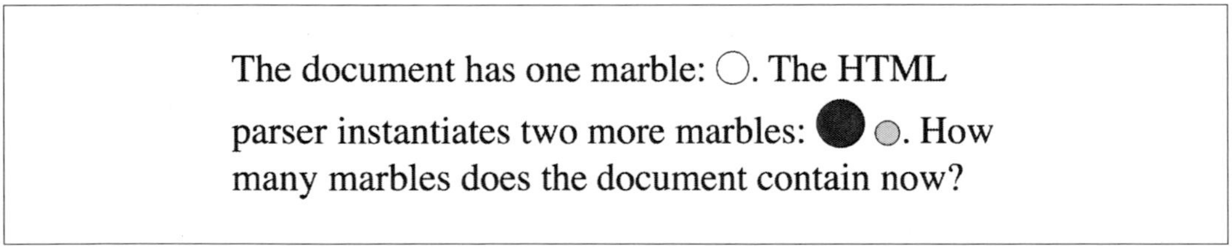

圖 15-4　自訂元素的一個行內圓形

我們能以範例 15-2 中的程式碼來實作這個 <inline-circle> 自訂元素：

範例 *15-2*　*<inline-circle>* 自訂元素

```
customElements.define("inline-circle", class InlineCircle extends HTMLElement {
    // 瀏覽器會在一個 <inline-circle> 元素被插入到文件中時，呼叫這個方法
    // 另外還有一個 disconnectedCallback()
    // 但在此範例中不需要用到。
    connectedCallback() {
        // 設定創建圖形所需的樣式
```

```
        this.style.display = "inline-block";
        this.style.borderRadius = "50%";
        this.style.border = "solid black 1px";
        this.style.transform = "translateY(10%)";

        // 如果尚未定義大小，就設定一個預設大小
        // 而那依據的是目前的字體大小。
        if (!this.style.width) {
            this.style.width = "0.8em";
            this.style.height = "0.8em";
        }
    }

    // 靜態的 observedAttributes 特性指出我們希望得到
    // 哪些屬性發生改變的通知。(我們在此使用一個 getter，
    // 因為我們只能把 "static" 用於方法。)
    static get observedAttributes() { return ["diameter", "color"]; }

    // 這個 callback 會在列於上面的屬性之一有變時被調用，
    // 不管是在該自訂元素初次被剖析之時，或是在之後。
    attributeChangedCallback(name, oldValue, newValue) {
        switch(name) {
        case "diameter":
            // 如果 diameter (直徑) 屬性改變的話，就更新大小樣式
            this.style.width = newValue;
            this.style.height = newValue;
            break;
        case "color":
            // 如果 color (顏色) 屬性改變的話，就更新顏色樣式
            this.style.backgroundColor = newValue;
            break;
        }
    }

    // 定義對應到該元素之屬性的 JavaScript 特性。
    // 這些取值器 (getters) 和設值器 (setters) 只會取得和設定底層的
    // 屬性。若有一個 JavaScript 特性被設定，那會設定屬性
    // 這會觸發對 attributeChangedCallback() 的一個呼叫，
    // 而那會更新元素的樣式。
    get diameter() { return this.getAttribute("diameter"); }
    set diameter(diameter) { this.setAttribute("diameter", diameter); }
    get color() { return this.getAttribute("color"); }
    set color(color) { this.setAttribute("color", color); }
});
```

15.6.4　影子 DOM

範例 15-2 中所展示的自訂元素並沒有封裝得很好。當你設定它的 diameter 或 color 屬性，它會更動它自己的 style 屬性以做出回應，這不是我們會從一個真正的 HTML 元素那預期的行為。要把一個自訂元素轉為一個真正的 Web 元件，它應該使用被稱作影子（*shadow*）*DOM* 的強大封裝（encapsulation）機制。

影子 DOM 允許一個「影根（shadow root）」被接附到一個自訂元素（或是接附到一個 `<div>`、`<span>`、`<body>`、`<article>`、`<main>`、`<nav>`、`<header>`、`<footer>`、`<section>`、`<p>`、`<blockquote>`、`<aside>` 或 `<h1>` 到 `<h6>` 的元素），這個元素被稱為「影宿主（shadow host）」。影宿主元素，如同所有的 HTML 元素，本來就是其後裔元素和文字節點所成的一個普通 DOM 樹的根（root）。一個影根則是另一個更私密的後裔元素樹的根，這些後裔元素萌生自影宿主，並且可被想成是另外的一個迷你文件（minidocument）。

「影子（shadow）DOM」中的「影子（shadow）」這個詞代表的意義是，作為一個影根後裔的那些元素會「隱藏在影子中」：它們不是正常 DOM 樹的一部分，不會出現在它們宿主元素的 children 陣列中，而且不會被一般的 DOM 巡訪方法（例如 `querySelector()`）所訪問到。對比之下，一個影宿主一般的常規 DOM 子節點有時會被稱作「光明（light）DOM」。

要了解影子 DOM 的用途，想像 HTML 的 `<audio>` 與 `<video>` 元素：它們會顯示一個特殊的使用者介面來控制媒體的播放，但播放（play）和暫停（pause）按鈕以及其他的 UI 元素並非 DOM 樹的一部分，無法以 JavaScript 操作。因為 Web 瀏覽器就是設計來顯示 HTML 用的，瀏覽器供應商會想要使用 HTML 來顯示像這些那樣的內部 UI 也是很自然的事情。事實上，大多數的瀏覽器很早就在做這樣的事情了，而影子 DOM 使之成為 Web 平台標準的一部分。

影子 DOM 的封裝

影子 DOM 的關鍵功能是它所提供的封裝（encapsulation）能力。一個影根的後裔是隱藏在一般的 DOM 樹之後，並且是獨立於它的，幾乎就像它們是在各自獨立的文件中那樣。影子 DOM 提供了三種非常重要的封裝方式：

- 如同已經提過的，影子 DOM 中的元素對一般的 DOM 方法（例如 querySelectorAll()）來說是隱藏起來看不到的。創建一個影根，並將之接附到它的影宿主之時，它可以是被建立為「開啟（open）」或「封閉（closed）」模式。一個封閉的影根是完全密封且無法存取的。不過更常見的是，影根是建立為「開啟」模式，這意味著影宿主會有一個 shadowRoot 特性，JavaScript 可用它來存取該影根的元素，若有理由那麼做的話。

- 定義於一個影根之下的樣式是那個樹私有的，永遠不會影響到外面的光明 DOM 元素（一個影根能為它的宿主元素定義預設樣式，但那會被光明 DOM 的樣式所覆寫）。同樣地，套用到影宿主元素的光明 DOM 樣式對於那個影根的後裔沒有影響。影子 DOM 中的 Elements 會從光明 DOM 繼承像是字體大小或背景顏色之類的東西，而影子 DOM 中的樣式可以選擇使用在光明 DOM 中所定義的 CSS 變數。然而，在大多數情況下，光明 DOM 的樣式和影子 DOM 的樣式是完全獨立的：Web 元件的作者和使用者不必擔心它們的樣式表之間是否會有衝突。能夠以這種方式為 CSS 劃分「範疇（scope）」或許正是影子 DOM 最重要的功能。

- 在影子 DOM 中發生的某些事件（例如「load」）會被侷限在那個影子 DOM 中。其他的事件，包括焦點、滑鼠和鍵盤事件，都會向上向外傳播出來。當源於影子 DOM 的一個事件跨越了邊界，開始在光明 DOM 中傳播，它的 target 特性就會變為影宿主元素，看起來就好像是直接源自那個元素一樣。

影子 DOM 的插槽和光明 DOM 的子節點

身為影宿主的一個 HTML 元素會有兩個後裔樹（trees of descendants）。一個是 children[] 陣列，即該宿主元素一般的光明 DOM 後裔，而另一個則是影根及其所有的後裔，而你可能會好奇這兩個分別的內容樹如何能被顯示在相同的宿主元素中。這裡是它的運作方式：

- 影根的後裔永遠都會顯示在影宿主之中。

- 如果那些後裔包括一個 <slot> 元素，那麼宿主元素常規的光明 DOM 子節點被顯示的方式就好像它們是那個 <slot> 的子節點一樣，取代那個插槽（slot）中的任何影子 DOM 內容。如果影子 DOM 並沒有包含一個 <slot>，那麼該宿主的任何光明 DOM 內容就永遠都不會被顯示。如果影子 DOM 有一個 <slot>，但影宿主並沒有光明的 DOM 子節點，那麼該插槽的影子 DOM 內容就會作為預設值被顯示出來。

- 當光明 DOM 內容被顯示在一個影子 DOM 插槽中，我們就說那些已經被「分配（distributed）」了，但重要的是要理解，那些元素實際上並沒有變成影子 DOM 的一部分。它們仍然能以 querySelector() 來查詢，而且它們仍會出現在光明 DOM 中，作為宿主元素的子節點或後裔。

- 如果影子 DOM 定義了一個以上的 <slot>，並以一個 name 屬性來命名那些插槽，那麼影宿主的子節點就能指定它們想要出現在哪個插槽中，只要指定一個 slot="slotname" 屬性就行了。我們在 §15.6.1 示範如何自訂 <search-box> 元件所顯示的圖示時，看過這種用法的一個例子。

影子 DOM API

雖然如此強大，但 Shadow DOM 並沒有很多的 JavaScript API。要把一個光明（light）的 DOM 元素轉為一個影宿主（shadow host），只需呼叫它的 attachShadow() 方法，傳入 {mode:"open"} 作為唯一的引數。此方法回傳一個影根（shadow root）物件，並會把那個物件設為宿主的 shadowRoot 特性的值。這個影根物件是一個 DocumentFragment，而你可以使用 DOM 的方法來新增內容給它，或單純把它的 innerHTML 特性設為一段 HTML 字串。

如果你的 Web 元件需要知道一個影子 DOM <slot> 的光明 DOM 內容何時發生了改變，它可以直接在那個 <slot> 元素上為「slotchanged」事件註冊一個收聽器。

15.6.5　範例：<search-box> Web 元件

圖 15-3 顯示了一個 <search-box>Web 元件。範例 15-3 展示使這種 Web 元件的定義變得可能的三種技術：它將此 <search-box> 元件實作為一個自訂元素（custom element），並使用一個 <template> 標記來增加效率，以及一個影根（shadow root）來進行封裝。

此範例示範如何直接使用低階的 Web 元件 API。實務上，現在開發出來的許多 Web 元件都是使用較高階的程式庫來建立的，例如「lit-element」。使用程式庫的原因之一在於，建立可重用且可自訂的元件，要做得好，實際上是相當困難的事情，有很多細節都要弄對才行。範例 15-3 展示了 Web 元件，並做了一些基本的鍵盤焦點處理（keyboard focus handling），但除此之外就忽略了無障礙（accessibility）功能，也沒有試圖使用適當的 ARIA 屬性來使該元件能與螢幕閱讀器（screen readers）或其他的輔助技術搭配。

範例 15-3 實作一個 Web 元件

```
/**
 * 此類別定義一個自訂的 HTML <search-box> 元素，顯示一個
 * <input> 文字輸入欄位，加上兩個圖示或表情符號。預設情況下，
 * 它會顯示一個放大鏡的表情符號（代表搜尋）在文字欄位的左邊
 * 以及一個 X 表情符號（代表取消）在文字欄位的右邊。它會隱藏
 * 輸入欄位上的邊框（border）並在自己周圍顯示一個邊框，
 * 建立出那兩個表情符號好像位在輸入欄位內的外觀。
 * 同樣地，當內部的輸入欄位得到焦點，焦點環（focus ring）
 * 會顯示在這個 <search-box> 周圍。
 *
 * 你能在 <search-box> 的 <span> 或 <img> 子節點包含
 * slot="left" 和 slot="right" 屬性來覆寫預設的圖示。
 *
 * <search-box> 支援 HTML 一般的 disabled 和 hidden 屬性，
 * 以及 size 和 placeholder 屬性，它們對於此元素的意義
 * 與它們用在 <input> 元素上時相同。
 *
 * Input events from the 源自內部 <input> 元素的輸入事件會往上傳播，
 * 出現時它們的 target 欄位會被設為 <search-box> 元素。
 *
 * 此元素會發動一個 "search" 事件，其中 detail 特性設為
 * 使用者點擊左邊表情符號（放大鏡）時當下的輸入字串
 * "search" 事件也會在內部的文字欄位產生一個 "change" 事件
 * 的時候派送（當文字發生改變，或使用者按下
 * Return 或 Tab 的時候）。
 *
 * 此元素會在使用者點擊右邊的表情符號（那個 X）的時候發動一個 "clear" 事件
 * 如果沒有處理器在那個事件上呼叫 preventDefault()，那麼該元素
 * 就會在事件發派完成時清除（clears）使用者的輸入。
 *
 * 注意到並不存在 onsearch 和 onclear 特性或屬性：
 * "search" 和 "clear" 事件的處理器只能以
 * addEventListener() 來註冊。
 */
class SearchBox extends HTMLElement {
    constructor() {
        super(); // 調用超類別的建構器，必須優先。

        // 建立一個影子 DOM 樹，並把它接附到此元素，
        // 設定 this.shadowRoot 的值。
        this.attachShadow({mode: "open"});

        // 複製為此自訂元件定義後裔與樣式表的範本（template）
        // 並把那個內容附加到影根（shadow root）。
```

```
        this.shadowRoot.append(SearchBox.template.content.cloneNode(true));

        // 取得指向影子 DOM 中重要元素的參考（references）
        this.input = this.shadowRoot.querySelector("#input");
        let leftSlot = this.shadowRoot.querySelector('slot[name="left"]');
        let rightSlot = this.shadowRoot.querySelector('slot[name="right"]');

        // 當內部的輸入欄位取得或失去焦點，設定或移除
        // "focused" 屬性會導致我們的內部樣式表
        // 在整個元件上顯示或隱藏一個虛構的焦點環。
        // 注意到 "blur" 和 "focus" 事件會傳播並似好像
        // 源自於 <search-box>。
        this.input.onfocus = () => { this.setAttribute("focused", ""); };
        this.input.onblur = () => { this.removeAttribute("focused");};

        // 如果使用者點擊放大鏡，觸發一個 "search" 事件。
        // 也會在輸入欄位發動一個 "change" 事件時觸發。
        // （這個 "change" 事件不會傳播到影子 DOM 之外。）
        leftSlot.onclick = this.input.onchange = (event) => {
            event.stopPropagation();    // 防止點擊事件繼續傳播
            if (this.disabled) return;  // 停用時什麼都不做
            this.dispatchEvent(new CustomEvent("search", {
                detail: this.input.value
            }));
        };

        // 如果使用者點擊了 X，就觸發一個 "clear" 事件。
        // 如果 preventDefault() 沒有在該事件上呼叫，就清除輸入。
        rightSlot.onclick = (event) => {
            event.stopPropagation();     // 別讓點擊傳播出來
            if (this.disabled) return;  // 若是停用，什麼都不做
            let e = new CustomEvent("clear", { cancelable: true });
            this.dispatchEvent(e);
            if (!e.defaultPrevented) {  // 如果事件沒有 "cancelled"
                this.input.value = "";  // 那麼就清除輸入欄位
            }
        };
    }

    // 當我們的一些屬性被設定或改變了，我們就得
    // 在內部的 <input> 元素上設定對應的值。這個生命週期
    // 方法，以及下面靜態的 observedAttributes 特性，
    // 就負責那麼做。
    attributeChangedCallback(name, oldValue, newValue) {
        if (name === "disabled") {
            this.input.disabled = newValue !== null;
```

```
        } else if (name === "placeholder") {
            this.input.placeholder = newValue;
        } else if (name === "size") {
            this.input.size = newValue;
        } else if (name === "value") {
            this.input.value = newValue;
        }
    }

    // 最後，我們為對應到我們支援的 HTML 屬性的特性
    // 定義特性取值器與設值器。這些取值器單純回傳
    // 屬性的值 (或它們的存在狀態)。而設值器只會
    // 設定屬性的值 (或它們的存在狀態)。
    // 當一個設值器方法改變一個屬性，瀏覽器就會
    // 自動調用上面的 attributeChangedCallback。

    get placeholder() { return this.getAttribute("placeholder"); }
    get size() { return this.getAttribute("size"); }
    get value() { return this.getAttribute("value"); }
    get disabled() { return this.hasAttribute("disabled"); }
    get hidden() { return this.hasAttribute("hidden"); }

    set placeholder(value) { this.setAttribute("placeholder", value); }
    set size(value) { this.setAttribute("size", value); }
    set value(text) { this.setAttribute("value", text); }
    set disabled(value) {
        if (value) this.setAttribute("disabled", "");
        else this.removeAttribute("disabled");
    }
    set hidden(value) {
        if (value) this.setAttribute("hidden", "");
        else this.removeAttribute("hidden");
    }
}

// 這個靜態欄位是 attributeChangedCallback 方法所要求的。
// 只有在此陣列中指名的屬性會觸發對那個方法的呼叫。
SearchBox.observedAttributes = ["disabled", "placeholder", "size", "value"];

// 建立一個 <template> 元素來存放樣式表和我們會為
// SearchBox 元素的每個實體使用的元素所成的樹。
SearchBox.template = document.createElement("template");

// 我們剖析這段 HTML 字串來初始化此範本。然而，要注意的是，
// 當我們實體化一個 SearchBox，我們就能夠只複製範本中的節點
// 而不必再次剖析這段 HTML。
```

```
SearchBox.template.innerHTML = `
<style>
/*
 * :host 選擇器指的是光明 DOM 中的 <search-box> 元素。
 * 這些樣式是預設值，而且可被 <search-box> 的使用者
 * 在光明 DOM 中的樣式所覆寫。
 */
:host {
  display: inline-block;    /* 預設值是行內顯示 */
  border: solid black 1px;  /* <input> 與 <slots> 周圍的圓角邊框 */
  border-radius: 5px;
  padding: 4px 6px;         /* 而邊框內部有些空白 */
}
:host([hidden]) {           /* 注意到括弧：當 host 已經隱藏 ... */
  display:none;             /* ... 屬性設定不會顯示它 */
}
:host([disabled]) {         /* 當 host 有 disabled 屬性 ... */
  opacity: 0.5;            /* ... 讓它變灰 */
}
:host([focused]) {          /* 當 host 有 focused 屬性 ... */
  box-shadow: 0 0 2px 2px #6AE;  /* 顯示這個虛構的焦點環。 */
}

/* 樣式表的其餘部分只適用於影子 DOM 中的元素。 */
input {
  border-width: 0;         /* 隱藏內部輸入欄位的邊框。 */
  outline: none;           /* 也隱藏焦點環。 */
  font: inherit;           /* <input> 元素預設沒有繼承字體 */
  background: inherit;     /* 背景顏色也一樣。 */
}
slot {
  cursor: default;         /* 按鈕上的一個箭號游標 */
  user-select: none;       /* 別讓使用者選取表情符號文字 */
}
</style>
<div>
  <slot name="left">\u{1f50d}</slot>  <!-- U+1F50D 是一個放大鏡 -->
  <input type="text" id="input" />     <!-- 實際的 input 元素 -->
  <slot name="right">\u{2573}</slot>  <!-- U+2573 是一個 X -->
</div>
`;

// 最後，我們呼叫 customElement.define() 來註冊 SearchBox 元素
// 為 <search-box> 標記的實作（implementation）。自訂元素必須
// 有包含一個連字號（hyphen）的標記名稱。
customElements.define("search-box", SearchBox);
```

15.7　SVG：Scalable Vector Graphics

SVG（(scalable vector graphics，可縮放的向量圖形）。它名稱中的「vector（向量）」指出它與光柵影像（raster image）格式（例如 GIF、JPEG 與 PNG）有根本上的不同，後者會指定由像素值所組成的一個矩陣（a matrix of pixel values），而一個 SVG「影像」則是繪製想要的圖形所需之步驟的一個精確且獨立於解析度（因此是「可縮放的」，「scalable」）的描述（description）。SVG 影像是以使用 XML 標示語言（XML markup language）的文字檔案所描述，相當類似 HTML。

有三種方式可以在 Web 瀏覽器中使用 SVG：

1. 你能以一般的 HTML`<img>` 標記使用 *.svg* 影像檔，就像使用 *.png* 或 *.jpeg* 影像那樣。

2. 因為基於 XML 的 SVG 格式非常類似 HTML，你其實可以在你的 HTML 文件中直接內嵌 SVG 標記。如果你那麼做，瀏覽器的 HTML 剖析器（parser）會允許你省略 XML 命名空間（namespaces），並把 SVG 標記當成 HTML 標記來看待。

3. 你可以使用 DOM API 動態地創建 SVG 元素以視需要產生影像。

接下來的各小節示範 SVG 的第二和第三種用法。然而，要注意的是，SVG 有龐大且中等複雜的文法。除了簡單的形狀繪製基本功能，它還包含了繪製任意曲線、文字和動畫的支援。SVG 圖形甚至還能整合 JavaScript 指令稿和 CSS 樣式表來新增行為和呈現方式的資訊。SVG 的完整描述遠超出本書的範圍。本節的目標只是展示如何在你的 HTML 文件中使用 SVG，並以 JavaScript 指令稿操作之。

15.7.1　HTML 中的 SVG

SVG 影像當然能以 HTML 的 `<img>` 標記來顯示。但你也可以直接在 HTML 中內嵌 SVG。而如果你那麼做，你甚至能用 CSS 樣式表來指定像是字體、顏色和線條寬度之類的事情。舉例來說，這裡是一個 HTML 檔案，它使用 SVG 來顯示一個類比時鐘（analog clock）：

```
<html>
<head>
<title>Analog Clock</title>
<style>
/* 這些 CSS 樣式全都套用到下面所定義的 SVG 元素 */
#clock {                        /* 時鐘內所有東西的樣式： */
  stroke: black;                /* 黑色線條 */
```

```
    stroke-linecap: round;           /* 帶有圓端 */
    fill: #ffe;                       /* 在一個米白色的背景上 */
}
#clock .face { stroke-width: 3; }     /* 鐘面的輪廓 */
#clock .ticks { stroke-width: 2; }    /* 標示每個小時的線條 */
#clock .hands { stroke-width: 3; }    /* 如何繪製指針 */
#clock .numbers {                     /* 如何繪製數字 */
    font-family: sans-serif; font-size: 10; font-weight: bold;
    text-anchor: middle; stroke: none; fill: black;
}
</style>
</head>
<body>
  <svg id="clock" viewBox="0 0 100 100" width="250" height="250">
    <!-- width 和 height 屬性是圖形的螢幕大小 -->
    <!-- viewBox 屬性給出內部的坐標系統 -->
    <circle class="face" cx="50" cy="50" r="45"/>  <!-- 鐘面 -->
    <g class="ticks">    <!-- 12 小時的鐘點記號 -->
      <line x1='50' y1='5.000' x2='50.00' y2='10.00'/>
      <line x1='72.50' y1='11.03' x2='70.00' y2='15.36'/>
      <line x1='88.97' y1='27.50' x2='84.64' y2='30.00'/>
      <line x1='95.00' y1='50.00' x2='90.00' y2='50.00'/>
      <line x1='88.97' y1='72.50' x2='84.64' y2='70.00'/>
      <line x1='72.50' y1='88.97' x2='70.00' y2='84.64'/>
      <line x1='50.00' y1='95.00' x2='50.00' y2='90.00'/>
      <line x1='27.50' y1='88.97' x2='30.00' y2='84.64'/>
      <line x1='11.03' y1='72.50' x2='15.36' y2='70.00'/>
      <line x1='5.000' y1='50.00' x2='10.00' y2='50.00'/>
      <line x1='11.03' y1='27.50' x2='15.36' y2='30.00'/>
      <line x1='27.50' y1='11.03' x2='30.00' y2='15.36'/>
    </g>
    <g class="numbers"> <!-- 為標準方向標上數字 -->
      <text x="50" y="18">12</text><text x="85" y="53">3</text>
      <text x="50" y="88">6</text><text x="15" y="53">9</text>
    </g>
    <g class="hands">    <!-- 繪製直指向上的指針 -->
      <line class="hourhand" x1="50" y1="50" x2="50" y2="25"/>
      <line class="minutehand" x1="50" y1="50" x2="50" y2="20"/>
    </g>
  </svg>
  <script src="clock.js"></script>
</body>
</html>
```

你會注意到 <svg> 標記的後裔不是一般的 HTML 標記。不過 <circle>、<line> 與 <text> 標記有明顯的用途,而這個 SVG 圖形如何運作,應該很清楚。然而,還有很多其他的 SVG 標記,而你會需要查閱 SVG 的參考資料才能了解更多。你可能也會注意到樣式表很奇怪。fill、stroke-width 與 text-anchor 之類的樣式並不是普通的 CSS 樣式特性。在此,CSS 基本上是用來設定出現在文件中的 SVG 標記的屬性。也請注意,CSS 的 font 簡寫特性並不能用於 SVG 標記,而你必須明確設定 font-family、font-size 與 font-weight 為分別的樣式特性。

15.7.2 以指令稿操作 SVG

直接在你的 HTML 檔案中內嵌 SVG(而非單純使用靜態的 <img> 標記)的理由之一是,如果你那樣做,那你就能使用 DOM API 來操作 SVG 影像。假設你使用 SVG 在你的 Web 應用程式中顯示圖示(icons)。你可以把 SVG 內嵌在一個 <template> 標記(§15.6.2)中,然後每次需要插入那個圖示到你的 UI 時,只要複製(clone)這個範本內容就行了。而如果你希望這個圖示對使用者的活動做出反應,例如使用者的游標經過其上方時,改變顏色,這經常都能以 CSS 來達成。

動態地操作直接內嵌在 HTML 中的 SVG 圖形也是可能的。前一節中的鐘面範例顯示一個靜態的時鐘,其時針和分針都向上直指,代表正午或子夜的時間。但你可能有注意到那個 HTML 檔案包含一個 <script> 標記。那個指令稿執行一個函式,週期性地檢查時間,並將它們旋轉適當的角度來變換時針和分針,如此該時鐘才能實際顯示目前的時間,如圖 15-5 中所示。

圖 15-5 以指令稿操控的一個 SVG 類比時鐘

操作此時鐘的程式碼簡單又明瞭。它依據目前的時間判斷時針和分針適當的角度，然後使用 querySelector() 來查找顯示那些指針的 SVG 元素，再於其上設定一個 transform 屬性，讓它們繞著鐘面的中心旋轉。該函式用到 setTimeout() 來確保它每分鐘執行一次：

```
(function updateClock() { // 更新 SVG 時鐘圖形以顯示目前時間
    let now = new Date();                       // 目前時間
    let sec = now.getSeconds();                 // 秒
    let min = now.getMinutes() + sec/60;        // 小數的分鐘數
    let hour = (now.getHours() % 12) + min/60;  // 小數的時數
    let minangle = min * 6;                     // 每分鐘 6 度
    let hourangle = hour * 30;                  // 每小時 30 度

    // 取得時鐘指針的 SVG 元素
    let minhand = document.querySelector("#clock .minutehand");
    let hourhand = document.querySelector("#clock .hourhand");

    // 在它們之上設定一個 SVG 屬性以繞著鐘面移動它們
    minhand.setAttribute("transform", `rotate(${minangle},50,50)`);
    hourhand.setAttribute("transform", `rotate(${hourangle},50,50)`);

    // 10 後再次執行此函式
    setTimeout(updateClock, 10000);
}()); // 注意到這裡即刻調用了此函式。
```

15.7.3　以 JavaScript 建立 SVG 影像

除了單純以指令稿操作內嵌在你 HTML 文件中的 SVG 影像，你也可以從無到有建置出 SVG 影像，舉例來說，這可能適合用來視覺化動態載入的資料。範例 15-4 示範如何使用 JavaScript 來建立 SVG 圓餅圖（pie chart），就像圖 15-6 中所顯示的那樣。

雖然 SVG 標記可包含在 HTML 文件中，它嚴格來說仍是 XML 標記，而非 HTML 標記，而如果你想要以 JavaScript DOM API 來建立 SVG 元素，你無法使用在 §15.3.5 中介紹過的 createElement() 函式，而必須使用 createElementNS()，它接受一個 XML 命名空間字串（XML namespace string）作為它的第一個引數。對於 SVG，這個命名空間會是字面值字串 "http://www.w3.org/2000/svg"。

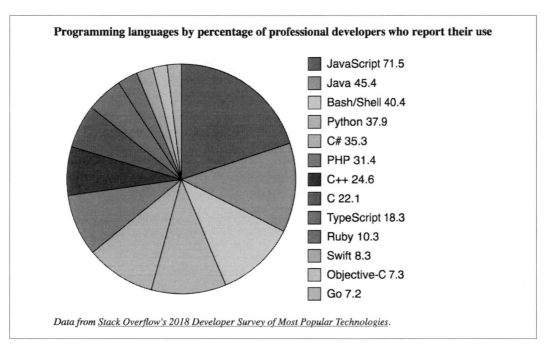

Programming languages by percentage of professional developers who report their use

- JavaScript 71.5
- Java 45.4
- Bash/Shell 40.4
- Python 37.9
- C# 35.3
- PHP 31.4
- C++ 24.6
- C 22.1
- TypeScript 18.3
- Ruby 10.3
- Swift 8.3
- Objective-C 7.3
- Go 7.2

Data from Stack Overflow's 2018 Developer Survey of Most Popular Technologies.

圖 15-6　以 JavaScript 建置的一個 SVG 圓餅圖（資料來自 Stack Overflow 2018 年的 Developer Survey of Most Popular Technologies）

除了 createElementNS() 的使用，範例 15-4 中的圓餅圖繪製程式碼也是相對簡單明瞭。用到了一點數學來將要繪製的資料轉為圓餅每個切片的角度。該範例大部分都是 DOM 程式碼，負責建立 SVG 元素，並在那些元素上設定屬性。

這個範例最不容易理解的部分是實際繪製圓餅切片的程式碼。用來顯示每個切片的元素是 <path>。這個 SVG 元素描述由線條和曲線構成的任意形狀（shapes）。這個形狀的描述由 <path> 元素的 d 屬性來指定。此屬性的值使用一種精簡文法，以字母碼和數字來指定座標、角度和其他的值。舉例來說，字母 M 代表「move to（移至）」，後面接著 x 與 y 坐標。字母 L 代表「line to（連線至）」，並會從目前的點繪製一條線到它後面跟的坐標。此範例也用到字母 A 來繪製一個弧形（arc），此字母後接著七個數字用以描述該弧形，而如果你想要了解更多，你可以在線上查找其語法。

範例 15-4　以 JavaScript 和 SVG 繪製一個圓餅圖

```
/**
 * 建立一個 <svg> 元素，並在其中繪製一個圓餅圖。
 *
 * 此函式預期一個物件引數，其中帶有下列特性：
 *
 *   width、height：此 SVG 圖形的大小，單位是像素（pixels）
 *   cx、cy、r：此圓餅的中心（center）和半徑（radius）
 *   lx、ly：圖例（chart legend）的左上角
 *   data：一個物件，其特性名稱是資料標籤（data labels）
 *         而特性值是與每個標籤關聯的值
 *
 * 此函式回傳一個 <svg> 元素。呼叫者必須
 * 把它插入到文件中，以使它變得可見。
 */
function pieChart(options) {
    let {width, height, cx, cy, r, lx, ly, data} = options;

    // 這是 svg 元素的 XML 命名空間
    let svg = "http://www.w3.org/2000/svg";

    // 創建 <svg> 元素，並指出像素大小和使用者坐標
    let chart = document.createElementNS(svg, "svg");
    chart.setAttribute("width", width);
    chart.setAttribute("height", height);
    chart.setAttribute("viewBox", `0 0 ${width} ${height}`);

    // 定義我們會用於此圖表的文字樣式。如果我們在此
    // 沒有設定這些值，它們能改以 CSS 來設定。
    chart.setAttribute("font-family", "sans-serif");
    chart.setAttribute("font-size", "18");

    // 以陣列形式取得那些標籤和值，並加總那些值
    // 以知道這個圓餅有多大。
    let labels = Object.keys(data);
    let values = Object.values(data);
    let total = values.reduce((x,y) => x+y);

    // 為所有的切片找出角度。切片 i 起始於 angles[i]
    // 並結束於 angles[i+1]。這些角度的測量單位是弧度（radians）。
    let angles = [0];
    values.forEach((x, i) => angles.push(angles[i] + x/total * 2 * Math.PI));

    // 現在以迴圈跑過此圓餅的切片
    values.forEach((value, i) => {
```

```
// 計算我們的切片與圓相交的兩點位置
// 這些公式經過挑選，使得 0 的角度位於 12 點鐘
// 而正的角度會隨著順時鐘方向增加。
let x1 = cx + r * Math.sin(angles[i]);
let y1 = cy - r * Math.cos(angles[i]);
let x2 = cx + r * Math.sin(angles[i+1]);
let y2 = cy - r * Math.cos(angles[i+1]);

// 這是一個旗標，用於大於半個圓的角度
// 這是 SVG 的弧形繪製元件所要求的
let big = (angles[i+1] - angles[i] > Math.PI) ? 1 : 0;

// 此字串描述如何繪製圓餅圖的一個切片：
let path = `M${cx},${cy}` +        // 移至圓的中心。
    `L${x1},${y1}` +               // 繪製線條至 (x1,y1).
    `A${r},${r} 0 ${big} 1` +      // 繪製半徑為 r 的一個弧形 ...
    `${x2},${y2}` +                // ... 結束於 (x2,y2)。
    "Z";                           // 封閉路徑回到 (cx,cy)。

// 計算此切片的 CSS 顏色。此公式只能用於
// 大約 15 個顏色。所以別在圓餅圖中包含超過 15 塊切片。
let color = `hsl(${(i*40)%360},${90-3*i}%,${50+2*i}%)`;

// 我們以一個 <path> 元素來描述一個切片。注意到 createElementNS()。
let slice = document.createElementNS(svg, "path");

// 現在在 <path> 元素上設定屬性
slice.setAttribute("d", path);            // 為此切片設定路徑
slice.setAttribute("fill", color);        // 設定切片顏色
slice.setAttribute("stroke", "black");    // 切片的輪廓是黑色
slice.setAttribute("stroke-width", "1");  // 1 個 CSS 像素寬
chart.append(slice);                      // 新增切片到圓餅圖中

// 現在為該鍵值繪製一個對應的小方形
let icon = document.createElementNS(svg, "rect");
icon.setAttribute("x", lx);               // 放置此方形
icon.setAttribute("y", ly + 30*i);
icon.setAttribute("width", 20);           // 設定方形的大小
icon.setAttribute("height", 20);
icon.setAttribute("fill", color);         // 填滿色彩跟切片一樣
icon.setAttribute("stroke", "black");     // 輪廓也相同。
icon.setAttribute("stroke-width", "1");
chart.append(icon);                       // 加到圖表中

// 並新增一個標籤到該矩形的右邊
let label = document.createElementNS(svg, "text");
```

```
        label.setAttribute("x", lx + 30);          // 放置文字
        label.setAttribute("y", ly + 30*i + 16);
        label.append(`${labels[i]} ${value}`);     // 新增文字給標籤
        chart.append(label);                        // 新增標籤到此圖表
    });

    return chart;
}
```

圖 15-6 中的圓餅圖是使用範例 15-4 的 pieChart() 函式來建立的，像這樣：

```
document.querySelector("#chart").append(pieChart({
    width: 640, height:400,     // 圖表的總大小
    cx: 200, cy: 200, r: 180,   // 圓餅圖的圓心和半徑
    lx: 400, ly: 10,            // 圖例的位置
    data: {                     // 要繪製的資料
        "JavaScript": 71.5,
        "Java": 45.4,
        "Bash/Shell": 40.4,
        "Python": 37.9,
        "C#": 35.3,
        "PHP": 31.4,
        "C++": 24.6,
        "C": 22.1,
        "TypeScript": 18.3,
        "Ruby": 10.3,
        "Swift": 8.3,
        "Objective-C": 7.3,
        "Go": 7.2,
    }
}));
```

15.8　<canvas> 中的圖形

<canvas> 元素沒有它自己的外觀，而是用來在文件中建立一個繪圖表面（drawing surface），並提供一個強大的繪圖 API 給客戶端 JavaScript。<canvas> API 和 SVG 之間的主要差異在於，使用畫布（canvas）時，你是呼叫方法來建立圖形，而使用 SVG 時，則是建構由 XML 元素構成的一個樹以建立出圖形。這兩種做法都同樣強大：任一個都能模擬另一個。然而，表面上它們相當不同，而各有各的優點與缺點。舉例來說，你可以從其描述中移除元素來輕易地編輯一個 SVG 圖形。在一個 <canvas> 中，要從相同的圖形移除一個元素，通常會需要抹去圖形，並從頭畫起。因為 Canvas 繪圖 API 是以 JavaScript 為基礎，而且相對簡潔（不同於 SVG 文法），本書會更詳細記載它。

Canvas 繪圖 API 大部分都不是定義在 <canvas> 元素本身，而是在能以畫布的 getContext() 方法獲得的一個「繪圖情境（drawing context）」物件上。以引數 "2d" 呼叫 getContext() 取得一個 CanvasRenderingContext2D 物件，你就能用它來繪製二維圖形（two-dimensional graphics）到畫布中。

作為 Canvas API 的一個簡單例子，下列的 HTML 文件使用 <canvas> 元素和一些 JavaScript 來顯示兩個簡單的形狀：

```
<p>This is a red square: <canvas id="square" width=10 height=10></canvas>.
<p>This is a blue circle: <canvas id="circle" width=10 height=10></canvas>.
<script>
let canvas = document.querySelector("#square"); // 取得第一個畫布元素
let context = canvas.getContext("2d");          // 取得 2D 繪圖情境
context.fillStyle = "#f00";                     // 設定填滿色彩為紅色
context.fillRect(0,0,10,10);                    // 填滿一個正方形

canvas = document.querySelector("#circle");     // 第二個畫布元素
context = canvas.getContext("2d");              // 取得它的情境
context.beginPath();                            // 起始一個新的「路徑（path）」
context.arc(5, 5, 5, 0, 2*Math.PI, true);       // 新增一個圓到此路徑
context.fillStyle = "#00f";                     // 設定藍色的填滿色彩
context.fill();                                 // 填滿該路徑
</script>
```

我們已經看到 SVG 把複雜的形狀描述為能被繪出或填滿的線條和曲線組成的一個「路徑（path）」。Canvas API 也用到路徑的概念，但並非以字母和數字所成的一個字串來描述一個路徑，在此一個路徑是由一系列的方法呼叫所構成，例如前面程式碼中的 beginPath() 與 arc() 調用。一旦一個路徑被定義出來，其他的方法，例如 fill()，就會作用在那個路徑上。情境物件的各個特性，例如 fillStyle，則指出那些運算如何進行。

後續的小節展示 2D Canvas API 的方法與特性。接下來的範例程式碼大多作用在一個變數 c 上。此變數持有畫布的 CanvasRenderingContext2D 物件，但用來初始化該變數的程式碼並沒有顯示出來。為了要讓這些範例跑起來，你需要加上 HTML 標示碼來定義帶有適當 width 和 height 屬性的一個畫布，然後新增像這樣的程式碼來初始化變數 c：

```
let canvas = document.querySelector("#my_canvas_id");
let c = canvas.getContext('2d');
```

15.8.1　路徑和多邊形（Polygons）

要在一個畫布上繪製線條，並填滿那些線條所包圍的區域，你得先定義一個*路徑*（*path*）。一個路徑是一序列的一或多個子路徑。一個子路徑（subpath）是由線段（line segments，或者如之後會看到的，由「曲線段（curve segments）」連接的一序列的兩個或更多的點。以 beginPath() 方法開始一個新路徑。以 moveTo() 方法開始一個子路徑。一旦你已經藉由 moveTo() 確立了一個子路徑的起點，你就能呼叫 lineTo() 以一條直線從那個點連接到一個新的點。下列程式碼定義了包含兩個線段的一個路徑：

```
c.beginPath();          // 起始一個新路徑
c.moveTo(100, 100);     // 在 (100,100) 開始一個子路徑
c.lineTo(200, 200);     // 新增從 (100,100) 到 (200,200) 的一條線
c.lineTo(100, 200);     // 新增從 (200,200) 到 (100,200) 的一條線
```

這段程式碼單純只是定義一個路徑，它並沒有在畫布上繪出任何東西。要繪出（draw，或「畫出（stroke）」）路徑中的那兩個線段，就呼叫 stroke() 方法，而要填滿（fill）那些線段所界定的區域，就呼叫 fill()：

```
c.fill();               // 填滿一個三角區域
c.stroke();             // 畫出三角形的兩邊
```

這段程式碼（連同設定線條寬度和填滿色彩的一些額外程式碼）會產生圖 15-7 中所示的圖形。

注意到圖 15-7 中所定義的子路徑是「開放（open）」的。它只由兩個線段構成，而其終點（end point）並沒有連回起點（starting point）。這意味著它並沒有圍起（enclose）一個區域（region）。fill() 方法填滿開放子路徑（open subpaths）的方式就彷彿有一條直線從子路徑的最後一個點連到子路徑的第一個點。這就是這段程式碼會填滿一個三角形的原因，儘管只畫出（strokes）了該三角形的兩邊。

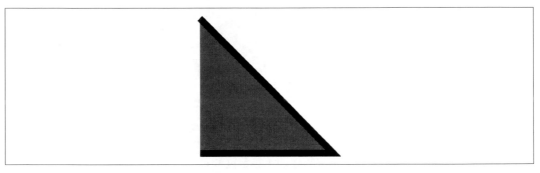

圖 15-7　一個簡單的路徑，已填滿並畫出

如果你想要把剛才所展示的三角形的三邊都畫出，你會呼叫 closePath() 方法來連接該子路徑的終點與起點（你也可以呼叫 lineTo(100,100)，但這樣你就會有共用一個起點和終點但並未真正封閉的三條線段。以寬線條繪出時，使用 closePath() 的視覺效果會比較好）。

關於 stroke() 與 fill()，還有兩個重點要注意。首先，這兩個方法都會作用在目前路徑中的所有子路徑上。假設我們在前面的程式碼中新增了另一個子路徑：

```
c.moveTo(300,100);    // 在 (300,100) 開始一個新的子路徑
c.lineTo(300,200);    // 一條垂直線往下連到 (300,200)
```

如果我們接著呼叫 stroke()，我們會畫出一個三角形連接的兩邊，以及一條沒連接的垂直線。

關於 stroke() 與 fill() 要注意的第二點是，兩者皆不會更動目前的路徑：你可以先呼叫 fill()，然後當你呼叫 stroke() 的時候，該路徑仍然會在那裡。當你完成一個路徑，想要開始另一個的時候，你必須記得呼叫 beginPath()。如果你沒那樣做，你得到的會是新增到目前路徑的一個新的子路徑，而你最後做的可能只是一再繪出那些舊的子路徑。

範例 15-5 定義了一個函式來繪製正多邊形（regular polygons），示範如何使用 moveTo()、lineTo() 與 closePath() 來定義子路徑，以及如何使用 fill() 與 stroke() 來繪出那些路徑。它所產生的圖形如圖 15-8 中所示。

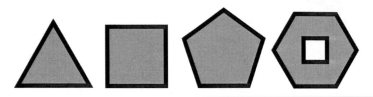

圖 15-8　正多邊形

範例 15-5　使用 moveTo()、lineTo() 與 closePath() 的正多邊形

```
// 定義有 n 邊的一個正多邊形，中心位於 (x,y)，半徑為 r。
// 頂點（vertices）沿著一個圓的圓周等距分布。
// 將第一個頂點放在正上方或指定的角度。
// 順時鐘旋轉，除非最後一個引數為 true。
function polygon(c, n, x, y, r, angle=0, counterclockwise=false) {
    c.moveTo(x + r*Math.sin(angle),  // 在第一個頂點開始一個新的子路徑
            y - r*Math.cos(angle)); // 使用三角學（trigonometry）來計算位置
    let delta = 2*Math.PI/n;         // 頂點之間的角距離（angular distance）
    for(let i = 1; i < n; i++) {     // 對於剩下的每個頂點
        angle += counterclockwise?-delta:delta; // 調整角度
        c.lineTo(x + r*Math.sin(angle),          // 新增線條連至下個頂點
                y - r*Math.cos(angle));
    }
    c.closePath();                   // 將最後一個頂點連回第一個
}

// 假設只有一個畫布，並取得它的情境物件藉以繪製。
let c = document.querySelector("canvas").getContext("2d");

// 起始一個新的路徑，並新增多邊形的子路徑
c.beginPath();
polygon(c, 3, 50, 70, 50);                  // 三角形
polygon(c, 4, 150, 60, 50, Math.PI/4);      // 正方形
polygon(c, 5, 255, 55, 50);                 // 五邊形（Pentagon）
polygon(c, 6, 365, 53, 50, Math.PI/6);      // 六邊形（Hexagon）
polygon(c, 4, 365, 53, 20, Math.PI/4, true); // 六邊形內的小正方形

// 設定一些特性來控制圖形的外觀
c.fillStyle = "#ccc";    // 內部亮灰色
c.strokeStyle = "#008";  // 輪廓是深藍色線條
c.lineWidth = 5;         // 五個像素寬。

// 現在以這些呼叫繪出所有的多邊形（每個自成一個子路徑）
c.fill();                // 填滿這些形狀
c.stroke();              // 畫出它們的輪廓
```

注意到此範例會繪製內部有一個正方形的一個六邊形。那個正方形和六邊形是分別的子路徑，但它們重疊。這種情況發生（或是一個子路徑與自己相交）時，畫布就必須能夠判斷哪些區域在路徑內，哪些在外部。畫布會使用一種稱為「non-zero winding rule（非零環繞規則）」的測試來達成這點。在此，正方形的內部沒有被填滿，因為那個正方形和六邊形是以相反方向繪製的：連接那個六邊形頂點的線段是繞著圓沿順時鐘方向移動，而那個正方形的頂點則是逆時鐘方向連接。假設那個正方形也是以順時鐘方向繪出，那麼對 fill() 的呼叫也會填滿那個正方形的內部。

15.8.2　畫布的尺寸和坐標

<canvas> 元素的 width 與 height 屬性，以及 Canvas 物件對應的 width 與 height 特性指出畫布的尺寸（dimensions）。預設的畫布坐標系統把原點 (0,0) 放在畫布的左上角。x 坐標往右遞增，而 y 坐標往螢幕下方增加。畫布上的點能以浮點數值指定。

若要更動一個畫布的尺寸，就必須完全重置該畫布。設定一個 Canvas 的 width 或 height 特性（即便是把它們設為目前的值）都會清除該畫布、抹去目前的路徑，並將所有的圖形屬性（包括目前的變換和剪輯區域）重置為它們原本的狀態。

一個畫布的 width 與 height 屬性指出該畫布可繪入的實際像素數。每個像素都配置四個位元組的記憶體，所以如果 width 和 height 都設為 100，那麼該畫布就配置了 40,000 位元組的記憶體以表示 10,000 個像素。

width 與 height 屬性也指定了該畫布會被顯示在螢幕上的預設大小（單位是 CSS 像素）。如果 window.devicePixelRatio 是 2，那麼 100×100 的 CSS 像素實際上就是 40,000 個硬體像素。當該畫布的內容被繪製到螢幕上，記憶體中的那 10,000 像素就需要被放大以涵蓋螢幕上的 40,000 實體像素，而這意味著你的圖形將無法像原本那樣清晰。

為了最佳的影像品質，你不應該使用 width 與 height 屬性來設定畫布在螢幕上的大小（on-screen size）。取而代之，以 CSS 的 width 與 height 樣式屬性將想要在螢幕上呈現的大小設定為畫布的 CSS 像素大小。然後，在你使用 JavaScript 程式碼開始繪製之前，將畫布物件（canvas object）的 width 與 height 特性設為 CSS 像素數目乘上 window.devicePixelRatio。接續前面的例子，這種技巧會導致畫布以 100×100 CSS 像素顯示，但配置了記憶體給 200×200 個像素（即使用了這個技巧，使用者將畫布拉近時，可能還是會看到模糊或像素化的圖形。這與 SVG 影像形成對比，後者不管螢幕上的大小或縮放比例為何，都能保持清晰）。

15.8.3 圖形屬性

範例 15-5 在畫布的情境物件上設定了特性 fillStyle、strokeStyle 與 lineWidth。這些特性是圖形屬性（graphics attributes），指出 fill() 和 stroke() 所用的顏色、stroke() 要繪出的線條寬度。注意到這些參數並沒有被傳入到 fill() 和 stroke() 方法，而是畫布通用的圖形狀態（*graphics state*）。如果你定義了一個方法來繪製一個形狀，並且沒有自行設定那些特性，你方法的呼叫者可以在呼叫你的方法之前設定 strokeStyle 與 fillStyle 特性以定義該形狀的顏色。圖形狀態和繪圖命令之間的這種分離是 Canvas API 的基礎，很類似套用 CSS 樣式表到 HTML 文件所達成的呈現方式（presentation）與內容（content）的分離。

情境物件上有幾個特性（以及一些方法）會影響到畫布的圖形狀態。它們的細節如下。

線條樣式

lineWidth 特性指出 stroke() 所繪出的線條會有多寬（單位是 CSS 像素）。預設值為 1。要了解的重點是，線條寬度（line width）是在 stroke() 被呼叫時由 lineWidth 特性所決定，而非是在 lineTo() 或其他路徑建置方法被呼叫之時。要完全了解 lineWidth 特性，很重要的是把路徑想像成無窮細的一維線條。stroke() 所繪出的線條和曲線是置中在路徑之上，中心點的兩邊各帶有一半的 lineWidth。如果你畫出一個封閉路徑，而且只希望該線條出現在路徑的外側，那就先畫出該路徑，然後以一種不透明的顏色來填滿，以隱藏出現在該路徑內側那部分的筆畫（stroke）。或者你只希望線條出現在一個封閉路徑的內側，那就先呼叫 save() 與 clip() 方法，然後呼叫 stroke() 與 restore()（save()、restore() 與 clip() 方法會在後面描述）。

當繪出的線條超過大約兩個像素寬，lineCap 與 lineJoin 特性就可能會對一條路徑的端點（ends）以及兩段路徑相遇的頂點（vertices）的視覺外觀有很大的影響。圖 15-9 展示了 lineCap 與 lineJoin 的值以及所產生的圖形外觀。

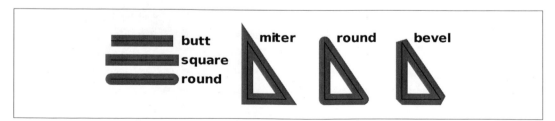

圖 15-9　lineCap 和 lineJoin 屬性

---

lineCap 的預設值是「butt（平接）」。lineJoin 的預設值是「miter（斜接）」。然而，要注意的是，如果兩條線相接的角度非常狹窄，那麼所產生的斜接處（miter）可能變得相當長，在視覺上會令人分心。如果一個給定頂點的斜接處會比線條寬度的一半乘上 miterLimit 特性還要長，那個頂點就會以斜切結合（beveled join）繪出，而非一個斜接結合（mitered join）。miterLimit 的預設值是 10。

stroke() 除了實線（solid lines）外，也能繪出短劃虛線（dashed lines）和點狀虛線（dotted lines），而一個畫布的圖形狀態也包含用作「短劃模式（dash pattern）」的一個數字陣列，指出要繪出多少像素，然後省略多少像素。不同於其他的線條繪製特性，這個短劃模式是以方法 setLineDash() 與 getLineDash() 來設定與查詢，而非藉由某個特性。要指定一種點狀的短劃模式，你能像這樣使用 setLineDash()：

```
c.setLineDash([18, 3, 3, 3]); // 18px 的短劃、3px 空白、3px 的點、3px 空白
```

最後，lineDashOffset 特性指出要深入到短劃模式的何處再開始繪出。預設值是 0。要以這裡展示的短劃模式畫出的路徑，會從一個 18 像素的短劃（18-pixel dash）開始，但若是 lineDashOffset 設為 21，那麼相同的路徑會從一個點開始，後面接著一個空白和一個短劃。

顏色、模式與漸層

fillStyle 與 strokeStyle 特性指出路徑要如何填滿與畫出。「style（樣式）」這個詞經常代表色彩，但這些特性也能藉以指定要用來填滿和畫出的一個顏色漸層（color gradient）或影像（注意到繪出一個線條基本上等同於填滿該線條兩邊的狹窄區域，而填滿與畫出本質上是相同的運算）。

如果你希望以一個純色（或半透明的顏色）進行填滿或畫出，只需要把這些特性設定為一個有效的 CSS 顏色字串就行了，沒有其他要求。

要以一個顏色漸層進行填滿（或畫出），就把 fillStyle（或 strokeStyle）設為該情境（context）的 createLinearGradient() 或 createRadialGradient() 方法所回傳的一個 CanvasGradient 物件就行了。createLinearGradient() 的引數是定義一個線條的兩點坐標（它不需要是水平或垂直的）以及要變化的那些顏色。createRadialGradient() 的引數指出兩個圓的圓心和半徑（它們沒必要是同心的，但第一個圓通常完全在第二個圓內部）。較小的圓的內部或較大的圓的外部會以純色填滿，介於兩者之間的區域會以一個顏色漸層填滿。

定義出畫布會被填滿的區域的 CanvasGradient 物件建立之後，你必須呼叫那個 CanvasGradient 的 addColorStop() 方法來定義漸層色彩。此方法的第一個引數是介於 0.0 和 1.0 之間的一個數字。第二個引數是一個 CSS 顏色規格（color specification）。你至少必須呼叫這個方法兩次以定義出一個簡單的顏色漸層，但可以呼叫更多次。位於 0.0 的顏色會出現在漸層開頭，而位於 1.0 的顏色會出現在尾端。如果你指定了額外的顏色，它們會出現在該漸層內的特定小數位置上。在你指定的點之間，顏色會以平滑內插（smoothly interpolated）的方式計算出來。這裡有些例子：

```
// 一個線性漸層（linear gradient）對角跨越此畫布（假設沒有變換）
let bgfade = c.createLinearGradient(0,0,canvas.width,canvas.height);
bgfade.addColorStop(0.0, "#88f");  // 從左上的亮藍色開始
bgfade.addColorStop(1.0, "#fff");  // 淡化為右下的白色

// 介於兩個同心圓的一個漸層。中間是透明的，
// 變化為半透明的灰色，然後再變回透明
let donut = c.createRadialGradient(300,300,100, 300,300,300);
donut.addColorStop(0.0, "transparent");         // 透明
donut.addColorStop(0.7, "rgba(100,100,100,.9)");  // 半透明的灰
donut.addColorStop(0.7, "rgba(100,100,100,.9)");  // Translucent gray
donut.addColorStop(1.0, "rgba(0,0,0,0)");         // 再次透明
```

關於漸層，要了解的一個重點是，它們並非與位置無關。當你建立一個漸層，你就為該漸層指定了邊界。如果你試圖填滿那些邊界外的某個區域，你會得到定義在該漸層一端或另一端的純色。

除了顏色和顏色漸層，你也能使用影像（images）來進行填滿或畫出動作。要那麼做，就把 fillStyle 或 strokeStyle 設為情境物件的 createPattern() 方法所回傳的一個 CanvasPattern。此方法的第一個引數應該是一個 <img> 或 <canvas> 元素，其中含有你想要藉以填滿或畫出的影像（注意到那個來源影像或畫布不需要被插入到文件中就能以這種方式使用）。createPattern() 的第二個引數是字串 "repeat"、"repeat-x"、"repeat-y" 或 "no-repeat"，指出背景影像是否要重複（以及要在哪個維度重複）。

文字樣式

font 特性指出要被文字繪製方法 fillText() 與 strokeText()（參閱後面的「文字」一節）所用的字體。這個 font 特性的值應該是一個字串，所用的語法跟 CSS 的 font 屬性相同。

textAlign 特性指出文字應該如何相對於傳入 fillText() 或 strokeText() 的 X 坐標進行水平對齊。合法的值有 "start"、"left"、"center"、"right" 和 "end"。預設值是 "start"，這對於從左至右書寫的文字而言，意義與 "left" 相同。

textBaseline 特性指出文字應該如何相對於 y 坐標垂直對齊。預設值是 "alphabetic"，這適用於拉丁文或類似的文字。"ideographic" 這個值用於中文或日文之類的文字。值 "hanging" 則用於天城文（Devanagari）或類似的文字（用於印度的許多語言）。"top"、"middle" 和 "bottom" 基準線則純然是幾何上的基準線（geometric baselines），取決於字體的「em 方塊（em square）」。

陰影

情境物件有四個特性用來控制陰影（drop shadows）的繪製。如果你適當地設定這些特性，你所繪製的任何線條、區域、文字或影像都會被賦予一道陰影，這會使之看起來好像飄浮在畫布表面之上。

shadowColor 特性指出陰影的顏色。預設是完全透明的黑，除非你將此特性設為一個半透明或不透明的顏色，不然陰影永遠都不會出現。此特性只能被設為一個顏色字串：陰影不允許模式（patterns）或漸層（gradients）。使用一種半透明的陰影顏色會產生最真實的陰影效果，因為這能讓背景顯露出來。

shadowOffsetX 與 shadowOffsetY 特性指出陰影的 X 與 Y 位移量（offsets）。這兩個特性的預設值都是 0，這會把陰影放在你圖形的正下方，因此是看不到的。若你將兩個特性都設為一個正值，陰影會出現在你所繪製的圖形的下方偏右，彷彿左上方有個光源，從電腦螢幕外部照射到畫布之上。較大的位移量產生較大的陰影，並使繪製出來的物體看起來好像飄浮在畫布上「更高」的地方。這些值不會受到坐標變換（coordinate transformations，§15.8.5）的影響：陰影的方向和「高度」即使在形狀旋轉或縮放時，都會保持不變。

shadowBlur 特性指出陰影的邊緣有多模糊。預設值為 0，這會產生清晰、不模糊的陰影。較大的值會更為模糊，最高到實作所定義的一個上界。

半透明與合成

如果你希望使用半透明的顏色（translucent color）來畫出或填滿一個路徑，你可以使用支援 alpha 透明度（transparency）的 CSS 的顏色語法，像是「rgba(…)」，來設定 strokeStyle 或 fillStyle。「RGBA」中的「a」代表「alpha」，它是介於 0（完全透明）

與 1（完全不透明）之間的一個值。不過 Canvas API 提供了另一種方式來處理半透明顏色。如果你不想要明確為每個顏色指定一個 alpha 頻道（channel），又或者你想要為不透明的影像或模式加上半透明的效果，你可以設定 globalAlpha 特性。你所繪製的每個像素都會把它的 alpha 值乘以 globalAlpha。預設值是 1，就是不加上透明度。如果你將 globalAlpha 設為 0，你所繪製的所有東西都會是完全透明的，沒有東西會顯現在畫布上。但如果你將此特性設為 0.5，那麼原本是不透明的像素就會只有 50% 不透明，而原本是 50% 不透明的像素就會變為 25% 不透明。

當你畫出線條、填滿區域、繪出文字或拷貝影像，你一般會預期新的像素被繪製在畫布中已存在的像素之上。如果你繪製的是不透明的像素，它們單純只會取代已經在那裡的像素。如果你以半透明的像素進行繪製，新的（「來源」）像素會與舊的（「目的」）像素結合，使得舊的像素會依據新的像素有多透明而透過它顯露出來。

結合新的（可能是半透明的）來源像素和現有的（可能是半透明的）目的像素的過程稱為**合成**（*compositing*），而前面所描述的那個合成程序是 Canvas API 結合像素的預設方式。但你可以設定 globalCompositeOperation 特性來指定結合像素的其他方式。預設值是「source-over」，這意味著來源（source）像素會被繪製在目的像素的「上面（over）」，並會在來源是半透明時，與之結合。但如果你將 globalCompositeOperation 設定為「destination-over」，那麼畫布結合像素的方式就會好像新的來源像素被繪製在現有的目的（destination）像素底下一樣。如果目的是半透明或透明的，在結果產生的顏色中，來源像素的顏色就會有部分看得到或全都看得到。作為另一個例子，合成模式「source-atop」會把來源像素與目的像素的透明度結合在一起，使得畫布上已經是透明的部分，不會繪製任何東西。globalCompositeOperation 有幾個合法的值，但大多只有專門的用途，所以不在此涵蓋。

儲存與回復圖形狀態

因為 Canvas API 在情境物件（context object）上定義圖形屬性，你可能會試著呼叫 getContext() 多次來獲取多個情境物件。如果你能那麼做，你可能會在每個情境上定義不同的屬性：每個情境就會像是不同的畫筆，能以不同顏色畫圖或繪製不同寬度的線條。遺憾的是，你不能以這種方式使用畫布。每個 <canvas> 元素都只有單一個情境物件，而對 getContext() 的每個呼叫都會回傳相同的 CanvasRenderingContext2D 物件。

雖然 Canvas API 一次只允許你定義單一組圖形屬性，它可以讓你儲存（save）目前的圖形狀態，以便你修改它，並在之後輕易地回復（restore）它。save() 方法會把目前的圖形狀態推入由已儲存的狀態所組成的一個堆疊（stack）中。restore() 方法會從該堆疊取出（pops）狀態，並回存最新儲存的狀態。在本節中描述過的所有特性都是這個儲存狀態的一部分，目前的變換（transformation）和剪輯區域（clipping region）也是（兩者都會在之後解說）。要注意的是，目前定義的路徑和目前的點都不是圖形狀態的一部分，因此無法儲存或回復。

15.8.4　Canvas 繪圖運算

我們已經見過了一些基本的畫布方法，例如 beginPath()、moveTo()、lineTo()、closePath()、fill() 與 stroke()，用來定義、填滿與繪出線條和多邊形。不過 Canvas API 還包含其他的繪圖方法。

矩形

CanvasRenderingContext2D 定義了四個方法來繪製矩形（rectangles）。所有的這四個矩形方法都預期兩個引數，指出矩形的一個角，後面再接著矩形的寬度與高度。一般來說，你會指定左上角，然後傳入一個正的寬度和正的高度，但你也可以指定其他角落，然後傳入負值的尺寸。

fillRect() 會以目前的 fillStyle 填滿指定的矩形。strokeRect() 會使用目前的 strokeStyle 和其他的線條屬性畫出指定矩形的輪廓。clearRect() 就像是 fillRect()，但它會忽略目前的填滿樣式，並以透明的黑色像素填滿矩形（所有空白畫布的預設顏色）。關於這三個方法，重要的事情是，它們不會影響到目前的路徑，或是該路徑中目前的點。

最後一個矩形方法名為 rect()，而它會影響到目前的路徑：它會把自成一個子路徑的指定矩形加到路徑中。就像其他的路徑定義方法，它本身不會填滿或畫出任何東西。

曲線

一個路徑是子路徑所構成的一個序列，而一個子路徑則是一序列連接在一起的點。我們在 §15.8.1 定義的路徑中，那些點是以直線線段來連接，但這並不一定如此。CanvasRenderingContext2D 物件定義了幾個方法，會新增一個點到子路徑中，並以一條曲線（curve）將目前的點連接到那個新的點：

arc()

　　此方法會新增一個圓，或一個圓的一部分（一個弧形）到路徑。要繪製的弧形（arc）以六個參數來指定：圓心的 x 與 y 坐標、圓的半徑、該弧形的起始角度和結束角度，以及兩個角度之間的弧形方向（順時鐘或逆時鐘）。如果路徑中有一個目前的點，那麼此方法會把那個目前的點以一條直線連接到該弧形的開頭（這在繪製楔形或圓餅切片時很實用），然後以一個圓的一部分來連接該弧形的開頭與該弧形的結尾，並讓弧形尾端成為新的目前的點。如果此方法被呼叫時沒有目前的點，那麼它只會新增那個圓弧到路徑中。

ellipse()

此方法很類似 arc()，只不過它是新增一個橢圓（ellipse）或一個橢圓的一部分到路徑中。它不是使用一個半徑，而是有兩個：一個 x 軸半徑和一個 y 軸半徑。此外，因為橢圓並非徑向對稱（radially symmetrical）的，此方法還會接受另一個引數來指定該橢圓繞著它的中心順時鐘旋轉了多少弧度（radians）。

arcTo()

此方法會繪製一條直線以及一個圓弧，就跟 arc() 方法一樣，但它是以不同的參數來指定要繪製的弧形。arcTo() 的引數指定 P1 和 P2 兩個點，以及一個半徑。被新增到路徑中的弧形有指定的半徑。它的起點是圓與從目前的點到 P1 的那條（想像的）線的切點（tangent point），而終點則是圓與 P1 與 P2 之間那條（想像的）線的切點。這種看起來不尋常的弧形指定方法實際上相當適合用來繪製帶有圓角（rounded corners）的形狀。然而，如果你指定的半徑為 0，此方法就只會從目前的點繪製一條直線到 P1。然而，若是半徑非零，它會從目前的點往 P1 方向繪製一條直線，然後讓那條線繞著一個圓彎曲，直到它朝著 P2 的方向。

bezierCurveTo()

此方法新增一個新的點 P 到子路徑，並以一個三次方貝茲曲線（cubic Bezier curve）將之連接到目前的點。這個曲線的形狀是由 C1 與 C2 這兩個「控制點（control points）」所指定。在曲線的開頭（位在目前的點），曲線會朝向 C1 的方向。在曲線的結尾（位於點 P），該曲線會從 C2 的方向抵達。在這些點之間，曲線的方向會平滑地變動。點 P 會變成該子路徑的新的目前的點。

quadraticCurveTo()

此方法就像 bezierCurveTo()，但它使用一個二次方的貝茲曲線（quadratic Bezier curve），而非三次方的貝茲曲線，並且只有單一個控制點。

你可以使用這些方法繪製出像圖 15-10 中的路徑。

圖 15-10　一個畫布中的彎曲路徑

範例 15-6 顯示了用來建立圖 15-10 的程式碼。這段程式碼中所示範的方法是 Canvas API 中最複雜的一些方法，這些方法及它們參數的完整細節請查閱線上參考資料。

範例 15-6　新增曲線到一個路徑

```
// 用來把角的量測單位從角度（degrees）轉為弧度（radians）的一個工具函式
function rads(x) { return Math.PI*x/180; }

// 取得文件的畫布元素的情境物件
let c = document.querySelector("canvas").getContext("2d");

// 定義一些圖形屬性並繪製曲線
c.fillStyle = "#aaa";        // Gray fills
c.lineWidth = 2;             // 2 像素的黑色（預設的）直線

// 繪製一個圓。
// 沒有目前的點，所以只繪製該圖形
// 沒有直線從目前的點連到該圓的起點。
c.beginPath();
c.arc(75,100,50,            // 圓心位於 (75,100)，半徑 radius
     0,rads(360),false);   // 順時鐘從 0 到 360 度
c.fill();                   // 填滿這個圓
c.stroke();                 // 畫出它的輪廓。

// 現在以相同方式繪製一個橢圓
c.beginPath();             // 起始沒有連接到那個圓的新路徑
c.ellipse(200, 100, 50, 35, rads(15),  // 中心、半徑和旋轉量
         0, rads(360), false);        // 起始角度、結束角度、方向

// 繪製一個楔形（wedge）。角度是從正 x 軸開始順時鐘量測。
// 注意到 arc() 新增了從目前的點到弧形起點的一條線。
c.moveTo(325, 100);        // 從該圓的圓心開始。
c.arc(325, 100, 50,        // 圓的中心和半徑
     rads(-60), rads(0),   // 起始於角度 -60 並前往角度 0
     true);                // 逆時鐘方向
c.closePath();             // 新增回到圓心的半徑
```

```
// 類似的楔形，位移了一點，並且是相反方向
c.moveTo(340, 92);
c.arc(340, 92, 42, rads(-60), rads(0), false);
c.closePath();

// 使用 arcTo() 來繪製圓角。這裡我們繪製了左上角位於 (400,50)
// 的一個正方形，而且各個角有不同的半徑。
c.moveTo(450, 50);               // 從頂邊的中間開始。
c.arcTo(500,50,500,150,30);      // 新增頂的一部分，以及右上角。
c.arcTo(500,150,400,150,20);     // 新增右邊和右下角。
c.arcTo(400,150,400,50,10);      // 新增底邊和左下角。
c.arcTo(400,50,500,50,0);        // 新增左邊和左上角。
c.closePath();                   // 關閉路徑，新增頂邊其餘的部分。

// 二次方的貝茲曲線：一個控制點
c.moveTo(525, 125);                        // 起始於此
c.quadraticCurveTo(550, 75, 625, 125);     // 繪製一個曲線至 (625, 125)
c.fillRect(550-3, 75-3, 6, 6);             // 標示控制點 (550,75)

// 三次方的貝茲曲線
c.moveTo(625, 100);                        // 始於 (625, 100)
c.bezierCurveTo(645,70,705,130,725,100);   // 曲線連至 (725, 100)
c.fillRect(645-3, 70-3, 6, 6);             // 標示控制點
c.fillRect(705-3, 130-3, 6, 6);

// 最後，填滿這些曲線並畫出它們的輪廓。
c.fill();
c.stroke();
```

文字

要在一個畫布中繪製文字（text），你一般會使用 fillText() 方法，它會以 fillStyle 所指定的顏色（或者漸層和模式）來繪製文字。至於大型文字的特殊效果，你可以使用 strokeText() 來畫出個別字體字形（font glyphs）的輪廓。這兩個方法都接受要繪製的文字作為它們的第一個引數，並接受該文字的 x 與 y 坐標作為第二和第三引數。這兩個方法都不會影響到目前的路徑或目前的點。

fillText() 與 strokeText() 接受一個選擇性的第四引數。若有提供，此引數指出要顯示的文字之最大寬度（maximum width）。如果使用 font 特性進行繪製時，文字會比這個指定的值還要寬，畫布就會縮放它或使用較窄或較小的字體以完整容納它。

如果你需要在繪製之前自行測量文字，就把它傳入給 measureText() 方法。此方法回傳一個 TextMetrics 物件，指出以目前的 font 繪製時，該文字的測量值。在本文寫作之時，TextMetrics 物件所含的唯一「測量值（metric）」就是寬度（width）。你可像這樣查詢一個字串在螢幕上的寬度：

```
let width = c.measureText(text).width;
```

舉例來說，假設你想要讓一段文字字串在畫布內置中，這就派得上用場。

影像

除了向量圖形（路徑、線條等），Canvas API 也支援點陣圖（bitmap images）。drawImage() 方法拷貝一個來源影像（或來源影像中一個矩形內的）的像素到畫布上，並在必要時縮放或旋轉該影像的像素。

drawImage() 能以三個、五個或九個引數來調用。在所有情況中，第一個引數都是要從之拷貝像素的來源影像（source image）。這個影像引數經常是一個 <img> 元素，但它也可以是另一個 <canvas> 元素或甚至是一個 <video> 元素（會從之拷貝單一張影片畫面）。若你指定的一個 <img> 或 <video> 元素仍在載入它的資料，那麼 drawImage() 呼叫就什麼都不會做。

在三引數版本的 drawImage() 中，第二與第三引數指出要繪製該影像左上角的 x 與 y 坐標。在此方法的這個版本中，整個來源影像都會被拷貝到畫布中。x 與 y 坐標會以目前的坐標系統解讀，必要的話，該影像會被縮放或旋轉，取決於目前生效中的畫布變換（canvas transform）。

五個引數版的 drawImage() 為前面描述的 x 與 y 引數加上 width 和 height 引數。這四個引數在畫布中定義出一個目的矩形（destination rectangle）。來源影像的左上角會跑到 (x,y)，而右下角會跑到 (x+width, y+height)。再一次，整個來源影像都會被拷貝。藉由此方法的這個版本，來源影像會被縮放以完整放入目的矩形。

drawImage() 的九個引數版本會指出一個來源矩形和一個目的矩形，然後只拷貝來源矩形中的那些像素。引數 2 到 5 指定來源矩形。它們的量測單位是 CSS 像素。如果來源影像是另一個畫布，來源矩形就會使用那個畫布的預設坐標系統，並忽略已經指定的任何變換。引數 6 到 9 指定要在其中繪製影像的目的矩形，並使用該畫布目前的坐標系統，而非預設的坐標系統。

除了把影像繪製到一個畫布中，我們也可以使用 toDataURL() 方法把一個畫布的內容擷取出來作為一個影像。不同於在此描述的所有其他方法，toDataURL() 是 Canvas 元素本身的一個方法，而非情境物件的。你一般會不帶引數調用 toDataURL()，而它會回傳畫布的內容為一個 PNG 影像，使用一個 data:URL 編碼為一個字串。所回傳的 URL 適合與一個 <img> 並用，而你能以像這樣的程式碼為一個畫布製作一個靜態的快照（snapshot）：

```
let img = document.createElement("img");   // 創建一個 <img> 元素
img.src = canvas.toDataURL();              // 設定它的 src 屬性
document.body.appendChild(img);            // 將之附加到此文件
```

15.8.5　坐標系統的變換

如我們已經提過的，一個畫布預設的坐標系統（coordinate system）會把原點（origin）放在左上角，讓 x 坐標往右增加，並讓 y 坐標往下遞增。在這個預設系統中，一個點的坐標會直接映射到一個 CSS 像素（後者再直接映射到一或多個裝置像素）。特定的畫布運算和屬性（例如擷取原始像素值和設定陰影位移量）永遠都會使用這個預設的坐標系統。然而，除了這個預設的坐標系統，每個畫布還可以有一個「目前的變換矩陣（current transformation matrix）」作為它圖形狀態的一部分。此矩陣定義了畫布目前的坐標系統。在大多數的畫布運算中，當你指定一個點的坐標，它會被當作目前坐標系統中的一個點，而非預設坐標系統中的。目前的變換矩陣會被用來將你所指定的坐標轉換為預設坐標系統中等效的坐標。

setTransform() 方法能讓你直接設定一個畫布的變換矩陣（transformation matrix），但將坐標系統的變換指定為一序列的平移（translations）、旋轉（rotations）和縮放（scaling）運算，通常會比較容易。圖 15-11 展示了那些運算以及它們對畫布坐標系統的效果。產生這個圖的程式連續繪製了同一組坐標軸七次，每次會變化的唯一東西就是目前的變換。注意到這些變換會影響到繪製出來的文字，也會影響到線條。

translate() 方法單純只會把坐標系統的原點往左、右、上或下移動。rotate() 方法將坐標軸順時鐘旋轉指定的角度（Canvas API 永遠都是以弧度來指定角的大小。要將角度轉為弧度，就除以 180 再乘以 Math.PI）。scale() 方法沿著 x 或 y 軸伸展或收縮距離。

傳入一個負的縮放係數（scale factor）給 scale() 方法，會使坐標軸沿著原點翻轉（flips），就好像它們被映在鏡子中一樣。這就是圖 15-11 左下的坐標軸所做的事情：translate() 被用來將原點移到畫布的左下角，然後 scale() 被用來翻轉 y 軸，使得 y 坐標往頁面上方增加。像這樣翻轉過的坐標系統你可能在代數課堂上看過，也或許能用來在圖表上繪製資料點。但請注意，這會使文字變得難以閱讀！

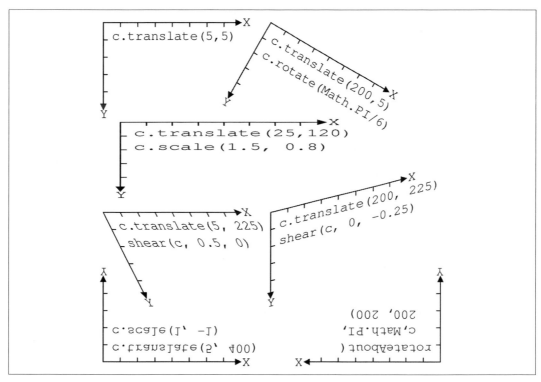

圖 15-11　坐標系統的變換

從數學上了解變換

我發現以幾何的方式了解變換是最容易的，把 translate()、rotate() 與 scale() 想像成變換坐標系統的坐標軸，如圖 15-11 所示。但以代數來了解變換，也是可能的，把它們想像成一組方程式，將變換過的坐標系統（transformed coordinate system）中的一個點 (x,y) 的坐標映射回到之前坐標系統中同一個點的坐標 (x',y')。

方法呼叫 c.translate(dx,dy) 能以這些方程式描述：

```
x' = x + dx;  // 新系統中 0 的 X 坐標是舊系統中的 dx
y' = y + dy;
```

縮放運算有類似的方程式。一個呼叫 c.scale(sx,sy) 可以像這樣描述：

```
x' = sx * x;
y' = sy * y;
```

旋轉就更複雜了。c.rotate(a) 呼叫能以這些三角學方程式描述：

```
x' = x * cos(a) - y * sin(a);
y' = y * cos(a) + x * sin(a);
```

注意到變換的順序很重要。假設我們從一個畫布預設的坐標系統開始，然後平移它，再縮放它。為了要把目前坐標系統中的點 (x,y) 映射回預設坐標系統中的點 (x'',y'')，我們必須先套用縮放方程式把那個點映射到平移過但未縮放的坐標系統中的一個中介的點 (x',y')，然後使用平移方程式從這個中介點映射到 (x'',y'')。結果就是：

```
x'' = sx*x + dx;
y'' = sy*y + dy;
```

另一方面，如果我們在呼叫 translate() 之前就呼叫了 scale()，那所產生的方程式將會不同：

```
x'' = sx*(x + dx);
y'' = sy*(y + dy);
```

以代數方式思考變換的序列時，要記得的關鍵是，你必須從最後（最新）的變換一路往回處理到第一個。然而，當我們以幾何方式思考變換過的坐標軸，你會從第一個變換往前處理到最後一個。

畫布所支援的變換稱為**仿射變換**（*affine transforms*）。仿射變換可以修改點之間的距離、線條之間的角度，但彼此平行的線經過一個仿射變換後，永遠都會保持平行，舉例來說，你不可能以一個仿射變換創造出魚眼鏡頭的變形效果（fish-eye lens distortion）。一個任意的仿射變換能用從 a 到 f 的六個參數以這些方程式描述：

```
x' = ax + cy + e
y' = bx + dy + f
```

你可以傳入那六個參數給 transform() 方法來為目前的坐標系統套用一個任意的變換。圖 15-11 展示了兩種類型的變換，即對著一個指定的點的推移（shears，或稱「錯切」）與旋轉（rotations），你能藉由 transform() 方法像這樣來實作它們：

```
// 推移變換：
//    x' = x + kx*y;
//    y' = ky*x + y;
function shear(c, kx, ky) { c.transform(1, ky, kx, 1, 0, 0); }

// 沿著點 (x,y) 逆時鐘方向旋轉 theta 弧度
// 這也能以一個平移、旋轉、平移的序列來達成
function rotateAbout(c, theta, x, y) {
```

```
        let ct = Math.cos(theta);
        let st = Math.sin(theta);
        c.transform(ct, -st, st, ct, -x*ct-y*st+x, x*st-y*ct+y);
    }
```

setTransform() 方法接受的引數與 transform() 相同,但它不是變換目前的坐標系統,
而是忽略目前的系統,變換預設坐標系統,然後讓結果成為新的目前坐標系統。
setTransform() 被用來暫時重置畫布為它的預設坐標系統:

```
    c.save();                       // 儲存目前的坐標系統
    c.setTransform(1,0,0,1,0,0);    // 還原為預設坐標系統
    // 使用預設的 CSS 像素坐標進行運算
    c.restore();                    // 回復所儲存的坐標系統
```

變換範例

範例 15-7 示範坐標系統變換的威力,使用 translate()、rotate() 與 scale() 遞迴地繪製出
一個科赫雪花碎形(Koch snowflake fractal)。此範例的輸出顯示在圖 5-12 中,其中展
示了有 0、1、2、3 和 4 層遞迴的科赫雪花。

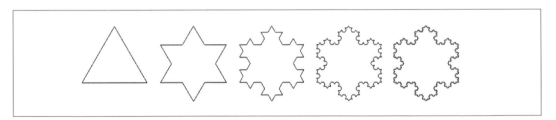

圖 15-12　科赫雪花

產生這些圖的程式碼很優雅,但它對於坐標系統變換的遞迴(recursive)用法使得它有
點難以理解。即使你無法了解所有細節,還是請注意到其程式碼只包含 lineTo() 方法的
單一次調用。圖 15-12 中的每段線條都是像這樣繪製的:

```
    c.lineTo(len, 0);
```

變數 len 的值在程式的執行過程中並不會改變,所以每個線段的位置、方向和長度都是
由平移、旋轉和縮放運算所決定。

範例 15-7　以變換運算製作出來的科赫雪花

```
let deg = Math.PI/180;  // 用來將角度轉為弧度

// 在畫布情境 c 上繪製一個 n 層的科赫雪花碎形，
// 其左下角位於 (x,y) 而邊長為 len。
function snowflake(c, n, x, y, len) {
    c.save();            // 儲存目前的變換
    c.translate(x,y);    // 平移原點到起點
    c.moveTo(0,0);       // 在新的原點起始一個新的子路徑
    leg(n);              // 繪製雪花的第一條腿
    c.rotate(-120*deg);  // 現在逆時鐘旋轉 120 度
    leg(n);              // 繪製第二條腿
    c.rotate(-120*deg);  // 再次旋轉
    leg(n);              // 繪製最後一條腿
    c.closePath();       // 關閉此子路徑
    c.restore();         // 回復原本的變換

    // 繪製一個 n 層的科赫雪花的單一條腿。
    // 此函式最後會讓目前的點是它所繪製那條腿的終點
    // 並平移坐標系統，讓目前的點是 (0,0)。
    // 這意味著你可以在繪製一條腿後輕易地呼叫 rotate()。
    function leg(n) {
        c.save();             // 儲存目前的變換
        if (n === 0) {        // 非遞迴情況:
            c.lineTo(len, 0); //   只繪製一條水平線
        }                     //
        else {                // 遞迴情況:繪製四條「次腿(sub-legs)」像  _ _
            c.scale(1/3,1/3); // 次腿的長度是這條腿的 1/3            \/
            leg(n-1);         // 為第一條次腿進行遞迴
            c.rotate(60*deg); // 順時鐘轉 60 度
            leg(n-1);         // 第二條次腿
            c.rotate(-120*deg); // 往回旋轉 120 度
            leg(n-1);         // 第三條次腿
            c.rotate(60*deg); // 旋轉回我們原本的方向
            leg(n-1);         // 最後一條次腿
        }
        c.restore();          // 回復變換
        c.translate(len, 0);  // 但進行平移來讓腿的終點是 (0,0)
    }
}

let c = document.querySelector("canvas").getContext("2d");
snowflake(c, 0, 25, 125, 125);  // 0 層的雪花是三角形
snowflake(c, 1, 175, 125, 125); // 1 層的雪花是 6 面星
snowflake(c, 2, 325, 125, 125); // 依此類推。
```

```
snowflake(c, 3, 475, 125, 125);
snowflake(c, 4, 625, 125, 125);   // 4 層的雪花看起來就像一個雪花了！
c.stroke();                        // 畫出這個非常複雜的路徑
```

15.8.6　剪輯

定義一個路徑後，你通常會呼叫 stroke() 或 fill()（或兩者皆呼叫）。你也可以呼叫 clip() 方法來定義一個剪輯區域（clipping region）。一旦定義出一個剪輯區域，就不會有東西被畫在它的外部。圖 15-13 顯示使用剪輯區域產生的一個複雜圖形。垂直的條紋在中間往下延伸，而在圖形底部的文字是不使用剪輯區域畫出，然後在三角形的剪輯區域定義之後進行填滿。

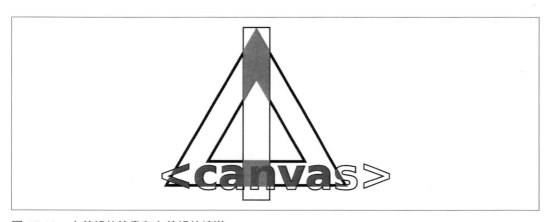

圖 15-13　未剪輯的筆畫和有剪輯的填滿

圖 15-13 是使用範例 15-5 的 polygon() 方法和下列程式碼所產生：

```
// 定義一些繪圖屬性
c.font = "bold 60pt sans-serif";   // 大字體
c.lineWidth = 2;                   // 狹窄的線條
c.strokeStyle = "#000";            // 黑色線條

// 畫出一個矩形和一些文字的輪廓
c.strokeRect(175, 25, 50, 325);    // 一個垂直的條紋在中間往下延伸
c.strokeText("<canvas>", 15, 330); // 注意到用的是 strokeText() 而非 fillText()

// 定義其內部算是外面的一個複雜路徑。
polygon(c,3,200,225,200);          // 大三角形
polygon(c,3,200,225,100,0,true);   // 較小的反向三角形在內部
```

```
// 使得那個路徑為剪輯區域。
c.clip();

// 以五個像素的線條畫出該路徑，完全在剪輯區域內。
c.lineWidth = 10;          // 這 10 個像素的一半會被剪除
c.stroke();

// 填滿該矩形和文字在剪輯區域內的部分
c.fillStyle = "#aaa";            // 亮灰色
c.fillRect(175, 25, 50, 325);    // 填滿垂直條紋
c.fillStyle = "#888";            // 深灰色
c.fillText("<canvas>", 15, 330); // 填滿文字
```

要注意的重點是，呼叫 clip() 的時候，目前的路徑本身會被剪取到目前的剪輯區域，然後那個被剪取的路徑就會變成新的剪輯區域。這意味著 clip() 方法可以縮小剪輯區域，但永遠無法擴大它。沒有方法能夠重置剪輯區域，所以在呼叫 clip() 之前，你通常應該呼叫 save()，才能在之後 restore() 未剪輯的區域。

15.8.7　像素操作

getImageData() 方法回傳一個 ImageData 物件，它代表來自你畫布一個矩形區域的那些原始像素（作為 R、G、B 與 A 分量）。你能以 createImageData() 創建空的 ImageData 物件。一個 ImageData 中的像素是可寫入的，因此你能以任何想要的方式設定它們，然後以 putImageData() 把那些像素拷貝回畫布之上。

這些像素操作方法（pixel manipulation methods）提供了對畫布非常低階的存取能力。你傳入給 getImageData() 的矩形用的是預設坐標系統：它的尺寸是以 CSS 像素測量的，而且它不會被目前的變換所影響。當你呼叫 putImageData()，你所指定的位置也是以預設坐標系統測量的。此外，putImageData() 會忽略所有的圖形屬性。它不會進行任何的合成，不會把像素乘以 globalAlpha，而它也不會繪製陰影。

像素操作方法很適合用來實作影像處理（image processing）功能。範例 15-8 示範如何建立像圖 15-14 中所顯示的一種簡單的動態模糊（motion blur）或「塗抹（smear）」效果。

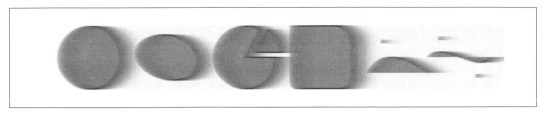

圖 15-14　透過影像處理建立動態模糊效果

下列程式碼展示 getImageData() 與 putImageData() 的用法，並顯示如何迭代過一個 ImageData 物件中的像素值並進行修改。

範例 15-8　使用 *ImageData* 的動態模糊

```
// 將矩形中的像素往右塗抹，產生一種
// 動態模糊效果，彷彿物體正從右往左移動。
// n 必須是 2 或更大。較大的值產生更大的塗抹效果。
// 矩形是以預設坐標系統來指定。
function smear(c, n, x, y, w, h) {
    // 取得代表要塗抹的像素矩形的 ImageData 物件
    let pixels = c.getImageData(x, y, w, h);

    // 這個塗抹動作是就地進行的，只需要來源的 ImageData。
    // 某些影像處理演算法需要一個額外的 ImageData 來
    // 儲存變換過的像素值。如果我們需要一個輸出緩衝區（output buffer），
    // 我們能以相同的尺寸創建一個新的 ImageData，像這樣：
    //   let output_pixels = c.createImageData(pixels);

    // 取得 ImageData 物件中像素方格的尺寸
    let width = pixels.width, height = pixels.height;

    // 這是存放原始像素資料的位元組陣列，從左到右，並且
    // 從上到下。每個像素佔據 4 個連續的位元組，順序是 R,G,B,A。
    let data = pixels.data;

    // 每列中第一個像素之後的每個像素被塗抹的方式是把它取代為
    // 它自己的值的 1/n 加上前一個像素值的 m/n
    let m = n-1;

    for(let row = 0; row < height; row++) {  // 對於每一列
        let i = row*width*4 + 4;  // 該列第二個像素的位移量
        for(let col = 1; col < width; col++, i += 4) { // 對於每一欄
            data[i] =   (data[i] + data[i-4]*m)/n;   // 紅色（Red）像素分量
            data[i+1] = (data[i+1] + data[i-3]*m)/n;   // 綠色（Green）
            data[i+2] = (data[i+2] + data[i-2]*m)/n;   // 藍色（Blue）
```

```
                data[i+3] = (data[i+3] + data[i-1]*m)/n;    // Alpha 分量
        }
    }

    // 現在把塗抹過的影像資料拷貝回畫布上的相同位置
    c.putImageData(pixels, x, y);
}
```

15.9　Audio API

HTML 的 <audio> 與 <video> 標記能讓你輕易在網頁中包含聲音和影片。這些是複雜的元素，帶有豐富的 API 和相對複雜的使用者介面。你能以 play() 與 pause() 方法控制媒體的播放。你能設定 volume 和 playbackRate 特性來控制音訊的音量（audio volume）和播放速度，而你能藉由設定 currentTime 特性來跳到媒體中的特定時間點。

然而，在此我們不會更深入涵蓋 <audio> 與 <video> 標記的細節。接下來的小節示範為你的網頁加上指令稿控制的音效的兩種方式。

15.9.1　Audio() 建構器

你不需要在你的 HTML 文件中包含 <audio> 標記就能在你的網頁中包含音效。你能以一般的 DOMdocument.createElement() 方法動態創建 <audio> 元素，或者作為一種捷徑，你可以單純使用 Audio() 建構器。你不需要新增所創建的元素到你的文件中就能播放它，只需要呼叫它的 play() 方法即可：

```
// 事先載入音效以便使用
let soundeffect = new Audio("soundeffect.mp3");

// 每當使用者點擊滑鼠按鈕就播放音效
document.addEventListener("click", () => {
    soundeffect.cloneNode().play(); // 載入並播放聲音
});
```

注意到這裡用到 cloneNode()。如果使用者快速點擊滑鼠，我們會希望相同的音效在同一時間重疊播放。要那麼做，我們需要多個 Audio 元素。因為 Audio 元素並沒有被加到文件中，它們會在播放完畢時，被垃圾回收（garbage collected）掉。

15.9.2 WebAudio API

除了以 Audio 元素播放錄製好的聲音，Web 瀏覽器也能讓我們藉由 WebAudio API 來產生並播放合成的聲音（synthesized sounds）。使用 WebAudio API 就好像插上舊式電子合成器的接線一般。藉由 WebAudio，你可以創建一組 AudioNode 物件，它們代表波形（waveforms）的來源、變換或目的，然後把這些節點連接在一起形成一個網路，以產生聲音。這個 API 並非特別複雜，但完整的說明需要對於電子音樂和訊號處理（signal processing）概念有所了解，而那些已經遠超出本書範圍。

接下來的程式碼使用 WebAudio API 來合成一段會在一秒左右淡出的簡短和絃（chord）。此範例展示了 WebAudio API 的基本用法。如果你覺得這很有趣，你可以在線上找到關於此 API 的更多資訊：

```
// 一開始先創建一個 audioContext 物件。Safari 仍然要求
// 我們使用 webkitAudioContext 而非 AudioContext。
let audioContext = new (this.AudioContext||this.webkitAudioContext)();

// 將基礎音定義為三個純正弦波（sine waves）的組合
let notes = [ 293.7, 370.0, 440.0 ]; // D 大調和弦：D、F# 與 A

// 為我們想要播放的每個音（note）建立振盪器節點（oscillator nodes）
let oscillators = notes.map(note => {
    let o = audioContext.createOscillator();
    o.frequency.value = note;
    return o;
});

// 控制它隨著時間的音量來為聲音塑形。
// 從時間 0 開始快速上升到最大音量。
// 然後從時間 0.1 開始緩慢降到 0。
let volumeControl = audioContext.createGain();
volumeControl.gain.setTargetAtTime(1, 0.0, 0.02);
volumeControl.gain.setTargetAtTime(0, 0.1, 0.2);

// 我們要把此聲音送到預設的目的地：
// 使用者的揚聲器（speakers）
let speakers = audioContext.destination;

// 把每個來源音連接到音量控制
oscillators.forEach(o => o.connect(volumeControl));

// 並把音量控制的輸出連接到揚聲器
volumeControl.connect(speakers);
```

```
// 現在開始播放聲音，並讓它們持續 1.25 秒。
let startTime = audioContext.currentTime;
let stopTime = startTime + 1.25;
oscillators.forEach(o => {
    o.start(startTime);
    o.stop(stopTime);
});

// 如果我們想要建立一序列的聲音，我們可以使用事件處理器
oscillators[0].addEventListener("ended", () => {
    // 這個事件處理器會在一個音停止播放時被調用
});
```

15.10 位置、導航和歷程

Window 和 Document 物件的 location 特性指向 Location 物件，它代表視窗中所顯示的文件目前的 URL，也提供一個 API 用來把新的文件載入該視窗中。

Location 物件非常類似一個 URL 物件（§11.9），而你可以使用 protocol、hostname、port 與 path 之類的特性來存取目前文件之 URL 的各個部分。href 特性會把整個 URL 作為一個字串回傳，toString() 方法也是。

Location 物件的 hash 與 search 特性就很有趣了。hash 特性回傳 URL 的「片段識別符（fragment identifier）」部分（如果有的話），也就是一個井號（hash mark，#）後面接著一個元素 ID。search 特性也類似。它回傳 URL 中以一個問號開頭的部分，那經常會是某種查詢字串（query string）。一般來說，URL 的這個部分被用來參數化 URL，並提供了一種方式在其中內嵌引數。雖然這些引數通常是給在伺服器上執行的指令稿用的，它們沒有理由無法被用在 JavaScript 控制的頁面中。

URL 物件有一個 searchParams 特性，它是 search 特性經過剖析的一個表示值。Location 物件沒有 searchParams 特性，但如果你想要剖析 window.location.search，你可以單純從 Location 物件建立一個 URL 物件，然後使用那個 URL 的 searchParams：

```
let url = new URL(window.location);
let query = url.searchParams.get("q");
let numResults = parseInt(url.searchParams.get("n") || "10");
```

除了能藉由 window.location 或 document.location 參考 Location 物件，以及我們前面用過的 URL() 建構器，瀏覽器也定義了一個 document.URL 特性。令人意外的是，此特性的值並非一個 URL 物件，而只是一個字串。此字串包含目前文件的 URL。

15.10.1 載入新文件

如果你指定一個字串給 window.location 或 document.location，那個字串會被解讀為一個 URL，而瀏覽器會載入它，以一個新文件取代目前的文件：

```
window.location = "http://www.oreilly.com"; // 去買些書吧！
```

你也能夠指定相對 URL 給 location。它們是相對於目前的 URL 來解析的：

```
document.location = "page2.html";          // 載入下個頁面
```

單獨的一個片段識別符（fragment identifier）是一種特殊的相對 URL，它並不會導致瀏覽器載入一個新文件，而是只會進行捲動，讓帶有與該片段吻合的 id 或 name 的文件元素出現在瀏覽器視窗的頂端能被看見。作為一個特例，片段識別符 #top 會使瀏覽器跳到文件的開頭（假設沒有元素有一個 id="top" 屬性）：

```
location = "#top";                         // 跳到文件的頂端（top）
```

Location 物件的個別特性是可寫入的，而設定它們會改變此位置 URL，也會導致瀏覽器載入一個新的文件（或在 hash 特性的情況中，在目前文件中導覽）：

```
document.location.path = "pages/3.html"; // 載入一個新頁面
document.location.hash = "TOC";          // 捲動至目錄
location.search = "?page=" + (page+1);   // 以新的查詢字串重新載入
```

你也可以傳入一個新的字串給 Location 物件的 assign() 方法以載入一個新的頁面。然而，這等同於指定字串給 location 特性，所以並不是特別有趣。

另一方面，Location 物件的 replace() 方法，就相當有用。當你傳入一個字串給 replace()，它會被解讀為一個 URL，並導致瀏覽器載入一個新頁面，就跟 assign() 所做的一樣。差別在於，replace() 會在瀏覽器的歷程記錄（history）中取代目前的文件。如果文件 A 中有一個指令稿設定了 location 特性，或呼叫 assign() 來載入文件 B，然後使用者點擊了 Back（上一頁）按鈕，瀏覽器就會回到文件 A。如果你改為使用 replace()，那麼文件 A 會從瀏覽器的歷程記錄中刪除，而當使用者點擊 Back 按鈕，瀏覽器會回到在文件 A 之前顯示的任何頁面。

當一個指令稿要無條件地載入一個新的文件，replace() 方法會是比 assign() 還要好的選擇。若不這樣做，Back 按鈕就會把瀏覽器帶回到原本的文件，而相同的指令稿會再次載入那個新的文件。假設你的頁面有一個 JavaScript 增強過的版本，以及一個沒有使用 JavaScript 的版本。如果你判斷使用者的瀏覽器沒有支援你想要使用的 Web 平台 API，你就能使用 location.replace() 來載入那個靜態的版本：

```
// 如果瀏覽器沒有支援我們需要的 JavaScript API，
// 就重導至不使用 JavaScript 的一個靜態頁面。
if (!isBrowserSupported()) location.replace("staticpage.html");
```

注意到傳入給 replace() 的 URL 是相對的。相對 URL 的解讀方式是相對於它們在其中出現的那個頁面，就像它們是被用在一個超連結（hyperlink）中那樣。

除了 assign() 與 replace() 方法，Location 物件也定義了 reload()，它單純會使瀏覽器重新載入（reload）文件。

15.10.2 瀏覽歷程

Window 物件的 history 特性指向該視窗的 History 物件。History 物件將一個視窗的瀏覽歷程（browsing history）視為文件及文件狀態所成的一個串列。History 物件的 length 特性指出瀏覽歷程串列中的元素數目，但基於安全考量，指令稿對於所儲存的 URL 的存取是不被允許的（如果它們可以那樣做，任何的指令稿都能偷窺你的瀏覽歷程記錄）。

History 物件有 back() 與 forward() 方法，其行為就像是瀏覽器的 Back（上一頁）和 Forward（下一頁）按鈕：它們會使瀏覽器在其歷程記錄中往回或往前一步。第三個方法 go()，接受一個整數引數，可以在歷程串列中跳過任意數目的頁面往前移動（正引數），或者往回移動（負引數）：

```
history.go(-2);   // 往回兩步，就像點了 Back 按鈕兩次
history.go(0);    // 重新載入目前頁面的另一種方式
```

如果一個視窗含有子視窗（例如 <iframe> 元素），子視窗的瀏覽歷程記錄會與主視窗的歷程依照時間順序交錯。這意味著，（舉例來說）在主視窗上呼叫 history.back() 可能會導致子視窗之一導覽回之前所顯示的一個頁面，但主視窗仍然維持在目前的狀態。

在此描述的 History 物件可追溯到 Web 的早期，在文件都是被動的，而且所有的計算都是在伺服器上進行的時候。今日，Web 應用程式經常都會動態產生或載入內容，並顯示新的應用程式狀態而沒有實際載入新的文件。如果它們希望使用者能夠使用 Back 和 Forward 按鈕（或等效的手勢）以直覺的方式在應用程式的狀態之間導覽，那麼像這樣

的應用程式就必須進行它們自己的歷程管理。有兩種方式可以做到這點，會在下兩節中描述。

15.10.3　使用 hashchange 事件的歷程管理

其中一個歷程管理技巧涉及到 location.hash 和「hashchange」事件。要了解此技巧，這裡有一些你需要知道的關鍵事實：

- location.hash 特性設定 URL 的片段識別符，傳統上被用來指定要捲動至的文件區段 ID。但 location.hash 沒必要是一個元素 ID：你可以把它設為任何字串。只要沒有元素剛好以那個字串作為 ID，你像這樣設定 hash 特性的時候，瀏覽器就不會捲動。

- 設定 location.hash 特性會更新顯示在位置列（location bar）的 URL，而且非常重要的是，這會新增一個項目到瀏覽器的歷程記錄。

- 每當文件的片段識別符改變，瀏覽器會在 Window 物件上發動一個「hashchange」事件。如果你明確地設定 location.hash 就會有一個「hashchange」事件被發動。而如我們已經提過的，對 Location 物件的這種變更會在瀏覽器的瀏覽歷程中建立一個新的項目。所以如果使用者現在點擊 Back 按鈕，瀏覽器會在你設定 location.hash 前回到它之前的 URL。但這意味著片段識別符再次改變，所以在這種情況中，會有另一個「hashchange」事件被發動。這表示，只要你能為你應用程式的每個可能狀態建立一個唯一的片段識別符，那麼使用者在它們的瀏覽歷程中前後移動時，「hashchange」事件就會通知你。

要使用這種歷程管理機制，你必須能把描繪你應用程式一個「頁面（page）」所需的狀態資訊編碼為適合用作一個片段識別符的一個相對簡短的文字字串。而你也會需要撰寫一個函式來把頁面狀態轉為一個字串，還有另一個函式來剖析該字串，並重建它所代表的頁面狀態。

只要寫出這些函式，剩下的就簡單了。定義一個 window.onhashchange 函式（或以 addEventListener() 註冊一個「hashchange」收聽器）讀取 location.hash，將該字串轉換為你應用程式狀態的一個表示值，然後採取任何必要的動作來顯示那個新的應用程式狀態。

當使用者與你應用程式的互動（例如點擊一個連結）會導致應用程式進入一個新的狀態，不要直接描繪（render）那個新的狀態，而是把所要的新狀態編碼為一個字串，並將 location.hash 設為那個字串。這會觸發一個「hashchange」事件，而你為那個事件準備的處理器（handler）會顯示那個新的狀態。使用這種繞圈子的技巧能確保新的狀態會被插入到瀏覽歷程中，以讓 Back 和 Forward 按鈕能持續運作。

15.10.4　使用 pushState() 的歷程管理

管理歷程的第二種技巧稍微比較複雜，但比起「hashchange」事件那種技巧，比較不算是一種 hack（取巧的訣竅）。這種比較可靠的歷程管理技巧依據的是 history.pushState() 方法和「popstate」事件。當一個 Web app 進入一個新的狀態，它會呼叫 history. pushState() 來新增代表該狀態的一個物件到瀏覽器的歷程。然後若是使用者點擊了 Back 按鈕，瀏覽器就會以那個儲存的狀態物件的一個拷貝發動一個「popstate」事件，而那個 app 會使用該物件來重建它之前的狀態。除了所儲存的狀態物件，應用程式還可以為每個狀態儲存一個 URL，如果你希望使用者能夠加入書籤（bookmark）或分享 app 內部狀態的連結，這就很重要。

pushState() 的第一個引數是一個物件，它含有回復文件目前狀態所需的所有狀態資訊。此物件是使用 HTML 的*結構化複製*（*structured clone*）演算法來儲存的，它的功能比 JSON.stringify() 還要多樣，並能夠支援 Map、Set 與 Date 物件以及具型陣列和 ArrayBuffer。

第二個引數是要當作狀態的標題（title）的一個字串，但大多數的瀏覽器並不支援它，而你應該只傳入一個空字串。第三個引數是一個選擇性的 URL，它會即刻被顯示在位置列中，或是在使用者藉由 Back 和 Forward 按鈕回到此狀態時顯示。相對 URL 是依據文件目前的位置解析的。讓每個狀態都有一個關聯的 URL 能讓使用者把你應用程式的內部狀態加入書籤。不過要記得，如果使用者儲存了書籤，然後在一天後訪問它，你不會得到關於那次訪問的「popstate」事件：你必須剖析那個 URL 來回復你應用程式的狀態。

結構化複製演算法

history.pushState() 方法並沒有使用 JSON.stringify()（§11.6）來序列化狀態資料，取而代之，它（以及我們會在後面學到的其他瀏覽器 API）使用一種更為穩健的序列化技巧，稱為結構化複製演算法（structured clone algorithm），由 HTML 標準所定義。

這種結構化複製演算法能夠序列化 JSON.stringify() 可以序列化的任何東西，但除此之外，它還能序列化其他大多數的 JavaScript 型別，包括 Map、Set、Date、RegExp 和具型陣列，而且它能夠處理含有循環參考（circular references）的資料結構。然而，結構化複製演算法**無法**序列化函式或類別。複製物件的時候，

它不會拷貝原型物件、取值器和設值器，或不可列舉的特性。雖然結構化複製演算法可以複製 JavaScript 大多數的內建型別，它無法拷貝宿主環境（host environment）所定義的型別，例如文件的 Element 物件。

這意味著你傳入給 history.pushState() 的狀態物件不需要侷限於 JSON.stringify() 能支援的物件、陣列和原始值（primitive values）。然而，要注意的是，如果你傳入你所定義的一個類別之實體，那個實體會被序列化為普通的 JavaScript 物件，並且會失去它的原型。

除了 pushState() 方法，History 物件也定義了 replaceState()，它接受相同的引數，但會取代目前的歷程狀態，而非新增一個狀態到瀏覽歷程。當使用 pushState() 的一個應用程式初次載入，呼叫 replaceState() 為應用程式的這個初始狀態定義一個狀態物件，通常會是個好主意。

當使用者使用 Back 或 Forward 按鈕導覽（navigates）至所儲存的狀態，瀏覽器會在 Window 物件上發動一個「popstate」事件。與此事件關聯的事件物件有一個名為 state 的特性，它含有你傳入 pushState() 的狀態物件的一個拷貝（另一個結構化複製）。

範例 15-9 是一個簡單的 Web 應用程式，如圖 15-15 中所顯示的一個猜數字遊戲，它使用 pushState() 來儲存它的歷程，允許使用者「回頭」再次評估它們的猜測，或再猜一次。

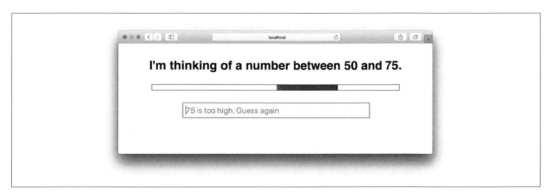

圖 15-15　一個猜數字遊戲

範例 15-9　使用 *pushState()* 的歷程管理

```html
<html><head><title>I'm thinking of a number...</title>
<style>
body { height: 250px; display: flex; flex-direction: column;
       align-items: center; justify-content: space-evenly; }
#heading { font: bold 36px sans-serif; margin: 0; }
#container { border: solid black 1px; height: 1em; width: 80%; }
#range { background-color: green; margin-left: 0%; height: 1em; width: 100%; }
#input { display: block; font-size: 24px; width: 60%; padding: 5px; }
#playagain { font-size: 24px; padding: 10px; border-radius: 5px; }
</style>
</head>
<body>
<h1 id="heading">I'm thinking of a number...</h1>
<!-- 尚未被排除的數字的視覺表現 -->
<div id="container"><div id="range"></div></div>
<!-- 使用者輸入他們猜測的地方 -->
<input id="input" type="text">
<!-- 以空的搜尋字串重載的一個按鈕。隱藏到遊戲結束。 -->
<button id="playagain" hidden onclick="location.search='';">Play Again</button>
<script>
/**
 * 這個 GameState 類別的一個實體代表我們
 * 數字猜測遊戲的內部狀態。此類別定義了
 * 靜態的工廠方法用來以不同的來源初始化遊戲狀態、
 * 依據一個新猜測來更新狀態的一個方法,以及
 * 根據目前的狀態來修改文件的一個方法。
 */
class GameState {
    // 這是創建一個新遊戲的工廠函式
    static newGame() {
        let s = new GameState();
        s.secret = s.randomInt(0, 100);  // 一個整數: 0 < n < 100
        s.low = 0;                        // 猜測必須大於這個
        s.high = 100;                     // 猜測必須小於這個
        s.numGuesses = 0;                 // 已經猜了幾次
        s.guess = null;                   // 上次猜了什麼
        return s;
    }

    // 當我們以 history.pushState() 儲存遊戲的狀態,被儲存的
    // 只是一個普通的 JavaScript 物件,而非 GameState 的一個實體。
    // 所以這個工具函式會依據我們從一個 popstate 事件
    // 得到的那個普通物件重建出一個 GameState 物件。
    static fromStateObject(stateObject) {
```

```
        let s = new GameState();
        for(let key of Object.keys(stateObject)) {
            s[key] = stateObject[key];
        }
        return s;
    }

    // 為了要能夠使用書籤，我們必須有辦法將任何遊戲狀態
    // 編碼為一個 URL。這很容易以 URLSearchParams 做到。
    toURL() {
        let url = new URL(window.location);
        url.searchParams.set("l", this.low);
        url.searchParams.set("h", this.high);
        url.searchParams.set("n", this.numGuesses);
        url.searchParams.set("g", this.guess);
        // 注意到我們不能把那個秘密數字編碼在 url 中，不然
        // 就會透露秘密。如果使用者以這些參數為該頁面製作一個書籤，
        // 然後再次回到它，我們就會單純挑選
        // 介於 low 和 high 之間的一個新的隨機數字。
        return url.href;
    }

    // 這是一個工廠函式，它會創建一個新的 GameState 物件，
    // 並且以指定的 URL 初始化它。如果那個 URL 沒有包含
    // 預期的參數或它們的格式不對，就只會回傳 null。
    static fromURL(url) {
        let s = new GameState();
        let params = new URL(url).searchParams;
        s.low = parseInt(params.get("l"));
        s.high = parseInt(params.get("h"));
        s.numGuesses = parseInt(params.get("n"));
        s.guess = parseInt(params.get("g"));

        // 如果這個 URL 少了我們需要的任何參數，
        // 或它們剖析出來不是整數，那就回傳 null
        if (isNaN(s.low) || isNaN(s.high) ||
            isNaN(s.numGuesses) || isNaN(s.guess)) {
            return null;
        }

        // 每次我們從一個 URL 回復一個遊戲，
        // 就在正確的範圍中挑選一個新的秘密數字。
        s.secret = s.randomInt(s.low, s.high);
        return s;
    }
```

```
// 回傳一個整數 n，而且 min < n < max
randomInt(min, max) {
    return min + Math.ceil(Math.random() * (max - min - 1));
}

// 修改文件來顯示遊戲目前的狀態。
render() {
    let heading = document.querySelector("#heading"); // 位於頂端的 <h1>
    let range = document.querySelector("#range");     // 顯示猜測範圍
    let input = document.querySelector("#input");     // 輸入猜測的欄位
    let playagain = document.querySelector("#playagain");

    // 更新文件標頭（heading）和標題（title）
    heading.textContent = document.title =
        `I'm thinking of a number between ${this.low} and ${this.high}.`;

    // 更新數字的視覺範圍
    range.style.marginLeft = `${this.low}%`;
    range.style.width = `${(this.high-this.low)}%`;

    // 確保輸入欄位是空的而且已設定焦點。
    input.value = "";
    input.focus();

    // 依據使用者的上次猜測顯示回饋。輸入的
    // 佔位文字會顯示出來，因為我們讓輸入欄位變空的。
    if (this.guess === null) {
        input.placeholder = "Type your guess and hit Enter";
    } else if (this.guess < this.secret) {
        input.placeholder = `${this.guess} is too low. Guess again`;
    } else if (this.guess > this.secret) {
        input.placeholder = `${this.guess} is too high. Guess again`;
    } else {
        input.placeholder = document.title = `${this.guess} is correct!`;
        heading.textContent = `You win in ${this.numGuesses} guesses!`;
        playagain.hidden = false;
    }
}

// 依據使用者的猜測更新遊戲狀態。
// 如果狀態已更新，就回傳 true，否則就 false。
updateForGuess(guess) {
    // 若它是一個數字而且位在正確的範圍中
    if ((guess > this.low) && (guess < this.high)) {
        // 依據此猜測更新狀態物件
        if (guess < this.secret) this.low = guess;
```

```
            else if (guess > this.secret) this.high = guess;
            this.guess = guess;
            this.numGuesses++;
            return true;
        }
        else { // 一個無效的猜測：通知使用者，但不更新狀態
            alert(`Please enter a number greater than ${
                    this.low} and less than ${this.high}`);
            return false;
        }
    }
}

// 定義了 GameState 類別後，要讓遊戲動起來，
// 就只需要在適當的時候初始化、更新、
// 儲存和描繪狀態物件。

// 當我們是初次載入，我們會試著從 URL 取得遊戲的狀態
// 如果那失敗了，我們就改為起始一個新遊戲。所以如果使用者
// 將一個遊戲加入書籤，該遊戲就能從那個 URL 回復。但如果我們
// 不帶查詢參數載入一個頁面，我們就只會得到一個新遊戲。
let gamestate = GameState.fromURL(window.location) || GameState.newGame();

// 將遊戲的這個初始狀態儲存到瀏覽器的歷程中，
// 但為此初始頁面使用 replaceState() 而非 pushState()
history.replaceState(gamestate, "", gamestate.toURL());

// 顯示這個初始狀態
gamestate.render();

// 使用者猜測時，依據他們的猜測更新遊戲的狀態
// 然後把那個新狀態儲存到瀏覽器的歷程，再描繪新狀態
document.querySelector("#input").onchange = (event) => {
    if (gamestate.updateForGuess(parseInt(event.target.value))) {
        history.pushState(gamestate, "", gamestate.toURL());
    }
    gamestate.render();
};

// 如果使用者在歷程中前後往返，我們會在視窗物件上得到一個 popstate 事件
// 它帶有我們以 pushState 儲存的狀態物件的一個拷貝
// 那發生時，就描繪（render）新的狀態。
window.onpopstate = (event) => {
    gamestate = GameState.fromStateObject(event.state); // 回復狀態
    gamestate.render();                                  // 並顯示它
};
```

```
</script>
</body></html>
```

15.11　網路

每次你載入一個網頁，瀏覽器就會發出網路請求（network requests），使用 HTTP 與 HTTPS 協定，來要求 HTML 檔案，以及那些檔案所依存的影像、字體、指令稿（scripts）和樣式表（stylesheets）。但除了能夠發出網路請求以回應使用者的動作，Web 瀏覽器還對外提供了 JavaScript API 來進行網路作業。

本節涵蓋三個網路 API：

- fetch() 方法定義了一個基於 Promise（承諾）的 API 來發出 HTTP 和 HTTPS 請求。fetch() 讓基本的 GET 請求變得簡單，但包含的功能非常廣泛，幾乎任何可能的 HTTP 用例都有支援。

- Server-Sent Events（或 SSE）API 是基於事件的一個便利的介面，讓我們能夠使用 HTTP 的「long polling（長輪詢）」技巧，其中 Web 伺服器讓網路連線保持開放，讓它可以在想要的任何時候發送資料給客戶端。

- WebSocket 是一個網路協定，它並非 HTTP 但是設計來與 HTTP 交互作業用的。它定義了一個非同步的訊息傳遞（asynchronous message-passing）API，其中客戶端和伺服器可以彼此收發訊息，並以類似 TCP 網路 sockets 的方式進行。

15.11.1　fetch()

對於基本的 HTTP 請求，fetch() 的使用程序分為三個步驟：

1. 呼叫 fetch()，傳入其內容你想要取回的 URL。

2. 取得第 1 步在 HTTP 回應開始抵達時非同步回傳的回應物件（response object），並呼叫此回應物件的一個方法來請求回應的主體。

3. 取得第 2 步非同步回傳的主體物件（body object），並以你想要的方式處理它。

fetch()API 完全基於 Promise，而這裡有兩個非同步步驟，所以使用 fetch() 的時候，你通常會預期兩個 then() 呼叫，或兩個 await 運算式（而如果你已經忘記那些是什麼，那麼在繼續閱讀本節之前，你可能會想要重新閱讀第 13 章）。

如果你用的是 then()，並且預期你請求的伺服器回應是以 JSON 格式化的，那麼這裡就是一個 fetch() 請求看起來的樣子：

```
fetch("/api/users/current")          // 發出一個 HTTP（或 HTTPS）GET 請求
    .then(response => response.json()) // 剖析它的主體為一個 JSON 物件
    .then(currentUser => {           // 然後處理那個剖析出來的物件
        displayUserInfo(currentUser);
    });
```

這裡是一個類似的請求，使用 async 和 await 關鍵字發出給會回傳純文字字串而非 JSON 物件的一個 API：

```
async function isServiceReady() {
    let response = await fetch("/api/service/status");
    let body = await response.text();
    return body === "ready";
}
```

如果你了解這兩個程式碼範例，那你就懂了使用 fetch()API 所需知道的 80% 知識。接下來的小節示範如何發出請求與接收回應，會比這裡所展示的那些更複雜一點。

XMLHttpRequest 再見

fetch()API 取代了古怪且名稱有誤導之虞的 XMLHttpRequest API（它與 XML 完全無關）。你可能仍會在現有程式碼中看到 XHR（它經常縮寫成這樣），但現在沒有理由把它用在新的程式碼中，而它也沒在本章中記載。然而，本書中還有一個 XMLHttpRequest 的例子，如果你想看看舊式的 JavaScript 網路作業看起來怎樣，可以參閱 §13.1.3。

HTTP 狀態碼、回應標頭以及網路錯誤

§15.11.1 中所顯示的三步驟 fetch() 程序，省略了所有的錯誤處理程式碼。這裡是一個更為實際的版本：

```
fetch("/api/users/current")      // 發出一個 HTTP（或 HTTPS）GET 請求。
    .then(response => {          // 當我們取得一個回應，首先檢查
        if (response.ok &&      // 它的成功碼和預期的類型。
            response.headers.get("Content-Type") === "application/json") {
            return response.json(); // 為該主體回傳一個 Promise。
        } else {
            throw new Error(        // 或擲出一個錯誤。
```

```
                `Unexpected response status ${response.status} or content type`
            );
        }
    })
    .then(currentUser => {      // 當 response.json() 的 Promise 解析
        displayUserInfo(currentUser); // 以剖析出來的主體做些事情。
    })
    .catch(error => {           // 或者，若有任何事出錯，就記錄錯誤。
        // 如果使用者的瀏覽器離線，fetch() 本身會拒絕（reject）。
        // 如果伺服器回傳一個壞的回應，那我們就擲出一個錯誤。
        console.log("Error while fetching current user:", error);
    });
```

fetch() 所回傳的 Promise 會解析（resolves）為一個 Response 物件。此物件的 status 特性是 HTTP 狀態碼（status code），例如代表請求成功的 200 或代表「Not Found」回應的 404（statusText 給出與數值狀態碼一起出現的標準英文文字）。很方便的是，如果 status 是 200 或介於 200 與 299 之間的任何數碼，一個 Response 的 ok 特性就會是 true，而如果是任何其他的數碼，就會是 false。

fetch() 會在伺服器的回應開始抵達時解析它的 Promise，在 HTTP 狀態和回應標頭（headers）可取用時，就立即那樣做，但通常會在完整的回應主體抵達前進行。即使主體尚無法取用，你還是可以在這個擷取（fetch）程序的第二步中檢視標頭。一個 Response 物件的 headers 特性是一個 Headers 物件。使用它的 has() 方法來測試某個標頭是否存在，或使用它的 get() 方法來取得一個標頭的值。HTTP 標頭的名稱是不區分大小寫的，所以你能夠傳入小寫或大小寫混合的標頭名稱給這些函式。

如果你有需要那樣做，Headers 物件也是可迭代的：

```
fetch(url).then(response => {
    for(let [name,value] of response.headers) {
        console.log(`${name}: ${value}`);
    }
});
```

如果 Web 伺服器有回應你的 fetch() 請求，那麼所回傳的 Promise 會以一個 Response 物件被履行（fulfilled），即便伺服器的回應是一個 404 Not Found 錯誤或 500 Internal Server Error。fetch() 只會在它完全無法聯繫 Web 伺服器的時候拒絕那個 Promise。這可能發生在使用者的電腦離線時，或伺服器沒反應的時候，又或者 URL 指定了一個不存在的主機名稱之時。因為這些事情可能發生在任何網路請求上，所以在每次發出一個 fetch() 呼叫的時候都包含一個 .catch() 子句永遠是個好主意。

設定請求參數

發出一個請求時，有時你會想要連同 URL 一起傳入額外的參數。想要這樣做，可以在 URL 尾端的一個 ? 之後加上名稱與值對組（name/value pairs）。URL 與 URLSearchParams 類別（在 §11.9 涵蓋過）讓我們能輕易建構這種形式的 URL，而 fetch() 函式接受 URL 物件作為它的第一引數，所以你可以在一個 fetch() 請求中包括像這樣的請求參數：

```
async function search(term) {
    let url = new URL("/api/search");
    url.searchParams.set("q", term);
    let response = await fetch(url);
    if (!response.ok) throw new Error(response.statusText);
    let resultsArray = await response.json();
    return resultsArray;
}
```

設定請求標頭

有的時候你需要在你的 fetch() 請求中設定標頭。舉例來說，如果你發出的 Web API 請求需要證明資訊（credentials），那麼你就可能得包含一個 Authorization 標頭以包含那些證明資訊。為了這麼做，你可以使用兩個引數版本的 fetch()。跟之前一樣，第一個引數是一個字串或 URL 物件，指出要擷取的 URL。第二個引數是一個物件，提供額外的選項，包括請求標頭：

```
let authHeaders = new Headers();
// 別使用基本認證（Basic auth），除非是透過 HTTPS 連線。
authHeaders.set("Authorization",
                `Basic ${btoa(`${username}:${password}`)}`);
fetch("/api/users/", { headers: authHeaders })
    .then(response => response.json())          // 錯誤處理省略了 ...
    .then(usersList => displayAllUsers(usersList));
```

其他還有數個選項能被指定在 fetch() 的第二引數中，而我們會在之後再次看到它。傳入兩個引數給 fetch() 的一個替代方式是把相同的兩個引數傳入給 Request() 建構器，然後將結果產生的 Request 物件傳入給 fetch()：

```
let request = new Request(url, { headers });
fetch(request).then(response => ...);
```

剖析回應主體

在我們示範過的三步驟 fetch() 程序中,第二步結束的方式是呼叫 Response 物件的 json() 或 text() 方法,並回傳那些方法所回傳的 Promise 物件。然後,第三步起始於那個 Promise 以剖析為一個 JSON 物件或一個文字字串的回應主體來解析的時候。

這些大概是最常見的兩種情況,但它們不是獲取 Web 伺服器回應主體的唯一方式。除了 json() 與 text(),Response 物件也有這些方法:

arrayBuffer()

此方法回傳一個 Promise,它會解析為一個 ArrayBuffer。如果回應含有二進位資料,這就很有用。你可以使用那個 ArrayBuffer 來創建一個具型陣列(typed array,§11.2)或一個 DataView 物件(§11.2.5),你就能從之讀取二進位資料。

blob()

此方法回傳一個 Promise,它會解析為一個 Blob 物件。Blob 並不會在本書涵蓋,但其名稱代表的是「Binary Large Object(二進位大型物件)」,當你預期大量的二進位資料,這就很有用。如果你以一個 Blob 的形式請求回應的主體,瀏覽器實作可能會把回應資料串流到一個暫存檔中,然後回傳一個 Blob 物件代表那個暫存檔。因此,Blob 物件並不允許對回應主體進行隨機存取,跟 ArrayBuffer 不同。一旦你有了一個 Blob,你就能以 URL.createObjectURL() 建立一個 URL 指向它,又或者你可以使用基於事件的 FileReader API 來非同步獲取那個 Blob 的內容作為一個字串或一個 ArrayBuffer。在本文寫作之時,某些瀏覽器也定義了基於 Promise 的 text() 與 arrayBuffer() 方法,提供一個更直接的方式來獲取一個 Blob 的內容。

formData()

此方法回傳一個 Promise,它解析為一個 FormData 物件。如果你預期 Response 的主體以「multipart/form-data」格式編碼,你就應該使用此方法。這種格式在對伺服器發出的 POST 請求中很常見,但在伺服器回應中並不常見,所以這個方法並沒有常被使用。

串流回應主體

除了會非同步回傳某種形式的完整回應主體給你的那五個回應方法,還有一個選項是串流(stream)回應主體,如果你有些處理可以在回應主體的資料塊透過網路陸續抵達時在它們之上進行，那這就很有用。不過若是你想要顯示一個進度列，讓使用者可以看到下載的進度，那串流回應也會有用處。

一個 Response 物件的 body 特性是一個 ReadableStream 物件。如果你已經呼叫了像是 text() 或 json() 那樣會讀取、剖析和回傳該主體的某個回應方法，那麼 bodyUsed 就會是 true，以表示這個 body 串流已被讀取。然而，如果 bodyUsed 為 false，那麼該串流就尚未被讀取。在這種情況中，你可以在 response.body 上呼叫 getReader() 來獲取一個串流讀取器物件（stream reader object），然後使用這個閱讀器物件的 read() 方法非同步地從該串流讀取文字資料塊。這個 read() 方法回傳一個 Promise，它會解析為帶有 done 和 value 特性的一個物件。如果整個主體都已被讀取或該串流已關閉，done 就會是 true。而 value 要不是形式為 Uint8Array 的下一個資料塊，就是沒有資料塊時的 undefined。

如果你使用 async 與 await，這個串流 API 就會相對簡單，但如果你試著以原始的 Promise 來使用它，則會出乎意料的複雜。範例 15-10 定義了一個 streamBody() 函式以示範此 API 的用法。假設你想要下載一個大型的 JSON 檔案，並向使用者回報下載進度。你無法以 Response 物件的 json() 方法來那樣做，但你能以 streamBody() 函式做到這點，像這樣（假設定義有一個 updateProgress() 函式來設定 HTML <progress> 元素上的 value 屬性）：

```
fetch('big.json')
    .then(response => streamBody(response, updateProgress))
    .then(bodyText => JSON.parse(bodyText))
    .then(handleBigJSONObject);
```

streamBody() 函式可以像範例 15-10 中所顯示的那樣實作。

範例 15-10　串流來自一個 fetch() 請求的回應主體

```
/**
 * 一個非同步函式，用來串流（streaming）從一個 fetch() 請求所獲得的
 * 一個 Response 物件的主體。傳入那個 Response 物件作為第一個
 * 引數，後面跟著兩個選擇性的 callbacks。
 *
 * 如果你指定一個函式作為第二引數，那個 reportProgress
 * callback 就會在每次接收到一個資料塊（chunk）時被呼叫一次。
 * 傳入的第一個引數是目前為止接收到的總位元組數。
 * 第二個引數是介於 0 與 1 之間的一個數字，指出下載的進度。
 * 然而，如果那個 Response 物件沒有 "Content-Length" 標頭，
 * 那麼這第二個引數將永遠會是 NaN。
 *
 * 如果你希望在資料抵達時成塊處理它們，就指定一個
```

```
 * 函式作為第三引數。那些資料塊會被傳入，以 Uint8Array 物件
 * 的形式，給這個 processChunk callback。
 *
 * streamBody() 回傳一個 Promise，它會解析為一個字串。
 * 若有提供 processChunk callback，那麼此字串就是那個 callback
 * 所回傳的值串接起來的結果。否則，該字串就是資料塊的值
 * 轉為 UTF-8 字串後串接起來的結果。
 */
async function streamBody(response, reportProgress, processChunk) {
    // 我們預期多少位元組，如果沒有標頭，就為 NaN
    let expectedBytes = parseInt(response.headers.get("Content-Length"));
    let bytesRead = 0;                    // 我們目前為止接收到多少位元組
    let reader = response.body.getReader(); // 以此函式讀取位元組
    let decoder = new TextDecoder("utf-8"); // 用來把位元組轉為文字
    let body = "";                        // 目前為止讀取的文字

    while(true) {                              // 跑迴圈，直到我們在下面退出為止
        let {done, value} = await reader.read(); // 讀取一個資料塊

        if (value) {                          // 如果我們得到一個位元組陣列：
            if (processChunk) {               // 若有傳入一個 callback
                let processed = processChunk(value); // 就處理那些位元組。
                if (processed) {
                    body += processed;
                }
            } else {                          // 否則，轉換那些位元組
                body += decoder.decode(value, {stream: true}); // 為文字。
            }

            if (reportProgress) {             // 若有傳入一個進度回呼 (progress callback)
                bytesRead += value.length;    // 就呼叫它
                reportProgress(bytesRead, bytesRead / expectedBytes);
            }
        }
        if (done) {                           // 如果這是最後一塊，
            break;                            // 就退出迴圈
        }
    }

    return body;   // 回傳我們所累積的主體文字
}
```

這個串流 API 在本文寫作之時算是很新的功能，也可預期會繼續演進。特別是，有進行中的計畫想要使 ReadableStream 物件變得可非同步迭代（asynchronously iterable），以便與 for/await 迴圈並用（§13.4.1）。

指定請求方法和請求主體

在目前所展示的每個 fetch() 範例中，我們發出的都是 HTTP（或 HTTPS）的 GET 請求。如果你想要使用一個不同的請求方法（例如 POST、PUT 或 DELETE），就使用兩個引數版的 fetch()，傳入帶有一個 method 參數的 Options 物件：

```
fetch(url, { method: "POST" }).then(r => r.json()).then(handleResponse);
```

POST 和 PUT 請求通常會有一個請求主體，其中含有要送到伺服器的資料。只要 method 特性不是設為 "GET" 或 "HEAD"（它們不支援請求主體），你就能指定一個請求主體，只要設定 Options 物件的 body 特性就行了：

```
fetch(url, {
    method: "POST",
    body: "hello world"
})
```

當你指定一個請求主體（request body），瀏覽器就會自動為該請求加上一個適當的「Content-Length」標頭。當該主體是一個字串，如前面範例中的那樣，瀏覽器就會把「Content-Type」標頭設為預設值「text/plain;charset=UTF-8」。如果你指定的一個字串主體是更特定的類型，例如「text/html」或「application/json」，你可能就得覆寫這個預設值：

```
fetch(url, {
    method: "POST",
    headers: new Headers({"Content-Type": "application/json"}),
    body: JSON.stringify(requestBody)
})
```

fetch() 的選項物件（options object）的 body 特性沒必要是個字串。如果你有在一個具型陣列（typed array）或 DataView 物件或 ArrayBuffer 中的二進位資料，你可以把 body 特性設為那個值，並指定適當的「Content-Type」標頭。如果你有 Blob 形式的二進位資料，你可以單純把 body 設為那個 Blob。Blob 有一個 type 特性，指出其內容類型（content type），而這個特性的值會被用作「Content-Type」標頭的預設值。

使用 POST 請求的時候，常會在請求主體中傳入一組名稱與值參數（name/value parameters，而非把它們編碼為 URL 的查詢部分）。有兩種方式可以這樣做：

- 你能以 URLSearchParams（我們在本節前面看過，它記載於 §11.9）指定你的參數名稱與值，然後將那個 URLSearchParams 物件傳入作為 body 特性的值。如果你這麼做，主體會被設為一個字串，它看起來就像是 URL 的查詢部分，而「Content-Type」標頭會自動被設為「application/x-wwwform-urlencoded;charset=UTF-8」。

- 如果你是以一個 FormData 物件指定你的參數名稱與值，主體就會使用一種更囉嗦的多部編碼（multipart encoding），而「Content-Type」會被設為「multipart/form-data; boundary=⋯」，其中帶有與主體相符的一個唯一的邊界字串（boundary string）。當你想要上傳的值很長，或者它們是各有其「Content-Type」的 File 或 Blob 物件，FormData 物件就特別有用。FormData 物件能以值來創建和初始化，只要傳入一個 <form> 元素給 FormData() 建構器就行了。不過你也能不帶引數調用 FormData() 建構器來建立「multipart/form-data」的請求主體，並以 set() 和 append() 方法初始化它所代表的名稱與值對組。

使用 fetch() 的檔案上傳

從使用者的電腦上傳檔案到 Web 伺服器是一種常見的任務，可以使用一個 FormData 物件作為請求主體來達成。獲取一個 File 物件的常見方式是在你的網頁上顯示一個 <input type="file"> 元素，並收聽那個元素上的「change」事件。當一個「change」事件發生，這個輸入元素（input element）的 files 陣列應該至少含有一個 File 物件。File 物件也可透過 HTML 的拖放（drag-and-drop）API 來取得。本書沒有涵蓋那個 API，但在傳入給「drop」事件收聽器的事件物件上，就能透過 dataTransfer.files 陣列取得檔案。

也請記得，File 物件是 Blob 的一種，而有的時候，上傳 Blob 也可能會有用。假設你寫了一個 Web 應用程式允許使用者在一個 <canvas> 元素中建立圖形。你能藉由像下列這樣的程式碼把使用者所繪之圖上傳為 PNG 檔案：

```
// canvas.toBlob() 函式是基於 callback 的。
// 這是它的一個基於 Promise 的包裹器（wrapper）。
async function getCanvasBlob(canvas) {
    return new Promise((resolve, reject) => {
        canvas.toBlob(resolve);
    });
}

// 這裡是我們從一個畫布（canvas）上傳一個 PNG 檔案的方式
async function uploadCanvasImage(canvas) {
    let pngblob = await getCanvasBlob(canvas);
    let formdata = new FormData();
    formdata.set("canvasimage", pngblob);
```

```
    let response = await fetch("/upload", { method: "POST", body: formdata });
    let body = await response.json();
}
```

跨來源的請求

最常見的情況是，fetch() 被 Web 應用程式用來向它們自己的 Web 伺服器請求資料。像這樣的請求被稱為同源請求（same-origin requests），因為傳入給 fetch() 的 URL 跟包含發出請求的那個指令稿的文件有相同的來源（origin，即協定加上主機名稱加上通訊埠）。

基於安全性考量，Web 瀏覽器一般不允許（雖然有對於影像和指令稿的例外）跨來源的網路請求（cross-origin network requests）。然而，Cross-Origin Resource Sharing 或稱 CORS，能讓我們發出安全的跨來源請求。fetch() 與一個跨來源的 URL 並用時，瀏覽器會新增一個「Origin」標頭到該請求（而且不允許它透過 headers 特性被覆寫），以告知 Web 伺服器那個請求是來自於一個不同源的文件。如果伺服器以一個適當的「Access-Control-Allow-Origin」標頭回應該請求，那個請求就會被處理。否則，若伺服器並沒有明確允許該請求，那麼 fetch() 所回傳的 Promise 就會被拒絕。

放棄一個請求

有時候你可能會想要放棄（abort）你已經發出的一個請求，或許是因為使用者點擊了一個 Cancel（取消）按鈕，或該請求花了太長的時間。這個 fetch API 允許我們使用 AbortController 和 AbortSignal 類別放棄請求（這些類別定義了一個泛用的放棄機制，也適合其他 API 使用）。

如果希望有可以放棄一個 fetch() 請求的選項，那就在起始該請求前，創建一個 AbortController 物件。這個控制器物件（controller object）的 signal 特性是一個 AbortSignal 物件。把這個訊號物件（signal object）設為你傳入給 fetch() 的選項物件的 signal 特性之值。這麼做之後，你就能呼叫那個控制器物件的 abort() 方法來放棄該請求，這會導致與那個擷取請求（fetch request）相關的任何 Promise 物件都以一個例外被拒絕。

這裡是使用 AbortController 機制來為擷取請求強制施加一個逾時（timeout）時間的例子：

```
// 此函式就像 fetch()，但它在選項物件中新增了
// 對一個 timeout 特性的支援，如果該次擷取沒有在
// 此特性所指定的毫秒數內完成，就會放棄該請求。
function fetchWithTimeout(url, options={}) {
    if (options.timeout) {  // 如果 timeout 特性存在，而且非零值
        let controller = new AbortController();  // 就創建一個控制器
        options.signal = controller.signal;      // 設定 signal 特性
        // 啟動一個計時器，它會在經過指定的毫秒數之後，
        // 送出放棄訊號。注意到我們永遠都不會取消
        // 此計時器。在擷取完成後呼叫 abort()
        // 不會有任何效果。
        setTimeout(() => { controller.abort(); }, options.timeout);
    }
    // 現在單純進行一次普通的擷取
    return fetch(url, options);
}
```

各種請求選項

我們已經看到一個 Options 物件可以作為第二引數傳入給 fetch()（或作為 Request() 建構器的第二引數）以指定請求方法、請求標頭，以及請求主體。此外，它還支援數個其他選項，包括這些：

cache

使用此特性來覆寫瀏覽器預設的快取行為（caching behavior）。HTTP 快取是一個複雜的主題，遠超出本書範圍，但如果你大略知道它如何運作，你可以使用下列這些合法的 cache 值：

"default"

這個值指定預設的快取行為。快取中的新近回應會直接從快取中供應，而舊的回應會在供應前先重新驗證有效性。

"no-store"

這個值使得瀏覽器忽略它的快取。發出請求時，不會檢查快取尋求匹配，也不會在回應抵達時更新快取。

"reload"

這個值告訴瀏覽器永遠都發出一個正常的網路請求，忽略快取。然而，回應抵達時，將之儲存在快取中。

"no-cache"

這個（名稱有誤導之虞的）值告訴瀏覽器不要從快取供應新近的值。新近的值和舊的值都要在回傳前重新驗證過。

"force-cache"

這個值告訴瀏覽器從快取提供回應，即使它們是舊的。

redirect

此特性控制瀏覽器如何處理來自伺服器的重導回應（redirect responses）。三個合法的值是：

"follow"

這是預設值，而它會使得瀏覽器自動遵循（follow）重導。如果你使用這個預設值，你以 fetch() 取得的 Response 物件永遠都不應該有 300 到 399 範圍中的一個 status。

"error"

如果伺服器回傳一個重導回應，這個值會使 fetch() 拒絕它所回傳的 Promise。

"manual"

這個值代表你想要手動處理重導回應，而 fetch() 所回傳的 Promise 可以解析為帶有範圍在 300 到 399 之間的 status 的一個 Response 物件。在這種情況中，你必須使用 Response 的「Location」標頭來手動遵循該重導。

referrer

你可以把這個特性設為含有一個相對 URL 的字串，以指定 HTTP「Referer」標頭的值（它因為歷史因素錯拼為只有三個 R 而非四個）。如果你將此特性設為空字串，那麼「Referer」標頭會從請求中省略。

15.11.2　伺服器發送的事件（Server-Sent Events）

Web 作為基石的 HTTP 協定基本特色之一是，客戶端發出請求，而伺服器回應那些請求。然而，有些 Web apps 發現讓它們的伺服器在有事件發生時送出通知給它們，是很有用的。這對 HTTP 來說並不自然，但設計出來的技巧是讓客戶端發出一個請求給伺服器，然後客戶端或伺服器都不關閉該連線。當伺服器有事情要告訴客戶端，它就寫入資料到連線，但讓它保持開啟。這的效果就彷彿是客戶端發出一個網路請求，而伺服器以一種緩慢且叢發性（bursty）的方式回應，在突發的密集活動之間有明顯的停頓。像這樣的網路連線通常不會一直保持開啟，但如果客戶端偵測到連線已關閉，它可以單純發出另一個請求來重新開啟該連線。

這種允許伺服器發送訊息給客戶端的技巧出乎意料有效（雖然這在伺服端的成本可能很昂貴，因為伺服器必須維護一個活躍的連線到它所有的客戶端）。因為這是一種實用的程式設計模式，客戶端 JavaScript 以 EventSource API 來支援它。要建立這種存活時間長的請求連線到一個 Web 伺服器，只要傳入一個 URL 給 EventSource() 建構器就行了。當伺服器寫入（經過適當格式化的）資料到連線中，EventSource 物件就會把那些轉譯為你可以收聽的事件：

```
let ticker = new EventSource("stockprices.php");
ticker.addEventListener("bid", (event) => {
    displayNewBid(event.data);
}
```

與一個訊息事件（message event）關聯的事件物件有一個 data 特性，存放著伺服器為此事件送出作為負載（payload）的任何字串。該事件物件還有一個 type 特性，就跟所有事件一樣，它指出該事件的名稱。伺服器決定所產生的事件類型（type）。如果在它所寫入的資料中省略了一個事件名稱，那麼事件類型預設就會是「message（訊息）」。

Server-Sent Events 的協定簡單明瞭。客戶端發起一個連線至伺服端（當它建立 EventSource 物件的時候），而伺服器保持這個連線開啟。若有事件發生，伺服器會寫入文字行（lines of text）到連線中。透過線路傳達到另一端的一個事件看起來可能像這樣（忽略其中的註解）：

```
event: bid     // 定事件物件的類型
data: GOOG     // 設定 data 特性
data: 999      // 附加一個 newline 和更多資料
               // 一個空白行標示事件結尾
```

此協定還有一些額外的功能允許事件被賦予 ID，然後讓重新連接的客戶端告訴伺服器它上次接收到的事件的 ID 是什麼，如此一個伺服器就能重新送出它錯過的任何事件。然而，那些細節在客戶端這邊是看不到的，也不會在此討論。

Server-Sent Events 的一個明顯的應用是多使用者的協作（multiuser collaborations），例如線上聊天。一個聊天客戶端可能會使用 fetch() 來貼出（post）訊息到聊天室，並以一個 EventSource 物件訂閱（subscribe）聊天內容的串流。範例 15-11 展示藉由 EventSource 寫出像這樣的一個聊天客戶端有多容易。

範例 15-11　使用 EventSource 的一個簡單的聊天客戶端

```html
<html>
<head><title>SSE Chat</title></head>
<body>
<!-- 這個聊天 UI 只是單一個文字輸入欄位 -->
<!-- 新的聊天訊息會被插入到這個輸入欄位之前 -->
<input id="input" style="width:100%; padding:10px; border:solid black 2px"/>
<script>
// 處理一些 UI 細節
let nick = prompt("Enter your nickname");        // 取得使用者的暱稱
let input = document.getElementById("input");    // 找出輸入欄位
input.focus();                                   // 設定鍵盤焦點

// 使用 EventSource 註冊新訊息的通知
let chat = new EventSource("/chat");
chat.addEventListener("chat", event => {  // 當一個聊天訊息抵達
    let div = document.createElement("div");  // 建立一個 <div>
    div.append(event.data);                   // 新增來自訊息的文字
    input.before(div);                        // 在 input 前新增 div
    input.scrollIntoView();                   // 確保 input 元素可以被看見
});

// 使用 fetch 張貼使用者的訊息到伺服器
input.addEventListener("change", ()=>{ // 當使用者按下 return
    fetch("/chat", {                      // 啟動一個 HTTP 請求到這個 url。
        method: "POST",                   // 讓它是帶有主體的一個 POST 請求
        body: nick + ": " + input.value  // 設定使用者的暱稱和輸入。
    })
    .catch(e => console.error);           // 忽略回應，但記錄任何錯誤。
    input.value = "";                     // 清除輸入
});
</script>
</body>
</html>
```

這個聊天程式的伺服端程式碼並不比客戶端程式碼還要複雜多少。範例 15-12 是一個簡單的 Node HTTP 伺服器。當一個客戶端請求根 URL「/」，它會送出範例 15-11 中所示的聊天客戶端程式碼。當一個客戶端對「/chat」這個 URL 發出一個 GET 請求，它會儲存回應物件，並保持那個連線的開啟狀態。而當一個客戶端發出一個 POST 請求給「/chat」，它使用該請求的主體作為一個聊天訊息，並使用「text/event-stream」格式將之寫入給所儲存的每個回應物件。伺服器程式碼會在通訊埠 8080 上收聽，因此以 Node 執行它之後，就將你的瀏覽器導向 http://localhost:8080 以進行連接並開始與你自己聊天。

範例 15-12　一個 Server-Sent Events 聊天伺服器

```javascript
// 這是伺服端的 JavaScript，要以 NodeJS 執行。
// 它實作了一個非常簡單而且完全匿名的聊天室。
// POST（貼出）新的訊息至 /chat，或從相同的 URL
// GET（取得）訊息的一個 text/event-stream。發出一個 GET 請求到 /
// 會回傳一個簡單的 HTML 檔案，其中含有客戶端的聊天 UI。
const http = require("http");
const fs = require("fs");
const url = require("url");

// 聊天客戶端的 HTML 檔案。下面會用到。
const clientHTML = fs.readFileSync("chatClient.html");

// ServerResponse 物件所組成的一個陣列，我們即將發送事件給它們
let clients = [];

// 建立一個新的伺服器，在通訊埠 8080 上進行收聽
// 連接到 http://localhost:8080/ 來使用它。
let server = new http.Server();
server.listen(8080);

// 當伺服器取得一個新的請求，就執行此函式
server.on("request", (request, response) => {
    // 剖析所請求的 URL
    let pathname = url.parse(request.url).pathname;

    // 如果是請求 "/"，就送出客戶端的聊天 UI。
    if (pathname === "/") {  // 請求聊天 UI
        response.writeHead(200, {"Content-Type": "text/html"}).end(clientHTML);
    }
    // 否則，為 "/chat" 以外的任何路徑或 "GET"
    // 和 "POST" 以外的任何方法送出一個 404 錯誤。
    else if (pathname !== "/chat" ||
            (request.method !== "GET" && request.method !== "POST")) {
        response.writeHead(404).end();
    }
    // 如果對 /chat 的請求是一個 GET，那麼就是有一個客戶端要連線。
    else if (request.method === "GET") {
        acceptNewClient(request, response);
    }
    // 否則這個 /chat 請求就是一個新訊息的 POST
    else {
        broadcastNewMessage(request, response);
    }
});
```

```
// 這處理 /chat 端點的 GET 請求，後者會在客戶端創建
// 一個新的 EventSource 物件
// （或 EventSource 自動重連）的時候產生。
function acceptNewClient(request, response) {
    // 記住回應物件，如此我們才能送出未來的訊息給它
    clients.push(response);

    // 如果客戶端關閉連線，
    // 就從作用中的客戶端所成之陣列移除對應的回應物件
    request.connection.on("end", () => {
        clients.splice(clients.indexOf(response), 1);
        response.end();
    });

    // 設定標頭，並送出一個初始的聊天事件給這一個客戶端
    response.writeHead(200, {
        "Content-Type": "text/event-stream",
        "Connection": "keep-alive",
        "Cache-Control": "no-cache"
    });
    response.write("event: chat\ndata: Connected\n\n");

    // 注意到在此我們刻意不呼叫 response.end()。
    // 保持連線開啟，就是使 Server-Sent Events 可行的關鍵。
}

// 此函式會被呼叫以回應 /chat 端點的 POST 請求
// 客戶端會在使用者打入一則新訊息時送出這種請求。
async function broadcastNewMessage(request, response) {
    // 首先，讀取該請求的主體來取得使用者的訊息
    request.setEncoding("utf8");
    let body = "";
    for await (let chunk of request) {
        body += chunk;
    }

    // 一旦我們讀取了主體，就送出一個空的回應，並關閉該連線
    response.writeHead(200).end();

    // 將訊息格式化為 text/event-stream 格式，
    // 並在每行前面加上 "data: "
    let message = "data: " + body.replace("\n", "\ndata: ");

    // 賦予訊息資料一個前綴來將之定義為一個 "chat" 事件
    // 並賦予它一個雙 newline 的後綴，來標示事件結尾。
```

```
        let event = `event: chat\n${message}\n\n`;

        // 現在送出這個事件給所有收聽中的客戶端
        clients.forEach(client => client.write(event));
    }
```

15.11.3　WebSocket

WebSocket API 是對於複雜且強大的網路協定的一個簡單的介面。WebSocket 能讓瀏覽器中的 JavaScript 程式碼輕易地與伺服器交換文字和二進位訊息。如同 Server-Sent Events，客戶端必須建立連線，但只要連線建立好，伺服器就能非同步地發送訊息給客戶端。不同於 SSE，二進位訊息（binary messages）也有支援，而且訊息可以雙向遞送，不只是從伺服器送到客戶端。

能使用 WebSocket 的網路協定是對 HTTP 的一種擴充。雖然 WebSocket API 讓人想起低階的網路 sockets，連線端點（connection endpoints）並非以 IP 位址和通訊埠（port）來識別。取而代之，當你想要使用 WebSocket 協定連接到一個服務，你會以一個 URL 指定該服務，就像對 Web 服務那樣。然而，WebSocket 的 URL 以 wss:// 開頭，而非 https://（瀏覽器通常會限制 WebSocket 只能用於透過安全的 https:// 連線載入的頁面中）。

要建立一個 WebSocket 連線，瀏覽器會先建立一個 HTTP 連線，並送出一個 Upgrade: websocket 標頭給伺服器，請求連線從 HTTP 協定切換到 WebSocket 協定。這所代表的意義是，為了要在你的客戶端 JavaScript 中使用 WebSocket，你的 Web 伺服器也必須懂得 WebSocket 協定，而且你得寫好伺服端的程式碼以使用該協定來收發資料。如果你的伺服器是如此設置，那麼本節會解釋處理客戶端連線所需知道的所有知識；如果你的伺服器並不支援 WebSocket 協定，就考慮改用 Server-Sent Events（§15.11.2）。

建立、連接和中斷 WebSocket

如果你想要與一個能用 WebSocket 的伺服器通訊，就建立一個 WebSocket 物件，指定 wss://URL 來識別你想要使用的伺服器和服務：

```
    let socket = new WebSocket("wss://example.com/stockticker");
```

當你建立一個 WebSocket，連線程序會自動起始。但一個新創建的 WebSocket 在它初次被回傳時，不會是連接的。

這個 socket 的 readyState 特性指出該連線處於什麼狀態。此特性可以有下列的值：

WebSocket.CONNECTING

WebSocket 正在連接中。

WebSocket.OPEN

WebSocket 已連接，準備好進行通訊了。

WebSocket.CLOSING

WebSocket 正被關閉。

WebSocket.CLOSED

WebSocket 已被關閉，進一步的通訊是已不可行。這種狀態也可能出現在發起連接的嘗試失敗之時。

當一個 WebSocket 的狀態從 CONNECTING 變為 OPEN，它會發動一個「open」事件，而你可以設定 WebSocket 的 onopen 特性或在那個物件上呼叫 addEventListener() 來收聽這個事件。

如果一個 WebSocket 連線發生了協定或其他錯誤，WebSocket 物件會發動一個「error」事件。你可以設定 onerror 來定義一個處理器，或是使用 addEventListener()。

當你用完一個 WebSocket，你可以呼叫 WebSocket 物件的 close() 方法來關閉連線。當一個 WebSocket 變為 CLOSED 狀態，它會發動一個「close」事件，而你可以設定 onclose 特性來收聽該事件。

透過一個 WebSocket 發送訊息

要送出一個訊息給在一個 WebSocket 連線另一端的伺服器，只要調用那個 WebSocket 物件的 send() 方法就行了。send() 預期單一個訊息引數，這可以是一個字串、Blob、ArrayBuffer、具型陣列，或 DataView 物件。

send() 方法會緩衝要發送的指定訊息，並會在該訊息實際送出前就回傳。WebSocket 物件的 bufferedAmount 特性指出已經緩衝起來但尚未送出的位元組數（令人意外的是，WebSocket 並沒有在這個值降到 0 的時候發動任何事件）。

從一個 WebSocket 接收訊息

要透過一個 WebSocket 接收來自一個伺服器的訊息，就為「message」事件註冊一個事件處理器，不管是設定 WebSocket 物件的 onmessage 特性，或呼叫 addEventListener()。與一個「message」事件關聯的物件是 MessageEvent 的一個實體，它帶有一個 data 特性，其中含有伺服器的訊息。如果伺服器送出 UTF-8 編碼的文字，那麼 event.data 會是含有那段文字的一個字串。

如果伺服器所送出的訊息由二進位資料所構成，而非文字，那麼 data 特性（在預設情況下）就會是代表那個資料的一個 Blob 物件。如果你偏好接收二進位訊息為 ArrayBuffer 而非 Blob，那就把 WebSocket 物件的 binaryType 特性設為字串 "arraybuffer"。

有幾個 Web API 使用 MessageEvent 物件來交換訊息。那些 API 中有一些用到結構化複製演算法（structured clone algorithm，參閱前面的「結構化複製演算法」）來使複雜的資料結構能作為訊息負載（message payload）。WebSocket 並非那些 API 之一：透過 WebSocket 交換的訊息不是 Unicode 字元構成的單一字串，就是單一個位元組字串（表示為一個 Blob 或 ArrayBuffer）。

協定磋商

WebSocket 協定能讓我們交換文字和二進位訊息，但完全沒提到那些訊息的結構或意義。使用 WebSocket 的應用程式必須在這個簡單的訊息交換機制之上建置他們自己的通訊協定。wss://URL 的使用有助於這一點：每個 URL 通常都會有它自己的規則來決定訊息要如何交換。如果你寫程式碼來連接到 wss://example.com/stockticker，那麼你大概就知道你會接收到關於股票價格（stock prices）的訊息。

然而，協定一般都會演進。如果一個假想的股價協定被更新了，你可以定義一個新的 URL，以 wss://example.com/stockticker/v2 連接到更新過後的服務。然而，以 URL 為基礎的版本管理並不總是足夠。使用隨時間演進的複雜協定時，你最後可能會部署支援該協定多個版本的伺服器，並部署支援不同的一組協定版本的客戶端。

考慮到這種情況，WebSocket 協定和 API 包含了一種應用程式層級的協定磋商（application-level protocol negotiation）功能。當你呼叫 WebSocket() 建構器，wss://URL 會是第一個引數，但你還可以傳入一個字串陣列作為第二引數。若你這樣做，你就是在指定一串你知道如何處理的應用程式協定，並要求伺服器挑選一個。在連接的過程中，伺服器會挑選其中一個協定（或是在客戶端的所有選項它都不支援時，以一個錯誤表示失敗）。一旦建立連線，WebSocket 物件的 protocol 特性就指出伺服器選擇了哪個協定版本。

15.12 　儲存區

Web 應用程式可以使用瀏覽器的 API 在使用者本地端的電腦上儲存資料。這個客戶端的儲存區（storage）是要賦予 Web 瀏覽器一個記憶。舉例來說，Web apps 可以儲存使用者偏好（user preferences），甚至儲存它們完整的狀態，以回復到你上次訪問結束時留下的狀態。客戶端儲存區是依據來源（origin）劃分的，所以來自一個網站的頁面不可以讀取來自其他網站的頁面所儲存的資料。但來自相同網站的兩個頁面可以共享儲存區，並用它作為一種溝通機制。舉例來說，在一個頁面上的表單中輸入的資料可以被顯示在另一個頁面上的表格中。Web 應用程式可以選擇它們儲存的資料之生命週期：資料可以是暫時儲存，只保留到視窗關閉或瀏覽器退出；又或者它可以儲存在使用者的電腦上，並且是永久儲存，在數個月或幾年後都還能取用。

客戶端儲存區有幾種形式：

Web Storage

Web Storage API 由 localStorage 與 sessionStorage 物件所構成，它們基本上就是將字串鍵值（string keys）映射到字串值的續存物件（persistent objects）。Web Storage 非常易於使用，並且適合儲存大量（但非過量）的資料。

Cookies

Cookies 是一種舊的客戶端儲存機制，是設計來要給伺服端指令稿使用的。有一個古怪的 JavaScript API 讓 cookies 可以在客戶端上以指令稿操作，但它們很難用，而且只適合儲存少量的文字資料。此外，儲存為 cookies 的任何資料一定會隨著每個 HTTP 請求被傳送到伺服器，即使只有客戶端會對那個資料感興趣。

IndexedDB

IndexedDB 是對支援索引（indexing）的一個物件資料庫（object database）的一個非同步 API。

15.12.1　localStorage 與 sessionStorage

Window 物件的 localStorage 與 sessionStorage 特性指向 Storage 物件。一個 Storage 物件的行為就跟一般的 JavaScript 物件很像，只不過：

- Storage 物件的特性必須是字串。

- 儲存在一個 Storage 物件中的特性會持續存在。如果你設定 localStorage 物件的一個特性，然後使用者重新載入該頁面，你儲存在那個特性中的值仍然可供你的程式取用。

舉例來說，你可以像這樣使用 localStorage 物件：

```
let name = localStorage.username;       // 查詢一個儲存起來的值
if (!name) {
    name = prompt("What is your name?");  // 詢問使用者一個問題
    localStorage.username = name;        // 儲存使用者的回應。
}
```

你可以使用 delete 運算子從 localStorage 和 sessionStorage 移除特性，而可以使用一個 for/in 迴圈或 Object.keys() 來列舉一個 Storage 物件的特性。如果你想要移除一個儲存區物件（storage object）的所有特性，就呼叫 clear() 方法：

```
localStorage.clear();
```

Storage 物件也定義了 getItem()、setItem() 與 deleteItem() 方法，你可以用它們來代替直接的特性存取和 delete 運算子，如果你想要的話。

要記住的是，Storage 物件的特性只能儲存字串。如果你想要儲存和取回（retrieve）其他類型的資料，你就必須自行編碼和解碼。

舉例來說：

```
// 如果你儲存一個數字，那麼它會自動被轉為一個字串。
// 從儲存區取回時，別忘了剖析它。
localStorage.x = 10;
let x = parseInt(localStorage.x);

// 設定時將一個 Date 轉為一個字串，而在取回時剖析它
localStorage.lastRead = (new Date()).toUTCString();
let lastRead = new Date(Date.parse(localStorage.lastRead));

// JJSON 對任何原始值和資料結構而言，是很便利的編碼方式
localStorage.data = JSON.stringify(data);  // 編碼並儲存
let data = JSON.parse(localStorage.data);  // 取回並解法。
```

儲存區生命週期和範疇

localStorage 與 sessionStorage 之間的差異涉及到儲存區的生命週期（lifetime）和範疇（scope）。透過 localStorage 儲存的資料是持續存在的：在 Web app 刪除它或使用者要求瀏覽器（透過一些瀏覽器限定的 UI）刪除它之前，它都不會過期，會一直儲存在使用者的裝置上。

localStorage 的範疇是文件來源（document origin）。如前面「同源策略」中解釋過的，一個文件的來源是由它的協定、主機名稱和通訊埠所定義。具有相同來源的所有文件都共用相同的 localStorage 資料（不管實際存取 localStorage 的指令稿之來源）。它們可以讀取彼此的資料，也能覆寫對方的資料，但來源不同的文件就無法讀取或覆寫彼此的資料（即使它們執行的指令稿都來自相同的第三方伺服器）。

注意到 localStorage 的範疇也受到瀏覽器實作的影響。如果你使用 Firefox 訪問一個網站，然後（譬如說）使用 Chrome 再次訪問它，那第一次訪問所儲存的資料就無法在第二次訪問時取用。

透過 sessionStorage 儲存的資料與透過 localStorage 儲存的資料有不同的生命週期：它的生命週期與儲存它的指令稿在其上執行的頂層視窗（top-level window）或瀏覽器分頁（browser tab）相同。當該視窗或分頁永遠關閉，透過 sessionStorage 所儲存的任何資料都繪被刪除（然而，要注意的是，現代瀏覽器有能力重新開啟最近關閉的分頁，並復原

上一次的瀏覽工作階段，所以那些分頁與它們關聯的 sessionStorage 的生命週期可能會比看起來還長）。

就像 localStorage，sessionStorage 的範疇也是文件來源，所以不同源的文件永遠都無法分享 sessionStorage。但 sessionStorage 也會基於各個視窗來劃分範疇。如果一名使用者有兩個瀏覽器分頁顯示相同來源的文件，那兩個分頁會有分別的 sessionStorage 資料：在一個分頁中執行的指令稿無法讀取或覆寫另一個分頁中的指令稿所寫入的資料，即使兩個分頁是訪問同一個頁面，而且執行完全相同的指令稿，也是如此。

儲存區事件

每當儲存在 localStorage 中的資料有了改變，瀏覽器就會在看得到那個資料的任何 Window 物件（除了做出變更的那個視窗）上觸發一個「storage」事件。如果瀏覽器有兩個分頁開啟在同源的頁面，而其中一個頁面在 localStorage 中儲存了一個值，那麼另一個分頁就會接收到一個「storage」事件。

設定 window.onstorage 或以事件類型 "storage" 呼叫 window.addEventListener() 來為「storage」事件註冊一個處理器。

與一個「storage」事件關聯的事件物件有一些重要的特性：

key

被設定或移除的項目之名稱或鍵值。如果 clear() 方法有被呼叫，此特性就會是 null。

newValue

放有該項目的新值，如果有的話。如果 removeItem() 有被呼叫，這個特性就不會出現。

oldValue

放有被修改或刪除的一個現有項目的舊值。如果有一個新的特性（沒有舊的值）被加入，那麼這個特性就不會出現在事件物件中。

storageArea

發生改變的 Storage 物件。這通常是 localStorage 物件。

url

其指令稿使得該儲存區改變的文件之 URL（作為一個字串）。

注意到 localStorage 和「storage」事件可以用作一種廣播機制（broadcast mechanism），瀏覽器可藉此送出一個訊息給目前正在訪問相同網站的所有視窗。舉例來說，如果使用者要求一個網站不要播放動畫，該網站可能就會把這個偏好儲存在 localStorage 中，以便未來訪問時讀取並套用。而藉由儲存該偏好，它會產生一個事件使得顯示相同網站的其他視窗也遵循那個要求。

作為另一個例子，想像一個 Web 上的影像編輯應用程式，允許使用者在分別的視窗顯示工具選擇區。當使用者選擇一項工具，此應用程式就會使用 localStorage 來儲存目前的狀態，並產生一個通知給其他視窗，告訴它們有一個新的工具被選取了。

15.12.2　Cookies

一個 *cookie* 是由 Web 瀏覽器所儲存的一個少量的具名資料（named data），並會與一個特定的網頁或網站產生關聯。Cookies 是為了伺服端程式所設計的，而在最低層次，它們是被實作為 HTTP 協定的一種擴充功能。Cookie 的資料會自動在 Web 瀏覽器和 Web 伺服器之間傳輸，所以伺服端的指令稿就能讀寫儲存在客戶端的 cookie 值。本節示範客戶端的指令稿也能夠如何使用 Document 物件的 cookie 特性來操作 cookies。

為什麼是「Cookie」?

「cookie（餅乾）」這個名稱並沒有什麼特別的意義，但也不是毫無前例。在電腦發展史上，「cookie」或「magic cookie（魔法餅乾）」這個詞曾被用來指稱一小塊的資料（a small chunk of data），特別是指有特權或機密性的一小塊資料，類似於密碼（password），用於識別或存取控制。在 JavaScript 中，cookies 被用來儲存狀態（state），並可為一個 Web 瀏覽器建立某種的身分證明。然而，JavaScript 中的 cookies 並沒有用到任何形式的密碼學（cryptography），從任何方面來說都是不安全的（雖然透過一個 https: 連線傳輸它們會有幫助）。

用來操作 cookies 的 API 古老又難解，其中不涉及方法：cookies 的查詢、設定與刪除都是藉由特殊格式化過的字串來讀寫 Document 物件的 cookie 特性。每個 cookie 的生命週期與範疇能以 cookie 的屬性來個別指定，這些屬性的指定也是透過設定在相同 cookie 特性上格式特殊的字串來達成。

接下來的小節解釋如何查詢和設定 cookie 的值和屬性。

讀取 cookies

當你讀取 document.cookie 特性，它會回傳一個字串，其中含有套用到目前文件的所有 cookies。這個字串是由名稱與值對組（name/value pairs）所組成的一個串列，它們以一個分號和一個空格與彼此分隔。這個 cookie 值就只是該值本身，並不包含與那個 cookie 關聯的任何屬性（我們會在接下來談論屬性）。為了要運用 document.cookie 特性，你通常得呼叫 split() 方法來把它拆成個別的名稱與值對組。

一旦你從 cookie 特性擷取出了一個 cookie 的值，你必須依據那個 cookie 創造者所用的任何格式或編碼來解讀那個值。舉例來說，你可能會把那個 cookie 值傳給 decodeURIComponent()，然後再傳入 JSON.parse()。

接下來的程式碼定義了一個 getCookie() 函式，它會剖析 document.cookie 特性，並回傳一個物件，其特性指出該文件 cookies 的名稱與值：

```javascript
// 回傳該文件的 cookies 作為一個 Map 物件。
// 假設 cookie 的值是以 encodeURIComponent() 編碼的。
function getCookies() {
    let cookies = new Map();     // 我們會回傳的物件
    let all = document.cookie;   // 以一個大型字串的形式取得所有的 cookies
    let list = all.split("; "); // 切分成個別的 name/value 對組
    for(let cookie of list) {    // 對於那個串列中的每個 cookie
        if (!cookie.includes("=")) continue; // 如果沒有 = 符號就跳過
        let p = cookie.indexOf("=");          // 找出第一個 = 符號
        let name = cookie.substring(0, p);    // 取得 cookie 名稱
        let value = cookie.substring(p+1);    // 取得 cookie 值
        value = decodeURIComponent(value);    // 解碼該值
        cookies.set(name, value);             // 記得 cookie 的名稱與值
    }
    return cookies;
}
```

Cookie 屬性：生命週期和範疇

除了名稱與值，每個 cookie 還有選擇性的屬性（attributes）控制它的生命週期和範疇。在我們描述如何以 JavaScript 設定 cookies 之前，我們需要先解釋 cookie 的屬性。

Cookies 預設就是短暫存在的，它們所儲存的值只存在於 Web 瀏覽器的工作階段（session）持續的時間，但只要使用者退出瀏覽器，它們就會遺失。如果你希望一個

cookie 能持續存在超過單一個瀏覽器工作階段，你必須藉由指定一個 max-age 屬性告訴瀏覽器你希望保留那個 cookie 多長的時間（以秒為單位）。如果你指定了一個生命週期，瀏覽器會把 cookies 儲存在一個檔案中，並只在它們過期時才刪除它們。

Cookie 的可見性（visibility）是由文件來源劃定範疇，就跟 localStorage 和 sessionStorage 一樣，但也受文件路徑（document path）的影響。這個範疇可透過 cookie 的屬性 path 和 domain 來配置。預設情況下，一個 cookie 會與創建它的網頁產生關聯，並可被該網頁存取，而位在相同目錄（directory）中的其他網頁也可以，甚至是那個目錄的任何子目錄中的網頁。舉例來說，如果網頁 *example.com/catalog/index.html* 創建了一個 cookie，那個 cookie 也可以被 *example.com/catalog/order.html* 及 *example.com/catalog/widgets/index.html* 看見，但 *example.com/about.html* 就看不到它了。

這個預設的可見性經常就是你所要的。不過有的時候，你會想要讓整個網站都能使用 cookie 的值，不管是哪個網頁建立了那個 cookie。舉例來說，如果使用者在一個頁面上的表單中輸入他們的郵寄地址，你可能會想要把那個地址儲存起來，用作他們下次回到該頁面時的預設值，並也作為另一個頁面上完全不相關的表單要求輸入帳單地址時會使用的預設值。要允許這種用法，你會為那個 cookie 指定一個 path。然後，來自相同 Web 伺服器的任何網頁，只要其 URL 是以你所指定的路徑前綴（path prefix）開頭，就能共用那個 cookie。舉例來說，如果由 *example.com/catalog/widgets/index.html* 所設定的一個 cookie 之路徑被設為 "/catalog"，那個 cookie 也可以被 *example.com/catalog/order.html* 看到。又或者，如果路徑被設為 "/"，那麼 *example.com* 網域（domain）的任何頁面都能看到那個 cookie，這賦予了 cookie 類似 localStorage 的範疇。

預設情況下，cookies 是以文件來源劃分範疇的。然而，大型的網站可能會想要讓 cookies 能跨子網域（subdomains）共用。舉例來說，位於 *order.example.com* 的伺服器可能需要讀取從 *catalog.example.com* 設定的 cookie 值。這就是 domain 屬性發揮用處的地方。若 *catalog.example.com* 上的一個頁面所創建的一個 cookie 將其 path 設為了 "/"，而它的 domain 屬性設為了 ".example.com"，那個 cookie 就能被 *catalog.example.com*、*orders.example.com* 和 *example.com* 網域中任何其他伺服器上的所有網頁取用。請注意，你無法把一個 cookie 的網域設成你伺服器父網域（parent domain）以外的網域。

最後一個 cookie 屬性是一個 boolean 屬性，名為 secure，它指出 cookie 的值是如何透過網路傳輸。預設情況下，cookies 是不安全的，這意味著它們是透過一個普通的、不安全的 HTTP 連線傳輸的。然而，如果一個 cookie 被標示為安全，它就只會在瀏覽器和伺服器之間是藉由 HTTPS 或其他安全協定連接之時才會被傳輸。

儲存 cookies

要將一個暫時性的 cookie 值關聯至目前的文件，只要把 cookie 特性設為一個 name=value 字串就行了。舉例來說：

```
document.cookie = `version=${encodeURIComponent(document.lastModified)}`;
```

下次你讀取 cookie 特性的時候，你所儲存的名稱與值對組就會包含在那個文件的 cookies 清單中。Cookie 的值不可以包含分號、逗號或空白。為此，你可能會想要使用核心 JavaScript 的全域函式 encodeURIComponent() 在儲存到 cookie 中之前先編碼該值。如果你這麼做，你就得在讀取那個 cookie 值的時候使用對應的 decodeURIComponent() 函式進行解碼。

以一個簡單的名稱與值對組寫入的一個 cookie 會在目前的網頁瀏覽工作階段中持續存在，但使用者退出瀏覽器時就會遺失。要建立可以跨瀏覽器工作階段存在的一個 cookie，就以一個 max-age 屬性指定它的生命週期（單位是秒）。要這樣做，你可以把 cookie 特性設為形式是 name=value; maxage=seconds 這樣的字串。接下來的函式以一個選擇性的 max-age 屬性設定一個 cookie：

```
// 儲存名稱與值對組為一個 cookie，以 encodeURIComponent()
// 編碼該值以將分號、逗號和空白轉義。
// 如果 daysToLive 是一個數字，就設定 max-age 屬性，
// 使得此 cookie 會在指定的天數之後過期。傳入 0 來刪除一個 cookie。
function setCookie(name, value, daysToLive=null) {
    let cookie = `${name}=${encodeURIComponent(value)}`;
    if (daysToLive !== null) {
        cookie += `; max-age=${daysToLive*60*60*24}`;
    }
    document.cookie = cookie;
}
```

同樣地，你可以附加 ;path=value 或 ;domain=value 這種形式的字串到你設於 document.cookie 特性上的字串，以設定一個 cookie 的 path 和 domain 屬性。要設定 secure 屬性，只需附加 ;secure。

要改變一個 cookie 的值，就使用相同的名稱、路徑和網域以及新的值再次設定它的值。設定它的值之時，若有指定一個新的 max-age 屬性，你就能變更一個 cookie 的生命週期。

要刪除一個 cookie，就使用相同的名稱、路徑和網域再次設定它，指定一個任意（或空的）值，以及一個 0 的 max-age 屬性。

15.12.3　IndexedDB

Web 應用程式的架構傳統上都是客戶端的 HTML、CSS 和 JavaScript，以及伺服器上的資料庫。因此，你可能會很驚訝的發現，Web 平台包含了一個簡單的物件資料庫（object database），它帶有一個 JavaScript API 用來在使用者的電腦上儲存持續存在的 JavaScript 物件，並在需要時取回。

IndexedDB 是一個物件資料庫，而非關聯式資料庫（relational database），而且它比支援 SQL 查詢的資料庫還要簡單得多。然而，它比 localStorage 所提供的鍵值與值儲存區（key/value storage）還要更強大、可靠、有效率。就像 localStorage，IndexedDB 資料庫的範疇是包含它的文件之來源：具有相同來源的兩個網頁可以存取彼此的資料，但來源不同的網頁就不行。

每個來源都可以有任意數目的 IndexedDB 資料庫。每個都有一個名稱，而該名稱在那個來源中是唯一的。在 IndexedDB API 中，一個資料庫單純就是具名的**物件存放區**（*object stores*）所成的一個群集（collection）。如其名稱所示，一個物件存放區儲存物件。物件會透過結構化複製演算法（參閱前面的「結構化複製演算法」）被序列化到物件存放區中，這意味著你所儲存的物件之特性可以有是 Map、Set 或具型陣列的值。每個物件必須有一個**鍵值**（*key*），讓物件可以藉此被排序並從存放區取回。鍵值必須是唯一的，同一個存放區中的兩個物件不可以有相同的鍵值，而且它們必須有某種自然順序，以便排序。JavaScript 的字串、數字以及 Date 物件都是有效的鍵值。一個 IndexedDB 資料庫能為你插入到該資料庫的每個物件自動產生一個唯一的鍵值。不過比較常見的是，你插入到一個物件存放區的物件都已經擁有一個適合用作鍵值的特性。在這種情況中，你會在創建那個物件存放區時，為那個特性指定一個「鍵值路徑（key path）」。在概念上，鍵值路徑是告訴資料庫如何從物件擷取出其鍵值的一個值。

除了藉由它們的主要鍵值（primary key）從一個物件存放區取回物件，你可能還希望可以依據物件中的其他特性之值來進行搜尋。為了能夠做到這點，你可以在那個物件存放區上定義任意數目的**索引**（*indexes*）（有辦法索引一個物件存放區的能力解釋了「IndexedDB」這個名稱）。每個索引都為所儲存的物件定義了一個次要鍵值（secondary key）。這些索引通常不是唯一的，單一個鍵值可以有多個匹配的物件。

IndexedDB 提供原子性（atomicity）的保證：對資料庫的查詢和更新動作會被歸組在一筆**交易**（*transaction*）中，如此它們就會全都一起成功，或全都一起失敗，永遠不會讓資料庫停留在某種未定義的部分更新狀態。IndexedDB 中的交易比許多資料庫 API 中的交易都還要簡單，我們會在之後再次提到它們。

概念上，IndexedDB API 相當簡單。要查詢（query）或更新（update）一個資料庫，你會先開啟你想要的資料庫（以名稱指定）。接著，你會建立一個交易物件（transaction object），並用那個物件在資料庫中查找所要的物件存放區，也是藉由名稱。最後，你呼叫那個物件存放區的 get() 方法來查找一個物件，或是呼叫 put() 來儲存一個新的物件（或是呼叫 add()，如果你想要避免覆寫現有的物件的話）。

如果你想要為一個範圍（range）的鍵值查找物件，你可以創建一個 IDBRange 物件，指出該範圍的上界和下界，並將之傳入給物件存放區的 getAll() 或 openCursor() 方法。

如果你想要使用一個次要鍵值進行查詢，你會查找該物件存放區的具名索引（named index），然後呼叫該索引物件（index object）的 get()、getAll() 或 openCursor() 方法，傳入單一個鍵值或一個 IDBRange 物件。

然而，IndexedDB API 的這種概念簡單性會因為這個 API 是非同步（asynchronous，如此 Web apps 使用它時才不會阻斷瀏覽器的 UI 主執行緒）的而變得複雜。IndexedDB 是在 Promise 廣受支援之前定義的，所以此 API 是以事件為基礎，而非基於 Promise 的，這意味著它無法與 async 和 await 並用。

建立交易和查找物件存放區和索引都是同步的作業。但開啟資料庫、更新物件存放區，以及查詢一個存放區（store）或索引則全都是非同步作業。這些非同步方法都會立即回傳一個請求物件。請求成功或失敗時，瀏覽器會在這個請求物件上觸發一個成功或錯誤事件，而你能以 onsuccess 和 onerror 特性來定義它們的處理器。在一個 onsuccess 處理器中，運算的結果會作為該請求物件的 result 特性以供取用。另外一個有用的事件是一筆交易成功完成時在交易物件上派送的「complete」事件。

這個非同步 API 的一個便利的功能是它會簡化交易的管理。IndexedDB API 迫使你建立一個交易物件以取得物件存放區，然後你才能在其上進行查詢和更新。在一個同步 API 中，你會預期必須呼叫一個 `commit()` 方法來明確標示交易的結尾。但使用 IndexedDB 時，交易會在所有的 `onsuccess` 處理器都已執行，而且沒有指涉那個交易的待決非同步請求需要處理之時，自動確認執行（committed，如果你沒有明確放棄它們的話）。

IndexedDB API 還有一個重要的事件。當你初次開啟一個資料庫，或你遞增一個現有資料庫的版本號碼時，IndexedDB 會在 `indexedDB.open()` 呼叫所回傳的請求物件上發動一個「upgradeneeded」事件。這個「upgradeneeded」事件之處理器的工作是為新的資料庫（或現有資料庫的新版本）定義或更新綱目（schema）。對於 IndexedDB 資料庫來說，這意味著創建物件存放區並在那些物件存放區上定義索引。而事實上，IndexedDB API 允許你建立一個物件存放區或索引的唯一時機就是在回應一個「upgradeneeded」事件的時候。

在腦中有了這個 IndexedDB 的高階概觀之後，現在你應該就能了解範例 15-13 了。這個範例使用 IndexedDB 來建立並查詢一個資料庫，這個資料庫把美國的郵遞碼（postal code，或「郵遞區號（zip codes）」）映射到美國的城市。它展示了 IndexedDB 的許多（但非全部）基本功能。範例 15-13 很長，但有詳細的註解。

範例 15-13　美國郵遞區號的一個 *IndexedDB* 資料庫

```
// 這個工具函式非同步地獲取資料庫物件（必要時創建並初始化那個 DB）
// 並將之傳入給回呼函式（callback）。
function withDB(callback) {
    let request = indexedDB.open("zipcodes", 1); // 請求版本 v1 的資料庫
    request.onerror = console.error;   // 記錄任何錯誤
    request.onsuccess = () => {    // 或在完成時呼叫這個
        let db = request.result;   // 請求的結果是這個資料庫
        callback(db);              // 以那個資料庫調用此 callback
    };

    // 如果版本 1 的資料庫尚不存在，那麼這個
    // 事件處理器就會被觸發。這在此 DB 初次建立時
    // 被用來創建並初始化物件存放區和索引，或是在我們
    // 從一個版本的 DB 綱目切換到另一個時，用來修改它們。
    request.onupgradeneeded = () => { initdb(request.result, callback); };
}

// 如果資料庫尚為初始化，withDB() 就會呼叫此函式。
// 我們設立資料庫並以資料充填它，然後
// 將此資料庫傳給回呼函式。
```

```
//
// 我們的郵遞區號資料庫包括一個物件存放區，它存放像這樣的物件：
//
//   {
//     zipcode: "02134",
//     city: "Allston",
//     state: "MA",
//   }
//
// 我們使用 "zipcode" 特性作為資料庫的鍵值，
// 並為城市名稱建立一個索引。
function initdb(db, callback) {
    // 建立物件存放區，並為此存放區指定一個名稱，
    // 以及包含「鍵值路徑」的一個選項物件 "，
    // 為此存放區指定鍵值欄位的特性名稱。
    let store = db.createObjectStore("zipcodes", // 存放區名稱
                                     { keyPath: "zipcode" });

    // 現在除了郵遞區號外，再以城市名稱索引這個物件存放區。
    // 藉由此方法，鍵值路徑字串是直接傳入作為一個必要引數，
    // 而非作為一個選項物件的一部份。
    store.createIndex("cities", "city");

    // 現在取得我們要用來初始化資料庫的資料。
    // 這個 zipcodes.json 資料檔案是產生自 www.geonames.org
    // 的 CC 許可資料：https://download.geonames.org/export/zip/US.zip
    fetch("zipcodes.json")                     // 發出一個 HTTP GET 請求
        .then(response => response.json())     // 剖析主體為 JSON
        .then(zipcodes => {                    // 取得 40K 的郵遞區號記錄
            // 為了把郵遞區號資料插入到資料庫中，我們需要一個
            // 交易物件。要創建一個交易物件，我們需要
            // 指定我們會使用哪些物件存放區（我們只有一個）
            // 而且我們需要告訴它我們會
            // 寫入到資料庫而非只是讀取。
            let transaction = db.transaction(["zipcodes"], "readwrite");
            transaction.onerror = console.error;

            // 從該交易取得我們的物件存放區
            let store = transaction.objectStore("zipcodes");

            // IndexedDB API 最棒的部分在於物件存放區
            // *真的*很簡單。這裡是我們新增（或更新）我們記錄的方式：
            for(let record of zipcodes) { store.put(record); }

            // 當交易成功完成，資料庫會初始化完畢
            // 並準備好以供使用，所以我們可以呼叫
```

```
            // 原本傳入給 withDB() 的 callback 函式
            transaction.oncomplete = () => { callback(db); };
        });
    }


    // 給定一個郵遞區號，使用 IndexedDB API 以那個郵遞區號
    // 非同步查找該城市，並將之傳入給指定的 callback，
    // 或在找不到城市時傳入 null。
    function lookupCity(zip, callback) {
        withDB(db => {
            // 為此查詢建立一個唯讀的交易物件。
            // 其引數是我們會需要使用的物件存放區所成的一個陣列。
            let transaction = db.transaction(["zipcodes"]);

            // 從該交易取得物件存放區
            let zipcodes = transaction.objectStore("zipcodes");

            // 現在請求匹配指定的 zipcode 鍵值的物件。
            // 上一行是同步的，但這一行是非同步的。
            let request = zipcodes.get(zip);
            request.onerror = console.error;  // 記錄錯誤
            request.onsuccess = () => {        // 或在成功時呼叫此函式
                let record = request.result;  // 這是查詢結果
                if (record) { // 如果我們找到一個匹配，就將之傳入給 callback
                    callback(`${record.city}, ${record.state}`);
                } else {      // 否則，告訴那個 callback 我們失敗了
                    callback(null);
                }
            };
        });
    }

    // 給定一個城市的名稱，使用 IndexedDB API 非同步地
    // 查找（每一州）所有城市的所有郵遞區號記錄
    // 找出含有那個名稱（區分大小寫）的城市。
    function lookupZipcodes(city, callback) {
        withDB(db => {
            // 跟前面一樣，我們建立一個交易並取得物件存放區
            let transaction = db.transaction(["zipcodes"]);
            let store = transaction.objectStore("zipcodes");

            // 這次我們也取回那個物件存放區的城市索引
            let index = store.index("cities");

            // 要求索引中具有那個指定城市名稱的所有匹配記錄，
            // 而當我們得到它們時，我們將之傳入給 callback。
```

```
        // 如果我們預期更多結果，我們可以改用 openCursor()。
        let request = index.getAll(city);
        request.onerror = console.error;
        request.onsuccess = () => { callback(request.result); };
    });
}
```

15.13　Worker Threads（工作者執行緒）和訊息傳遞

JavaScript 的基礎特色之一就是它是單緒（single-threaded）的：舉例來說，瀏覽器永遠不會同時執行兩個事件處理器，而它也永遠不會在一個事件處理器正在執行時，觸發一個計時器。對應用程式或文件的共時更新（concurrent updates）單純就是不可能的，而客戶端程式設計師也不需要去考慮，或甚至是去理解共時程式設計（concurrent programming）。一個必然的結果就是，客戶端 JavaScript 函式必定不能執行太久，否則它們會把事件迴圈綁死，Web 瀏覽器就會變得無法回應使用者輸入。舉例來說，這就是 fetch() 是一個非同步函式的原因。

Web 瀏覽器以 Worker 類別非常小心地放寬了單執行緒的限制：此類別的實體（instances）代表會與主執行緒（main thread）及事件迴圈（event loop）共時執行的執行緒。Workers 存活在自成一體的一個執行環境中，具有一個完全獨立的全域物件，而且無法存取 Window 或 Document 物件。Workers 只能透過非同步的訊息傳遞（asynchronous message passing）來與主執行緒溝通。這意味著對 DOM 的共時修改仍然是不可能的，但這也代表你可以寫出長期執行的函式，而且不會妨礙事件迴圈或使瀏覽器停住。創建一個新的 worker 並不是像開啟一個新瀏覽器視窗那樣重量級的作業，但 workers 也不是輕量級的「光纖（fibers）」，創建新的 workers 來進行瑣碎的作業也是不合理的。複雜的 Web 應用程式可能會發現建立幾十個 workers 是有用處的，但帶有數百或數千個 workers 的應用程式不太可能有實用性。

Workers 適合用在你的應用程式需要進行計算密集（computationally intensive）的任務之時，例如影像處理（image processing）。使用一個 worker 可以把這類的任務從主執行緒移出，如此瀏覽器才不會變得沒反應。而 workers 也提供了分割工作給多個執行緒的可能性。不過當你必須進行中等計算密集但頻繁的計算，workers 也會有用處。舉例來說，假設你正在實作瀏覽器內的一個簡單的程式碼編輯器，並且想要包含語法醒目提示（syntax highlighting）的功能。想要有正確的醒目提示，你得在每次按下鍵盤按鍵時剖析程式碼。但如果你在主執行緒上那麼做，很有可能程式碼的剖析工作會使得回應使用者鍵盤輸入的事件處理器無法即刻執行，而使用者的輸入體驗就會變得遲鈍。

就跟任何的執行緒 API 一樣，Worker API 有兩個部分。第一個是 Worker 物件：對於創建它的執行緒，這就是一個 worker 從外部看起來的樣子。第二個部分是 WorkerGlobalScope：這是一個新的 worker 的全域物件，而這就是一個 worker thread 在內部看到自己的樣子。

接下來的章節涵蓋 Worker 與 WorkerGlobalScope，也解釋了允許 workers 與主執行緒及彼此通訊的訊息傳遞 API。相同的這個通訊 API 也被用來在一個文件和包含在該文件中的 `<iframe>` 元素之間交換訊息，而這也會涵蓋在接下來的章節中。

15.13.1　Worker 物件

要創建一個新的 worker，就呼叫 `Worker()` 建構器，傳入一個 URL 指出那個 worker 要執行的 JavaScript 程式碼：

```
let dataCruncher = new Worker("utils/cruncher.js");
```

如果你指定一個相對的 URL，它的解析方式是相對於包含了呼叫 `Worker()` 建構器的那個指令稿的文件之 URL。如果你指定一個絕對 URL，它的來源必須與外層的容器文件相同（同樣的協定、主機及通訊埠）。

有了一個 Worker 物件之後，你就能以 `postMessage()` 發送資料給它。你傳入給 `postMessage()` 的值會使用結構化複製演算法（參閱前面的「結構化複製演算法」）來拷貝，而所產生的拷貝會藉由一個訊息事件被遞送給那個 worker：

```
dataCruncher.postMessage("/api/data/to/crunch");
```

這裡我們只有傳入單一個字串訊息，但你也可以使用物件、陣列、具型陣列、Map、Set 等等。你可以在 Worker 物件上收聽「message」事件來從一個 worker 接收訊息：

```
dataCruncher.onmessage = function(e) {
    let stats = e.data;  // 訊息是該事件的 data 特性
    console.log(`Average: ${stats.mean}`);
}
```

就像所有的事件目標，Worker 物件也定義有標準的 `addEventListener()` 和 `removeEventListener()` 方法，而你可以使用這些方法來代替 `onmessage`。

除了 `postMessage()`，Worker 物件就只有另外的一個方法 `terminate()`，它會迫使一個 worker thread 停止執行。

15.13.2 Workers 中的全域物件

當你以 Worker() 建構器創建一個新的 worker，你會指定一個 JavaScript 程式碼檔案的 URL。那段程式碼會在一個嶄新的 JavaScript 執行環境中執行，獨立於創建該 worker 的指令稿。那個新的執行環境的全域物件（global object）是一個 WorkerGlobalScope 物件。一個 WorkerGlobalScope 含有的東西比核心的 JavaScript 全域物件還多，但也算不上一個功能完整的客戶端 Window 物件。

WorkerGlobalScope 物件有一個 postMessage() 方法，以及一個 onmessage 事件處理器特性，就像 Worker 物件所有的那些，但運作的方向相反：在一個 worker 內呼叫 postMessage() 會在該 worker 外部產生一個訊息事件，而從該 worker 外部送來的訊息會被轉成事件，並遞送到 onmessage 處理器。因為 WorkerGlobalScope 是一個 worker 的全域物件，對 worker 程式碼來說，postMessage() 和 onmessage 看起來就像一個全域函式和全域變數。

如果你傳入一個物件作為 Worker() 建構器的第二引數，而如果那個物件有一個 name 特性，那麼那個特性的值會變成 worker 的全域物件中 name 特性的值。一個 worker 可以在它以 console.warn() 或 console.error() 印出的任何訊息中包含這個名稱（name）。

close() 函式允許一個 worker 終結自己，而在效果上，它類似於一個 Worker 物件的 terminate() 方法。

既然 WorkerGlobalScope 是 workers 的全域物件，它就有核心 JavaScript 全域物件具備的所有特性，例如 JSON 物件、isNaN() 函式，以及 Date() 建構器。然而，除此之外，WorkerGlobalScope 還有下列的客戶端 Window 物件之特性：

- self 是指向該全域物件自身的一個參考。WorkerGlobalScope 不是一個 Window 物件，所以沒有定義一個 window 特性。

- 計時器方法 setTimeout()、clearTimeout()、setInterval() 與 clearInterval()。

- 描述傳入給 Worker() 建構器的 URL 的一個 location 特性。此特性指向一個 Location 物件，就跟一個 Window 的 location 特性一樣。這個 Location 物件具有特性 href、protocol、host、hostname、port、pathname、search 與 hash。然而，在一個 worker 中，這些特性是唯讀的。

- 一個 navigator 特性，它指向一個物件，此物件帶有的特性就像一個視窗的 Navigator 物件所具備的那樣。一個 worker 的 Navigator 物件具有特性 appName、appVersion、platform、userAgent 與 onLine。

- 一般的事件目標方法 addEventListener() 與 removeEventListener()。

最後，WorkerGlobalScope 物件還包含重要的客戶端 JavaScript API，例如 Console 物件、fetch() 函式，以及 IndexedDB API。WorkerGlobalScope 也包含 Worker() 建構器，這意味著 worker threads 可以創建它們自己的 workers。

15.13.3 匯入程式碼到一個 Worker

Workers 是在 JavaScript 有模組系統之前在 Web 瀏覽器中定義的，所以 workers 有一個獨特的系統用來引入額外的程式碼。WorkerGlobalScope 定義 importScripts() 為所有 workers 都能存取的一個全域函式：

```
// 在我們開始工作之前，載入我們需要的類別和工具
importScripts("utils/Histogram.js", "utils/BitSet.js");
```

importScripts() 接受一個或多個 URL 引數，其中每一個指向一個 JavaScript 程式碼檔案。相對 URL 的解析方式是相對於傳入給 Worker() 建構器的 URL（或相對於包含它的文件）。importScripts() 會一個接著一個同步載入並執行那些檔案，以它們被指定的順序進行。如果載入一個指令稿時導致了網路錯誤，或執行的時候擲出任何類型的錯誤，所有後續的指令稿都不會再被載入或執行。以 importScripts() 載入的一個指令稿可以自行呼叫 importScripts() 來載入它所依存的檔案。然而，要注意的是，importScripts() 並不會追蹤記錄已經載入了哪些指令稿，也不會做任何事來防止依存循環（dependency cycles）。

importScripts() 是一個同步函式：在所有指令稿都已經載入且執行之前，它不會回傳。你可以在 importScripts 回傳的時候就立即開始使用那些指令稿：沒必要使用 callback、事件處理器、then() 方法或 await。一旦你已經內化了客戶端 JavaScript 的非同步本質，再次回到簡單的同步程式設計時，感覺會很怪。但這就是執行緒美好之處：你可以在一個 worker 中使用一個阻斷式的函式呼叫（blocking function call）而不會阻斷主執行緒中的事件迴圈，也不會阻斷在其他 workers 中以共時方式進行的計算。

15.13.4　Worker 的執行模型

Worker 執行緒會從頭到尾同步地執行它們的程式碼（以及匯入的所有指令稿或模組），
然後進入一個非同步的階段，在其中回應事件和計時器。若有一個 worker 註冊了一個
「message」事件處理器，那麼只要仍有訊息事件會抵達的可能性，它就永遠都不會退
出。但如果一個 worker 沒有收聽訊息，它會持續執行，直到沒有任何待決的任務（例如
fetch() 的承諾和計時器）而且任務相關的所有 callbacks 都已經被呼叫了為止。一旦所
有註冊的 callbacks 都已被呼叫，一個 worker 就沒辦法再開始新的任務，因此該執行緒
就能安全退出，而它會自動那麼做。一個 worker 也能藉由呼叫全域的 close() 函式來關
閉自己。注意到 Worker 物件上沒有特性或方法指出一個 worker thread 是否仍在執行，
所以 workers 不應該沒有與它們的父執行緒協調就關閉自己。

Workers 中的錯誤

若有一個例外發生在一個 worker 中，而且沒有被任何 catch 子句所捕捉，那麼一個
「error」事件就會在該 worker 的全域物件上觸發。如果這個事件有被處理，而處理器
呼叫事件物件的 preventDefault() 方法，錯誤的傳播就會結束。否則，這個「error」事
件會在 Window 物件上發動。如果 preventDefault() 在那裡被呼叫，那麼傳播就會結束。
否則就會有一個錯誤訊息被印在開發人員主控台，而 Window 物件的 onerror 處理器
（§15.1.7）會被調用。

```
// 以 worker 內的一個處理器處理未被捕捉的 worker 錯誤
self.onerror = function(e) {
    console.log(`Error in worker at ${e.filename}:${e.lineno}: ${e.message}`);
    e.preventDefault();
};

// 或者，以 worker 之外的一個處理器處理未被捕捉的 worker 錯誤。
worker.onerror = function(e) {
    console.log(`Error in worker at ${e.filename}:${e.lineno}: ${e.message}`);
    e.preventDefault();
};
```

就像視窗，workers 可以註冊一個處理器在一個 Promise 被拒絕而且沒有 .catch() 函式來處理它的時候被調用。在一個 worker 中，你可以定義一個 self.onunhandledrejection 函式或使用 addEventListener() 來為「unhandledrejection」事件註冊一個全域處理器，以偵測到這點。傳入這個處理器的事件物件會有一個 promise 特性，其值是被拒絕的那個 Promise 物件，還有一個 reason 特性，其值則是原本會被傳入一個 .catch() 函式的東西。

15.13.5　postMessage()、MessagePort 與 MessageChannel

Worker 物件的 postMessage() 方法以及定義在一個 worker 內的 postMessage() 全域函式，兩者的運作方式都是調用成對的 MessagePort 物件的 postMessage() 方法，這種物件會跟著 worker 一起自動被創建出來。客戶端 JavaScript 無法直接存取那些自動建立的 MessagePort 物件，但它能以 MessageChannel() 建構器創建新的成對連接起來的通訊埠（ports）：

```
let channel = new MessageChannel;              // 創建一個新的管道。
let myPort = channel.port1;                    // 它有兩個通訊埠
let yourPort = channel.port2;                  // 彼此連接在一起。

myPort.postMessage("Can you hear me?");        // 貼至其中一個的訊息會
yourPort.onmessage = (e) => console.log(e.data); // 由另一個所接收。
```

一個 MessageChannel 是帶有 port1 和 port2 特性的一個物件，這些特性指向成對連接的 MessagePort 物件。一個 MessagePort 是帶有 postMessage() 方法以及 onmessage 事件處理器特性的一個物件。當 postMessage() 在成對連接的一個通訊埠上被呼叫，這對的另一個通訊埠上就會發動一個「message」事件。你可以設定 onmessage 特性或使用 addEventListener() 為「message」事件註冊一個收聽器以接收這些「message」事件。

在 onmessage 特性定義之前，或該通訊埠上有 start() 方法被呼叫之前，送至一個通訊埠的訊息被放入佇列等候。這可以防止管道的一端錯失從另一端送來的訊息。如果你以一個 MessagePort 使用 addEventListener()，別忘記呼叫 start()，不然你可能永遠都看不到有訊息遞送過來。

我們目前為止見過的所有 postMessage() 呼叫都是接受單一個訊息引數。但該方法也接受一個選擇性的第二引數。這第二個引數是由項目組成的一個陣列，這些是要被傳輸到管道另一端的項目，而非透過該管道送出一份拷貝。可以被傳輸（transferred）而非被拷貝（copied）的值有 MessagePort 和 ArrayBuffer（有些瀏覽器也實作了其他的可傳輸型別，例如 ImageBitmap 和 OffscreenCanvas。然而，這些並沒有普遍受到支援，所以沒有涵蓋在本書中）。如果 postMessage() 的第一個引數包括一個 MessagePort（內嵌在訊息物件中的任何地方），那麼那個 MessagePort 也必須出現在第二個引數中。如果你這麼做，那麼那個 MessagePort 就可以被管道另一端所取用，而且在你這一端會立即變得沒有作用。假設你創建了一個 worker，並想要有兩個與之溝通的管道：一個管道用於普通的資料交換，而另一個管道用於高優先序的訊息（high-priority messages）。在主執行緒中，你可能會創建一個 MessageChannel，然後在 worker 上呼叫 postMessage() 來把其中一個 MessagePort 傳給它：

```
let worker = new Worker("worker.js");
let urgentChannel = new MessageChannel();
let urgentPort = urgentChannel.port1;
worker.postMessage({ command: "setUrgentPort", value: urgentChannel.port2 },
                   [ urgentChannel.port2 ]);
// 現在我們可以從像這樣的 worker 接收緊急訊息
urgentPort.addEventListener("message", handleUrgentMessage);
urgentPort.start();  // 開始接收訊息
// 並像這樣送出緊急訊息
urgentPort.postMessage("test");
```

如果你建立了兩個 workers，並想要讓它們直接與彼此通訊，而不是透過主執行緒上的程式碼在它們之間轉傳訊息，那麼 MessageChannel 也會很有用。

postMessage() 第二個引數的另一個用途是在 workers 之間傳輸 ArrayBuffer 而不用拷貝它們。對於像用來存放影像資料的大型 ArrayBuffer，這會是一種重要的效能增益。當一個 ArrayBuffer 透過一個 MessagePort 傳輸過去，那個 ArrayBuffer 在原本的執行緒中就會變得無法使用，所以不會有同時存取其內容的可能性。如果 postMessage() 的第一個引數包含一個 ArrayBuffer，或擁有一個 ArrayBuffer 的任何值（例如具型陣列），那麼那個緩衝區（buffer）可以出現作為第二個 postMessage() 引數中的一個陣列元素。如果它有出現，那麼它會被傳輸而不會拷貝。如果沒有，那個 ArrayBuffer 就會被拷貝而非傳輸。範例 15-14 會示範用於 ArrayBuffer 的這種傳輸技巧。

15.13.6　使用 postMessage() 的跨來源訊息傳遞

在客戶端 JavaScript 中，postMessage() 方法還有另外一個用例。它涉及到視窗（windows）而非 workers，但這兩種情況之間有足夠的相似性，所以我們會在此描述 Window 物件的 postMessage() 方法。

當一個文件含有一個 `<iframe>` 元素，那個元素的行為就會像是一個內嵌但獨立的視窗。代表這個 `<iframe>` 的 Element 物件有一個 contentWindow 特性，它是這個內嵌文件的 Window 物件。而對於在這個內嵌的 iframe 中執行的指令稿，window.parent 特性指向包含它的外層 Window 物件（containing Window object）。當兩個視窗顯示同源的文件，那麼其中每個視窗的指令稿都能存取另一個視窗的內容。但若是那些文件的來源不同，瀏覽器的同源策略（same-origin policy）就會防止一個視窗中的 JavaScript 存取另一個視窗的內容。

對於 workers，postMessage() 提供了一種安全的方式來讓兩個獨立的執行緒彼此溝通，而無須共用記憶體。對於視窗，postMessage() 則是提供了一種受控的方式讓兩個獨立的來源可以安全地交換訊息。即使同源策略防止你的指令稿看到另一個視窗的內容，你仍然可以在那個視窗上呼叫 postMessage()，而這麼做會導致一個「message」事件在那個視窗上觸發，在那裡它會被那個視窗的指令稿中的事件處理器看見。

然而，Window 的 postMessage() 方法與 Worker 的 postMessage() 方法稍有不同。第一個引數仍是一個任意的訊息，會以結構化複製演算法來拷貝。但列出要被傳輸而非拷貝的物件的選擇性第二引數變為了選擇性的第三引數。一個視窗的 postMessage() 方法接受一個字串作為它必要的第二引數。這第二個引數應該是一個來源（協定、主機名稱與選擇性的通訊埠），指出你要從誰那裡接收訊息。如果你傳入字串 "https://good.example.com" 作為這個第二引數，但你貼出訊息的視窗實際上含有來自 "https://malware.example.com" 的內容，那麼你所貼出的訊息就不會被遞送。如果你願意送出你的訊息給任何來源的內容，那你可以傳入通配符 "*" 作為第二引數。

在一個視窗或 `<iframe>` 內執行的 JavaScript 程式碼可以接收貼送至那個視窗或頁框（frame）的訊息，只要定義那個視窗的 onmessage 特性，或為「message」事件呼叫 addEventListener() 就行了。如同 workers，當你從一個視窗接收到一個「message」事件，事件物件的 data 特性就會是送來的訊息。然而，除此之外，遞送給視窗的

「message」事件還定義了 source 與 origin 特性。source 特性指出送出事件的 Window 物件，而你可以使用 event.source.postMessage() 來送出回覆。origin 特性指出來源視窗（source window）中的內容之來源（origin）。這不是訊息發送者可以偽造的東西，而當你接收到一個「message」事件，你通常會想要驗證它是來自於你所預期的來源。

15.14　範例：Mandelbrot Set

談論客戶端 JavaScript 的這一章的最高潮是一個很長的範例，示範如何使用 workers 和訊息傳遞來平行化（parallelize）計算密集的任務。不過這是寫成一個引人入勝的真實世界 Web 應用程式，也展示了在本章中介紹過的其他幾個 API，包括歷程管理（history management）、搭配一個 <canvas> 使用的 ImageData，以及鍵盤、指標和調整大小（resize）事件的用法。它也示範了重要的 JavaScript 核心功能，包括產生器和 Promise 的精密用法。

此範例是顯示和探索 Mandelbrot Set（曼德博集合）的一個程式，這種集合是一種複雜的碎形（fractal），它包含了像圖 15-16 中所示的美麗圖形。

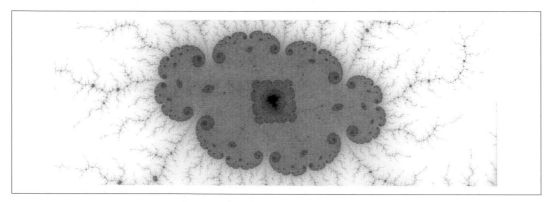

圖 15-16　Mandelbrot Set 的一部分

Mandelbrot Set 的定義是複數平面（complex plane）上的點集合（set of points），並經過重複的複數乘法和加法運算，產生其量值（magnitude）仍然有界（bounded）的一個值。此集合的輪廓（contours）出乎意外的複雜，而計算哪些點是此集合的成員、哪些不是，是計算密集（computationally intensive）的工作：要產生一個 500×500 的 Mandelbrot Set 影像，你必須個別計算你影像中那 250,000 個像素的每一個是否屬於該集合。而要驗證與每個像素關聯的值是否仍有界，你可能得重複複數乘法的程序 1,000

次或更多（更多次迭代會賦予此集合定義更清晰的邊界，較少次的迭代會產生更模糊的邊界）。產生高品質 Mandelbrot Set 影像所需的最多兩億五千萬（250 million）個複數算術步驟，應該就能讓你了解為什麼 workers 的使用是很珍貴的技巧。範例 15-14 顯示我們會使用的 worker 程式碼。這個檔案相對緊湊：它只是較大的程式中負責進行原始計算的部分。然而，有兩件事情值得注意：

- 這個 worker 創建了一個 ImageData 物件來表示矩形的像素網格，並為其中的像素計算 Mandelbrot Set 的成員資格。不過它並非在這個 ImageData 中儲存實際的像素值，而是使用一個自訂的具型陣列來把每個像素視為一個 32 位元的整數。它會為此陣列中的每個像素儲存所需的迭代次數（number of iterations）。如果為每個像素計算出來的複數之量值大於四，那麼在數學上就能保證它會從那開始無界成長，而我們就說它已經「脫離（escaped）」了，所以這個 worker 為每個像素所回傳的值就是該值脫離之前的迭代次數。我們告訴此 worker 它應該為每個值嘗試的最大迭代次數（maximum number of iterations），而到達這個最大次數的像素就會被視為屬於該集合。

- 這個 worker 把與那個 ImageData 關聯的 ArrayBuffer 傳輸（transfers）回主執行緒，所以與它關聯的記憶體就不需要被拷貝。

範例 15-14　計算 *Mandelbrot Set* 區域的 *Worker* 程式碼

```
// 這是一個簡單 worker，會從它的父執行緒接收一個訊息，
// 執行那個訊息所描述的計算，
// 然後把該計算的結果貼回給父執行緒
onmessage = function(message) {
    // 首先，我們解開接收到的訊息：
    // - tile 是帶有 width 和 height 特性的一個物件。它指出
    //     像素矩形的大小，而我們會為其中的像素計算
    //     Mandelbrot Set 的成員資格。
    // - (x0, y0) 是複數平面中
    //     對應 tile 左上角像素的點。
    // - perPixel 是實維度及虛維度的像素大小。
    // - maxIterations 指出我們會在決定一像素是否屬於該集合
    //     之前進行的最大的迭代次數。
    const {tile, x0, y0, perPixel, maxIterations} = message.data;
    const {width, height} = tile;

    // 接著，我們創建一個 ImageData 物件來表示那個矩形的像素陣列，
    // 取得它內部的 ArrayBuffer，並為那個緩衝區
    // 建立一個具型陣列的 view，如此我們就能把每個像素視為單一個整數而非
    // 四個個別的位元組。我們會為這個迭代陣列中的
    // 每個像素儲存迭代次數。（這些迭代
```

```
// 會在父執行緒中被變換為實際的像素顏色。)
const imageData = new ImageData(width, height);
const iterations = new Uint32Array(imageData.data.buffer);

// 現在開始計算。這裡有三個內嵌的 for 迴圈。
// 外層的兩個以迴圈跑過像素的列（rows）與欄（columns），而內層
// 的迴圈迭代每個像素，看看它是否「脫離」。
// 其中各個迴圈變數如下：
// - row 與 column 是代表像素坐標的整數。
// - x 與 y 代表每個像素的複數點：x + yi。
// - index 是目前像素在迭代陣列中的索引。
// - n 記錄每個像素的迭代次數。
// - max 與 min 記錄目前為止我們在矩形中的任何像素
//   看到的最大和最小迭代次數。
let index = 0, max = 0, min=maxIterations;
for(let row = 0, y = y0; row < height; row++, y += perPixel) {
    for(let column = 0, x = x0; column < width; column++, x += perPixel) {
        // 對於每個像素，我們從複數 c = x+yi 開始。
        // 然後我們重複地計算複數 z(n+1)，
        // 依據此遞迴公式：
        //     z(0) = c
        //     z(n+1) = z(n)^2 + c
        // 如果 |z(n)|（z(n) 的量值）> 2，那麼
        // 這個像素就不是此集合的一部分，而我們會在 n 次迭代後停止。
        let n;                 // 目前為止的迭代次數
        let r = x, i = y;  // 先從設為 c 的 z(0) 開始
        for(n = 0; n < maxIterations; n++) {
            let rr = r*r, ii = i*i; // 將 z(n) 的兩個部平方
            if (rr + ii > 4) {      // 如果 |z(n)|^2 > 4，那
                break;              // 我們就脫離了，並且可以停止迭代。
            }
            i = 2*r*i + y;          // 計算 z(n+1) 的虛部（imaginary part）
            r = rr - ii + x;        // 以及 z(n+1) 的實部（real part）
        }
        iterations[index++] = n;    // 記住每個像素的迭代次數。
        if (n > max) max = n;       // 記錄我們目前見過的最大次數。
        if (n < min) min = n;       // 以及最小次數。
    }
}

// 計算完成時，把結果送回給父執行緒。
// imageData object 會被拷貝，但它所含有的巨大 ArrayBuffer
// 會被傳輸，以提升效能。
postMessage({tile, imageData, min, max}, [imageData.data.buffer]);
};
```

用到這段 worker 程式碼的 Mandelbrot Set 檢視器應用程式顯示在範例 15-15 中。現在你幾乎已經接近本章的結尾，這個很長的範例就是類似巔峰體驗的東西，將幾個重要的 JavaScript 核心功能與客戶端功能和 PI 整合在一起。這段程式碼經過完整的註解，我鼓勵你仔細閱讀它。

範例 15-15　用來顯示和探索 Mandelbrot Set 的一個 Web 應用程式

```
/*
 * 這個類別代表一個畫布或影像的一個子矩形（subrectangle）。
 * 我們使用 Tile 來把一個畫布分割成能由 Workers 獨立處理的區域。
 */
class Tile {
    constructor(x, y, width, height) {
        this.x = x;                     // 一個 Tile 物件的特性
        this.y = y;                     // 代表一個較大矩形中的
        this.width = width;             // 一塊磚（tile）的
        this.height = height;           // 位置和大小。
    }

    // 這個靜態方法是一個產生器，它將有指定寬度與長度的
    // 一個矩形分割成指定數目的列（rows）和欄（columns）
    // 並產出 numRows*numCols 個 Tile 物件來涵蓋該矩形。
    static *tiles(width, height, numRows, numCols) {
        let columnWidth = Math.ceil(width / numCols);
        let rowHeight = Math.ceil(height / numRows);

        for(let row = 0; row < numRows; row++) {
            let tileHeight = (row < numRows-1)
                ? rowHeight                         // 大多數列的高度
                : height - rowHeight * (numRows-1); // 最後一列的高度
            for(let col = 0; col < numCols; col++) {
                let tileWidth = (col < numCols-1)
                    ? columnWidth                       // 大多數欄的寬度
                    : width - columnWidth * (numCols-1); // 以及最後的一欄

                yield new Tile(col * columnWidth, row * rowHeight,
                               tileWidth, tileHeight);
            }
        }
    }
}

/*
 * 這個類別代表一個集區（pool）的 workers，全都執行相同的程式碼。
 * 你所指定的 worker 程式碼必須回應它所接收到的每個訊息，
```

```
 *  也就是執行某種計算，然後貼出帶有該計算結果的
 *  單一個訊息。
 *
 *  給定一個 WorkerPool 以及代表要進行的工作的訊息，只需
 *  呼叫 addWork()，並以該訊息作為一個引數。若有一個 Worker
 *  物件目前閒置中，該訊息會立即被貼給那個 worker。
 *  如果沒有閒置的 Worker 物件，訊息就會被
 *  排入佇列，並會在有可用的 Worker 的時候貼出。
 *
 *  addWork() 回傳一個 Promise，它會以從 worker 接收到的訊息來解析，
 *  或是在 worker 擲出一個未被處理的錯誤時拒絕。
 */
class WorkerPool {
    constructor(numWorkers, workerSource) {
        this.idleWorkers = [];       // 目前沒有在工作的 workers
        this.workQueue = [];         // 目前沒有被處理的工作
        this.workerMap = new Map();  // 將 workers 映射至解析和拒絕函式

        // 創建指定數目的 workers，新增訊息和錯誤
        // 處理器，並把它們儲存在 idleWorkers 陣列中。
        for(let i = 0; i < numWorkers; i++) {
            let worker = new Worker(workerSource);
            worker.onmessage = message => {
                this._workerDone(worker, null, message.data);
            };
            worker.onerror = error => {
                this._workerDone(worker, error, null);
            };
            this.idleWorkers[i] = worker;
        }
    }

    // 這個內部方法會在一個 worker 完整工作時被呼叫，
    // 不管是藉由送出一個訊息或擲出一個錯誤。
    _workerDone(worker, error, response) {
        // 為這個 worker 查找 resolve() 和 reject() 函式
        // 然後從該映射移除那個 worker 的項目。
        let [resolver, rejector] = this.workerMap.get(worker);
        this.workerMap.delete(worker);

        // 如果沒有在佇列等候的工作，就把這個 worker 放回
        // 閒置 workers 的串列。否則，從佇列取出工作
        // 並將之送到這個 worker。
        if (this.workQueue.length === 0) {
            this.idleWorkers.push(worker);
        } else {
```

```
                let [work, resolver, rejector] = this.workQueue.shift();
                this.workerMap.set(worker, [resolver, rejector]);
                worker.postMessage(work);
            }

            // 最後解析或拒絕與此 worker 關聯的 promise。
            error === null ? resolver(response) : rejector(error);
        }

        // 這個方法新增工作到 worker 集區，並回傳一個 Promise，
        // 它會在工作完成時，以一個 worker 的回應解析。工作（work）
        // 就是要以 postMessage() 被傳入給一個 worker 的一個值。若有
        // 閒置的 worker， work 訊息就會立即被送出，否則，
        // 它會被放入佇列，等候有一個 worker 可用。
        addWork(work) {
            return new Promise((resolve, reject) => {
                if (this.idleWorkers.length > 0) {
                    let worker = this.idleWorkers.pop();
                    this.workerMap.set(worker, [resolve, reject]);
                    worker.postMessage(work);
                } else {
                    this.workQueue.push([work, resolve, reject]);
                }
            });
        }
    }


    /*
     * 此類別存放描繪一個 Mandelbrot Set 所需的狀態資訊。
     * cx 與 cy 特性給出複數平面中作為影像中心的點。
     * perPixel 特性指出那個複數的實部與虛部
     * 為該影像的每個像素改變了多少。
     * maxIterations 特性指出我們有多努力計算這個集合。
     * 較大的數字需要更多的計算，但會產生更清晰的影像。
     * 注意到畫布（canvas）的大小並不是狀態的一部分。給定 cx、cy 以及
     * perPixel，我們單純只會描繪出 Mandelbrot Set 能放入畫布的部分，
     * 不管畫布目前的大小為何。
     *
     * 這個型別的物件會與 history.pushState() 搭配使用，
     * 並被用來從一個書籤或共用的 URL 讀取想要的狀態。
     */
    class PageState {
        // 這個工廠方法回傳一個初始狀態以顯示整個集合。
        static initialState() {
            let s = new PageState();
            s.cx = -0.5;
```

```
        s.cy = 0;
        s.perPixel = 3/window.innerHeight;
        s.maxIterations = 500;
        return s;
    }

    // 此工廠方法從一個 URL 獲取狀態，
    // 或在無法從 URL 讀出有效狀態時回傳 null。
    static fromURL(url) {
        let s = new PageState();
        let u = new URL(url); // 來自 url 的搜尋參數的初始狀態。
        s.cx = parseFloat(u.searchParams.get("cx"));
        s.cy = parseFloat(u.searchParams.get("cy"));
        s.perPixel = parseFloat(u.searchParams.get("pp"));
        s.maxIterations = parseInt(u.searchParams.get("it"));
        // 如果我們得到有效的值，就回傳 PageState 物件，否則為 null。
        return (isNaN(s.cx) || isNaN(s.cy) || isNaN(s.perPixel)
                || isNaN(s.maxIterations))
            ? null
            : s;
    }

    // 這個實體方法將目前的狀態編碼到
    // 瀏覽器目前位置的搜尋參數中。
    toURL() {
        let u = new URL(window.location);
        u.searchParams.set("cx", this.cx);
        u.searchParams.set("cy", this.cy);
        u.searchParams.set("pp", this.perPixel);
        u.searchParams.set("it", this.maxIterations);
        return u.href;
    }
}

// 這些常數控制 Mandelbrot Set 計算的平行處理方式。
// 你可能需要調整它們，以在你的電腦上獲得最佳效能。
const ROWS = 3, COLS = 4, NUMWORKERS = navigator.hardwareConcurrency || 2;

// 這是我們 Mandelbrot Set 程式的主要類別。
// 單純以要在其中描繪的 <canvas> 元素調用此建構器函式。
// 這個程式假設此 <canvas> 元素的樣式設定
// 讓它永遠都跟瀏覽器視窗一樣大。
class MandelbrotCanvas {
    constructor(canvas) {
        // 儲存畫布，取得它的情境物件，並初始化一個 WorkerPool
        this.canvas = canvas;
```

```
    this.context = canvas.getContext("2d");
    this.workerPool = new WorkerPool(NUMWORKERS, "mandelbrotWorker.js");

    // 定義我們之後會用到的一些特性
    this.tiles = null;          // 該畫布的子區域
    this.pendingRender = null;  // 我們目前並沒有在描繪（rendering）
    this.wantsRerender = false; // 目前並沒有請求描繪
    this.resizeTimer = null;    // 防止我們太常調整大小
    this.colorTable = null;     // 用來將原始資料轉為像素值。

    // Set up our event handlers
    this.canvas.addEventListener("pointerdown", e => this.handlePointer(e));
    window.addEventListener("keydown", e => this.handleKey(e));
    window.addEventListener("resize", e => this.handleResize(e));
    window.addEventListener("popstate", e => this.setState(e.state, false));

    // 從 URL 初始化我們的狀態，或以初始狀態開始。
    this.state =
        PageState.fromURL(window.location) || PageState.initialState();

    // 以歷程機制儲存此狀態。
    history.replaceState(this.state, "", this.state.toURL());

    // 設定畫布大小，並取得涵蓋它的一個 tiles 陣列。
    this.setSize();

    // 並將 Mandelbrot Set 描繪到畫布中。
    this.render();
}

// 設定畫布的大小，並初始化由 Tile 物件組成的一個陣列。
// 此方法是從建構器呼叫，也會在瀏覽器視窗
// 大小改變時被 handleResize() 方法呼叫。
setSize() {
    this.width = this.canvas.width = window.innerWidth;
    this.height = this.canvas.height = window.innerHeight;
    this.tiles = [...Tile.tiles(this.width, this.height, ROWS, COLS)];
}

// 此函式會對 PageState 做出一個變更，然後使用那個新的狀態重新描繪
// Mandelbrot Set，並以 history.pushState() 儲存那個新的狀態。
// 如果第一個引數是一個函式，那個函式就會以
// 狀態物件作為它的引數被呼叫，並且應該對該狀態做出變更。
// 如果第一個引數是一個物件，那我們就會單純將該物件的特性
// 拷貝到狀態物件中。如果選擇性的第二引數為 false，那麼新的狀態
// 就不會被儲存。（我們會在呼叫 setState 以回應一個
```

```
    // popstate 事件的時候這麼做。)
setState(f, save=true) {
    // 如果該引數是一個函式，就呼叫它來更新狀態。
    // 否則，將它的特性拷貝到目前狀態中。
    if (typeof f === "function") {
        f(this.state);
    } else {
        for(let property in f) {
            this.state[property] = f[property];
        }
    }

    // 在任一種情況中，都盡速開始描繪新狀態。
    this.render();

    // 一般我們會儲存新的狀態。除非是在我們以 false 的第二引數被呼叫之時
    // 這會發生在我們得到一個 popstate 事件的時候。
    if (save) {
        history.pushState(this.state, "", this.state.toURL());
    }
}


// 這個方法會非同步地將 PageState 物件所指定的
// 那部分 Mandelbrot Set 描繪到畫布中。它會被建構器所呼叫，
// 或在狀態改變時由 setState() 所呼叫，或是在畫布的大小改變時，
// 由 resize 事件處理器所呼叫。
render() {
    // 有的時候，使用者可能會使用鍵盤或滑鼠來請求更快速地描繪，
    // 比我們能進行的還要快。我們不想要把所有的描繪工作
    // 都提送到 worker 集區。取而代之，如果我們正在描繪，
    // 我們只會註記有一項新的描繪工作需要進行，
    // 而當進行中的描繪工作完成，我們就會描繪目前的狀態，
    // 可能會跳過多個中介的狀態。
    if (this.pendingRender) {       // 如果我們正在描繪，
        this.wantsRerender = true;  // 就備註稍後描繪
        return;                     // 而現在什麼都不再做。
    }

    // 取得我們的狀態變數，
    // 並計算出畫布左上角的複數。
    let {cx, cy, perPixel, maxIterations} = this.state;
    let x0 = cx - perPixel * this.width/2;
    let y0 = cy - perPixel * this.height/2;

    // 對於我們 ROWS*COLS 個 tiles 中的每一個，以一個訊息呼叫 addWork()
    // 以執行 mandelbrotWorker.js 中的程式碼。把結果產生的
```

```
// 那些 Promise 物件收集到一個陣列中。
let promises = this.tiles.map(tile => this.workerPool.addWork({
    tile: tile,
    x0: x0 + tile.x * perPixel,
    y0: y0 + tile.y * perPixel,
    perPixel: perPixel,
    maxIterations: maxIterations
}));

// 使用 Promise.all() 從承諾陣列取得由回應組成的一個陣列。
// 每個回應（response）都是我們其中一個 tile 的計算。
// 回想 mandelbrotWorker.js，每個回應都包含 Tile 物件、
// 含有迭代次數而非像素值的一個 ImageData 物件
// 以及那個 tile 的最小迭代次數
// 和最大迭代次數。
this.pendingRender = Promise.all(promises).then(responses => {

    // 首先，找出所有 tiles 的最大和最小迭代次數
    // 我們需要這些數字才能夠指定顏色給像素。
    let min = maxIterations, max = 0;
    for(let r of responses) {
        if (r.min < min) min = r.min;
        if (r.max > max) max = r.max;
    }

    // 現在我們需要一種方式來把從 workers 取得的
    // 原始迭代計數轉為會被顯示在畫布中的像素顏色。
    // 我們知道所有的像素都有介於 min 和 max 的迭代數
    // 所以我們會為每個迭代次數預先計算顏色
    // 並將它們儲存在 colorTable 陣列中。

    // 如果我們尚未配置一個顏色表（color table），
    // 或者它的大小不再正確，就配置一個新的。
    if (!this.colorTable || this.colorTable.length !== maxIterations+1){
        this.colorTable = new Uint32Array(maxIterations+1);
    }

    // 給定 max 與 min 值，計算出顏色表中適當的值。
    // 在集合中的像素會以完全不透明的黑上色。
    // 在集合外的像素是半透明的黑色，而較高
    // 的迭代次數會產生較高的不透明度。具有
    // 最小迭代次數的像素會是透明的，而白色
    // 背景就會透出來，產生一種灰階的影像。
    if (min === max) {                      // 如果所有的像素都相同，
        if (min === maxIterations) {  // 那就讓它們全都黑色
            this.colorTable[min] = 0xFF000000;
```

```
        } else {                          // 或全都透明。
            this.colorTable[min] = 0;
        }
    } else {
        // 在 min 和 max 不同的正常情況中，使用一個
        // 對數尺度來為每個可能的迭代次數指定
        // 一個介於 0 與 255 之間的不透明度，然後使用
        // 左移（shift left）運算子來把那轉成一個像素值。
        let maxlog = Math.log(1+max-min);
        for(let i = min; i <= max; i++) {
            this.colorTable[i] =
                (Math.ceil(Math.log(1+i-min)/maxlog * 255) << 24);
        }
    }


    // 現在把每個回應的 ImageData 中的迭代數字
    // 轉譯為 colorTable 中的顏色。
    for(let r of responses) {
        let iterations = new Uint32Array(r.imageData.data.buffer);
        for(let i = 0; i < iterations.length; i++) {
            iterations[i] = this.colorTable[iterations[i]];
        }
    }


    // 最後，使用 putImageData() 把所有 imageData 物件
    // 描繪到它們在畫布中對應的 tile。
    // （不過首先，要移除 pointerdown 事件處理器
    // 可能設在畫布上的任何 CSS 變換）
    this.canvas.style.transform = "";
    for(let r of responses) {
        this.context.putImageData(r.imageData, r.tile.x, r.tile.y);
    }
})
.catch((reason) => {
    // 如果我們的 Promises 中有任何事情出錯，我們會在此
    // 記錄一個錯誤。這不應該發生，
    // 但這能它確實發生時幫助除錯。
    console.error("Promise rejected in render():", reason);
})
.finally(() => {
    // 當我們描繪完成，清除 pendingRender 旗標
    this.pendingRender = null;
    // 如果描繪請求在我們很忙的時候來到，就立即重新描繪。
    if (this.wantsRerender) {
        this.wantsRerender = false;
        this.render();
```

```
        }
    });
 }

 // 如果使用者調整了視窗的大小，這個函式就會重複地被呼叫。
 // 調整一個畫布的大小並重新描繪 Mandlebrot Set 是一項昂貴的
 // 作業，我們無法在一秒鐘內進行多次，所以我們使用一個計時器
 // 來推延 resize 事件的處理，要在上一次接收到
 // resize 事件的 200 毫秒後才做處理。
 handleResize(event) {
     // 如果我們已經推延一個 resize 的處理，就清除它。
     if (this.resizeTimer) clearTimeout(this.resizeTimer);
     // 而改推延這個 resize。
     this.resizeTimer = setTimeout(() => {
         this.resizeTimer = null;   // 註記 resize 已被處理。
         this.setSize();             // 調整畫布和 tiles 的大小
         this.render();              // 以新的大小描繪
     }, 200);
 }

 // 如果使用者按下一個按鍵，這個事件處理器就會被呼叫。
 // 我們呼叫 setState() 來回應各個按鍵，而 setState() 會描繪
 // 新的狀態、更新 URL，並將狀態儲存在瀏覽器的歷程中。
 handleKey(event) {
     switch(event.key) {
     case "Escape":       // 輸入 Esc 來回到初始狀態
         this.setState(PageState.initialState());
         break;
     case "+":            // 輸入 + 來增加迭代次數
         this.setState(s => {
             s.maxIterations = Math.round(s.maxIterations*1.5);
         });
         break;
     case "-":            // 輸入 - 來減少迭代次數
         this.setState(s => {
             s.maxIterations = Math.round(s.maxIterations/1.5);
             if (s.maxIterations < 1) s.maxIterations = 1;
         });
         break;
     case "o":            // 輸入 o 來縮小
         this.setState(s => s.perPixel *= 2);
         break;
     case "ArrowUp":     // 上鍵往上捲動
         this.setState(s => s.cy -= this.height/10 * s.perPixel);
         break;
     case "ArrowDown":   // 下鍵往下捲動
```

```
            this.setState(s => s.cy += this.height/10 * s.perPixel);
            break;
        case "ArrowLeft":  // 左鍵往左捲動
            this.setState(s => s.cx -= this.width/10 * s.perPixel);
            break;
        case "ArrowRight": // 右鍵往右捲動
            this.setState(s => s.cx += this.width/10 * s.perPixel);
            break;
        }
    }

    // 這個方法會在我們從畫布得到一個 pointerdown 事件時被呼叫。
    // pointerdown 事件可能是一個縮放手勢（點擊或點觸）的開頭，
    // 或是一個搖攝手勢（拖曳）的開頭。這個處理器為
    // pointermove 和 pointerup 事件註冊處理器，以回應其餘的手勢
    //（這兩個額外的處理器會在手勢結束於
    // 一個 pointerup 的時候被移除。）
    handlePointer(event) {
        // 像素坐標以及最初 pointer down 的時間。
        // 因為畫布跟視窗一樣大，這些事件坐標
        // 也是畫布坐標。
        const x0 = event.clientX, y0 = event.clientY, t0 = Date.now();

        // 這是 move 事件的處理器。
        const pointerMoveHandler = event => {
            // 我們移動了多少，以及經過了多少時間？
            let dx=event.clientX-x0, dy=event.clientY-y0, dt=Date.now()-t0;

            // 如果指標（pointer）移動了足夠的量，或經過了足夠的時間
            // 這就不是一般的點擊（click），那就使用 CSS 來搖攝（pan）顯示畫面。
            //（我們會在得到 pointerup 事件的時候真正重新描繪它）
            if (dx > 10 || dy > 10 || dt > 500) {
                this.canvas.style.transform = `translate(${dx}px, ${dy}px)`;
            }
        };

        // 這是 pointerup 事件的處理器
        const pointerUpHandler = event => {
            // 當指標往上，手勢就結束了，所以在
            // 下個手勢出現前，先移除 move 和 up 處理器。
            this.canvas.removeEventListener("pointermove", pointerMoveHandler);
            this.canvas.removeEventListener("pointerup", pointerUpHandler);

            // 指標移動了多少，經過了多少時間？
            const dx = event.clientX-x0, dy=event.clientY-y0, dt=Date.now()-t0;
            // 拆分狀態物件到個別的常數。
```

```
        const {cx, cy, perPixel} = this.state;

        // 如果指標移的夠遠，或經過了足夠的時間，那麼
        // 這就是一個搖攝手勢（pan gesture），而我們得改變狀態以
        // 變更中心點。否則，使用者就是點擊或點觸了
        // 一個點，而我們得置中並拉近到那個點。
        if (dx > 10 || dy > 10 || dt > 500) {
            // 使用者搖攝了此影像 (dx, dy) 個像素。
            // 將那些值轉換為複數平面上的位移量。
            this.setState({cx: cx - dx*perPixel, cy: cy - dy*perPixel});
        } else {
            // 使用者點擊了。計算中心移動多少像素。
            let cdx = x0 - this.width/2;
            let cdy = y0 - this.height/2;

            // 使用 CSS 來快速且暫時地拉近
            this.canvas.style.transform =
                `translate(${-cdx*2}px, ${-cdy*2}px) scale(2)`;

            // 設定新中心點的複數坐標，
            // 並拉近 2 倍。
            this.setState(s => {
                s.cx += cdx * s.perPixel;
                s.cy += cdy * s.perPixel;
                s.perPixel /= 2;
            });
        }
    };

    // 當使用者開始一個手勢，我們註冊處理器給
    // 後續的 pointermove 和 pointerup 事件。
    this.canvas.addEventListener("pointermove", pointerMoveHandler);
    this.canvas.addEventListener("pointerup", pointerUpHandler);
    }
}

// 最後，這裡是我們設置畫布的方式。注意到這個 JavaScript 檔案
// 自成一體。HTML 檔案只需要包含這一個 <script>。
let canvas = document.createElement("canvas"); // 創建一個畫布元素
document.body.append(canvas);                  // 將之插入到主體（body）
document.body.style = "margin:0";              // <body> 沒有外距
canvas.style.width = "100%";                   // 讓畫布跟主體一樣寬
canvas.style.height = "100%";                  // 並與主體一樣高。
new MandelbrotCanvas(canvas);                  // 並開始描繪至其中！
```

15.15　總結與進一步閱讀的建議

這很長的一章涵蓋了客戶端 JavaScript 程式設計的基礎：

- 指令稿和 JavaScript 模組如何被包含在網頁中，以及它們如何被執行、何時被執行。

- 客戶端 JavaScript 的非同步、事件驅動的程式設計模型。

- 允許 JavaScript 程式碼檢視並修改它內嵌於其中的文件之 HTML 內容的 Document Object Model（DOM）

- JavaScript 程式碼如何操作套用到文件中內容的 CSS 樣式。

- JavaScript 程式碼如何獲取文件元素在瀏覽器視窗及文件本身中的坐標。

- 如何透過 JavaScript、HTML 與 CSS 使用 Custom Elements 和 Shadow DOM API。

- 如何以 SVG 和 HTML <canvas> 元素顯示及動態產生圖形。

- 如何新增以指令稿操控的音效（錄下來的或合成的）到你的網頁。

- JavaScript 要如何使瀏覽器載入新頁面、在使用者的瀏覽歷程中前後往返，或甚至是新增項目到瀏覽歷程中。

- JavaScript 程式可以如何使用 HTTP 和 WebSocket 協定與 Web 伺服器交換資料。

- JavaScript 程式如何儲存資料在使用者的瀏覽器中。

- JavaScript 程式如何使用工作者執行緒（worker threads）來達成安全的共時性。

這是目前為止本書最長的一章，但依然還遠不足以涵蓋 Web 瀏覽器能取用的所有 API。Web 平台仍然持續擴張與發展，而我為這一章所設定的目標是介紹最重要的核心 API。具備了你從本書得到的知識後，你就有良好的基礎可以在需要的時候學習使用新的 API。但如果你不知道它們的存在，你就無法學用新的 API 了，所以接下來的簡短章節快速列出你在未來可能會想要了解的 Web 平台功能清單，作為本章的結尾。

15.15.1　HTML 和 CSS

Web 奠基於三個關鍵技術之上：HTML、CSS 和 JavaScript，而身為 Web 開發人員，JavaScript 的知識就只能帶你到這裡而已，你還需要去發展自己的 HTML 和 CSS 專業能力。知道如何使用 JavaScript 來操作 HTML 元素和 CSS 樣式是很重要，但如果你也知道該使用什麼 HTML 元素和 CSS 樣式，這個知識就會更加有用。

所以在你開始探索更多的 JavaScript API 之前，我會鼓勵你投資一些時間來精通 Web 開發人員工具組中的其他工具。舉例來說，HTML 的表單（form）和輸入（input）元素就有必須了解的精密行為，而 CSS 中的 flexbox 和 grid layout 模式更是不可思議的強大。

在這個領域中，特別值得注意的兩個領域是無障礙輔助（accessibility，包括 ARIA 屬性）以及國際化（internationalization，包括對於從右到左的寫作方向的支援）。

15.15.2　效能

一旦你寫了一個 Web 應用程式，並釋出到世界上，會有從不間斷的請求希望它能變快一點。然而，要最佳化你無法測量的東西是很困難的，所以去熟悉 Performance（效能）API 是值得的。視窗物件的 performance 特性是這個 API 的主要進入點。它包括一個高解析度的時間來源 performance.now()，以及方法 performance.mark() 和 performance.measure() 用來標示你程式碼中的關鍵點，並測量它之間經過的時間。呼叫這些方法會建立 PerformanceEntry 物件，你能以 performance.getEntries() 來取用它們。瀏覽器會在它們載入一個新頁面或透過網路擷取一個檔案時，新增它們自己的 PerformanceEntry 物件，而這些自動創建的 PerformanceEntry 物件包括你應用程式網路效能的精準時間細節。相關的 PerformanceObserver 類別允許你指定一個要在新的 PerformanceEntry 物件創建時被調用的函式。

15.15.3　安全性

本章介紹了一般性的概念來告訴你如何在你的網站中應對跨站指令稿（cross-site scripting，XSS）的安全性漏洞，但並沒有說得很詳細。Web 安全性是很重要的主題，而你可能會想要花些時間學習它。除了 XSS 外，值得學習的還有 Content-Security-Policy HTTP 標頭，並了解 CSP 如何能讓你要求 Web 瀏覽器限制它賦予 JavaScript 程式碼的能力。了解 CORS（Cross-Origin Resource Sharing）也很重要。

15.15.4　WebAssembly

WebAssembly（或「wasm」）是一種低階的虛擬機器位元組碼（virtual machine bytecode）格式，設計上就能與 Web 瀏覽器中的 JavaScript 直譯器（interpreters）有良好的整合，也存在編譯器（compilers）可以把 C、C++ 與 Rust 程式編譯為 WebAssembly bytecode，並以接近原生（native）的速度在 Web 瀏覽器中執行那些程式，並且不打破瀏覽器的沙箱（sandbox）或安全模型。WebAssembly 可以匯出能被 JavaScript 程式呼叫的函式。WebAssembly 的一個典型用例是編譯標準 C 語言的 zlib 壓縮程式庫，讓 JavaScript 程式碼能夠取用高速的壓縮和解壓縮演算法。要學習更多，請前往 *https://webassembly.org*。

15.15.5　更多的 Document 和 Window 功能

Window 與 Document 物件有幾個沒在本章中涵蓋的功能：

- Window 物件定義有 alert()、confirm() 與 prompt() 方法，可顯示簡單的強制回應式對話方塊（modal dialogues）給使用者。這些方法會阻斷主執行緒。confirm() 方法同步地回傳一個 boolean 值，而 prompt() 同步地回傳使用者輸入所成的一個字串。這些並不適合用於正式環境，但對簡單的專案和軟體雛形來說可能會有用。

- Window 物件的 navigator 與 screen 特性只有在本章開頭匆匆提過，但它們所參考的 Navigator 和 Screen 物件有一些沒在此描述的功能，而你可能會覺得它們有用。

- 任何 Element 物件的 requestFullscreen() 方法都會請求該元素（例如一個 <video> 或 <canvas> 元素）以全螢幕模式（fullscreen mode）顯示。Document 的 exitFullscreen() 方法會回到正常的顯示模式。

- Window 物件的 requestAnimationFrame() 方法接受一個函式作為它的引數，並且會在瀏覽器準備描繪（render）下個畫面（frame）時執行那個函式。當你要做出視覺上的改變（特別是重複的或是動畫），就把你的程式碼包在對 requestAnimationFrame() 的一個呼叫中，可以幫忙確保那些改變是平滑地描繪出來，而且是以瀏覽器最佳化過的方式進行。

- 如果使用者選取了你文件中的文字，你能以 Window 的方法 getSelection() 獲得那個選取的細節，並以 getSelection().toString() 來取得所選文字。在某些瀏覽器中，navigator.clipboard 是具有一個 async API 的物件，用來讀取和設定系統剪貼簿（clipboard），以能夠和瀏覽器外部的應用程式進行複製與貼上（copy-and-paste）的互動。

- Web 瀏覽器一個很少人知道的功能是，具有一個 contenteditable="true" 的 HTML 元素允許它們的內容被編輯。document.execCommand() 方法能讓可編輯的內容（editable content）有 rich-text 的編輯功能。

- 一個 MutationObserver 能讓 JavaScript 監視對文件中一個指定元素的改變，或是在它之下的改變。以 MutationObserver() 建構器創建一個 MutationObserver，傳入應該在做出變更時被呼叫的 callback 函式，然後呼叫 MutationObserver 的 observe() 方法來指定要監視哪個元素的哪些部分。

- 一個 IntersectionObserver 允許 JavaScript 判斷哪些文件元素在螢幕上，而哪些靠近顯示的畫面。這對於想要在使用者捲動的時候視需要動態載入內容的應用程式來說特別有用。

15.15.6　事件

光是 Web 平台支援的事件數目與其多樣性，就夠嚇人了。本章討論了各種事件類型，但還存在更多你可能會覺得有用處的：

- 瀏覽器會在獲得或失去網際網路連線（internet connection）時，在 Window 物件上發出「online」和「offline」事件。

- 瀏覽器會在一個文件變得可見（visible）或不可見（invisible）的時候（通常是因為使用者切換分頁），在 Document 物件上發出一個「visiblitychange」事件。JavaScript 可以檢查 document.visibilityState 來判斷它的文件目前是「可見」或「隱藏（hidden）」。

- 瀏覽器具有一個複雜的 API 來支援拖放（drag-and-drop）的 UI，並支援與瀏覽器外部應用程式的資料交換。這個 API 涉及了數個事件，包括「dragstart」、「dragover」、「dragend」和「drop」。這個 API 不容易正確使用，但在你需要它時，會很有用。如果你想要讓使用者從他們的桌面拖放檔案到你的 Web 應用程式中，這就是必須知道的一個重要 API。

- Pointer Lock API 能讓 JavaScript 隱藏滑鼠指標，並以相對移動量（relative movement amounts）的形式取得原始的滑鼠事件，而非作為螢幕上的絕對位置。這通常會對遊戲有用。在你希望所有的滑鼠事件都導向至那裡的元素上呼叫 requestPointerLock()。那麼做之後，遞送到那個元素的「mousemove」事件會有 movementX 與 movementY 特性。

- Gamepad API 新增了對遊戲控制器（game controllers）的支援。使用 navigator.getGamepads() 來取得連接的 Gamepad 物件，並在 Window 物件上收聽「gamepadconnected」事件，以在有新的控制器插入連接時得到通知。Gamepad 物件定義了一個 API 來查詢控制器上按鈕目前的狀態。

15.15.7　Progressive Web Apps 和 Service Workers

Progressive Web Apps（或簡稱 PWAs）是個流行用語，描述使用幾個關鍵技術所建置的 Web 應用程式。這些關鍵技術詳細的說明文件會需要整本書來寫，而我也沒在本章中涵蓋它們，但你應該要注意到所有的這些 API。值得注意的是，像這些一樣強大的現代 API 通常都設計成只能在安全的 HTTPS 連線上運作。仍然使用 http:// URL 的網站將無法利用這些：

- ServiceWorker 是 worker thread（工作者執行緒）的一種，有能力攔截、檢視並回應來自它所「服務（services）」的 Web 應用程式的請求。當一個 Web 應用程式註冊一個 service worker（服務工作者），那個 worker 的程式碼就會續存在瀏覽器的本地儲存區（local storage），而當使用者再次訪問關聯的網站，那個 service worker 就會重新啟動。Service workers 可以快取網路回應（包括 JavaScript 程式碼檔案），這意味著使用 service workers 的 Web 應用程式等同於把自己安裝到使用者的電腦上，以便快速啟動和離線使用。位於 *https://serviceworke.rs* 的 *Service Worker Cookbook* 是學習 service workers 和它們相關技術的寶貴資源。

- Cache API 是設計用來讓 service workers 使用的（但也能讓 workers 以外的一般 JavaScript 程式碼取用）。它能與 fetch()API 定義的 Request 和 Response 物件並用，並實作了成對的 Request/Response 的一個快取。Cache API 能讓一個 service worker 快取它所服務的 Web app 的指令稿和其他資材（assets），並也能讓 Wep app 的離線使用變得可能（這對於行動裝置來說特別重要）。

- 一個 Web Manifest 是描述一個 Web 應用程式的一個 JSON 格式的檔案，包括一個名稱、URL，以及連向各種大小的圖示（icons）的連結。如果你的 Web app 使用一個 service worker，並包括一個 `<link rel="manifest">` 標記來參考一個 .webmanifest 檔案，則瀏覽器（特別是行動裝置上的瀏覽器）可能會提供你為那個 Web app 新增一個圖示到你的桌面或主畫面的選項。

- Notifications API 允許 Web apps 使用原生的 OS 通知系統（native OS notification system）在行動或桌面裝置上顯示通知。通知可以包含一個影像和文字，而你的程式碼可以在使用者點擊該通知時接收到一個事件。這個 API 的使用會因為必須先向使用者取得顯示通知的許可而變得複雜。

- Push API 允許擁有一個 service worker（而且有使用者許可）的 Web 應用程式訂閱來自一個伺服器的通知，並顯示那些通知，即使是在那個應用程式本身沒有在執行的時候。推播通知（push notifications）在行動裝置上很常見，而 Push API 讓 Web apps 的功能更接近行動裝置上原生的 apps。

15.15.8　行動裝置 API

有幾個 Web API 主要是對在行動裝置上執行的 Web apps 有用（遺憾的是，這些 API 中有些只能用於 Android 裝置，在 iOS 裝置上行不通）。

- Geolocation API 允許 JavaScript（在有使用者許可之下）判斷使用者的實體位置。這在桌面和行動裝置上都有良好的支援，包括 iOS 裝置。使用 `navigator.geolocation.getCurrentPosition()` 來請求使用者目前的位置，並使用 `navigator.geolocation.watchPosition()` 來註冊使用者位置改變時要被呼叫的一個 callback。

- `navigator.vibrate()` 方法會使一個行動裝置（但不包括 iOS）震動。通常這只允許在回應使用者手勢時那麼做，但呼叫此方法能讓你的 app 提供無聲的回饋，告知已認出一個手勢。

- ScreenOrientation API 能讓一個 Web 應用程式查詢行動裝置螢幕目前的轉向（orientation），或是把它們自己鎖定在橫向（landscape）或直向（portrait）模式。

- 視窗上的「devicemotion」和「deviceorientation」事件回報裝置的加速度感應器（accelerometer）和磁力儀（magnetometer）的資料，讓你能夠判斷裝置的加速情況，以及使用者在空間中是如何轉動它的（這些事件在 iOS 上也行得通）。

- 除了 Android 上的 Chrome 以外，Sensor API 尚未廣受支援，但它能讓 JavaScript 存取行動裝置的整組感應器，包括加速度感應器、陀螺儀（gyroscope）、磁力儀，以及環境光線感應器（ambient light sensor）。舉例來說，這些感應器能讓 JavaScript 判斷使用者面向哪個方向，或偵測使用者何時晃動了它們的手機。

15.15.9　二進位 API

具型陣列（typed arrays）、ArrayBuffer 以及 DataView 類別（全都涵蓋於 §11.2）能讓 JavaScript 處理二進位資料（binary data）。如本章前面描述過，fetch() API 能讓 JavaScript 程式透過網路載入二進位資料。另一個二進位資料的來源是使用者本地檔案系統的檔案（files）。為了安全性因素，JavaScript 無法直接讀取本地檔案。但如果使用者選擇了一個檔案上傳（使用 `<input type="file">` 表單元素），或藉由拖放（drag-and-drop）在你的 Web 應用程式中放入了一個檔案，那麼 JavaScript 就能以一個 File 物件的形式存取那個檔案。

File 是 Blob 的一個子類別，因此，它是一塊資料的一種不透明的表示法（opaque representation）。你可以使用 FileReader 類別非同步地取得一個檔案的內容作為一個 ArrayBuffer 或字串（在某些瀏覽器中，你可以跳過 FileReader 而改使用基於 Promise 的 `text()` 和 `arrayBuffer()` 方法，它們是 Blob 類別所定義的，或使用 `stream()` 方法以串流的方式存取檔案內容）。

處理二進位資料的時候，特別是串流（streaming）二進位資料時，你可能需要把位元組解碼成文字，或把文字編碼為位元組。TextEncoder 和 TextDecoder 類別能協助這種任務。

15.15.10　媒體 API

`navigator.mediaDevices.getUserMedia()` 函式允許 JavaScript 請求存取使用者的麥克風或視訊鏡頭。成功的請求會得到一個 MediaStream 物件。視訊串流可以被顯示在一個 `<video>` 標記中（把 `srcObject` 特性設為該串流）。影片的靜態畫面（frames）可以藉由畫布的 `drawImage()` 函式被捕捉到一個不在螢幕上的 `<canvas>` 中，產生解析度相對低的照片。`getUserMedia()` 所回傳的音訊與視訊串流可藉由一個 MediaRecorder 物件來錄製並編碼為一個 Blob。

更複雜的 WebRTC API 允許透過網路傳輸和和接收 MediaStream，舉例來說，這就能夠進行點對點的視訊會議。

15.15.11　密碼學（Cryptography）與相關 API

Window 物件的 `crypto` 特性對外提供了一個 `getRandomValues()` 方法來產生密碼學上安全的偽隨機數字（pseudorandom numbers）。其他用來加密、解密、產生金鑰、數位簽章等等的方法，則可透過 `crypto.subtle` 取用。這個特性的名稱是對使用這些方法的人之警告，暗示著要正確使用密碼學演算法是很困難的，而你不應該使用這些方法，除非你真的知道自己在做什麼。此外，能使用 `crypto.subtle` 中方法的 JavaScript 程式碼，必須執行在透過安全的 HTTPS 連線載入的文件中。

Credential Management API 和 Web Authentication API 允許 JavaScript 產生、儲存和取回公開金鑰（public key）或其他類型的證明資訊（credentials），讓我們得以建立帳號或不使用密碼登入。這個 JavaScript API 主要由函式 `navigator.credentials.create()` 和 `navigator.credentials.get()` 所構成，但伺服端上需要建置不少的基礎設施才能讓這些方法得以運行。這些 API 尚未受到普遍的支援，但有潛力徹底改變我們登入網站的方式。

Payment Request API 新增了瀏覽器支援來進行 Web 上的信用卡付款（credit card payments）。它允許使用者在瀏覽器中安全地儲存他們付款的詳細資訊，才不用在每次購物時輸入他們的信用卡號碼。想要請求付款的 Web 應用程式會創建一個 PaymentRequest 物件，並呼叫它的 `show()` 方法來顯示該請求給使用者。

使用 Node 的伺服端 JavaScript

Node 是帶有與底層作業系統之繫結（bindings）的 JavaScript，讓它能夠撰寫出可以讀寫檔案、執行子行程（child processes）和透過網路通訊的 JavaScript 程式。這使得 Node 得以用作：

- 取代 shell scripts（作業系統殼層指令稿）的現代化做法，讓我們不必忍受 bash 和其他 Unix shells 晦澀難解的語法。

- 一般用途的程式語言，用以執行信任的程式，不被 Web 瀏覽器上不受信任的程式碼帶來的安全性考量所限制。

- 撰寫有效率且高度共時的 Web 伺服器的熱門環境。

Node 的決定性特色是，它藉由一個預設是非同步的 API 所達成的基於事件的單緒共時性（single-threaded event-based concurrency）。如果你曾以其他語言寫過程式，但沒有很多的 JavaScript 編程（coding）經驗，或者你是經驗老道的客戶端 JavaScript 程式設計師，善於為 Web 瀏覽器撰寫程式碼，那麼 Node 的使用就需要一點適應，就跟任何的新程式語言或環境一樣。本章一開始解釋 Node 的程式設計模型，並強調共時性、Node 用以處理串流資料（streaming data）的 API，以及 Node 用來處理二進位資料（binary data）的 Buffer 型別。這些初始章節後面跟的章節注重和展示某些最為重要的一些 Node API，包括用來處理檔案、網路、行程及執行緒的那些。

一章並不足以記載 Node 所有的 API，但我的希望是，本章有解釋足夠的基礎知識，讓你能夠在使用 Node 的時候有生產力，並且有信心能在需要時精通任何新的 API。

安裝 Node

Node 是開放原始碼（open source）軟體。請訪問 *https://nodejs.org* 來下載並安裝用於 Windows 或 MacOS 的 Node。在 Linux 上，你或許可以藉由你的套件管理器（package manager）來安裝 Node，或訪問 *https://nodejs.org/en/download* 直接下載二進位檔（binaries）。如果你處理的是使用容器的軟體，你可以在 *https://hub.docker.com* 找到官方的 Node Docker 映像。

除了 Node 的可執行檔（executable），Node 的安裝還包括 npm，它是一個套件管理程式，讓你能夠輕易取用廣大的 JavaScript 工具和程式庫生態系統。本章中的範例只會使用 Node 內建的套件，不會需要 npm 或任何外部程式庫。

最後，不要錯過官方的 Node 說明文件，可在 *https://nodejs.org/api* 和 *https://nodejs.org/docs/guides* 取得。我發現它們組織良好而且寫得很好。

16.1　Node 程式設計基礎

本章一開始會快速看過 Node 程式的結構，以及它們如何與作業系統（operating system）互動。

16.1.1　主控台輸出

如果你熟悉 Web 瀏覽器的 JavaScript 程式設計，有一個小小的驚喜就是，Node 的 console.log() 不僅能用於除錯，還是 Node 中要顯示訊息給使用者最簡單的方式，或者更廣義地說，送出輸出到 stdout 資料流（stream）。這裡是以 Node 寫成的經典「Hello World」程式：

```
console.log("Hello World!");
```

寫入 stdout 有更低階的方式可用，但不會有比單純呼叫 console.log() 更花俏或更正式的方式了。

在 Web 瀏覽器中，console.log()、console.warn() 與 console.error() 通常會在它們在開發人員主控台（developer console）內的輸出旁顯示小小的圖示，來指出訊息的種類。Node 並不會這樣做，但以 console.error() 顯示的輸出會與 console.log() 顯示的輸出有所區分，因為 console.error() 寫入的是 stderr 資料流。如果你使用 Node 撰寫的程式被設計成會將 stdout 重導（redirected）到一個檔案或管線（pipe），你就能使用 console.error() 來顯示文字到主控台給使用者看，即使以 console.log() 印出的文字是被隱藏起來的。

16.1.2　命令列引數和環境變數

如果你之前寫過設計來從終端機（terminal）或其他命令列介面（command-line interface）調用的 Unix 程式，你就知道這些程式通常會從命令列引數（command-line arguments）取得它們主要的輸入，並從環境變數（environment variables）取得它們次要的輸入。

Node 遵循這些 Unix 的慣例。一個 Node 程式能從字串陣列 process.argv 讀取它的命令列引數。此陣列的第一個元素是 Node 可執行檔的路徑。第二個引數是 Node 正在執行的 JavaScript 程式碼檔案之路徑。此陣列中任何剩餘的元素都是你調用 Node 的時候，在命令列上以空格分隔來傳入的引數。

舉例來說，假設你把這個非常短的 Node 程式儲存在檔案 *argv.js*：

```
console.log(process.argv);
```

你可以像這樣執行那個程式，然後看到其輸出：

```
$ node --trace-uncaught argv.js --arg1 --arg2 filename
[
  '/usr/local/bin/node',
  '/private/tmp/argv.js',
  '--arg1',
  '--arg2',
  'filename'
]
```

這裡有幾件事情要注意：

- process.argv 的第一和第二引數會是經過完整資格修飾（fully qualified）的檔案系統路徑，分別指向 Node 的可執行檔以及被執行的 JavaScript 檔案，即使你不是那樣輸入它們。

- 要給 Node 可執行檔本身解譯的命令列引數會由 Node 可執行檔所消耗，不會出現在 process.argv 中（前面例子中的 --trace-uncaught 命令列引數實際上並沒有做任何有用的事情，在此它只是用來展示它並沒有出現在輸出中這件事）。出現在那個 JavaScript 檔名之後的任何引數（例如 --arg1 and filename）都會出現在 process.argv 中。

Node 程式也能從類似 Unix 的環境變數取得輸入。Node 透過 process.env 物件來提供這些變數。此物件的特性名稱就是環境變數的名稱，而特性值則是那些變數的值（永遠都是字串）。

這裡有我系統上環境變數的部分清單：

```
$ node -p -e 'process.env'
{
  SHELL: '/bin/bash',
  USER: 'david',
  PATH: '/usr/local/bin:/usr/bin:/bin:/usr/sbin:/sbin',
  PWD: '/tmp',
  LANG: 'en_US.UTF-8',
  HOME: '/Users/david',
}
```

你可以使用 node -h 或 node --help 來了解 -p 與 -e 命令列引數會做些什麼事。然而，作為一個提示，注意到你可以把上面那行改寫成 node --eval 'process.env' --print。

16.1.3　程式的生命週期

node 命令預期一個命令列引數，指出要執行的 JavaScript 程式碼檔案。這個初始檔案通常會匯入其他的 JavaScript 程式碼模組，也可能定義它自己的類別和函式。然而，基本上 Node 會從上到下執行在指定檔案中的 JavaScript 程式碼。某些 Node 程式會在執行完該檔案中的最後一行程式碼後就退出。然而，一個 Node 程式經常會在最初的檔案執行完之後，繼續運行。如我們會在接下來的章節中討論的，Node 程式通常是非同步（asynchronous）的，並以 callback 和事件處理器（event handlers）為基礎。執行完初始檔案、呼叫了所有的 callbacks 之後，而且沒有待決的事件要處理時，Node 程式才會退出。基於 Node 的伺服器程式必須收聽送進來的網路連線，所以理論上會一直執行，因為永遠都有更多事件需要等候。

一個程式可以呼叫 rocess.exit() 來迫使它自己退出。使用者通常可以在執行該程式的終端機視窗中按下 Ctrl-C 來終止一個 Node 程式。一個程式能以 process.on("SIGINT", ()=>{}) 註冊一個訊號處理函式（signal handler function）來忽略 Ctrl-C。

如果你程式中的程式碼擲出一個例外（exception），而且沒有 catch 捕捉它，該程式就會印出一個堆疊軌跡（stack trace）然後退出。出於 Node 的非同步本質，在 callbacks 或事件處理器中發生的例外必須在本地處理，或者完全不處理，這代表處理發生在你程式非同步部分中的例外，可能會是困難的問題。如果你不希望這些例外導致你的程式完全當掉，就註冊一個會被調用全域處理器函式，而非讓它當掉：

```
process.setUncaughtExceptionCaptureCallback(e => {
    console.error("Uncaught exception:", e);
});
```

如果你的程式所創建的一個 Promise 被拒絕了，而且沒有 .catch() 調用來處理它，也會發生類似的情況。就 Node 13 而言，這並非會導致你的程式退出的致命錯誤，但這確實會在主控台印出一串囉嗦的錯誤訊息。在未來版本的 Node 中，未被處理的 Promise 拒絕（rejections）預期會變成致命的錯誤。如果你不希望未處理的拒絕印出錯誤訊息或終止你的程式，就註冊一個全域的處理器函式：

```
process.on("unhandledRejection", (reason, promise) => {
    // reason 是原本會被傳入給一個 .catch() 的任何值
    // promise 是被拒絕的那個 Promise 物件
});
```

16.1.4　Node 模組

第 10 章記載過 JavaScript 的模組系統，Node 模組和 ES6 模組都有涵蓋到。因為 Node 是在 JavaScript 有模組系統之前建立的，Node 必須自行建置一個。Node 的模組系統使用 require() 函式來匯入值到一個模組中，並藉由 exports 物件或 module.exports 特性從一個模組匯出值。這些是 Node 程式設計模型基礎的部分，詳盡涵蓋於 §10.2。

Node 13 除了基於 require 的模組（Node 稱之為「CommonJS 模組」）外，還新增了對標準 ES6 模組的支援。這兩個模組系統並不全然相容，所以這做起來並不容易。Node 載入一個模組前需要知道，那個模組會用 require() 和 module.exports，還是使用 import 與 export。當 Node 載入一個 JavaScript 程式碼檔案作為一個 CommonJS 模組，它會自動定義 require() 函式和識別字 exports 與 module，而且不會啟用 import 與 export 關鍵字。另一方面，當 Node 載入一個程式碼檔案為一個 ES6 模組，它必須啟用 import 與 export 宣告，而且它必定不能定義額外的識別字，例如 require、module 與 exports。

要告訴 Node 它正在載入的模組是哪一種，最簡單的方式就是把這項資訊編碼在延伸檔名（file extension）中。如果你儲存 JavaScript 程式碼的檔案以 *.mjs* 結尾，Node 就會永遠都把它載入為一個 ES6 模組，並預期它會使用 import 和 export，而不會提供一個 require() 函式。而如果你把程式碼儲存在以 *.cjs* 結尾的一個檔案中，那麼 Node 就會永遠把它視為一個 CommonJS 模組，並會提供一個 require() 函式，還會在你使用 import 或 export 宣告的時候擲出 SyntaxError。

對於沒有明確 *.mjs* 或 *.cjs* 延伸檔名的檔案，Node 會在包含該檔案的相同目錄中找尋一個名為 *package.json* 的檔案，若沒有就往外層包含它們的每個目錄找。一旦找到最接近的 *package.json* 檔案，Node 就會在那個 JSON 物件中查找一個頂層的 type 特性。如果那個 type 特性的值是「module」，那麼 Node 就會把那個檔案載入為一個 ES6 模組；如果那個特性的值是「commonjs」，那麼 Node 就會把那個檔案載入為一個 CommonJS 模組。注意到你不需要有 *package.json* 檔案才能執行 Node 程式：若找不到這種檔案（或找到了，但它沒有 type 特性），Node 預設就會使用 CommonJS 模組。這個 *package.json* 技巧只在你想要把 Node 與 ES6 模組並用，而且不想要使用 *.mjs* 延伸檔名時，才是必要的。

因為有數量龐大的現有 Node 程式碼是以 CommonJS 模組格式撰寫的，Node 允許使用 import 關鍵字來載入 CommonJS 模組。反過來就不成立了：一個 CommonJS 模組無法使用 require() 來載入一個 ES6 模組。

16.1.5　Node 套件管理程式

安裝 Node 的時候，你通常也會得到一個名為 npm 的程式，那就是 Node Package Manager（Node 的套件管理器），而它能幫助你下載和管理你的程式所依存的程式。npm 會追蹤記錄那些依存關係（dependencies，以及關於你程式的其他資訊），將之儲存在一個名為 *package.json* 的檔案中，放在你專案的根目錄（root directory）。npm 所創建的這個 *package.json* 檔案也是你想要為你的專案使用 ES6 模組的時候會加上 "type":"module" 的地方。

本章並不會詳細涵蓋 npm（但稍微深入一點的介紹請參閱 §17.4）。我在此提到它是因為，除非你的程式不會用到任何外部程式庫，你幾乎肯定會使用 npm 或類似它的工具。舉例來說，假設你正要開發一個 Web 伺服器，並計畫使用 Express 框架（*https://expressjs.com*）來簡化該任務。一開始你可能會為你的專案創建一個目錄，然後在那個目錄之下輸入 npm init。npm 就會詢問你專案名稱、版本號碼等，然後會依據你的回應建立一個初始的 *package.json* 檔案。

現在要開始使用 Express，你會輸入 npm install express。這會告訴 npm 下載 Express 程式庫以及它所有的依存關係，並將所有的那些套件安裝在一個本地端的 *node_modules/* 目錄中：

```
$ npm install express
npm notice created a lockfile as package-lock.json. You should commit this file.
npm WARN my-server@1.0.0 No description
npm WARN my-server@1.0.0 No repository field.
```

```
+ express@4.17.1
added 50 packages from 37 contributors and audited 126 packages in 3.058s
found 0 vulnerabilities
```

當你以 npm 安裝一個套件，npm 會在 *package.json* 檔案中記錄這個依存關係，也就是你的專案仰賴 Express 這件事。在 *package.json* 中記錄了這個依存關係後，你就能給其他程式設計師一份你的程式碼，以及你的 *package.json*，而他們就能單純輸入 `npm install` 來自動下載並安裝你的程式執行所需的所有程式庫。

16.2　Node 預設就是非同步的

JavaScript 是一個通用（general-purpose）的程式語言，所以要寫出將大型矩陣相乘或進行複雜統計分析的 CPU 密集程式，也是完全可能的。但 Node 的設計和最佳化目標都是 I/O 密集的程式，像是網路伺服器。特別是，Node 在設計上就是要讓你能夠輕易實作高度共時的伺服器（highly concurrent servers），以同時處理許多請求。

然而，跟很多程式語言不同的是，Node 並不是以執行緒（threads）來達成共時性。多緒程式設計（multithreaded programming）是惡名昭彰地難以正確進行，也很難除錯。此外，執行緒是相對重量級的抽象層，如果你想要撰寫能夠處理數以百計的共時請求的伺服器，使用數百條執行緒可能會需要用到驚人的記憶體量。所以 Node 採用 Web 使用的單緒 JavaScript 程式設計模型，而事實證明這是很有效的簡化方式，使得網路伺服器的建立變成一種常規技能，而非奧妙的絕技。

使用 Node 的真平行處理

Node 程式可以執行多個作業系統行程（processes），而 Node 10 和之後版本支援 Worker 物件（§16.11），它們是借自 Web 瀏覽器的一種執行緒。如果你使用多個行程或創建一或多個 Worker 執行緒，並在具有多個 CPU 的系統上執行你的程式，那你的程式就不再是單緒（single-threaded）的，而是真正在平行執行多條串流的程式碼。這些技巧對於 CPU 密集的運算而言，可能很寶貴，但並不常用於像伺服器那樣 I/O 密集的程式。

然而，值得注意的是，Node 的行程和 Workers 避開了多緒程式設計典型的複雜性，因為跨行程或跨 Worker 間的通訊是透過訊息傳遞（message passing），而且它們無法輕易地與彼此共用記憶體。

Node 達到高層次的共時性並仍維持一種單緒程式設計模型的方式是讓它的 API 預設就是非同步（asynchronous）且不會阻斷（nonblocking）的。Node 非常認真看待這種非阻斷式的做法，到了一種可能會讓你訝異的極端程度。你可能會預期讀寫網路的函式是非同步的，但 Node 進一步定義了非阻斷式的非同步函式來讀寫本地檔案系統的檔案。如果你仔細思考，會發現這是合理的：設計 Node 的時代，旋轉式的硬碟仍是常態，真的還有以毫秒計算的阻斷式「搜尋時間（seek time）」存在，必須等候磁碟轉動一下子之後才能開始一項檔案作業。而在現代的資料中心中，「本地（local）」端的檔案系統可能跨越網路存在，使得網路的延遲大於硬碟的延遲。但即使非同步讀取一個檔案對你來說算是正常，Node 還更進了一步：舉例來說，發起一個網路連線或查找一個檔案修改時間的預設函式也是非阻斷的。

Node API 中的某些函式是同步（synchronous）但非阻斷式的：它們會執行到完成並回傳，從不需要阻斷。但大多數有趣的函式都會進行某種的輸入或輸出，而那些則是非同步的函式，以避免甚至最為短暫的阻斷。Node 是在 JavaScript 有一個 Promise 類別之前建立的，所以非同步的 Node API 是基於 callback 的（如果你還沒讀或已經忘了第 13 章，這會是跳回那章溫習的好時機）。一般來說，你傳入一個非同步 Node 函式的最後一個引數都會是 callback（回呼函式）。Node 使用錯誤優先的回呼（*error-first callbacks*），這通常會以兩個引數來調用。一個 error-first callback 的第一引數在沒有錯誤發生時，一般會是 null，而第二個引數會是原本你呼叫的那個非同步函式所產生的任何資料或回應。把錯誤引數放在第一的理由是讓你不可能省略它，而你應該永遠都檢查這個引數是否為一個非 null 值。如果它是一個 Error 物件，或甚至是一個整數的錯誤碼或字串錯誤訊息，那麼就有事情出錯了。在這種情況中，你 callback 函式的第二引數很有可能是 null。

接下來的程式碼示範如何使用非阻斷式的 `readFile()` 函式來讀取一個組態檔（configuration file），把它作為 JSON 剖析，然後把剖析出來的組態物件傳入給另一個 callback：

```
const fs = require("fs");  // 需要檔案系統模組

// 讀取一個組態檔，把它的內容當作 JSON 剖析，然後將
// 結果值傳入給 callback。若有任何事情出錯，
// 就印出一個錯誤訊息到 stderr 並以 null 調用那個 callback
function readConfigFile(path, callback) {
    fs.readFile(path, "utf8", (err, text) => {
        if (err) {    // 讀取檔案時，有事情出錯了
            console.error(err);
            callback(null);
```

```
            return;
        }
        let data = null;
        try {
            data = JSON.parse(text);
        } catch(e) {   // 剖析檔案內容時，有事情出錯了
            console.error(e);
        }
        callback(data);
    });
}
```

Node 出現的時間早於標準化的承諾（promises），但因為它以相當一致的方式對待它的 error-first callbacks，使得我們能使用 util.promisify() 包裹器（wrapper）輕易為它基於 callback 的 API 建立出以 Promise 為基礎的變體。這裡示範我們可以如何改寫 readConfigFile() 函式來回傳一個 Promise：

```
const util = require("util");
const fs = require("fs");   // 需要檔案系統模組
const pfs = {                // 某些 fs 函式基於 Promise 的變體
    readFile: util.promisify(fs.readFile)
};

function readConfigFile(path) {
    return pfs.readFile(path, "utf-8").then(text => {
        return JSON.parse(text);
    });
}
```

我們也可以使用 async 與 await 來簡化前面以 Promise 為基礎的函式（再一次，如果你尚未讀過第 13 章，這會是那麼做的好時機）：

```
async function readConfigFile(path) {
    let text = await pfs.readFile(path, "utf-8");
    return JSON.parse(text);
}
```

util.promisify() 包裹器可以為許多 Node 函式產生基於 Promise 的版本。在 Node 10 和後續版本中，fs.promises 物件有數個以 Promise 為基礎的預先定義函式，用以處理檔案系統。我們會在本章後面討論它們，但注意到在前面的程式碼中，我們能以 fs.promises.readFile() 取代 pfs.readFile()。

我們說過，Node 的程式設計模型預設是非同步的。但為了方便程式設計師，Node 確實有為它的許多函式定義了阻斷式的同步變體，特別是檔案系統模組（filesystem module）中的那些。這些函式通常會有明確在結尾標示 Sync 的名稱。

當一個伺服器最初啟動並正在讀取它的組態檔案時，它尚未開始處理網路請求，而且只能進行一點共時處理或完全不行。因此在這種情況中，實際上並不需要避免阻斷，而我們可以安全地使用會阻斷的函式，例如 fs.readFileSync()。我們可以捨棄這段程式碼中的 async 與 await，並為我們的 readConfigFile() 函式寫出一個純然同步的版本。我們不調用一個 callback 或回傳一個 Promise，這個版本的函式單純只會回傳經過剖析的 JSON 值或擲出一個例外：

```
const fs = require("fs");
function readConfigFileSync(path) {
    let text = fs.readFileSync(path, "utf-8");
    return JSON.parse(text);
}
```

除了它錯誤優先的的雙引數回呼函式，Node 也有數個 API 使用基於事件的非同步性（event-based asynchrony），通常用來處理串流的資料。我們會在後面更詳細涵蓋 Node 的事件。

現在我們已經討論過 Node 非常積極不去阻斷的 API，讓我們回到共時性（concurrency）這個主題。Node 內建的非阻斷函式（nonblocking functions）賴以運作的是作業系統的 callbacks 和事件處理器（event handlers）。當你呼叫那些函式其中之一，Node 會採取動作來讓作業開始，然後向作業系統註冊某種事件處理器，如此它就能在該作業完成時得到通知。你傳入給 Node 函式的 callback 會被儲存在內部，如此 Node 才能在作業系統送出適當的事件給 Node 的時候調用你的 callback。

這種共時性經常被稱作以事件為基礎的共時性（event-based concurrency）。在其核心，Node 會有單一個執行緒執行一個「事件迴圈（event loop）」。當一個 Node 程式啟動時，它會執行你告訴它要執行的任何程式碼。這段程式碼想必然會呼叫至少一個非阻斷的函式，導致一個 callback 或事件處器在作業系統那邊被註冊（若非如此，那你寫的就是一個同步的 Node 程式，而 Node 單純會在抵達它結尾時退出）。當 Node 到達你程式的結尾，它會阻斷，直到有一個事件發生為止，那時 OS 會讓它再次執行。Node 會把 OS 事件映射到你註冊的 JavaScript callback，然後調用那個函式。你的 callback 函式可能調用更多的非阻斷式 Node 函式，導致更多的 OS 事件處理器被註冊。一旦你的 callback 函式執行完畢，Node 就會再次回到睡眠狀態，而這種循環會重複進行。

對於會花費大多數時間等候輸入與輸出的 Web 伺服器和其他 I/O 密集的應用程式，這種基於事件的共時性很有效率，而且有用。一個 Web 伺服器可以共時地處理來自 50 個不同客戶端的請求，而不需要 50 條不同的執行緒，只要它用的是非阻斷式的 API，而且有某種內部的映射，可以把網路 sockets 對映到那些 sockets 上有活動發生時要調用的 JavaScript 函式。

16.3　Buffer

你很有可能會在 Node 中經常用到的資料型別之一是 Buffer 類別，特別是在從檔案或網路讀取資料的時候。一個 Buffer 很類似一個字串，只不過它是位元組所成的一個序列（a sequence of bytes）而非字元所成的一個序列。Node 是在核心 JavaScript 支援具型陣列（typed arrays，§11.2）之前建立的，沒有 Uint8Array 可用來表達無號位元組（unsigned bytes）所成的一個陣列。Node 定義了 Buffer 類別來滿足這個需求。現在因為 Uint8Array 已經是 JavaScript 語言的一部分了，所以 Node 的 Buffer 類別成了 Uint8Array 的一個子類別。

Buffer 與它的 Uint8Array 超類別之間的差異在於，它是設計來與 JavaScript 字串互通的：一個緩衝區（buffer）中的位元組能以字元字串（character strings）來初始化，或被轉換成字元字串。一個字元編碼（character encoding）會把某個字元集合中的每個字元映射到一個整數。給定一個文字字串以及一個字元編碼，我們可以把該字串中的那些字元編碼（*encode*）為一個位元組序列。而給定一個（適當編碼過的）位元組序列和一個字元編碼，我們可以把那些位元組解碼（*decode*）為一個字元序列。Node 的 Buffer 類別有方法可以進行編碼與解碼工作，而你會認得這些方法，因為它們預期一個 encoding 引數指出要使用的編碼方式。

Node 中的編碼是以名稱字串來指定。支援的編碼方式有：

"utf8"

這是沒有指定編碼方式時的預設值，也是你最有可能會使用的 Unicode 編碼。

"utf16le"

雙位元組的 Unicode 字元，有小端序（little-endian）的位元組順序。在 \uffff 以上的編碼位置（codepoints）會被編碼為一對雙位元組序列（a pair of two-byte sequences）。"ucs2" 這個編碼則是它的一個別名（alias）。

"latin1"

每個字元一位元組（one-byte-per-character）的 ISO-8859-1 編碼，它定義了適合許多西歐（Western European）語言使用的一個字元集（character set）。因為位元組跟 latin-1 字元之間有一對一的映射關係，這個編碼方式也被稱作 "binary"。

"ascii"

7 位元僅限英文的 ASCII 編碼，是 "utf8" 編碼的一個嚴格子集。

"hex"

此編碼將每個位元組轉為一對 ASCII 十六進位數字（hexadecimal digits）。

"base64"

此編碼將三位元組所成的每個序列轉換為四個 ascii 字元所成的一個序列。

這裡有些範例程式碼展示如何使用 Buffer，以及如何轉換成字串或從之轉回：

```
let b = Buffer.from([0x41, 0x42, 0x43]);        // <Buffer 41 42 43>
b.toString()                                     // => "ABC"，預設為 "utf8"
b.toString("hex")                                // => "414243"

let computer = Buffer.from("IBM3111", "ascii");  // 將字串轉為 Buffer
for(let i = 0; i < computer.length; i++) {       // 使用 Buffer 作為位元組陣列
    computer[i]--;                               // Buffer 是可變的
}
computer.toString("ascii")                       // => "HAL2000"
computer.subarray(0,3).map(x=>x+1).toString()    // => "IBM"

// 以 Buffer.alloc() 建立一個新的 "empty" 緩衝區
let zeros = Buffer.alloc(1024);                  // 1024 個零
let ones = Buffer.alloc(128, 1);                 // 128 個一
let dead = Buffer.alloc(1024, "DEADBEEF", "hex"); // 重複位元組的模式

// Buffer 有方法來讀寫多位元組的值
// 到一個緩衝區位於指定位移量（offset）的位置。
dead.readUInt32BE(0)        // => 0xDEADBEEF
dead.readUInt32BE(1)        // => 0xADBEEFDE
dead.readBigUInt64BE(6)     // => 0xBEEFDEADBEEFDEADn
dead.readUInt32LE(1020)     // => 0xEFBEADDE
```

如果你寫了會實際操作二進位資料的一個 Node 程式，你可能會發現自己廣泛地使用 Buffer 類別。另一方面，如果你從檔案或網路讀寫的只是文字，那你就可能只會在你資

料的中介表示值（intermediate representation）看到 Buffer。有數個 Node API 可以接受或回傳作為字串或 Buffer 物件的輸入或輸出。典型的情況下，如果你傳入一個字串給那些 API 之一，或預期從之回傳一個字串，你會需要指定你想要使用的文字編碼名稱。而如果你這樣做，那你可能就完全不需要使用一個 Buffer 物件。

16.4　事件和 EventEmitter

如同描述過的，所有的 Node API 預設都是非同步的。對於其中的許多，這種非同步性接受雙引數形式的錯誤優先回呼函式（error-first callbacks），它們會在所請求的作業完成時被調用。但某些更複雜的 API 則是基於事件的。當 API 是以一個物件而非函式為中心來設計的，或當一個 callback 函式需要被調用多次，或可能會需要多種類型的 callback 函式的時候，通常就會這樣。舉例來說，請考慮 net.Server 類別：此型別的一個物件是一個伺服器 socket，用來接受從客戶端送進來的連線。它會在初次開始收聽連線時，發射一個「listening」事件，並在每次有一個客戶端連接時，發射一個「connection」事件，或在它被關閉不再進行收聽時，發射一個「close」事件。

在 Node 中，發射（emit）事件的物件都是 EventEmitter 或其子類別的實體：

```
const EventEmitter = require("events"); // 模組名稱並不符合類別名稱
const net = require("net");
let server = new net.Server();          // 創建一個 Server 物件
server instanceof EventEmitter          // => true：Server 是 EventEmitter
```

EventEmitters 的主要功能是，它們能讓你以 on() 方法註冊事件處理器函式。EventEmitter 可以發射多種類型的事件，而事件類型（event types）是以名稱識別的。要註冊一個事件處理器，就呼叫 on() 方法，傳入事件類型的名稱，以及應該在那個類型的事件發生時被調用的函式。EventEmitter 能以任何數目的引數來調用處理器函式，而你需要閱讀來自某個 EventEmitter 的特定種類的事件之說明文件才能知道你應該預期被傳入的是什麼引數：

```
const net = require("net");
let server = new net.Server();          // 創建一個 Server 物件
server.on("connection", socket => {     // 收聽 "connection" 事件
    // Server 的 "connection" 事件會被傳入剛連接的客戶端的
    // 一個 socket 物件。這裡我們發送一些資料
    // 給客戶端，然後斷開連線。
    socket.end("Hello World", "utf8");
});
```

如果你偏好使用更明確的方法名稱來註冊事件收聽器，你也可以使用 `addListener()`。而你能以 `off()` 或 `removeListener()` 來移除之前註冊的事件收聽器。作為一種特例，你可以註冊會在初次觸發後就自動被移除的事件收聽器，只要呼叫 `once()` 來代替 `on()` 就行了。

當一個特定的 EventEmitter 物件的一個特定類型的事件發生，Node 就會調用目前為那個類型的事件註冊在那個 EventEmitter 之上的所有處理器函式。它們被調用的順序是從第一個註冊的到最後一個註冊的。若有一個以上的處理器函式，它們會在單一個執行緒上被循序地調用：記得，Node 中沒有平行處理。而很重要的是，事件處理函式是同步地被調用，而不是非同步地。這所代表的意義是，`emit()` 方法不會把事件處理器排入佇列以在之後某個時間調用。`emit()` 會一個接著一個調用已註冊的所有處理器，而且在最後一個事件處理器回傳之前，都不會回傳。

在效果上，這就意味著，當其中一個內建的 Node API 發射一個事件，那個 API 基本上會在你的事件處理器執行時阻斷。如果你寫的事件處理器會呼叫像是 `fs.readFileSync()` 那樣的阻斷式函式，那麼在你同步的檔案讀取完成之前，都不會有進一步的事件處理發生。如果你的程式是需要有回應的那種，像是網路伺服器，那讓你的事件處理器函式不會阻斷而且快速，就很重要。如果你需要在某個事件發生時進行大量的計算，通常最好是在處理器中使用 `setTimeout()`（參閱 §11.10）來非同步地排程該項計算。Node 也定義了 `setImmediate()`，它會排程一個函式在所有待決的 callbacks 和事件都被處理之後，立即被調用。

EventEmitter 類別也定義了一個 `emit()` 方法，它會導致註冊的事件處理器函式被調用。如果你是在定義你自己的 event-based API，這就會有用處，但如果你只是以現有的 API 在進行程式設計，這就不常會用到。`emit()` 必須以事件類型的名稱作為它的第一引數被調用。傳入 `emit()` 的任何額外引數都會變成註冊的事件處理器函式的引數。處理器函式被調用時，`this` 值被設為 EventEmitter 物件本身，這通常會很方便（不過要記得，箭號函式永遠都會用它們定義處情境的 `this` 值，而它們無法以任何其他的 `this` 值來調用。儘管如此，箭號函式經常是撰寫事件處理器最便利的方式）。

一個事件處理器函式所回傳的任何值都會被忽略。然而，如果一個事件處理器函式擲出一個例外，它會從 `emit()` 呼叫傳播出來，並防止在擲出例外的處理器之後註冊的任何處理器函式之執行。

回想到 Node 基於 callback（callback-based）的 API 用的是錯誤優先的回呼（error-first callbacks），而且很重要的是，你一定要檢查第一個 callback 引數來看看是否有錯誤發生。使用基於事件（event-based）的 API 時，這等同於是「error」事件。既然 event-based API 經常用於網路和其他形式的串流 I/O，它們的弱點就是無法預測的非同步錯誤，而大多數的 EventEmitters 都定義有一個會在錯誤發生時射出的「error」事件。每當你使用一個 event-based 的 API，你應該養成習慣為「error」事件註冊一個處理器。這些「error」事件會受到 EventEmitter 類別的特殊對待。如果 emit() 被呼叫來發射一個「error」事件，而如果沒有處理器為那個事件類型而註冊，那就會有一個例外被擲出。因為這是非同步發生的，你沒辦法在一個 catch 區塊中處理該例外，所以這種錯誤通常會導致你的程式退出。

16.5　串流

實作處理資料的演算法時，最簡單的辦法幾乎都是把所有的資料讀入記憶體、進行處理，然後寫出資料。舉例來說，你可以寫出一個 Node 函式來拷貝一個檔案，像這樣 [1]：

```
const fs = require("fs");

// 一個非同步但非串流式（因此沒效率）的函式。
function copyFile(sourceFilename, destinationFilename, callback) {
    fs.readFile(sourceFilename, (err, buffer) => {
        if (err) {
            callback(err);
        } else {
            fs.writeFile(destinationFilename, buffer, callback);
        }
    });
}
```

這個 copyFile() 函式使用非同步函式和 callbacks，所以它不會阻斷，適合用在像伺服器那樣的共時程式中，但注意它必須配置（allocate）足夠的記憶體才能把該檔案的整個內容全都放在記憶體中。這在某些用例中可能運作無礙，但如果要拷貝的檔案非常大，或是你的程式是高度共時的，同時可能有許多檔案被拷貝，這就會開始出問題。這個 copyFile() 實作的另一個缺點是，在它讀完舊檔案之前，它都無法開始寫入新檔案。

1　Node 定義了一個你可以在實務上使用的 fs.copyFile() 函式。

這些問題的解法是使用串流演算法（streaming algorithms），在其中，「流（flows）」入你的程式的資料會被處理，然後流出你的程式。這背後的概念在於，你的演算會以一小塊（small chunks）為單位來處理資料，而完整的資料集永遠都不會一次放入記憶體中。若能使用串流解法，它們在記憶體上會更有效率，也可能更快。Node 的網路 API 就是基於串流（stream-based）的，而且 Node 的檔案系統模組也為檔案的讀寫定義了串流 API，所以你很有可能會在你所撰寫的許多 Node 程式中用到串流 API。我們會在後面的「流動模式」中看到 copyFile() 函式的一個串流版本。

Node 支援四種基本的串流型別（stream types）：

Readable

可讀取的串流（readable streams）是資料的來源。舉例來說，fs.createReadStream() 所回傳的串流，就是從之可以讀取指定檔案內容的一個串流。process.stdin 是另一個 Readable 串流，會從標準輸入（standard input）回傳資料。

Writable

可寫入的串流（writable streams）是資料的接收者或目的地。舉例來說，fs.createWriteStream() 的回傳值就是一個 Writable 串流：它允許資料被逐塊（in chunks）寫入，並把那所有的資料輸出到一個指定的檔案。

Duplex

雙工串流（Duplex streams）將一個 Readable 串流和一個 Writable 串流結合成了一個物件。舉例來說，net.connect() 和其他 Node 網路 API 所回傳的 Socket 物件就是 Duplex 串流。如果你寫入一個 socket，你的資料就會跨越網路送出給那個 socket 所連接的任何電腦。而如果你讀取自一個 socket，你就會存取到那部電腦所寫入的資料。

Transform

變換串流（Transform streams）也是可讀可寫的，但它們與 Duplex 串流有一個重大差異：寫入一個 Transform 串流的資料會變為可從那同一個串流讀取的資料，通常是經過某種變換（transformed）的形式。舉例來說，zlib.createGzip() 函式，就會回傳一個 Transform 串流，（以 *gzip* 演算法）壓縮寫入給它的資料。以一種類似的方式，crypto.createCipheriv() 函式也會回傳一個 Transform 串流，加密或解密寫入給它的資料。

預設情況下，串流會讀寫緩衝區（buffers）。如果你呼叫一個 Readable 串流的 setEncoding() 方法，它會回傳解碼出來的字串給你，而非 Buffer 物件。而如果你寫入一個字串給一個 Writable 緩衝區，它會使用該緩衝區的預設編碼或你所指定的任何編碼自動被編碼。Node 的串流 API 也支援一種「物件模式（object mode）」，其中串流會讀寫比緩衝區和字串更複雜的物件。Node 的核心 API 都沒有使用這種物件模式，但你可能會在其他程式庫中遇到它。

Readable 串流必須從某處讀取它們的資料，而 Writable 串流必須將它們的資料寫到某處，所以每個串流都有兩端：一個輸入（input）和一個輸出（output），或是一個來源（source）和一個目的（destination）。基於串流的 API 比較麻煩的事情是，串流的兩端幾乎總是會以不同的速度流動。或許讀取自一個串流的程式碼想要讀取與處理資料的速度，比資料實際被寫入到那個串流的速度還要快。或反過來：也許資料被寫入到一個串流的速度，比另一端從該串流讀取並拉出資料的速度還要快。串流的實作幾乎總是包含一個內部的緩衝區（internal buffer）來存放已經被寫入但尚未被讀取的資料。緩衝可以幫忙確保被請求的時候有資料可讀，而寫入的時候，有空間來保存資料。但這兩件事情都不一定能得到保證，stream-based 程式設計的本質就是，讀取者有的時候必須等候資料被寫入（因為串流緩衝區是空的），而寫入者有時必須等候資料被讀取（因為串流緩衝區已滿）。

在使用基於執行緒的共時（thread-based concurrency）的程式設計環境中，串流 API 通常會有阻斷式的呼叫：讀取資料的一個呼叫在資料抵達串流之前都不會回傳，而寫入資料的一個呼叫在串流內部的緩衝區有空間容納新資料之前，都會阻斷。然而，使用基於事件的共時（event-based concurrency）模型時，阻斷呼叫並不合理，而 Node 的串流 API 是基於事件和 callback 的。不同於其他 Node API，這些方法沒有會在本章後面描述的「Sync」版本。

藉由事件來協調串流可讀性（緩衝區非空）和可寫性（緩衝區未滿）使得 Node 的串流 API 有點複雜，而這些 API 在這些年間已有所演變的事實，使情況變得更加複雜：對於 Readable 串流，你有兩個完全不同的 API 可以使用。儘管複雜，了解並精通 Node 的串流 API 仍是值得的，因為它們讓你程式中的高吞吐量 I/O 變得可能。

接下來的小節示範如何讀寫 Node 的串流類別。

16.5.1　管線

有的時候，你需要從一個串流讀取資料，只是為了把相同的那些資料轉而寫入另一個
串流。舉例來說，想像你正在撰寫一個簡單的 HTTP 伺服器，供應一個目錄的靜態
檔案。在這種情況中，你會需要從一個檔案輸入串流讀取資料，並將之寫出到一個網
路 socket。但你可以不用撰寫你自己的程式碼來處理那些讀寫動作，而是單純把兩個
sockets 連接在一起作為一個「管線（pipe）」，並讓 Node 為你處理其中的複雜性。只要
把 Writable 串流傳入給 Readable 串流的 pipe() 方法：

```
const fs = require("fs");

function pipeFileToSocket(filename, socket) {
    fs.createReadStream(filename).pipe(socket);
}
```

接下來的工具函式會把一個串流用管線連接到另一個串流，並在完成或出錯時調用一個
callback：

```
function pipe(readable, writable, callback) {
    // 首先，設置錯誤處理
    function handleError(err) {
        readable.close();
        writable.close();
        callback(err);
    }

    // 接著定義管線並處理正常終止的情況
    readable
        .on("error", handleError)
        .pipe(writable)
        .on("error", handleError)
        .on("finish", callback);
}
```

變換串流特別適合使用管線，或建立涉及兩個以上串流的管線。這裡有一個會壓縮檔案
的範例函式：

```
const fs = require("fs");
const zlib = require("zlib");

function gzip(filename, callback) {
    // 創建串流
    let source = fs.createReadStream(filename);
    let destination = fs.createWriteStream(filename + ".gz");
```

```
    let gzipper = zlib.createGzip();

    // 設置管線
    source
        .on("error", callback)    // 發生讀取錯誤時呼叫 callback
        .pipe(gzipper)
        .pipe(destination)
        .on("error", callback)    // 寫入錯誤時呼叫 callback
        .on("finish", callback); // 寫入完成時呼叫 callback
}
```

使用 pipe() 方法拷貝來自一個 Readable 串流的資料到一個 Writable 串流很容易，但實務上，你通常需要在那些資料流過你程式之時做些處理。那麼做的方式之一是實作你自己的 Transform 串流以進行那個處理，而這種做法能讓你避免手動讀寫那些串流。舉例來說，這裡有一個函式，它的運作方式類似 Unix 的 grep 工具：它從一個輸入串流讀取文字行，但只在那些文字行匹配一個指定的正規表達式（regular expression）的時候才寫出它們：

```
const stream = require("stream");

class GrepStream extends stream.Transform {
    constructor(pattern) {
        super({decodeStrings: false});// 別把字串轉回緩衝區
        this.pattern = pattern;        // 我們想要匹配的正規表達式
        this.incompleteLine = "";      // 最後一塊資料任何剩下的部分
    }

    // 這個方法會在有一個字串準備好被變換時被調用。
    // 它應該把變換過的資料傳給指定的 callback 函式。
    // 我們預期字串輸入，所以此串流應該
    // 只被連接到有 setEncoding() 在它們之上
    // 被呼叫的可讀串流。
    _transform(chunk, encoding, callback) {
        if (typeof chunk !== "string") {
            callback(new Error("Expected a string but got a buffer"));
            return;
        }
        // 新增該塊資料到之前任何的不完整文字行，
        // 並把所有東西都拆成文字行
        let lines = (this.incompleteLine + chunk).split("\n");

        // 該陣列的最後一個元素是新的不完整文字行
        this.incompleteLine = lines.pop();

        // 找出所有匹配的文字行
```

```
    let output = lines                      // 先從所有完整的文字行開始，
        .filter(l => this.pattern.test(l))  // 過濾它們尋找匹配，
        .join("\n");                         // 並把它們連接回去。

    // 若有任何匹配的，就新增一個最後的 newline
    if (output) {
        output += "\n";
    }

    // 永遠都呼叫這個 callback，即使沒有輸出
    callback(null, output);
}

// 這會在串流即將被關閉前被呼叫。
// 這是我們寫出任何最後資料的機會。
_flush(callback) {
    // 如果我們還有一個不完整的文字行，而它匹配
    // 就把它傳給 callback
    if (this.pattern.test(this.incompleteLine)) {
        callback(null, this.incompleteLine + "\n");
    }
}
}

// 現在我們能以此類別寫出一個像是 'grep' 的程式。
let pattern = new RegExp(process.argv[2]); // 從命令列取得一個 RegExp。
process.stdin                              // 從標準輸入開始，
    .setEncoding("utf8")                    // 把它讀為 Unicode 字串，
    .pipe(new GrepStream(pattern))          // 透過管線把它連接到我們的 GrepStream，
    .pipe(process.stdout)                   // 並以管線把那連接到標準輸出。
    .on("error", () => process.exit());     // 如果 stdout 關閉，就優雅地退出。
```

16.5.2　非同步迭代

在 Node 12 和之後的版本中，Readable 串流是非同步的迭代器（asynchronous iterators），這意味著在一個 async 函式中，你可以使用 for/await 迴圈從一個串流讀取字串或 Buffer 資料塊，而用的程式碼之結構會像同步程式碼那樣（有關非同步迭代器和 for/await 迴圈，更多的資訊請參閱 §13.4）。

使用非同步迭代器幾乎就跟使用 pipe() 方法一樣容易，而當你需要以某種方式處理你成塊讀入的資料或許還更容易一點。這裡示範如何使用一個 async 函式和一個 for/await 迴圈改寫前一節的 grep 程式：

```
// 從來源串流讀取文字行，並把匹配指定模式的
// 任何文字行寫出到目的串流。
async function grep(source, destination, pattern, encoding="utf8") {
    // 設置來源串流以讀取字串，而非 Buffer
    source.setEncoding(encoding);

    // 在目的串流上設置一個錯誤處理器，
    // 以防標準輸出無預警關閉（例如當管線輸出至 `head`）。
    destination.on("error", err => process.exit());

    // 我們所讀取的資料塊不太可能以一個 newline 結尾，所以每塊
    // 的尾端可能都會有一個部分的文字行。在此追蹤記錄此點
    let incompleteLine = "";

    // 使用一個 for/await 迴圈來非同步地從輸入串流讀取資料塊
    for await (let chunk of source) {
        // 將上一塊的結尾加上這一塊，並將之拆成文字行
        let lines = (incompleteLine + chunk).split("\n");
        // The last line is incomplete
        incompleteLine = lines.pop();
        // 現在以迴圈跑過這些文字行，並把任何匹配寫出到目的地
        for(let line of lines) {
            if (pattern.test(line)) {
                destination.write(line + "\n", encoding);
            }
        }
    }
    // 最後，在尾端的任何文字中檢查是否有匹配。
    if (pattern.test(incompleteLine)) {
        destination.write(incompleteLine + "\n", encoding);
    }
}

let pattern = new RegExp(process.argv[2]);   // 從命令列取得一個 RegExp。
grep(process.stdin, process.stdout, pattern) // 呼叫 async 的 grep() 函式。
    .catch(err => {                          // 非同步地處理例外。
        console.error(err);
        process.exit();
    });
```

16.5.3　寫入串列並處理反壓（Backpressure）

前面範例碼中的 asyncgrep() 函式示範了如何使用一個 Readable 串流作為一個非同步的迭代器，但它也顯示了，如果你要寫入資料到一個 Writable 串流，只需將之傳入給 write() 方法就行了。這個 write() 方法接受一個緩衝區或字串作為其第一引數（物件串流預期其他種的物件，但超出了本章的範圍）。如果你傳入一個緩衝區（buffer），那個緩衝區的位元組會直接被寫入。如果你傳入一個字串，它就會在寫入之前被編碼為一個位元組緩衝區。Writable 串流有一個預設編碼，當你傳入一個字串作為 write() 的唯一引數，它就會被使用。這個預設編碼通常是「utf8」，不過你可以在 Writable 串流上呼叫 setDefaultEncoding() 來明確設定它。又或者是，當你傳入一個字串作為 write() 的第一引數，你可以傳入一個編碼名稱作為第二引數。

write() 選擇性地接受一個 callback 函式作為它的第三引數。當資料實際被寫入，不再存在於 Writable 串流的內部緩衝區時，它就會被調用（這個 callback 也可能在有錯誤發生時被調用，但並不保證如此，你應該在 Writable 串流上註冊一個「error」事件處理器來偵測錯誤）。

write() 方法有一個非常重要的回傳值。當你在一個串流上呼叫 write()，它永遠都會接受並緩衝你所傳入的資料塊。然後若是內部緩衝區尚未滿，它就會回傳 true。或者，如果緩衝區現在滿了，或過度飽和，它就會回傳 false。這個回傳值是警示性的，而你可以忽略它，如果你持續呼叫 write()，Writable 串流會視需要擴大它們內部的緩衝區。但請記得使用串流 API 最初的理由就是為了避開一次要在記憶體中放入大量資料的成本。

write() 方法的 false 回傳值就是一種形式的 *backpressure*（反壓）：來自串流的一個訊息，告知你寫入資料的速度快過於它所能處理的速度。對於這種 backpressure 的正確回應是停止呼叫 write()，直到該串流發射一個「drain」事件，通知你緩衝區中又有空間了為止。這裡，舉例來說，有一個函式會寫入串流，然後在可以寫入更多資料給該串流的時候調用一個 callback：

```
function write(stream, chunk, callback) {
    // 將指定的資料塊寫入指定的串流
    let hasMoreRoom = stream.write(chunk);

    // 檢查 write() 方法的回傳值：
    if (hasMoreRoom) {                    // 如果它回傳 true，那麼
        setImmediate(callback);          // 就非同步調用 callback。
    } else {                             // 如果它回傳 false，那麼就
        stream.once("drain", callback);  // 在 drain 事件發生時調用 callback
    }
}
```

有時你可以連續呼叫 write() 多次，而有時在寫入之間你必須等候一個事件才能動作，這種事實促成了怪異的演算法。這是使用 pipe() 方法如此吸引人的原因之一：當你使用 pipe()，Node 會自動為你處理 backpressure。

如果你在程式中使用 await 和 async，並把 Readable 串流視為非同步迭代器對待，那要為上面的 write() 工具函式實作一個基於 Promise 的版本以適當處理 backpressure，就很簡單了。在我們剛看過的 async 版 grep() 函式中，我們並沒有處理 backpressure。接下來範例中的 async 版 copy() 函式示範如何正確進行。注意到這個函式只會從一個來源（source）串流拷貝資料塊到一個目的（destination）串流，而 copy(source, destination) 就很類似呼叫 source.pipe(destination)：

```js
// 此函式將指定的資料塊寫到指定的串流，並
// 回傳一個 Promise，它會在可以再次寫入時被履行。
// 因為它會回傳一個 Promise，它能與 await 並用。
function write(stream, chunk) {
    // 將指定的資料塊寫入指定的串流
    let hasMoreRoom = stream.write(chunk);

    if (hasMoreRoom) {                      // 如果緩衝區沒滿，就回傳
        return Promise.resolve(null);       // 一個已經解析的 Promise 物件
    } else {
        return new Promise(resolve => {     // 否則，回傳會在 drain 事件
            stream.once("drain", resolve);  // 解析的一個 Promise 物件。
        });
    }
}

// 從來源串流拷貝資料到目的串流
// 遵循來自目的串流的 backpressure。
// 這很類似呼叫 source.pipe(destination)。
async function copy(source, destination) {
    // 在目的串流上設置一個錯誤處理器，
    // 以防標準輸出無預警關閉（例如當管線輸出至 `head` 的時候）。
    destination.on("error", err => process.exit());

    // 使用一個 for/await 迴圈非同步讀取來自輸入串流的資料塊
    for await (let chunk of source) {
        // 寫入資料塊，並等候緩衝區中有更多空間。
        await write(destination, chunk);
    }
}

// 拷貝標準輸入到到標準輸出
copy(process.stdin, process.stdout);
```

在我們結束寫入串流的討論之前，請再次注意，沒有回應 backpressure 可能導致你的程式用了比它應該使用的更多記憶體，使得一個 Writable 串流的內部緩衝區溢位（overflows），成長得越來越大。如果你正在撰寫一個網路伺服器，這可能會是一個可被遠端利用的安全問題。假設你寫了一個 HTTP 伺服器，會透過網路遞送檔案，但你沒有使用 pipe()，而且你沒花時間處理來自 write() 方法的 backpressure。那麼攻擊者就能撰寫一個 HTTP 客戶端發出請求要求大型的檔案（例如影像），但永遠不實際讀取回應的主體。既然客戶端沒有透過網路讀取資料，而伺服器沒有回應 backpressure，伺服器上的緩衝區就會溢位。當來自該攻擊者的共時連線夠多，這可能會轉為一種阻斷服務攻擊（denial-of-service attack），讓你的伺服器變得緩慢，甚至當掉。

16.5.4　以事件讀取串流

Node 的可讀串流有兩種模式，每種都有各自的 API 來進行讀取。如果你無法在你的程式中使用管線或非同步迭代，你就得挑選這兩種基於事件的 API 之一來處理串流。很重要的是，你只能選一個來用，不能混合使用這兩種 API。

流動模式

在流動模式（*flowing mode*）中，當可讀的資料抵達，它會即刻以一個「data」事件的形式發出。要從這種模式的一個串流進行讀取，只要為「data」事件註冊一個事件處理器，而串流會在資料可用時立即把資料塊（緩衝區或字串）推送給你。注意到在流動模式中，你不需要呼叫 read() 方法：你只需要處理「data」事件。請注意，新創建的串流一開始並非處在流動模式，註冊一個「data」事件處理器就會把一個串流切換為流動模式。很方便的是，這代表一個串流在你註冊第一個「data」事件處理器之前，都不會發射「data」事件。

如果你正在使用流動模式從一個 Readable 串流讀取資料、處理它，然後將之寫出到一個 Writable 串流。那你可能就得處理來自那個 Writable 串流的 backpressure。如果 write() 方法回傳 false 來指出寫入緩衝區已滿，你可以在 Readable 串流上呼叫 pause() 來暫時停止 data 事件。然後，當你從那個 Writable 串流得到一個「drain」事件，你可以在 Readable 串流上呼叫 resume() 再次開啟「data」事件的流動。

流動模式中的一個串流會在抵達串流結尾時發射一個「end」事件。這個事件指出不會再有「data」事件被發射出來了。而就像所有的串流，若有錯誤發生，就會有一個「error」事件被發射出來。

在談論串流的本節一開始，我們展示過非串流式的 copyFile() 函式，並承諾之後會有一個更好的版本。下列程式碼示範如何實作一個串流式的 copyFile() 函式，使用流動模式 API 並處理反壓（backpressure）。這若是使用一個 pipe() 呼叫來實作會更容易一點，但在此它的目的是為了展示從一個串流到另一個串流的資料流，如何以多個事件處理器來協調。

```javascript
const fs = require("fs");

// 一個串流式的檔案拷貝函式，使用「流動模式」。
// 將指名的來源檔案之內容拷貝到指名的目的檔案。
// 成功時，以一個 null 引數調用 callback。
// 失敗時，以一個 Error 物件調用 callback。
function copyFile(sourceFilename, destinationFilename, callback) {
    let input = fs.createReadStream(sourceFilename);
    let output = fs.createWriteStream(destinationFilename);

    input.on("data", (chunk) => {          // 當我們得到新的資料，
        let hasRoom = output.write(chunk); // 將之寫到輸出串流。
        if (!hasRoom) {                     // 如果輸出串流已滿
            input.pause();                  // 那就暫停輸入串流。
        }
    });
    input.on("end", () => {                 // 當我們抵達輸入的結尾，
        output.end();                       // 告訴輸出串流要結束了。
    });
    input.on("error", err => {              // 若在輸入時得到一個錯誤，
        callback(err);                      // 就以該錯誤呼叫那個 callback
        process.exit();                     // 並退出。
    });

    output.on("drain", () => {              // 當輸出不再是滿的，
        input.resume();                     // 回復（resume）輸入的 data 事件
    });
    output.on("error", err => {             // 如果我們在輸出時得到一個錯誤，
        callback(err);                      // 就以該錯誤呼叫那個 callback
        process.exit();                     // 然後退出。
    });
    output.on("finish", () => {             // 當輸出完全寫出
        callback(null);                     // 不帶錯誤呼叫那個 callback。
    });
}

// 這裡有一個簡單的命令列工具來拷貝檔案
let from = process.argv[2], to = process.argv[3];
console.log(`Copying file ${from} to ${to}...`);
```

```
copyFile(from, to, err => {
    if (err) {
        console.error(err);
    } else {
        console.log("done.");
    }
});
```

暫停模式

Readable 串流的另一個模式是「暫停模式（paused mode）」，這是串流一開始所處的模式。如果你尚未註冊一個「data」事件處理器，而且也沒有呼叫 pipe() 方法，那麼一個 Readable 串流就會停留在暫停模式。在暫停模式中，串流並不會以「data」事件的形式推送資料給你。取而代之，你會明確地呼叫它的 read() 方法來從一個串流拉取資料。這不是一個阻斷式呼叫（blocking call），而如果該串流上沒有資料可取用，它就會回傳 null。因為沒有一個同步 API 來等候資料，暫停模式 API 也是基於事件的。暫停模式中的一個 Readable 串流會在該串流上有資料可讀取時，發射「readable」事件。作為回應，你的程式碼應該呼叫 read() 方法來讀取那個資料。你必須在一個迴圈中這樣做，重複呼叫 read() 直到它回傳 null 為止。為了在未來觸發一個新的「readable」事件，像這樣完全排光串流的緩衝區，是必要的。如果你在仍有可讀資料時停止呼叫 read()，你將不會得到另一個「readable」事件，而你的程式很可能就會停在那。

在暫停模式中的串流會發射「end」和「error」事件，就像流動模式的串流那樣。如果你正在撰寫會從一個 Readable 串流讀取資料，並將之寫到一個 Writable 串流的程式，那麼暫停模式可能不是一個好選擇。為了正確處理 backpressure（反壓），你只想要在輸入串流可讀而且輸出串流未滿的時候進行讀取。在暫停模式中，那意味著持續讀寫直到 read() 回傳 null 或 write() 回傳 false，然後在一個 readable 或 drain 事件出現時，再次開始讀取或寫入。這很不優雅，在這種情況中，你可能會發現流動模式（或管線）會容易些。

接下來的程式碼示範如何為一個指定檔案的內容計算出一個 SHA256 雜湊值（hash）。它用到暫停模式中的一個 Readable 串流來逐塊讀取一個檔案的內容，然後將每個資料塊傳給計算該雜湊值的物件（注意到在 Node 12 與之後版本中，使用一個 for/await 迴圈來撰寫此函式會比較簡單）。

```
const fs = require("fs");
const crypto = require("crypto");

// 為指名的檔案之內容計算一個 sha256 雜湊值並將那個
// 雜湊值（作為一個字串）傳給所指定的錯誤優先回呼函式。
```

```
function sha256(filename, callback) {
    let input = fs.createReadStream(filename); // 資料串流。
    let hasher = crypto.createHash("sha256");  // 用以計算雜湊值。

    input.on("readable", () => {            // 當有資料可讀
        let chunk;
        while(chunk = input.read()) {       // 讀取一個資料塊，而若為非 null，
            hasher.update(chunk);           // 就把它傳給 hasher，
        }                                   // 並持續跑迴圈，直到不可讀為止
    });
    input.on("end", () => {                 // 在串流尾端，
        let hash = hasher.digest("hex");    // 計算雜湊值，
        callback(null, hash);               // 並將之傳給 callback。
    });
    input.on("error", callback);            // 錯誤發生時，呼叫 callback
}

// 這裡有一個簡單的命令列工具來計算一個檔案的 hash 值
sha256(process.argv[2], (err, hash) => {    // 從命令列傳入檔案名稱。
    if (err) {                              // 如果我們得到一個錯誤
        console.error(err.toString());      // 把它作為錯誤印出。
    } else {                                // 否則，
        console.log(hash);                  // 引出那個雜湊字串（hash string）。
    }
});
```

16.6　行程、CPU 和作業系統細節

全域的 Promise 物件有數個實用的特性和函式，它們一般與目前正在執行的 Node 行程之狀態有關。完整的細節請查閱 Node 的說明文件，但這裡有一些你應該知道的特性與函式：

```
process.argv             // 命令列引數（command-line arguments）所成的一個陣列。
process.arch             // CPU 的架構（architecture）：例如 "x64"。
process.cwd()            // 回傳目前的工作目錄（current working directory）。
process.chdir()          // 設定目前的工作目錄。
process.cpuUsage()       // 回報 CPU 用量。
process.env              // 環境變數（environment variables）所成的一個物件。
process.execPath         // node 可執行檔在檔案系統上的絕對路徑。
process.exit()           // 終止此程式。
process.exitCode         // 程式退出時要回報的一個整數碼。
process.getuid()         // 回傳目前使用者的 Unix 使用者 ID（user id）。
process.hrtime.bigint()  // 回傳一個「高解析度」的奈秒時戳（nanosecond timestamp）。
process.kill()           // 送出一個訊號給另一個行程。
```

```
process.memoryUsage()     // 回傳具有記憶體用量細節的一個物件。
process.nextTick()        // 就像 setImmediate()，盡快調用一個函式。
process.pid               // 目前行程的 ID (process id)。
process.ppid              // 父行程的 ID (parent process id)。
process.platform          // OS：例如 "linux"、"darwin" 或 "win32"。
process.resourceUsage()   // 回傳具有資源用量細節的一個物件。
process.setuid()          // 設定目前的使用者，藉由 ID 或名稱。
process.title             // 出現在 `ps` 列表中的行程名稱。
process.umask()           // 設定或回傳新檔案的預設權限 (default permissions)。
process.uptime()          // 回傳 Node 的運作時間 (uptime)，單位是秒。
process.version           // Node 的版本字串。
process.versions          // Node 所依存的程式庫之版本字串。
```

「os」模組（不同於 process，它必須明確地以 require() 載入）同樣也能讓我們存取關於 Node 在其上運作的電腦與作業系統之低階細節。你可能永遠不需要用到這任何的功能，但值得注意到 Node 有提供它們讓人使用：

```
const os = require("os");
os.arch()                 // 回傳 CPU 的架構：例如 "x64" 或 "arm"。
os.constants              // 實用的常數，例如 os.constants.signals.SIGINT。
os.cpus()                 // 關於 CPU 核心的資料，包括使用時間。
os.endianness()           // CPU 原生的位元組序 (endianness)："BE" 或 "LE"。
os.EOL                    // OS 原生的行終止符："\n" 或 "\r\n"。
os.freemem()              // 回傳可用的 RAM 記憶體量，單位是位元組。
os.getPriority()          // 回傳一個行程的 OS 排程優先序 (scheduling priority)。
os.homedir()              // 回傳目前使用者的家目錄 (home directory)。
os.hostname()             // 回傳電腦的主機名稱。
os.loadavg()              // 回傳 1、5 和 15 分鐘的平均負載 (load averages)。
os.networkInterfaces()    // 回傳關於可用網路連線的細節。
os.platform()             // 回傳 OS：例如 "linux"、"darwin" 或 "win32"。
os.release()              // 回傳 OS 的版本號碼。
os.setPriority()          // 嘗試為一個行程設定排程優先序。
os.tmpdir()               // 回傳預設的暫存目錄 (temporary directory)。
os.totalmem()             // 回傳 RAM 的記憶體總量，單位是位元組。
os.type()                 // 回傳 OS：例如 "Linux"、"Darwin" 或 "Windows_NT"。
os.uptime()               // 回傳系統的運作時間，單位是秒。
os.userInfo()             // 回傳目前使用者的 ID、使用者名稱、家目錄和 shell。
```

16.7　處理檔案

Node 的「fs」模組是用來處理檔案 (files) 和目錄 (directories) 的一個全方位的 API。它與「path」模組是互補的，後者定義了函式來處理檔案和目錄名稱。「fs」模組含有幾個高階的函式可輕易讀取、寫入和拷貝檔案，但在該模組中的大多數函式都是對於

Unix 系統呼叫（system calls，以及 Windows 上等效的東西）的低階 JavaScript 繫結（bindings）。如果你之前曾用過低階的檔案系統呼叫（在 C 或其他語言中），那麼這個 Node API 對你來說應該很熟悉。若非如此，你可能會發現「fs」API 的某些部分過於簡潔而且不直覺。舉例來說，刪除一個檔案用的函式稱作 unlink()。

「fs」模組定義了一個大型 API，這主要是因為每個基本作業通常都會有多個變體。如同在本章開頭討論過的，大多數的函式，例如 fs.readFile() 都是非阻斷式（nonblocking）的、基於 callback 的，而且非同步（asynchronous）的。不過通常，這些函式的每一個都會有會阻斷的同步（synchronous blocking）版本，例如 fs.readFileSync()。在 Node 10 和之後版本中，這些函式有許多還有一個基於 Promise 的非同步變體，例如 fs.promises.readFile()。大多數的「fs」函式都接受一個字串作為它們的第一引數，指出要操作的那個檔案之路徑（檔名加上選擇性的目錄名稱），但這些函式中有幾個也支援接受一個整數「檔案描述器（file descriptor）」而非路徑作為第一引數的變體。這些變體的名稱以字母「f」開頭。舉例來說，fs.truncate() 就會截斷（truncates）以路徑指定的一個檔案，而 fs.ftruncate() 則截斷以檔案描述器指定的一個檔案。還有一個以 Promise 為基礎的 fs.promises.truncate() 預期一個路徑，以及另一個基於 Promise 的版本被實作為 FileHandle 物件的一個方法（FileHandle 類別在基於 Promise 的 API 中等同於檔案描述器）。最後，「fs」模組中有幾個函式具有名稱前綴了字母「l」的變體，這些「l」變體就跟基礎的函式一樣，但不會跟隨檔案系統中的符號連結（symbolic links），而是直接作用在符號連結本身。

16.7.1　路徑、檔案描述器和 FileHandle

為了使用「fs」模組來處理檔案，你必須先能夠指出你想要處理的檔案之名稱。檔案最常以路徑（*path*）指定，這代表檔案本身的名稱，加上該檔案在其中出現的目錄階層架構（hierarchy of directories）。如果一個路徑是絕對（*absolute*）的，代表一路往上到檔案系統根目錄（filesystem root）的所有目錄都有指定。否則，路徑就是相對（*relative*）的，只在相對於某個其他路徑時才有意義，那通常是目前的工作目錄（*current working directory*）。路徑的處理可能有點棘手，因為不同的作業系統使用不同的字元來分隔目錄名稱，串接路徑時，也很容易不小心把那些分隔符號多用一次，而且 ../ 父目錄路徑區段（parent directory path segments）還需要特殊的處理。Node 的「path」模組和其他幾個重要的 Node 功能可以幫上忙：

```
// 一些重要的路徑
process.cwd()       // 目前工作目錄的絕對路徑。
__filename          // 存放目前節點（code）之檔案的絕對路徑。
```

```
__dirname               // 存放 __filename 的目錄之絕對路徑
os.homedir()            // 使用者的家目錄。

const path = require("path");

path.sep                          // 不是 "/" 就是 "\"，取決於你的 OS

// path 模組有簡單的剖析（parsing）函式
let p = "src/pkg/test.js";        // 一個範例路徑
path.basename(p)                  // => "test.js"
path.extname(p)                   // => ".js"
path.dirname(p)                   // => "src/pkg"
path.basename(path.dirname(p))    // => "pkg"
path.dirname(path.dirname(p))     // => "src"

// normalize() 清除路徑：
path.normalize("a/b/c/../d/")     // => "a/b/d/"：處理 ../ 區段
path.normalize("a/./b")           // => "a/b"：剃除 "./" 區段
path.normalize("//a//b//")        // => "/a/b/"：移除重複的 /

// join() 結合路徑區段，新增分隔符號，然後常態化（normalizes）
path.join("src", "pkg", "t.js")   // => "src/pkg/t.js"

// resolve() 接受一或多個路徑區段並回傳一個絕對路徑。
// 它從最後一個引數開始，往回處理，
// 並在它已經建置了一個絕對路徑或以 process.cwd() 解析時停止
path.resolve()                    // => process.cwd()
path.resolve("t.js")              // => path.join(process.cwd(), "t.js")
path.resolve("/tmp", "t.js")      // => "/tmp/t.js"
path.resolve("/a", "/b", "t.js")  // => "/b/t.js"
```

注意到 path.normalize() 單純是一個字串操作函式，無法存取實際的檔案系統。
fs.realpath() 與 fs.realpathSync() 函式進行基於檔案系統的正準化（canonicalization）：
它們解析符號連結，並依據目前的工作目錄解讀相對的路徑名稱。

在前面的範例中，我們假設程式碼是在基於 Unix 的 OS 上執行的，而 path.sep 是「/」。
如果你希望在 Windows 系統上也能使用這種 Unix 式的路徑，那就使用 path.posix 而非
path。而反過來，如果你想要在 Unix 系統上處理 Windows 路徑，就用 path.win32。path.
posix 與 path.win32 所定義的特性和函式與 path 本身相同。

我們會在下一節涵蓋的某些「fs」函式預期一個檔案描述器（*file descriptor*）而非
一個檔案名稱。檔案描述器是用作 OS 層級的參考（OS-level references）來「開啟
（open）」檔案的整數。你呼叫 fs.open()（或 fs.openSync()）函式來為一個給定的名稱獲

取一個描述器。行程一次只被允許開啟數目有限的檔案，所以在你用完它們之後，在你的檔案描述器上呼叫 fs.close() 是很重要的。如果你想要使用能讓你在一個檔案中跳來跳去的最低階的 fs.read() 與 fs.write() 函式，你就需要開啟檔案。「fs」模組中還有其他函式會使用檔案描述器，但它們全都有基於名稱的版本，只有當你開啟檔案本就是為了要讀取或寫入時，使用以描述器為基礎的函式才真的合理。

最後，在 fs.promises 所定義的基於 Promise 的 API 中，與 fs.open() 等效的是 fs.promises.open()，它回傳會解析為一個 FileHandle 物件的一個 Promise。這個 FileHandle 物件就是要作為一個檔案描述器之用。然而，再一次地，除非你需要用到一個 FileHandle 最低階的 read() 與 write() 方法，實際上真的沒有理由建立一個。而如果你確實創建了一個 FileHandle，你應該記得在使用完畢之後，呼叫它的 close() 方法。

16.7.2　讀取檔案

Node 能讓你一次讀入整個檔案的內容，或是經由一個串流讀入，或使用低階的 API。

如果你的檔案很小，或記憶體用量和效能並非最高優先序，那麼最簡單的通常是以單一個呼叫讀入整個檔案的內容。你可以同步地這麼做，或使用一個 callback，或經由一個 Promise。預設情況下，你會以一個緩衝區（buffer）的形式取得該檔案的位元組，但如果你有指定一個編碼，你則會得到解碼出來的字串。

```
const fs = require("fs");
let buffer = fs.readFileSync("test.data");        // 同步的，回傳緩衝區
let text = fs.readFileSync("data.csv", "utf8"); // 同步的，回傳字串

// 非同步地讀取該檔案的位元組
fs.readFile("test.data", (err, buffer) => {
    if (err) {
        // 在此處理錯誤
    } else {
        // 該檔案的位元組在緩衝區中
    }
});

// 基於 Promise 的非同步讀取
fs.promises
    .readFile("data.csv", "utf8")
    .then(processFileText)
    .catch(handleReadError);

// 或在一個 async 函式內使用 Promise API 搭配 await
```

```
async function processText(filename, encoding="utf8") {
    let text = await fs.promises.readFile(filename, encoding);
    // ... 在此處理文字 ...
}
```

如果你能夠循序（sequentially）處理一個檔案的內容，而不需要同時把整個檔案的內容都放到記憶體中，那麼透過一個串流（stream）讀取檔案可能是最有效率的做法。我們已經廣泛地涵蓋過串流：這裡是使用一個串流和 pipe() 方法把一個檔案的內容寫到標準輸出的可能方式：

```
function printFile(filename, encoding="utf8") {
    fs.createReadStream(filename, encoding).pipe(process.stdout);
}
```

最後，如果你需要有低階的控制權，能控制從一個檔案剛好讀取哪些位元組，或是何時讀取它們，你可以開啟檔案來取得一個檔案描述器，然後使用 fs.read()、fs.readSync() 或 fs.promises.read() 來從該檔案的一個指定來源位置，讀取指定數目的位元組到指定目的位置上的一個指定緩衝區中：

```
const fs = require("fs");

// 讀取一個資料檔案的一個特定部分
fs.open("data", (err, fd) => {
    if (err) {
        // 以某種方式回報錯誤
        return;
    }
    try {
        // 把位元組 20 到 420 讀到一個新配置的緩衝區中。
        fs.read(fd, Buffer.alloc(400), 0, 400, 20, (err, n, b) => {
            // err 就是錯誤，如果有的話。
            // n 是實際讀取的位元組數
            // b 是那些位元組被讀進去的緩衝區。
        });
    }
    finally {          // 使用一個 finally 子句，如此我們就
        fs.close(fd);  // 一定會關閉那個開啟的檔案描述器
    }
});
```

如果你需要從一個檔案讀取一塊以上的資料，那基於 callback 的 read() API 用起來就很奇怪。如果你可以使用同步的 API（或以基於 Promise 的 API 搭配 await），那從一個檔案讀取多個資料塊就變得容易：

```
const fs = require("fs");

function readData(filename) {
    let fd = fs.openSync(filename);
    try {
        // 讀取檔案標頭（file header）
        let header = Buffer.alloc(12); // 一個 12 位元組的緩衝區
        fs.readSync(fd, header, 0, 12, 0);

        // 驗證該檔案的魔術數字（magic number）
        let magic = header.readInt32LE(0);
        if (magic !== 0xDADAFEED) {
            throw new Error("File is of wrong type");
        }

        // 現在從標頭取得資料的位移量（offset）和長度（length）
        let offset = header.readInt32LE(4);
        let length = header.readInt32LE(8);

        // 並從檔案讀取那些位元組
        let data = Buffer.alloc(length);
        fs.readSync(fd, data, 0, length, offset);
        return data;
    } finally {
        // 永遠都要關閉檔案，即使上面有例外被擲出
        fs.closeSync(fd);
    }
}
```

16.7.3　寫入檔案

在 Node 中寫入檔案非常類似讀取它們，只有幾個額外的細節你應該知道。這些細節之一是，創建一個新檔案不過就是對一個尚不存在的檔案名稱進行寫入。

就跟讀取一樣，在 Node 中寫入檔案有三種基本的方式可用。如果整個檔案的內容都放在一個字串或緩衝區中，你能以一次呼叫就把全部的東西都寫入，只要使用 fs.writeFile()（基於 callback）、fs.writeFileSync()（同步的）或 fs.promises.writeFile()（基於 Promise）：

```
fs.writeFileSync(path.resolve(__dirname, "settings.json"),
                 JSON.stringify(settings));
```

如果你寫入該檔案的資料是一個字串，而你想要使用 "utf8" 以外的一個編碼，就傳入編碼作為一個選擇性的第三引數。

相關的 fs.appendFile()、fs.appendFileSync() 與 fs.promises.appendFile() 函式也類似，但如果指定的檔案已經存在，它們會把資料附加（append）到尾端，而非覆寫現有的檔案內容。

如果你想要寫入一個檔案的資料不全都在一個資料塊中，或者不是同時都在記憶體中，那麼使用一個 Writable 串流會是良好的做法，假設你計畫從頭到尾寫入那個資料，而不到處跳來跳去的話：

```
const fs = require("fs");
let output = fs.createWriteStream("numbers.txt");
for(let i = 0; i < 100; i++) {
    output.write(`${i}\n`);
}
output.end();
```

最後，如果你想要分為多塊寫入資料到一個檔案，而且你希望能夠控制在該檔案中，每個資料塊所寫入的確切位置，那你可以用 fs.open()、fs.openSync() 或 fs.promises.open() 開啟該檔案，然後使用所產生的檔案描述器搭配 fs.write() 或 fs.writeSync() 函式。對於字串和緩衝區，這些函式有不同的形式。字串的變體接受一個檔案描述器、一個字串，以及要寫入那個字串的檔案位置（還有作為選擇性第四引數的一個編碼）。緩衝區的變體接受一個檔案描述器、一個緩衝區、一個位移量（offset）以及一個長度（length）指出該緩衝區中一個資料塊，還有要把那個資料塊的位元組寫入的一個檔案位置。而如果你有由想要寫入的 Buffer 物件所組成的一個陣列，你能以單一個 fs.writev() 或 fs.writevSync() 呼叫來這麼做。也有類似的低階函式存在，使用 fs.promises.open() 和它所產生的 FileHandle 物件來寫入緩衝區和字串。

檔案模式字串

我們之前使用低階 API 來讀取檔案時，見過 fs.open() 與 fs.openSync() 方法。在那種用例中，單純傳入檔名給 open 函式就足夠了。然而，當你想要寫入一個檔案，你還必須指定第二個字串引數指出你要如何使用那個檔案描述器。可用的一些旗標字串（flag strings）如下：

"w"

　　開啟檔案以寫入

"w+"

　　開啟以讀寫

"wx"

　　開啟來創建一個新檔案，如果指名的檔案已經存在，就失敗

"wx+"

　　開啟來創建，但也允許讀取，如果指名的檔案已經存在，就失敗

"a"

　　開啟檔案來附加（appending），既有的內容不會被覆寫

"a+"

　　開啟來附加，但也允許讀取

如果你沒有傳入這些旗標字串之一給 fs.open() 或 fs.openSync()，它們會使用預設的 r 旗標，使得檔案描述器是唯讀的。請注意，把這些旗標傳給其他的檔案寫入方法，也可能會有用：

```
// 以一個呼叫寫入一個檔案，但附加到已經存在於那裡的任何東西之後。
// 這的運作方式就像 fs.appendFileSync()
fs.writeFileSync("messages.log", "hello", { flag: "a" });

// 開啟一個寫入串流，但如果該檔案已經存在，就擲出一個錯誤。
// 我們不想要意外覆寫任何東西！
// 注意到上面的選項是「flag」，而這裡是「flags」
fs.createWriteStream("messages.log", { flags: "wx" });
```

你能以 fs.truncate()、fs.truncateSync() 或 fs.promises.truncate() 來截斷一個檔案的尾端。這些函式接受一個路徑作為它們的第一引數，以及一個長度作為第二引數，並會修改該檔案，讓它有指定的長度。如果你忽略長度，就會使用零，而檔案就變成空的。儘管這些函式的名稱如此，它們也可以被用來擴展（extend）一個檔案：如果你指定的長度比

目前的檔案大小還長，該檔案會以零位元組（zero bytes）來擴展到新的大小。如果你已經開啟了你希望修改的檔案，你能以那個檔案描述器或 FileHandle 來使用 ftruncate() 或 ftruncateSync()。

在此描述的各種檔案寫入函式都會在資料已經「被寫入（written）」，也就是 Node 已經把資料轉交給作業系統的時候，回傳或調用它們的 callback 或解析它們的 Promise。但這並不意味著資料已經實際被寫入到永續性儲存體（persistent storage）中：你的資料可能還有部分仍緩衝在作業系統或裝置驅動程式（device driver）中，等候被寫入磁碟。如果你呼叫 fs.writeSync() 同步地寫入一些資料到一個檔案，而如果該函式回傳後立即停電，你仍然可能遺失資料。如果你想要迫使你的資料被寫到磁碟，以確保它們已經安全地儲存，就用 fs.fsync() 或 fs.fsyncSync()。這些函式只能用於檔案描述器：沒有基於路徑的版本。

16.7.4　檔案作業

前面對於 Node 的串流類別的討論中，包含了 copyFile() 函式的兩個範例。這些不是你實際會使用的工具，因為「fs」模組有定義它自己的 fs.copyFile() 方法（當然還有 fs.copyFileSync() 和 fs.promises.copyFile()）。

這些函式接受原檔案的名稱，以及拷貝的名稱作為它們的頭兩個引數。這些可被指定為字串或作為 URL 或 Buffer 物件。有一個選擇性的第三引數是一個整數，其位元指定控制 copy 作業細節的旗標。而對於基於 callback 的 fs.copyFile()，最後的引數是一個 callback 函式，它會在拷貝完成時不帶引數被呼叫，或在有事情失敗時，以一個錯誤引數被呼叫。接下來是一些例子：

```
// 基本的同步檔案拷貝。
fs.copyFileSync("ch15.txt", "ch15.bak");

// COPYFILE_EXCL 引數只會在新檔案尚未存在時拷貝。
// 它防止拷貝覆寫現有的檔案。
fs.copyFile("ch15.txt", "ch16.txt", fs.constants.COPYFILE_EXCL, err => {
    // 完成時就會呼叫這個 callback。錯誤發生時，err 會是非 null 的。
});

// 這段程式碼展示基於 Promise 的 copyFile 函式。
// 兩個旗標以位元 OR 運算子 | 來結合。這些旗標代表
// 現有的檔案不會被覆寫，而如果檔案系統有支援，
// 此拷貝會是原檔案寫入時才拷貝（copy-on-write）的複製體，
// 這表示在原檔案或拷貝被修改之前，
// 都不會需要額外的儲存空間。
```

```
fs.promises.copyFile("Important data",
                     `Important data ${new Date().toISOString()}"
                     fs.constants.COPYFILE_EXCL | fs.constants.COPYFILE_FICLONE)
    .then(() => {
        console.log("Backup complete");
    });
    .catch(err => {
        console.error("Backup failed", err);
    });
```

fs.rename() 函式（及其同步和基於 Promise 的變體）會移動或重新命名一個檔案。以檔案目前的路徑和該檔案想要的新路徑來呼叫它。沒有旗標引數，但基於 callback 的版本接受一個 callback 作為第三引數：

```
fs.renameSync("ch15.bak", "backups/ch15.bak");
```

注意到並不存在旗標藍來防止更名的檔案覆寫一個現有的檔案。此外，也請記得，檔案只能在一個檔案系統內被更名。

函式 fs.link() 與 fs.symlink() 以及它們的變體跟 fs.rename() 有相同的特徵式（signatures），而行為就類似 fs.copyFile()，只不過它們分別是建立硬連結（hard links）和符號連結（symbolic links），而非建立一個拷貝。

最後，fs.unlink()、fs.unlinkSync() 與 fs.promises.unlink() 是 Node 用來刪除一個檔案的函式（這種不直覺的命名方式繼承自 Unix，其中刪除一個檔案基本上就是建立一個硬連結指向它的相反動作）。以要刪除的檔案之字串、緩衝區或 URL 路徑來呼叫此函式，如果你用的是基於 callback 的版本，就再傳入一個 callback：

```
fs.unlinkSync("backups/ch15.bak");
```

16.7.5　檔案的詮釋資料

fs.stat()、fs.statSync() 與 fs.promises.stat() 函式能讓你獲取一個指定檔案或目錄的詮釋資料（metadata）。舉例來說：

```
const fs = require("fs");
let stats = fs.statSync("book/ch15.md");
stats.isFile()          // => true：這是一個普通的檔案
stats.isDirectory()     // => false：這不是一個目錄
stats.size              // 單位是位元組的檔案大小
stats.atime             // 存取時間：上次讀取的日期
stats.mtime             // 修改時間：上次寫入的日期
stats.uid               // 該檔案擁有者的使用者 ID
```

```
stats.gid                    // 該檔案擁有者的群組 ID（group id）
stats.mode.toString(8) // 該檔案的權限，作為一個八進位的字串
```

所回傳的 Stats 物件含有其他更少見的特性和方法，但這段程式碼展示了你最有可能用到的那些。

fs.lstat() 及其變體的運作方式就像 fs.stat()，只是如果所指定的檔案是一個符號連結，Node 就會回傳那個連結本身的詮釋資料，而非依循那個連結。

如果你開啟了一個檔案來產生一個檔案描述器或 FileHandle 物件，那你就能使用 fs.fstat() 或它的變體來取得所開啟檔案的詮釋資訊，而不用再次指定檔名。

除了以 fs.stat() 與它所有的變體查詢詮釋資料，也有函式用來變更詮釋資料。

fs.chmod()、fs.lchmod() 與 fs.fchmod()（以及同步和基於 Promise 的版本）會設定一個檔案或目錄的「模式（mode）」或權限（permissions）。模式值是整數，其中每個位元都有一個特定的意義，而以八進位記法（octal notation）來思考它們最為容易。舉例來說，要使一個檔案對於其擁有者是唯讀的，而且無法被其他所有人取用，就設定 0o400：

```
fs.chmodSync("ch15.md", 0o400);  // 別意外刪除它！
```

fs.chown()、fs.lchown() 與 fs.fchown()（以及同步和基於 Promise 的版本）為一個檔案或目錄設定擁有者（owner）和群組（group）（這些之所以重要，是因為它們會與 fs.chmod() 所設定的檔案權限互動）。

最後，你能以 fs.utimes() 與 fs.futimes() 以及它們的變體來設定一個檔案或目錄的存取時間（access time）和修改時間（modification time）。

16.7.6　處理目錄

要以 Node 創建一個新目錄，就用 fs.mkdir()、fs.mkdirSync() 或 fs.promises.mkdir()。第一個引數是要建立的目錄之路徑。選擇性的第二引數可以是為新目錄指定模式（權限位元）的整數。你也可以傳入具有選擇性 mode 和 recursive 特性的一個物件。如果 recursive 為 true，那麼此函式就會建立該路徑中尚未存在的任何目錄：

```
// 確保 dist/ 和 dist/lib/ 兩者都存在。
fs.mkdirSync("dist/lib", { recursive: true });
```

fs.mkdtemp() 及其變體接受你所提供的一個路徑前綴（path prefix），為它附加上一些隨機字元（這對安全性來說很重要），以該名稱建立一個目錄，並將那個目錄路徑回傳給你（或將之傳入一個 callback）。

要刪除一個目錄，使用 fs.rmdir() 或它的其中一個變體。請注意那些目錄必須是空的才能被刪除：

```
// 創建一個隨機的暫存目錄（temporary directory）並取得它的路徑，
// 然後在我們完成之後刪除它
let tempDirPath;
try {
    tempDirPath = fs.mkdtempSync(path.join(os.tmpdir(), "d"));
    // 在此以該目錄做些事情
} finally {
    // 使用完畢之後刪除這個暫存目錄
    fs.rmdirSync(tempDirPath);
}
```

「fs」模組提供了兩種不同的 API 來列出一個目錄的內容。首先，fs.readdir()、fs.readdirSync() 與 fs.promises.readdir() 會一次讀取整個目錄，並給你一個字串陣列，或由 Dirent 物件組成的一個陣列，這種物件指出每個項目的名稱和類型（檔案或目錄）。這些函式所回傳的檔名只是檔案的區域名稱（local name），而非完整的路徑。這裡有些例子：

```
let tempFiles = fs.readdirSync("/tmp");  // 回傳一個字串陣列

// 使用基於 Promise 的 API 來取得一個 Dirent 陣列，
// 然後印出子目路（subdirectories）的路徑
fs.promises.readdir("/tmp", {withFileTypes: true})
    .then(entries => {
        entries.filter(entry => entry.isDirectory())
            .map(entry => entry.name)
            .forEach(name => console.log(path.join("/tmp/", name)));
    })
    .catch(console.error);
```

如果你知道可能會列出含有數千個項目的目錄，你可能會想要使用 fs.opendir() 及其變體的串流做法。這些函式回傳一個 Dir 物件代表所指定的目錄，你可以使用這種 Dir 物件的 read() 或 readSync() 方法來一次讀取一個 Dirent。如果你傳入一個 callback 函式給 read()，它就會呼叫那個 callback；而如果你省略那個 callback 引數，它會回傳一個 Promise。若已經沒有更多的目錄項目，你會得到 null 而非一個 Dirent 物件。

使用 Dir 物件最簡單的方式是透過一個 for/await 迴圈把它們當作非同步迭代器（async iterators）來用。舉例來說，這裡有一個函式使用串流 API 來列出目錄項目，在每個項目上呼叫 stat()，並印出檔案和目錄的名稱與大小：

```
const fs = require("fs");
const path = require("path");

async function listDirectory(dirpath) {
    let dir = await fs.promises.opendir(dirpath);
    for await (let entry of dir) {
        let name = entry.name;
        if (entry.isDirectory()) {
            name += "/";  // 新增一個尾隨的斜線（slash）給子目路
        }
        let stats = await fs.promises.stat(path.join(dirpath, name));
        let size = stats.size;
        console.log(String(size).padStart(10), name);
    }
}
```

16.8　HTTP 客戶端和伺服器

Node 的「http」、「https」和「http2」模組是 HTTP 協定功能完整但相對低階的實作，它們定義了一組全面的 API 來實作 HTTP 客戶端和伺服器。因為此 API 相對低階，本章沒有空間涵蓋所有的功能，但接下來的範例示範如何撰寫基本的客戶端和伺服器。

發出一個基本的 HTTP GET 請求最簡單的方式是使用 http.get() 或 https.get()。這些函式的第一個引數是要擷取的 URL（如果這是一個 http:// URL，你必須使用「http」模組，而如果它是一個 https://URL，你必須使用「https」模組）。這第二個引數是一個 callback，它會在伺服器的回應開始抵達時，以一個 IncomingMessage 物件被調用。當這個 callback 被呼叫，HTTP 的狀態（status）和標頭（headers）就能取用，但主體（body）可能尚未就緒。IncomingMessage 物件是一個 Readable 串流，而你可以使用在本章前面示範過的技巧從之讀取回應主體。

§13.2.6 結尾的 getJSON() 函式使用 http.get() 函式來示範 Promise() 建構器的使用。現在你知道了 Node 的串流和更廣義的 Node 程式設計模型，值得回顧那個範例，來看看 http.get() 是如何被使用的。

http.get() 與 https.get() 是更一般化的 http.request() 與 https.request() 函式稍微簡化過的版本。接下來的 postJSON() 函式示範如何使用 https.request() 來發出包含一個 JSON 請求主體的 HTTPS POST 請求。就像第 13 章的 getJSON() 函式，它預期一個 JSON 回應，並回傳一個 Promise，這個 Promise 會履行為該回應經過剖析的版本：

```javascript
const https = require("https");

/*
 * 將 body 物件轉換為一個 JSON 字串，然後以 HTTPS POST
 * 將之貼出到指定主機上指定的 API 端點。當回應抵達，
 * 把回應主體剖析為 JSON 並以那個剖析出來的值
 * 解析所回傳的 Promise。
 */
function postJSON(host, endpoint, body, port, username, password) {
    // 立刻回傳一個 Promise 物件，然後在 HTTPS 請求成功或失敗時，
    // 呼叫 resolve 或 reject。
    return new Promise((resolve, reject) => {
        // 將 body 物件轉為一個字串
        let bodyText = JSON.stringify(body);

        // 設定 HTTPS 請求
        let requestOptions = {
            method: "POST",        // 或 "GET"、"PUT"、"DELETE" 等。
            host: host,            // 要連接的主機
            path: endpoint,        // URL 路徑
            headers: {             // 該請求的 HTTP 標頭
                "Content-Type": "application/json",
                "Content-Length": Buffer.byteLength(bodyText)
            }
        };

        if (port) {                        // 若有指定一個通訊埠（port），
            requestOptions.port = port;    // 就把它用於此請求。
        }
        // 若有指定證明資訊（credentials），就新增一個 Authorization 標頭。
        if (username && password) {
            requestOptions.auth = `${username}:${password}`;
        }

        // 現在依據那個組態物件創建該請求
        let request = https.request(requestOptions);

        // 寫入 POST 請求的主體，並結束該請求。
        request.write(bodyText);
        request.end();
```

```
        // 請求過程中有錯誤發生的話，就失敗（例如沒有網路連線）
        request.on("error", e => reject(e));

        // 在回應開始抵達時進行處理。
        request.on("response", response => {
            if (response.statusCode !== 200) {
                reject(new Error(`HTTP status ${response.statusCode}`));
                // 在此我們不在意回應主體，
                // 但我們不希望它滯留在緩衝區中，所以我們
                // 把該串流設定為流動模式，而且沒有註冊
                // 一個 "data" 處理器，因此那個主體會被丟棄。
                response.resume();
                return;
            }

            // 我們要的是文字，而位元組。我們假設這些文字會是
            // 以 JSON 格式化的，但也不會去檢查
            // Content-Type 標頭。省得麻煩。
            response.setEncoding("utf8");

            // Node 沒有一個串流式的 JSON 剖析器，
            // 所以我們將整個回應主體讀到一個字串中。
            let body = "";
            response.on("data", chunk => { body += chunk; });

            // 而現在在它完成時處理該回應。
            response.on("end", () => {          // 當回應完成，
                try {                           // 試著將之剖析為 JSON
                    resolve(JSON.parse(body));  // 並解析結果。
                } catch(e) {                    // 或者，若有事情出錯，
                    reject(e);                  // 以那個錯誤來拒絕
                }
            });
        });
    });
}
```

除了發出 HTTP 和 HTTPS 請求，「http」和「https」模組也能讓你撰寫回應那些請求的伺服器。基本的做法如下：

- 創建一個新的 Server 物件。

- 呼叫它的 listen() 方法以開始在一個指定的通訊埠（port）上收聽請求。

- 為「request」事件註冊一個事件處理器，使用那個處理器來讀取客戶端的請求（特別是 request.url 特性），並寫入你的回應。

接下來的程式碼創建一個簡單的 HTTP 伺服器，從本地端檔案系統供應靜態檔案，也實作一個除錯端點回應客戶端的請求，方法是重複（echo）那個請求。

```javascript
// 這是一個簡單的靜態 HTTP 伺服器，從一個指定的目錄供應檔案。
// 它也實作了一個特殊的 /test/mirror 端點，
// 會重複送入的請求，這在除錯客戶端時，可能很有用。
const http = require("http");   // 如果你有憑證就用 "https"
const url = require("url");     // 用來剖析 URL
const path = require("path");   // 用來操作檔案系統路徑
const fs = require("fs");       // 用來讀取檔案

// 藉由一個在指定通訊埠上收聽的 HTTP 伺服器
// 供應來自指定根目錄的檔案。
function serve(rootDirectory, port) {
    let server = new http.Server();  // 創建一個新的 HTTP 伺服器
    server.listen(port);             // 在指定的通訊埠上收聽
    console.log("Listening on port", port);

    // 若有請求進來，就以這個函式處理它們
    server.on("request", (request, response) => {
        // 取得所請求的 URL 的路徑部分，
        // 忽略附加至它的任何查詢參數。
        let endpoint = url.parse(request.url).pathname;

        // 如果請求的是 "/test/mirror"，就把該請求原封不動送回
        // 當你需要看到請求標頭和主體時，就很有用。
        if (endpoint === "/test/mirror") {
            // 設定回應標頭
            response.setHeader("Content-Type", "text/plain; charset=UTF-8");

            // 指定回應的狀態碼
            response.writeHead(200);  // 200 OK

            // 以該請求作為回應主體的開頭
            response.write(`${request.method} ${request.url} HTTP/${
                          request.httpVersion
                      }\r\n`);

            // 輸出請求標頭
            let headers = request.rawHeaders;
            for(let i = 0; i < headers.length; i += 2) {
                response.write(`${headers[i]}: ${headers[i+1]}\r\n`);
            }
```

```javascript
            // 以額外的一個空白行來結束標頭
            response.write("\r\n");

            // 現在我們需要把任何的請求主體拷貝到回應主體
            // 既然它們都是串流，我們可以使用一個管線（pipe）
            request.pipe(response);
        }
        // 否則，從本地目錄供應一個檔案。
        else {
            // 將該端點映射到本地檔案系統中的一個檔案
            let filename = endpoint.substring(1); // strip leading /
            // 別在路徑中允許 "../"，因為供應根目錄以外的
            // 任何東西都會是一種安全漏洞。
            filename = filename.replace(/\.\.\//g, "");
            // 現在從相對檔名轉為絕對檔名
            filename = path.resolve(rootDirectory, filename);

            // 依據延伸檔名猜測檔案內容的類型
            let type;
            switch(path.extname(filename))  {
            case ".html":
            case ".htm": type = "text/html"; break;
            case ".js":  type = "text/javascript"; break;
            case ".css": type = "text/css"; break;
            case ".png": type = "image/png"; break;
            case ".txt": type = "text/plain"; break;
            default:     type = "application/octet-stream"; break;
            }

            let stream = fs.createReadStream(filename);
            stream.once("readable", () => {
                // 如果串流變得可讀，就設定 Content-Type 標頭，
                // 以及一個 200 OK 狀態。然後以管線把
                // 檔案讀取器串流連接到回應。管線會在串流結束時
                // 自動呼叫 response.end()。
                response.setHeader("Content-Type", type);
                response.writeHead(200);
                stream.pipe(response);
            });

            stream.on("error", (err) => {
                // 取而代之，如果我們在試著開啟該串流時得到一個錯誤
                // 那麼該檔案大概並不存在，或不是可寫入的。
                // 送出帶有錯誤訊息的一個
                // 404 Not Found 純文字回應。
```

```
                response.setHeader("Content-Type", "text/plain; charset=UTF-8");
                response.writeHead(404);
                response.end(err.message);
            });
        }
    });
}

// 若我們是從命令列被調用，就呼叫 serve() 函式
serve(process.argv[2] || "/tmp", parseInt(process.argv[3]) || 8000);
```

想要撰寫簡單的 HTTP 和 HTTPS 伺服器，Node 內建的模組就有你所需要的全部功能了。然而，要注意的是，正式環境中的伺服器通常不是以這些模組直接建立的。取而代之，大多數比較複雜的伺服器都是使用外部程式庫實作的，例如 Express 框架，它們提供了後端 Web 開發人員可能會用到的「中介軟體（middleware）」和其他的高階工具。

16.9　非 HTTP 的網路伺服器和客戶端

Web 伺服器和客戶端如此無所不在，使得我們很容易忘記要寫出不使用 HTTP 的客戶端與伺服器也是有可能的。儘管 Node 的名聲讓我們覺得它是撰寫 Web 伺服器的良好環境，但其實對於其他類型網路伺服器和客戶端的撰寫，Node 也有完整的支援。

如果你很習慣處理串流（streams），那麼網路就相對的簡單，因為網路 sockets 只是一種 Duplex 串流。「net」模組定義了 Server 和 Socket 類別。要創建一個伺服器，就呼叫 net.createServer()，然後呼叫所產生之物件的 listen() 來告訴該伺服器要在哪個通訊埠（port）上收聽連線。Server 物件會在一個客戶端連接到那個通訊埠時產生「connection」事件，而傳入事件收聽器的值會是一個 Socket 物件。這個 Socket 物件會是一個 Duplex 串流，而你可以用它來從客戶端讀取資料，或寫入資料到客戶端。在這個 Socket 上呼叫 end() 來中斷連線。

撰寫一個客戶端甚至更簡單了：傳入一個通訊埠號碼和主機名稱給 net.createConnection()，來與該主機執行在那個通訊埠上的任何伺服器建立一個 socket 以進行通訊，然後使用那個 socket 來讀寫伺服器的資料。

接下來的程式碼示範如何使用「net」模組撰寫一個伺服器。客戶端連線時，伺服器會跟它講一個敲門笑話（knock-knock joke）：

```
// 一個 TCP 伺服器，它會在通訊埠 6789 遞送互動式的敲門笑話。
// （例如：Why is six afraid of seven? Because seven ate nine!）
const net = require("net");
const readline = require("readline");

// 創建一個 Server 物件並開始收聽連線
let server = net.createServer();
server.listen(6789, () => console.log("Delivering laughs on port 6789"));

// 若有客戶端連上線，就告訴它們一個敲門笑話。
server.on("connection", socket => {
    tellJoke(socket)
        .then(() => socket.end())  // 說完笑話後，關閉這個 socket。
        .catch((err) => {
            console.error(err);    // 記錄所發生的任何錯誤，
            socket.end();          // 但仍然關閉 socket！
        });
});

// 我們知道的笑話就這些。
const jokes = {
    "Boo": "Don't cry...it's only a joke!",
    "Lettuce": "Let us in! It's freezing out here!",
    "A little old lady": "Wow, I didn't know you could yodel!"
};

// 互動式地透過這個 socket 說個笑話，而且不阻斷。
async function tellJoke(socket) {
    // 隨機選取一個笑話
    let randomElement = a => a[Math.floor(Math.random() * a.length)];
    let who = randomElement(Object.keys(jokes));
    let punchline = jokes[who];

    // 使用 readline 模組一次讀取一行使用者的輸入。
    let lineReader = readline.createInterface({
        input: socket,
        output: socket,
        prompt: ">> "
    });

    // 一個工具函式，用來輸出一行文字給客戶端
    // 然後（預設情況下）顯示一個提示（prompt）。
    function output(text, prompt=true) {
        socket.write(`${text}\r\n`);
        if (prompt) lineReader.prompt();
    }
```

```
// 敲門笑話有一種呼叫與回應（call-and-response）的結構。
// 我們在不同階段預期不同的使用者輸入，
// 並在我們於不同階段得到那個輸入時採取不同動作。
let stage = 0;

// 以傳統的方式開啟這個敲門笑話。
output("Knock knock!");

// 現在非同步地從客戶端讀取文字行，直到笑話完成。
for await (let inputLine of lineReader) {
    if (stage === 0) {
        if (inputLine.toLowerCase() === "who's there?") {
            // 如果使用者在階段 0 給出了正確的回應
            // 那麼就說出笑話的第一部分，然後前往階段 1。
            output(who);
            stage = 1;
        } else  {
            // 否則教授使用者如何進行敲門笑話。
            output('Please type "Who\'s there?".');
        }
    } else if (stage === 1) {
        if (inputLine.toLowerCase() === `${who.toLowerCase()} who?`) {
            // 如果使用者在階段 1 的回應正確，
            // 就送出笑點所在，並且回傳，因為笑話已經結束了。
            output(`${punchline}`, false);
            return;
        } else {
            // 讓使用者一起玩。
            output(`Please type "${who} who?".`);
        }
    }
}
```

像這樣簡單的文字伺服器通常不需要一個自訂的客戶端。如果你的系統上有安裝 nc
（「netcat」）工具，你可以用它來與這個伺服器溝通，像這樣：

```
$ nc localhost 6789
Knock knock!
>> Who's there?
A little old lady
>> A little old lady who?
Wow, I didn't know you could yodel!
```

另一方面，使用 Node 為這個笑話伺服器撰寫一個自訂的客戶端，也很容易。我們只需要連接到該伺服器，然後將伺服器的輸出以管線連接到 stdout，然後把 stdin 以管線連接到伺服器的輸入就行了：

```
// 連接到在命令列上指名的伺服器的笑話通訊埠（6789）
let socket = require("net").createConnection(6789, process.argv[2]);
socket.pipe(process.stdout);              // 以管線把來自 socket 的資料連接到 stdout
process.stdin.pipe(socket);               // 將來自 stdin 的資料以管線連接到 socket
socket.on("close", () => process.exit()); // 在 socket 關閉時退出。
```

除了支援基於 TCP 的伺服器，Node 的「net」模組也支援透過「Unix domain sockets」的行程間通訊（interprocess communication），以一個檔案系統路徑來識別服務，而非藉由通訊埠號。我們不會在本章中涵蓋那種 socket，不過 Node 的說明文件中就有相關細節。我們沒有空間在此涵蓋的其他 Node 功能包括基於 UDP 的伺服器和客戶端所用的「dgram」模組，以及對「net」來說就像「https」對「http」那樣的「tls」模組。tls.Server 與 tls.TLSSocket 類別能讓我們建立使用 SSL 加密連線的 TCP 伺服器，就像 HTTPS 伺服器那樣。

16.10　使用子行程

除了撰寫高度共時的伺服器，Node 也很適合用來撰寫執行其他程式的指令稿（scripts）。在 Node 的「child_process」模組中，定義有數個函式用來執行其他程式作為子行程（child processes）。本節示範其中的一些函式，先從最簡單的開始，再移往更複雜的。

16.10.1　execSync() and execFileSync()

執行其他程式最簡單的方式是使用 child_process.execSync()。此函式接受要執行的命令（command）作為它的第一引數。它創建一個子行程，在那個行程中執行一個 shell，並使用那個 shell 來執行你所傳入的命令。它後它就會阻斷，直到該命令（和 shell）退出。如果該命令以一個錯誤退出，execSync() 就會擲出一個例外。否則，execSync() 會回傳該命令寫到它 stdout 串流的任何輸出。預設情況下，這個回傳值會是一個緩衝區，但你也能以選擇性的第二引數指定一個編碼，以取得一個字串。如果該命令有寫入任何輸出到 stderr，那個輸出就會被傳到父行程（parent process）的 stderr 串流。

所以，舉例來說，如果你正在撰寫一個指令稿，而效能不是主要考量，你可能會使用 child_process.execSync() 以熟悉的 Unix shell 命令列出一個目錄的內容，而非使用 fs.readdirSync() 函式：

```
const child_process = require("child_process");
let listing = child_process.execSync("ls -l web/*.html", {encoding: "utf8"});
```

execSync() 會調用一個完整的 Unix shell 的事實意味著，你傳入給它的字串可以包含以分號區隔的多道命令，並可運用 shell 的功能，例如檔名通配符（filename wildcards）、管線（pipes）和輸出重導（output redirection）。這也代表著，如果那個命令有任何部分是使用者輸入或源自不受信任的類似來源，你就必須注意別把那個命令傳入給 execSync()。因為 shell 命令的語法很複雜，攻擊者很容易利用它來執行任意的程式碼。

如果你不需要一個 shell 的功能，你可以使用 child_process.execFileSync() 來避免啟動一個 shell 的額外負擔。此函式會直接執行一個程式，而不調用一個 shell。但既然不涉及 shell，它就無法剖析命令，而你必須傳入可執行檔（executable）作為第一引數，以及命令列引數所成的一個陣列作為第二引數：

```
let listing = child_process.execFileSync("ls", ["-l", "web/"],
                                          {encoding: "utf8"});
```

子行程選項

execSync() 和許多其他的 child_process 函式都有選擇性的第二或第三引數，指出子行程執行方式的額外細節。這個物件的 encoding 特性在先前被用來指出我們希望命令的輸出被作為一個字串遞送，而非作為一個緩衝區。你可以指定的其他重要特性包括這些（請注意，並非所有的子行程函式都能取用所有的這些選項）：

- cwd 指出子行程的工作目錄。如果你省略這個，那麼子行程就會繼承 process.cwd() 的值。

- env 指出子行程將能夠存取的環境變數。預設情況下，子行程單純只會繼承 process.env，但如果你想要，可以指定一個不同的物件。

- input 指定輸入資料的字串或緩衝區，以用作子行程的標準輸入。這個選項只有不會回傳一個 ChildProcess 物件的同步函式能夠取用。

- maxBuffer 指出那些 exec 函式會收集的輸出之最大位元組數（這並不適用於 spawn() 與 fork()，因為它們使用串流）。如果一個子行程產生的輸出比這還多，它就會殺掉（killed）並以錯誤退出。

- shell 指定一個 shell 可執行檔的路徑或為 true。對於會執行一個 shell 命令的子行程函式，這個選項能讓你指定要使用哪個 shell。對於一般不會使用 shell 的函式，這個選項能讓你指出應該使用一個 shell（把該特性設為 true）或指定要使用哪一個 shell。

- timeout 指出子行程被允許執行的最大毫秒數。如果這段時間經過後，它尚未退出，就會被殺掉，並以一個錯誤退出（這個選項適用於 exec 函式但不適用 spawn() 或 fork()）。

- uid 指出程式應該以哪個使用者 ID（一個數字）執行。如果父行程是在一個特權帳號中執行，它能使用這個選項來讓子行程以縮減的權限執行。

16.10.2　exec() 和 execFile()

execSync() 與 execFileSync() 函式，如它們的名稱所示，都是同步（synchronous）的：它們會阻斷（block），在子行程退出之前不會回傳。使用者些函式就很像在終端機視窗中打入 Unix 命令：它們能讓你一次執行一序列的命令。但如果你正在撰寫的程式需要達成數個任務，而那些任務不會以任何方式依存彼此，那麼你就可能會想要平行化（parallelize）它們以同時執行多道命令。你能以非同步函式 child_process.exec() 與 child_process.execFile() 來達成這點。

exec() 與 execFile() 就像是它們的同步變體，只不過它們會即刻回傳一個 ChildProcess 物件，代表執行中的那個子行程，而它們接受一個錯誤優先的回呼函式（error-first callback）作為它們最後的引數。這個 callback 會在子行程退出時被調用，而它實際上會以三個引數被調用。如果有的話，第一個會是錯誤，如果該行程正常終止，這就會是 null。第二個引數是從該子行程的標準輸出串流（standard output stream）所收集而來的輸出。而第三個引數是被送至子行程標準錯誤串流（standard error stream）的任何輸出。

exec() 和 execFile() 所回傳的 ChildProcess 物件能讓你終止子行程，或寫入資料給它（而它可以從標準輸入讀取之）。我們會在討論到 child_process.spawn() 函式時更詳細涵蓋 ChildProcess。

如果你計畫同時執行多個子行程，那麼最簡單的方式就是使用「承諾化（promisified）」版本的 exec()，它會回傳一個 Promise 物件，如果子行程無錯退出，這個 Promise 就會解析為帶有 stdout 和 stderr 特性的一個物件。舉例來說，這裡有一個函式，它接受 shell 命令所成的一個陣列作為它的輸入，並回傳一個 Promise，而這個 Promise 會解析為那些命令之結果：

```
const child_process = require("child_process");
const util = require("util");
const execP = util.promisify(child_process.exec);

function parallelExec(commands) {
    // 使用命令陣列來創建由 Promises 所組成的一個陣列
    let promises = commands.map(command => execP(command, {encoding: "utf8"}));
    // 回傳一個 Promise，它會履行為由每個個別的承諾之履行值
    // 所組成的一個陣列。（我們不回傳帶有 stdout 和
    // stderr 特性的物件，我們單純回傳 stdout 的值。）
    return Promise.all(promises)
        .then(outputs => outputs.map(out => out.stdout));
}

module.exports = parallelExec;
```

16.10.3　spawn()

到目前為止討論過的各個 exec 函式，不管是同步的或非同步的，都是設計來與執行快速且不會產生大量輸出的子行程並用的。即使是非同步的 exec() 與 execFile() 都是非串流式的：它們會一次回傳該行程的輸出，而且只在該行程退出之後。

child_process.spawn() 函式能讓你透過串流存取子行程的輸出，並且是在該行程仍然在執行的時候。它也能讓你寫入資料到子行程（它會在其標準輸入串流看到作為輸入的資料）：這意味著，與子行程動態互動，依據它所產生的輸出來送給它輸入，是可能的。

spawn() 預設並不會使用一個 shell，所以你必須像 execFile() 那樣把要執行的可執行檔，以及另外的一個命令列引數陣列傳入給它以進行調用。spawn() 會回傳一個 ChildProcess 物件，就像 execFile() 那樣，但它並不接受一個 callback 引數。你不使用一個 callback 函式，而是收聽 ChildProcess 與其串流上的事件來進行處理。

spawn() 所回傳的 ChildProcess 物件是一個事件發射器（event emitter）。你可以收聽「exit」事件以在子行程退出的時候得到通知。一個 ChildProcess 物件還有三個串流特性。stdout 與 stderr 是 Readable 串流：當子行程寫入它的 stdout 和 stderr 串流，那個輸

出會透過 ChildProcess 串流變得可讀。注意到在此名稱所代表的相反意義。在子行程中,「stdout」是一個 Writable 的輸出串流,但在父行程中,一個 ChildProcess 物件的 stdout 特性則是一個 Readable 的輸入串流。

同樣地,ChildProcess 物件的 stdin 特性是一個 Writable 串流:你寫入此串流的任何東西都會變成子行程可在其標準輸入取用的資料。

ChildProcess 物件也定義了一個 pid 特性,指出子行程的行程 ID(process id)。而它定義了一個 kill() 方法,你可以用來終止一個子行程。

16.10.4　fork()

child_process.fork() 是一個特化的函式,用以在一個 Node 子行程中執行一個 JavaScript 程式碼模組。fork() 預期的引數跟 spawn() 相同,但第一個引數應該指定一個 JavaScript 程式碼檔案的路徑,而非可執行的二進位檔。

以 fork() 建立的一個子行程能透過它的標準輸入和標準輸出串流與父行程溝通,如前一節描述 spawn() 的時候提過的。但除此之外,fork() 還提供了父子行程間另一種簡單得多的通訊管道。

當你以 fork() 創建一個子行程,你可以使用所回傳的 ChildProcess 物件之 send() 方法來發送一個物件的拷貝給子行程。而你可以在 ChildProcess 上收聽「message」事件以接收來自子行程的訊息。在子行程中執行的程式碼可以使用 process.send() 來發送一個訊息給父行程,並在 process 上收聽「message」事件以接收來自父行程的訊息。

舉例來說,這裡有一些程式碼使用 fork() 來創建一個子行程,然後發送一個訊息給那個子行程,並等候回應:

```
const child_process = require("child_process");

// 啟動一個新的 Node 行程,執行我們目錄底下 child.js 中的程式碼
let child = child_process.fork(`${__dirname}/child.js`);

// 發送一個訊息給子行程
child.send({x: 4, y: 3});

// 在它抵達時印出子行程的回應。
child.on("message", message => {
    console.log(message.hypotenuse); // 這應該印出 "5"
    // 因為我們只送出一個訊息,我們只預期一個回應。
    // 我們接收到它之後,就呼叫 disconnect() 來中斷父子行程間的連線
```

```
    // 這允許兩個行程都乾淨地退出。
    child.disconnect();
});
```

而這裡是在子行程中執行的程式碼：

```
// 等候來自我們父行程的訊息
process.on("message", message => {
    // 當我們接收到一個，就進行一項計算，
    // 並把結果送回父行程。
    process.send({hypotenuse: Math.hypot(message.x, message.y)});
});
```

啟動子行程是一項昂貴的作業，所以子行程所進行的計算規模必須大上很多，才能合理化 fork() 的使用和以這種方式進行的行程間通訊。如果你正在撰寫的程式需要對送入的事件做出快速反應，而且也需要進行耗時的計算，那你或許就能考慮使用一個分別的子行程來進行該項計算，它們才不會阻斷事件迴圈且降低父行程的反應速度（雖然在這種情境中，執行緒可能會是比子行程更好的選擇，請參閱 §16.11）。

send() 的第一個引數會以 JSON.stringify() 進行序列化，並在子行程中以 JSON.parse() 解序列化，所以你應該只包括 JSON 格式所支援的值。不過 send() 還有一個特殊的第二引數，能讓你傳輸（transfer）Socket 和 Server 物件（來自「net」模組的）到一個子行程。網路伺服器通常會是 IO 密集（IO-bound）而非計算密集（compute-bound）的，但如果你所寫的伺服器進行的計算量單一個 CPU 無法有效處理，而你是在具有多個 CPU 的機器上執行該伺服器，那你就能使用 fork() 來建立多個子行程以處理請求。在父行程中，你可以在你的 Server 物件上收聽「connection」事件，然後從那個「connection」事件取得 Socket 物件，並使用特殊的第二引數把它 send() 給子行程之一處理（注意到這是一種不太常見的情況不太可能的解法。通常你不會寫出會分生出子行程的伺服器，比較簡單的大概是讓你的伺服器維持單執行緒，並在正式環境部署它的多個實體，以分散負載）。

16.11　Worker Threads

如本章開頭解釋過的，Node 的共時模型是單執行緒（single-threaded）且基於事件（event-based）的。但在版本 10 及之後的版本中，Node 確實允許了真正的多緒程式設計（multithreaded programming），提供非常類似 Web 瀏覽器定義的 Web Worker API（§15.13）的一種 API。多緒程式設計是出了名難以撰寫，而這是名符其實的。這幾乎完全是因為必須小心同步執行緒對共用記憶體的存取。但 JavaScript 執行緒（Node 和

瀏覽器中都是）預設並不會共用記憶體，所以使用執行緒的危險與困難度並不適用於 JavaScript 中的這些「workers（工作者）」。

JavaScript 的 worker threads（工作者執行緒）不共用記憶體，而是藉由訊息傳遞（message passing）來進行通訊。主執行緒可以呼叫代表執行緒的 Worker 物件的 `postMessage()` 方法來發送訊息給一個 worker thread。這個 worker thread 可以藉由收聽「messages」事件來接收源自其父執行緒的訊息。而 workers 能以它們自己版本的 `postMessage()` 來發送訊息給主執行緒（main thread），而父執行緒就能以它自己的「message」事件處理器來接收訊息。範例程式碼會清楚顯示這是如何運作的。

你可能會因為三種原因而想在 Node 應用程式中使用 worker threads：

- 當你的應用程式真的需要進行一個 CPU 核心無法承受的計算量，那麼執行緒就能讓你把工作量分散到多個核心，而在今日電腦上，多核心已是常態。如果你在 Node 中進行科學計算或機器學習（machine learning）或圖形處理工作，那麼你使用執行緒可能單純只是想要把更多的計算能力投入到你的問題上。

- 即使你的應用程式沒有用盡一個 CPU 全部的計算能力，你可能仍然會想要使用執行緒來維持主執行緒的回應速度。考慮負責處理不頻繁但計算量大的請求的一個伺服器。假設它每秒只會得到一個請求，但需要花費大約半秒鐘的時間進行（阻斷式且 CPU 密集的）計算工作，以處理每個請求。平均來說，它會有 50% 的時間是閒置的。但若有兩個請求先後在幾毫秒之間抵達，伺服器在第一個回應的計算工作完成之前，甚至無法開始回應第二個請求。取而代之，如果該伺服器使用一個 worker thread 來進行該項計算，伺服器就能立即開始回應這兩個請求，為此伺服器的客戶端提供較好的體驗。假設伺服器有一個以上的 CPU 核心，它也可以平行計算兩個回應的主體，但即使只有單一核心，使用 workers 仍然可以改善回應速度。

- 一般來說，workers 能讓我們把阻斷式的同步作業轉換成非阻斷式的非同步作業。如果你正在撰寫的程式所仰賴的傳統程式碼是同步的，而且無法改變，你或許能在需要呼叫那些傳統程式碼的時候使用 workers 以避免阻斷。

Worker threads 並不如子行程那般重量級，但它們也不算輕量級。如果你真的有大量的工作要做，那創建一個 worker 才算合理。而一般來說，如果你的程式不是 CPU 密集的，而且沒有回應速度的問題，那你大概就不需要用到 worker threads。

16.11.1　創建 Workers 並傳遞訊息

Node 定義的 workers 被稱作「worker_threads」。在本節中，我們會以識別字 threads 來指涉它：

```
const threads = require("worker_threads");
```

此模組定義了一個 Worker 類別來代表一個 worker thread，而你能以 threads.Worker() 建構器來創建一個新的執行緒。下列程式碼示範如何使用這個建構器來創建一個 worker，並展示如何從主執行緒傳遞訊息給 worker，或從 worker 傳給主執行緒。它也示範了能讓你把主執行緒的程式碼和 worker thread 的程式碼放在同一個檔案中的技巧[2]。

```javascript
const threads = require("worker_threads");

// worker_threads 模組匯出了 boolean 的 isMainThread 特性。
// 當 Node 執行的是主執行緒，此特性就為 true，而它是
// false 的時候就代表執行的是一個 worker。我們可以使用這個事實
// 在同一個檔案中實作主執行緒和 worker thread。
if (threads.isMainThread) {
    // 如果我們是在主執行緒中執行，那我們所做的就只是匯出一個函式。
    // 我們不在主執行緒上進行計算密集的任務，
    // 而是讓此函式將該任務傳遞給一個 worker，
    // 並回傳一個 Promise，它會在那個 worker 完成時解析。
    module.exports = function reticulateSplines(splines) {
        return new Promise((resolve,reject) => {
            // 創建一個 worker 載入並執行相同的程式碼檔案。
            // 注意到這裡用到特殊的 __filename 變數。
            let reticulator = new threads.Worker(__filename);

            // 將 splines 陣列的一份拷貝傳遞給 worker
            reticulator.postMessage(splines);

            // 然後在我們從 worker 得到一個訊息或錯誤時，
            // 解析或拒絕此 Promise。
            reticulator.on("message", resolve);
            reticulator.on("error", reject);
        });
    };
} else {
    // 如果我們到了這裡，這表示我們是在 worker 中，所以我們註冊一個
    // 處理器來從主執行緒取得訊息。這個 worker 的設計
```

2　通常，把 worker 程式碼定義在另外的一個檔案中，會比較乾淨且簡單。但我初次在 Unix 的 fork() 系統呼叫遇到這種讓兩個執行緒執行同一個檔案不同片段的技巧時，感到驚為天人，所以我認為即便只是為了它奇特的優雅性而展示此技巧，也是值得的。

```
// 只會接受單一個訊息，因此我們以 once() 註冊事件處理器，
// 而非使用 on()。這允許 worker
// 在它的工作完成時自然退出。
threads.parentPort.once("message", splines => {
    // 當我們從父執行緒取得 splines（樣條），以迴圈
    // 跑過它們，並把它們全部結合（reticulate）成一個網路。
    for(let spline of splines) {
        // 就此範例而言，假設 spline 物件通常都會有
        // 一個 reticulate() 方法，它會進行大量的計算。
        spline.reticulate ? spline.reticulate() : spline.reticulated = true;
    }

    // 當所有的 splines 都已經編入網路中（終於！）
    // 就傳一個拷貝回主執行緒。
    threads.parentPort.postMessage(splines);
});
}
```

Worker() 建構器的第一個引數是要在那個執行緒中執行的 JavaScript 程式碼之檔案路徑。在前面的程式碼中，我們使用預先定義的 __filename 識別字來創建一個 worker 載入並執行跟主執行緒相同的檔案。不過一般來說，你會傳入一個檔案路徑。請注意，如果你指定了一個相對路徑，它相對的會是 process.cwd()，而非相對於目前正在執行中的模組。如果你希望一個路徑相對於目前的模組，就使用類似 path.resolve(__dirname, 'workers/reticulator.js') 的東西。

Worker() 建構器也可以接受一個物件作為它的第二引數，而這個物件的特性為那個 worker 提供了選擇性的組態。我們之後會涵蓋數個這些選項，但現在請注意，如果你傳入 {eval: true} 作為第二引數，那麼 Worker() 的第一引數就會被當作一個 JavaScript 程式碼字串來估算（evaluated），而非作為一個檔名：

```
new threads.Worker(`
    const threads = require("worker_threads");
    threads.parentPort.postMessage(threads.isMainThread);
`, {eval: true}).on("message", console.log);  // 這會印出 "false"
```

Node 會為傳入 postMessage() 的物件製作一份拷貝，而非把它直接分享給 worker thread。這避免了 worker thread 和主執行緒共用記憶體。你可能會預期這個拷貝動作會以 JSON.stringify() 與 JSON.parse()（§11.6）來進行，但實際上，Node 從 Web 瀏覽器借取了一種更為可靠的技巧，稱作結構化複製演算法（structured clone algorithm）。

結構化複製演算法能序列化大多數的 JavaScript 型別，包括 Map、Set、Date 與 RegExp 物件以及具型陣列，但一般而言，它無法拷貝 Node 宿主環境（host environment）所定義的型別，例如 sockets 或串流。然而，注意到 Buffer 物件只有部分支援：如果你傳入一個 Buffer 給 postMessage()，它會被接收為一個 Uint8Array，而且能以 Buffer.from() 轉回為一個 Buffer。關於結構化複製演算法，要了解更多的話請參閱前面第 542 頁的「結構化複製演算法」。

16.11.2　Worker 的執行環境

在 Node worker thread 中的 JavaScript 程式碼執行起來大多就像它在 Node 的主執行緒中那樣。有幾個你應該注意的差異，而其中有些差異涉及到傳入給 Worker() 建構器的選擇性第二引數的特性：

- 如我們所見，threads.isMainThread 在主執行緒中為 true，但在任何的 worker thread 中則永遠都為 false。

- 在一個 worker thread 中，你可以使用 threads.parentPort.postMessage() 來送出一個訊息給父執行緒，並使用 threads.parentPort.on 來為源於父執行緒的訊息註冊事件處理器。在主執行緒中，threads.parentPort 永遠都為 null。

- 在一個 worker thread 中，threads.workerData 被設定為 Worker() 建構器第二引數的 workerData 特性的一個拷貝。在主執行緒中，此特性永遠為 null。你可以使用這個 workerData 特性傳入一個最初的訊息給 worker，它啟動時就能立即取用，所以 worker 不需要等候一個「message」事件才能開始作業。

- 預設情況下，一個 worker thread 中的 process.env 是父執行緒中 process.env 的一個拷貝。但父執行緒可以指定自訂的一組環境變數，也就是設定 Worker() 建構器第二引數的 env 特性。作為一個特例（而且是有潛在危險的例子），父執行緒可以把 env 特性設為 threads.SHARE_ENV，這會導致兩個執行緒共用單一組環境變數，所以在一個執行緒中所做的變更就能在另一個執行緒中看到。

- 預設情況下，一個 worker 中的 process.stdin 串流上永遠都不會有任何可讀資料。你可以在 Worker() 建構器的第二引數中傳入 stdin: true 來改變這個預設值。如果你那樣做，那麼 Worker 物件的 stdin 特性會是一個 Writable 串流。父執行緒寫入 worker.stdin 的任何資料都會在 worker 中的 process.stdin 上變得可讀。

- 預設情況下，worker 中的 process.stdout 與 process.stderr 串流單純會以管線連接到父執行緒中對應的串流。這表示，舉例來說，console.log() 與 console.error() 產生輸出的方式會與它們在主執行緒中所做那樣完全相同。你可以在 Worker() 建構器的第二引數中傳入 stdout:true 或 stderr:true 來覆寫這個預設值。如果你這麼做，那麼 worker 寫入那些串流的任何輸出，都會在父執行緒的 worker.stdout 和 worker.stderr 串流上變為可讀（這裡相反的串流方向可能會讓人困惑，而我們也在本章前面討論子行程時看過同樣的事情：一個 worker thread 的輸出串流是父執行緒的輸入串流，而一個 worker 的輸入串流是父執行緒的輸出串流）。

- 如果一個 worker thread 呼叫 process.exit()，只有執行緒（thread）會退出，而非整個行程（process）。

- Worker threads 不被允許變更它們是其中一部分的那個行程的共用狀態。從一個 worker 調用時，像是 process.chdir() 與 process.setuid() 之類的函式會擲出例外。

- 作業系統的訊號（像是 SIGINT 與 SIGTERM）只會被遞送給主執行緒，無法在 worker threads 中接收或處理它們。

16.11.3 通訊管道與 MessagePort

創建一個新的 worker thread 時，也會有一個通訊管道（communication channel）一起被建立出來，允許訊息在 worker thread 與其父執行緒之間來回傳遞。如我們所見，worker thread 使用 threads.parentPort 來送出訊息給父執行緒，或從之接收訊息，而父執行緒使用 Worker 物件從 worker thread 收發訊息。

這個 worker thread API 也能讓我們使用 Web 瀏覽器所定義的 MessageChannel API（涵蓋於 §15.13.5）來建立自訂的通訊管道。如果你有讀過那一節，那接下來的東西會讓你聽起來很耳熟。

假設一個 worker 需要處理主執行緒中兩個不同模組所送出的兩種不同訊息。這兩個不同的模組可能共用預設的管道，並以 worker.postMessage() 送出訊息，但如果每個模組有它自己的私有管道來發送訊息給 worker 那會比較容易分清楚。或考慮主執行緒創建了兩個獨立的 workers 的情形。一個自訂的通訊管道能讓這兩個 workers 與彼此直接溝通，而非還要透過父執行緒轉發它們所有的訊息。

以 MessageChannel() 建構器創建一個新的訊息管道（message channel）。一個 MessageChannel 物件有兩個特性，名為 port1 和 port2。這些特性指涉一對 MessagePort 物件。在這其中一個通訊埠上呼叫 postMessage() 會導致另一個通訊埠上產生一個「message」事件，並帶有 Message 物件的一個結構化複製體（structured clone）：

```
const threads = require("worker_threads");
let channel = new threads.MessageChannel();
channel.port2.on("message", console.log);  // 計入我們接收到的任何訊息
channel.port1.postMessage("hello");        // 會導致 "hello" 被印出
```

你也可以在任一個通訊埠上呼叫 close() 來打破這兩個通訊埠之間的連線，並發出訊號指出不會再有訊息被交換。當 close() 在任一個通訊埠上被呼叫，兩個通訊埠都會收到一個「close」事件。

注意到上面的程式碼範例創建了一對 MessagePort 物件，然後使用那些物件在主執行緒中傳送一個訊息。為了讓 workers 使用自訂的通訊管道，我們必須將那兩個通訊埠之一從它在其中被建立的執行緒傳輸（transfer）到要使用它的執行緒。下一節說明如何做到這點。

16.11.4　傳輸 MessagePort 和具型陣列

postMessage() 函式使用結構化複製演算法，而如我們提過的，它無法拷貝像是 sockets 或串流之類的物件。它可以處理 MessagePort 物件，但只能作為使用一種特殊技巧的特例。（Worker 物件、threads.parentPort 或任何 MessagePort 物件的）postMessage() 方法接受一個選擇性的第二引數，這個引數（被稱作 transferList）是一個物件陣列，其中包含要在執行緒之間傳輸（transferred）而非拷貝（copied）的那些物件。

一個 MessagePort 物件無法以結構化複製演算法來拷貝，但它可以被傳輸。如果 postMessage() 的第一個引數包含一或多個 MessagePort（任意深地內嵌在 Message 物件中），那麼那些 MessagePort 物件也必須是傳入作為第二引數的那個陣列之成員。這麼做告訴 Node 它並不需要製作 MessagePort 的一個拷貝，而是可以把那個現有的物件交給另一個執行緒。然而，關於在執行緒之間傳輸值，要了解的關鍵事情是，只要一個值被傳輸了，它就不能在呼叫 postMessage() 的那個執行緒中使用了。

這裡是創建一個新的 MessageChannel 並傳輸它的其中一個 MessagePort 給一個 worker 的可能方式：

```
// 創建一個自訂的通訊管道
const threads = require("worker_threads");
let channel = new threads.MessageChannel();

// 使用 worker 預設的管道來把新管道的一端傳輸給 worker。
// 假設當 worker 接收到這個訊息時,
// 它會即刻開始在新管道上收聽訊息。
worker.postMessage({ command: "changeChannel", data: channel.port1 },
                   [ channel.port1 ]);

// 現在使用自訂管道在我們的這邊的那一端發送一個訊息給 worker
channel.port2.postMessage("Can you hear me now?");

// 也開始收聽來自 worker 的回應
channel.port2.on("message", handleMessagesFromWorker);
```

MessagePort 物件並不是唯一可以被傳輸的東西。如果你呼叫 postMessage() 並以一個具型陣列(typed array)作為訊息(或是一個訊息中含有一或多個具型陣列,內嵌在該訊息任意深的地方),那個具型陣列(或那些具型陣列)就單純會被結構化複製演算法所拷貝,但具型陣列可能很大,例如你是使用一個 worker thread 在數以百萬計的像素上進行影像處理作業。所以為了效率,postMessage() 也賦予我們傳輸具型陣列而非拷貝它們的選項(執行緒預設會共用記憶體。JavaScript 中的 Worker 執行緒一般會避免共用記憶體,但當我們允許這種受控的傳輸,它可以非常有效率地進行)。使得這個很安全的是,當一個具型陣列被傳輸到另一個執行緒,它在傳輸它的執行緒中就會變得無法使用。在這個影像處理的情境中,主執行緒可以把一個影像的像素傳輸給 worker thread,然後 worker thread 可以在完成時把處理過後的像素傳輸回主執行緒。那個記憶體將不需要被拷貝,但它不會被兩個執行緒同時取用。

要傳輸一個具型陣列而非拷貝它,就把該陣列背後的 ArrayBuffer 包含在 postMessage() 的第二引數中:

```
let pixels = new Uint32Array(1024*1024);  // 4 megabytes of memory

// 假設我們讀取了一些資料到這個具型陣列,然後傳輸
// 像素到一個 worker 而不拷貝。注意到我們不需要把那個陣列本身
// 放在傳輸清單(transfer list)中,而是放入該陣列的 Buffer 物件。
worker.postMessage(pixels, [ pixels.buffer ]);
```

如同傳輸過去的 MessagePort,一個傳輸過去的具型陣列在傳輸之後就會變得不可用。如果你試著使用已經傳輸過去的一個 MessagePort 或具型陣列,那些物件單純會在你與它們互動的時候什麼都不做。

16.11.5　在執行緒之間共用具型陣列

除了在執行緒之間傳輸具型陣列，要在執行緒間共用一個具型陣列，其實也是可能的。只要創建想要大小的一個 SharedArrayBuffer，然後使用那個緩衝區（buffer）來創建一個具型陣列。當背後是一個 SharedArrayBuffer 的具型陣列透過 postMessage() 傳遞，其底層的記憶體會在執行緒之間共用。在這種情況中，你不應該把那個共用的緩衝區（shared buffer）包含在 postMessage() 的第二引數中。

然而，你真的不應該這麼做，因為 JavaScript 的設計從未考量過執行緒安全性（thread safety），而多緒程式設計非常難以搞定（而這也是 SharedArrayBuffer 沒有在 §11.2 中涵蓋的原因：它是很少會用到而且難以正確使用的一種功能）。即便是簡單的 ++ 運算子都沒有執行緒安全性，因為它需要讀取一個值、遞增它，然後將之寫回。如果兩個執行緒同時遞增一個值，它經常只會被遞增一次，如下列程式碼所示：

```
const threads = require("worker_threads");

if (threads.isMainThread) {
    // 在主執行緒中，我們創建帶有一個元素的一個共用的具型陣列。
    // 但這些執行緒將能夠同時讀寫
    // sharedArray[0]。
    let sharedBuffer = new SharedArrayBuffer(4);
    let sharedArray = new Int32Array(sharedBuffer);

    // 現在創建一個 worker thread，傳入這個共用陣列給它，
    // 作為它的初始 workerData 值，
    // 如此我們就不用煩惱訊息的收發
    let worker = new threads.Worker(__filename, { workerData: sharedArray });

    // 等候 worker 開始執行，
    // 然後遞增共用的整數一千萬次。
    worker.on("online", () => {
        for(let i = 0; i < 10_000_000; i++) sharedArray[0]++;

        // 一旦我們處理完了我們的遞增動作，我們就開始收聽
        // message 事件，才能知道 worker 何時完成。
        worker.on("message", () => {
            // 雖然共用的整數已經被遞增了
            // 兩千萬次，它的值一般都會遠小於此。
            // 在我的電腦上，最終的值通常都在一千兩百萬以下。
            console.log(sharedArray[0]);
        });
    });
} else {
```

```
// 在 worker thread 中，我們從 workerData 取得共用的陣列
// 然後遞增它一千萬次。
let sharedArray = threads.workerData;
for(let i = 0; i < 10_000_000; i++) sharedArray[0]++;
// 完成遞增後，讓主執行緒知道
threads.parentPort.postMessage("done");
}
```

或許可以合理使用 SharedArrayBuffer 的一個場景是，兩個執行緒作用在共用記憶體的兩個完全獨立的區段上之時。你可以強制讓這發生，例如建立兩個具型陣列作為那個共用緩衝區的兩個不重疊區域的 views，然後讓你的兩個執行緒使用那兩個分開的具型陣列。舉例來說，一個平行的合併排序（merge sort）就可以像這樣進行：讓一個執行緒排序一個陣列的後半段，而另一個執行緒排序前半段。或者某些影像處理演算法也適合使用這種做法：多個執行緒在影像不相交的區域上作業。

如果你真的必須讓多個執行緒存取一個共用陣列的相同區域，你可以進一步採取具有執行緒安全性的做法，使用 Atomics 物件所定義的函式。當 SharedArrayBuffer 要在一個共用陣列的元素上定義原子運算（atomic operations）時，Atomics 就會被加到 JavaScript 中。舉例來說，Atomics.add() 函式會讀取一個共用陣列的指定元素，為它加上一個指定的值，然後把總和寫回該陣列。它這麼做的時候，具有原子的不可分割性，就好像它是單一個運算那樣，確保沒有其他的執行緒可以在該運算進行過程中讀取或寫入那個值。Atomics.add() 能讓我們寫出剛才看到的平行遞增程式碼，並得到一個共用陣列元素兩千萬次遞增的正確結果：

```
const threads = require("worker_threads");

if (threads.isMainThread) {
    let sharedBuffer = new SharedArrayBuffer(4);
    let sharedArray = new Int32Array(sharedBuffer);
    let worker = new threads.Worker(__filename, { workerData: sharedArray });

    worker.on("online", () => {
        for(let i = 0; i < 10_000_000; i++) {
            Atomics.add(sharedArray, 0, 1);  // 具有執行緒安全性的原子遞增
        }

        worker.on("message", (message) => {
            // 當兩個執行緒都完成作業，就使用一個具有執行緒安全性的函式
            // 來讀取共用陣列，並確認它具有
            // 預期的值 20,000,000。
            console.log(Atomics.load(sharedArray, 0));
        });
```

```
    });
} else {
    let sharedArray = threads.workerData;
    for(let i = 0; i < 10_000_000; i++) {
        Atomics.add(sharedArray, 0, 1);        // 具有執行緒安全性的原子遞增
    }
    threads.parentPort.postMessage("done");
}
```

這個新的版本正確地印出了 20,000,000 這個數字,但它比它所取代的錯誤程式碼慢了大約九倍。單純在一個執行緒中進行所有的兩千萬次遞增會簡單而且快速很多。也要注意的是,原子運算能為之確保執行緒安全性的影像處理演算法所使用的陣列中,每個陣列元素的值都必須完全獨立於所有其他值。但在大多數真實世界的程式中,多個陣列元素經常都會與彼此相關,而需要某種較高階的執行緒同步化(thread synchronization)功能。低階的 `Atomics.wait()` 與 `Atomics.notify()` 函式可以協助這點,但對於它們用法的討論超出了本書的範圍。

16.12　總結

儘管 JavaScript 原本是被創造來在 Web 瀏覽器中執行的,Node 讓 JavaScript 成為了一般用途的程式語言。它最常被用來實作 Web 伺服器,但它跟作業系統的深度繫結意味著它也是 shell 指令稿的良好替代品。

在這很長的一章中所涵蓋的最重要的主題包括:

- Node 預設就是非同步的 API 以及它基於 callback 和事件的單緒共時性。

- Node 的基本資料型別、緩衝區以及串流。

- Node 用來處理檔案系統的「fs」和「path」模組。

- Node 用來撰寫 HTTP 客戶端和伺服器的「http」和「https」模組。

- Node 用來撰寫非 HTTP 客戶端和伺服器的「net」模組。

- Node 用來建立子行程並與之通訊用的「child_process」模組。

- Node 用於真正多緒程式設計的「worker_threads」模組,使用訊息傳遞而非共用記憶體。

JavaScript 工具和擴充功能

恭喜抵達本書的最後一章。如果你讀了在這之前的所有東西,你現在就對 JavaScript 語言有詳細的理解,並且知道如何在 Node 和 Web 瀏覽器中使用它了。本章就像某種畢業禮物:它介紹了一些重要的程式設計工具,許多 JavaScript 程式設計師都覺得它們很實用,並也描述了被廣泛使用的兩個 JavaScript 核心語言擴充功能(extensions)。不管你是否選擇為你自己的專案使用這些工具或擴充功能,幾乎可以肯定的是,你會看到它們被用在其他專案中,所以至少要知道它們是什麼還蠻重要的。

涵蓋在本章中的工具和語言擴充功能有:

- 用來在你的程式碼中尋找潛在臭蟲和風格問題的 ESLint。

- 以一種標準化的方式格式化你 JavaScript 程式碼的 Prettier。

- Jest 作為撰寫 JavaScript 單元測試(unit tests)的一種全方位解決方案。

- 用來管理和安裝你程式所依存的軟體程式庫的 npm。

- 程式碼捆裝工具(code-bundling tools),例如 webpack、Rollup 和 Parcel,可以把你的 JavaScript 程式碼模組轉為方便在 Web 上使用的單一捆包(bundle)。

- 可把使用全新語言功能(或用到語言擴充功能)的 JavaScript 程式碼轉譯為可在目前 Web 瀏覽器上執行的 JavaScript 程式碼的 Babel。

- JSX 語言擴充功能(React 框架所用的),能讓你使用看起來像 HTML 標示碼(markup)的 JavaScript 運算式描述使用者介面(user interfaces)。

- Flow 語言擴充功能(或類似的 TypeScript 擴充功能),能讓你以型別(types)註釋(annotate)你的 JavaScript 程式碼,並檢查你程式碼的型別安全性(type safety)。

本章並沒有以任何詳盡的方式記載這些工具與擴充功能，其目標只是要以足夠的深度解釋它們，讓你知道它們為何有用，以及你何時可能會想要使用它們。涵蓋於本章中的所有東西在 JavaScript 程式設計世界中都廣泛被使用，而如果你決定採用一項工具或擴充功能，你會在線上發現大量的說明文件和入門教學。

17.1　使用 ESLint 的 Linting

在程式設計中，*lint* 這個詞指的是，雖然在技術上正確，但不好看或含有潛在臭蟲（bug）或在某些方面並非最佳化的程式碼。一個 *linter* 則是用來在你的程式碼中偵測 lint 的一種工具，而 *linting* 則是在你的程式碼上執行一個 linter（然後修正你的程式碼以移除 lint 讓 linter 不再抱怨）的過程。

今日最常被使用的 JavaScript linter 是 ESLint（*https://eslint.org*）。如果你執行它，然後花時間實際修正它所指出的問題，就會讓你的程式碼更乾淨，而且較不可能會有臭蟲。考慮下列程式碼：

```
var x = 'unused';

export function factorial(x) {
    if (x == 1) {
      return 1;
    } else {
        return x * factorial(x-1)
    }
}
```

如果你在這段程式碼上執行 ESLint，你可能會看到類似這樣的輸出：

```
$ eslint code/ch17/linty.js

code/ch17/linty.js
  1:1   error    Unexpected var, use let or const instead      no-var
  1:5   error    'x' is assigned a value but never used        no-unused-vars
  1:9   warning  Strings must use doublequote                  quotes
  4:11  error    Expected '===' and instead saw '=='           eqeqeq
  5:1   error    Expected indentation of 8 spaces but found 6  indent
  7:28  error    Missing semicolon                             semi

✖ 6 problems (5 errors, 1 warning)
  3 errors and 1 warning potentially fixable with the `--fix` option.
```

Linters 有時看起來可能會很挑剔。為我們的字串使用雙引號（double quotes）或單引號（single quotes）是否真的有那麼重要？另一方面，正確的縮排（indentation）對於易讀性（readability）很重要，而使用 === 與 let 而非 == 與 var 能替你避免細微難察的臭蟲。而沒用到的變數是你程式碼中純粹的負擔，沒理由讓它們留在那裡。

ESLint 定義了許多 linting 規則，而且也有外掛（plug-ins）所成的整個生態系統，可以新增更多規則。不過 ESLint 是完全可以配置的，你可以定義一個組態檔（configuration file）來調整 ESLint 強制施加你想要的規則，而且僅讓那些規則生效。

17.2　使用 Prettier 為 JavaScript 格式化

某些專案使用 linters 的原因之一是要強制施加一致的編程風格（coding style），如此整個團隊的程式設計師在一個共用的源碼庫（codebase）上協作時，他們就能使用相容的程式碼慣例。這包括了程式碼的縮排規則，但也包括了「應該優先選用何種引號」以及「for 關鍵字及跟在其後的左括弧之間是否要有一個空格」之類的規則。

藉由 linter 強制施加程式碼格式規則的現代替代做法是採用像是 Prettier（*https://prettier.io*）之類的工具自動剖析，並重新格式化你所有的程式碼。

假設你寫了下列函式，它可以運作，但格式化的方式不符合慣例：

```
function factorial(x)
{
        if(x===1){return 1
          else{return x*factorial(x-1)}
}
```

在這段程式碼上執行 Prettier 可以修正其縮排、新增缺少的分號、在二元運算子兩邊加上空格，並在 { 之後及 } 之前加上分行符號（line breaks），所產生的程式碼看起來會更符合慣例：

```
$ prettier factorial.js
function factorial(x) {
  if (x === 1) {
    return 1;
  } else {
    return x * factorial(x - 1);
  }
}
```

如果你以 --write 選項調用 Prettier，它會就地重新格式化所指定的檔案，而不是印出重新格式化後的版本。如果你使用 git 來管理你的原始碼，你可以在一個 commit hook 中以 --write 選項調用 Prettier，讓程式碼在提交前自動格式化。

如果你配置你的程式碼編輯器讓 Prettier 在每次你儲存一個檔案時都自動執行，就特別能顯現它的用處。我覺得可以放輕鬆快速寫出程式碼，然後看著它自動被修正，是很解放的事情。

Prettier 是可以配置的，但它只有幾個選項。你可以選擇最大的行長度、縮排量、是否應該使用分號、字串應以單引號或雙引號圍起，以及少數其他事情。一般而言，Prettier 的預設選項就相當合理了。這背後的理念是，你只需要為你的專案採用 Prettier，然後永遠都不必再考慮到程式碼的格式化。

個人來說，我真的很喜歡在 JavaScript 專案上使用 Prettier。然而，我並沒有用它來處理本書中的程式碼，因為我在這裡的許多程式碼都仰賴仔細的手動格式化，以垂直對齊我的註解，而 Prettier 會把那搞砸。

17.3 使用 Jest 的單元測試

撰寫測試（tests）對於任何正式嚴謹的程式設計專案來說都是很重要的一部分。像是 JavaScript 之類的動態語言支援能大幅減少撰寫測試所需心力的測試框架（testing frameworks），而且幾乎到了讓測試的撰寫變得有趣的地步！ JavaScript 有很多測試工具和程式庫，有許多都是以模組化的方式撰寫的，所以你可以挑選一個程式庫作為你的測試執行器，而另一個程式庫用於斷言（assertions），然後第三個用來模擬（mocking）。然而，在本節中我們會描述 Jest（*https://jestjs.io*），它是一個熱門的框架，將你需要的所有東西都包含在單一個套件中。

假設你寫了下列函式：

```
const getJSON = require("./getJSON.js");

/**
 * getTemperature() 接受一個城市名稱作為輸入，
 * 並回傳一個 Promise，它會解析為該城市目前的溫度，
 * 單位是華氏溫度。它仰賴一個（虛設）的 Web 服務
 * 這個服務會回傳單位是攝氏溫度的世界各地氣溫。
 */
module.exports = async function getTemperature(city) {
    // 從那個 Web 服務取得攝氏溫度
```

```
        let c = await getJSON(
            `https://globaltemps.example.com/api/city/${city.toLowerCase()}`
        );
        // 轉換為華氏溫度並回傳那個值。
        return (c * 5 / 9) + 32;  // TODO: double-check this formula
    };
```

此函式的一組良好的測試可能會驗證 getTemperature() 有擷取正確的 URL，而它有正確地轉換溫標（temperature scales）。我們能以一個基於 Jest 的測試來這麼做。這段程式碼定義 getJSON() 的一個模擬實作（mock implementation），讓此測試不會真的發出一個網路請求。而因為 getTemperature() 是一個 async 函式，這些測試也會是 async 的，測試非同步函式（asynchronous functions）可能會很麻煩，但 Jest 讓它變得相對容易：

```
// 匯入我們要測試的函式
const getTemperature = require("./getTemperature.js");

// 並模擬 getTemperature() 所仰賴的 getJSON() 模組
jest.mock("./getJSON");
const getJSON = require("./getJSON.js");

// 告知那個模擬的 getJSON() 函式回傳一個已經解析了的 Promise
// 帶有 0 的履行值（fulfillment value）。
getJSON.mockResolvedValue(0);

// 我們對於 getTemperature() 的那組測試從此開始
describe("getTemperature()", () => {
    // 這是第一個測試。我們確保 getTemperature()
    // 以我們所預期的 URL 呼叫 getJSON()
    test("Invokes the correct API", async () => {
        let expectedURL = "https://globaltemps.example.com/api/city/vancouver";
        let t = await(getTemperature("Vancouver"));
        // Jest 模擬出來的東西會記得它們是如何被呼叫的，我們可以檢查那點。
        expect(getJSON).toHaveBeenCalledWith(expectedURL);
    });

    // 這第二個測試驗證 getTemperature()
    // 有正確地把攝氏轉為華氏
    test("Converts C to F correctly", async () => {
        getJSON.mockResolvedValue(0);                    // 如果 getJSON 回傳 0C
        expect(await getTemperature("x")).toBe(32);  // 我們預期 32F

        // 100C should convert to 212F
        getJSON.mockResolvedValue(100);                  // 如果 getJSON 回傳 100C
        expect(await getTemperature("x")).toBe(212); // 我們預期 212F
    });
});
```

寫好了這個測試之後，我們就能使用 jest 命令來執行它，而我們會發現其中一個測試會失敗：

```
$ jest getTemperature
 FAIL  ch17/getTemperature.test.js
  getTemperature()
    ✓ Invokes the correct API (4ms)
    ✕ Converts C to F correctly (3ms)

  ● getTemperature() › Converts C to F correctly

    expect(received).toBe(expected) // Object.is 相等性

    Expected: 212
    Received: 87.55555555555556

      29 |          // 100C 應該轉換為 212F
      30 |          getJSON.mockResolvedValue(100); // 如果 getJSON 回傳 100C
    > 31 |          expect(await getTemperature("x")).toBe(212); // 預期 212F
         |                                            ^
      32 |      });
      33 | });
      34 |

      at Object.<anonymous> (ch17/getTemperature.test.js:31:43)

Test Suites: 1 failed, 1 total
Tests:       1 failed, 1 passed, 2 total
Snapshots:   0 total
Time:        1.403s
Ran all test suites matching /getTemperature/i.
```

我們的 getTemperature() 實作用了錯誤的公式來把攝氏轉為華氏。實際上是乘以 5 並除以 9，而非乘以 9 並除以 5。如果我們修正程式碼，然後再次執行 Jest，我們可以看到那個測試通過了。另外，作為紅利，如果我們在調用 jest 的時候加上了 --coverage 引數，它就會計算並顯示我們測試的程式碼涵蓋率（code coverage）：

```
$ jest --coverage getTemperature
 PASS  ch17/getTemperature.test.js
  getTemperature()
    ✓ Invokes the correct API (3ms)
    ✓ Converts C to F correctly (1ms)
```

```
------------------|--------|---------|---------|--------|------------------|
File              | % Stmts| % Branch| % Funcs| % Lines| Uncovered Line #s|
------------------|--------|---------|---------|--------|------------------|
All files         |   71.43|      100|   33.33|   83.33|                  |
 getJSON.js        |   33.33|      100|       0|      50|                2|
 getTemperature.js|     100|      100|     100|     100|                  |
------------------|--------|---------|---------|--------|------------------|
Test Suites: 1 passed, 1 total
Tests:       2 passed, 2 total
Snapshots:   0 total
Time:        1.508s
Ran all test suites matching /getTemperature/i.
```

執行我們的測試為我們所測的模組帶來了 100% 的程式碼涵蓋率，這正是我們所要的。它只給我們 getJSON() 的部分涵蓋率，那是我們模擬出來的模組，而且並沒有試著要測試它，所以那在預期之內。

17.4　使用 npm 的套件管理

在現代軟體開發中，撰寫比較複雜一點的程式時，常會需要仰賴第三方的軟體程式庫。舉例來說，如果你正使用 Node 撰寫一個 Web 伺服器，你可能會使用 Express 框架。而如果你正在建立要顯示在 Web 瀏覽器中的使用者介面，你可能就會使用某個前端框架（frontend framework），像是 React 或 LitElement 或 Angular。套件管理器（package manager）能讓我們輕易找到並安裝這些第三方套件。同樣重要的，套件管理器會追蹤記錄你的程式碼所依存的套件，並把這個資訊儲存到一個檔案中，如此當其他人想要嘗試你的程式時，他們就能下載你的程式碼以及你的依存關係清單，然後用它們自己的套件管理器來安裝你的程式碼所需的所有第三方套件。

npm 是與 Node 捆裝在一起的套件管理器，有在 §16.1.5 介紹過，不過它對使用 Node 的伺服端程式設計來說，也跟它對於客戶端 JavaScript 程式設計那樣有用。

如果你想要試用其他人的 JavaScript 專案，那麼你下載它們的程式碼之後，會做的第一件事情通常就是輸入 npm install 來安裝它們。這會讀取 *package.json* 檔案中的依存關係清單，並下載該專案需要的第三方套件，並將它們儲存在一個 *node_modules/* 目錄中。

你也可以輸入 npm install <package-name> 來安裝一個特定的套件到你專案的 *node_modules/* 目錄：

```
$ npm install express
```

除了安裝指名的套件，npm 也會為該專案在 *package.json* 檔案中製作其依存關係（dependency）的一筆記錄。以這種方式記錄依存關係正是得以讓其他人單純輸入 `npm install` 就能安裝所有的那些依存關係的關鍵所在。

另外一種依存性是，想要繼續發展你專案的開發人員所需的開發人員工具，實際執行程式碼的時候不會用到。舉例來說，如果一個專案使用了 Prettier 來確保它的所有程式碼都有一致的格式，那麼 Promise 就是一種「dev dependency（開發依存關係）」，而你能以 `--save-dev` 來安裝並記錄它們：

```
$ npm install --save-dev prettier
```

有的時候你可能想要全域地（globally）安裝開發人員工具，讓所有地方的程式碼都能取用，不管它們是否為具有一個 *package.json* 檔案和一個 *node_modules/* 目錄的正式專案的一部分。為此，你可以使用 -g（代表 global）選項：

```
$ npm install -g eslint jest
/usr/local/bin/eslint -> /usr/local/lib/node_modules/eslint/bin/eslint.js
/usr/local/bin/jest -> /usr/local/lib/node_modules/jest/bin/jest.js
+ jest@24.9.0
+ eslint@6.7.2
added 653 packages from 414 contributors in 25.596s

$ which eslint
/usr/local/bin/eslint
$ which jest
/usr/local/bin/jest
```

除了「install」命令，npm 也支援「uninstall」和「update」命令，它們所做的事正如其名稱所示。npm 還有一個有趣的「audit」命令，你可以用它來尋找並修正你依存性中的安全性漏洞（security vulnerabilities）：

```
$ npm audit --fix

                        === npm audit security report ===

found 0 vulnerabilities
 in 876354 scanned packages
```

當你為一個專案區域性地（locally）安裝了一個像是 ESLint 的工具，那個 eslint 指令稿最後會出現在 *./node_modules/.bin/eslint* 之中，這使得該命令很不方便執行。幸好，npm 附有一個稱作「npx」的命令，你可以用它來執行區域性安裝的工具，使用像是 `npx eslint` 或 `npx jest` 這樣的命令（而如果你使用 npx 來調用尚未安裝的工具，它會試著幫你安裝）。

npm 背後的公司也維護了 *https://npmjs.com* 套件儲存庫（package repository），保存了數十萬個開源套件。但你不一定得透過 npm 套件管理器才能存取這個套件儲存庫，替代的選擇包括 yarn（*https://yarnpkg.com*）和 pnpm（*https://pnpm.js.org*）。

17.5 程式碼捆裝

如果你正在撰寫要在 Web 瀏覽器中執行的一個大型 JavaScript 程式，你大概會想要使用程式碼捆裝工具（code-bundling tool），特別是在你會用到作為模組遞送的外部程式庫之時。Web 開發人員已經使用 ES6 模組（§10.3）多年了，早在 Web 有支援 import 和 export 關鍵字之前就開始了。為了做到這點，程式設計師使用一種程式碼捆裝器（code-bundler）工具，它從程式的主進入點（或多個進入點）開始，跟隨 import 指引所成的樹狀結構，找出程式所依存的所有模組。然後它把所有的那些個別模組檔案結合成 JavaScript 程式碼的單一個捆包（bundle），並改寫 import 和 export 指引來使程式碼能以這種新的形式運作。結果是單一個程式碼檔案，可被載入到不支援模組的 Web 瀏覽器中。

今日，幾乎所有的瀏覽器都普遍支援 ES6 模組了，但 Web 開發人員仍然傾向於使用程式碼捆裝器，至少在發行正式生產用的程式碼時是那樣。開發人員發現，要讓使用者有最佳的體驗，最好是在使用者初次訪問一個網站時載入單一個中等大小的程式碼捆包，而非分別載入許多小型模組。

> Web 效能（performance）是出了名棘手的主題，有非常多的變數要考慮，包括瀏覽器供應商所做的持續改善，所以要確保最快的程式碼載入速度，就只有徹底進行測試，並仔細測量。要牢記的是，有一個變數完全掌握在你手上：程式碼大小。量少的 JavaScript 程式碼載入和執行的速度永遠都會比量多的 JavaScript 程式碼還要快！

有幾個良好的 JavaScript 捆裝工具可用。常用的捆裝器包括 Webpack（*https://webpack.js.org*）、Rollup（*https://rollupjs.org/guide/en*）和 Parcel（*https://parceljs.org*）。捆裝器的基本功能或多或少都相同，它們的差異在於可配置的程度，以及用起來有多容易。Webpack 存在已久，並有龐大的外掛生態系統、可高度配置，而且能支援較舊的非模組程式庫，但它可能也會很複雜且難以設定。而在頻譜的另一端則是 Parcel，它主要是要當作一種零配置（zero-configuration）的替代選擇，不需要設定就能把事情做好。

除了進行基本的捆裝，捆裝工具也可以提供一些額外的功能：

- 某些程式有一個以上的進入點（entry point）。舉例來說，具有多個頁面的一個 Web 應用程式可能被寫成每個頁面都有一個不同的進入點。捆裝器一般能讓你為每個進入點建立一個捆包，或建立支援多個進入點的單一個捆包。

- 程式能以函式形式使用 `import()`（§10.3.6），在實際需要時動態載入模組，而非使用它的靜態形式在程式啟動時期一次載入它們。這麼做通常會是改善你程式啟動時間的一種好辦法。支援 `import()` 的捆裝工具可能得以產生多個輸出捆包：一個在啟動時載入，而另外一或多個是在需要時動態載入。如果你的程式中只有少數幾個 `import()` 呼叫，而且它們載入的模組所具有的依存關係相對無交集，這就可能行得通。如果動態載入的模組共用依存關係，那麼判斷要產生多少個捆包的工作就變得麻煩，而你很可能得手動配置你的捆裝器以解決這個問題。

- 捆裝器一般可以輸出一個*原始碼映射*（*source map*）檔案，定義出捆包中程式碼行與最初原始碼中程式碼行之間的一種映射關係。這能讓瀏覽器的開發人員工具自動以它們原本未捆裝的位置顯示 JavaScript 的錯誤。

- 有的時候當你匯入一個模組到你的程式中，你只用到了它的少數幾個功能。好的捆裝工具能夠分析程式碼來判斷哪些部分未使用，並將之從捆包中省略。此功能有「tree-shaking（搖樹）」這個奇特的名稱。

- 捆裝器通常會有一種基於外掛（plug-in–based）的架構，支援的外掛（plug-ins）能讓我們匯入並捆裝實際上並非 JavaScript 程式碼檔案的模組。假設你的程式包括一個相容於 JSON 的大型資料結構。程式碼捆裝器可以被設定成允許你將那個資料結構移到另外的一個 JSON 檔案中，然後以 `import widgets from "./big-widget-list.json"` 之類的一個宣告將之匯入到你的程式中。同樣地，把 CSS 內嵌到它們 JavaScript 程式中的 Web 開發人員可以使用能讓他們以一個 `import` 指引匯入 CSS 檔案的捆裝器外掛。不過要注意，如果你匯入了 JavaScript 檔案以外的任何東西，你就是在使用一種非標準的 JavaScript 擴充功能，並會使得你的程式碼依存於那個捆裝工具。

- 在像 JavaScript 這樣不需要編譯（compilation）的一個語言中，執行捆裝工具感覺起來就類似一個編譯步驟，而每次編輯程式碼之後都必須執行一個捆裝器才能讓程式碼在你的瀏覽器中執行，會令人感到沮喪。捆裝器一般都支援檔案系統監看器（filesystem watchers），能偵測一個專案目錄中任何檔案的編輯動作，並自動重新產生必要的捆包。設置好這項功能，你通常就能儲存你的程式碼，然後立即重新載入你的 Web 瀏覽器視窗以測試它。

- 某些捆裝器也支援一種「熱模組抽換（hot module replacement）」模式，其中每次有一個捆包重新產生時，它就會自動被載入到瀏覽器中。這運作起來的時候，對於開發人員來說就像是魔法一般的體驗，但底層需要一些技巧才能讓它生效，不是所有專案都適用。

17.6　使用 Babel 的 Transpilation（轉譯）

Babel（*https://babeljs.io*）這個工具能把使用現代語言功能撰寫的 JavaScript 編譯（compiles）為沒用到那些現代語言功能的 JavaScript。因為它是把 JavaScript 編譯為 JavaScript，Babel 有時被稱作一個「transpiler（轉譯器）」。Babel 被建立出來，是為了讓 Web 開發人員能夠使用 ES6 與後續版本的新語言功能，同時仍以僅支援 ES5 的 Web 瀏覽器作為目標。

像是 ** 指數運算子和箭號函式（arrow functions）之類的語言功能可以相對輕鬆地被變換為 Math.pow() 和 function 運算式。其他的語言功能，例如 class 關鍵字，則需要更多複雜的轉換，而且一般來說，Babel 所輸出的程式碼並不是要給人類閱讀用的。不過就像捆裝工具，Babel 也能產生原始碼映射，將變換過的程式碼位置映射回它們原本原始碼的位置，處理變換過的程式碼時，這能幫上大忙。

瀏覽器供應商在跟隨 JavaScript 語言演進腳步上做得很好，今日編譯掉箭號函式和類別宣告的需求少了很多，不過當你想要使用最新的功能，例如數值字面值（numeric literals）中的底線分隔符（underscore separators）之時，Babel 仍然可以幫上忙。

就像本章中所描述的大多數其他工具，你能以 npm 安裝 Babel，並以 npx 執行它。Babel 會讀取一個 *.babelrc* 組態檔，告訴它你希望如何變換你的 JavaScript 程式碼。Babel 定義了你可以從中挑選的「預設組合（presets）」，依據你想要使用的語言擴充功能和你希望變換標準語言功能的強度。Babel 的預設組合中，最有趣的一個是藉由縮小化（剝除註解和空白、重新命名變數等）的程式碼壓縮（code compression）。

如果你使用 Babel 以及程式碼捆裝工具，你或許能夠設定程式碼捆裝器在它為你建置捆包的時候，自動在你的 JavaScript 檔案上執行 Babel。若是如此，這可能就會是一種便利的選擇，因為它簡化了產生可執行的程式碼之過程。舉例來說，Webpack 就支援一個「babel-loader」模組，你可以安裝並設定它，以在它進行捆裝的過程中，在每個 JavaScript 模組上執行 Babel。

即使今日變換核心 JavaScript 語言的需求比較少了，Babel 仍然常被用來支援此語言的非標準擴充功能，而我們會在接下來的章節描述其中的兩個語言擴充功能。

17.7　JSX：JavaScript 中的標示運算式

JSX 是核心 JavaScript 的一個擴充功能，使用 HTML 式的語法來定義由元素所成的一個樹狀結構。與 JSX 最相關的是用於 Web 上使用者介面的 React 框架。在 React 中，以 JSX 定義的元素樹（trees of elements）最終會作為 HTML 被描繪（rendered）到 Web 瀏覽器中。即使你自己沒有使用 React 的計畫，它的熱門程度意味著你很有可能會看到用到 JSX 的程式碼。本節解說要了解它們的意義你應該知道的事情（本節談論的是 JSX 語言擴充功能，而非 React，而它僅介紹了足夠的 React 知識來為 JSX 語法提供情境脈絡）。

你可以把一個 JSX 元素想成是一種新的 JavaScript 運算式語法（expression syntax）。JavaScript 的字串字面值（string literals）是以引號來界定的，而正規表達式字面值（regular expression literals）是以斜線來界定。同樣地，JSX 運算式字面值則是以角括號（angle brackets）來界定。這裡有非常簡單的一個：

```
let line = <hr/>;
```

如果你使用 JSX，你會需要使用 Babel（或類似的工具）來將 JSX 運算式編譯為一般的 JavaScript。這個變換夠簡單，使得某些開發人員選擇使用 React 而不用 JSX。Babel 會把這個指定述句（assignment statement）中的 JSX 運算式變換為一個簡單的函式呼叫：

```
let line = React.createElement("hr", null);
```

JSX 語法類似 HTML，而就像 HTML 元素，React 元素也可以有像這樣的屬性（attributes）：

```
let image = <img src="logo.png" alt="The JSX logo" hidden/>;
```

當一個元素有一或多個屬性，它們就會變成作為第二引數傳入給 createElement() 的一個物件之特性：

```
let image = React.createElement("img", {
            src: "logo.png",
            alt: "The JSX logo",
            hidden: true
          });
```

如同 HTML 元素，JSX 元素也可以有字串和其他元素作為子節點。就像 JavaScript 的算術運算子能被用來撰寫任意複雜的算術運算式，JSX 元素也可以被內嵌到任意深度，以創造出元素的樹狀結構：

```
let sidebar = (
  <div className="sidebar">
    <h1>Title</h1>
    <hr/>
    <p>This is the sidebar content</p>
  </div>
);
```

一般的 JavaScript 函式呼叫運算式也可以內嵌的任意深，而這些巢狀（nested）的 JSX 運算式會被轉譯為一組巢狀的 createElement() 呼叫。當一個 JSX 元素有子節點，那些子節點（通常是字串或其他 JSX 元素）會作為第三和後續引數被傳入：

```
let sidebar = React.createElement(
    "div", { className: "sidebar"},  // 這個外層呼叫建立一個 <div>
    React.createElement("h1", null,  // 這是那個 <div> 的第一個子節點
                        "Title"),    // 以及它自己的第一個子節點。
    React.createElement("hr", null), // <div> 的第二個子節點。
    React.createElement("p", null,   // 以及第三個子節點。
                        "This is the sidebar content"));
```

React.createElement() 所回傳的值是一個普通的 JavaScript 物件，它會被 React 用來在瀏覽器視窗中描繪（render）輸出。既然本節是關於 JSX 語法而非 React，我們不會深入討論所回傳的 Element 物件或描繪的程序。值得注意的是，你可以配置 Babel 來把 JSX 元素編譯為一個不同函式的調用（invocations），所以如果你認為 JSX 語法會是表達其他類型巢狀資料結構的一種實用方式，你可以把它用於非 React 的用途上。

JSX 語法的一個重要特色是，你可以在 JSX 運算式中內嵌一般的 JavaScript 運算式。在一個 JSX 運算式中，在曲括號（curly braces）內的文字會被解讀為普通的 JavaScript。這些內嵌的運算式能作為屬性值或子元素。舉例來說：

```
function sidebar(className, title, content, drawLine=true) {
  return (
    <div className={className}>
      <h1>{title}</h1>
      { drawLine && <hr/> }
      <p>{content}</p>
    </div>
  );
}
```

這個 sidebar() 函式回傳一個 JSX 元素。它接受四個引數以在此 JSX 元素中使用。這種曲括號的語法可能會讓你想起使用 ${} 在字串中包含 JavaScript 運算式的範本字面值（template literals）。既然我們知道 JSX 運算式會被編譯為函式調用，我們應該不會意外其中能包含任意的 JavaScript 運算式，因為函式調用也能以任意的運算式來撰寫。這段範例程式碼會被 Babel 轉為下面這樣：

```
function sidebar(className, title, content, drawLine=true) {
  return React.createElement("div", { className: className },
                             React.createElement("h1", null, title),
                             drawLine && React.createElement("hr", null),
                             React.createElement("p", null, content));
}
```

這段程式碼很容易閱讀及理解：那些曲括號不見了，而所產生的程式碼會把送入的函式參數以一種自然的方式傳遞給 React.createElement()。注意到在此我們以 drawLine 參數和短路的 && 運算子所做到的巧妙技法。如果你只以三個引數呼叫 sidebar()，那麼 drawLine 預設就會是 true，而給外層 createElement() 呼叫的第四引數會是 <hr/> 元素。但如果你傳入 false 作為給 sidebar() 的第四引數，那麼外層 createElement() 呼叫的第四引數就會估算為 false，不會有 <hr/> 元素被創建出來。&& 運算子的這種用法在 JSX 中是一種常見的慣用語，用來條件式地包含或排除一個子元素，依據其他某個運算式的值（這個慣用語能與 React 並用，因為 React 單純只會忽略是 false 或 null 的子節點，不會為它們產生任何輸出）。

當你在 JSX 運算式中使用 JavaScript 運算式，能使用的不限於前面例子中的簡單值（例如字串或 boolean 值），任何 JavaScript 值都被允許。事實上，在 React 程式設計中，相當常見的是使用物件、陣列和函式。舉例來說，考慮下列函式：

```
// 給定一個字串陣列以及一個 callback 函式，回傳一個 JSX 元素
// 這個元素代表一個 HTML <ul> 串列，具有一個陣列的 <li> 元素作為它的子節點。
function list(items, callback) {
  return (
    <ul style={ {padding:10, border:"solid red 4px"} }>
      {items.map((item,index) => {
        <li onClick={() => callback(index)} key={index}>{item}</li>
      })}
    </ul>
  );
}
```

此函式使用一個物件字面值作為 <ul> 元素上 style 屬性的值（注意到那雙重的曲括號在此並非必要）。<ul> 元素有單一個子節點，但那個子節點的值是一個陣列。那個子節點

陣列是在輸入陣列上使用 `map()` 函式所建立出來的一個 `<li>` 元素陣列（這之所以能與 React 並用，是因為 React 程式庫會在描繪一個元素時，把它的子節點攤平。具有一個陣列子節點的元素，就等同於以那些每一個陣列元素作為子節點）。最後，注意到這每個內嵌的 `<li>` 元素都有一個 `onClick` 事件處理器屬性，其值是一個箭號函式。那段 JSX 程式碼會被編譯為下列的純 JavaScript 程式碼（我有用 Prettier 來將它格式化）：

```
function list(items, callback) {
  return React.createElement(
    "ul",
    { style: { padding: 10, border: "solid red 4px" } },
    items.map((item, index) =>
      React.createElement(
        "li",
        { onClick: () => callback(index), key: index },
        item
      )
    )
  );
}
```

JSX 中物件運算式的另一個用途是搭配物件分散運算子（object spread operator，§6.10.4）一次指定多個屬性。假設你發現自己正在撰寫大量的 JSX 運算式，重複一組共通的屬性。你可以把那些屬性定義為一個物件的特性，然後「把它們分散到」你的那些 JSX 元素中，藉此簡化你的運算式：

```
let hebrew = { lang: "he", dir: "rtl" }; // 指出語言和方向
let shalom = <span className="emphasis" {...hebrew}>שלום</span>;
```

Babel 會把這編譯為使用一個 `_extends()` 函式（在此省略）以結合 `className` 屬性和包含在 `hebrew` 物件中的屬性：

```
let shalom = React.createElement("span",
                                 _extends({className: "emphasis"}, hebrew),
                                 "\u05E9\u05DC\u05D5\u05DD");
```

最後，這裡還有一個我們尚未涵蓋到的重要 JSX 功能。如你所見，所有的 JSX 元素開頭都是緊接在左角括號後的一個識別字（identifier）。如果這個識別字的第一個字母是小寫（如這裡所有的範例那樣），那麼該識別字就會被傳入給 `createElement()` 作為一個字串。但如果該識別字的第一個字母是大寫，那它會被視為一個實際的識別字，而被傳入作為 `createElement()` 第一個引數的，會是那個識別字的 JavaScript 值。這意味著 JSX 運算式 `<Math/>` 會被編譯為將全域的 Math 物件傳給 `React.createElement()` 的 JavaScript 程式碼。

對 React 來說，可以傳遞非字串值作為第一引數給 createElement 的這種能力讓我們得以建立元件（*components*）。一個元件是撰寫一個簡單的 JSX 運算式（帶有一個大寫的元件名稱）來代表一個更複雜運算式（使用小寫的 HTML 標記名稱）的一種方式。

在 React 中定義一個新元件最簡單的方式就是撰寫一個函式，接受一個「props object」作為引數，並回傳一個 JSX 運算式。一個 *props object*（特性物件）單純就是代表屬性值的一個 JavaScript 物件，就像傳入作為第二引數給 createElement() 的那種物件。這裡再次以我們的 sidebar() 函式為例：

```
function Sidebar(props) {
  return (
    <div>
      <h1>{props.title}</h1>
      { props.drawLine && <hr/> }
      <p>{props.content}</p>
    </div>
  );
}
```

這個新的 Sidebar() 函式很類似前面的 sidebar() 函式，但它的名稱是以一個大寫字母開頭，並且接受單一個物件引數，而非個別的引數。這使它成為了一個 React 元件，也代表它可以被用在 JSX 運算式中預期一個 HTML 標記名稱（tag name）的地方：

```
let sidebar = <Sidebar title="Something snappy" content="Something wise"/>;
```

這個 <Sidebar/> 是像這樣編譯的：

```
let sidebar = React.createElement(Sidebar, {
  title: "Something snappy",
  content: "Something wise"
});
```

它是一個簡單的 JSX 運算式，但當 React 描繪它時，它會把第二個引數（Props 物件）傳給第一個引數（Sidebar() 函式），並會使用那個函式所回傳的 JSX 運算式來取代 <Sidebar> 運算式。

17.8　使用 Flow 的型別檢查

Flow（*https://flow.org*）這個語言擴充功能讓你可以用型別資訊（type information）來註釋（annotate）你的 JavaScript 程式碼，也是用來檢查你 JavaScript 程式碼（無論是否有註釋過）有沒有型別錯誤的一種工具。要使用 Flow，你會先使用 Flow 的語言擴充功能來新增型別註釋。然後你執行 Flow 工具來分析你的程式碼並回報型別錯誤。一旦你修正了那些錯誤，並準備好執行那個程式碼，就使用 Babel（或許是作為程式碼捆裝過程自動化的一部分進行）從你的程式碼剔除 Flow 的那些型別註釋。（Flow 語言擴充功能的一個好處是，沒有 Flow 必須編譯或變換的任何新語法。你使用 Flow 語言擴充功能來新增註釋到程式碼，而 Babel 所做的，就只是剔除那些註釋，將你的程式碼轉回標準的 JavaScript。）

TypeScript vs. Flow

TypeScript 是 Flow 非常受歡迎的替代選擇。TypeScript 是 JavaScript 的一個擴充功能，它新增了型別以及其他的語言功能。TypeScript 的編譯器「tsc」會把 TypeScript 程式編譯為 JavaScript 程式，並在過程中分析它們且回報型別錯誤，以非常類似 Flow 方式進行。tsc 不是一個 Babel 外掛：它是自成一體的獨立編譯器。

TypeScript 中簡單的型別註釋寫起來通常幾乎跟 Flow 中的註釋完全相同。對於更進階的定型（typing），這兩個擴充功能的語法就有所分歧，但它們有一樣的目的和價值。在本節中，我的目標是解釋型別註釋和靜態程式碼分析（static code analysis）的好處。我會以基於 Flow 的範例來做到這點，但在此所示範的每樣東西都能以 TypeScript 達成，只需相對簡單的語法變更。

TypeScript 是在 2012 年發行的，早於 ES6，那時 JavaScript 還沒有 class 關鍵字、for/of 迴圈、模組和 Promise。Flow 是專注的領域更狹窄的語言擴充功能，為 JavaScript 新增型別註釋，僅此而已。相較之下，TypeScript 幾乎就是設計為一個新語言了。如其名稱所示，為 JavaScript 新增型別（types）是 TypeScript 的主要用途，也是現在人們使用它的理由。但型別並非 TypeScript 新增到 JavaScript 的唯一功能：TypeScript 語言還有 enum 與 namespace 關鍵字，它們在 JavaScript 中並不存在。在 2020 年，TypeScript 與 IDE 和程式碼編輯器（特別是 VSCode，它跟 TypeScript 一樣，源自於 Microsoft）有比 Flow 還要好的整合度。

最終，這是一本關於 JavaScript 的書，而在此我涵蓋的是 Flow 而非 TypeScript，是因為我不想讓 JavaScript 失焦。但你在此所學到的關於為 JavaScript 新增型別的知識，將能夠幫助你決定是否要為你的專案採用 TypeScript。

使用 Flow 必須投入心力，但我發現，對於中型和大型專案，這額外的努力是值得的。
為你的程式碼新增型別註釋、每次編輯程式碼時都要執行 Flow，還要修正它回報的型別
錯誤，這些都要多花額外的時間。但作為報酬，Flow 將幫助你維持良好的編程紀律，而
且不會允許你偷吃步而導致臭蟲產生。過去我在開發用到 Flow 的專案時，它在我自己
的程式碼中找到的錯誤數，總是讓我印象深刻。能在它們變為臭蟲之前就修正那些問題
的感覺真的很棒，並讓我更有信心我的程式碼是正確的。

當我初次開始使用 Flow 時，我發現有時很難理解它為什麼會抱怨我的程式碼。不過經
過一些練習，我開始了解它的錯誤訊息，並發現只要對我的程式碼做些微小的變更，很
容易就能讓它變得更安全並且滿足 Flow[1]。如果你仍然覺得自己還在學習 JavaScript 本
身，那我並不推薦使用 Flow。但只要你對這個語言有信心了，那麼新增 Flow 到你的
JavaScript 專案會把你的程式設計技能再推進到下一個階段。而這也是我把本書的最後
一節獻給 Flow 入門教學的真正原因：因為學習 JavaScript 型別系統能讓你一窺另一個
層次的，或者說另一種風格的程式設計。

本節是入門教學，不會試著全面地涵蓋 Flow。如果你決定試一試 Flow，幾乎可以肯定
的是，你最後一定得花時間閱讀在 *https://flow.org* 上的說明文件。另一方面，要開始在
你的專案中實際運用 Flow，你並不需要精通 Flow 的型別系統：在此所描述的簡單用法
就能帶你走得很遠。

17.8.1　安裝並執行 Flow

就像在本章中所描述的其他工具，你可以使用套件管理器來安裝 Flow 型別檢查工具，
透過像是 `npm install -g flow-bin` 或 `npm install --save-dev flow-bin` 這樣的命令。如果你
以 `-g` 全域地安裝了此工具，那你就能以 `flow` 來執行它。而如果你以 `--save-dev` 在你的專
案中區域性地安裝它，那你能以 `npx flow` 執行它。使用 Flow 來進行型別檢查之前，初次
在你專案的根目錄中以 `flow --init` 執行它時，會建立一個 `.flowconfig` 組態檔。你可能永
遠都不需要新增任何東西到這個檔案，但 Flow 需要它才能知道你專案的根目錄在哪。

當你執行 Flow，它會找出你專案中的所有 JavaScript 原始碼，但它只會為「選擇採用
（opted in）」型別檢查的檔案回報型別錯誤，那些檔案會在頂端加上一個 `//@flow` 註解。
這種選擇加入（opt-in）的行為很重要，因為這代表你可以為現有的專案採用 Flow，然
後開始一次一個檔案轉換你的程式碼，而不用煩惱尚未被轉換的檔案上的錯誤與警告。

1　如果你曾以 Java 寫過程式，你可能有在初次使用型別參數（type parameter）撰寫一個泛型（generic）的
　　API 時經歷過類似的事情。我發現學習 Flow 的過程與 2004 年 Java 引進泛型功能時，我所經歷過的事情
　　有驚人的相似度。

即使你所做的只是以一個 //@flow 註解來選用它，Flow 也能夠在你的程式碼中找出錯誤。即便你沒有使用 Flow 語言擴充功能，沒有為你的程式碼添加型別註釋，Flow 型別檢查工具仍然有辦法推論你程式中的值，並在你以前後不一致的方式使用它們時發出警告。

考慮下列 Flow 的錯誤訊息：

```
Error ───────────────────────────────────────── variableReassignment.js:6:3

Cannot assign 1 to i.r because:
 • property r is missing in number [1].

    2| let i = { r: 0, i: 1 };    // 複數 0+1i
[1] 3| for(i = 0; i < 10; i++) {  // 糟糕！迴圈變數覆寫了 i
    4|     console.log(i);
    5| }
    6| i.r = 1;                    // Flow 在此偵測到錯誤
```

在此例中，我們宣告了變數 i 並把一個物件指定給它。然後我們再次使用 i 作為一個迴圈變數，覆寫了那個物件。Flow 注意到這點，並在我們試著使用 i，彷彿它仍存放著一個物件時標出一個錯誤（一個簡單的修正辦法會是寫成 for(let i = 0;，讓那個迴圈變數成為該迴圈的區域值）。

這裡是不使用型別註釋時，Flow 所偵測到的另一個錯誤：

```
Error ───────────────────────────────────────────────── size.js:3:14

Cannot get x.length because property length is missing in Number [1].

    1| // @flow
    2| function size(x) {
    3|     return x.length;
    4| }
[1] 5| let s = size(1000);
```

Flow 看到 size() 函式接受單一個引數。它不知道該引數的型別，但它可以看出那個引數預期會有一個 length 特性。當它看到這個 size() 函式以一個數值引數被呼叫，它會正確地標示這是個錯誤，因為數字沒有 length 特性。

17.8.2 使用型別註釋

當你宣告一個 JavaScript 變數，你可以在該變數的名稱之後加上一個冒號及型別來為它
添加 Flow 型別資訊：

```
let message: string = "Hello world";
let flag: boolean = false;
let n: number = 42;
```

即使你沒有註釋它們，Flow 也會知道這些變數的型別：它可以看到你指定給每個變數的
是什麼值，並追蹤記錄它們。然而，如果你新增了型別註釋，Flow 就知道該變數的型
別，以及你所表達的意圖：「那個變數應該永遠是該型別」。所以如果你使用型別註釋，
Flow 就會在你指定了一個不同型別的值給那個變數時，標出錯誤。如果你會把你所有的
變數宣告在一個函式的頂端，在它們被使用之前，那麼變數的型別註釋也會特別有用。

函式引數的型別註釋就如同變數的註釋：在函式引數之名稱後面加上一個冒號及其型
別名稱。註釋一個函式時，你通常也會為該函式的回傳型別（return type）加上一個註
釋。這會放在右括弧和函式主體的左曲括號之間。什麼都不回傳的函式使用的 Flow 型
別是 void。

在前面的例子中，我們定義了一個 size() 函式，預期具有 length 特性的一個引數。這
裡是我們可以如何變更此函式來明確指出它預期一個字串引數並回傳一個數字。請注
意，Flow 會在我們傳入一個函式給此函式時標示錯誤，即使在那種情況下，此函式依然
行得通：

```
Error --------------------------------------------------------------------------------- size2.js:5:18

Cannot call size with array literal bound to s because array literal [1]
is incompatible with string [2].

[2] 2| function size(s: string): number {
    3|     return s.length;
    4| }
[1] 5| console.log(size([1,2,3]));
```

為箭號函式使用型別註釋也是可能的，雖然那可能把這種一般很簡潔的語法變為某種更
囉嗦的東西：

```
const size = (s: string): number => s.length;
```

關於 Flow，要了解的一個重點是，JavaScript 的 null 值有 Flow 型別 null，而 JavaScript 的 undefined 值有 Flow 型別 void。但這些值都不是其他任何型別的成員（除非你明確地新增它）。如果你宣告一個函式參數為字串，那麼它必定要是一個字串，傳入 null 或 undefined 或試圖省略該引數（這基本上等同於傳入 undefined）都會是錯誤：

```
Error ······················································································· size3.js:3:18

Cannot call size with null bound to s because null [1] is incompatible
with string [2].

      1 │  // @flow
[2]  2 │  const size = (s: string): number => s.length;
[1]  3 │  console.log(size(null));
```

如果你希望允許 null 和 undefined 是一個變數或函式引數的合法值，就在型別前面加上一個問號。舉例來說，使用 ?string 或 ?number，而非 string 或 number。若修改我們的 size() 函式，讓它預期型別為 ?string 的一個引數，那麼 Flow 就不會在我們傳入 null 給該函式時發出抱怨。但它現在會抱怨其他事情：

```
Error ······················································································· size4.js:3:14

Cannot get s.length because property length is missing in null or
undefined [1].

      1│  // @flow
[1]  2│  function size(s: ?string): number {
      3│      return s.length;
      4│  }
      5│  console.log(size(null));
```

這裡 Flow 所告訴我們的是，寫入 s.length 是不安全的，因為在我們程式碼的這個地方，s 有可能是 null 或 undefined，而那些值並沒有 length 特性。這就是 Flow 確保我們沒有抄捷徑的地方。如果一個值可能是 null，Flow 就會堅持我們要檢查那種情況，才能進行要求那個值不是 null 的任何事情。

在此例中，我們可以把函式主體改為下面這樣以修正這種問題：

```
function size(s: ?string): number {
    // 在程式碼的這個地方，s 可能是一個字串或 null 或 undefined。
    if (s === null || s === undefined) {
        // 在這個區塊中，Flow 知道 s 是 null 或 undefined。
        return -1;
    } else {
        // 而在這個區塊中，Flow 知道 s 是一個字串。
```

```
        return s.length;
    }
}
```

當此函式初次被呼叫，其參數可以有一個以上的型別。但藉由新增型別檢查程式碼，我在程式碼中建立了一個區塊，在其中 Flow 可以確定該參數是一個字串。當我們在那個區塊中使用 s.length，Flow 就不會抱怨。請注意，Flow 並沒有要求你一定要寫出像這樣囉嗦的程式碼。如果我們只是把 size() 函式的主體替換成 return s ? s.length : -1;，Flow 也不會抱怨。

在 Flow 的語法中，你能在任何型別規格（type specification）前面放上一個問號（question mark）來指出，除了所指定的型別，null 和 undefined 也是允許的。問號也可以出現在一個參數名稱之後，來指出該參數本身是選擇性（optional）的。所以如果我們把參數 s 的宣告從 s: ?string 改為 s? : string，那就意味著，不帶引數呼叫 size()（或以 undefined 值呼叫，這等同於省略它）也是 OK 的，但如果我們是以 undefined 以外的一個參數來呼叫它，那麼那個參數就必須是個字串。在這種情況下，null 並不是一個合法的值。

到目前為止，我們討論過了 string、number、boolean、null 與 void 這些原始型別（primitive types），並示範了如何把它們用於變數宣告、函式參數，以及函式回傳值。接下來的小節描述 Flow 所支援的一些更複雜的型別。

17.8.3　類別型別（Class Types）

除了 Flow 所知道的那些原始型別，它還知道 JavaScript 所有的內建類別（built-in classes），並允許你使用類別名稱（class name）作為型別。舉例來說，下列函式使用型別註釋來指出它應該以一個 Date 物件和一個 RegExp 物件來調用：

```
// @flow
// 如果指定的日期的 ISO 表示值（representation）匹配
// 指定的模式（pattern），就回傳 true，否則為 false。
// 例如：const isTodayChristmas = dateMatches(new Date(), /^\d{4}-12-25T/);
export function dateMatches(d: Date, p: RegExp): boolean {
    return p.test(d.toISOString());
}
```

如果你以 class 關鍵字定義你自己的類別，那些類別會自動變為有效的 Flow 型別。然而，為了讓這行得通，Flow 會要求你在該類別中使用型別註釋。特別是，該類別中的每個特性都必須宣告自己的型別。這裡有一個簡單的複數（complex number）類別，示範了這點：

```
// @flow
export default class Complex {
    // Flow 要求擴充過的類別語法，
    // 類別所用的每個特性都要包含型別註釋。
    i: number;
    r: number;
    static i: Complex;

    constructor(r: number, i:number) {
        // 上面建構器所初始化的任何特性
        // 都必須有 Flow 的型別註釋。
        this.r = r;
        this.i = i;
    }

    add(that: Complex) {
        return new Complex(this.r + that.r, this.i + that.i);
    }
}

// 要不是此類別內 i 有一個型別註釋，
// Flow 是不會允許這個指定的。
Complex.i = new Complex(0,1);
```

17.8.4　物件型別（Object Types）

用來描述一個物件的 Flow 型別看起來很像一個物件字面值（object literal），只不過特性的值被取代為特性的型別。舉例來說，這裡有一個函式，預期帶有數值 x 和 y 特性的一個物件：

```
// @flow
// 給定帶有數值 x 和 y 特性的一個物件，
// 將點 (x, y) 到原點的距離回傳為一個數字。
export default function distance(point: {x:number, y:number}): number {
    return Math.hypot(point.x, point.y);
}
```

在這段程式碼中，{x:number, y:number} 這段文字是一個 Flow 型別，就像 string 或 Date。就跟任何的型別一樣，你可以在前面加上一個問號來指出 null 和 undefined 是被允許的。

在一個物件型別中，你可以在任何特性名稱後面加上一個問號，來指出那個特性是選擇性的，可以被省略。舉例來說，對於代表一個 2D 或 3D 點的物件，你可能會寫出像這樣的型別：

```
{x: number, y: number, z?: number}
```

如果一個特性在物件型別中沒有被標示為選擇性，那它就是必要的，若這樣的特性在實際的值中沒有出現，Flow 就會回報錯誤。然而，一般來說，Flow 會容忍額外的特性。如果你傳入給上面 distance() 函式的物件還有一個 w 特性，Flow 也不會抱怨。

如果你希望 Flow 嚴格要求一個物件除了明確宣告在其型別中的那些特性以外，不能有其他的特性，你可以宣告一個**精確物件型別**（*exact object type*），只要在曲括號裡面加上垂直條（vertical bar）符號就行了：

```
{| x: number, y: number |}
```

JavaScript 的物件有時被用作字典（dictionaries）或字串對值的映射（string-to-value maps）。這樣使用時，特性名稱無法事先知道，也無法以某個 Flow 型別宣告。如果你像這樣使用物件，你仍然可以使用 Flow 來描述資料結構。假設你有一個物件，其中的特性是世界主要城市的名稱，而那些特性的值是指出那些城市地理位置（geographical location）的物件，你可能會像這樣宣告此資料結構：

```
// @flow
const cityLocations : {[string]: {longitude:number, latitude:number}} = {
    "Seattle": { longitude: 47.6062, latitude: -122.3321 },
    // 待辦事項：若有任何其他的重要城市，就把它們加到這裡。
};
export default cityLocations;
```

17.8.5　型別別名

物件可以有許多特性，而描述這種物件的 Flow 型別將會很長而且難以輸入。而即使是相對短的物件型別也可能令人感到困惑，因為它們看起來很像物件字面值。一旦我們用的東西不再限於簡單型別，例如 number 與 ?string，這時若能為我們的 Flow 型別定義名稱，將會是很有用的事情。而實際上，Flow 的關鍵字 type 做的正是這件事。在 type 關鍵字的後面加上一個識別字、一個等號，以及一個 Flow 型別。這麼做之後，那個識別字就會是該型別的一個別名。舉例來說，這裡我們以一個明確定義的 Point 型別改寫了前一節的 distance() 函式：

```
// @flow
export type Point = {
```

```
    x: number,
    y: number
};

// 給定一個 Point 物件，回傳它與原點的距離
export default function distance(point: Point): number {
    return Math.hypot(point.x, point.y);
}
```

注意到這段程式碼匯出了 `distance()` 函式，也匯出了 Point 型別。如果其他的模組想要使用那個型別定義，可以透過 `import type Point from './distance.js'`。不過要牢記的是，`import type` 是 Flow 的一個語言擴充功能，而非一個真正的 JavaScript 匯入指引（import directive）。型別的匯入與匯出會被 Flow 的型別檢查器所用，但就像所有其他的 Flow 語言擴充功能那樣，它們會在程式碼執行之前被剝除。

最後，值得注意的是，一般不會為代表一個點的 Flow 物件型別定義一個名稱，比較簡單而且乾淨的做法大概會是單純定義一個 Point 類別，並使用那個類別作為型別。

17.8.6　陣列型別（Array Types）

描述一個陣列的 Flow 型別是一種複合型別（compound type），其中也包含陣列元素的型別。舉例來說，這裡有預期一個數字陣列的一個函式，以及如果你試著以擁有非數值元素的陣列來呼叫此函式，Flow 會回報的錯誤：

```
Error ·········································································· average.js:8:16

Cannot call average with array literal bound to data because string [1]
is incompatible with number [2] in array element.

 [2]  2| function average(data: Array<number>) {
       3|     let sum = 0;
       4|     for(let x of data) sum += x;
       5|     return sum/data.length;
       6| }
       7|
 [1]  8| average([1, 2, "three"]);
```

一個陣列的 Flow 型別是 `Array` 後面跟著角括號內的元素型別。要表達一個陣列型別，你也可以在元素型別之後放上左右方括號（square brackets）。所以在此範例中，我們可以寫成 `number[]` 而非 `Array<number>`。我偏好角括號記號法，因為如我們會看到的，還有其他的 Flow 型別會使用這種角括號語法。

這裡所展示的 Array 型別語法適用於具有任意數目元素的陣列，而且那些元素全都具有相同的型別。Flow 有一個不同的語法用來描述一個**元組**（*tuple*）的型別：具有固定數目個元素的一個陣列，每個元素都可以有不同的型別。要表達一個元組的型別，只要寫出它的每個元素的型別，以逗號加以分隔，然後將它們全都包在方括號中。

舉例來說，回傳一個 HTTP 狀態碼和訊息的函式看起來可能像這樣：

```
function getStatus():[number, string] {
    return [getStatusCode(), getStatusMessage()];
}
```

回傳元組的函式可能不好處理，除非你使用解構指定（destructuring assignment）：

```
let [code, message] = getStatus();
```

解構指定，加上 Flow 的型別別名（type-aliasing）功能，讓元組比較容易使用，你或許可以考慮把它們當作簡單資料型別之類別的替代選擇：

```
// @flow
export type Color = [number, number, number, number];  // [r, g, b, opacity]

function gray(level: number): Color {
    return [level, level, level, 1];
}

function fade([r,g,b,a]: Color, factor: number): Color {
    return [r, g, b, a/factor];
}

let [r, g, b, a] = fade(gray(75), 3);
```

現在我們有辦法表達一個陣列的之型別了，讓我們回到前面的 size() 函式，進行修改讓它預期一個陣列引數，而非一個字串引數。我們希望該函式能夠接受任意長度的一個陣列，所以元組型別並不適合。但我們不想要限制我們的函式只能處理所有元素的型別都相同的陣列。解決的方式就是型別 Array<mixed>：

```
// @flow
function size(s: Array<mixed>): number {
    return s.length;
}
console.log(size([1,true,"three"]));
```

元素型別 mixed 指出該陣列的元素可以是任何型別。如果我們的函式會索引該陣列，試著使用任何的那些元素，Flow 就會要求我們使用 typeof 檢查或其他的測試來判斷元素的型別，然後才能在其上進行任何不安全的作業。（如果你願意放棄型別檢查，你也可以使用 any 來取代 mixed：它允許你以陣列的值來做任何想要的事，而不用保證那些值的型別如你預期。）

17.8.7　其他的參數化型別

我們已經看到，當你把一個值註釋為一個 Array，Flow 就要求你也要在角括號內指定陣列元素的型別。這個額外的型別被稱作一個**型別參數**（*type parameter*），而 Array 並不是唯一一個可被參數化（parameterized）的 JavaScript 類別。

JavaScript 的 Set 類別是元素的一個集合，就像陣列那樣，你也無法單獨使用 Set 本身作為一個型別，而是必須在角括號內包含一個型別參數來指出集合中所包含的值之型別（不過你可以使用 mixed 或 any 來表示集合可以含有多個型別的值）。這裡有一個例子：

```
// @flow
// 回傳一個數字集合，其中的成員剛好都是
// 輸入集合中那些數字的兩倍。
function double(s: Set<number>): Set<number> {
    let doubled: Set<number> = new Set();
    for(let n of s) doubled.add(n * 2);
    return doubled;
}
console.log(double(new Set([1,2,3])));  // 印出 "Set {2, 4, 6}"
```

Map 是另一個可參數化的型別。在這種情況中，有兩個型別參數必須指定，即鍵值（keys）的型別和值（values）的型別：

```
// @flow
import type { Color } from "./Color.js";

let colorNames: Map<string, Color> = new Map([
    ["red", [1, 0, 0, 1]],
    ["green", [0, 1, 0, 1]],
    ["blue", [0, 0, 1, 1]]
]);
```

Flow 也允許你為自己的類別定義型別參數。下列程式碼定義了一個 Result 類別，並以一個 Error 型別和一個 Value 型別參數化了那個類別。在程式碼中，我們使用 E 和 V 佔住位置來代表那些型別參數。當這個類別的使用者宣告了型別為 Result 的一個變數，它們會指定實際的型別來替換 E 和 V。其變數宣告看起來可能類似這樣：

```
let result: Result<TypeError, Set<string>>;
```

而這裡是參數化類別的定義方式：

```
// @flow
// 這個類別代表一項作業的結果（result），它可能
// 擲出型別為 E 的一個錯誤，或是給出型別為 V 的一個值。
export class Result<E, V> {
    error: ?E;
    value: ?V;

    constructor(error: ?E, value: ?V) {
        this.error = error;
        this.value = value;
    }

    threw(): ?E { return this.error; }
    returned(): ?V { return this.value; }

    get():V {
        if (this.error) {
            throw this.error;
        } else if (this.value === null || this.value === undefined) {
            throw new TypeError("Error and value must not both be null");
        } else {
            return this.value;
        }
    }

}
```

而你甚至可以為函式定義型別參數：

```
// @flow
// 結合兩個陣列的元素到一個由對組（pairs）所構成的陣列中
function zip<A,B>(a:Array<A>, b:Array<B>): Array<[?A,?B]> {
    let result:Array<[?A,?B]> = [];
    let len = Math.max(a.length, b.length);
    for(let i = 0; i < len; i++) {
        result.push([a[i], b[i]]);
    }
    return result;
}

// 建立陣列 [[1,'a'], [2,'b'], [3,'c'], [4,undefined]]
let pairs: Array<[?number,?string]> = zip([1,2,3,4], ['a','b','c'])
```

17.8.8 　唯讀型別（Read-Only Types）

Flow 定義了一些參數化的特殊「工具型別（utility types）」，它們的名稱都以 $ 開頭。其中大多數的型別都有進階的使用案例，是這裡不會涵蓋的。但其中有兩個在實務上相當有用。如果你有一個物件型別 T，並且想要製作出那個型別的一個唯讀（read-only）版本，就寫成 $ReadOnly<T>。同樣地，你可以寫出 $ReadOnlyArray<T> 來描述一個唯讀的陣列，其中的元素有 T 的型別。

使用這些型別的原因並不是因為它們可以保證一個物件或陣列無法被修改（如果你想要真正的唯讀物件，請參閱 §14.2 中的 Object.freeze()），而是因為它們能讓你抓到非刻意的修改所導致的臭蟲。如果你寫的函式接受一個物件或陣列引數，而且不會變更該物件任何的特性，或該陣列任何的元素，那麼你就能以 Flow 的其中一個唯讀型別來註釋函式參數。如果你這樣做，那麼當你意外修改了輸入值，Flow 就會回報錯誤。這裡有兩個例子：

```
// @flow
type Point = {x:number, y:number};

// 此函式接受一個 Point 物件但承諾不會修改它
function distance(p: $ReadOnly<Point>): number {
    return Math.hypot(p.x, p.y);
}

let p: Point = {x:3, y:4};
distance(p)  // => 5

// 此函式接受一個它不會修改的數字陣列
function average(data: $ReadOnlyArray<number>): number {
    let sum = 0;
    for(let i = 0; i < data.length; i++) sum += data[i];
    return sum/data.length;
}

let data: Array<number> = [1,2,3,4,5];
average(data) // => 3
```

17.8.9 　函式型別（Function Types）

我們已經看到如何新增型別註釋來指定一個函式的參數型別和回傳型別，但如果函式的參數之一本身就是一個函式，我們就得有辦法指定那個函式參數的型別才行。

要以 Flow 表示一個函式的型別，就寫出每個參數的型別，以逗號區隔它們，將它們包在括弧中，接著在其後放上一個箭號和該函式的回傳型別。

這裡有一個範例函式，它預期接收一個回呼函式（callback function）。注意到我們如何為此回呼函式的型別定義一個型別別名：

```
// @flow
// 我們在下面的 fetchText() 中使用的回呼函式之型別
export type FetchTextCallback = (?Error, ?number, ?string) => void;

export default function fetchText(url: string, callback: FetchTextCallback) {
    let status = null;
    fetch(url)
        .then(response => {
            status = response.status;
            return response.text()
        })
        .then(body => {
            callback(null, status, body);
        })
        .catch(error => {
            callback(error, status, null);
        });
}
```

17.8.10　聯集型別（Union Types）

讓我們再次回到 size() 函式。讓一個函式除了回傳一個陣列的長度之外什麼都不做，其實並不合理。陣列本身就有一個 length 特性可以完美的做到這點了。要讓 size() 真正有用處，我們可以讓它接受任何種類的群集物件（collection object，例如一個陣列或 Set 或 Map），然後回傳該群集中的元素數目。在一般不具型（untyped）的 JavaScript 中，要寫出像這樣的一個 size() 函式很容易，但使用 Flow 的時候，我們就得有辦法表達允許陣列、集合和映射，但不允許任何其他型別的值的一個型別。

Flow 把像這樣的型別稱作**聯集型別**（*Union types*），而要表達它們，你只需要列出想要的型別，並以垂直條（vertical bar）字元來分隔它們：

```
// @flow
function size(collection: Array<mixed>|Set<mixed>|Map<mixed,mixed>): number {
    if (Array.isArray(collection)) {
        return collection.length;
    } else {
        return collection.size;
```

```
    }
  }
  size([1,true,"three"]) + size(new Set([true,false])) // => 5
```

Union 型別能以「或（or）」這個詞將之唸出，例如「一個陣列或一個集合或一個映射」，如此可以看出這裡使用跟 JavaScript 的 OR 運算子相同的垂直條字元，是刻意為之的。

我們在前面看到，在一個型別前面放上一個問號，就能允許 null 和 undefined 值。而你現在可以看出，一個 ? 前綴（prefix）單純就是為一個型別加上 |null|void 這個後綴（suffix）的一種捷徑。

一般來說，當你以一個 Union 型別註釋一個值，在你做了足夠的測試來找出該值實際的型別是什麼之前，Flow 都不會允許你使用那個值。在我們剛才看過的 size() 範例中，我們需要明確檢查該引數是否為一個陣列，才能試著存取那個引數的 length 特性。不過請注意到我們不必區分 Set 引數和 Map 引數：那兩個類別都有定義一個 size 特性，所以只要那個引數不是一個陣列，在 else 子句中的程式碼就是安全的。

17.8.11　列舉型別（Enumerated Types）和鑑別聯集（Discriminated Union）

Flow 允許你使用原始字面值（primitive literals）作為由單一個值所構成的型別。如果你寫 let x:3;，那麼 Flow 就不會允許你指定 3 以外的任何值給那個變數。定義只有單一個成員的型別通常沒什麼應用，但字面值型別（literal types）的一個聯集（union）可能會有用。舉例來說，你大概可以想像到這些型別的用途：

```
  type Answer = "yes" | "no";
  type Digit = 0|1|2|3|4|5|6|7|8|9;
```

如果你使用以字面值構成的型別，你就得知道只有字面值會被允許：

```
  let a: Answer = "Yes".toLowerCase(); // 錯誤：無法指定字串給 Answer
  let d: Digit = 3+4;                  // 錯誤：無法指定數字給 Digit
```

當 Flow 檢查你的型別，它並沒有實際進行計算：它只檢查計算的型別。Flow 知道 toLowerCase() 回傳一個字串，而且 + 運算子用於數字時會回傳一個數字。雖然我們知道這兩個計算的回傳值都落在其型別中，但 Flow 並不知道這點，所以把那兩行都標示為錯誤。

像是 Answer 和 Digit 那樣由字面值型別所構成的一個聯集型別是**列舉型別**（*enumerated type*）或 *enum* 的一種例子。 enum 型別的典型用例是撲克牌的花色：

```
type Suit = "Clubs" | "Diamonds" | "Hearts" | "Spades";
```

更相關的一個例子可能會是 HTTP 的狀態碼：

```
type HTTPStatus =
    | 200     // OK
    | 304     // Not Modified
    | 403     // Forbidden
    | 404;    // Not Found
```

新手程式設計師經常會聽到的一個建議是避免在他們的程式碼中使用字面值，而是定義符號常數（symbolic constants）來代表那些值。這樣做的實務理由之一是要避免打錯字的問題：如果你把像是 "Diamonds" 這樣的一個字串字面值拼錯了，JavaScript 可能永遠都不會抱怨，但你的程式碼可能無法正確運作。另一方面，若你打錯了一個識別字，JavaScript 就很有可能會擲出一個錯誤讓你注意到。使用 Flow 時，這個建議並不一定適用。如果你以型別 Suit 註釋了一個變數，然後試著指定一個拼錯字的花色給它，Flow 會警告你這個錯誤。

字面值型別的另一個重要用途是建立**鑑別聯集**（*discriminated unions*）。你在處理聯集型別（以不同的實際型別所構成，而非字面值）時，你通常必須撰寫程式碼來鑑別那些可能的型別。在前一節中，我們寫過一個函式，它可以接受一個陣列（Array）、一個集合（Set）或一個映射（Map）作為它的引數，而且必須撰寫程式碼來區分陣列輸入和 Set 或 Map 的輸入。如果你想要創建由 Object 型別所構成的一個聯集，你可以讓那些型別更容易鑑別，只要在每個個別的 Object 型別中使用一個字面值型別就行了。

舉個例子可以讓這更清楚。假設你是在 Node 中使用一個工作者執行緒（worker thread，§16.11），並使用 postMessage() 和「message」事件在主執行緒（main thread）和工作者執行緒之間發送基於物件的訊息。工作者想要送到主執行緒的訊息可能有多種型別，而我們想要撰寫一個 Flow 的 Union 型別來描述所有可能的訊息。考慮這段程式碼：

```
// @flow
// 工作者會在將我們送給它的樣條（splines）
// 編織（reticulating）為網路之後送出此型別的一個訊息
export type ResultMessage = {
    messageType: "result",
    result: Array<ReticulatedSpline>, // 假設這個型別定義於他處。
};
```

```
// 如果其程式碼以一個例外失敗收場，工作者會送出此型別的一個訊息。
export type ErrorMessage = {
    messageType: "error",
    error: Error,
};

// 工作者會送出這種型別的一個訊息來回報用量統計資訊。
export type StatisticsMessage = {
    messageType: "stats",
    splinesReticulated: number,
    splinesPerSecond: number
};

// 當我們從工作者接收到一個訊息，它會是一個 WorkerMessage。
export type WorkerMessage = ResultMessage | ErrorMessage | StatisticsMessage;

// 主執行緒會有一個事件處理器函式接收一個 WorkerMessage。
// 但因為我們很仔細地定義每個訊息型別，
// 讓它們有具有一個字面值型別的 messageType 特性，
// 事件處理器就能輕易地鑑別出可能的訊息：
function handleMessageFromReticulator(message: WorkerMessage) {
    if (message.messageType === "result") {
        // 只有 ResultMessage 的 messageType 特性會有這個值
        // 所以 Flow 知道在此使用 message.result 是安全的。
        // 而如果你試著使用任何其他的特性，Flow 就會抱怨。
        console.log(message.result);
    } else if (message.messageType === "error") {
        // 只有 ErrorMessage 的 messageType 特性會有值 "error"
        // 所以知道在此使用 message.error 是安全的。
        throw message.error;
    } else if (message.messageType === "stats") {
        // 只有 StatisticsMessage 的 messageType 特性有 "stats" 這個值
        // 所以知道在此使用 message.splinesPerSecond 是安全的。
        console.info(message.splinesPerSecond);
    }
}
```

17.9　總結

JavaScript 是當今世界上最多人使用的程式語言。它是一個活的語言，會不斷演進並改善的語言，周遭圍繞著一個繁榮的生態系統，包括程式庫、工具和擴充功能。本章介紹了其中的一些工具和擴充功能，但還有很多需要瞭解的內容。JavaScript 生態系統之所以蓬勃發展，是因為 JavaScript 開發人員社群活躍而充滿動力，有很多透過部落格貼文、影片和會議簡報分享知識的同儕。當你闔上本書並前往加入這個社群，你會發現那裡絕對不會缺少能讓你持續參與並學習 JavaScript 的資訊來源。

祝您好運

David Flanagan，2020 年 3 月

索引

關於作者

自 1995 年起，David Flanagan 就一直使用 JavaScript 寫程式並撰寫相關文章。他與妻兒一起生活在太平洋西北地區，在西雅圖、華盛頓和卑詩省溫哥華等城市之間。David 擁有麻省理工學院（Massachusetts Institute of Technology）的電腦科學與工程學位，並在 VMware 擔任軟體工程師。

出版記事

本書封面上的動物是爪哇犀牛（ Javan rhinoceros，學名 *Rhinoceros sondaicus*）。所有的五種犀牛都以牠們龐大的體型、厚如盔甲的皮膚、三趾腳以及和單或雙鼻角而著稱。爪哇犀牛與血緣相近的印度犀牛很相似，而與該種犀牛一樣，雄性只有一個角。不過爪哇犀牛體型較小，並有獨特的皮膚紋理。儘管爪哇犀牛今日僅在印尼看得到，但其分布範圍曾經遍及整個東南亞。牠們生活在雨林棲息地，在那裡以茂盛的葉子和草為食，並站在水或泥沼中只露出口鼻以躲避諸如吸血蠅等害蟲。

爪哇犀牛平均身高約 6 英尺，身長可達 10 英尺，成年犀牛體重高達 3,000 磅。像印度犀牛一樣，其灰色皮膚看似被劃分為「板塊」，其中一些具有紋理。爪哇犀牛的自然壽命估計為 45 到 50 歲。雌犀牛每 3 到 5 年生產一次，妊娠期 16 個月。小犀牛出生時約重 100 磅，並與保護牠們的母親一起生活長達 2 年。

犀牛原本應是數量眾多的一種動物，可以適應各種棲息地，成年後沒有天敵。但是，人類已經使得他們瀕臨滅絕。民間傳說認為，犀牛角帶有魔力且有催情壯陽的功效，因此，犀牛是盜獵者的主要目標。爪哇犀牛的種群最不穩定：截至 2020 年，此物種只剩下 70 多隻個體，受到保護生活在印尼爪哇的烏戎庫隆國家公園內。這種策略似乎有助於暫時確保這些犀牛的生存，因為 1967 年的數量統計結果只有 25 隻。

O'Reilly 書籍封面上的許多動物都面臨瀕臨絕種的危機，牠們都是這個世界重要的一份子。

封面上的彩色插圖是 Karen Montgomery 的作品，它是根據 Dover Animals 的黑白版雕繪製而成。

JavaScript 大全第七版

作　　者：David Flanagan
譯　　者：黃銘偉
企劃編輯：蔡彤孟
文字編輯：王雅雯
設計裝幀：陶相騰
發 行 人：廖文良

發 行 所：碁峰資訊股份有限公司
地　　址：台北市南港區三重路 66 號 7 樓之 6
電　　話：(02)2788-2408
傳　　真：(02)8192-4433
網　　站：www.gotop.com.tw
書　　號：A637
版　　次：2021 年 03 月二版
　　　　　2024 年 05 月二版七刷
建議售價：NT$1200

國家圖書館出版品預行編目資料

JavaScript 大全 / David Flanagan 原著；黃銘偉譯. -- 二版. --
　臺北市：碁峰資訊, 2021.03
　　面；　公分
　譯自：JavaScript: The Definitive Guide, 7th ed.
　ISBN 978-986-502-732-2(平裝)
　1.Java Script(電腦程式語言)　2.物件導向程式
312.32J36　　　　　　　　　　　　　　　110001202